U0183221

〔明〕文震亨 著

听潮 注评

插图珍藏版

长物志

人民文学出版社

图书在版编目(CIP)数据

长物志:插图珍藏版/(明)文震亨著;听潮注评
. —北京:人民文学出版社,2021
ISBN 978-7-02-014539-3

Ⅰ.①长… Ⅱ.①文… ②听… Ⅲ.①园林设计-中
国-明代 Ⅳ.①TU986.2

中国版本图书馆 CIP 数据核字(2018)第 189830 号

责任编辑　朱卫净　吕昱雯
装帧设计　李　佳

出版发行　人民文学出版社
社　　址　北京市朝内大街 166 号
邮政编码　100705

印　　刷　上海盛通时代印刷有限公司
经　　销　全国新华书店等

字　　数　609 千字
开　　本　720 毫米×1000 毫米　1/16
印　　张　47.25
版　　次　2021 年 10 月北京第 1 版
印　　次　2021 年 10 月第 1 次印刷

书　　号　978-7-02-014539-3
定　　价　168.00 元

如有印装质量问题,请与本社图书销售中心调换。电话:010 - 65233595

目录

前言：眠云梦月，高人画中

《长物志》，是明人文震亨所写的一部记载晚明文人日常生活的著作，涵盖衣、食、住、行、用、赏、游、玩等多方面内容。

文震亨，字启美，号雞卿、木鸡生，苏州人。其人风姿，秀逸潇洒，"所至必窗明几净，扫地焚香"。科举不利后，他便纵情声乐山水之间。其曾祖父是文徵明，位列"明四家"之席；祖父文彭，叔公文嘉，均为书画大家；父亲文元发，也是一时名士；兄长文震孟，曾做过崇祯朝的宰相。可以说，文震亨是个家世显赫、颇有风仪的世家公子。

不过，他的盛名并非全都来自家族，自身的才华就十分出众。他的琴艺是一绝，不但善于抚琴，还著有琴学专著《琴谱》。崇祯年间，他官至武英殿中书舍人，出色地完成了为新制的两千张琴命名的任务，为皇帝所称赏。和他的家族中人一样，他还能书善画：小楷清秀遒健，质朴爽朗；画作气韵生动，有返璞归真之趣。《唐人诗意图》《深山隐居图》《幽岭闲居图》《快雪时晴帖题识》等皆是其代表之作。在文学方面，他的作品有《香草诗选》《秣陵诗》《岱宗琐录》《金门集》《文生小草》《清瑶外传》《长物志》等，还有《陶诗注》《前车野语》等未刊刻。可以说，他是一个多才多艺的雅人高士。

他的《长物志》是一本什么样的书呢？这还得先从书名中的"长物"说起。

《世说新语》载，有人拜访从会稽回来的王恭，见他座下竹席颇佳，认为应该带了不少，问是否可以赠送一张。王恭当时没有回应，等人走后直接把座下的相赠，之后生活起居皆用草席。此人得知后，非常吃惊地告知了先前的想法。王恭答："您不了解我，我向来无长物。"这就是成语"身无长物"的由来，"长物"指的是多余无用的东西。

但是"长物"真的是多余无用的东西吗？其实未必！

早在战国时，庄子就有"人皆知有用之用，而莫知无用之用"的说法。民国时，周作人也说过一段很精辟的话："我们于日用必需的东西以外，必须还有一点无用的游戏与享乐，生活才觉得有意思。我们看夕阳，看秋河，看花，听雨，闻香，喝不求解渴的酒，吃不求饱的点心，都是生活上必要的。"这一点，比周作人早几百年的沈春泽，在为《长物志》作序时论述得更为动情："夫标榜林壑，品题酒茗，收藏位置图史、杯铛之属，于世为闲事，于身为长物，而品人者，于此观韵焉，才与情焉。"他还说要汲取天地清华之气供己呼吸，搜罗各种奇巧之物任意赏玩，把持各种无用的东西时珍逾玉璧，以此寄托自己的意气情志。可知安闲而丰腴的生活，以及那些看起来无用的事物，也向来为世人所喜爱，而且甚至比有用之用更接近艺术的本质。因此，文震亨的《长物志》以反用典故为立意，小小"长物"在他笔下，并非多余无用，甚至是有大用的。

不过，要了解《长物志》中的真意，必须得先明白中国士人的一个症结。

中国古代士人，向来为"仕"与"隐"的问题而纠结困惑，常常徘徊于庙堂和江湖之间，在历史的轮回中循环往复。久而久之，便有了"达则兼济天下，穷则独善其身"的主张。达时固佳，若世乱时危或壮志难酬之时，往往选择归隐林泉。陶渊明辞官回乡，以丛菊孤松为伴；王摩诘隐居辋川，以山水佛经为侣；白居易结庐香山，时时赏石品乐；苏东坡泛舟赤壁，日日烹调作诗，均是如此，当时也确实逍遥。然而细思之下，其实都是不得意下的放浪形骸之举。

不过，天长日久，他们的心境也渐渐为之一变。陶渊明云："采菊东篱下，悠然见南山。山气日夕佳，飞鸟相与还。"他悟得了天人合一之境，在天地山水中忘却了所有荣辱得失。白居易云："丘樊太冷落，朝市太嚣喧。不如作中隐，隐在留司官。"他认为在佳境里"中隐"，可以免却饥寒之苦，还可以享乐安身。陆游云："人生如意每难全，草草园池却自然。世事已抛高枕外，春风常在短筇前。"他认为美好的风光可以疗却心伤，使人逍遥忘忧。程颢云："闲来无事不从容，睡觉东窗日已红。万物静观皆自得，四时佳兴与人同。"在他看来，林泉风致可以助人修心养性，参悟大道。由此可见，他们已不再是单纯的寄情山水，而是发现了人生的另外一重乐趣。当他们明白世间的烦恼无穷无尽，而桃源仙境终究不可得，偏又向往天地山水时，便逐渐思变，开始规划一处壶中天地，作为安身立命之所。

于是，园林大兴。晋代谢灵运的始宁墅，唐代王维的辋川别业，宋代王诜的西园，元代顾阿瑛的玉山佳处，皆极一时之胜。到明中叶之后，经济日渐繁荣，文化日渐昌盛，心学日渐风行，再加上政局动荡，人们开始愈发关注世事人生的本质。当时的士人，通晓生活的秘诀，知道生活是将赏心乐事、经世致用合二为一，普遍通过造园的方式，来调和人世间的诸多矛盾。进，作为庙堂生活的消遣；退，作为疗伤自适的归宿。拙政园、豫园、留园、古猗园、五峰园等名园，相继问世。《遵生八笺》《考槃徐事》《园冶》等一大批记载闲情逸致及造园学说的书籍，也纷纷涌现。

文震亨的《长物志》，便在这样的时代背景中诞生了。

《长物志》分为十二卷，分别是室庐、花木、水石、禽鱼、书画、几榻、器具、衣饰、舟车、位置、蔬果、香茗，记载了文人园林生活的种种细节。其中室庐卷、花木卷、水石卷、禽鱼卷、位置卷，论述的是居住环境、点缀花木、水景石景、园林动物、经营布局，偏于造园的根本；至于书画卷、器具卷、几榻卷、舟车卷、衣饰卷、蔬果卷、香茗卷，记论述书法绘画、香道茶道、文房清供、起居用具、游玩工具、生活服饰、日常雅食，偏于生活日用和艺术赏鉴，可看作造园的附庸，或生活的物化。

而此十二卷的核心，便在于"古、雅、韵、逸、隐"五字：古是古朴，雅是风雅，韵是意境，逸是闲情，隐是自适，体现在筑园、制具、生活、造境等各种层面。

从筑园上来讲，文震亨在咫尺之内再造乾坤，崇尚将天地山水搬到家中，呈现心中的桃源。以室庐为例，他要求"门庭雅洁，室庐清靓"，在其间"种佳木怪箨，陈金石图书"，后还说"韵士所居，入门便有一种高雅绝俗之趣"。以水石为例，他在拳石勺水中师法自然，遵循"一峰则太华千寻，一勺则江湖万里"的原则，希冀达到一种"虽由人作，宛若天开"的效果。以花木为例，他说："或水边石际，横偃斜披，或一望成林，或孤枝独秀，草木不可繁杂，随处植之，取其四时不断，皆入图画。"营造的，是一种诗情画意之境。

从制具上讲，文震亨追求的是制具尚用，厚质无文，随方制象，各得所宜。如交床，他说："嵌银、银铰钉圆木者，携以山游，或舟中用之，最便。金漆折叠者，俗不堪用。"如花瓶，他说："古铜入土年久，受土气深，以之养花，花色鲜明，不特古色可玩而已。"如簟，他说："荻葶……叶性柔软，织为细簟，冬月用之，愈觉温暖，夏则蕲州之竹簟最佳。"总之，结构上崇尚匀称，材质上崇尚古朴，装饰上崇尚适度，制度上崇尚古雅，使用上崇尚适宜。"宁古无时，宁朴无巧，宁俭无俗"这一思想，贯彻始终。

从生活上来讲，文震亨追求的古雅清洁，摒弃流俗。如书画，他说："大者悬挂斋壁，小者则为卷册，置几案间。"如此可使室庐增色。至于所藏，必古人名迹，如果心无真赏，口论贵贱，则为恶道。如衣饰，他说："须夏葛冬裘，被服娴雅，居城市有儒者之风，入山林有隐逸之象。"如舟车游具，他说："要使轩窗阑槛，俨若精舍，室陈厦飨，靡不咸宜。"如蔬果，他说："顾山肴野蔌，须多预蓄，以供长日清谈，闲宵小饮；又如酒鎗皿盒，皆须古雅精洁，不可毫涉市贩屠沽气。"每一处细节上，都透着考究。

　　从造境上来说，文震亨追求的是一种"旷士之怀"和"幽人之境"。如卧室，他说："室中精洁雅素，一涉绚丽，便如闺阁中，非幽人眠云梦月所宜矣。"如小船，他说："或时鼓枻中流；或时系于柳阴曲岸，执竿把钓，弄月吟风。"还说要用之畅离情、宣幽思、写高韵。如园径，他说："以碎瓦片斜砌者，雨久生苔，自然古色，宁必金钱作埒，乃称胜地哉？"他还在室庐卷开篇点明："令居之者忘老，寓之者忘归，游之者忘倦。"可知，他希冀在这样一种理想国中，眠云梦月，和光同尘。

　　如此，山、水、楼、台、草、木、竹、石、花、鸟、鱼、鹤、琴、诗、书、画、茶、香等物，都成为他生活的日常。他造园林，于听琴临帖、浇灌竹木、蓄养禽鱼等风花雪月之中，标榜高逸的风骨，寄托清雅的意趣，宣泄郁结的情思，体悟天地的至理，开展悠闲的生活，感受与俗世的差异，静观生命的诗意和丰腴，是园中人，而本身也如同入了画图。故其所言虽为无用之物，但所述却有物外之趣。嵇康云："目送归鸿，手挥五弦，俯仰自得，游心太玄。"恰是绘出了如斯情境。项鸿祚曾改张彦远句云："不为无益之事，何以遣有涯之生。"也恰恰道尽了文氏意旨。

　　然而，和寻常文人不同的是，文震亨既有琴心，亦有剑胆。闲雅时可以啸傲烟霞，刚烈时却可以仗义行侠。天启年间，东林党人周顺昌与阉党交恶，被阉党通缉逮捕，苏州数万人感念周氏之德，聚集鸣冤，请愿释放。当时的为首名士中，有一人便是文震亨。后来事态不可控制，阉党死伤溃败，朝廷追究责任时，大学士顾秉谦力主不牵连名人，文震亨才得以幸免。

　　此事只是文震亨生命中的一段插曲。在甲申之变后，他的气节更为坚贞。他曾南下追随弘光帝，后因被小人排斥，又退隐闲居。清军攻占苏州时，他避居阳澄湖畔，听闻"剃发易服"令下，便投河自尽，被家人救起后，绝食而亡。陈寅恪在《王观堂先生挽词》序中说："凡一种文化值衰落之时，为此文化所化之人必感苦痛，其表现此文化之程量愈宏，则其所受之苦痛亦愈甚；迨既达极深之度，殆非出于自杀无以求一己之心安而义尽也。"故而，文震亨的自尽，绝不仅是殉君，更是为了殉文化。其壮烈，其孤绝，令人仰望。

不过，文震亨并非完人，他的《长物志》也存在种种问题。一是古今之辨和雅俗之赏的问题，文震亨动辄就说"俱雅""最贱""然亦不古""须如古式"，完全以文人的审美来要求衣、食、住、行、用、玩等物，难免有些以偏概全。另一个问题，是原书有部分条目和文辞，均从屠隆的《考槃馀事》中化用，甚至直接搬用，此事在今人看来是抄袭，在古人看来却是承袭，我们不必为尊者讳，但也需了解不同历史环境下思想的差异。如此，下结论方不武断。

总体而言，无论从哪个角度上来说，文震亨其人其书，都有令人敬仰之处。书中所提及标榜风骨、追求风雅、完善人格、逍遥自适、寄托闲情等生活方式，也正是当代人的一种缺失。而将古人的生活方式、所思所想介绍给现代人，也正是此次注评的缘起。笔者衷心希望本书能对将生命"浪费"在美好事物下的人，有所裨益。

最后谈谈本书的体例：

一、本书所用《长物志》底本为明末刊本，是《长物志》现存最早的版本。《长物志》书成之时，文震亨曾广邀同好校刊、定稿及作序，各卷均注明"雁门文震亨编、东海徐成瑞校"，另载：卷一，太原王醇定；卷二，荥阳潘之恒定；卷三，陇西李流芳定；卷四，彭城钱希言定；卷五，吴兴沈德符定；卷六，吴兴沈春泽定；卷七，天水赵宧光定；卷八，太原王留定；卷九谯国娄坚定；卷十，京兆宋继祖定；卷十一，汝南周永年定；卷十二，兄震孟定。作序者为沈春泽。

二、本书所录《长物志》原文为全本，依据底本校勘断句，并参考了陈植先生的《长物志校注》。原文以简体字呈现，但部分人名、物名、生僻字保留繁体；异体字用常见字替换；底本错讹严重处，予以修改，并在注释中说明。另外，底本中有三卷的目录和内文位置相抵牾，本书以内文为准予以调整。

三、全书各条目按原文、注释、点评的格式编排。注释主要参考《汉语大字典》《汉语大词典》等工具书的解释。部分存疑之处，将众说列出，存而不论；一些难以解释的特殊内容，参考《长物志校注》中的说法，或根据有关资料来论证。若有谬误，还请方家指正。

四、文震亨的部分生平资料、诗文作品，在正文之后以附录形式呈现。笔者在注评中参考、援引过的主要文献，也在正文之后列出。

行文至此，不由地想到张潮《幽梦影》中的一段话："值太平世，生湖山郡，官长廉静，家道优裕，娶妇贤淑，生子聪慧，人生如此，可云全福。"张潮之言，可谓羡煞世人了！我辈有朝一日若能构筑一座园林栖身，日夕游于其中，或评书论画，或听琴观棋，或涤砚灌花，或相鹤观鱼，或焚香试茗，或赏月吟诗，一颗心渐渐归于虚静澄澈，像《小窗幽记》中说的那样"宠辱不惊，闲看庭前花开花落；去留无意，漫观天空云卷云舒"，便真是人间至乐！

听潮于杭州

序^[1]

夫标榜林壑^[2]，品题^[3]酒茗，收藏位置^[4]图史^[5]、杯铛^[6]之属，于世为闲事，于身为长物，而品人者于此观韵焉，才与情焉^[7]，何也？挹^[8]古今清华^[9]美妙之气于耳目之前，供我呼吸；罗^[10]天地琐杂碎细之物于几席^[11]之上，听我指挥；挟^[12]日用寒不可衣、饥不可食之器，尊逾拱璧^[13]，享轻千金^[14]，以寄我之慷慨不平，非有真韵、真才与情^[15]以胜^[16]之，其调弗同^[17]也。

近来富贵家儿与一二庸奴、钝汉，沾沾^[18]以好事自命，每经赏鉴，出口便俗，入手便粗，纵极其摩娑护持^[19]之情状，其污辱弥甚，遂使真韵、真才、真情之士相戒不谈风雅。嘻，亦过矣！司马相如^[20]携卓文君^[21]，卖车骑，买酒舍，文君当垆^[22]，涤器映带犊鼻裈边^[23]。陶渊明^[24]方宅十余亩，草屋八九间^[25]，丛菊孤松^[26]，有酒便饮^[27]。境地两截^[28]，要归一致^[29]。右丞^[30]茶铛药臼^[31]，经案绳床^[32]；香山^[33]名姬骏马^[34]，攫石洞庭^[35]，结堂庐阜^[36]。长公^[37]声伎酣适于西湖^[38]，烟舫翩跹乎赤壁^[39]，禅人酒伴^[40]，休息夫雪堂^[41]。丰俭^[42]不同，总不碍道，其韵致才情，政^[43]自不可掩耳。

予向持此论告^[44]人，独余友启美氏^[45]绝颔^[46]之。春来，将出其所纂《长物志》十二卷公之艺林，且属余序。予观启美是编^[47]，室庐有制^[48]，贵其爽而倩、古而洁^[49]也；花木、水石、禽鱼有经^[50]，贵其秀而远、宜而趣^[51]也；书画有目^[52]，贵其奇而逸、隽而永^[53]也；几榻有度^[54]，器具有式^[55]，位置有眼^[56]，贵其精而便、简而裁、巧而自然^[57]也；衣饰有王、谢之风^[58]，舟车有武陵、蜀道之想^[59]，蔬果有仙

家瓜、枣之味[60]，香茗有荀令、玉川之癖[61]，贵其幽而暗、淡而可思[62]也。法律指归[63]，大都游戏点缀中[64]，一往删繁去奢[65]之意义存焉。岂惟庸奴、钝汉不能窥其崖略[66]，即世有真韵致、真才情之士，角异猎奇[67]，自不得不降心[68]以奉启美为金汤[69]。诚宇内一快书，而吾党一快事矣！

　　余因语启美："君家先徵仲太史[70]，以醇古风流[71]，冠冕吴趋[72]者，几满百岁，递传而家声香远，诗中之画，画中之诗，穷吴人巧心，妙手总不出君家谱牒[73]。即余日[74]者过子[75]，盘礴累日[76]，婵娟为堂，玉局为斋[77]，令人不胜描画，则斯编常在子衣履襟带间[78]，弄笔费纸，又无乃多事耶？"启美曰："不然。吾正惧吴人心手日变，如子所云，小小闲事长物，将来有滥觞[79]而不可知者，聊以是编堤坊之。"有是哉[80]！删繁去奢之一言，足以序是编也。予遂述前语相诿[81]，令世睹是编，不徒占启美之韵之才之情，可以知其用意深矣。

　　友弟吴兴沈春泽书于余英草阁[82]。

【注释】

[1] 序：此序为《长物志》原序。明刊本列于卷首，他本列于卷末或无此序。

[2] 标榜林壑：宣扬山林幽谷。标榜，宣扬、称道之意。林壑，指山林涧谷。

[3] 品题：品评并定其高下。

[4] 位置：谓品评人称分别高下，此处作品评高下、定其名目解。《魏书》："（穆子弼）有风格，善自位置。"

[5] 图史：图书和史籍。

[6] 杯铛（chēng）：作玩器解。铛，以金属或陶、瓷等制成的器皿，较小，有三足，用以温酒、温茶。唐·李白《襄阳歌》："舒州杓，

力士铛，李白与尔同死生。"

[7] 韵焉，才与情焉：风韵、才华、性情。

[8] 挹（yì）：吸取、汲取之意。

[9] 清华：指清新之气。

[10] 罗：罗致，罗列。

[11] 几席：小几和席子，即古人凭依、坐卧的器具。几，详见本书卷六
　　　　"几"条。

[12] 挟：握持，引申为持有。底本作"扶"，误。

[13] 尊逾拱璧：（对这些器物的）尊崇程度超过价值连城的玉璧。拱璧，
　　　　大玉璧，后世指极其珍贵之物。

[14] 享轻千金：为了享受不惜一掷千金。

[15] 真才与情："情"前疑脱漏一"真"字。

[16] 胜：能够承受，即驾驭之意。

[17] 其调弗同：格调自然不同。调，格调，志趣。

[18] 沾沾：自得貌。

[19] 摩娑护持：珍惜爱护之意。

[20] 司马相如：字长卿，西汉辞赋家。所作《子虚赋》《上林赋》，多用
　　　　铺张手法，描绘帝王苑囿之盛、田猎之壮，兼具讽喻，对后人影响
　　　　较大。

[21] 卓文君：临邛富商卓王孙之女，好音律，有才华。倾心司马相如，
　　　　连夜与其私奔。后相如见文君年老色衰，将聘茂陵人之女为妾，文
　　　　君作《白头吟》绝交，相如乃止。

[22] 当垆：在酒店卖酒。垆，瓮的炉形土台子，借指酒店。

[23] 涤器映带犊鼻裈边：相如身着围裙，洗涤器具。犊鼻裈（kūn），一
　　　　说围裙，一说短裤。《史记》："相如与俱之临邛，尽卖其车骑，买
　　　　一酒舍酤酒，而令文君当垆。相如身自着犊鼻裈，与保庸杂作，涤

器于市中。"

[24] 陶渊明：一名潜，字元亮，东晋文学家，因不满现实，归隐田园，著有《归去来兮辞》《五柳先生传》《饮酒》《桃花源诗并序》等，开千古隐逸之风，被誉为"古今隐逸诗人之宗"。

[25] 方宅十余亩，草屋八九间：典出陶渊明《归园田居》其一，表达了田园隐逸生活之乐。

[26] 丛菊孤松：典出陶渊明《归去来兮辞》。其中有句云："三径就荒，松菊犹存。"又《饮酒》其五云："采菊东篱下，悠然见南山。"

[27] 有酒便饮：典出陶渊明《五柳先生传》："性嗜酒，家贫不能常得。亲旧知其如此，或置酒而招之，造饮辄尽，期在必醉。"

[28] 境地两截：处境不同。两截，两段，引申为两种或不同。

[29] 要归一致：精要之处却是一致的。文中指司马相如与陶渊明皆胸襟旷达。

[30] 右丞：唐代王维曾官至尚书右丞，故世称"王右丞"。王维，字摩诘，唐代著名诗人，详见本书卷五"名家"条注释。

[31] 茶铛药臼：煮茶器和捣药器，引申为煮茶捣药。茶铛，煎茶用的釜。臼，泛称捣物的臼状容器。

[32] 经案绳床：放经之案和承坐的胡床，引申为读经参禅。经，王维一生修禅，故此经作佛经解。案，一种与桌类似，两边不出头的承具。绳床，一种可以折叠的轻便坐具，即交床，是交椅的前身。

[33] 香山：白居易自号"香山居士"，后世故以"香山"代指。白居易，字乐天，唐贞元年间进士。文学上积极倡导新乐府运动，与元稹齐名，并称"元白"。有《白氏长庆集》传世，《长恨歌》《琵琶行》《秦中吟》等作品广为流传。

[34] 名姬骏马：文中作拥美女、骑良马解。白居易家有歌姬小蛮、樊素，有诗云："樱桃樊素口，杨柳小蛮腰。"又有小白马、骆马等

骏马。

[35] 攫石洞庭：洞庭采石。攫，抓，引申为"开采"。洞庭，原指湘、资、沅、澧四水汇流之处的洞庭湖。文中指江苏苏州太湖一带。太湖东南方有洞庭东山、洞庭西山。《旧唐书·白居易传》："罢苏州刺史时，得太湖石五、白莲、折腰菱、青板舫以归。"

[36] 结堂庐阜：隐居庐山。结堂，造屋之意。庐阜，庐山。

[37] 长公：指苏轼。苏轼为苏洵长子，诗文雄视百代，当时被尊为"长公"。

[38] 声伎醋适于西湖：携带歌姬醉眠西湖。声伎，指歌姬舞女。苏轼两度到杭州为官，曾依官场旧例召歌姬侍酒。

[39] 烟舫翩跹乎赤壁：在烟波浩渺的赤壁快意泛舟。翩跹，飘逸飞舞貌。乌台诗案后，苏轼贬谪黄州时，曾与友人泛舟赤壁，作《念奴娇·赤壁怀古》词及前后《赤壁赋》。

[40] 禅人酒伴：与高僧开怀畅饮。禅人，泛指修持佛学、皈依佛法的人，文中指佛印和尚。佛印，俗姓林，字觉老，法名了元，与苏轼友善。

[41] 雪堂：苏轼在黄州，曾寓居临皋亭，在东坡筑雪堂，故址在今湖北黄州东。有《雪堂记》。

[42] 丰俭：奢侈与节俭。

[43] 政：古通"正"，正是、恰好之意。

[44] 告：他本或作"教"。

[45] 启美氏：即文震亨，启美是他的字。氏，系于姓或姓名字号之后，以作敬称。先秦姓氏分用，姓起于女系，氏起于男系。秦始皇灭六国后，姓氏开始混用。

[46] 颔：点头，指赞许、领会之意。

[47] 是编：这本书。作"这本书所述"解。编，书籍。

［48］制：法度，体制，样式。

［49］爽而倩、古而洁：清朗美观，古雅清洁。

［50］经：常道，准则。

［51］秀而远、宜而趣：秀丽而幽远，适宜且有情趣。

［52］目：看法，作"见解"解。

［53］奇而逸、隽而永：稀奇超逸，意味深长。

［54］度：法度，规范。

［55］式：规制，格式。

［56］眼：指事物的关键精要处，作条理、定式解。宋·叶适《题郑大惠诗卷》："吟中得眼万象通。"他本或作"定"。

［57］精而便、简而裁、巧而自然：精致适宜，简约恰当，灵巧自然。

［58］王、谢之风：名门高士的儒雅风度。王、谢，指东晋时的王家和谢家，皆为名门望族，王家的王导、王羲之、王献之，谢家的谢安、谢玄、谢灵运、谢朓等人，对后世影响极大。唐·刘禹锡《乌衣巷》："旧时王谢堂前燕，飞入寻常百姓家。"

［59］有武陵、蜀道之想：指令人有置身仙境之感。武陵，即武陵源，指避世隐居之地，见陶渊明《桃花源记》。蜀道，借指与世隔绝幽深美丽之地。唐·李白《蜀道难》："尔来四万八千岁，不与秦塞通人烟。西当太白有鸟道，可以横绝峨眉巅。"

［60］有仙家瓜、枣之味：指令人生咀嚼仙果之念。秦汉之时，有个叫安期生的仙人，食用大如瓜的巨枣。

［61］有荀令、玉川之癖：指风度极其闲雅。荀令，即荀彧，字文若。颍川颍阴（今河南许昌）人，曹魏集团首席谋士，有"王佐之才"，品貌皆佳。晋人习凿齿《襄阳记》中载"荀令香"一典："荀令君至人家，坐幕，三日香气不歇。"玉川，即卢仝，唐时隐士，性喜饮茶，日日汲泉煎煮，自号"玉川子"，有"茶神"之誉。他有

《走笔谢孟谏议寄新茶》诗云："七碗吃不得也，唯觉两腋习习清风生。蓬莱山，在何处？玉川子，乘此清风欲归去。"

[62]　幽而暗、淡而可思：幽远清寂，回味无穷。

[63]　法律指归：指典章规制。法律，法规、条例。指归，主旨，意向。

[64]　游戏点缀中：指自然而然地渗透到字里行间。点缀，绘画的布局和着色，文中作"布置"解。

[65]　删繁去奢：指删繁就简、去奢存俭。

[66]　崖略：大略，梗概。

[67]　角异猎奇：争奇斗异。角，角逐，争斗。

[68]　降心：平抑心气。

[69]　金汤：旧时有"金汤城池"之说，金为金属，取其坚，汤为沸水，取其热，用以形容城池险固。文中代指典范、圭臬。

[70]　先徵仲太史：指文徵明。文徵明原名壁，字徵明，四十二岁时更字徵仲，号衡山居士。明清之时，由于翰林院掌国史，修实录，而文徵明官至翰林待诏，故世称其为"文待诏"或"文太史"。他本或作"先严徵仲太史"，"先严"是对亡父的尊称，但文徵明是文震亨的曾祖，可知谬误。

[71]　醇古风流：古雅风韵。

[72]　冠冕吴趋：指为苏州士人表率。吴趋，指吴门、吴地。唐·皎然《答豆卢次方》："风教凌越绝，声名掩吴趋。"吴为春秋时古国名，在江苏、上海、安徽、浙江一带，后世因循其名，泛指江苏南部和浙江北部一带，多指苏州。趋，有归附之意，文中可作"门外"解。

[73]　谱牒：记述氏族或宗族世系的书籍。文中指文氏家族奇才辈出，有诗文书画是文家事之意。

[74]　余日：往日。

［75］　过子：到你家去，拜访之意。

［76］　盘礴累日：逗留数日。盘礴，亦作"盘薄"，徘徊，逗留。

［77］　婵娟为堂，玉局为斋：婵娟、玉局为文震亨香草垞中的堂、斋之名。婵娟，姿态美好貌，也指花木秀美动人。文震亨建四婵娟堂，当取美妙之意。玉局，指棋盘，又因苏轼曾任玉局观提举，遂代指苏轼。文氏家族能诗善画，尊崇苏轼，文震亨以玉局为斋，示意追慕。

［78］　衣履襟带间：指在言行举止之间。

［79］　滥觞：指事物的起源、发端。

［80］　有是哉：此言甚是。

［81］　谂（shěn）：劝告，作"告诉"解。

［82］　友弟吴兴沈春泽书于余英草阁：吴兴，古代吴地"三吴"之一，在今浙江省临安至江苏省宜兴一带。沈春泽，字雨若，号竹逸，文震亨好友，能诗善画，有《秋雪堂诗集》。他本或作"沈春泽谨序"。

卷一 室庐

文震亨《唐人诗意图册》册页一

室 庐[1]

　　居山水间者为上，村居次之，郊居又次之。吾侪[2]纵不能栖岩止谷[3]，追绮园[4]之踪，而混迹廛市[5]，要须门庭雅洁[6]，室庐清靓[7]，亭台具旷士[8]之怀，斋阁有幽人[9]之致，又当种佳木怪箨[10]，陈金石[11]图书，令居之者忘老，寓[12]之者忘归，游之者忘倦，蕴隆[13]则飒然[14]而寒，凛冽则煦然而燠[15]。若徒侈土木[16]，尚丹垩[17]，真同桎梏樊槛[18]而已。志[19]《室庐》第一。

【注释】

[1]　室庐：居室，房舍。室，古建筑前为堂，后为室，室的东西两侧为

居山水间者为上，村居次之，郊居又次之

房。庐，简陋居室，也指隐居之所。晋·刘伶《酒德颂》："行无辙迹，居无室庐。"

[2] 吾侪：我辈。侪，辈，类。

[3] 栖岩止谷：隐居山林。栖岩，栖居岩洞。止谷，居住山谷。

[4] 绮园：非海盐冯氏园林，特指秦末隐士东园公唐秉、夏黄公崔广、绮里季吴实、甪里先生周术四人居住的地方。四人避秦乱，隐商山，年皆八十有余，须眉皓白，时称商山四皓。

[5] 廛（chán）市：商肆集中之处，即城市。廛，民居、市宅。明·归有光《群居课试录序》："去廛市仅百步，超然有物外之趣。"

[6] 雅洁：雅致高洁。

[7] 清靓（jìng）：清净美好。

[8] 旷士：胸襟开阔旷达的人。南朝宋·鲍照《代放歌行》："小人自龌龊，安知旷士怀。"

[9] 幽人：幽隐之人，隐士。《周易》："履道坦坦，幽人贞吉。"

[10] 佳木怪箨（tuò）：美木奇竹。箨，竹笋皮，包在新竹外面的皮叶，竹长成逐渐脱落。俗称笋壳。

[11] 金石：指古代镌刻文字、颂功纪事的钟鼎碑碣等器物。

[12] 寓：原指寄居，后泛指居住。

[13] 蕴隆：暑气郁结而隆盛。

[14] 飒然：迅疾、倏忽貌。

[15] 煦然而燠（yù）：温暖和煦。煦然，温暖的样子。燠，热。

[16] 徒侈土木：只是追求建筑豪奢。侈，奢侈浪费。土木，建筑工程。

[17] 尚丹垩：崇尚色彩华丽。丹垩，涂红刷白，泛指油漆粉刷的修饰。

[18] 桎梏樊槛（jiàn）：指囚笼。桎梏，脚镣手铐。樊，鸟笼。晋·陶渊明《归田园居》其一："久在樊笼里，复得返自然。"槛，栅栏。汉·刘安《淮南子》："故夫养虎豹犀象者，为之圈槛。"

[19] 志：古通"识"，记载之意。

【点评】

卷首论室庐。文氏追慕高人遗风，认为"居山水间者为上，村居次之"，纵然不能隐居山林，退而求其次，也需"门庭雅洁，室庐清靓"，并阐述造园及品鉴的原则。

室庐的意义，李渔很是了解，他在《闲情偶寄》中说："人之不能无屋，犹体之不能无衣。衣贵夏凉冬燠，房舍亦然。"这比喻很恰当。无论是皇家的宫殿、官家的府邸、富人的宅院、百姓的房舍，其建筑规模、内外构造、使用材质虽不相同，在生活起居、遮风挡雨方面的作用却是相同的。再加上古人崇信风水之说，认为选址、格局、坐向、规制得当，可以趋吉避凶，光耀百世，自然不得不慎重。再加上"一方水土养一方人""安土重迁"等观念的影响，几世同堂的情况比比皆是，室庐于人而言，犹如树之根本，意义非凡。

然而，室庐对于文人的意义，却还要复杂得多。在政治上不得意后，他们选择寄情山水，择地而居，室庐就成了他们情怀的一种寄托。

晋人陶渊明可能是最透彻的人，他不愿"心为形役"，干脆归园田居。住处"方宅十余亩，草屋八九间"，旁边种着松、菊、桃、柳，托物言志。平日耕种读书，闲下来了，就在小屋里"引壶觞以自酌，眄庭柯以怡颜，倚南窗以寄傲，审容膝之易安"，或是在园庭里走走，日涉成趣，悠然赋诗。于他而言，天、人、室庐之间有种奇妙的和谐。

文人室庐的又一层面，是寄寓闲情。唐人白居易的《池上篇》曰："十亩之宅，五亩之园。有水一池，有竹千竿。勿谓土狭，勿谓地偏。足以容膝，足以息肩。有堂有庭，有桥有船。有书有酒，有歌有弦……灵鹤怪石，紫菱白莲。皆吾所好，尽在吾前。时饮一杯，或吟一篇。妻孥熙熙，鸡犬闲闲。优哉游哉，吾将终老乎其间。"他在自己的园林里，按照自己的方式活着，俨然逍遥忘忧了。

寄托情怀之外，还有追慕风雅。汉至唐时，已有此风。宋代推行文治之后，举国崇文，琴、棋、书、画、诗、酒、花、茶都成了日常生活的必需，室庐也在标榜风雅之列，就连皇帝宋徽宗也曾网罗奇珍修建艮岳，以供赏玩。明时士大夫继承传统，将经世致用与赏心悦事合二为一，愈加追求生活品质，力求将寻常室庐变成城市山林，使"居之者忘老，寓之者忘归，游之者忘倦"。而文震亨所言的"旷士之怀"和"幽人之致"，是一种构筑的纲领，也是他想借此展现的绝俗意趣。

文家历代有造园的传统，文震亨的曾祖文徵明曾建停云馆，祖父文元发曾建衡山草堂，兄长文震孟曾建药圃。文震亨自己也是文人，追慕高士遗风，宦游坎坷，半生浮沉后，自然有了幽居的念头。于是在苏州构建香草垞、碧浪园，时人称"水木清华，房栊窈窕"，是为吴中胜地。平日于寄情山水中陶冶心性，于生活起居间赏鉴品玩，闲雅逍遥，风度高蹈，令人叹服。今时文震亨的园亭已不可复见，而幸运的是他的《长物志》还在，于是那高古的文氏室庐，透过文字，跨越近四百年的时光，呈现在人们眼前。

门[1]

用木为格[2]，以湘妃竹[3]横斜钉之，或四或二，不可用六。两傍用板为春帖[4]，必随意取唐联[5]佳者刻于上。若用石梱[6]，必须板扉[7]。石用方厚浑朴[8]，庶[9]不涉俗。门环得古青绿蝴蝶兽面[10]，或天鸡[11]饕餮[12]之属，钉于上为佳，不则用紫铜或精铁如旧式铸成亦可，黄白铜[13]俱不可用也。漆惟朱、紫、黑三色，余不可用。

【注释】

[1] 门：建筑物的出入口。

[2] 格：门框的横格。

[3] 湘妃竹：表面有紫褐色斑点的竹子，详见本书卷二"竹"条注释。

[4] 春帖：有别于春联。春联是除夕为辞旧迎新撰书张贴的，讲究平仄对仗。春帖源于五代后蜀孟昶的十字桃符，起初为春节时在桃木板上书写联语，较为随意，无需两两相对。宋代循此风，创"帖子词"，一年八节多撰写联句，或歌颂升平，或寓意规谏，贴于禁中门帐，于立春日撰写的帖子词，称"春帖子"。当时渐渐以纸代板，讲究平仄对仗，朝野纷纷效仿。因贴于楹柱或挂于堂上，又称为楹联和堂对。春联与楹联统称对联。

[5] 唐联：唐人诗词中的联句。联句是古代作诗的一种方式，由两人或多人各成一句或几句，合而成篇。

[6] 石梱：石门槛。

[7] 板扉：板门。

[8] 浑朴：亦作"浑璞"，朴实，淳厚。

[9] 庶：将近，差不多，才算是。

[10] 得古青绿蝴蝶兽面：用古青绿蝴蝶兽面来装饰。得，用。古青绿蝴蝶兽面，蝴蝶或兽面纹样的铜门环，锈蚀后产生铜绿。

[11] 天鸡：神话中天上的鸡，也指锦鸡。晋·郭璞《玄中记》："上有天鸡，日初出，照此木，天鸡则鸣，天下鸡皆随之鸣。"

[12] 饕餮：上古神话中的怪兽，有首无身，多刻于钟鼎彝器之上。

[13] 黄白铜：黄铜、白铜。黄铜为铜和锌的合金，白铜为锰、铁、锌或铝的合金。

门

【点评】

门，作为隔离和连接内外的枢纽，是室庐中必不可少的构件之一。

园林中的门，分为内外二种。江南私家园林的外门，偶有采用雕砖门楼之制，但总体朴素，只在白墙上开一道小门，用来连接内宅与前院，有自然平淡之趣。就造境的角度而言，简单的门墙给人朴拙之感，觉景观与外无殊，但入了园门之后，却又豁然开朗，发现别有一番天地。这种欲扬先抑、先藏后露的手法，能造成强烈的反差，反衬景物之美。

内门中，格扇门随处可见，一般采用木制，由绦环板、格心、裙板三部分组成，绦环板和裙板上多雕镂图案彩绘纹饰，不透风；格心上，则多以各式几何图案的棂格组成，可采光。整体常为四、六、八扇整排使用，能够自由拼接拆卸。自外视内，几榻瓶花影影绰绰，整个空间显得空灵不呆板；自内视外，又可隐约看到远处景物，空间层次得以延伸，坐在屋中不觉憋闷。如此设计，古雅生香，玲珑秀丽。

另外一种洞门，仅有门框而无门扇，往往开在亭榭廊馆素白的墙边，有方、圆、八角、葫芦、宝瓶、海棠等形，千姿百态，因地而变，重重相对，门门相通，似隔非隔，似断非断，连接空间之时，本身也自成一道景观。自外视内，曲径通幽，亭台水榭若隐若现，景物仿佛绵延不尽；自内视外，如相机框景，水石花树、天光云影相互映衬，宛如一幅图画。这些门也还常寄托寓意，如沧浪亭的葫芦式小门内，有一处独景，寓意壶中天地；豫园的上圆下方式门，寓意天圆地方；狮子林中的贝叶式门，则寓意禅境，直指人心。

与门相搭配的，有匾额和对联，二者将诗文、书法、篆刻融为一体，能够点景、寄情、寓意，彰显室庐的风雅。匾额，多为园林题名，如艺圃的"浴鸥""鹤砦"，狮子林的"真趣""卧云室"，网师园的"樵风径""月到风来亭"，短短几字，寄托着园主的志趣和情思。对联，或记事，或咏志，或写景，或抒怀，或说理，追求平仄对仗，文辞风流古雅，尺幅之中包罗万象，可展现园主的志趣、襟怀和学识。如扬州大明寺平山堂一副对联云："衔远山，吞长江，其西南诸峰，林壑尤美；送夕阳，迎素月，当春夏之际，草木际天。"上联引用范仲淹的《岳阳楼记》和欧阳修的《醉翁亭记》，下联化用王禹偁的《黄冈竹楼记》和苏轼的《放鹤亭记》，构成一幅绝妙的景观。

门的材料、颜色、形制、装饰也有讲究，往往是等级的象征。明中叶之后，诸多禁令渐渐废弃，百姓家门开始争奇斗艳。文震亨应是注意到了这一点，提出诸多规制，以木门、湘妃竹格、石槛、唐联、古青绿蝴蝶兽面门环、朱紫黑三色漆，来营造不涉流俗、古朴高雅之境。可见在他心中，门始终是风雅的象征，不可不慎。其言于后世造园，颇有裨益。

阶[1]

自三级以至十级，愈高愈古[2]，须以文石[3]剥成[4]；种绣墩[5]或草花数茎[6]于内，枝叶纷披[7]，映阶傍砌[8]。以太湖石[9]叠成者，曰"涩浪"[10]，其制更奇，然不易就。复室[11]须内高于外，取顽石[12]具苔班[13]者嵌之，方有岩阿[14]之致。

【注释】

[1] 阶：即台阶，为了便于上下，用砖石砌成的或就山势凿成的梯形过道。

[2] 古：古雅。

[3] 文石：有纹理的精美石头。文，纹理。

[4] 剥成：削成。

[5] 绣墩：即绣墩草，又名麦冬、沿阶草、书带草。夏季开淡蓝紫色花，多栽于庭园小径边供观赏。

[6] 茎：株。

[7] 枝叶纷披：枝叶繁茂。纷披，散乱，此处作盛多貌。唐·杜甫《九日寄岑参》："是节东篱菊，纷披为谁秀？"

[8] 映阶傍砌：碧草遮映台阶。映，遮，隐藏。傍，靠近。砌，台阶。

[9] 太湖石：四大名石之一，详见本书卷三"太湖石"条。

[10] 涩浪：古代宫墙基垒石凹入，作水纹状。明·杨慎《升庵诗话》：
"予曰：'子不观《营造法式》乎？宫墙基，自地上一丈余，叠石凹
入如崖险状，谓之叠涩。石多作水文，谓之涩浪。'"

[11] 复室：古代指复屋，具有双重椽、栋、垂檐等建筑结构的屋宇。

[12] 顽石：未经斧凿雕琢的石块。

[13] 苔班：苔藓丛生如斑点之状。班，通"斑"，指杂色斑点或斑纹。

[14] 岩阿：山的曲折处。汉·王粲《七哀诗》其二："山冈有余映，岩
阿增重阴。"

【点评】

阶，是进入厅房的必经之路，能使厅堂显得高广庄严，级数越高，愈显高古之趣。

文震亨以文石作阶，在其中种植花草，追慕的是一种儒雅风度，这在历代皆有风尚，刘禹锡就有传诵千古的"苔痕上阶绿，草色入帘青"之句。如果能用上"涩浪"，那就更完美了。造型古雅倒在其次，重要的是那种极可玩味的文人意趣。温庭筠《过华清宫二十二韵》

自三级以至十级，愈高愈古

诗云："涩浪浮琼砌，晴阳上彩斿。"当朝阳升起，照在凹凸不平的石头上，上面的纹路焕发出异样的光彩，岂非一种极美的风致？

　　阶，也是一个文化意象。"玉阶空伫立，宿鸟归飞急"，说的是眺远怀人；"映阶碧草自春色，隔叶黄鹂空好音"，说的是思古幽情；"公为坐上客，布为阶下囚"，说的是人生际遇；而"阶上簸钱阶下走，恁时相见早留心"，则可当作轶事一笑置之了。

窗[1]

　　用木为粗格，中设细条三眼[2]，眼方[3]二寸，不可过大。窗下填板[4]尺许。佛楼[5]禅室[6]，间[7]用菱花[8]及象眼[9]者。窗忌用六[10]，或二或三或四，随宜用之[11]。室高，上可用横窗一扇[12]，下用低槛[13]承[14]之。俱钉明瓦[15]，或以纸糊，不可用缝素纱[16]及梅花簟[17]。冬月[18]欲承日，制大眼风窗[19]，眼径[20]尺许，中以线经[21]其上，庶纸不为风雪所破，其制亦雅，然仅可用之小斋丈室[22]。漆用金漆[23]，或朱、黑二色，雕花、彩漆，俱不可用。

【注释】

[1] 窗：又名囱、牖，指设在屋顶或墙壁上的洞口，用以透光通风。

[2] 设细条三眼：用细木条将大格子隔为三个小格子。

[3] 方：指面积大小。

[4] 填板：填塞木板。

[5] 佛楼：供奉佛像的楼室。

[6] 禅室：指禅房，佛徒修习之所。

［7］ 间：夹杂。

［8］ 菱花：指菱花形的纹样。

［9］ 象眼：象棋中，"象"走田字格的斜对角，呈三角形，衍生为中国古代建筑术语，建筑中呈直角三角形的部位常称象眼，另外也指台阶侧面的三角形部分。

［10］ 六：六扇。

［11］ 随宜：便宜行事。

［12］ 横窗一扇：开一扇窗户。

［13］ 槛（jiàn）：栏杆。唐·王勃《滕王阁诗》："阁中帝子今何在？槛外长江空自流。"

［14］ 承：承续，承受。

［15］ 明瓦：古人用牡蛎壳、蚌壳等磨制成的半透明薄片，嵌在顶篷或窗户上，以代替玻璃，用来采光，叫作明瓦。

［16］ 缝素纱：缝制的无花纹的帐子。他本或作"绛素纱"。

［17］ 梅花簟（diàn）：梅花形的席子。簟，坐卧铺垫用的苇席或竹席。

［18］ 冬月：农历十一月，也泛指冬天。

［19］ 风窗：窗户。唐·唐彦谦《竹风》："竹映风窗数阵斜，旅人愁坐思无涯。"

［20］ 径：直径。底本作"竟"，误。

［21］ 经：织布前于机杼上绷齐并梳整纱缕，使成为经线，引申为缠绕。

［22］ 丈室：斗室，言房间狭小。详见本卷"丈室"条。

［23］ 金漆：非指髹漆、描金、镶嵌等装饰技法，特指金州所产的漆。明·李时珍《本草纲目》："以金州者为佳，故世称金漆。"

【点评】

窗，是建筑的眼睛，赋予室庐生机和灵性。其基本功能，一是采光，二是通风。钱钟书散文《窗》中发过许多妙论，认为遭遇不便或是懒得出门之时，可用开窗来代替开门，而当人们觉得外部世界过于嘈杂，又可以像闭眼一样关窗，让灵魂"自由地去探胜，安静地默想"。

在园林中，窗还有框景和借景之用。框景，在于撷取精华，摒弃芜杂，使主体更为突出。如此，自内视外，景观历历如画，较在旷处观赏大为不同；自外视内，内部情境也得以升华。张潮《幽梦影》中就曾说："窗内人于纸窗上作字，吾于窗外观之，极佳。"借景，是将远近高低的不同景色，吸收到人的感知范围之内。计成《园冶》云："轩楹高爽，窗户虚邻；纳千顷汪洋，收四时之烂缦。"又说："移竹当窗，分梨为院，溶溶月色，瑟瑟风声，静扰一榻琴书，动涵半轮秋水。"可知一小小的窗户，能将四时风物纳入其中，使屋内的空间不断延展。而室庐本身，也在与窗外景物互相借景，有了这种相互映衬，人们的感受才别有不同。

园林中的窗种类繁多，以长窗、半窗、纱窗、漏窗、空窗最为常见。

长窗，又名隔扇，安设在上下槛之间，扇数不定，形制较长，一般落地，棂格多为方形，多见于厅堂轩馆，如拙政园远香堂中一长窗，集出入、通风、采光、保温、赏玩等功用于一体。

半窗，安装于半墙之上，棂格图案多变。光线从外面照进来，屋内呈现变化多端的图案，十分雅观。自内视外，窗外的景物绰约多姿，犹如图画。沧浪亭"翠玲珑"中的半窗即是其中典范。

纱窗，又称纱隔，是一种在门上用明瓦、素纸或绢纱作遮挡的形制，多用于室内，由于影绰朦胧，隐约透视成景，可起分隔空间，增强观感之用。如留园的五峰仙馆，用大幅薄如蝉翼的丝织花鸟画做纱窗，虚实之间，亦真亦幻。

漏窗，又称透花窗，多于墙上用砖瓦空砌或木头雕塑而成，不可开合。造型丰富，有方、圆、六角、八角、菱花、梅花等形状，内部图案更是千变万化，常见的有菱花、秋叶、竹节、冰纹、波浪、卍字、如意等式样，精美雅观。单窗自成一景，数窗又成组景，因境而成，因景而异，灵活多变，素雅多姿。亭榭廊轩边上，有此一物，远处的景观依稀可见，但露而不全，若隐若现，令人觉开阔爽朗，别有洞天。移步之时，步移景异，目不暇接，想就此驻足，忽然又转入佳境。

窗

空窗，又名框窗、洞窗、月洞，是园林中最具特色的一种窗。它和洞门类似，一般固定在廊轩的墙上，以水磨清砖作边框，有框无心，只不过不能通行。其样式有满月、半月、长方、正方、六角、八角、海棠、梅花、菱花、扇面、葫芦、花瓶等。由于似隔非隔，似断非断，主要作借景和框景之用。以此观彼，窗如画框，远处的青山碧水、茂林修竹、鸣禽响瀑、茅屋板桥如在画中；以彼观此，视野能够延伸得更远，此处的画框和窗后的花草树木又自组成一景，极富雅韵。

文人对窗多有寄情。"何当共剪西窗烛，却话巴山夜雨时"，是怀人；"夜来幽梦忽还乡，小轩窗，正梳妆"，是悼亡；"村店月昏泥径滑，竹窗斜漏补衣灯"，是感恩；"莫问野人生计事，窗前流水枕前书"，是遁世；而陶渊明"倚南窗以寄傲，审容膝之易安，"则是逍遥自得，尘世忽成乐土。

栏　干^[1]

石栏最古，第^[2]近于琳宫^[3]、梵宇^[4]及人家冢墓^[5]。傍池或可用，然不如用石莲柱二，木栏为雅。柱不可过高，亦不可雕鸟兽形。亭榭廊庑^[6]，可用朱栏^[7]及鹅颈承坐^[8]，堂中须以巨木雕如石栏，而空其中^[9]。顶用柿顶^[10]，朱饰^[11]，中用荷叶宝瓶^[12]，绿饰^[13]。卍字^[14]者，宜闺阁中，不甚古雅。取画图中有可用者，以意成之^[15]可也。三横木^[16]最便，第太朴，不可多用。更须每楹一扇^[17]，不可中竖一木，分为二三。若斋中，则竟^[18]不必用矣。

【注释】

[1] 栏干：即栏杆，也称阑干、勾阑，以竹、木等做成的遮拦物。

[2] 第：只是。

[3] 琳宫：仙宫，也是道观、殿堂的美称。

[4] 梵宇：佛寺。佛经原用梵文写成，故与佛有关的事物名称常有"梵"字。

[5] 人家冢墓：居民墓地。古代埋葬死者，封土隆起的叫坟，平的叫墓，比平常的坟更高大的叫冢。《周礼》郑玄注："冢，封土为丘垄，像冢而为之。"底本作"豖"，误。

[6] 廊庑（wǔ）：堂前的廊屋。廊，正屋两旁屋檐下面的过道，或有顶的独立通道，如走廊、游廊等。庑，堂下周围的走廊、廊屋。

[7] 朱栏：朱红色的围栏。

[8] 鹅颈承坐：即鹅颈靠背，又名美人靠，是廊亭建筑内的一种围栏坐

木栏为雅

凳的靠背，因其侧面弯曲似鹅颈而得名。

［9］ 空其中：把中间挖空。

［10］ 柿顶：柿子形状的顶。

［11］ 朱饰：用朱红色的漆修饰。

［12］ 荷叶宝瓶：宝瓶夹杂于荷叶中的一种雕刻图案。

［13］ 绿饰：用绿色的漆修饰。

［14］ 卍字：在多个古国的历史上均有出现，后来被佛教所沿用，最初人

们把它看成是太阳或火的象征，以后普遍被当作吉祥、永恒的标志。武则天时，定其读音为"万"。

［15］ 以意成之：做成符合自己心意的形状。

［16］ 三横木：三道横木做成的栏杆。

［17］ 每楹一扇：一根柱子为一扇。楹，厅堂前的柱子，古代也以楹为房屋计量单位，屋一列或一间为一楹。

［18］ 竟：到底，终究。

【点评】

栏杆，是园林中常见的建筑设施，主要用于拦护，保障行人安全，另外一重功用是装饰，用以分隔空间，点缀景致。崖前、水畔、楼外、桥上、廊边，设此一物，令人顿觉锦上添花。

其规制，文震亨说不雕鸟兽形，不作卍字，石栏最古，追求一种古雅风韵。李渔《闲情偶寄》中说不事雕琢，以玲珑坚固为美，提倡的是简朴实用。二者均可作为造园参考。另外，栏杆需因地制宜：楼台的栏杆一般仅为一面，若两面作栏便显得重复刻意。而大桥宽阔无凭，两面作栏方可防护，凌波照影之时也有整饬之美；小桥狭窄短小，一般栏杆只设一面，陈从周《品园》中说是仿乡村情境。因为农夫挑担或牵牛过桥，若逢两面栏杆，便如入夹弄，难以通行。

园林中最能美化环境的栏杆，还得数"鹅颈承坐"，相传是吴王夫差专为身在娃馆宫中的西施所设，曾命名为"美人靠"。此栏一般建在近水的亭榭轩舫前，上设一排木栅向外伸出，形状弯曲如鹅颈，用铁钩与柱相连，下面配有长条凳，可以供人靠坐休憩。身处其中，诗情画意。

吴越春秋的往事已难以考证了，但或许是因那段旖旎传说的影响，栏杆在漫长的历史中，渐渐与女子哀愁幽怨相关。她们终日无事时，常常倚着栏杆，看着天外周而复始的日升月落，青春韶华也在不知不觉间流逝。

李清照思念丈夫，写词道："倚遍栏干，只是无情绪！"张耒写闺愁时说："朱阑倚遍黄昏后，廊上月华如昼。"李邴描写宫女生活时也说："鲛绡泪滴鸳鸯冷，月上栏杆照孤影。"一道栏杆，留下了历代女子的无限怅恨。

栏杆与文人也有许多交集。"雕栏玉砌应犹在，只是朱颜改"，李煜沉痛的故国之思，是显而易见的；"幽人无世事，终日倚栏杆"，写这句诗时的唐寅，可能正处在难得的闲适中；而岳飞的"怒发冲冠，凭阑处，潇潇雨歇"，辛弃疾的"把吴钩看了，栏杆拍遍，无人会、登临意"，则悲壮千古，令人浩叹。

照　壁[1]

得文木[2]如豆瓣楠[3]之类为之，华而复雅，不[4]则，竟用素染或金漆，亦可。青、紫及洒金[5]描画，俱所最忌。亦不可用六，堂中可用一带[6]，斋中则止中楹[7]用之。有以夹纱窗或细格代之者，俱称俗品。

【注释】

［1］照壁：旧时筑于寺庙、广宅前的墙屏。

［2］文木：有纹理的精美木头。

［3］豆瓣楠：即雅楠，树干端直，材质优美，明清高档家具用材之一。

［4］不：古通"否"，不然。

［5］洒金：一种装饰的工艺，在漆底上加金点或金片后再罩漆。

［6］一带：此处指长幅。

［7］中楹：中间的楹柱。

【点评】

照壁，又名影壁，是古代建筑特有的组成部分。它有内外之分，外影壁立于大门之前，绕过即是大门；内影壁在大门之后，两侧有小门通行。成都武侯祠门前和苏州拙政园门后的照壁，即分别是这两种制式的实例。

关于照壁的作用，有三种说法：其一是分隔内外，保持院内的安静和私密性；其二是旧时认为小鬼只走直线不会转弯，修建一道屏障，可以阻其入户；其三是风水学上认为气不能直冲厅堂或卧室，在大门前面置一堵墙，既能挡煞，又能导气。

文震亨欣赏的，是华美雅致、充满内涵的照壁，希冀通过照壁来营造一种古朴雅致之境。关于它的用材，文震亨论及的主要是木制，实际上还有琉璃、砖雕、石料等多种，故宫的九龙壁，社旗山陕会馆的琉璃照壁，都是杰出之作。至于形制，主要有独脚照壁和"三滴水"两种。独脚照壁，壁面高度一致，不分段；三滴水照壁，分成三段，中间高，两边低，建有飞檐，彩绘纹饰，形似牌坊。另外，照壁上一般还有四字题辞，内容多为吉祥之语。故而古代的照壁，高雅秀丽，充满文化意蕴。

修建照壁在先秦时是皇室的权利，称其为"萧墙"，故而"照壁"代表的是皇室和朝廷，便有了后来的"祸起萧墙"之说。《论

照壁多立门外，内照壁在园林中入门处

语》曾载："吾恐季孙之忧，不在颛臾，而在萧墙之内也。"而后神州治乱无常，朝代更替，照壁便也不再有早期的象征意义了。另外，室内的屏风，因功能与照壁类似，有时也以照壁为名。

堂[1]

堂之制，宜宏敞精丽[2]，前后须层轩广庭[3]，廊庑俱可容一席。四壁用细砖砌者佳，不则竟用粉壁[4]。梁用球门[5]，高广相称[6]。层阶俱以文石为之，小堂可不设窗槛。

【注释】

[1] 堂：原指建在较高台基上的房子，后指房屋的正厅。《说文》段玉裁注："古曰堂，汉以后曰殿。古上下皆称堂，汉上下皆称殿，至唐以后，人臣无有称殿者。"

[2] 宏敞精丽：高大宽敞，精美华丽。

[3] 层轩广庭：多层的阁楼和宽广的庭院。层轩，重轩，指多层的带有长廊的敞厅。

[4] 粉壁：白色墙壁。南朝梁·顾野王《舞影赋》："图长袖于粉壁，写纤腰于华堂。"

[5] 球门：建筑术语中指拱形的梁。

[6] 高广相称：高度和宽度相适宜。

【点评】

堂，指的是房屋的正厅，坐落在中轴线上，处于整个室庐的中心，功

堂之制，宜宏敞精丽

能涉及饮宴、聚会、祭祀、议事、娱乐、休息等。

文震亨是旧式文人，对堂十分看重。他要求堂宏大宽敞、精美华丽，并对廊庑的大小、四壁的用色、梁的形制、层阶的材料等一一说明，处处考究。倪瓒的云林堂，应当最符合文震亨的审美。高濂《遵生八笺》中说云林堂前植碧梧，庭院广种苔藓，四周种植松桂兰竹，还陈列玉器、鼎尊、书画，其制之精雅自不必说。"每雨止风收，杖履自随，逍遥容与，咏歌以娱。望之者，识其为世外人也。"虽未身处山林，却如在山野之间，有一种与天地精神独往来的意蕴。如此之堂，实在令人叹羡。

欧阳修的平山堂也十分契合这种文人意趣。平山堂是欧阳修任扬州郡守时所修，地处扬州西北郊蜀冈中峰大明寺内。堂内古藤错节，修竹千竿，环境十分清幽。有台可凭栏远眺，游目骋怀之时，山色在有无之中。当时高朋满座，欧阳修常与他们谈古论今，观画鉴古。每到夏日，还常让歌妓取花传客，效仿兰亭曲水流觞饮酒赋诗，常常载月而归。欧阳修曾作《朝中措》一词："平山阑槛倚晴空，山色有无中。手种堂前垂柳，别来几度春风？　文章太守，挥毫万字，一饮千钟。行乐直须年少，尊前看取衰翁。"后来苏轼过平山堂，见物是人非，写词悼念说："欲吊文章太守，仍歌杨柳春风。休言万事转头空，未转头时皆梦。"再后来，方岳还作《水调歌头》一词，追忆二公。之后，还有人书"坐花载月""风流宛在"二匾，追怀当年轶事。种种文人韵事，使平山堂别具风雅。

山 斋[1]

宜明净，不可太敞。明净可爽[2]心神，太敞则费目力[3]。或傍檐置窗槛，或由廊以入，俱随地所宜。中庭[4]亦须稍广，可种花木，列盆景。夏日去北扉[5]，前后洞空[6]。庭际[7]沃以饭渖[8]，雨渍[9]苔生，绿褥[10]可爱。绕砌可种翠芸草[11]令遍，茂则青葱欲浮[12]。前垣[13]宜矮，有取薜荔[14]根瘗[15]墙下，洒鱼腥水[16]于墙上引蔓[17]者。虽有幽致，然不如粉壁为佳。

【注释】

[1] 山斋：山中居室，此处当指园林中高处的小居室。

[2] 爽：舒适，轻松，畅快，此处作"使心神爽"解。

[3] 目力：视力及精神。

[4] 中庭：古代庙堂前阶下正中部分，也指庭院之中。

[5] 去北扉：去掉北面的门扇。

[6] 前后洞空：前后贯通，使其便于通风。

[7] 庭际：中庭边上。

[8] 沃以饭渖（shěn）：用米汤浇灌。沃，灌溉，浇灌。渖，汁。

[9] 渍：浸润，湿润。

[10] 绿褥：像绿色的褥子一样。

[11] 翠芸草：即翠云草，多侧枝，叶在侧枝上排列紧密，叶面有翠蓝色

光泽。可供观赏，也有药用。

[12]　青葱欲浮：青翠葱茏，像要浮起来一样。

[13]　垣（yuán）：墙。古代称矮墙为垣，称高墙为墉。

[14]　薜荔：桑科植物，攀援于墙壁或树上，叶小而薄。

[15]　瘗（yì）：埋藏，掩埋。

[16]　鱼腥水：将鱼身杂物洗涤放入瓶里充分发酵后，可以当液肥使用。

[17]　引蔓：牵引藤蔓。

【点评】

　　古代文人向来有山中清居的传统。南朝吴均曾有《山中杂诗》云："山际见来烟，竹中窥落日。鸟向檐上飞，云从窗里出。"超然恬淡，令人有出尘之想。

　　文震亨也好此风，虽然他隐居在城市，但他还是在园林中择高处建山斋，精心布置：窗明几净，可使人赏心悦目；门窗宽敞适宜，能有效使用光线，使观感佳；中庭辟出宽阔区域，种花木列盆景，能营造诗情画意，如梅兰竹菊等花木，本身有丰富的意蕴，还可寄托情思，标榜志趣；以米汤水来滋生青苔，绕砌遍种翠芸草，有一种苍古自然之味，还显得清寂闲雅；墙壁用素色也是极高明的一笔，因为色白，

山居宜明净，不可太敞

便如画纸，映照花草树木的光影，便如天然图画；至于夏日去除北面的门扇，前后洞空，则是考虑到夏日的气候，方便居住。如此经营，几乎与山居无异。

古代士人推崇隐逸之乐和自然之趣，于山林流水之间清居，能在吟诗、抚琴、阅书、绘画等雅事之中，享受"无人相就宿，时有白云来"的超然和旷逸；在仕途失意或现实的种种不如意下，也往往希冀远离尘网，在清风明月下洗净世虑，"且尽山斋一杯酒，此君相对已忘言"，即是此中真意的完美诠释。文震亨是解人，他所追求的，也正是这种旷士之怀和幽人风致。

丈　室[1]

丈室宜隆冬寒夜，略仿北地暖房[2]之制，中可置卧榻[3]及禅椅[4]之属。前庭须广，以承日色，留西窗以受斜阳，不必开北牖[5]也。

【注释】

[1]　丈室：斗室，狭小的房间。相传在古印度，维摩诘大士称病在家，与前来探病的文殊菩萨探讨佛法，互斗机锋之下妙语连珠，吸引了无数的听众。唐代盛行佛法，王玄策奉命出使印度，路过维摩诘故宅时，特意用手板测量宽度，发现室内仅一丈见方，对其钦佩不已。流风所及，丈室在中国便流传开来。

[2]　北地暖房：北方的暖房，地下设坑道，烧火取暖。

[3]　卧榻：泛指床。

[4]　禅椅：坐禅之椅。详见本书卷六"禅椅"条。

［5］ 北牖（yǒu）：朝北的窗。

【点评】

丈室，是古代院落中古雅精致的小屋，其制起源于佛教，盛行于唐代。文震亨在此特意提及，可见明代依然盛行。关于丈室的内部构造，文氏所提不过放置一椅、一榻，多承日色，注意保暖而已。这似乎有些单调简陋，但"陋室德馨"，明代归有光的"项脊轩"，形制和丈室类似，甚至"尘泥渗漉，雨泽下注"，但他就像颜回箪食瓢饮不改其乐一样，丝毫不以陋室为陋，令人敬仰。

古人在丈室中的一项活动是品鉴古董，赏玩书画。明代冯梦祯得到王维的《江山雪霁图卷》后，题跋道："得此数月以来，每一念及，则狂走入丈室，饱阅无声，出户见俗中纷纭，殊令人捉鼻也。"在闲暇之中，寄托自身的闲情逸致。

丈室中的另外一项活动，则是静坐。于儒家而言，这是澄清思虑、修身养性的方法；于道家而言，这是有益健康、修养身心的要领。归有光《项脊轩志》中说："借书满架，偃仰啸歌，冥然兀坐，万籁有声；而庭阶寂寂，小鸟时来啄食，人至不去。三五之夜，明月半墙，桂影斑驳，风移影动，珊珊可

丈室

爱。"清寂中，有了闲适自得之意，得了儒道二家的真趣。

这些，风流儒雅的文震亨应该是懂得的。一间丈室，足以令他偷得浮生半日闲，半佛半神仙了。

佛　堂[1]

筑基高五尺余，列级而上，前为小轩，及左右俱设欢门[2]，后通三楹供佛。庭中以石子砌地，列幡幢[3]之属。另建一门，后为小室，可置卧榻。

【注释】

[1]　佛堂：指供奉佛像的堂屋。

[2]　欢门：酒楼食店以五彩装饰的门面，此处指侧门、耳门。

[3]　幡幢（fān zhuàng）：佛教所用的旌旗。幡，古通"旛"，用竹竿等挑起来直着挂的长条形旗子，有告示、传教之用。幢，原指旌旗，后指佛教的一种柱状标帜，饰以杂彩，建于佛前，表示麾导群生、制伏魔众之意，写经于其上的长筒圆形绸伞，称为经幢；刻经于其上的石柱形小经塔，称为石幢。

【点评】

佛教在东汉时期传入中国，历经数代，根深叶茂。到明清时期，深宅大院中流行兴建佛堂，方便信佛的家属早晚做课、拜忏，以及听僧尼来家讲经。文震亨家世代均有拜佛参禅的传统，故而造园之时，将佛堂列入必备之项。

佛堂

关于佛堂的布置，文震亨认为需筑造五尺有余的台基，让人列级而上，这是为了使人心生庄严肃穆之意；前为小轩形制，两侧设置小门，是为了避免一览无余；庭院用石子砌地，列旛幢等器具，是为了营造古朴禅意之境；至于另开一门，通往后面辟出的小室，并置卧榻，是为了方便随时参禅。井井有条，颇有讲究。

不过这些对文人并不十分重要。他们更关心的是佛经的义理部分，希望通过参悟精深微妙的佛理，提升自己的精神境界，避开残酷支离的现实，寻求心灵上的慰藉和解脱。只是文震亨身处晚明乱局中，在佛堂中真能找到真正的安宁吗？

桥[1]

广池巨浸[2]，须用文石为桥，雕镂云物[3]，极其精工，不可入俗。小溪曲涧，用石子砌者佳，四傍可种绣墩草。板桥须三折[4]，一木为栏[5]，忌平板作朱卍字栏。有以太湖石为之，亦俗。石桥忌三环，板桥忌四方磬折[6]，尤忌桥上置亭子。

【注释】

[1]　桥：架在水上或空中便于通行的建筑物。

[2]　巨浸：大湖泽，园林中指大池沼。

[3]　云物：景物，景色。宋·范成大《冬至日铜壶阁落成》：“故园云物知何似，试上东楼直北看。”

[4]　三折：民间有三块木板并列的桥，故“折”疑为断而犹连，“三折”即三块木板并列。

[5]　一木为栏：用一根木料为栏杆。

[6]　四方磬折：直角转折。四方，东南西北四个方向，即四面。磬折，泛指事物曲折如磬。

【点评】

桥，一般为山道或水域通行而建。园林中造桥，还有造境的考虑。其一，可将桥作为连接景观的纽带，引导游览；其二，可用桥分隔水面，增加景观层次；其三，作装饰点缀，如李白诗中的“两水夹明镜，双桥落彩虹”，水上飞虹，倒影垂波，虚实相映，能营造美妙的画境。

石桥忌三环，板桥忌四方磐折

文震亨深谙此道。他推崇在广阔的水域，用文石作桥，雕镂精美的纹饰，在小溪曲洞，则用石子砌桥，四周种绣墩草，这样能营造古雅清寂之感。至于板桥三折、一木为栏、不用太湖石、忌朱卍字栏、忌设亭子，就是一家之言了。园林中的桥千变万化，常见的有平桥、拱桥、亭桥、廊桥、汀步桥等。

平桥，最为常见，简朴雅致，多平直状，也有曲折状的，曲折窈窕，能让游人在不同角度观赏风景。艺圃的渡香桥即是其中典范，由于贴水而建，自然三折，不仅有亲切之趣，还能凸显侧壁假山的高大。环秀山庄中的三曲桥，下临深渊，有不尽之势绵延于假山之后，令人有身处画境之感。

拱桥，单孔多孔皆有，或如玉带，或如长虹，凌波倒影，自成一景，同时便于桥下通船，颐和园的玉带桥和十七孔桥，便是其中杰作。而网师园中的引静桥，三步可过，不可通船，但有增加园林景观、以小见大、反衬园景之用，亦有涉水之趣。

亭桥，是在桥上架亭之制，能供游人赏景、游憩、避雨、遮阳，本身也具美感。一般单亭较多，多亭较少。扬州瘦西湖中的五亭桥是其中杰作。该桥上有五亭，下有十五个不规则的桥洞，桥身敦实，亭檐欲飞，兼具雄伟和秀丽。《扬州画舫录》曾载："每当清风月满之时，每洞各衔一月。金色荡漾，众月争辉，莫可名状。"桥影月影相映成趣，别具风味。

廊桥，是在桥上设廊顶之制，既能让行人免受风吹日晒，同时也能遮风挡雨，保护桥体。其中以拙政园的小飞虹最为著名。桥凌水而建，分隔水面，隔而不断，通体为长廊，上设棚顶，尽染朱色，倒影垂波之时，宛若飞虹。桥名取自鲍照"飞虹眺秦河，泛雾弄轻弦"诗意，十分新奇。而从文徵明手绘的《拙政园三十一景图咏》来看，当时园中的树木并不十分茁壮，在桥上依稀能望见远处的山色，如此，人在桥上，颇有凌虚之感。

汀步桥，是用数块相对规整的石头间隔放于水中制成，多见于溪流中。瞻园中有一假山，假山上有瀑布，下有浅潭，水中有若干小石供人通行，涉水而过，有一种如在山林之间的野趣。园林中有此一物，可增色不少。

还有一些桥，虽非名桥，但因诗人吟咏，留下千古名句。"梦魂惯得无拘检，又踏杨花过谢桥"，是痴癫的深情；"唯有别时今不忘，暮烟疏雨过枫桥"，是别后的思忆；"爷娘弟子来相送，尘埃不见咸阳桥"，是战乱的凄怆；"二十四桥仍在，波心荡，冷月无声"，是慨古的悲吟；而"独立小桥风满袖，平林新月人归后"，语似平静，但词人心中的愁绪之深，又有谁知呢？

茶　寮 [1]

构一斗室，相傍山斋，内设茶具，教一童专主茶役[2]，以供长日[3]清谈[4]，寒宵兀坐[5]。幽人首务，不可少废者。

茶寮别置一区，松间溪流处尤佳

【注释】

[1] 茶寮（liáo）：指寺中品茶小斋或茶馆，此处指园林中品茶小斋。寮，
　　　　小屋、小室。

[2] 茶役：烹茶。役，劳役，役作之事。

[3] 长日：整天，此处指漫长的白天。

[4] 清谈：清雅的谈论。详见本书卷七"麈"条。

[5] 寒宵兀坐：寒夜独坐。兀坐，独自端坐。唐·戴叔伦《晖上人独坐

亭》："萧条心境外，兀坐独参禅。"

【点评】

黄龙德《茶说》云："茶为清赏，其来尚矣。"自汉末三国以来，中国饮茶之风逐渐盛行，后在魏晋玄学的推动之下，幽居品茗、长日清谈，已经成了古代文人日常生活中不可或缺的一部分。故而晚明造园蔚然成风之时，茶寮也成了其中的标配。

茶寮常设在书斋旁，内部陈列茶灶、茶盏、茶注、炭箱、火钳等器具。而文震亨将茶寮设置在山斋旁，这样做的目的，其一应是营造一种超尘脱俗之境，其二应为远离厅堂防止火灾，其三可能还有便于取水烹茶的考虑。如果从造园的角度来考虑，如此布置便如园中之园，让园林有层次变化，增色不少。

茶寮建成之后，适宜独坐品茗，"茶灶疏烟，松涛盈耳"，自有一种乐趣。明人徐渭说："茶宜精舍，云林竹灶，幽人雅士，寒宵兀坐，松月下，花鸟间，清白石，绿鲜苍苔，素手汲泉，红妆扫雪，船头吹火，竹里飘烟。"其言令人心醉，身处其间必是更加清寂闲适。茶寮也方便聚会清谈，"高人论道"也好，"词客聊诗"也罢，再或者是"黄冠谈玄，缁衣讲禅，知己论心，散人说鬼"，都无有不可。佳宾清谈之际，饮几杯香茶，自然神为之畅。

琴 室[1]

古人有于平屋[2]中埋一缸，缸悬铜钟，以发[3]琴声者。然不如层楼之下[4]，盖上有板，则声不散；下空旷，则声透彻。或于乔松、修竹、岩洞、石室之下，地清境绝，更为雅称[5]耳。

或于乔松修竹、岩洞石室之下，地清境绝，更为雅称耳

【注释】

［1］ 琴室：用来弹琴的屋子。

［2］ 平屋：即平房，在楼房出现前为国人主要居所。

［3］ 发：引起，引发，此处有激发并引起共鸣之意。

［4］ 层楼之下：层楼指高楼。结合下文中的"上有板"与"下空旷"，

可知文中指在高楼里弹琴。

［5］ 雅称：原指美称，此处是与风雅相称之意。

【点评】

中国古代素有"士无故不撤琴瑟"的传统，宋代将琴列入四艺之首后，琴就成了追求风雅的士人们的必修之课。有琴，自然就有琴室，文震亨提到的"埋铜钟""处层楼"这两种方法，能够有效引起共鸣，激发琴音，但如他所言，古人更推崇的是乔松、修竹、岩洞、石室几种清绝之地，这里面实在有很多东西值得玩味。

其一，清绝境地，更为雅称。清人王昱在《东庄论画》中云："昔人谓山水家多寿，盖烟云供养，眼前无非生机。"画乐同理，对着清风明月、苍松怪石、颠猿老鹤，不仅是风雅之极，而且能体悟到清微淡远的高深琴道。

其二，当意与境合之后，神也容易与道合。明人杨表正《弹琴杂说》中云："凡鼓琴，必择静室高堂，或升层楼之上，或于林石之间，或登山颠，或游水湄，或观宇中。值二气高明之时，清风明月之夜，焚香净室，坐定，心不外驰，气血和平，方与神合，灵与道合。"古人弹琴时，追求的是寄托风骨、天人合一，抚琴到忘我之时，境已转心，心也能再次转境。

其三，自得其乐。明人林有麟《青莲舫琴雅》中载："王子良得一古琴，质色甚古，每一鼓清风忽发，庭中梅花飞动。子良叹曰：'此花不独解语，更能知音'。"无独有偶，王维晚年隐居蓝田辋川时，也说："独坐幽篁里，弹琴复长啸。深林人不知，明月来相照。"可见弹琴时，有知音欣赏自然是好，如无，对清风明月、苍松古梅，也很有趣，何况清风明月也是另一种形式的知音。苏州网师园琴室有一联云"山前倚杖看云起，松下横琴待鹤归"，深得此中三昧。

浴　室[1]

前后二室，以墙隔之，前砌铁锅，后燃薪以俟[2]。更须密室[3]，不为风寒所侵。近墙凿井，具辘轳[4]，为窍[5]引水以入。后为沟[6]，引水以出。澡具[7]巾帨[8]咸具其中。

【注释】

[1] 浴室：供洗澡的房间。

[2] 燃薪以俟：后室烧柴火以待用。薪，柴火。俟，等待。

[3] 更须密室：须把浴室密闭起来。

[4] 具辘轳：安装辘轳。具，安置。辘轳，利用轮轴原理制成的井上汲水的起重装置。

[5] 为窍：在墙上挖一个小孔。

[6] 后为沟：在墙后挖一条水沟。

[7] 澡具：洗澡用具。底本作"藻具"，误。

[8] 巾帨（shuì）：手巾，毛巾。

【点评】

古人对沐浴很讲究，在上朝、祭祀、会客等事宜之前，都要沐浴。《礼记》中载："五日则燂汤请浴，三日具沐。"到东汉时，官员甚至有沐浴的假期。《汉官仪》中载："五日一假洗沐，亦曰休沐。"在他们看来，沐浴并不只是单纯的清洁身体、保持健康，更重要的是表示内心的恭敬和虔诚，作为一种礼仪而存在。

完善的浴室需要取水快、保暖好、排污易、澡具取用方便，文震亨所要求的也无外乎这几点。后来，公共的澡堂出现了，服务业也兴起了，有专人搓背、剃头、修脚，洗完澡后还可以舒服地品尝蔬果香茗，和人闲侃。嘉庆时，破额山人《夜航船》中关于"兰溪花浴堂"的一段记载更加令人神往："砌放花卉，下贮泉流。每人一间，饮茶于几，脱衣于桁，无混杂也。旁有竹筒四五孔，孔面上书'上温''中温''微温'及'退''加'等字。温凉退加，从心所欲；击筒为号，无不知意。轩窗畔更置风轮，万花香气，随风送至，轮回辗转，百和氤氲……"不过这两种泡澡方式，虽一种贴近民俗，一种风雅曼妙，但崇古的文震亨可能都不会接受吧。

澡具巾帨咸具其中

不爱沐浴的人事也值得一说。晋人嵇康在《与山巨源绝交书》中自述"性复疏懒……头面常一月十五日不洗"，是"越名教而任自然"，有不与篡国的司马氏合作之意；南朝卞彬"澡刷不谨，浣沐失时"，以至于淫痒难忍，与其说他恃才傲物，倒不如说他贫寒困苦不得已；王安石脸黑，人疑为病，医生给他澡豆（古代以豆粉制成的洗涤用品）洗浴，他居然说，既然老天赐我一副黑面孔，澡豆又能拿我如何，令人哭笑不得。

街径[1]　庭除[2]

　　驰道[3]广庭，以武康石皮[4]砌者最华整[5]。花间坼侧[6]，以石子砌成，或以碎瓦片斜砌[7]者，雨久生苔，自然古色。宁必金钱作埒[8]，乃称胜地哉？

【注释】

[1] 街径：四通之道为街，小路为径，此处指园林中的大小道路。

[2] 庭除：庭前阶下之地。五代·刘兼《对镜》："风送竹声侵枕簟，月移花影过庭除。"

[3] 驰道：供君王行驶车马的道路，后泛指供车马驰行的大道，此处指园林中的行道。

[4] 武康石皮：武康石块。武康石，产于浙江湖州，质地坚硬，常用于江南园林建筑，包括假山石和建筑石两种。

[5] 华整：华丽整齐。

[6] 花间坼（chè）侧：花丛边小道的缝隙中。坼，裂缝。

[7] 斜砌：一种建筑工艺，一般砖石为平砌。

[8] 金钱作埒（liè）：耗费巨资。埒，田埂，也指周匝有矮墙的马射场。《晋书》："（王浑）性豪侈，丽服玉食。时洛京地甚贵，济买地为马埒，编钱满之，时人谓为'金沟'。"

【点评】

　　街径，是通行的道路，也是连接各处景观的纽带。规划得益，既能让整体更加协调，也能让局部增色不少。

文震亨对此深有研究，认为铺路石是第一要素，用武康石铺出来最为华整。计成在《园冶》中，还提到小乱石、鹅卵石、青板石、砖石等石料，并以碎砖、碎瓦片、碎瓷片、碎缸片等镶嵌其中，形成山水人物、花鸟虫鱼、神仙志怪等图案，不仅走起来舒适，而且赏心悦目。

庭除中，文震亨认为应当用种植青苔来营造一种古雅自然之境。青苔在树上、石间、

花间坏侧，以石子砌成，或以碎瓦片斜砌

地上皆能生存，远离人迹，碧绿洁净，极受文人喜爱。叶绍翁游园时说"应怜屐齿印苍苔，小扣柴扉久不开"，王维隐居时说"返景入深林，复照青苔上"，刘禹锡居陋室也说"苔痕上阶绿，草色入帘青"，可见青苔既有苍古自然之感，又有清幽空寂之趣，还有幽逸脱俗之味，用来作庭除中的点缀再好不过。高濂在《遵生八笺》中，还提出"九径"之说："江梅、海棠、桃、李、橘、杏、红梅、碧桃、芙蓉，九种花木，各种一径。"花开之日，满眼佳色，满路芬芳，也是美丽极了。

试想，当雅致的花木青苔点缀了庭除，当曲折的羊肠小径连通了庭园，人走在其中，看着无边的美景，该是一幅多么美妙的画面。这种乐趣，米芾是了解的，他说："从容雅步在庭除，浩荡闲心存万里。"晏殊也是了解，他说："无可奈何花落去，似曾相识燕归来，小园香径独徘徊。"

但了解最透彻的莫过于苏东坡了,以至于在承天寺中是那么清寂而幽闲,他说:"庭下如积水空明,水中藻、荇交横,盖竹柏影也。何夜无月?何处无竹柏?但少闲人如吾两人者耳。"但世上偏偏又有许多王浑之辈,以为只要有钱就可以打造出风景名胜,令人浩叹啊!

楼 阁[1]

楼阁作房闼[2]者,须回环窈窕[3];供登眺者,须轩敞弘丽[4];藏书画者,须爽垲高深[5]:此其大略也。楼作四面窗者,前楹用窗,后及两傍用板。阁作方样[6]者,四面一式[7]。楼前忌有露台[8]、卷蓬[9],楼板忌用砖铺。盖既名楼阁,必有定式,若复铺砖,与平屋何异?高阁作三层者,最俗。楼下柱稍高,上可设平顶。

【注释】

[1] 楼阁:中国古代建筑中的多层建筑物。早期楼与阁有所区别,后期互通无区分。

[2] 房闼(tà):寝室,闺房。闼,内房。

[3] 回环窈窕:环绕幽深。窈窕,深远貌,秘奥貌。

[4] 轩敞弘丽:宽敞明亮,宏伟壮丽。

[5] 爽垲(kǎi)高深:干燥透风,高大深邃。

[6] 方样:方形。

[7] 一式:统一的样式。

[8] 露台:古代由于建筑结构需求,在楼层中造露天台榭,即为露台,与现代阳台的功能类似。

供登眺者，须轩敞弘丽

[9] 卷蓬：即卷棚，是前后两坡交界处不用正脊而做成弧形曲面的
　　　屋顶。

【点评】

　　中国古代建筑中，早期楼与阁分离，阁四面开窗，居主要位置；楼平
面狭长，居次要位置。后来"楼"与"阁"连用，渐渐不再区分了。帝王
将相、达官贵人、幽人名士，都喜欢在江畔、河岸、山野、园林之中建楼

阁，以满足记功、镇妖、守御、藏书、远眺、饮宴、娱乐、休憩、观景等多种需求，极一时之盛。

园林中的楼，多为藏书楼，供收藏典籍、书画、古玩之用；阁则多为水阁，成水榭形制，一般用以赏景、休息、雅集。也有将实用和观赏融为一体的，如拙政园中的见山楼。此楼形制十分特殊，三面环水，有高而平坦的廊道通行，人行其间，有登山之感，上楼之后，可阅览诗文，可赏玩书画，还可眺望远方若有若无的山色，时称"半潭秋水一房山"。楼原名隐梦楼，后改为见山楼，据传取的是陶渊明"采菊东篱下，悠然见南山"诗意，也可能出自"见山见水"的修禅三境界："见山是山，见水是水；见山不是山，见水不是水；见山还是山，见水还是水。"而见山楼本身似山而不是山，似见远山又不见远山，思绪在其间任意驰骋，颇有逸趣。另外，见山楼的底层称藕香榭，设有美人靠，有曲折的板桥通行，可在其间观鱼、休憩。春天的垂柳，夏日的碧荷，秋季的芦花，冬时的飞雪，清晨的日照，薄暮的月光，也都能够尽收眼底，令人颇为快意。

在历史的长河中，享誉盛名的楼阁不计其数。如黄鹤楼，崔颢的"黄鹤一去不复返，白云千载空悠悠"，留下了无尽怅惘，李白的"孤帆远影碧空尽，惟见长江天际流"，则留下了依依别情；如岳阳楼，范仲淹的"先天下人之忧而忧，后天下人之乐而乐"，留下了悲悯胸怀，杜甫的"亲朋无一字，老病有孤舟"，留下的则是乱世悲歌；如滕王阁，王勃的"落霞与孤鹜齐飞，秋水共长天一色"，留下了壮丽美景，同时"天高地迥，觉宇宙之无穷；兴尽悲来，识盈虚之有数"，又留下的则是知命领悟；又如鹳雀楼，王之涣的"欲穷千里目，更上一层楼"，尺幅千里之中，写尽了进取态度；又如蓬莱阁，苏轼的"郁郁苍梧海上山，蓬莱方丈有无间"，虚无缥缈之际，说尽了人生际遇；再如阅江楼，王阳明的"山色古今余王气，江流天地变秋声"，光阴流转之中，道尽了历史沉浮。其他如大观楼、钟鼓楼、烟雨楼、楼外楼等，无一不因其深厚的历史底蕴，而名垂千古。

台 [1]

筑台忌六角，随地大小为之。若筑于土冈 [2] 之上，四周用粗木作朱阑亦雅。

【注释】

[1] 台：高而且平的建筑物，没有顶，供登临远眺及主持仪礼用。汉·许慎《说文解字》："台，观四方而高者。"

[2] 土冈：不高的土山，土丘。

【点评】

文震亨这类传统文人，对台这一建筑物有很深的情结。一方面是凭吊长者，追慕高士之风。浙江富春江畔，有严子陵钓台。严子陵年少时和刘秀有同窗之谊。刘秀平定王莽之乱称帝后，他拒仕归隐，"披羊裘钓泽中"，在湖山中耕读垂钓，终老一生。范仲淹曾说："云山苍苍，江水泱泱，先生之风，山高水长！"两千年来，登台凭吊者无数。严先生的风范，时至今日人们依然觉得是高山仰止！

另外一方面，是登临远眺，发思古之幽情。陈子昂登幽州台，说"念天地之悠悠，独怆然而涕下"；李白登凤凰台，说"吴宫花草埋幽径，晋代衣冠成古丘"；辛弃疾登郁孤台，说"江晚正愁余，山深闻鹧鸪"，怀想、追思、感喟、慨叹，不因山河更替、光阴流转而消磨半分。

登台之时，也并非所有人都想到忧思。譬如苏轼登凌虚台时，以台的难以持久推及到人事中，悟出了"盖世有足恃者，不在乎台之存亡"的

登台远眺

道理；登超然台时，又想到卢敖、姜子牙、齐桓公、韩信等人的故事，念及人欲的无穷，最终悟得了"无所往而不乐者，游于物之外"的超然之境。这就又是另外一种境界和领悟了。

在园林中，台并不多见。豫园和胡雪岩故居中有戏台，是园主人看戏之所，扬州瘦西湖的祝寿台，是当时为逢迎乾隆皇帝而修建，这类台均需宽广的园林方能容纳，耗费也颇大，非富商巨贾不能办。幽人建台，一般或为眺望，或为养鹤，较为风雅。张潮《幽梦影》中有"筑台可以邀月"之说，也是令人羡慕的精神享受了。不过，考虑到经济因素，大多数人还是用楼阁亭榭来代替台的功用，算是退而求其次了。

海　论[1]

忌用"承尘"[2]，俗所称天花板是也，此仅可用之廊宇[3]中。地屏[4]则间可用之。暖室不可加簟。或用甋瓵[5]为地衣[6]亦可，然总不如细砖之雅。南方卑湿[7]，空铺[8]最宜，略多费耳。室忌五柱，忌有两厢[9]。前后堂相承，忌工字体，亦以近官廨也，退居[10]则间可用。忌傍无避弄[11]。庭较屋东偏稍广[12]，则西日不逼[13]，忌长而狭，忌矮而宽。亭忌上锐下狭[14]，忌小六角[15]，忌用葫芦顶[16]，忌以茆[17]盖，忌如钟鼓及城楼式。楼梯须从后影壁上，忌置两傍，砖者作数曲[18]更雅。临水亭榭，可用蓝绢为幔[19]，以蔽日色；紫绢为帐[20]，以蔽风雪，外此俱不可用，尤忌用布，以类酒船[21]及市药[22]设帐也。小室忌中隔，若有北窗者，则分为二室，忌纸糊，忌作雪洞[23]，此与混堂[24]无异，而俗子绝好之，俱不可解[25]。忌为卍字窗傍填板。忌墙角画梅及花鸟[26]。古人最重题壁[27]，今即使顾陆点染[28]，钟王濡笔[29]，俱不如素壁[30]为佳。忌长廊一式，或更互其制[31]，庶不入俗[32]。忌竹木屏[33]及竹篱之属，忌黄白铜为屈戍[34]。庭际不可铺细方砖，为承露台则可。忌两楹而中置一梁，上设乂手笆[35]，此皆元制[36]而不甚雅。忌用板隔，隔必以砖。忌梁椽画罗纹[37]及金方胜[38]，如古屋岁久，木色已旧，未免绘饰[39]，必须高手为之。凡入门处，必小委曲[40]，忌太直。斋必三楹，傍更作一室，可置卧榻。面北小庭，不可太广，以北风甚厉也。忌中楹设栏楯[41]，如今拔步床[42]式。忌穴壁为橱[43]，忌以瓦为墙，有作金钱梅花式[44]者，此俱当付之一击[45]。又鸱吻好望[46]，其名最古，今所用者，不知何物。须如古式为之，不则亦仿画中室宇之制。檐瓦不可用粉刷，得巨枅栭[47]劈[48]为承溜[49]，最雅，否则用竹，不可用木及锡。忌有卷棚，此官府设以听两造[50]者，于人家不知何用。忌用梅花簝[51]。堂帘[52]惟温州湘竹[53]者佳，忌中有花如绣补[54]，忌有字如寿山、福海之类。总之，随方制象[55]，各有所宜，宁古无时，宁朴无巧，宁俭无俗[56]。至于萧疏雅洁[57]，又本性生[58]，非强作解事者[59]所得轻议矣。

【注释】

[1] 海论：总论。海，众多。《说文解字》段玉裁注："凡地大物博得皆得谓之海。"

[2] 承尘：多指承接尘土的小帐幕，此处指天花板。

[3] 廨（xiè）宇：古代的官舍。廨，官署，旧时官吏办公处所的通称。宇，房屋，住所。

[4] 地屏：地板。

[5] 氍毹（qú shū）：一种毛织或毛与其他材料混织的毯子，可用作地毯、壁毯、床毯、帘幕等。

[6] 地衣：即地毯。唐·白居易《红线毯》："地不知寒人要暖，少夺人衣作地衣。"

[7] 卑湿：地势低下潮湿。

[8] 空铺：架空铺设。

[9] 厢：正屋两边的房屋。唐·元稹《莺莺传》："待月西厢下，迎风户半开。"

[10] 退居：退职在家闲居。《庄子》："以此退居而闲游，江海山林之士服。"

[11] 避弄：指宅内正屋旁侧的通行小巷，为女眷仆婢行走之道，以避男宾和主人。

[12] 广：宽。

[13] 西日不逼：西面的日晒不会太厉害。逼，迫近。

[14] 上锐下狭：上尖下窄。

[15] 小六角：小六角形。

[16] 葫芦顶：他本或作"葫芦"。

[17] 茆（máo）：茅草，茆通"茅"。

[18] 数曲：几种弯曲的图案。

[19] 幔：以布帛制成，用来遮蔽门窗等用的帘子。

[20] 帐：布或其他材料等做成的遮蔽物，多用于夏日防蚊。

[21] 酒船：饮酒游乐之船，与画舫类似。

[22] 市药：在市场卖药，指药铺。

[23] 雪洞：园林中指假山中供人通行的洞窟。此处形容室内装饰枯燥无味，如同假山石洞一样。

[24] 混堂：澡堂，浴室。

[25] 俱不可解：都是令人难以理解的。

[26] 花鸟：他本或作"各色花鸟"。

[27] 题壁：将诗文题写于墙壁上，古代文士中盛行此风。

[28] 顾陆点染：顾恺之、陆探微这样的丹青大师作画。顾陆，详见本书卷五"古今优劣"条注释。点染，点笔染翰，指绘画。

[29] 钟、王濡笔：钟繇、王羲之这样的书法大家题字。钟，钟繇，详见本书卷五"名家"条注释。王，王羲之，详见本书卷五"书画价"条注释。濡笔，蘸笔书写或绘画。

[30] 素壁：山壁、石壁，也指白色的墙壁。

[31] 更互其制：变换样式。更，变更。互，交互，交错。

[32] 庶不入俗：使其不落俗套。

[33] 竹木屏：竹制和木制的屏风。

[34] 屈戍：即屈戍，门窗、屏风、橱柜上的铰链或环扣。元·陶宗仪《南村辍耕录》："今人家窗户设铰具，或铁或铜，名曰环纽，即古金铺之遗意，北方谓之屈戍，其称甚古。"

[35] 乂（yì）手笆：梁与脊梁之间的斜撑。

[36] 元制：元代的形制。

[37] 梁椽画罗纹：在梁椽上描绘回旋花纹。梁，架在墙上或柱子上支撑房顶的横木。椽，装于屋顶以支持屋顶盖材料的木杆。罗纹，回旋

纹饰。

［38］ 金方胜：金色的方胜图案。方胜，形状像由两个菱形部分重叠相连
而成的一种首饰，后借指这种形状。《西厢记》王季思校注："胜本
首饰，即今俗所谓彩结。方胜，则谓结成方形者。"

［39］ 未免绘饰：不得不做绘画装饰。

［40］ 小委曲：稍有曲折。

［41］ 栏楯：栏杆。

［42］ 拔步床：一种旧式大床，前面有碧纱厨及脚踏。详见本书卷六
"床"条。

［43］ 穴壁为橱：凿壁作为橱柜。穴，开凿。

［44］ 金钱梅花式：铜钱和梅花形状的样式。

［45］ 付之一击：都去除舍弃。

［46］ 鸱吻：古代宫殿屋脊正脊两端的一种饰物。初作鸱尾之形，一说为
蚩（一种海兽）尾之形，象征辟除火灾。后来式样改变，折而向上
似张口吞脊，因名鸱吻。好望，指鸱吻好像在屋脊两端瞭望一样。

［47］ 栟（bīng）榈：棕榈。

［48］ 擘：古通"掰"，分开、剖裂、掰开之意。

［49］ 承溜：即承霤（liù），置于屋檐下承接雨水的长形器具。溜，房顶
上顺房檐滴下来的水。

［50］ 听两造：审理犯人。听，审理，审察，断决。两造，指诉讼的
双方。

［51］ 梅花篛（tà）：梅花式的窗。篛，一种用于遮挡阳光的篾织物，功
能与窗扇相同，引申为窗。

［52］ 堂帘：厅堂所挂之帘幕。

［53］ 温州湘竹：温州的湘妃竹。详见本书卷二"竹"条注释。

［54］ 绣补：明代官服的前胸及后背，缀有补子，以金线或彩线绣成鸟兽

图像，标志品级高下。

［55］ 随方制象：根据不同客观环境的条件，来安排与其相应的人文景观。方，方面，引申为具体情况。象，状貌，图像。

［56］ 宁俭无俗：宁可简约，不要媚俗。

［57］ 萧疏雅洁：洒脱清丽、古雅洁净。

［58］ 本性生：天性所致。

［59］ 强作解事者：自以为明白而妄加解释的人。解事，通晓事理。

【点评】

此则为室庐卷总论，文震亨的论述涉及天花板、地屏、暖室、地衣、室、堂、庭、亭、楼梯、亭榭、小室、墙壁、窗、长廊、庭际、梁椽、斋、中楹、檐瓦、堂帘等，但关于营造方法和制度，却并未一一细说，只以"随方制象，各有所宜"作为笼统概括，并以诸多"忌"字来表达自己的审美取向。或许因为文震亨终究是一个文士，和他的长辈一样，兴趣及特长在"道"上而不是"术"上。

"道"，指文人理想之境：一方面可以满足清玩赏鉴的意趣，于欣赏品玩间陶冶性情；另一方面可以安放隐逸遁世的情怀，在独善其身中寄托志趣。推及到园林中，文震亨提出了纲要："宁古无时，宁朴无巧，宁俭无俗"。古是古雅，朴是质朴，俭是简约，与此相反的是时髦、工巧、媚俗。以"街径庭除"条为例，用武康石铺路由来已久，不仅能使路面古雅华整，而且可以体现文化的积淀和历史的传承；而使花石之间滋生青苔，有幽逸脱俗的况味，可以令人心旷神怡；至于嘲讽以金钱来营造名胜之人，则是恪守古雅不从流俗的例证。总之，他力求营造一种自然之趣和古朴之美，使物态的室庐充满诗情画意，令"居之者忘老，寓之者忘归，游之者忘倦"。

"道"虽居于主体，"术"也并非完全是细枝末节。与文震亨同时代的计成，著有《园冶》一书。该书共三卷，分为兴造论、园说、相地、立基、屋宇、列架式、装折、栏杆、门窗、墙垣、铺地、掇山、选石和借景等篇章，系统地介绍了园林的营造方法，填补了文震亨书中的"术"的不足。喜爱此道者，不妨二书同参。

卷二　花木

文震亨《唐人诗意图册》册页二

花 木^[1]

弄花^[2]一岁，看花十日。故帏箔映蔽^[3]，铃索护持^[4]，非徒富贵容^[5]也。第繁花杂木，宜以亩计。乃若^[6]庭除槛^[7]畔，必以虬枝古干^[8]，异种奇名^[9]，枝叶扶疏^[10]，位置疏密^[11]。或水边石际，横偃斜披^[12]，或一望成林，或孤枝独秀。草花不可繁杂，随处植之，取其四时不断^[13]，皆入图画^[14]。又如桃李不可植于庭除，似宜远望；红梅^[15]、绛桃^[16]，俱借以点缀林中，不宜多植。梅生山中，有苔藓者，移置药栏^[17]，最古。杏花差不耐久，开时多值风雨，仅可作片时玩。蜡梅^[18]冬月最不可少。他如豆棚^[19]、菜圃^[20]，山家风味，固自不恶，然必辟隙地数顷，别为一区；若于庭除种植，便非韵事。更有石磶^[21]木柱，架缚精整^[22]者，愈入恶道。至于艺兰栽菊，古各有方。时取以课园丁^[23]，考职事^[24]，亦幽人之务也。志《花木》第二。

【注释】

[1] 花木：泛指花草树木。

[2] 弄花：栽接整治花木。

[3] 帏箔映蔽：用帷幕、帘子来遮蔽。

[4] 铃索护持：用绳索系铃吓退鸟雀，保护花木。铃索，系铃的绳索。五代·王仁裕《开元天宝遗事》："天宝初，宁王日侍，好声乐，风流蕴藉，诸王弗如也。至春时，于后园中，纫红丝为绳，密缀金铃，系于花梢之上。每有鸟鹊翔集，则令园吏掣铃索以惊之，盖惜

花之故也。诸宫皆效之。"护持，保护维持。

［5］ 非徒富贵容：并非只是为了花开时富丽高贵的模样。

［6］ 乃若：至于。

［7］ 槛：防护花木的栅栏。宋·寇宗奭《本草衍义》："二兰移植小槛中，置座右，花开时满室尽香，与他香又别。"

［8］ 虬枝古干：盘屈古雅的枝干。虬，拳曲，弯曲，盘曲。

［9］ 异种奇名：奇异的花木品种。

［10］ 扶疏：枝叶繁茂纷披貌。

［11］ 位置疏密：布置得疏密得当。位置，布置。详见本书卷十"位置"条。

［12］ 横偃斜披：横而下卧，斜而披散。偃，仰面倒下。披，分开。

［13］ 取其四时不断：使其四季不间断地开花。

［14］ 图画：绘画，引申为画境。

［15］ 红梅：见本卷"梅"条中"红梅"注释。

［16］ 绛桃：落叶灌木，喜光，花重瓣，深红色。

［17］ 药栏：芍药之栏，后泛指花栏。

［18］ 蜡梅：见本卷"梅"条中"蜡梅"注释。

［19］ 豆棚：用竹木搭成的棚架，供蔓生豆藤攀附生长，夏日为纳凉佳处。

［20］ 菜圃：菜园。圃，种植菜蔬、花草、瓜果的园子。

［21］ 石磉（sǎng）：柱下石头，石墩。

［22］ 架缚精整：精心搭架绑缚。架，架设，构筑。缚，拘束，束缚。

［23］ 课园丁：培训园丁。课，教授，培训。

［24］ 考职事：考核职业技艺。

【点评】

卷二论花木。文震亨对其占地面积、护持方法、位置疏密，以及品类、架缚等均有论述，力求营造一种"四时不断，皆入图画"之境。

花木，可分为花、树、竹、藤、草、苔这几种，是园林中必备的要素，作用极其重要。

其一，美化环境。花姿态优美，颜色艳丽；树历经沧桑，造型奇特；竹青翠萧疏，挺直坚韧；藤、草、苔之类，无处不在。各种植物搭配起来，五彩纷呈，充满勃勃生机。形色之外，花草树木还会散发香气，若有若无，沁人心脾，又成一种虚景，令人十分受用。四时朝暮之时，景色又自不同，如同画境仙苑。这些都是寻常易知，张潮《幽梦影》中还提及鲜有人道之事："艺花可以邀蝶，垒石可以邀云，栽松可以邀风，贮水可以邀萍……种蕉可以邀雨，植柳可以邀蝉。"可见种植花木与自然十分融洽，能营造极美的意境。

其二，怡情悦心。花给人美好之感；树给人充实之感；竹给人淡雅之感；藤、草给人繁荣之感；苔藓给人苍古之感。张岱《陶庵梦忆》中有"不二斋"的布置说："夏日，建兰、茉莉，芗泽浸人，沁入衣裾；重阳前后，移菊北窗下，菊盆五层，高下列之，颜色空明，天光晶映，如沉秋水；冬则梧叶落，蜡梅开，暖日晒窗，红炉氍毹。以昆山石种水仙，列阶趾；春时，四壁下皆山兰，槛前芍药半亩，多有异本。余解衣盘礴，寒暑未尝轻出，思之如在隔世。"清晨、薄暮、月夜、雨时、雪天，在园中看着花草树木的奇姿异彩，闻着香气，心旷神怡，一夕可抵数年尘梦。

其三，修身养性。古代文人大都有栽植及赏玩花木的爱好，李中的"高敞轩窗迎海月，预栽花木待春风"，王庭珪的"幽处小窗花木好，吟馀清论齿牙香"，都深得其中旨趣。对一花一叶，一草一木，他们不仅能发现其中的美好，还能在品鉴赏玩之余，陶冶温雅的性情，为生活增添无限的乐趣。张潮《幽梦影》中有诸多妙论，如："荆之闻分而枯，闻不分而活，其兄弟也；莲之并蒂，其夫妇也；兰之同心，其朋友也。"又如："植物中有三教焉，竹梧兰蕙之属，近于儒者也；蟠桃老桂之属，近于仙者也；莲花葡萄之属，近于释者也。"又如："梅令人高，兰令人幽，菊令人野，莲令人淡，春海棠令人艳，牡丹令人豪，蕉与竹令人韵，秋海棠令人媚，松令人逸，桐令人清，柳令人感。"了解花木的气质性情，也会受其感染熏陶，完善自身人格。

弄花一岁，看花十日

其四，寄托志趣。各类花草树木，各有其寓意。园林中种植花木造景，可以借物言志，标榜人格。陶渊明隐居山林，见菊花开了，写诗云"采菊东篱下，悠然见南山"；王子猷暂住空宅，令人种竹，说"何可一日无此君"；周敦颐居濂溪，见满池莲花，写文道"予独爱莲之出淤泥而不染，濯清涟而不妖"。都是在品物之中，寄托自身清雅高逸的品性，以及超尘脱俗的追求。张潮更是说得可爱："天下有一人知己，可以不恨。不独人也，物亦有之。如菊以渊明为知己，梅以和靖为知己，竹以子猷为知己……一与之订，千秋不移。"天、地、人、万物，在这样的光景中瞬间融为了一体。

如此，园林中花木的种植，可称一门大学问。文震亨所言十分精辟，清人陈淏子《花镜》中，还提出"种植位置法"："如园中地广，多植果木松篁，地隘只宜花草药苗"，这是根据空间来布置；"设若左有茂林，右必留旷野以疏之，前有芳塘，后须筑台榭以实之，外有曲径，内当垒奇石以邃之"，讲的是疏密虚实，如同插花；"花之喜阳者，引东旭而纳西晖，花之喜阴者，植北囿而领南薰"，这是根据花木的性情特点，因地制宜。另外还提到了色彩搭配和情境营造的法门：如牡丹芍药，姿态艳丽，"宜玉砌雕台，佐以嶙峋怪石，修篁远映"；如梅花、蜡梅，气韵清高，"宜疏篱竹坞，曲栏暖阁，红白间植，古干横施"；就连野花野草，也认为可以"补园林之不足"，使四时有景可观。其言可谓妙论。

牡丹[1] 芍药[2]

牡丹称花王，芍药称花相[3]，俱花中贵裔[4]。栽植赏玩，不可毫涉酸气[5]。用文石为栏，参差数级，以次列种。花时设燕[6]，用木为架，张碧油幔于上，以蔽日色，夜则悬灯以照。忌二种并列，忌置木桶及盆盎[7]中。

【注释】

[1] 牡丹：花色泽艳丽，富丽堂皇，故又有"国色天香"之称。在唐代，种植牡丹已十分普遍。明·李时珍《本草纲目·牡丹》："牡丹以色丹者为上，虽结子而根上生苗，故谓之牡丹。唐人谓之木芍药，以其花似芍药而宿干似木也。"

[2] 芍药：五月开花，花大而美丽，有紫红、粉红、白等多种颜色。

[3] 花相：花中的丞相。宋·陆佃《埤雅》："今群芳中牡丹品第一，芍药第二，故世谓牡丹为花王，芍药为花相，又或以为花王之副也。"

[4] 贵裔：贵族的后裔，此处指名贵的种类。裔，后代。

[5] 酸气：寒酸之气。

[6] 燕：古通"宴"。

[7] 盆盎：盆和盎，也指较大的盛器。盎，古代的一种盆，腹大口小。

【点评】

　　牡丹、芍药，天下闻名，一为"花王"，一为"花相"，观赏时自然不能涉寒酸气，陈淏子《花镜》云："如牡丹、芍药之姿艳，宜玉砌雕台，佐以嶙峋怪石，修篁远映。"如此布置，颇为华丽。文震亨的做法也算是豪奢之举，不过他并不赞同将两者并列在一起，大概是由于二者文化含义的不同。

　　牡丹，雍容华贵，在南北朝时已有栽植。李唐以来，由于皇室的影响，牡丹风靡天下，成了尽人皆知的国花，品种一度多达数百。武则天执政时，有一轶事。当时她在长安游后苑，命百花齐放以助酒

牡丹

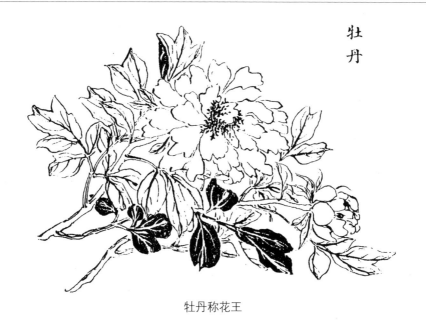

牡丹称花王

兴，唯独牡丹仍以干枝枯叶示人。武则天见状大怒，将牡丹贬至洛阳。不曾想牡丹一到洛阳后，争相竞放，锦绣成堆。艳丽却不媚俗，后世文人们自然倾心不已。所以刘禹锡写诗道："唯有牡丹真国色，花开时节动京城。"白居易也写诗道："花开花落二十日，一城之人皆若狂。"

至于芍药，则带着浪漫旖旎的味道。早在三千多年前，《诗经》中就有"维士与女，伊其相谑，赠之以勺药"的诗句。开元天宝年间，唐玄宗与杨贵妃醉卧华清宫，次日见骊山上芍药开放。玄宗亲折一枝芍药送给贵妃，见她欢愉不已，高兴地说不只是萱草能使人忘忧，芍药的花香也能醒酒，一时传为美谈，折花醒酒之风自此风靡朝野。至于《红楼梦》中史湘云醉卧芍药圃之事，则是少女的天真烂漫，以及一种魏晋流风的遗韵了。

宋人沈括《梦溪笔谈》中，还载有"四相簪花"一事。据说韩琦在扬州做官时，官府后花园中，开了一种紫色中带一圈金黄蕊的珍品芍药，世称"金缠腰"。当时王珪、王安石、陈升之三人也在扬州，韩琦邀他们饮酒赏花，酒酣之际，四人各剪花一朵，簪戴头上。其后几十年间，四人都

当上了宰相。芍药称"花相"之说，历来认为是其地位次于牡丹，但或许
与此事也有关系。

玉　兰[1]

　　宜种厅事[2]前。对列[3]数株，花时如玉圃琼林[4]，最称绝胜[5]。
别有一种紫者，名木笔[6]，不堪与玉兰作婢，古人称辛夷，即此花。
然辋川[7]辛夷坞[8]木兰柴[9]，不应复名[10]，当是二种。

【注释】

[1]　玉兰：别名望春，花白色、淡紫红色，外形极像莲花，盛开时花瓣
　　　　展向四方，青白片片，具有很高的观赏价值。

[2]　厅事：私人住宅的堂屋。

[3]　对列：相对排列。

[4]　玉圃琼林：玉兰花开时一片白色，像白玉做成，又像是披雪的
　　　　树林。

[5]　最称绝胜：堪称绝妙的景致。绝胜，最佳，引申为最佳之处。

[6]　木笔：即辛夷，又名迎春。花未开时，苞尖长如笔，及开后，似莲
　　　　花而小如盏，有芳香。《楚辞·九歌》洪兴祖补注："《本草》云：
　　　　辛夷，树大连合抱，高数仞。此花初发如笔，北人呼为木笔。其花
　　　　最早，南人呼为迎春。"

[7]　辋川：即辋谷水，诸水会合如车辋环凑，故名。在陕西蓝田南，源
　　　　出秦岭北麓，北流至县南入灞水。唐代王维曾在此建墅隐居，同孟
　　　　浩然、裴迪等人泛舟往来、鼓琴唱和，为辋川二十景写下了四十首

五言绝句，取名《辋川集》，还画了《辋川图》。

［ 8 ］ 辛夷坞：王维"辋川别业"胜景之一，坞上植有辛夷，故名。另外
　　　　王维有《辛夷坞》诗收录《辋川集》中。

［ 9 ］ 木兰柴："辋川别业"另一胜景，王维曾有《木兰柴》诗。

［10］ 不应复名：应该不是同种异名。复名，双名。

【点评】

　　玉兰，色白如玉，味香如兰，故有此雅名。花开的时候，千瓣万蕊，犹如玉圃琼林，妍丽之极。文震亨的曾祖文徵明曾写诗道："绰约新妆玉有辉，素娥千队雪成围。我知姑射真仙子，天遣霓裳试羽衣。"以姑射仙子雪舞霓裳来比拟玉兰。李渔言："世无玉树，请以此花当之。"将玉兰摆到极高的地位。上官婉儿品评天下名花时，感念玉兰高雅、清洁的气质，更是事其如师。由此可见历代文人雅士的钟情。

　　如文震亨所言，此花"种厅事前，对列数株"，是园林中常见的布置，花开之时，极其繁盛。旧时人们还常将玉兰、海棠、牡丹同植，取"玉堂富贵"之美意。不过由于花期短，且经"一宿微雨，尽皆变色"，"一败俱败，半瓣不留"，就令人多了一份怜惜。李渔《闲情偶寄》中说："故值此花一开，便宜急急玩赏，玩得一日是一日，赏得一时是一时。"真是痴语。

玉兰花

文震亨提到的木笔，即辛夷，王维隐居蓝田辋川时，曾为它写下一首千古绝唱——《辛夷坞》。诗云："木末芙蓉花，山中发红萼。涧户寂无人，纷纷开且落。"在山深林寂之处，一大片辛夷灿烂绽放，犹如云蒸霞蔚，虽无人造访，但片片落红撒落深涧，自开自败，不求欣赏。所言虽是花，寄托的却是自身孤标傲世的襟怀。这种境界，文震亨自然是极其欣赏的。以至于他虽见过真正的木笔，却又一厢情愿地认为，这不太美的品种并非王维诗中之物，令人哑然失笑。后世能识别木笔者，一般只在园林足够宽广时种植，这便是藏拙取巧之法了。

海　棠 [1]

昌州 [2] 海棠有香，今不可得；其次西府 [3] 为上，贴梗 [4] 次之，垂丝 [5] 又次之。余以垂丝娇媚，真如妃子醉态 [6]，较二种尤胜。木瓜花似海棠，故亦有木瓜海棠 [7]。但木瓜花在叶先，海棠花在叶后，为差别耳！别有一种曰"秋海棠" [8]，性喜阴湿，宜种背阴阶砌，秋花中此为最艳，亦宜多植。

【注释】

[1] 海棠：春季开花，花白色或淡红色，品种颇多。明·王象晋《群芳谱》："其株翛然出尘，俯视众芳，有超群绝类之势。"

[2] 昌州：今重庆一带，古时被称为海棠香国。

[3] 西府：现陕西宝鸡及其周边部分地区，此处指西府海棠，花淡红色，为常见观赏植物。

[4] 贴梗：即贴梗海棠，花绯红色，也有淡红、白色的。

［5］　垂丝：即垂丝海棠。明·王象晋《群芳谱》："垂丝海棠，树生柔枝长蒂，花色浅红，盖由樱桃接之而成，故花梗细长似樱桃，其瓣丛密而色娇媚，重英向下有若小莲。"

［6］　妃子醉态：杨贵妃醉酒的姿态。宋·乐史《杨太真外传》："妃醉中舞《霓裳羽衣》一曲，天颜大悦，方知回雪流风，可以回天转地。"

［7］　木瓜海棠：叶长椭圆形，春末夏初开花，花红色或白色。

［8］　秋海棠：海棠的一种，秋季开花。

【点评】

海棠，古人称其为"花中神仙"，甚是喜爱，有"占春颜色最风流"及"染尽胭脂画不成"的赞美。园林中，海棠无论单植、并植、临水，皆颇可观。经雨的海棠也很美，王雱有"倚危墙，登高榭，海棠经雨胭脂透"的词句，李清照则道："昨夜雨疏风骤。浓睡不消残酒。试问卷帘人，却道海棠依旧。知否，知否？应是绿肥红瘦！"这丝丝惆怅，跨越千古。

文震亨欣赏的海棠，有西府、贴梗、垂丝这几类品种，尤其钟情垂丝海棠的妃子醉态。昔日苏轼咏海棠时说"只恐夜深花睡去，故烧高烛照红妆"，用《杨太真外传》的典故，以"海棠睡未足"的妃子醉态，来写海棠的风情，还说要烧烛高照，新奇之极。文震亨是解人，或许在发思古之幽情时，对垂丝海棠又多了一份垂青吧。陈淏子《花镜》云："海棠韵娇，宜雕墙峻宇，障以壁纱，烧以银烛，或凭栏或倚枕其中。"就用了苏轼秉烛观花之法，颇有韵致，若这种海棠是垂丝海棠，当令人沉醉。

然而，文震亨最念念不忘的，还是昌州海棠。郑谷诗中的"朝醉暮吟看不足，羡他蝴蝶宿深枝"，说的应是此种。宋代有个叫彭渊材的人，常说人生有五大憾恨：一恨鲥鱼多骨，二恨金橘太酸，三恨莼菜性冷，四恨

清　居廉《海棠翠鸟》

海棠无香，五恨曾子固不能诗。当他知道昌州海棠香满天下时，简直是高兴坏了。文震亨的所处的时代，昌州海棠已经绝迹，而张爱玲提过人生三大憾事，其中一件竟也是海棠无香。可见这遗憾是如此深沉，以至于让文人们失落了千年。杜甫寓蜀十年，吟咏颇多，但偏偏未言及海棠。有说未见，有说失传，有说避讳，皆无从考证。

除了娇媚艳丽的春海棠，另有一种秋海棠，娇柔冶艳，如同美人倦妆。园林中也常见到，文震亨说"性喜阴湿，宜种背阴阶砌"，李渔说它尤其适合贫士的室庐，理由除了喜阴之外，还有"移根即是，不须钱买"及"为地不多，墙间壁上，皆可植之"。此物又名"相思草""断肠花"，和斑竹的由来类似，相传是因女子怀人不至，红泪洒地而成。如此，便有了一种哀怨的情愫。

山　茶 [1]

蜀茶[2]、滇茶[3]俱贵，黄者尤不易得。人家多以配玉兰，以其花同时，而红白烂然，差俗。又有一种名醉杨妃[4]，开向雪中，更自可爱。

【注释】

[1] 山茶：俗名茶花，花形大，有红白等色。

[2] 蜀茶：四川的山茶花。明·王象晋《群芳谱》："就中宝珠为佳，蜀茶更胜。"

[3] 滇茶：云南的山茶花。明·王象晋《群芳谱》："滇南有高二三丈者，开至千朵，大于牡丹，称艳绝矣。"

[4] 醉杨妃：山茶的一种。典故详见上条中"妃子醉态"注释。

【点评】

山茶，中国十大名花之一，与梅花、水仙、迎春并称"雪中四友"。红山茶有牡丹之艳，花蕊夫人有诗云："山茶树树采山坳，恍如赤霞彩云飘"；白山茶则有寒梅之傲，曾季狸写诗道："唯有山茶殊耐久，独能深月占春风"。但文震亨却认为黄山茶更为难得，大概是欣赏其清秀脱俗的风韵。另有一种醉杨妃，文震亨十分喜欢。在他之前，高濂曾写词道："沉醉东风花不语，斗帐香销金缕。酒色能几许，剩将残醉枝头吐。"令人想见其风致。

冯时可《滇中茶花记》中，曾载邓直指曾作《茶花百韵诗》，称赞山

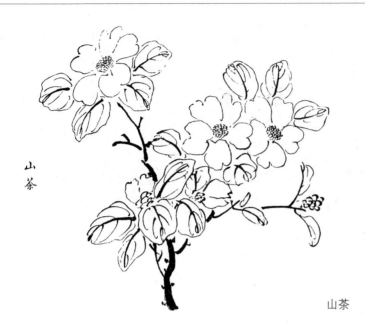

山茶

山茶

茶花有十绝，其中有四绝是事实：一为"艳而不妖"，一为"性耐霜雪，四季常青"，一为"次第开放，历二三月"，一为"水养瓶中，十余日颜色不变"。茶花颜色艳丽，挟桃李之姿，却端庄素雅，而且不畏严寒，遇雪更盛，具松柏之骨，为人称道。归有光《山茶》诗云："山茶孕奇质，绿叶凝深浓。往往开红花，偏在白雪中。虽具富贵姿，而非妖冶容。岁寒无后凋，亦自当春风。吾将定花品，以此拟三公。梅君特素洁，乃与夷叔同。"写尽茶花神韵。茶花的花期很长，一年开花两次，一在一至五月，一在十至十二月，是园林中极好的观赏花种。李渔《闲情偶寄》中说："得此花一二本，可抵群花数十本。"茶花插瓶亦佳，生命力顽强，可活二十天左右，甚至还能开花。郭沫若在《茶花》一文中写道："今早刚从熟睡里醒来时，小小的一室里漾着一种清香的不知名的花气。这是从什么地方吹来的呀？原来铁壶中投插着的山茶，竟开了四朵白色的鲜花！啊，清秋活在我壶里了！"屋内有此一种，满室生香。

此外，山茶中还有一种名为"十八学士"的珍品。"十八学士"源于李世民将房玄龄、杜如晦、虞世南等十八名士网罗至文学馆中讨论文典之事。它不仅树型优美，花朵结构也很奇特，常由多片花瓣组成六角花冠，层次分明，排列有序，更巧的是相邻两角花瓣排列多为十八轮组成，以"十八学士"命名，颇为风雅。金庸小说《天龙八部》中也曾提及，说"一株上开十八朵花，形状颜色朵朵不同"，这可能是美好的想象了。与此同时，他还虚构了一座曼陀山庄，称茶花为"曼陀罗花"。然而翻阅古籍，除了《群芳谱》中说"山茶，一名曼陀罗树"外，并无太多证据可以例证山茶即是"曼陀罗花"，或许古人所谓的"曼陀罗花"，与今日的"曼陀罗花"是同名异种吧。

桃[1]

桃为仙木[2]，能制百鬼，种之成林，如入武陵桃源，亦自有致，第非盆盎及庭除物。桃性早实[3]，十年辄枯，故称"短命花"。碧桃[4]、人面桃[5]差久，较凡桃更美，池边宜多植。若桃柳相间，便俗。

【注释】

[1] 桃：落叶小乔木，叶椭圆形，花多粉红色，可美容养颜，果实味甜可食用，核仁可入药。

[2] 仙木：古人认为桃树能辟邪镇鬼，故有此称。南朝梁·宗懔《荆楚岁时记》："桃者，五行之精，压伏邪气，制百鬼也。"

[3] 早实：结果实较早。

[4] 碧桃：古诗文中多指传说中西王母送给汉武帝的仙桃，此处特指桃树的一种，花重瓣，不结实，供观赏和药用，一名千叶桃。

[5] 人面桃：即美人桃。花粉红，千瓣，不结果。

【点评】

桃，其枝被称为"仙木"，可以驱邪镇鬼；其果为五果之一，被看作长寿的象征；但蕴含着深沉文化内涵的，还是它的花：

其一，隐逸与傲世。陶渊明笔下的桃花源，"芳草鲜美，落英缤纷"，是一个没有世俗纷扰的人间仙境。多少年来，无数的高尚之士欣然寻找，但都是"雾失楼台，月迷津渡，桃源望断无寻处"，虽然"春来遍是桃花水"，却一直是"不辨仙源何处寻"。后来，他们终于明白了，俗世的桃源从来无法寻找，而心中的桃源却处处都在。于是张志和在西塞山下，见"桃花流水鳜鱼肥"，笑叹"斜风细雨不须归"。而"桃花庵下种桃树"的唐伯虎，长吟着"别人笑我忒疯癫，我笑他人看不穿"，摘着桃花去换酒钱，竟也能度过一生。

其二，美人与爱情。《诗经》中有"桃之夭夭，灼灼其华，之子于归，宜其室家"之句，唐代的玄宗也曾摘桃花插贵妃头上，说"此个花尤能助娇态也"。以花比人，交相辉映，道尽了美人妍态。流传最广的还是崔护的故事。相传他在城郊外游春，无意中走到了一个小院落，见到了一位绝色美人。其后朝思暮想、魂牵梦萦，再也无心赶考。第二年，故地重游时，见竹门深锁人去楼空，心中感慨万千，在墙头题下了千古伤心之句："去年今日此门中，人面桃花相映红。人面不知何处去，桃花依旧笑春风。"故事的结局，也有两种说法，一说再也未相见，另一说翌日再游，得知心上人已逝，意欲自刎，竟感动得美人死而

宋　赵佶《桃鸠图》

复生。一悲一喜，都令人感动。

其三，春光与伤逝。苏轼的"竹外桃花三两枝"，吴融的"万枝丹彩灼春融"，都描绘了一幅春意烂漫、令人沉醉的桃花美景。然而桃花虽好，不过月余就已落尽，枯枝乱红，不免令人心生惋惜，联想到韶华易逝，人生短暂。大观园中的潇湘妃子，就挥锄葬花，写出"侬今葬花人笑痴，他年葬侬知是谁"的伤心之句。

园林中种植桃花，如文震亨所言，"种之成林"颇有风致，但"第非盆盎及庭除物"。西湖的苏堤上曾广植桃花，春晓之时是一名景。高濂《遵生八笺・四时幽赏录》中说："又若芳草留春，翠裀堆锦，我当醉眠席地，放歌咏怀，使花片历乱满衣，残香隐隐扑鼻，梦与花神携手巫阳，思逐彩云飞动，幽欢流畅，此乐何极。"有一种魏晋风流。李渔《闲情偶寄》中，认为桃花佳者在乡村篱落之间，欲看必须策蹇郊行。陈淏子《花镜》云："桃花夭冶，宜别墅山隈，小桥溪畔，横参翠柳，斜映明霞。"这是一种精妙的布置。江南名园留园，在西面山林之后有一曲折的小溪，两岸遍植桃树，尽头处是依山傍水的阁楼，名曰活泼坡地，下面系着一条小船，颇有武陵桃源之感。只是小园无法营造此境，需园林宽广才可。

李[1]

桃花如丽姝[2]，歌舞场中，定不可少。李如女道士，宜置烟霞泉石[3]间，但不必多种耳。别有一种名郁李子[4]，更美。

【注释】

[1] 李：落叶小乔木，花色纯白，五瓣一朵，果实为李子，甜中微酸。

［2］ 丽姝：美女。

［3］ 烟霞泉石：水气萦绕、云蒸霞蔚的山水景观。烟霞，烟雾，云霞。
泉石，山水。

［4］ 郁李子：又名常棣，花桃红色，果实深红色，是园林中重要的花果
树种。

【点评】

　　李花，色纯白，开放之时繁英压树，灿然若雪。韩愈的"谁将平地
万堆雪，剪刻作此连天花"，杨万里的"李花宜远更宜繁，惟远惟繁始足
看"，都很能形容李花之美。

　　李花淡然的气质，最受人喜欢。李渔《闲情偶寄》中说："能甘淡守
素，未尝以色媚人也。"相传道家大宗师老子生而能言，指着树说"以此
为我姓"，诗仙李白小时候指着李树作了一句"李花怒放一树白"，父亲便
给他取了李白之名。两位名人与李花的不解之缘，让李花又有了一种出尘
之象。

　　是故，园林中常植李花。萧瑀和陈叔达在龙昌寺里看李花时，认为李
花"宜月夜、宜绿鬓、宜白酒。"陈淏子《花镜》云："梨之韵，李之洁，
宜闲庭旷圃，朝韵夕霭，或泛醇醪，供清茗以延佳客。"境虽清，但尚有
一丝烟火气。文震亨说"李花如女道士"，将其种植在烟霞泉石间，能使
李花愈显超尘脱俗，极为精妙。

　　在文人的笔下，李花亦可寄情寓意。"除却断肠千树雪，别无春恨诉
东风"，是借李花的飘零，写青春的易逝；"桃李不言，下自成蹊"，比喻
为人品德高尚，受人敬仰；"投我以桃，报之以李"，说的是礼尚往来，知
恩图报；"桃李春风一杯酒，江湖夜雨十年灯"，则是相逢时的欢愉，世事
的无常，以及对友人的无限思念。

杏[1]

　　杏与朱李[2]、蟠桃[3]皆堪鼎足[4]，花亦柔媚。宜筑一台，杂植数十本。

【注释】

[1]　杏：花纯白色。果为杏子，肉酸甜，可食。树龄长，可活百年以上。

[2]　朱李：李子的一种，果皮是红色。

[3]　蟠桃：桃的一种，味甘美。详见本书卷十一"桃李梅杏"条。

杏与朱李、蟠桃皆堪鼎足

［4］　鼎足：比喻三方或多方并峙之势。

【点评】

　　杏花，未开时纯红，绽放时白中带红，凋谢时洁白如雪。杨万里很欣赏这种变化，道："海棠秾丽梅花淡，匹似渠侬别样奇。"而欧阳修更喜欢其繁盛如雪的景象，道："残芳烂漫看更好，皓若春雪团枝繁。"不过，杏花最美时还是在雨中："林外鸣鸠春雨歇，屋头初日杏花繁"，说的是春雨滋润后，杏花更加丰腴鲜艳；"风吹梅蕊闹，雨细杏花香"，说的是雨中杏花独有的幽香；而"杏花春雨江南"，则道尽了春日江南之美：诗人们与杏花结下了不解之缘。

　　除了形色香韵，杏花还有深厚的文化底蕴。春秋时，孔子四处聚徒授业，一次讲完课后坐在杏树下休息。弟子们读书，他鼓琴而歌，传为美谈。到北宋时，孔氏后代追慕遗风，增修祖庙时遍栽杏树，并取名"杏坛"，后世即以"杏坛"代指师道讲坛。东汉末年时，一个叫董奉的神医，悬壶济世一概分文不取，只要求来治病的人种植杏树，数年之间，种杏十万余株，郁然成林，后世便以"杏林"代指中医及医道仁心。南朝任昉的《述异记》中，还记载了一个叫"杏园洲"的地方，相传是神仙种杏之所，汉代有人舟行遇风浪无意间至彼处，停泊了五六日，因食杏才幸免于难，后世以便"杏园洲"代指神仙之居。唐中宗时，取士放榜后，在广植杏树的乐游原设宴，其时三春杏花烂漫，故宴会又被称为"杏园宴"，而杏花就又有了"及第花"之称，"杏林得意"也就代指进士及第了。

　　只是，杏花虽有儒、医、仙等多种文化交融其中，它的名声在后世却戏剧性地一落千丈。"春色满园关不住，一枝红杏出墙来"，原本是形容美好的春景，但不知何时竟成了女性出轨的代名词。明末清初，李渔在《闲情偶寄》中说："树性淫者，莫过于杏。"康熙年间，有一部艳情小说名为

《杏花天》，而这在宋代是词牌名。文震亨提及杏花，说"宜筑一台，杂植数十本"，想必是觉得杏花有可观之处的，但只是寥寥一笔带过，不知是否也受了流风影响。

梅[1]

幽人花伴[2]，梅实专房[3]。取苔护藓封[4]，枝稍古者，移植石岩或庭际，最古。另种数亩，花时坐卧其中，令神骨俱清。绿萼[5]更胜，红梅[6]差俗；更有虬枝屈曲[7]，置盆盎中者，极奇。蜡梅[8]磬口[9]为上，荷花[10]次之，九英[11]最下，寒月庭际，亦不可无。

【注释】

[1] 梅：枝干苍古嶙峋，冬春开花，有白、红等色，香味清幽。在中国传统文化中，梅象征着高洁、坚强、谦虚，极受推崇。

[2] 花伴：以花为伴侣。

[3] 梅实专房：梅花实在最受宠爱。专房，专宠。

[4] 苔护藓封：梅树上寄生的地衣、苔藓类植物。

[5] 绿萼：梅花的一种，萼片为绿色。宋·范成大《梅谱》："绿萼梅……枝梗亦青，特为清高。"

[6] 红梅：梅花的一种，呈深红或粉红，在雪中尤其显得傲岸艳丽。

[7] 虬枝屈曲：枝干遒劲曲折。

[8] 蜡梅：色如黄蜡，本不属梅种，但因其花期较早，香味馥郁，范成大《梅谱》中将其归入梅花一种。

[9] 磬口：磬口梅，蜡梅品种之一，色深黄，芯紫色，香气浓。

[10] 荷花：此处指荷花梅，是蜡梅的变种，因其花开时状如荷花而得
　　　名，花瓣金黄，花蕊洁白，味道清香。

[11] 九英：蜡梅的一种，花小香淡。元·王冕《梅谱》："花小香淡，其
　　　品最下，谓之狗蝇，后讹为九英。"

【点评】

梅，冰肌玉骨，超逸脱俗。千百年来，国人对它的喜爱，已经达到了无以复加的地步。文震亨这类幽人，最爱此花。对于梅花的品级，他认为绿萼最佳，枝干苍古的其次，虬曲奇异的再次，蜡梅再其次，红梅最为俗气，至于将枝干上有苔藓的梅树移植庭际，在边上布置奇石、修竹等物，则能在园中营造一种清幽苍古之境，见解精到，可供借鉴。

关于赏梅，文震亨所言则颇为简约，只说"花时坐卧其中，令神骨俱清"，但其道幽微深邃，颇值一叙，要诀在形、色、香、境、韵。论形，梅枝虬曲苍古，有一种饱经沧桑、神骨不灭之美；论色，红梅若朝霞，绿梅若碧玉，白梅若瑞雪，每一种皆有可观之处；论香，梅花之味清逸幽雅，令人神骨俱清，更奇的是"着意闻时不肯香，香在无寻处"；论境，宋代张功甫著有《梅品》，提出了"淡云、晓日、薄寒、细雨、轻烟、佳月、夕阳、微雪、晚霞、珍禽、孤鹤、清溪、小桥、竹边、松下、明窗、疏篱、苍崖、绿苔、铜瓶、纸帐、林间吹笛、膝下横琴、石枰下棋、扫雪煎茶、美人淡妆簪戴"二十六宜，地清境绝，赏梅更有幽趣；论韵，"梅以韵胜，以格高"，古诗词中的"万花敢向雪中出，一树独先天下春""不要人夸好颜色，只留清气满乾坤""零落成泥碾作尘，只有香如故"等名句，都是以花喻人格，托物言志，表现卓绝孤清、凌寒傲世、坚贞不屈、坚韧不拔的刚毅风骨和高洁品性，国人喜爱梅花，最看重的即是此处。

梅花所象征的，是贞士，是高士，是雅士，也是隐士，有时候还是美人。晋代的王徽之，曾要求素不相识的恒伊吹奏"三弄梅花"之曲，毕后不交一言；隋代的赵师雄，在松林酒肆前，遇见一绝世美人把酒言欢，醒来发现是梅树下的一场梦；唐代的孟浩然，认为"诗思在灞桥风雪中驴背上"，曾有踏雪寻梅之事；元代的王冕，隐居九里山植梅千株，草庐三间题为"梅花屋"。西湖处士林和靖，隐居孤山，一生不仕不娶，以放鹤栽梅度日，世称"梅妻鹤子"。他写下了咏梅名句

幽人花伴，梅实专房

"疏影横斜水清浅，暗香浮动月黄昏"，寄托清幽生活中的闲情雅趣，几同陶令复生，千古高风，令人高山仰止。千秋之下，若论知音，只怕只有宋代的陆游和今人吴昌硕了，据说陆游寻梅之时身上不沾染半点尘埃，在梅林下常常一坐就是一整夜，到梅花快凋谢时，还把梅枝往官帽上簪戴，全然不顾世人的指指点点，"何方可化身千亿，一树梅花一放翁"，人花不分；而吴昌硕一生爱梅自不必说，也曾写下"十年不到香雪海，梅花忆我我忆梅"的知音之句，他去世后遂了多年心愿，和夫人一同埋葬在超山的梅海之中。

瑞　香[1]

　　相传庐山[2]有比丘[3]昼寝，梦中闻花香，寤[4]而求得之，故名"睡香"。四方奇异，谓花中祥瑞，故又名"瑞香"，别名"麝囊"。又有一种金边[5]者，人特重之。枝既粗俗，香复酷烈，能损[6]群花，称为花贼[7]，信不虚也。

【注释】

[1]　瑞香：春季开花，有红紫色或白色等，有浓香。

[2]　庐山：又名匡庐，中国十大名山之一，在江西九江南，山多巉岩、峭壁、清泉、飞瀑之胜。

[3]　比丘：为佛教出家"五众"之一。指已受具足戒的男性，俗称和尚。

[4]　寤：睡醒。《诗经·关雎》："求之不得，寤寐思服。"

[5]　金边：金边瑞香，是世界名花。

[6]　损：使失去原来的使用效能，此处为气味盖过之意。

[7]　花贼：原指蝴蝶，因瑞香气味盖过百花，众花气味皆为所夺，故名。

【点评】

　　瑞香，以"色、香、姿、韵"四绝闻名于世，最著名的是它的香。蔷薇和桂花都以香气馥郁而闻名，一为"十里香"，一为"百里香"，而瑞香香气袭人，比二者尤胜，有"千里香"之称。将它的木和其他草木一起烧，满屋子就会香气弥漫；将它的花和其他花放在一起，就闻不到他花之香了；人一旦嗅到，就算是在睡梦中，也往往会被熏醒。宋人陶榖《清异录》曾载："庐山瑞香花，始缘一比丘昼寝磐石上，梦中闻花香酷烈，及觉，求得之，因名睡香。"其香压群芳，可见一斑。当时"四方奇之，谓为花中祥瑞"，所以有了瑞香之名。

不过，瑞香的声名得来甚晚。屈原诗句"露申辛夷"中的"露申"说的就是它，唐代的钱起也留下了吟咏瑞香的诗句。但直到宋代王十朋的"江南一梦后，天下仰清芬"，才让它闻名于世。而文震亨说它"香复酷烈，能损群花"，称它为"花贼"，是就园林种植而言。明清之际的李渔也曾不信，后来自己亲自种植，方才发现古人损花之言不虚。故而如果要在园林中种植此花，须另辟一区单独种植。

蔷薇[1]　木香[2]

尝见人家园林中，必以竹为屏，牵五色蔷薇[3]于上。架木为轩，名"木香棚"。花时杂坐其下，此何异酒食肆中[4]？然二种非屏架[5]不堪[6]植，或移着闺阁，供士女采掇，差可。别有一种名"黄蔷薇"[7]，最贵，花亦烂熳[8]悦目。更有野外丛生者，名"野蔷薇"[9]，香更浓郁，可比玫瑰。他如宝相[10]、金沙罗[11]、金钵盂[12]、佛见笑[13]、七姊妹[14]、十姊妹[15]、刺桐[16]、月桂[17]等花，姿态相似，种法亦同。

【注释】

[1] 蔷薇：花白色或淡红色，有芳香。

[2] 木香：花黄色，香气如蜜，原名蜜香，又称青木香。

［ 3 ］ 五色蔷薇：蔷薇的一种，花多而小，一枝五六朵，有深红浅红
等色。

［ 4 ］ 酒食肆中：酒馆饭店。肆，作坊，店铺，市集。

［ 5 ］ 屏架：为花木搭造的篱笆棚架，似屏风。

［ 6 ］ 不堪：不可，不能。

［ 7 ］ 黄蔷薇：蔷薇的一种，花大姿妍，为蔷薇上品。

［ 8 ］ 烂熳：即烂漫。

［ 9 ］ 野蔷薇：喜光、耐阴，花色很多，有白色、浅红色、深桃红色、黄
色等。

［10］ 宝相：蔷薇的一种，比普通蔷薇大，有大红、粉红两种。

［11］ 金沙罗：似蔷薇的一种花。花单瓣，颜色红艳。

［12］ 金钵盂：似金沙罗，但小而尖。

［13］ 佛见笑：又名荼蘼花，初夏开花，花大重瓣，洁白如雪。

［14］ 七姊妹：蔷薇的一个变种，花重瓣，深粉红色，常七朵簇生在一
起，有芳香。

［15］ 十姊妹：蔷薇的一个变种，与七姊妹类似。花冠深红色，重瓣，常
七至十朵簇生在一起。

［16］ 刺桐：又称海桐、山芙蓉，花冠红色，荚果肿胀黑色，有观赏价值。

［17］ 月桂：岩桂的一种，又称天竺桂，枝叶似桂花。唐·段成式《酉阳
杂俎续集》："浅黄色，四瓣，青蕊，花盛发如柿叶蒂棱，出蒋山。"

【点评】

蔷薇，花型娇俏，香气浓郁。韩偓的"通体全无力，酡颜不自持"，
白居易的"风动翠条腰袅娜，露垂红萼泪阑干"，很能形容其娇妍之态。

此花历史悠久，《寰宇记》中记载了梁元帝爱花之事，说他在竹林堂
"有十间花屋，枝叶交映，芬芳袭人"。汉武帝说"此花绝胜佳人笑"，以

至于出现了妃子用黄金百两购花求武帝一日欢颜的尴尬事。在文人的眼中，蔷薇还寄托着不同的意趣，"有情芍药含春泪，无力蔷薇卧晓枝"，秦观写的是伤情；"水晶帘动微风起，满架蔷薇一院香"，高骈写的是闲情；"不向东山久，蔷薇几度花。白云还自散，明月落谁家"，李白述说的则是思古幽情。文震亨认为赏花不宜众人杂坐，追求的是一种悠游闲适之境。

蔷薇

此花在园中可作花屏，文震亨并不喜欢，而沈复《浮生六记》中却提到一种"活花屏"，用横木和竹子编成屏风状，再用砂盆种植扁豆置于其下，任扁豆花自由攀附。他又说："多编数屏，随意遮拦，恍如绿阴满窗，透风蔽日，纡回曲折，随时可更……此真乡居之良法也。"营造了一种妙趣。不过此类花屏在乡间和花园、果园中较为适宜，若他处使用，则欲雅反俗了。

木香，近似蔷薇，其中有一紫芯白瓣的品种，香味清远，望若香雪，煞是好看。不过遗憾的是，从古至今对木香的记载和吟咏并不多。有一种说法认为，荼蘼的别名是木香，两者属于一种。荼蘼开在春末夏初，因王琪的诗句"开到荼蘼花事了，丝丝天棘出莓墙"而名噪一时。群芳谢尽之际，美好的事物或者铭心刻骨的感情，都终将为回忆，让人感慨莫名。只不过两者是否同花异名，还有待植物学家考证。

玫 瑰 [1]

玫瑰一名"徘徊花"，以结为香囊，芬氲[2]不绝，然实非幽人所宜佩，嫩条丛刺，不甚雅观。花色亦微俗，宜充食品，不宜簪带[3]。吴中有以亩计者，花时获利甚夥[4]。

【注释】

[1] 玫瑰：似蔷薇，枝密有刺，花为紫红色或白色，香气很浓。除观赏外，也可制香水及供食用和药用。

[2] 芬氲（yūn）：烟霭氤氲或香气郁盛。

[3] 簪带：佩戴。簪，绾髻的首饰，此处为插、戴之意。

[4] 夥（huǒ）：多。

【点评】

玫瑰，在西方文化里是希望、勇气、爱与美的象征。现代人最熟悉的，是玫瑰象征爱情。在中国古代，"玫瑰"一词早已有之，最早指代的是宝石。《说文》中有"玫，石之美者，瑰，珠圆好者"的解释，司马相如的《子虚赋》也有"其石则赤玉玫瑰"。后来，人们将"玫瑰"作为花名，说"别有国香收不得"，颇有称赞之意。

只不过在古人看来，玫瑰虽然色艳香浓，却并没有梅兰竹菊之类的美好品质，不符合他们的审美意趣，所以也就并未像西方一样赋予玫瑰过多的文化意义。这样一来，玫瑰的价值就纯粹在实用方面了，可制作玫瑰糕、玫瑰酒、玫瑰香露之类。故而，文震亨自然认为玫瑰不甚优雅，制成的香囊虽然芳香四溢，但也不适宜幽人佩戴，园林中种植玫瑰，所求不过实用而已。近代西学东渐，国人对待玫瑰的态度也发生了变化，这就非文震亨所能预料了。

紫荆[1]　棣棠[2]

紫荆枝干枯索，花如缀珥[3]，形色香韵，无一可者。特以京兆一事[4]，为世所述，以比嘉木[5]。余谓不如多种棣棠，犹得风人之旨[6]。

【注释】

[1] 紫荆：花红紫色，可供观赏。明·高濂《遵生八笺》：“花碎而繁，色浅紫，每花一蒂，若柔丝相系，故枝动，朵朵娇颤不胜。”

[2] 棣棠：暮春开花，花金黄色，可供观赏。明·王象晋《群芳谱》：“棣棠，花若金黄，一叶一蕊，生甚延蔓，春深与蔷薇同开。”

[3] 缀珥：连缀珠玉的耳环。缀，连缀。珥，用珠子或玉石做的耳环。

[4] 京兆一事：田真兄弟分家之事。南朝梁·吴均《续齐谐记》载：“田真兄弟三人析产，堂前有紫荆树一株，议破为三，荆忽枯死。真谓诸弟：‘树本同株，闻将分斫，所以憔悴，是人不如木也。’因悲不自胜，兄弟相感，合财宝，遂为孝门。”

[5] 嘉木：美好的树木。汉·张衡《西京赋》：“嘉木树庭，芳草如积。”

[6] 风人之旨：风雅之人所追求的意趣。风人，诗人，风雅之人。三国魏·曹植《求通亲亲表》：“是以雍雍穆穆，风人咏之。”

【点评】

紫荆花形、色、香、韵都不突出，在幽人眼中几乎一无是处，但《续齐谐记》中记载了田真兄弟分家复合之事，传为千古美谈，文震亨也肯定了这一点。若是栽植，一般如陈淏子《花镜》所云，适宜竹篱花坞之间，不求显眼。

在香港，也有一种紫荆花树，不过和文震亨所说的并非一个品种，相传是当年港人反抗英国入侵时从烈士墓园中悄然长出来的。后来全岛广植，定为区花，用来纪念牺牲的烈士，寓意深沉。

至于棣棠，常与棠棣混淆，但棠棣花开紧簇，棣棠花开错落，两者只是名称相近，其实并无关系。范成大有《沈家店道傍棣棠花》："乍晴芳草竞怀新，谁种幽花隔路尘。绿地缕金罗结带，为谁开放可怜春。"有种零落红尘、孤芳自赏的意趣，颇得文震亨所说的风人之旨。

不过，棣棠真正受到推崇，还是在邻国日本，当地称其为"山吹"。江户时代，诗人松尾芭蕉有"山吹凋零，悄悄地没有声息，飞舞着，泷之音"的诗句，空灵而唯美。平安时代的宫廷女官清少纳言在《枕草子》中也记载了一件轶事：当时她因畏人言，离宫而居。一日，定子皇后差人送来一信，信中仅一片山吹花瓣，上写小字"不言说，但相思"。她看罢，不禁泪下，回信道：

棣棠

"心是地下逝水在翻滚。"汹涌的感情，都藏在了平静的外表之下。

葵　花[1]

　　葵花种类莫定[2]，初夏，花繁叶茂，最为可观。一曰"戎葵"[3]，奇态百出，宜种旷处；一曰"锦葵"[4]，其小如钱，文采[5]可玩，宜种阶除；一曰"向日"[6]，别名"西番莲"，最恶。秋时一种，叶如龙爪，花作鹅黄者，名"秋葵"[7]，最佳。

【注释】

[1] 葵花：原产美洲，夏季开花，芯卵圆形，边缘有粗锯齿，果实可食。明·李时珍《本草纲目》："六、七月种者为秋葵；八、九月种者为冬葵……正月复种者为春葵。"

[2] 莫定：不一而足。

锦葵

一曰"锦葵"，其小
如钱，文采可玩

［3］ 戎葵：即蜀葵，花瓣五枚，有红、紫、黄、白等颜色，可供观赏。

［4］ 锦葵：有紫、红等色，丛低，叶微厚，花如小钱。

［5］ 文采：艳丽而错杂的色彩。

［6］ 向日：向日葵，茎很高，开黄花，圆盘状，种子可以榨油。

［7］ 秋葵：俗名羊角豆、潺茄，果荚脆嫩多汁，滑润不腻，香味独特。

【点评】

葵花，园林中常见的观赏花卉，文震亨提到了戎葵、锦葵、秋葵、向日葵四个品种。

戎葵，文震亨认为它姿态美观；锦葵，文震亨认为文采可玩；秋葵，叶如芙蓉，唐彦谦有诗云"月瓣团圞剪褚罗，长条排蕊缀鸣珂"，文震亨认为它"雅淡堪玩"，是葵中最佳。这三种，一植旷处，一植阶除，一种可作盆景。陈淏子《花镜》云："榴之红，葵之灿，宜粉壁绿窗，夜月晓风，时焚异香，拂麈尾以消长夏。"如此布置，格调顿高。

至于向日葵，荷兰画家梵高认为那是炽热情感的寄托，其画作《向日葵》充满了无穷的生命力，而文震亨却只以简单的"最恶"二字来评价，不得不说中西文化之间，存在巨大的差异。文氏醇古风流，也擅作画，若是他和梵高能品评彼此的画作，或许会对向日葵有另外一番感受吧。

罂 粟[1]

以重台千叶[2]者为佳，然单叶者子必满[3]，取供清味[4]亦不恶，药栏中不可缺此一种。

【注释】

[1] 罂粟：一名米壳花，草本植物，夏季开花，花瓣四片，红、紫或白色。果实成熟后含吗啡和各种生物碱，有镇痛、镇咳和止泻作用。

[2] 重台千叶：指花瓣多重繁复。重台，复瓣的花。

[3] 子必满：籽必然多。子，植物的籽。

[4] 清味：清淡的菜肴。

【点评】

　　罂粟花，繁华绚烂，古代园林中常种植观赏。明人王世懋《学圃杂疏》载："加意灌植，妍好千态。"明人张大复在《闻雁斋笔谈》中说："朱宓侯种之盈亩，万朵烂然，亦足夺目。"文震亨也提到将其种植在园林中，可见一时之风尚。观赏之余，罂粟也常作药用，宋人宗奭在《本草衍义》中指出："罂粟米性寒，多食利二便，动膀胱气，服食人研此水煮，加蜜作汤饮，甚宜。"宋人刘翰的《开宝本草》也提到："饮食和竹沥煮作粥，食极美。"总体而言，当时罂粟的功用尚属正面。

　　后来，人们发现了久食罂粟上瘾，容易产生幻觉，常将其制成鸦片，罂粟渐渐

罂粟

罂粟

成了罪恶的代名词。明朝万历皇帝服食鸦片，非常满意，给它取了个名字叫"福寿膏"，一时间朝野纷纷效仿，死者无数，令人叹息。清代，鸦片更是掀开了中国近代史上极其屈辱的一页。旧日的苦难虽然已成为过去，但可惜的是，鸦片至今流毒无穷。政府虽屡加禁毒，无奈依然有人铤而走险，令人不禁感叹，真正变成妖魔的，不是罂粟，而是某些人！

薇　花 [1]

薇花四种：紫色之外，白色者曰"白薇"[2]，红色者曰"红薇"[3]，紫带蓝色者曰"翠薇"[4]，此花四月开九月歇[5]，俗称"百日红"[6]，山园植之，可称"耐久朋"[7]，然花但宜远望，北人呼"猴郎达树"，以树无皮，猴不能捷[8]也，其名亦奇。

【注释】

[1] 薇花：常指紫薇花，又称满堂红。夏秋之间开花，花期很长，淡红紫色或白色，可供观赏。

[2] 白薇：叶对生，椭圆形，两面均有白色绒毛。夏季开花，紫褐色。

[3] 红薇：薇花的一个变种，有红、淡红、深红三种颜色。

[4] 翠薇：树姿优美，枝干光滑，花色艳丽，园林常见。

[5] 歇：停止，此处为谢落之意。

[6] 百日红：因紫薇四五月开，八九月落，故名。

[7] 耐久朋：能长久保持友谊的朋友。《旧唐书》："玄同素与裴炎结交，能保终始，时人呼为'耐久朋'。"

[8] 捷：迅速，敏疾，此处是攀爬之意。

宋　赵大亨《薇亭小憩图》

【点评】

薇花，有红、白、淡红、紫色四种，文震亨认为紫色最为出众。紫薇花的花瓣艳丽多褶，风吹之下，恍若仙袂飘飘，舞燕惊鸿，因此又得了"高调客"的雅名。

不过，真正令紫薇花名扬天下的是它的寓意。中国古代，信奉上天垂象，崇拜北斗。紫微星是三垣的中星，也是北斗的主星，主生育和造化，代表着无上的权威。西汉时期，因"天人感应"之说，紫微也常被看作帝王居所。到了唐代，唐玄宗则直接将中书省称为紫微省，将中书令称为紫微令，将中书舍人称为紫微郎，于是，紫微星便又主了官禄。因"微"与"薇"通，文人们常将薇花和仕途联系在一起，便有了"门前种株紫薇花，家中富贵又荣华"的说法。

芙　蓉[1]

宜植池岸，临水为佳，若他处植之，绝无丰致。有以靛纸[2]蘸花蕊上，仍裹其尖，花开碧色，以为佳，此甚无谓。

【注释】

[1] 芙蓉：即木芙蓉，秋季开花，花大有柄，色有红白，晚上变深红。

[2] 靛（diàn）纸：靛汁染成的纸。靛，靛蓝，或深蓝色的染料。

【点评】

芙蓉，花大而色丽，古人非常喜欢。王安石诗云"正似美人初醉著，强抬青镜欲妆慵"，将其比作美女，元稹诗云"芙蓉脂肉绿云鬟，罨画楼台青黛山"，用其形容仙子姿容。此花适宜种植在园中池畔，水光花影相映成趣，分外妖娆。陈淏子《花镜》云："芙蓉丽而间，宜寒江秋沼。"所指即此。文震亨也很欣赏这种"照水芙蓉"之美，认为"他处植之，绝无丰致"，又认为用颜料染花蕊，是俗不可耐之事，可见其欣赏芙蓉，着意还在古、

明　陈洪绶《花卉草虫册》中的白芙蓉

雅、韵上。

五代时，后蜀皇帝孟昶为讨爱妃花蕊夫人欢心，在成都城头尽种芙蓉，当时芙蓉在秋日盛开，"四十里如锦绣"，成都因此得了"芙蓉城"的雅名。后来，赵宋灭蜀，花蕊夫人被掠入后宫，虽锦衣玉食，受尽恩宠，但不减对亡夫的思念之情，终被赵匡胤赐死。民间敬重她的忠贞不渝，尊她为花神，芙蓉花也就被看作爱情之花了。

吴彦匡《花史》中说："芙蓉有二种，于水者，谓之草芙蓉；出于陆者，谓之木芙蓉。"古时的芙蓉，也常指荷花，也就是"水芙蓉"。《离骚》中的"集芙蓉以为裳"，《古诗十九首》中的"涉江采芙蓉"，还有李白的"清水出芙蓉"，说的都是荷花，不过"水芙蓉"是否就是"草芙蓉"，还有待考证。而王维的"木末芙蓉花"，指的则是辛夷。

萱　花^[1]

萱草忘忧^[2]，亦名"宜男"，更可供食品，岩间墙角，最宜此种。又有金萱^[3]，色淡黄，香甚烈，义兴^[4]山谷遍满，吴中甚少。他如紫白蛱蝶^[5]、春罗^[6]、秋罗^[7]、鹿葱^[8]、洛阳石竹^[9]，皆此花之附庸也。

【注释】

[1] 萱花：即萱草，又名谖（xuān）草、金针菜、黄花菜，花漏斗状，橘黄色或橘红色，无香气，可供食用与观赏。

[2] 忘忧：古人认为萱草可以使人忘忧，故而称其为忘忧草。明·王象晋《群芳谱》："《说文》云：萱，忘忧草也。一名疗愁，《述异记》云：吴中呼为疗愁花。一名宜男，《风土记》云：怀妊妇人佩其花，

则生男，故名宜男。"

[3] 金萱：萱草的一种，五月开花，姿态可观。

[4] 义兴：今江苏宜兴一带。古称义兴，宋朝避太宗赵光义讳，改名
宜兴。

[5] 蛱蝶：蝴蝶，此处指蝴蝶花，花瓣圆形具柄。

[6] 春罗：即剪春罗，花美色艳，便于种植。

[7] 秋罗：即剪秋罗、汉宫秋，夏秋两季开花，呈深红或白色。

[8] 鹿葱：夏日生花轴，轴顶生数花，花淡红紫色。因花色与萱稍相
似，古人曾误认为萱，区别在于鹿葱有鹿斑，萱草无斑。

[9] 石竹：即石竹花，花色有紫红、粉红、纯白等色，微具香气。盛开
时瓣面如碟，闪着绒光，常植于庭院供观赏。

【点评】

萱草忘忧

西晋张华说："萱草，食之令人好欢乐，忘忧思。"唐代白居易说："杜康能散闷，萱草解忘忧。"北宋刘敞说："种萱不种兰，自谓忧可忘。"历代皆将萱草看作忘却忧愁的寄托。

《诗经》中有"焉得谖草，言树之背"，说是要找萱草，种在北堂的庭院。游子远行后，母亲对其思念之情与日俱增，种植萱草，或可减轻心中的思念之苦。父母对子女的爱和养育之恩是昊天罔极的，这份深情，做子女的也能够感知，所

以孟郊诗"萱草生堂阶，游子行天涯。慈亲倚堂门，不见萱草花"，不言子思母而言母思子，可见心中深切的思念；而刘应时诗云"北堂花在亲何在，几对薰风泪湿衣"，物在人亡，他只能对着萱草来忘却心中的伤痛。

张潮《幽梦影》云："当为花中之萱草，毋为鸟中之杜鹃。"袁翔甫对此补评道："萱草忘忧，杜鹃啼血。悲欢哀乐，何去何从？"人世间的忧愁，从来是那么多，又岂是说忘就能忘的呢？文震亨身处风雨飘摇的晚明，在庭院中种植萱草，其用意也耐人寻味。

薝　葡 [1]

一名"越桃"，一名"林兰"，俗名"栀子"，古称"禅友"，出自西域[2]，宜种佛室中。其花不宜近嗅，有微细虫入人鼻孔，斋阁可无种也。

【注释】

[1] 薝（zhān）葡：即薝卜，花有六瓣，春夏开白花，香气浓烈，可供观赏。夏秋结果实，生青熟黄，可作黄色染料。明·李时珍《本草纲目》："佛书称其花为薝卜（bó），谢灵运谓之林兰，曾端伯呼为禅友。"他本或作"簷蔔""薝卜""簷葡"等。

[2] 西域：汉以来对玉门关、阳关以西地区的总称。

【点评】

薝葡，俗名栀子，春夏开放，清新淡雅、芳香馥郁，一见之下，便能感受到一种盎然的生机和莫名的喜悦。韩愈的"升堂坐阶新雨足，芭蕉叶大栀子肥"，王建的"妇姑相唤浴蚕去，闲看中庭栀子花"，描绘的都是一

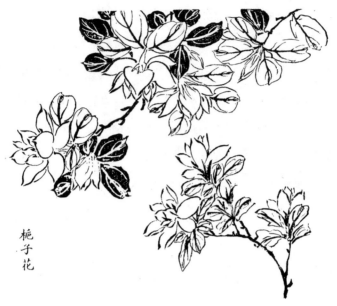

栀
子
花

俗名"栀子"，古称"禅友"

派闲适宁静的景象。

　　栀子真正受到关注，还是因为禅宗的影响。《维摩诘所说经》有云："舍利弗！如人入薝卜林，唯嗅薝卜，不嗅余香，如是若入此室，但闻佛功德之香，不乐闻声闻辟支佛功德香也。"佛经中将栀子比作佛法，开了风气之先。后来卢纶的"薝卜名花飘不断，醍醐法味洒何浓"，蒋梅边的"清净法身如雪莹，夜来林下现孤芳"，都是以栀子喻法身，表达开悟后内心清净之意。后王十朋也曾写诗赞栀子，说："禅友何时到，远从毗舍园。妙香通鼻观，应悟佛根源。"直接将其呼为"禅友"，说从中可以悟道佛法的根源。如此一来，栀子就带上了一种禅意。文氏家族向来有参禅的传统，文震亨的庭园中自是少不了此花的。他说栀子宜种佛室中，指的应是便于玩味的盆景。

　　另外，陈继儒《小窗幽记》说："昔人有花中十友：桂为仙友，莲为净友，梅为清友，菊为逸友，海棠名友，荼蘼韵友，瑞香殊友，芝兰芳友，蜡梅奇友，栀子禅友。"以花为友，标榜志趣，是文震亨辈常态。

玉　簪[1]

洁白如玉，有微香，秋花中亦不恶。但宜墙边连种一带，花时一望成雪。若植盆石中，最俗。紫者名紫萼[2]，不佳。

【注释】

[1] 玉簪：秋季开花，色白如玉，未开时如簪头，有芳香，是园林中常见的观赏花木。

[2] 紫萼：叶较玉簪的叶为窄短，夏秋开花，花淡紫色，常盆栽供观赏。

【点评】

玉簪花，秋季开花，洁白如玉。其花名的由来，是因为此花形似古

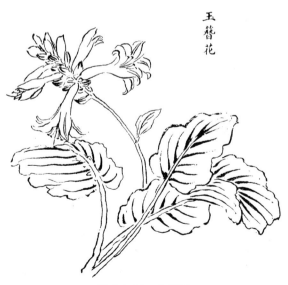

洁白如玉，有微香

代妇女的玉簪。王象晋《群芳谱》记载："汉武帝宠李夫人，取玉簪搔头，后宫人皆效之，玉簪花之名取此。"

玉簪花雪魄冰姿，芳香袭人，因此园林中常种植它作为观赏花木。需要注意的是，玉簪花适合庭院，却不宜放在室内。文震亨提到的"墙边连种一带，花时一望成雪"，是原因之一，另外一个原因，可能是以文氏的审美来看，此花形似妇女发簪，闺阁中物断非幽人所适宜。另外，玉簪花有微毒，接触过久对人体有害。所以，即便是深爱玉簪，还是种植庭院为宜。李渔《闲情偶寄》中说："留之弗摘，点缀篱间，亦似美人之遗。"则是从另外一个角度来营造园林了，颇有意思。

金　钱[1]

午开子落[2]，故名子午花。长过尺许，扶以竹箭[3]，乃不倾欹[4]。种石畔，尤可观。

【注释】

[1] 金钱：即金钱花，因其形状类似金钱而得名。宋·苏颂《本草图经》："六月开花如菊花，小铜钱大，深黄色。上党田野人呼为金钱花，七八月采花。"

[2] 午开子落：午时开花，子时谢落。

[3] 扶以竹箭：用细竹撑起来。扶，撑持。竹箭，细竹。

[4] 倾欹：倾斜，歪斜。

【点评】

金钱花，又名子午花，还有个雅称叫润笔花。《花史》中载："郑荣常作此花诗未就，梦一红裳女子掷钱与之曰：'为君润笔。'及觉，探怀中得花数朵，遂戏呼为润笔花。"颇为浪漫有趣。

此花的文化含义不深，主要价值是药用，《神农本草经》和《名医别录》中说它能够"去五脏间寒热，补中，下气"，"通血脉，益色泽"。

李渔偏偏从金钱花中读出了新意。他在《闲情偶寄》中说，一岁之花，如同一部书稿，梅花、水仙如初动笔的文章，气

子午花

金钱花午开子落，故名子午花

虽雄，机尚涩，故花不大，色亦不浓；待桃、李、棠、杏花开，如同文思泉涌，兴致淋漓，只不过纵而难收，故花大而色仍然不浓；直到牡丹、芍药一开，文心笔致俱臻化境，收放自如，色香形等十分完美，只不过因此，造物精华枯竭，只能作轻描淡写之文，如金钱、金盏、剪春罗等花，便属此类。最后得出的结论是作文行气应当留有余地，所论十分新奇有趣。

藕　花[1]

藕花池塘最胜，或种五色官缸[2]，供庭除赏玩，犹可。缸上忌设小朱栏。花亦当取异种，如并头[3]、重台[4]、品字[5]、四面观音[6]、碧莲[7]、金边[8]等乃佳。白者藕胜[9]，红者房胜[10]。不可种七石酒缸[11]及花缸[12]内。

【注释】

[1]　藕花：又名荷花、莲花、芙蕖、菡萏、水芙蓉。夏天开放，为红色或白色，有清香。其子（莲子）和根茎（莲藕）可供食用和药用。

[2]　五色官缸：疑为官窑所制的各色瓷缸。五色，泛指各种颜色。

[3]　并头：即并头莲，并排长在同一茎上的两朵莲花，后喻恩爱的夫妻。

[4]　重台：此处指重台莲，花朵硕大，花态呈碗状。

[5]　品字：莲花三芯者称品字莲，古人视为大吉之兆，又称其为瑞莲、嘉莲。

[6]　四面观音：即四面莲，花头瓣化成四个头。

[7]　碧莲：即绿荷，色翠绿，多瓣，香浓，藕大。

[8]　金边：即锦边莲，花被边缘呈紫红色，其他部分呈白色。

[9]　藕胜：生出的莲藕大。

[10]　房胜：结的莲房大。

[11]　七石酒缸：可以贮酒七石之缸。石，十升为一斗，十斗为一石。

[12]　花缸：种花的瓦缸。

【点评】

莲花，高雅圣洁，曹植曾说"览百卉之英茂，无斯华之独灵"。无论"小荷才露尖尖角，早有蜻蜓立上头"还是"接天莲叶无穷碧，映日荷花别样红"，都是极美的景象。

观赏之余，由于莲的实用价值颇高，故而古代盛行采莲之风。汉乐府中就有"江南可采莲，莲叶何田田"的句子，梁元帝甚至自己作了《采莲赋》来记载采莲雅事。采摘起来，有用莲蓬作花灯的，千百花灯放在河中，粼粼波光下如同点点繁星，煞是好看。有用莲子和莲藕做食物的，食罢满口留香。有用莲花制茶的，沈复《浮生六记》云："夏月荷花初开时，晚含而晓放。芸用小纱囊撮茶叶少许，置花心。明早取出，烹天泉水泡之，香韵尤绝。"还有在游玩时用莲叶作酒器盛酒畅饮的，苏轼诗云："碧筒时作象鼻弯，白酒微带荷心苦。"风熏日暖之时，泛舟湖上以荷叶杯畅饮美酒，确是人生快事！

诗人们的生活中，自然少不了借咏莲来寄寓情感。"低头弄莲子，莲子青如水"，无名氏表达的是对情人的思念；"小楫轻舟，梦入芙蓉浦"，周邦彦表达的是对故乡的怀念；"兴尽晚回舟，误入藕花深处"，李清照表达是对似水流年的眷恋；"秋阴不散霜飞晚，留得枯荷听雨声"，李商隐表达的是坎坷际遇中内心的苦闷；"竹喧归浣女，莲动下渔舟"，王维表达的是对隐居之乐的倾心。

真正赋予莲花深沉内涵的，是儒释道三家。周敦颐《爱莲说》云："予独爱莲出淤泥而不染，濯清涟而不妖。"在儒家看来，莲花象征着高洁的品格，以其比作君子。《太乙救苦护身妙经》中说太上老君"步蹑莲花……分身三界，救度群情"。在道家看来，莲花是道法的象征，拯救世人脱离苦海。在佛教看来，莲花从淤泥中出不被污染，如同佛菩萨在生死烦恼中生，又从中解脱涅槃，而佛陀本尊生在莲花上，走在莲花上，坐也是在"莲台"之上，故而"莲"就是"佛"的象征。文震亨三家并参，植

茂叔观莲
丙寅冬至日仝周叶凌作

出淤泥而不染，濯清涟而不妖

莲对修身自有助益。

在园林中，种莲可以美化环境。陈淏子《花镜》云："荷之肤妍，宜水阁南轩，使熏风送麝，晓露擎珠。"故凿池蓄养是最佳之法。妍洁的荷花使庭院如同画境，阵阵清风吹起，香从水面飘来，令人如登香洲仙苑；雨打荷叶之时，声韵悠然，如闻天籁，再看着荷叶上的水珠时聚时散，水下的游鱼时隐时跃，令人觉天地一片宁静，世虑顿忘。而有的园林为了以池水倒影天光云影树姿石骨，不种植过多的莲花，是另外一种做法了。另外，还有在庭院中种缸荷，在书斋中放置碗莲，也是令室庐生香的妙法。总之，法无定式，可因境而为。

水　仙[1]

水仙二种，花高、叶短、单瓣者佳。冬月宜多植，但其性不耐寒，取极佳者移盆盎，置几案间。次者杂植松竹之下，或古梅奇石间，更雅。冯夷[2]服花八石，得为水仙，其名最雅，六朝人乃呼为"雅蒜"，大可轩渠[3]。

【注释】

[1] 水仙：又名雅蒜，花白色，中心黄色，香味清幽。

[2] 冯夷：传说中的黄河之神，后泛指水神。

[3] 大可轩渠：非常可笑。轩渠，欢悦貌，笑貌，此处引申为可笑。

【点评】

水仙，素洁幽雅，超尘脱俗。文震亨最喜欢花高叶短的单瓣品种，认为应当将最佳品种种植在盆盎里，放置在几案间，但同时又认为将稍次的品种种植在松、竹、梅、石之间更雅致，这似乎是一个悖论，和他一贯追求的古雅之境也有差异，但其实是因为水仙清雅，放在书房中便于他时刻赏玩。陈淏子《花镜》云："水仙、瓯兰之品逸，宜磁斗绮石，植之卧室幽窗，可以朝夕领其芳馥。"便是知音之论。

历代诗人对水仙皆有吟咏，其中不乏名篇。黄庭坚诗云："凌波仙子生尘袜，水上轻盈步微月……含香体素欲倾城，山矾是弟梅是兄……"将水仙比喻为多愁善感的"凌波仙子"——宓妃洛神，还说是梅花之兄山矾（叶似栀子，凌冬不凋，三月开花，繁白如雪）之弟。水仙在他的笔下，是超逸凌虚的风物，也是不畏严寒的象征。李商隐诗云："回望高城落晓河，长亭窗户压微波。水仙欲上鲤鱼去，一夜芙蓉红泪多。"其中"鲤鱼"一句，用的是琴高乘鲤凌波而去的典故，喻的是飞仙；"红泪"一句，用的则是薛灵芸离别父母，

明　陈洪绶《水仙图》

玉壶承泪，色红如血的典故，言的是别情。水仙在他的笔下，成了离愁别恨的代名词。民族英雄邓廷桢诗云："惟有水仙羞自献，不随群卉争葳蕤。冬心坚抱岁云莫，粲齿一笑香迟迟。"水仙在他的笔下，寄托了崖岸自高、不随流俗的品操。

关于水仙有很多传说。一说水仙为冯夷所化，相传冯夷为了成仙，服食了八石的水仙，死后玉帝派他管治黄河，称为水中神仙；另一说是娥皇、女英所化，姐妹二人在舜帝死后相继殉情，化为江边水仙；还有一说是关于屈原的，郢都被秦国攻灭后，他投水自尽，《拾遗记》中说"楚人思慕，谓之水仙"。另外还有伍子胥尸沉于江成为水仙的说法。在西方，还有美少年迷恋倒影，在水边枯坐而死，化成水仙之事。但无论是哪一种，都带着一种高傲孤清的况味，也无一例外是悲剧。

凤　仙[1]

号"金凤花"，宋避李后讳[2]，改为"好儿女花"。其种易生，花叶俱无可观。更有以五色种子同纳竹筒，花开五色，以为奇，甚无谓。花红，能染指甲[3]，然亦非美人所宜。

【注释】

[1]　凤仙：凤仙花，夏季开花，有粉红、大红、粉紫等多种颜色，花瓣捣碎后，可染指甲，很受女子喜爱。

[2]　宋避李后讳：宋朝人避宋光宗李后的名讳。李后，指宋光宗皇后李凤娘，南宋第四代皇帝宁宗赵扩之母。避讳，封建社会时，对于君主和尊长的名字，避免直接说出或写出，以他字代替。

[3]　染指甲：宋·周密《癸辛杂识续集》：“凤仙花红者用叶捣碎，入明
　　　　矾少许在内，先洗净指甲，然后以此敷甲上，用片帛缠定过夜，初
　　　　染色淡，连染三五次，其色若胭脂。”

【点评】

　　凤仙花，花色鲜红，可以染指甲。杨维桢《凤仙花》诗云：“金盘和
露捣仙葩，解使纤纤玉有暇。一点愁疑鹦鹉喙，十分春上牡丹芽。娇弹
粉泪抛红豆，戏掐花枝缕绛霞。女伴相逢频借问，几番错认守宫砂。”描
写了染甲女子的妩媚之态，弹琴之时手指翻飞如落红飞舞。故而“金凤染
甲”之法问世以来，深受闺阁中女子喜爱，千百年来，蔚然成风。

　　不过此花文人雅士向来褒贬不一。文震亨的评价是“非美人所宜”，
还算客气。李渔就毫不留情了，他在《闲情偶寄》中批判道：“凤仙，极
贱之花，止宜点缀篱落……纤纤玉指，妙在无瑕，一染猩红，便称俗

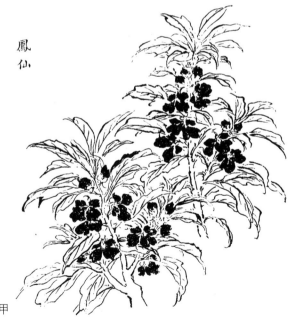

凤仙

凤仙花，能染指甲

物……始作俑者，其俗物乎？"花和染甲的人，在他看来都是俗不可耐。

持肯定意见的，是女词人陆琇卿，她的《醉花阴》词云："曲阑凤子花开后，捣入金盆瘦。银甲暂教除，染上春纤，一夜深红透。 绛点轻襦笼翠袖，数颗相思豆。晓起试新妆，画到眉弯，红雨春心逗。"在她看来，少女的纤纤玉指染色之后，在翠袖之下，如同一颗颗相思豆，是借染甲来写心中相思之情。

茉莉[1] 素馨[2] 夜合[3]

夏夜最宜多置，风轮一鼓[4]，满室清芬[5]。章江[6]编篱插棘[7]，俱用茉莉，花时，千艘[8]俱集虎丘[9]，故花市初夏最盛。培养得法，亦能隔岁发花，第枝叶非几案物，不若夜合，可供瓶玩。

【注释】

[1] 茉莉：常绿灌木，夏季开白花，有浓香，花可熏茶叶、制香油。

[2] 素馨：常绿灌木，初秋开花，花白色，香气清冽，可供观赏。

[3] 夜合：合欢的别名，此处指香味浓郁日开夜合的夜合花。

[4] 风轮一鼓：将风轮转动。风轮，古代夏天取凉用的机械装置。鼓，此处指摇动。

[5] 清芬：清香。宋·韩琦《夜合诗》："所爱夜合者，清芬逾众芳。"

[6] 章江：即赣江，在今江西境内。

[7] 编篱插棘：编篱笆插荆条。棘，泛指有芒刺的草木，故而插条作篱，称为插棘。

[8] 千艘：无数船只。

宋　马麟《茉莉舒芳图》

[9] 虎丘：山名，在江苏苏州西北，亦名海涌山，唐时因避讳曾改称武
丘或兽丘，后恢复旧称，相传吴王阖闾葬在此山中。

【点评】

　　茉莉，素洁清雅，芬芳宜人。其花一可供观赏，唐太宗有"冰姿素淡广寒女，雪魄轻盈姑射仙"的诗句流传；二可作茶饮，明代朱权《茶谱》中有"可将蓓蕾数枚投于瓯内罨之，少倾，其花自开，瓯未至唇，香气盈鼻矣"的记载；三可用来簪戴，苏轼谪居儋州时，见黎女口含槟榔、竞簪茉莉，写诗云"暗麝着人簪茉莉，红潮登颊醉槟榔"，非常俏皮有趣；四可用来提取花油、制作香精等，满足部分生活需要。

　　文震亨并不认同茉莉的观赏价值，倒是对茉莉的香颇为欣赏，茉莉香有清神之用，所以虽非幽人之花，他也认为"夏夜最宜多置"，鼓以风轮，使得"满室清芬"，想来惬意得很。

　　再说素馨和夜合。素馨的香味和茉莉相近，极懂生活情趣的宋人，很早就发现了这种花，并常将其半开之花，收入香囊里，放在卧榻枕边，算是一种享受。只不过，这种花的枝条柔弱不堪，需用屏架扶起，不比茉莉亭亭玉立，而且相传此花是美人香消玉殒后的一缕芳魂所化，有些伤怨的味道。至于夜合，常常被误作合欢花，其实是同名别种。明人高濂《遵生八笺》载："红纹香淡者，名百合；蜜色而香浓，日开夜合者，名夜合，分二种。"陈淏子《花镜》云："一名摩罗香，一名百合。苗高二、三尺，叶细而长，四面攒枝而上，至杪始着花。四五月花开，蜜色紫心，花之香味最浓。"此花香气也较浓郁，虽比不上茉莉、素馨，但更适于瓶玩。

杜　鹃[1]

花极烂漫，性喜阴畏热，宜置树下阴处。花时，移置几案间。别有一种名"映山红"[2]，宜种石岩之上，又名羊踯躅。

【注释】

[1] 杜鹃：又名映山红，常绿或落叶灌木，春季开花，灿若云霞。

[2] 映山红：杜鹃花的一个品种，适宜成片栽植，开花时万紫千红。宋·阮阅《诗话总龟》："映山红生于山坡欹侧之地，高不过五七尺，花繁而红，辉映山林，开时杜鹃始啼，又名杜鹃花。"

【点评】

杜鹃，山野常见之花，色泽鲜艳，灿若云霞，杨万里诗"日日锦江呈锦样，清溪倒照映山红"，是其形象的写照。文震亨喜欢这种烂漫之色，认为可作园林观赏植物的一种，还说由于它喜阴畏热，宜置树下阴处和石岩之上。

其花与鸟同名，又名子规、布谷、杜宇、望帝等。相传远古时代的蜀国国君杜宇，生前非常爱护自己的百姓，晚年将帝位禅让给治水有功的丞相，隐居在西山之下。死后魂魄不舍蜀地民众，于是便化而为鸟，昼夜凄鸣着"不如归去，不如归去"，所咯下的鲜血，染红了漫山遍野的花朵，杜鹃花也就带有了一种凄怨的味道。

杜鹃，花极烂漫

秋　色[1]

吴中称鸡冠、雁来红、十样锦之属，名秋色。秋深，杂彩烂然，俱堪点缀。然仅可植广庭，若幽窗多种，便觉芜杂。鸡冠有矮脚者[2]，种亦奇。

【注释】

[1] 秋色：夏秋季开花，花多为红色，花呈鸡冠状，故称鸡冠花。又名雁来红、十样锦。明·李时珍《本草纲目》："其穗……扁卷而平者，俨如雄鸡之冠。"

[2] 矮脚者：矮小的品种。

【点评】

秋色，俗称鸡冠花，秋天开花，花团锦簇，杂彩烂然。宋代孔平仲有诗云："幽居装景要多般，带雨移花便得看。禁奈久长颜色好，绕阶更使

吴中称鸡冠、雁来红、十样锦之属，名秋色

种鸡冠。"在他看来，鸡冠花适宜种在庭院台阶旁以供欣赏。李渔《闲情偶寄》中说此花不仅在一岁之中经秋更媚，在一日之中也是向晚更媚，是其独到之处。文震亨也有过深入的观察，故而觉得这样的形态和气质，适于空旷的庭院。不种在窗下，是避免环境过于芜杂。

除观赏之外，古代另有用鸡冠花祭祖的风俗。宋代袁颐《枫窗小牍》曾载："鸡冠花，汴中谓之洗手花，中元节前，儿童唱卖以供祖先。"孟元老《东京梦华录》也说："又卖鸡冠花，谓之洗手花，十五日供养祖先索食。"可见此风非常盛行。

松[1]

松、柏[2]古虽并称，然最高贵者，必以松为首。天目[3]最上，然不易种。取桧子松[4]植堂前广庭，或广台之上，不妨对偶[5]。斋中宜植一株，下用文石为台或太湖石为栏，俱可。水仙、兰蕙[6]、萱草之属，杂莳[7]其下。山松宜植土冈之上，龙鳞既成[8]，涛声相应[9]，何减[10]五株[11]九里[12]哉？

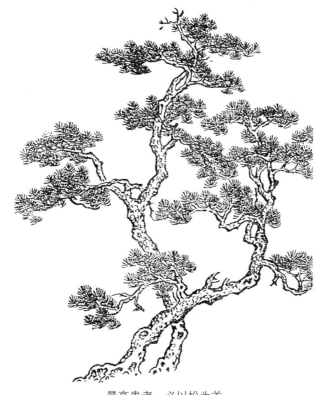

最高贵者，必以松为首

【注释】

[1] 松：常绿乔木，性耐寒，经冬不凋，树皮多为鳞片状，叶子扁平线形或针形，球果形，种子可食用、榨油等。与梅、竹并称为"岁寒三友"。

[2] 柏：常绿乔木，性耐寒，经冬不凋，木质坚硬，纹理致密，可供建筑、造船等用。

[3] 天目：天目山，在今浙江余杭与安吉交界处。文中指天目松，分布在浙江、安徽、江西一带，属于松中上品。

[4] 栝（guā）子松：即栝松，松的一种，叶为三针。

[5] 对偶：原指修辞格，此处引申为对称之意。

[6] 兰蕙：兰和蕙，皆香草。详见本卷"兰"条。

［7］ 莳：种植。

［8］ 龙鳞既成：古松成林。龙鳞，因松树皮像龙鳞，故以此指代松树。
唐·王维《春日与裴迪过新昌里访吕逸人不遇》："闭户著书多岁
月，种松皆老作龙鳞。"

［9］ 涛声相应：松声阵阵，如波涛山谷回荡。底本作"涛水相应"，误。

［10］ 何减：哪里比不上。

［11］ 五株：《史记》载，秦始皇登泰山，避暴雨于松树下，因此树护驾
有功，按秦官爵封为五大夫，后代附会为五株松。

［12］ 九里：即九里松。唐刺史袁仁敬守杭时，于行春桥至灵隐、三天竺
间植松，左右各三行，凡九里，苍翠夹道，人称九里松。

【点评】

松，号称"百木之长"。它高大挺拔，枝干蜷曲，皮如龙鳞，或卓然
于苍崖之上，或玉立于原野之间，凌霜傲雪，千年长青，坚贞秀美，奇态
百出，向来为国人喜爱，常作为园林景观。

如果说文震亨在花中最爱的是梅，那么在树中最爱的就是松了，他不
仅要在庭、台间种植，还要在书斋中种植，并搭配奇石、兰草，营造一种
苍古之境。日夕观摩，自生古意，如宋徽宗《听琴图》中的情境一般，在
松下弹琴品茗，更有出尘之态。

除了观赏，松还可以倾听。古人有松涛之说，风过之处，松声相应，
天地间自有大美存在。西湖山岗边九里松风之景，就颇为壮观。元人耶律
铸曾有诗形容松声："水深深，山重重，前溪后岭万苍松。我来秋雨霁，
夜宿深山中。霜寒千里龙蛇怒，岩谷萧条啸貔虎。波涛漾漾生秋寒，碧落
无云自飞雨。珑珑兀兀惊俗聋，余韵飘萧散碧空。"松涛也为文震亨所爱。
《南史·陶弘景传》中说陶弘景"庭院皆植松，每闻其响，欣然为乐"，可
称文震亨的知音。

园林中松树的布置，文震亨所言较为简约。陈淏子《花镜》中说"宜峭壁奇峰"，孤峭高绝，如在世外。不过这种景难以营造，倒是明人高濂的"松轩"可以复制，其制曰："择苑囿中向明爽之地构立，不用高峻，惟贵清幽。八窗玲珑，左右植以青松数株，须择枝干苍古，屈曲如画，有马远、盛子昭、郭熙状态甚妙。中立奇石……更置建兰一二盆，清胜雅观。外有隙地，种竹数竿，种梅一二，以助其清，共作岁寒友想。临轩外观，恍若在画图中矣。"拙政园和瞻园，均有一匾题为"一亭秋月啸松风"，若用在"松轩"颇合适。

除了视听之娱，松在中国古典文化中，有极其深沉的意蕴。

其一，喻高洁之操。松经冬不凋，卓然傲立，古人觉得它有高洁的品性和坚贞的情操。孔子绝粮于陈时曾说："内省而不穷于道，临难而不失其德，天寒既至，霜雪既降，吾是以知松柏之茂也。"平日又说："岁寒，然后知松柏之后凋也。"可知他是比德于物，希冀学生们有松柏的品性。千百年来，读书人深受激励。

其二，含隐逸之思。陶渊明赋云"三径就荒，松菊犹存"，李膺诗云"偶来松树下，高枕石头眠。山中无历日，寒尽不知年"，王维诗云"明月松间照，清泉石上流"，又说"雨中松果落，灯下草虫鸣"，松是他们隐居的高友，让幽居更添雅意。

其三，通艺术之境。黄庭坚与朋友游鄂城樊山，途经松风阁，夜中听松涛成韵，自此笔法大进，写出了独树一帜的行书精品——《松风阁诗帖》，其书风神洒荡，意韵十足，竟可与《兰亭序》《祭侄稿》媲美。在中国山水画里，松树是一个独立的题材。历代画家，无不苦心研究，其中最痴的当属五代后梁的荆浩，据传他隐居于太行山的"洪谷"，一边耕作，一面观松，竟然"携笔复就写之，凡数万本，方如其真"。琴曲中有一名曲名为《风入松》，传为西晋嵇康所作，唐代释皎然在其情思上发展，并援曲入禅，创有《松风吟》。而词谱中还将《风入松》收为词牌的一种，历代词人用它创作了无数佳作。而民间还将松和长寿关联。"福如东海长流水，寿比南山不老松"，至今仍是祝寿名联。松鹤延年题材的图画，也常常高挂在民宅中堂之上。

木 槿[1]

花中最贱，然古称"舜华"[2]，其名最远。又名"朝菌"[3]。编篱野岸，不妨间植，必称林园佳友，未之敢许也。

【注释】

[1] 木槿：落叶灌木，夏秋开花，一花五瓣，有白、红、紫等色，朝开暮落。民间常作篱笆或栽培供观赏。

[2] 舜华：木槿花的别称。华即美丽的意思，"舜"疑为"瞬"，由于木槿花花色艳丽，古时用来比喻美人。

[3] 朝菌：木槿，指某些朝生暮死的菌类植物。晋·潘尼《朝菌赋序》："朝菌者，盖朝华而暮落，世谓之木槿，或谓之日及。"

【点评】

木槿，有白、红、紫等色，花色艳丽，古称"舜华"，《诗经》中"有女同车，颜如舜华"之句，《群芳谱》中说是"取仅荣一瞬之义"。遥想斯人和心仪的女子同车，觉得时间过得飞快，甚至还没能细看对方的容颜，就又匆匆别过，美好易逝，心中惆怅。所以李商隐诗《槿花》中说："风露凄凄秋景繁，可怜荣落在朝昏。未央宫里三千女，但保红颜莫保恩。"以木槿比宫女，怜惜其遭遇，又联想到自身的境遇，感伤莫名。

由于此花朝开暮落，又名朝菌。也许正因如此，文震亨才以"最贱"来评价吧。然而世上有些事物就是短暂的，譬如流星，譬如烟花，都不过是瞬息之间，但谁又能抹杀它们在天际绽放那一刹的灿烂和辉煌？苏彦《舜华诗序》中的"苟映采于一朝，耀颖于当时，焉识夭寿之所在哉"，说的就是木槿的瞬息之美。

此花在园林中可做花篱，孤植和丛植均可。孙光宪的"茅舍槿篱溪曲，鸡犬自南自北，菰叶长，水蘋开，门外春波涨绿"，虽山家风情，味自不恶。白居易的"凉风木槿篱，暮雨槐花枝。并起新秋思，为得故人诗"，更有幽人风致一些。不过文震亨却认为木槿仅有野趣而已，并不认可木槿花是"林园佳友"。这种看法或许与晚明园林愈趋精巧的风尚有关，抑或许与园林的大小有关，文震亨的曾祖文徵明设计的占地二百余亩的拙政园就有编篱，且富雅趣。故而文震亨此论，有失偏颇。

桂[1]

丛桂[2]开时，真称"香窟"[3]，宜辟地二亩，取各种并植。结亭[4]其中，不得颜[5]以"天香"[6]"小山"[7]等语，更勿以他树杂之。树下地平如掌，洁不容唾，花落地即取以充食品。

【注释】

[1] 桂：又名木樨、木犀，秋季开花，花白色或暗黄色，香气浓郁，供观赏，亦可做香料。

[2] 丛桂：一丛丛的桂树。

[3] 香窟：弥漫香气的洞室。宋·陶毂《清异录》："有钱当作五窟室，

吴香窟尽种梅株，秦香窟周悬麝脐，越香窟植岩桂，蜀香窟栽椒，楚香窟畦兰。"

[4]　结亭：建一座亭子。结，建造，构筑。

[5]　颜：此处作"取名"解。

[6]　天香：原指桂、梅、牡丹等花香，此处特指桂花。唐·宋之问《灵隐寺》："桂子月中落，天香云外飘。"

[7]　小山：特指桂树。淮南王刘安门客小山，曾作《招隐士》一诗，其中有"桂树丛生兮山之幽，偃蹇连蜷兮枝相缭"之句，故后世常以小山代指桂花。

【点评】

桂，有"仙友"和"花中月老"的雅称，盛开之时，香气四溢，清可绝尘，与茉莉、兰花并称"香花三元"。园林中，桂树是必不可少的一种。秋日众芳摇落，园中缺少生气，但桂花一开就不同了，幽香浮动，随风飘得极远，整个园林都仿佛活了起来。人在园中游，闻着清香，心旷神怡。陈淏子《花镜》云："木樨香胜，宜崇台广厦，挹以凉飚，坐以皓魄，或手谈，或啸咏其下。"是解人之语。留园就有一处"香木樨香轩"，专供赏玩桂花。文震亨也颇爱此花，认为应"辟地二亩"来种植，并在其间筑亭子，这种"香窟"可谓高妙清绝，人坐其中，必然醉倒。

历代文人也留下了无数咏桂的诗篇。宋之问诗"桂子月中落，天香云外飘"，月圆之夜，山寺寻桂，清幽之间，见闲情雅致；王维诗"人闲桂花落，夜静春山空"，隐居空山，任花开落，宁静之中，皆淡泊况味；权德舆诗"握兰中台并，折桂东堂春"，用折桂之典寄寓着建功立业的志趣；张九龄诗"兰叶春葳蕤，桂华秋皎洁"，借桂花一物寄托着洁身守志的情操；李白诗"何以折相赠，白花青桂枝"，离别之际，折桂相赠，彼此的友谊和心中的希冀，都在不言之中；卢照邻诗"独有南山桂花发，飞来飞

清 恽寿平《花卉图册》中的桂花

去袭人裾"，饱经沧桑之后，所有的铅华终被洗尽，所有的坎坷都将释然，生命终究是归于平淡。

除了观赏之外，桂花还具实用价值，可以制茶酿酒，亦可制糕点、糖果、香油、香料。宋人林洪《山家清供》的"广寒糕"一条中，记载用桂花制作的糕点及香料："采桂英，去青蒂，洒以甘草水，和米舂粉炊作糕，大比岁，士友咸作饼子相馈，取'广寒高甲'之谶。又有采花略蒸，暴干作香者，吟边酒里，以古鼎燃之，尤有清意。""广寒高甲"即"蟾宫折桂"，据说晋代的郄诜曾在晋武帝面前，说自己如同月宫桂枝和昆山宝玉。唐代科举兴起，以折桂来代表科举及第。古人吃桂花糕，除了爱其清味，也为讨一个彩头。饮酒作诗之时，燃烧桂花香料，在非桂花开放的时节，十分清逸幽雅。

柳[1]

顺插[2]为杨[3]，倒插[4]为柳，更须临池种之。柔条拂水，弄绿搓黄[5]，大有逸致；且其种不生虫，更可贵也。西湖柳[6]亦佳，颇涉脂粉气[7]。白杨[8]、风杨[9]，俱不入品[10]。

【注释】

[1] 柳：落叶乔木，枝柔韧，叶细而狭长，春天开黄绿色花，种子上有白色毛状物。

[2] 顺插：枝叶向上。

[3] 杨：落叶乔木，花雌雄异株，树干通常端直，树皮光滑或纵裂，常为灰白色。

[4] 倒插：枝叶下垂。

[5] 弄绿搓黄：绿叶、黄叶在风中飘舞的景象。

[6] 西湖柳：枝条密生，细长柔弱，光滑无毛，常作为庭园观赏植物。

[7] 脂粉气：胭脂和香粉的气味，后指女子风韵，也指矫艳造作的意态。

[8] 白杨：树干笔直，皮暗灰色，叶柔软而扁平，常作防风林、行道树。

柳须临池种之

[9] 风杨：即枫杨，喜光，耐寒能力不强，树冠宽广，枝叶茂密，生长
迅速，是常见的庭荫树和防护树种。主要分布于黄河以南。

[10] 入品：入流。品，一定的标准品级。

【点评】

柳，枝条秀长，枝叶青翠，是园林必不可少的树木，唐代诗人贺知章曾以"碧玉妆成一树高，万条垂下绿丝绦"来形容其美态。此树宜植池边，临水倒影，清丽柔美，摇曳多姿。并植也极佳，高鼎的"拂堤杨柳醉春烟"，描述的就是这种极美的画境，令人沉醉。不过这种景象，需要宽阔的水域，颐和园和西湖苏堤岸边就栽着数不清的垂柳，一望成林。园林囿于面积，一般难以营造这种景观。

文震亨在园中植柳，追求的是一种闲雅的风致，西湖柳的婀娜以及桃柳相间的搭配，他认为是低俗的。沧浪亭对面的可园，有一洞门，上书"四时风雅"，门内是池塘，下有荷花、游鱼，对面是室庐，而岸边的垂柳正好在门框内，如同图画，极其优美，自是他所喜爱的布局。宋人志南的诗境，也许更符合他的审美。志南诗云："古木阴中系短篷，杖藜扶我过桥东。沾衣欲湿杏花雨，吹面不寒杨柳风。"系舟春游，天下着微雨，挂着藜杖过桥时，风中传来水畔杨柳的气息，闲适宁静，十分动人。

柳的文化底蕴也非常深厚。由于柳树存活容易，大江南北皆有，故而民间形成了插柳迎春、戴柳祈福、赠柳示爱等风俗，至今仍在流行。此外，柳因姿态依依，枝叶纷乱迷离，远远望去有种凄迷之感，故而古人又常用其写哀情。"羌笛何须怨杨柳，春风不度玉门关"，说的是悲苦的边愁；"忽见陌上杨柳色，悔教夫婿觅封侯"，说的是绝望的闺怨；"此夜曲中闻折柳，何人不起故园情"，说的是深切的乡思；"今宵酒醒何处，杨柳岸，晓风残月"，说的是无边的离绪；"无情最是台城柳，依旧烟笼十里堤"，说的是凄迷的怀古；"如何肯到清秋日，已带斜阳又带蝉"，说的是

悲慨的伤时；"昔我往矣，杨柳依依，今我来思，雨雪霏霏"，先民的笔下，柳是无尽的人生感慨。

黄　杨[1]

　　黄杨未必厄闰[2]，然实难长。长丈余者，绿叶古株，最可爱玩，不宜植盆盎中。

【注释】

[1]　黄杨：常绿灌木，叶子对生，花黄色而有臭味，木质致密，可以做雕刻的材料。各地均有栽培，可供观赏。

[2]　厄闰：旧说谓黄杨遇闰年不长，因以"厄闰"喻指境遇艰难。厄，灾难，灾祸。闰，历法术语，四年一闰，闰年农历二月有二十九天。

【点评】

　　黄杨，杨树的一种，相传每年仅长一寸，逢闰年还要反缩一寸。这种说法尚未有科学论证，不过黄杨难长是事实。世人都认为这是一种缺点，但李渔的看法却截然相反。他认为黄杨不强争长高，四季常青，屡遭厄运却无怨无悔，枝叶反而比其他树木更加茂盛。这些美德可比君子，故称黄杨为"木中君子"。古往今来盛赞黄杨的，他是第一人。文震亨认为黄杨宜植庭院中，不适宜作盆景，绿叶纷披、古意盎然的树种最佳，不知是否也如李渔一样，看到了黄杨的不同寻常之处。

　　杨树中，除了黄杨外，另有枫杨、白杨较为知名。枫杨是常见的庭荫树，枝叶茂密，但不耐寒。白杨，树干高而笔直，枝叶常在微风中抖动，多作行道树。陶渊明有诗云："荒草何茫茫，白杨亦萧萧。"《古诗十九首》里说："白杨多悲风，萧萧愁杀人。"白杨在诗文中历来是一种肃杀的意象。此二者皆不为幽人所取，文震亨更是认为"不入品"。

杨和柳是两种植物，差别很大。清代朱骏声《说文通训定声》云："杨，枝劲脆而短，叶圆阔而尖；柳，叶长而狭，枝软而韧。"解释得非常清楚。而现在人们常说的"杨柳"，其实是柳。

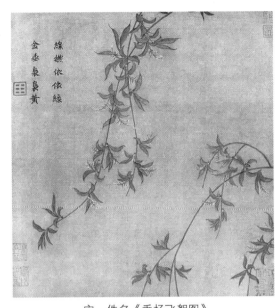

宋　佚名《垂杨飞絮图》
杨、柳虽然并称，但实为二物

芭　蕉[1]

绿窗分映[2]，但取短者为佳，盖高则叶为风所碎耳。冬月有去梗以稻草覆之者，过三年，即生花结甘露[3]，亦甚不必。又作盆玩者，更可笑。不如棕榈为雅，且为麈尾[4]蒲团[5]，更适用也。

【注释】

[1]　芭蕉：又名甘蕉，叶长而宽大，花白色，果实跟香蕉相似。

［2］ 绿窗分映：绿色映照到窗户上。宋·杨万里《初夏睡起》："梅子留酸软齿牙，芭蕉分绿与窗纱。"

［3］ 甘露：原指花苞中的露水，此处指芭蕉花苞中的甜味汁液。

［4］ 麈（zhǔ）尾：详见本书卷七"麈"条。

［5］ 蒲团：蒲草编成的圆形垫子。详见本书卷七"坐团"条。

【点评】

芭蕉，通体碧绿，高舒垂荫，姿态柔美，清雅秀丽，可种在庭前屋后、窗前院中，历来是园林中不可或缺的花木。李渔曾说："蕉之易栽，十倍于竹，一二月即可成荫。坐其下者，男女皆入画图。"确非虚言。至于文震亨所说的"绿窗分映"，则是另一美景，芭蕉的绿色掩映着纱窗，榭轩尽染碧色，从内向外看时，令人心生清新安逸之感。这自是文震亨中意之处。

文震亨没有提"蕉窗夜雨"，但这一景比"绿窗分映"更妙。在绿纱窗前品茗读书，天已向晚，或淅沥、或绵绵、或急骤的雨点打在芭蕉之上，声韵悠然，古人们很早就领略到了这一闲适之境。梁清标诗"人在西窗清似水，最堪听处是芭蕉"，张栻诗"退食北窗凉意满，卧听急雨打芭蕉"，方岳诗"家风终与常人别，只听芭蕉滴雨声"，李洪诗"阶前落叶无

明　唐寅《蕉叶睡女图》

人扫，满院芭蕉听雨眠"，都是在听雨打芭蕉之时，寄托自己的情致。文震亨的兄长文震孟，在艺圃书斋前的天井下就植有数竿修竹和一树芭蕉。

文人们还盛行"蕉叶题诗"。此法源于怀素，相传他幼年"家贫无纸可书，常于故里种芭蕉万余，以供其挥洒"，后世的文人墨客争相效仿。到了明末清初，李渔还发明出一种"蕉叶联"，在蕉叶形木板上书写联句，再填以石黄，绿蕉黄字，清奇可爱。他还说，平时可在蕉叶上题诗，一日数换，也是极有情韵。相传王维还曾画过一幅《袁安卧雪图》，雪中有芭蕉。袁安是汉时人，某年天降大雪，很多人都外出乞食。他却卧在屋中不出。洛阳令出巡时，问原委，他说大雪天人皆饿，不宜麻烦他人，有高士风度。雪中芭蕉历来颇受争议，很多人认为事谬，也有人说南国天降大雪时确有此景。但这些都是末节，王维想要表现的是一种清洁的精神，借此自况。除此之外，周瘦鹃制作的著名盆景"蕉下听琴"、古筝名曲《蕉窗夜雨》，至今闻名于世。芭蕉与文人的缘分可谓不浅。

芭蕉还有一层文化意义是空灵。由于芭蕉叶柄即树干，一叶新生，老叶才落，故而无年轮，无实心，佛经中就以它的空心，象征无常无我的境界，并常以芭蕉说法。徐凝的"觉后始知身是梦，更闻寒雨滴芭蕉"，释可湘的"吾心在何许，芭蕉叶上三更雨"，都是参禅悟道的偈语，空灵肃穆，直指人心。

槐　榆[1]

宜植门庭，板扉绿映[2]，真如翠幄[3]。槐有一种天然樛屈[4]，枝叶皆倒垂蒙密[5]，名盘槐[6]，亦可观。他如石楠[7]、冬青[8]、杉[9]、柏，皆丘垄[10]间物，非园林所尚也。

【注释】

[1] 槐榆：槐树和榆树。槐，树型高大，花期在夏末，花为淡黄色，可
烹调食用，也可作药材或染料。榆，落叶乔木，木材坚实，可制器
具或供建筑用。

[2] 板扉绿映：翠绿的枝叶和门扉相掩映。

[3] 翠幄：翠色的帐幔。唐·张籍《宛转行》："华屋重翠幄，绮席雕
象床。"

[4] 樛（liáo）屈：树木向下弯曲，引申为弯曲。

[5] 蒙密：茂密。

[6] 盘槐：即龙爪槐，树冠优美，花有芳香，果可入药，常作行道树。

[7] 石楠：别名红树叶，陕西安康一带称"巴山女儿红"，喜光也耐阴，
对土壤要求不严，富有观赏价值，亦可作药用。

[8] 冬青：常绿乔木，性耐寒，花小，白色，核果椭圆形，红色。

宋　佚名《槐荫消夏图》

[9] 杉：即杉树，常绿乔木，高可达三十米，树干高直，木材白色，质轻，有香味，可供建筑和制器具用。

[10] 丘垅：即丘陇，坟墓及乡野。丘，坟墓。垅，土埂。

【点评】

槐树和榆树，都是门庭中常见的树种，大而有浓荫。李渔《闲情偶寄》中说："树之能为荫者，非槐即榆。此二树者，可以呼为'夏屋'。"夏日有它们的荫庇，确实凉爽不少。它们还可作景观。文震亨认为将二者种植在门庭中，翠绿的枝叶掩映着门扉，有一定的美感。

槐在古代象征着权位，和官职相关联。《尚书·逸篇》曰："大社唯松，东社唯柏……北社唯槐。"在西周甚至更早的时候，槐树就是社树之一。《周礼·秋官》云："面三槐，三公位焉。"当时的三公（太师、太傅、太保）朝天子时，是面向宫廷中的三棵槐树而立的，还有槐位（三公之位）、槐望（有声誉的公卿）、槐绶（三公的印绶）、槐府（三公的官署或宅第）等词汇。科举盛行时，因槐树本身是三公之位象征，其树花朵泛黄之时，又快到落第之人献新文求推荐的时候，所以槐树又被视为及第之木。

在民间，槐树还是吉祥的象征。俗语中有"门前一棵槐，不是招宝就是进财"，槐是一种祥瑞。《遵生八笺》引《地理心书》曰："宅东不宜种杏，宅南北不宜种李，宅西不宜种柳。中间种槐，三世昌盛；屋后种榆，百鬼退藏。"在方士的眼中，槐还有福荫子孙之用。所以《后汉书》里说汉灵帝时御花园中的槐树倒拔而起，是大厦将倾之兆。

至于榆树，毁誉参半。它质料坚韧，纹理清晰，硬度适中，常用于做家具。但同时又因难削难刨，人们常用"榆木脑袋""榆木疙瘩"等词，比喻人思想顽固，不开窍。

梧　桐[1]

青桐[2]有佳荫，株[3]绿如翠玉，宜种广庭中。当日令人洗拭[4]，且取枝梗如画者。若直上而旁无他枝，如拳如盖，及生棉[5]者，皆所不取。其子亦可点茶[6]。生于山冈者曰"冈桐"[7]，子可作油[8]。

【注释】

[1] 梧桐：又名青玉、碧梧，落叶乔木，树皮青翠，叶如花朵，观赏价值颇高。木质轻而韧，可制家具及乐器。

[2] 青桐：即梧桐，因其皮青，故称。北魏·贾思勰《齐民要术》："实而皮青者曰梧桐，按今人以其皮青，号曰'青桐'也。"

[3] 株：植株，此处指枝叶。

[4] 当日令人洗拭：应每日令人洗濯擦拭。唐·白居易《答崔十八见寄》："明朝欲见琴尊伴，洗拭金杯拂玉徽。"

[5] 生棉：梧桐树芯略甜，容易生虫，风吹如飞絮。

[6] 点茶：原为宋时的一种饮茶方法，详见本书卷十二"品茶"条点评。此处特指用梧桐子冲泡作茶饮用。

[7] 冈桐：即千年桐，树型修长，可高达十米，枝叶浓密，耐旱耐瘠，是园林中常见树种。

[8] 作油：用来榨桐油。桐油用途很广，可以涂饰房屋和器具，制作油漆、油墨、油布、防腐剂。

【点评】

梧桐，历来被看作非凡之木。《诗经》中有"凤皇鸣矣，于彼高冈，梧桐生矣，于彼朝阳"的诗句，认为梧桐是嘉木，栽植有凤来仪。北宋陈翥《桐赋》云："伊梧桐之柔木，生崇绝之高冈，盗天地之淳气，吐春冬之奇芳。"认为梧桐有天地的醇和之气，散发着独特的芳香。梧桐与佛法也关系匪浅，佛教视梧桐为三大圣树之一，念经所敲的木鱼也用桐木制成。而琴人多用梧桐制琴。嵇康认为琴声能够导养神气、宣和情志、消除忧闷，生在高冈之上吸收日月精华的桐木，得了天地间的醇和之气，正是制琴的首选。琴人认为，琴中神韵在于清微淡远，桐木具备透、润、圆、清等美德，很能表现这种意趣。故而抚弄着丝桐制成的古琴，听着太古之声，心生古意，文人雅士自然极是倾心。这样一来，梧桐就有了高妙幽玄的味道了。

世人推崇梧桐，还因其象征着高洁的品行，有比德于物之意。《庄子》中载："夫鹓鶵发于南海，而飞于北海；非梧桐不止，非练实不食，非醴泉不饮。"后世之人，受其影响不可谓不深。唐初虞世南《咏蝉》诗云："垂绥饮秋露，流响出疏桐。居高声自远，非是藉秋风。"将碧蝉、秋风、梧桐联系在一起，以此来寄托心中的志向，流传千古。

而元代画家倪瓒"洗桐"之事，更是为人津津乐道。他孤高傲世，所居的清秘阁更是清雅绝

云林洗桐

俗。相传一日有人拜谒，无意中吐了一口唾沫，他知道后，立即令仆人寻觅处理，大半天一无所获，他不甘心，亲自搜寻，一番周折下，最后终于在一棵梧桐树的根部找到，连忙令人洗刷，但无论怎么洗都觉得不干净。有人说他洁癖入骨，但他却认为实在是梧桐的高洁不容玷污。

园中种植梧桐，能营造清洁高古的韵致，也是风骨的标榜，令人以物见人。梧桐树姿优美，绿荫浓密，青翠如玉，赏心悦目。文震亨说选取枝干优美如图画的，种在门前、庭除、窗下，清赏颇佳。陈继儒《小窗幽记》中也说："凡静室，前栽碧梧，后栽翠竹……碧梧之趣：春冬落叶，以舒负暄融和之乐；夏秋交荫，以蔽炎烁蒸烈之威。"颇为闲适自得。在不同的情境下，梧桐还有不同的情韵。高士奇《北墅抱瓮录》中，推崇"满偕梧叶月明中"及"雨滴梧桐秋夜长"的意境，说："晓雨夜月时，幽响滴沥，清影扶疏，秋声秋色，尽在于是。"令人心驰神醉。陈淏子《花镜》云："梧竹致清，宜深院孤亭，好鸟间关。"如此布置，景象看似清寂，其实闲雅。

然而中国的文人们，向来是多愁善感的，他们在缺月疏桐之夜，常常生出难遣的愁绪。"卧听疏雨梧桐，雨余淡月朦胧"，想起美好的事情，心中多是寂寞和惆怅；"寒月沉沉洞房静，真珠帘外梧桐影"，思念一个人时，难免是清冷和孤独；"客怀处处不宜秋，秋到梧桐动客愁"，漂泊的路上，总是有无尽的乡思；"一叶叶，一声声，空阶滴到明"，令人彻夜难眠的，是无尽的离愁别绪；"春风桃李花开日，秋雨梧桐叶落时"，故地重游，物是人非，剩下的只有凄凉和愁苦；"梧桐更兼细雨，到黄昏，点点滴滴"，往事都已幻灭，点点滴滴中，皆是凄楚和悲怆。这些愁绪，本身也是一种诗境了。

椿[1]

椿树高耸而枝叶疏，与樗[2]不异，香曰椿，臭曰樗。圃中沿墙，宜多植以供食。

【注释】

[1] 椿（chūn）：落叶乔木，树冠扁球形，枝叶有香味。

[2] 樗（chū）：落叶乔木，别名臭椿，气味不佳，干形端直，生长迅速，常用来改良土壤或绿化街道。

【点评】

椿，干直叶疏，冠如伞盖，可作园林观赏植物的一种。《庄子》中有"上古有大椿者，以八千岁为春，八千岁为秋"的说法，用椿来代指长寿。大概是椿树的树型给人一种荫庇感，儿女们又希望父亲永远健康长寿，所以古人才会想到用"椿"来代指父亲，寄托美好的愿望吧。《论语》中记载孔子在儿子经过庭院告诉他"不学诗，无以立"之事，后人便又称呼父亲为"椿庭"。于是，后人给男性长辈们祝寿，也渐渐习惯称对方"椿寿"。与"椿"相对的是"萱"，代表母亲。父母密不可分，椿萱常常并称。"椿萱并茂"是说两者健在，"椿萱雪满头"，是说父母老了，头发都白了。由此可见，椿已成了一种亲情树。

椿树不仅含义深沉，其芽还可食用。椿芽的做法以炒食、凉拌、盐腌居多。炒食多和鸡蛋搭配，嫩黄青紫，香气袭人。凉拌则多和豆腐搭配。汪曾祺散文《豆腐》云："嫩香椿头，芽叶未舒，颜色紫赤，嗅之香气扑

明　沈周《田椿萱图》

鼻，入开水稍烫，梗叶转为碧绿，捞出，揉以细盐，候冷，切为碎末，与豆腐同拌（以南豆腐为佳），下香油数滴。一箸入口，三春不忘。"说得十分生动。盐腌，生熟皆有。清末康有为路过皇藏峪时，吃到此味，想起当年刘邦流亡此间以椿芽充饥，写了一首《咏香椿》诗："山珍梗肥身无花，叶娇枝嫩多杈芽。长春不老汉王愿，食之竟月香齿颊。"也成一件轶事。除了做菜之外，椿芽还可作茶饮用。明人谢肇淛《五杂组》云："燕齐人采椿芽食之以当蔬，亦有点茶者，其初茁时，甚珍之。"清人陈淏子《花镜》中说："其嫩叶初放时，土人摘以佐庖点茶，香美绝伦。"其中的点茶，非指宋时点茶法，而是指冲泡。不过今时椿芽泡茶已经不多见了。

　　至于樗，是与椿类似的一种树。只不过椿是香的，樗却是臭的，它向来被看作无用之材，不受待见。历史上对樗另眼相看的是庄子。他认为那些称之为栋梁之材的树木，常常会被砍伐，难得善终，而樗这种无用之材，不会被匠人所注意，反而可以保身避祸，从中悟出了一套为人处世的道理。最后还描述了一种理想的境界："树之于无何有之乡，广莫之野，彷徨乎无为其侧，逍遥乎寝卧其下。不夭斤斧，物无害者，无所可用。"

银 杏[1]

银杏株叶扶疏，新绿时最可爱。吴中刹宇[2]及旧家名园[3]，大有合抱者，新植似不必。

【注释】

[1] 银杏：又称白果树、公孙树、鸭脚、白果。落叶乔木，雌雄异株，生长较慢，寿命极长，可达千余年，可为行道树，木材可供建筑、家具、雕刻用，果实、叶子可供食用和药用。

[2] 刹（chà）宇：古刹庙宇。刹，梵语刹多罗的音译省称，意为土地或国土、世界，后泛指佛塔、佛寺。

[3] 旧家名园：旧时大户人家的园林。

【点评】

银杏树高二三丈，树干通直，大可合抱，枝叶扶疏，与松、柏、槐并称四大长寿观赏树。园林中种植，不仅有雄伟壮丽之感，同时还有一种古意。文震亨认为造园时不必新植，取寺庙和名园中的旧树即可，大概是想让园林中瘦弱的桃柳与高大的银杏搭配起来，让园景显得更加丰富多姿。

银杏亦有实用价值。银杏木，纹理直，结构细，抗蛀性强，容易加工，常用来雕刻工艺品和制作家具。银杏果，医学界认为有祛疾止咳、抑虫杀菌、降胆固醇、美容养颜之效。相传曹操率部东伐乌桓时，千里行军，舟车劳顿，再加不服当地水土，士兵多患湿疹脓疮，但一直没法救治。班师回朝途经观音寺时，寺中和尚指点，用寺中的古银杏树叶煎煮成药。患者内服外用，不日就痊愈。曹操很是欢喜，给银杏取名"观音树"。

乌 臼^[1]

秋晚^[2]叶红可爱，较枫树^[3]更耐久，茂林中有一株两株，不减石径寒山^[4]也。

【注释】

[1] 乌臼：一名乌桕，叶卵形，夏日开小黄花，子可制油，可作肥皂、蜡烛的原料。

[2] 秋晚：晚秋时节。

[3] 枫树：落叶乔木，春季开花，因其叶经霜变红，色泽绚烂似火，有"红枫""丹枫"之称，极具观赏价值。

[4] 石径寒山：指绚烂夺目的晚秋美景。此句化用杜牧《山行》："远上寒山石径斜，白云生处有人家。停车坐爱枫林晚，霜叶红于二月花。"

【点评】

"乌臼"之名的来历，说法众多，李时珍《本草纲目》中有两种说法，一种是"木老则根下黑烂成臼，故得此名"，臼是舂米的器具，模样似盆，这种说法有一定的可信性。另一种说法是"乌喜食其子，因以名之"。杨慎诗云："杜鹃花下杜鹃啼，乌臼树头乌臼栖"，花鸟同名的现象是存在的，因此对这种说法也不可轻率否定。唐代《新修本草》中，有"乌桕木"条目，历代皆有沿用，是故此树还常常写作"乌桕"。

乌桕树姿优美，枝繁叶茂，叶子在四季变化多样，初春时嫩绿，入夏后微黄，尤其在深秋，经霜染之后红若枫叶，灿烂夺目，十分美观。古诗中有"巾子峰头乌桕树，微霜未落已先红""乌桕微丹菊渐开，天高风送雁声哀""此间好景无人识，乌桕经霜满树红"等诗句，乌桕秋晚的美景令人回味无穷。怪不得李渔会说："枫之丹，桕之赤，皆为秋色之最浓。"而文震亨甚至认为乌桕比枫叶更耐久，园林中种一两株，与山石等搭配起来，丝毫不比杜牧诗中的枫林晚景逊色。只不过乌桕叶有一定的毒性，不宜在水塘四周栽培，以免影响生态。

历代文人对乌桕树的吟咏，多是思念和别情。南朝民歌《西洲曲》云："忆梅下西洲，折梅寄江北。单衫杏子红，双鬓鸦雏色。西洲在何处？两桨桥头渡。日暮伯劳飞，风吹乌臼树。"诗中呈现的一幅晚霞满天、乌桕飘摇、伯劳纷飞的美丽画面，但此诗是怀人之作，景物从初春至深秋循序推进，写的虽然平静，内心的思念却几乎要满溢而出。明代谢榛《远别曲》云："阿郎几载客三秦，好忆侬家汉水滨。门外两株乌桕树，叮咛说向寄书人。"在他的笔下，送别之时，人们站在乌桕树下依依不舍，乌桕树似乎通了灵，反而要把故事讲给寄书的人，情真意挚，十分感人。

竹[1]

种竹宜筑土为垅[2]，环水为溪[3]，小桥斜渡[4]，陟级而登[5]，上留平台，以供坐卧，科头散发[6]，俨如万竹林中人也。否则[7]辟地数亩，尽去杂树，四周石垒[8]令稍高，以石柱朱栏围之，竹下不留纤尘片叶，可席地而坐，或留石台、石凳之属。竹取长枝巨干，以毛竹[9]为第一，然宜山不宜城；城中则护基笋[10]最佳，竹不甚

明　唐寅《春雷墨竹图》

雅。粉[11]、筋[12]、班[13]、紫[14]，四种俱可，燕竹[15]最下。慈姥
竹[16]即桃枝竹，不入品。又有木竹[17]、黄菰竹[18]、箬竹[19]、方
竹[20]、黄金间碧玉[21]、观音[22]、凤尾[23]、金[24]、银[25]诸竹，忌
种花栏之上，及庭中平植[26]；一带墙头[27]，直立数竿[28]。至如小竹
丛生，曰潇湘竹[29]，宜于石岩小池之畔，留植[30]数枝，亦有幽致。
种竹有疏种、密种、浅种、深种之法；疏种谓三四尺地方种一棵，欲
其土虚行鞭[31]；密种谓竹种虽疏，然每棵[32]却种四五竿，欲其根
密[33]；浅种谓种时入土不深；深种谓入土虽不深，上以田泥壅[34]之。
如法，无不茂盛。又棕竹[35]三等：曰筋头，曰短柄，二种枝短叶垂，
堪植盆盎；曰朴竹，节稀叶硬[36]，全欠[37]温雅，但可作扇骨料[38]及
画义柄[39]耳。

【注释】

[1]　竹：春日生笋，茎有多节，中间虚空，质地坚硬，枝竿挺拔，四季
　　　青翠，可制器物，又可做建筑材料。与梅、兰、菊并称为四君子，
　　　与梅、松并称为岁寒三友，备受国人喜爱。

[2]　筑土为垅：用土垒筑高台。垅，高丘，高地。

［ 3 ］ 环水为溪：四周以水环绕成为溪流。

［ 4 ］ 小桥斜渡：设置一小桥斜跨溪水之上。渡，横过水面。

［ 5 ］ 陟（zhì）级而登：拾级而上。陟，登高。

［ 6 ］ 科头散发：披头散发。科头，谓不戴冠帽，裸露头髻。唐·王维《与卢员外象过崔处士兴宗林亭》："科头箕踞长松下，白眼看他世上人。"

［ 7 ］ 否则：若不然，就……

［ 8 ］ 石垒：垒砌石块。

［ 9 ］ 毛竹：竹的一种，生长于南方，竿高大粗劲，坚韧富弹性，可制作家具、农具、渔具、纸张和用于建筑等。笋鲜美，可食用。

［10］ 护基笋：护居竹之笋。护居竹又名哺鸡竹，枝高叶大，常种植作屏障，春时多笋。

［11］ 粉：粉竹，竿壁很厚，空腔极小或近于实心。

［12］ 筋：筋竹，一种中实而强劲的竹，竹梢尖锐，可作矛用。

［13］ 班："班"通"斑"，文中指斑竹，即湘妃竹，竹竿布满褐色的云纹紫斑，颇具观赏价值，也常用来制作工艺品。晋·张华《博物志》："舜死，二妃泪下，染竹即斑。妃死为湘水神，故曰湘妃竹。"

［14］ 紫：紫竹，茎成长后为紫黑色，故称，可制笙、竽、箫、管、手杖、几架、工艺品等。宜种植于庭院、厅堂、小径、池水旁，也可栽于盆中供观赏。

［15］ 燕竹：又名早园竹，笋期在三月下旬至四月上旬或更早，故称之早竹。其笋味鲜美，笋长成竹后，可作园林绿化、观赏之用。

［16］ 慈姥（mǔ）竹：因产于安徽当涂慈姥山而得名。又因"慈姥"和"慈母"谐音，故又称"子母竹"。此竹竿圆筒形，每节分多枝，宜作笛箫。

［17］ 木竹：竹子的一种，竿壁厚而坚实，稍弯曲，宜作田间支架。

［18］ 黄菰竹：一说为黄姑竹，色绿性韧，可作竹篾。

[19] 箬竹：竹之一种，叶片巨大，质薄，多用以衬垫茶叶篓或做各种防雨用品，也用以包裹粽子。

[20] 方竹：外形微方，高三至八米，直径一至四厘米，质坚。可供观赏，古人多用以制作手杖。

[21] 黄金间碧玉：黄金间碧玉竹，也称绿皮黄筋竹、金镶玉嵌竹，竿金黄色，节间带有绿色条纹。色彩绚丽，可美化环境。

[22] 观音：即观音竹，株丛挺拔，叶形秀丽似扇状，美观清雅，数年不凋谢。

[23] 凤尾：即凤尾竹，枝细而柔软，叶子密生，摇摇如凤尾，故名。

[24] 金：金竹，色如黄金。元·李衎《竹谱详录》："金竹生江、浙间，一如淡竹，高者不过一二丈，其枝干黄净如真金，故名。"

[25] 银：银竹，色如白银。《广州志》："银竹笋长三四尺，肥白而脆，产西宁。"

[26] 平植：平地上种植。

[27] 一带墙头：沿着墙边。一带，泛指某一地区或其附近。

[28] 竿：量词，竹一根为一竿。

[29] 潇湘竹：即斑竹。见上文注释。

[30] 留植：种植。

[31] 土虚行鞭：空出地方让竹根延伸。行，连续贯穿。鞭，竹根。

[32] 每棵：疑指每一小块地方。

[33] 欲其根密：疑为"使其根密"。

[34] 壅：堵塞。

[35] 棕竹：叶形略似棕榈，但质薄尖细如竹叶，多栽培供观赏。干虽细而坚韧，可制手杖、伞柄等。

[36] 节稀叶硬：枝节稀落，叶子较硬。

[37] 全欠：完全缺少。

［38］　扇骨料：扇骨材料。扇骨，支撑和开合扇面的骨架。

［39］　画义柄：即画轴，又名"轴头"，用来卷舒、装饰画卷。

【点评】

竹，非草非木，亦刚亦柔，遍布大江南北，是与国人生活关系最紧密的一种植物。饮食方面，竹笋，可作美食；竹叶，可以酿酒；竹子开花后结的果实，还可充食粮，在荒年中拯救过无数人的生命。衣饰方面，竹笠可防雨遮阳，竹鞋可防菌并带来清凉，竹簪、竹笄等可作饰品。交通方面，竹轿可代步，竹筏可摆渡，竹桥可供通行。住房方面，竹子可以盖楼，甚至有"墙、门、椽、楞、窗牖、承壁，莫非竹者"的情况。生产方面，竹弓竹箭可供狩猎，竹造筒车可供灌溉，竹篱可以防野兽破坏作物。药用方面，竹有清热去火、化痰利窍等功效。环保方面，竹还有涵养水源、净化空气、调节气候之用。此外，竹制用具还有竹椅、竹桌、竹床、竹篮、竹橱、竹碗、竹筷等，涵盖生活的方方面面。

除了实用价值，竹与文化圈的关系也十分深厚。竹简可作书写载体，竹管可制书写工具。唐代王维始画墨竹，北宋文同将其发扬光大，竿、枝、叶、节，无一不富于生机，墨竹画也成了中国画中专门的一类。音乐方面，竹制的乐器音色之美如同天籁，位列"金、石、丝、竹、匏、土、革、木"八音之一，有"笛奏龙吟水，箫鸣凤下空"之说。还有工匠以竹为扇骨，并找文人来题诗作画，精美脱俗，置怀袖中风雅之极。竹根雕成的笔筒、茶叶罐以及各种文玩，精巧的工艺令人叹为观止，置于几案间可令书斋增色不少。

竹可幽赏，亦可造园。文震亨提到了多个竹子品种，一一作了品评，还提出了辟地数亩，在四面环水的高冈上造竹林之法，人在其间，披头散发，或坐或卧，等风来，看月升，有超尘脱俗的风致。文震亨的兄长文震孟居住的艺圃中，素白的墙壁经过多年雨水的冲刷，形成若有若无的天然图案，墙下置盆景，立奇石，种竹子，犹如一幅自然天成的写意山水画，极有雅韵。而《长物志》室庐卷中有"古人最重题壁，今即使顾陆点染，钟王濡笔，俱不如素壁为佳"的说法，说不定艺圃中的这种竹画景观就是出自文震亨之手。郑板桥的做法类似，他在《十笏茅斋竹石图》中款识云："十笏茅斋，一方天井，修竹数竿，石笋数尺，其他无多，其费亦无多也。而风中雨中有声，日中月中有影，诗中酒中有情，闲中闷中有伴，非唯我爱竹石，而竹石亦爱我也。"室庐虽小，但自有一种真趣。人处期间，如绝红尘。扬州的个园，整个园子都种竹，并以"竹"字的半边为园名，气魄更大。

对于文人来说，竹最重要的意义还是比德言志。"霜雪满庭除，洒然照新绿"，是说竹凌霜傲雪，有坚贞不屈的品质；"瞻彼淇奥，绿竹猗猗，有匪君子，如切如磋，如琢如磨"，是说竹温文尔雅，有儒雅君子的风度；"玉可碎而不可改其白，竹可焚而不可毁其节"，是说竹有舍生取义的气节；"未出土时先有节，便凌云去也无心"，是说竹有孤高自好的操守；"千磨万击还坚劲，任尔东西南北风"，是说竹有迎难直上的秉性；"始怜幽竹山窗下，不改清阴待我归"，是说竹有始终如一的忠诚。陈寅恪说它代表整个华夏文化，并非过誉。

菊[1]

吴中菊盛时，好事家必取数百本，五色相间，高下次列，以供赏玩。此以夸富贵容则可，若真能赏花者，必觅异种，用古盆盘植一枝两枝，茎挺而秀，叶密而肥，至花发时，置几榻间，坐卧把玩，乃为得花之性情。甘菊[2]惟荡口[3]有一种，枝曲如偃盖[4]，花密如铺锦[5]者，最奇，余仅可收花以供服食。野菊[6]宜着篱落间。种菊有六要二防之法，谓胎养[7]、土宜[8]、扶植[9]、雨旸[10]、修葺[11]、灌溉[12]、防虫[13]，及雀作窠[14]时，必来摘叶，此皆园丁所宜知，又非吾辈事也。至如瓦料盆[15]及合两瓦为盆[16]者，不如无花为愈矣。

【注释】

[1] 菊：多年生草本植物，叶子卵形有柄，边缘有锯齿。秋天开花，品种多样，极具观赏价值，与梅、兰、竹并称四君子。

[2] 甘菊：菊花的一种，多生于山野间，花细碎，蕊如蜂巢，有黄白二种，可作药品，性微寒，可降火除热，去翳膜，治眼疾。

[3] 荡口：江苏无锡的历史文化名镇，境内土地平坦，河荡众多，风光旖旎，景色宜人，是典型的江南水乡城镇。

[4] 偃盖：形容松树枝叶横垂，张大如伞盖之状。偃，倒下。

[5] 铺锦：铺陈锦绣。

[6] 野菊：即野菊花，秋季开花，花黄色，多生于路边、荒地。花及全草均可入药，性微寒，味苦辛，功能清热解毒，主治疮疡肿毒等症。

[7] 胎养：开始培育，此处指分苗法。菊花开后，放在向阳处，遮护风雪，等到谷雨时分，将根挖起来剖碎，取其中单根最好的另行种植。

[8] 土宜：土壤适宜，此处指和土法。土堆应稍高，远离水患，以及每年换一次土等。

[9] 扶植：扶持栽种，此处指扶植法。在菊畔插一细竹竿，可令菊花形状不屈曲。

[10] 雨旸（yáng）：阴雨晴朗，此处指雨旸法。梅雨时节，菊花根系容易腐烂，必预先准备细泥以备此时更换之用。旸，晴天。

[11] 修葺：修剪整理，此处指摘苗法。四五月间摘乱苗，七八月间视情

况再摘一次。

[12] 灌溉：浇水施肥，此处指浇灌法。早晚各浇一次，待长五七寸长，再用农家肥浇一次。雨后及花长大时，再用农家肥浇灌。

[13] 防虫：防范虫子和鸟雀为害，此处指捕虫法。开始时见到细虫，直接用指甲刺死，早晚及雨后见虫生时用对应道具处理。另外，需要防范鸟雀。上述八法在高濂《遵生八笺》中皆有提及。

[14] 作窠：指鸟兽造巢。窠，动物的巢穴。

[15] 瓦料盆：疑为用瓦当料做成的花盆。瓦当，古建筑中檐头筒瓦前端的遮挡，上面有云头纹、几何形纹、饕餮纹等纹饰，也有各种篆字吉祥语，具有装饰和辟邪的作用。用其材料制作花盆，古朴隽美。

[16] 合两瓦为盆：把两片瓦料合起来制成的花盆。

【点评】

菊花，色彩绚丽，素洁高雅，与梅、兰、竹，并称"四君子"。不过菊花最初是因食用和药用而闻名于世的。汉代成书的《神农本草经》载："菊花久服能轻身延年。"东汉应劭的《风俗通义》还讲过一则故事：河南甘谷有条小溪，上游不时有菊花落入，周边的人饮用溪水得长寿，长者期颐，中者耄耋，少者古稀。当时的司空王畅、太尉刘宽、太尉袁隗等人听说后，命人取水来饮用，困扰许久的风眩之疾，皆因此治愈。西汉时，刘歆《西京杂记》载："菊花舒时，并采茎叶，杂黍米酿之，至来年九月九日始熟，就饮焉，故谓之菊花酒。"重九饮菊花酒的习俗，在汉代已有之。

到了晋代，菊花遇上了陶渊明，便被赋予了深层的意蕴。陶渊明见到经霜不凋、晚来弥茂的菊花，写诗道："芳菊开林耀，青松冠岩列。怀此贞秀姿，卓为霜下杰。"称赞菊花高洁幽雅、卓尔不群，将其比作君子。他爱出门采菊，又写诗云："采菊东篱下，悠然见南山。山气日夕佳，飞鸟相与还。"菊在他的笔下，充满了淡泊、超然、孤傲的况味，已然是一位隐者。而饮酒时，他也不忘咏菊，"秋菊有佳色，裛露掇其英。泛此忘忧物，远我遗世情"，有一种天人合一的意蕴。这时，菊又是和光同尘的忘忧之物。此外，他还在屋旁种菊，朋友送来美酒时，直接就着菊花而饮。爱菊，采菊，赏菊，颂菊，食菊，陶渊明的一生都以菊为知音。

自此之后，文人之中兴起了赏菊之风。由于菊花娇小，多用花盆栽种，置于窗槛外或

渊明爱菊

书斋中。文震亨说："用古盆盎植一枝两枝，茎挺而秀，叶密而肥，至花发时，置几榻间，坐卧把玩，乃为得花之性情。"论述十分精到。陈淏子《花镜》云："菊之操介，宜茅舍清斋，使带露餐英，临流泛蕊。"如此布置，更为高逸。还有园林主人在院中另辟一角，专门放置不同品种的菊花，营造盆花一景，并以给菊花取名为乐，或以颜色命名，或以花型命名，或以典故命名，或以意蕴命名，如墨荷、御袍黄、玉玲珑、绣芙蓉、紫霞杯、报君知、黄石公、醉杨妃、双飞燕、貂蝉拜月、红叶题诗、春水碧波、碧玉如意、松林挂雪等，给人无尽的遐想。

流风所及，咏菊之风愈发浓厚，菊花的含义自此愈发丰富。"不是花中偏爱菊，此花开尽更无花"，在元稹的笔下，菊花寄托着高洁脱俗的追求；"宁可枝头抱香死，何曾吹落北风中"，在郑思肖的笔下，菊花

寄托着坚贞不屈的节操；"莫道不消魂，帘卷西风，人比黄花瘦"，在李清照的笔下，菊花寄托着孤寂落寞的相思；"更待菊黄家酝熟，共君一醉一陶然"，在白居易的笔下，菊花寄托着怀人思远的惆怅；"多少天涯未归客，尽借篱落看秋风"，在唐伯虎的笔下，菊花寄托着漂泊羁旅的乡愁；"遥怜故园菊，应傍战场开"，在岑参的笔下，菊花寄托着感时伤怀的悲凄。

兰[1]

兰出自闽中[2]者为上，叶如剑芒[3]，花高于叶，离骚[4]所谓"秋兰兮青青，绿叶兮紫茎"[5]者是也。次则赣州[6]者亦佳。此俱山斋所不可少，然每处仅可置一盆，多则类虎丘花市。盆盎须觅旧龙泉[7]、均州[8]、内府[9]、供春[10]绝大者，忌用花缸、牛腿[11]诸俗制。四时培植，春日叶芽已发，盆土已肥，不可沃肥水[12]，常以尘帚拂拭其叶，勿令尘垢；夏日花开叶嫩，勿以手摇动，待其长茂，然后拂拭；秋则微拨开根土，以米泔水[13]少许注根下，勿渍污叶上；冬则安顿向阳暖室，天晴无风舁出[14]，时时以盆转动，四面令匀，午后即收入，勿令霜雪侵之。若叶黑无花，则阴多[15]故也。治蚁虱，惟以大盆或缸盛水，浸遍[16]花盆，则蚁自去。又治叶虱如白点，以水一盆，滴香油少许于内，用棉蘸水拂拭，亦自去矣。此艺兰简便法也。又有一种出杭州者，曰杭兰[17]；出阳羡[18]山中者，名兴兰[19]；一干数花者，曰蕙[20]，此皆可移植石岩之下，须得彼中原土[21]，则岁岁发花。珍珠[22]、风兰[23]，俱不入品。箬兰[24]，其叶如箬，似兰无馨[25]，草花奇种。金粟兰[26]名赛兰，香特甚。

【注释】

[1] 兰：又名幽兰、兰草、兰花，丛生，叶子细长，春季开花，气味清香，是我国著名的盆栽观赏植物。其气质文静、淡雅、高洁，与梅、竹、菊并称"四君子"。

[2] 闽中：福建地区。

[3] 剑芒：剑锋。

[4] 离骚：《离骚》是战国时屈原所作诗歌，"离骚"一词，也指这种文体。但下文的"秋兰兮青青，绿叶兮紫茎"，实出自屈原《九歌》中的《少司命》一篇。《九歌》是屈原根据民间祭神乐歌改编而成的诗歌，共有《东皇太一》《云中君》《湘君》《湘夫人》《大司命》《少司命》《东君》《河伯》《山鬼》《国殇》《礼魂》十一篇，整体庄重典雅，对后世影响很大。

[5] 秋兰兮青青，绿叶兮紫茎：意为秋兰青翠茂盛，绿叶中夹着紫茎。

[6] 赣州：历代沿革，治区有所差异，在今赣南一带。

[7] 龙泉：指龙泉窑所产的青瓷，为窑中珍品。详见本书卷七"海论铜玉雕刻窑器"条。

[8] 均州：指钧州窑所产的瓷器。详见本书卷七"海论铜玉雕刻窑器"条。

[9] 内府：原为王室仓库之意，此处指内府窑中的瓷器。北宋官窑称内窑，南宋承袭旧制依然如此。到明代永乐、宣德年间，内府在景德镇烧制官窑瓷器，也刻有内府款，此后极少再见到这种落款。

[10] 供春：即供春壶。详见本书卷十二"茶壶"条。

[11] 牛腿：牛腿缸，花缸的一种，口大，下部略尖。

[12] 沃肥水：施肥。沃，浇灌。

[13] 米泔水：淘米水。

[14] 舁（yú）出：搬到室外。舁，抬。

[15] 阴多：光照少。

[16] 浸逼：浸泡，浸入其中。

[17] 杭兰：杭州所产的兰花。清·朱克柔《第一香笔记》："杭兰，惟杭城有之，花如建兰，香甚，一枝一花，叶较建兰稍阔，有紫花黄心，色若胭脂，有白花紫心，白若羊脂，花甚可爱。"

[18] 阳羡：今江苏宜兴。秦汉时称阳羡，隋朝改为宜兴县，故址在今江苏宜兴南。

[19] 兴兰：宜兴所产的兰花。清·朱克柔《第一香笔记》："一茎一花者曰兰，宜兴山中特多，南京杭州俱有，虽不足贵，香自可爱，宜多种盆中。"

[20] 蕙：蕙兰，兰花的一种，叶丛生，狭长而尖，初夏开花，色黄绿，有香味，庭园栽植，可供观赏。

[21] 彼中原土：原来培植兰花的土壤。底本作"彼中原本"，误。

[22] 珍珠：即珠兰，其花如珠，其味似兰，故有此名。此兰枝叶柔嫩，姿态优雅，适合窗前、阳台、花架陈列。

[23] 风兰：又名仙草，生在岩石和洁净之处，带着一股幽香。清·朱克柔《第一香笔记》："风兰，种小如兰，枝干短而劲，类瓦花……三四月中开小白花，将萎转色，黄白相间。"

[24] 箬兰：又名紫兰，春季开花，有紫红、白、蓝、黄和粉等色，可盆栽，亦可点缀庭院。

[25] 无馨：没有香味。

[26] 金粟兰：又名赛兰，初夏开花，花小，黄绿色，极芳香，供观赏和熏茶用。现代分类中，和珠兰是同一种。

【点评】

兰，姿态清秀素淡，香气幽逸典雅，与梅、竹、菊并称"四君子"。宋代王贵学《王氏兰谱》云："竹有节而啬花，梅有花而啬叶，松有叶而蕑香，惟兰独并有之。"认为兰集叶、花、香三者于一体，是天地和气所钟。明代黄凤池在《集雅斋梅竹兰菊四谱小引》中说："文房清供，独取梅、竹、兰、菊四君者无他，则以其幽芳逸致，偏能涤人之秽肠而澄莹其神骨。"认为兰端秀清逸，能够涤秽清神，是文房佳物，非他物可比。而文震亨认为艺兰栽菊是"幽人之务"，关于择品、陈设、选缸、培育、栽种、灌溉、除虫、清洁、照日等均有论述，精细周全，见解精辟，可见兰花在他心中地位之高。

文震亨如此爱兰，归根到底是因其深厚的意蕴。

春秋时，孔子有"空谷幽兰"之说。他途经山涧深谷，见兰花独自绽放，起初认为"与众草为伍"是贤者生不逢时之象，但很快又看出兰花坚韧不拔、淡泊自守的高洁品性，心中仿佛有了一道光。其后周游列国，他一直坚守着自己的志向。困于陈蔡、绝粮于道之时，众人信仰动摇，他却仍是弦歌不绝，谱写了琴曲《幽兰操》，并对弟子们说："芝兰生于深林，不以无人不芳；君子修道立德，不为贫困而改节。"比德于物，希望弟子能够修身守志。

战国时，屈原有"佩兰明志"之事。当日楚王任用一干奸佞，屈原被中伤毁谤，流放于外，怀着对故国深深的忧思，创作了《离骚》《天问》等一系列诗篇。诗中多次提及佩兰之事，如"余既滋兰之九畹兮，又树蕙之百亩"，"扈江离与辟芷兮，纫秋兰以为佩"，"时暧暧其将罢兮，结幽兰而延伫"，"被石兰兮带杜蘅，折芳馨兮遗所思"，以此表达洁身自好的高洁情操。兰之内涵，又一次被丰富。

南宋灭亡后，画家郑思肖画了一幅"无根兰"，画中只有兰没有土，兰叶根根如同剑脊。他还在画中题诗道："向来俯首问羲皇，汝是何人到此乡。未有画前开鼻孔，满天浮动古馨香。"寄寓着自身高洁坚贞的情操和矢志不移的气节。他平日里坐必向南，以示怀念故土，岁时伏腊，常常望南方哭拜，其精神令人千古景仰。

宋　郑思肖《墨兰图》

　　历代之人对兰，爱之，赏之，咏之，画之，植之。李白有"孤兰生幽园，众草共芜没"，陆游有"无心托阶庭，当门任君锄"，朱熹有"竟岁无人采，含薰只自知"，或感怀伤世，或托物言志，将情思和志趣融入其中。汉语中还衍生了无数关于兰的词语，如兰章、兰交、兰姿、蕙质兰心、芝兰玉树等词，或喻诗文之妙，或喻感情之真，或喻风姿之美，或喻心性之洁，或喻才德之佳，兰已然成为中华文化中美好事物的代名词。

　　至于植兰，文震亨说一室最多一盆，是为了避免芜杂；用旧龙泉、均州、内府、供春等器为花盆，则如同画框裱画，以此衬托兰花姿态。李渔《闲情偶寄》又说"书画炉瓶，种种器玩，皆宜森列其旁"，这般搭配能使兰花更有雅韵。依此陈设，室庐清雅绝俗，令人怡悦，又可以衬托主人的雅洁。辟地种兰，也是园中佳景。浙江绍兴的兰亭就有"兰渚"一景，当年王羲之等人兰亭雅集，留下了精妙的诗文书法，传为千古美谈。园中以兰为景，颇有雅趣。

瓶　花[1]

　　堂供[2]必高瓶大枝，方快人意。忌繁杂如缚[3]；忌花瘦于瓶[4]；忌香[5]、烟[6]、灯煤[7]熏触；忌油手拈弄；忌井水贮瓶，味咸不宜于花；忌以插花水入口，梅花、秋海棠二种，其毒尤甚。冬月入硫黄[8]于瓶中，则不冻。

【注释】

[1]　瓶花：插瓶之花。

[2]　堂供：将瓶花放置在堂屋正厅。古代的插花艺术源于佛前供花，故有此称。

[3]　缚：捆绑，束缚。

[4]　花瘦于瓶：花比瓶小太多。

[5]　香：香料，熏香。

[6]　烟：烟火。

[7]　灯煤：灯芯烧过后留下来的灰烬。

[8]　硫黄：在常温下为黄色固体，性烈易燃，是制造火药、火柴等的原料。

【点评】

　　插花，一种古老的艺术，用巧妙的构思，并遵循一定的法则，将花与器巧妙地结合，借此表现一种主题，传递一种情思，使人看后赏心悦目。

　　此风缘起于六朝时佛前供花，当时所插之花多为水仙、荷花，以示清

堂供必高瓶大枝，方快人意

洁和虔诚。到唐代，出现一种宫廷插花的风尚，花以牡丹、芍药等富贵繁盛者为主，上行下效，举国弥漫着一种赏花斗花的风气。士人们还在室内挂画，以衬瓶花，花画合一，极一时之盛。到宋代，插花与焚香、点茶、挂画并列为"四艺"。当时儒释道三教合流，"理念花"的概念形成，比德于物和格物致知成为时代的主流，人们或以花喻人格来标榜品性节操，或以花为象征来寄托志趣抱负，所插之花多为梅花、水仙。历元至明，中华插花艺术达到巅峰，此时出现"心象花""自由花"等理念，所插之花范围极广，思想以文人意趣为主流，他们或以花为高友来表达闲情雅致，或以花为媒介来抒发复杂情感，或以花为知音来表现境界追求，总之，他们在种花、赏花、摘花、赠花、佩花、簪花之时，为心灵找到了寄托，达到天人合一之境。

有了插花之理，自然也有插花之术和赏玩之道。高濂《遵生八笺》，张谦德《瓶花谱》，袁宏道《瓶史》，沈复《浮生六记》，以及文震亨此条，对花目、品第、器具、折枝、插贮、择水、滋养、洗沐、护瓶、培植、赏玩、宜忌等均有精辟论述。简要言之，在器具上，他们认为花器有盘、碗、缸、篮、盆、瓶等，以瓶为主，贵瓷铜，贱金银；插贮上，俯仰、高下、疏密、斜正，应各具意态；布局上，瓶与花需相宜相称，崇简忌繁；色彩上，追求淡雅质朴，简洁明秀；花数上，宜单不宜双；瓶数上，"视桌之大小，一桌三瓶至七瓶而止"；赏法上，当时流行曲赏、图赏、茶赏、酒赏、琴赏、谈赏六品，袁宏道认为"茗赏者上，谈赏者次，酒赏者下"。他还提出了四时观赏之道："寒花宜初雪，宜雪霁，宜新月，宜暖房……凉花宜爽月，宜夕阳，宜空阶，宜苔径，宜古藤巉石边。"此中境味，非闲人不能欣赏，越深入越觉其乐无穷。

插花之道，精深幽微，远不止此。曾有人调侃高濂道，古瓶难得，如你所说，花还可以插吗？高濂认为，大收藏家可以配以雅器，寻常之人若没有雅器但真爱花的话，手执一枝，信手而插都有真趣，可谓心有真赏。

盆 玩[1]

盆玩，时尚以列几案间者为第一，列庭榭中者次之，余持论则反。是最古者以天目松为第一，高不过二尺，短不过尺许，其本如臂[2]，其针若簇[3]，结[4]为马远[5]之敧斜诘曲[6]，郭熙[7]之露顶张拳[8]，刘松年[9]之偃亚层叠[10]，盛子昭[11]之拖拽轩翥[12]等状，栽以佳器[13]，槎牙可观[14]。又有古梅[15]，苍藓鳞皴[16]，苔须垂满[17]，含花吐叶，历久不败者，亦古。若如时尚作沉香片[18]者，甚无谓。盖木片生花[19]，有何趣味？真所谓以"耳食"[20]者矣。又有枸杞[21]及水冬青[22]、野榆[23]、桧柏[24]之属，根若龙蛇，不露束缚锯截痕者，俱高品也。其次则闽之水竹[25]，杭之虎刺[26]，尚在雅俗间[27]。乃若菖蒲九节[28]，神仙所珍，见石则细，见土则粗，极难培养。吴人洗根浇水，竹剪修净[29]，谓朝取叶间垂露，可以润眼，意极珍之。余谓此宜以石子铺一小庭，遍种其上，雨过青翠，自然生香。若盆中栽植，列几案间，殊为无谓，此与蟠桃、双果[30]之类，俱未敢随俗作好[31]也。他如春之兰蕙，夏之夜合、黄香萱[32]、夹竹桃花[33]；秋之黄蜜矮菊[34]；冬之短叶水仙[35]及美人蕉[36]诸种，俱可随时供玩。盆以青绿古铜[37]、白定[38]、官[39]、哥[40]等窑为第一，新制者五色内窑[41]及供春粗料[42]可用，余不入品。盆宜圆，不宜方，尤忌长狭。石以灵璧[43]、英石[44]、西山[45]佐[46]之，余亦不入品。斋中亦仅可置一二盆，不可多列。小者忌架于朱几[47]，大者忌置于官砖[48]，得旧石凳或古石莲磉为座[49]，乃佳。

【注释】

[1] 盆玩：盆景。

[2] 其本如臂：天目松的树干如手臂。本，根本，引申为枝干。

[3] 其针若簇：天目松的松针如簇。

[4] 结：聚合，形成。

[5] 马远：南宋画家。详见本书卷五"名家"条中"马远"注释。

[6] 欹斜诘曲：倾斜屈曲。

[7] 郭熙：北宋画家，详见本书卷五"名家"条中"郭熙"注释。

[8] 露顶张拳：指具有粗豪之态。

[9] 刘松年：南宋画家，详见本书卷五"名家"条中"刘松年"注释。

[10] 偃亚层叠：丑怪重叠。

[11] 盛子昭：盛懋，元代画家，详见本书卷五"名家"条中"盛子昭"注释。

[12] 拖拽轩翥（zhù）：欲飞未飞的神态。拖拽，牵引，拉扯。轩翥，轩昂飞举。《楚辞·远游》："鸾鸟轩翥而翔飞。"

[13] 佳器：好的器具。

[14] 槎牙可观：参差错落，非常可观。槎牙，形容错落不齐之状。

[15] 古梅：年代久远的古代梅花。我国现在还有楚梅、晋梅、隋梅、唐梅和宋梅存世。

清　郎世宁《清供图》

[16]　苍藓鳞皴（cūn）：苔藓斑驳，树皮皱皱。鳞皴，像龙鳞一样的褶皱。

[17]　苔须垂满：苔须在树间全都垂下。

[18]　沉香片：小片的沉香。详见本书卷十二"沉香"条。

[19]　木片生花：沉香木片生出的花。

[20]　耳食：指不加省察，徒信传闻。

[21]　枸杞：花淡紫色，果实根皮可入药，有补肾益精、养肝明目的功效。

[22]　水冬青：即水蜡树，高可达三米，树冠圆球形，树皮暗黑色，花白色，有芳香，核果椭圆形，可供观赏。

[23]　野榆：野生榆树。

[24]　桧柏：桧树和柏树。桧，常绿乔木，木材桃红色，有香气，可作建筑材料。柏，常绿乔木，叶鳞片状，结球果，木质坚硬，纹理致密，可供建筑及制造器物之用。

[25]　水竹：竹的一种，具有良好的观赏价值。韧性佳，常用来编织的器

具和工艺品。

[26] 虎刺：常绿小灌木，夏开小白花，果熟时为红色。多作观赏用，能活百年之久，被誉为"寿庭木"。

[27] 雅俗间：雅俗之间，指不同阶层的人都能接受。

[28] 菖蒲九节：菖蒲叶剑形有香气，地下有根茎，可作香料。端午节有把菖蒲叶和艾捆一起插于檐下的习俗。九节菖蒲是菖蒲中的极品。

[29] 竹剪修净：修剪干净。

[30] 双果：一种坚果，由于雌蕊多数为两枚，因而发育成双果，仁味香甜。

[31] 随俗作好：迎合世俗，以此为好。

[32] 黄香萱：金萱。详见本卷"萱花"条中"金萱"注释。

[33] 夹竹桃花：桃花的一种，因花桃红色或白色，叶对生或三枚轮生，长似竹，故名夹竹桃。叶、花、树皮均有毒。

[34] 黄蜜矮菊：黄色和蜜色的矮小菊花。

[35] 短叶水仙：水仙的一种形态，枝叶比花梗短。

[36] 美人蕉：又名红蕉，四季开花，花鲜红色。叶绿色，质地厚实。

[37] 青绿古铜：青绿色的古铜器。明·曹仲明《格古要论》："铜器入土千年，色纯青如翠，入水千年，色纯绿如瓜皮，皆莹润如玉。未及千年，虽有青绿而不莹润。"

[38] 白定：白色定窑瓷器。定窑是古代著名瓷窑之一，详见本书卷七"海论铜玉雕刻窑器"条。

[39] 官：官窑，详见本书卷七"海论铜玉雕刻窑器"条。

[40] 哥：哥窑，详见本书卷七"海论铜玉雕刻窑器"条。

[41] 五色内窑：各种颜色的官窑瓷器。

[42] 供春粗料：大师供春所随意制作的瓷器。

[43] 灵璧：灵璧石。详见本书卷三"灵璧"条。

［44］　英石：广东英德所产的一种石头。详见本书卷三"英石"条。

［45］　西山：一疑为"西山石"，明·高濂《遵生八笺》："又若燕中西山黑石，状俨应石，而崒屼巉岩，纹片皱裂过之，可作砚山者为多，但石性松脆，不受激触，多以此乱应石。"二疑为"昆山石"笔误，昆山石为石中精品，另外《长物志》水石卷中提及的与"山"相关的珍品奇石唯有昆山石。

［46］　佐：辅助，在文中指点缀。

［47］　朱几：朱红色的几案。

［48］　官砖：官窑所烧制的砖石。

［49］　古石莲磉（sǎng）为座：古时的雕有莲花的石墩作为底座。磉，柱下的石墩。座，底座。

【点评】

　　盆玩，即盆景，是将花、草、树、木、水、石、盆等材料，经过园艺栽培及处理再现山水景观的一种艺术。人们常将其与盆栽混淆。盆栽，以花草树木为主体，搭配石、苔等物，模仿自然，仅为盆景的一个类别。盆景中除此之外，还有以石为主体，搭配树木等的山水盆景，有以植物、山石等为材料，采用隔开水土的方法，制造各种环境景观的水旱盆景，种类比盆栽丰富。

　　对于盆玩这种小中见大的袖珍天地，古人有截然不同的两种态度。

　　一种，是批判态度，代表人物是龚自珍。他有一篇著名的《病梅馆记》，提出世人认为梅"以曲为美""以欹为美""以疏为美"，导致梅成病态。当时他连购了三百盆，无一不是如此，非常痛心，立志"纵之顺之，毁其盆，悉埋于地，解其棕缚；以五年为期，必复之全之"，并且发誓要以余生光阴疗梅。这实际上是托物言志，借物讽喻，但他对盆玩的态度，也可从中得窥一二。

另一种，是主流的欣赏态度。

元末的丁鹤年见高僧韫上人制作的盆景，赋诗道："尺树盆池曲槛前，老禅清兴拟林泉。气吞渤澥波盈掬，势压崆峒石一拳。仿佛烟霞生隙地，分明日月在壶天。旁人莫讶胸襟隘，毫发从来立大千。"在丁鹤的眼中，盆景虽小，但咫尺之间有千里之势，能够寄托志趣。

宋人王十朋《岩松记》云："友人有以岩松至梅溪者，异质丛生，根衔拳石，茂焉非枯，森焉非乔，柏叶松身，气象耸焉，藏参天覆地之意于盈握间，亦草木之英奇者，余颇爱之，植以瓦盆，置之小室。"在王十朋的眼中，盆玩姿态万千，能够调剂生活，怡情养性。

清人沈复《浮生六记》中记有"碗莲"一物，文曰："以老莲子磨薄两头，入蛋壳使鸡翼之，俟雏成取出，用久年燕巢泥加天门冬十分之二，捣烂拌匀，植于小器中，灌以河水，晒以朝阳，花发大如酒杯，叶缩如碗口，亭亭可爱。"此举颇有创意。制成的碗莲放在书斋几案间，作为盆景的一种，可时时玩味，令人生清洁之心。

文震亨对盆玩也是认同的。他认为在陈列方面，种植庭院水榭最佳，其次是陈列几案之上。盆器方面，他选择青绿古铜器、白定窑瓷、官窑瓷、哥窑瓷、内府窑瓷为器。对于盆花的品种，他欣赏的是天目松、古梅、水冬青、菖蒲、水竹、虎刺、兰蕙等花木。菖蒲，是一种飘逸而俊秀的花草，颇有生机，极富雅韵。其中九节菖蒲，更是难得。文震亨认为是神仙所珍，若在铺满石子的庭院广种，雨后青翠欲滴，自然古色，集古、雅、韵于一体。如此炮制，确实古趣盎然。

后世之人，有将"平远、深远、高远"的画境应用于盆景中，产生多层次效果的；有利用曲直、疏密、粗细、刚柔、写实、留白等书画技法，营造精妙布局的；有题写诗词典故，以意境来增强其艺术感染力的。法虽不同，但无一不是追求形、神、意、趣兼备。如此，盆景已是文人理想中的咫尺山林。

卷三 水石

文震亨《唐人诗意图册》册页三

水 石[1]

　　石令人古[2]，水令人远[3]，园林水石，最不可无。要须回环峭拔[4]，安插[5]得宜。一峰[6]则太华千寻[7]，一勺[8]则江湖万里[9]。又须修竹、老木、怪藤、丑树，交覆角立[10]，苍崖碧涧，奔泉汛流[11]，如入深岩绝壑之中，乃为名区胜地。约略其名[12]，匪一端矣[13]。志《水石》第三。

【注释】

[1]　水石：流水和山石，园林中多凿山引水，营造清丽胜景。

[2]　古：古雅，文中指有古雅之感。

[3]　远：悠远，文中指有悠远之感。

[4]　回环峭拔：四面挺秀。回环，环绕。峭拔，挺拔。

[5]　安插：安置，安排，布局。

[6]　一峰：指造一假山。

[7]　太华千寻：像华山壁立千仞般险峻。太华，即西岳华山，在陕西华阴南，因其西有少华山，故称太华。千寻，古以八尺为一寻，千寻形容极高或极长。唐·刘禹锡《西塞山怀古》："千寻铁索沉江底，一片降幡出石头。"

[8]　一勺：指造一水景。

[9]　江湖万里：像江河湖海万里无垠般的浩渺之感。

[10]　交覆角立：交相掩映，卓然而立。

[11]　奔泉汛流：飞湍激流。汛流，汛指江河定期的涨水，汛流引申为湍

急的流水。

[12] 约略其名：粗略列举概要。

[13] 匪一端矣：并非都是如此。匪，不是。一端，指事情的一点或一个
方面。

【点评】

卷三论水石。中国古典园林向来有"无水不成景，无石不成园"之
说，水石是园林不可或缺的构成要素，水景与石景又密不可分。文震亨认
为"石令人古，水令人远"，造园之时，应遵循"一峰则太华千寻，一勺
则江湖万里"的理念，使得"拳山"四面挺秀、"寸水"飞湍奔流，中间
再夹种修竹、老木、怪藤、丑树，就可营造一种如同高山深壑般引人入胜
的景观。

园林中的水体设计，称为理水，即通过对池塘、河流、湖泊、泉瀑、
溪涧、渊潭等多种景观的模仿、概括、提炼和再现，营造一种"虽由人
作，宛若天开"的景观。理水或运用分聚的手法，使水景疏朗开阔，拓展
空间；或运用掩映的手法，使水景时隐时现，平添意趣；或运用塑形的手
法，使水景蜿蜒曲折，层次幽深；或运用映衬的手法，与桥梁、楼台、亭
榭、轩阁等组合搭配，使得水景丰富多彩。不仅如此，水中还蓄养禽鱼，
并运用借景的手法，使得花草树木、楼阁亭台、日月霜雪等倒映水中，如
此，有动有静，有声有色，变幻万千，美不胜收。苏州网师园中的池塘，
便是其中佳例。因园小，故整个园林的格局以聚为主。北面"看松读画
轩"适宜冬日观赏古松奇石；南面"濯缨水阁"适宜夏日观赏荷花鱼戏；
西面"月到风来亭"适宜秋日观赏月色波光；东北角的"竹外一枝轩"适
宜观赏春暖花开；东面的粉墙如同画纸，映照花影云影，还有风声鸟声萦
绕园中，令人心旷神怡。

园林中的水是流动的、不定的、变化的，而石一直是静默的、定格

石令人古，水令人远

的、恒常的。园林中的石头，从作用上来看，有用来制造石桥、石凳，供游人行走、休憩的；有用来铺设道路，营造清雅脱俗的韵味的；有用来单独造景，丰富观感，分割空间的；有用来镌刻文辞，以此点景立意，增添情趣的。还有和花木映衬烘托景致的，张潮《幽梦影》中说："梅边之石宜古，松下之石宜拙，竹傍之石宜瘦。"对比衬托之下，能产生一种别致的风情。另有一种石头是供观赏之用的，这类石头形态各异，或怪丑奇异，或浑朴无文，或玲珑空秀，同时自然天成不假人力，观其形、抚其质、听其音，令人赏心悦目。因其大小，可置于斋中，也可立于庭前。沈复《浮生六记》中说，自己曾仿倪瓒画境用长方盆叠起一峰，于其上种茑萝，又留下一角用河泥植千瓣白萍，深秋之时，藤蔓满山，白萍遍水，红白相间，烂漫异常。还与妻子一一品题，说某处可以居，可以钓，可以眺，宜设水阁，宜建茅亭，宜凿字"落花流水之间"，游行其中，如登蓬莱。留园中，有花石纲遗石"观云峰"，具有瘦、漏、透、皱等特点，崇峻高耸，为江南园林中湖石之最。前为池沼，后为楼阁，旁有一"岫云峰"相伴，令人心生古意，恍如置身高山流水之间。石中有孔洞，月光从中透过射入池中之时，也成一道奇观。

水、石二物，古人除了观其形，也寄托了自身的情思。"智者乐水"，在儒家看来水与山是相对的，从中可以看出世界的不同层面；"上善若水"，在道家看来水之德高深幽微，可以譬喻大道供人参悟；"沧浪之水清兮，可以濯吾缨；沧浪之水浊兮，可以濯吾足"，在渔夫看来，水清浊状态不同功用也不同，由此可知为人处世的道理。相应的，石的"坚、安、实"，向来被儒家看作君子之品；其"寿、静、朴"等特质，又被道家看作大道的呈现，也是意蕴深厚。石山的奇崛古怪，又令人生远古之思，宁静闲适。故而，水石之间自古以来就是高士幽人向往之地。赵嘏云"吟辞宿处烟霞去，心负秋来水石闲"，在他的眼里，笑傲烟霞之间，水石令人有超尘脱俗之感；王维云"明月松间照，清泉石上流"，在他的眼里，石静穆，水清澈，令人心生清净安宁之感，浑然间物我两忘。孙楚云"吾欲漱石、枕流"，在他的眼里，枕流水是像许由一样洗净耳朵，漱石头是像老子一样磨砺牙齿，水石之间，适宜隐居思悟大道。而这些情思，反过来也使得园林景观，更具文化意蕴。

广　池[1]

　　凿池自亩以及顷，愈广愈胜[2]。最广者，中可置台榭之属，或长堤横隔[3]，汀蒲[4]、岸苇[5]杂植其中，一望无际，乃称巨浸。若须华整，以文石为岸，朱栏回绕，忌中留土，如俗名战鱼墩[6]，或拟金焦[7]之类。池傍植垂柳，忌桃杏间种。中畜凫雁[8]，须十数为群，方有生意[9]。最广处可置水阁，必如图画中者佳。忌置簃舍[10]。于岸侧植藕花，削竹为阑，勿令蔓衍。忌荷叶满池，不见水色。

【注释】

[1]　广池：广阔的池塘。

[2]　胜：美好，美妙。

[3]　长堤横隔：修堤坝横向隔开水面。

[4]　汀蒲：水边的菖蒲。汀，水边平地或平滩。

[5]　岸苇：岸边的芦苇。

[6]　战鱼墩：苏州的俗称，因苏州近水，便于撒网捕鱼。

[7]　拟金焦：模仿金山、焦山对峙一样。金焦，金山与焦山的合称，两山都在今江苏镇江。金山原名浮玉，因裴头陀江边获金，唐贞元年间李骑奏改。焦山因汉代隐士焦光隐居而得名。元·萨都剌《题喜寿里客厅雪山壁图》："大江东去流无声，金焦二山如水晶。"

[8]　中畜凫（fú）雁：水中蓄养野鸭、大雁。凫，俗称野鸭，雄的头部绿色，背部黑褐色，雌的全身黑褐色，常群游湖泊中，能飞。

[9]　生意：生机，生气。

红柿圃林秋气好绿荷
池饭晚烟生鹤敏

凿池自亩以及顷，愈广愈胜

[10] 簰（pái）舍：簰指用竹木编的水上交通工具，舍指居室，字面解
释为在竹木筏上搭建的小屋，文中当有引申之意，指船屋。

【点评】

　　园林中的水景，有河流、溪涧、泉瀑、潭渊、池塘、湖泊等多种，其
中以池塘最为常见。文震亨所言的"凿池自亩以及顷，愈广愈胜"，是当
时的一种风潮。中国园林中，留园、豫园、拙政园、颐和园的水景皆十分
广阔，在烟波浩渺的水域泛舟，头戴青箬笠，身穿绿蓑衣之时，唱着"学
陶朱，浮五湖，唤留侯，戏沧州，此身在不在，江河万古流"，如在世外。
只不过，大园的工程宏大，需要耗费极大的财力、物力、人力，故而文震
亨此言有待商榷，幽人雅士凡事还应讲求适度。

　　至于"置台榭之属，或长堤横隔"，则是一种分割、遮掩的手法，因
为水面若是太过空旷寂寞，则略显枯燥乏味，有了一些映衬，则可以增广
空间层次，丰富观赏意趣；"池傍植垂柳"，是一种点缀手法，水景有其独

特姿态，在形成倒影之后，更能增添诗情画意之感；"中畜凫雁，须十数为群"，则是画龙点睛的一笔，使原本沉静的水面充满了生气，仿佛活了过来。若是再种植一些芦苇，便更有野趣。另外，文震亨还说水阁应如图画，"忌置簟舍""忌荷叶满池"等，也俱有可观之处。好此道者，不妨多加研究。

说起理水之道，不得不提艺圃和沧浪亭。艺圃的中心是一个水池，岸边种着垂柳、青松、桂树、梅树等花木，临水照影。池中植有碧荷，金鱼来回游动。树荫下还系着一条小船。池塘的北面是水榭，可供赏景、雅集。南面是假山，千奇百怪，峥嵘突兀，中有山径空洞可以穿行，山岗上的空地种着一片修竹。东面入门近水处也有一亭子，正前方是一依水而建的廊轩。亭经假山至廊轩间，还有贴水而筑的石板桥，由一洞门连接斋堂和回廊。如此设计，将水域的优势发挥得淋漓尽致，从任何一角度，皆可移步换景，人仿佛置身于天地自然之间。沧浪亭，则建在山间，下有一长而曲折的廊墙，墙下是一宽阔的水域。园因亭名，主人取的是屈原《渔夫》中的"沧浪之水清兮，可以濯吾缨；沧浪之水浊兮，可以濯吾足"之意，看似是暗喻混沌圆融、难得糊涂的处世之道，实则寄寓崖岸自高的清洁精神。如此，园林中的水便有了性情，又使园林增色不少。

小　池[1]

阶前石畔凿一小池，必须湖石四围[2]，泉清可见底。中蓄朱鱼[3]翠藻[4]，游泳可玩[5]。四周树野藤细竹，能掘地稍深，引泉脉[6]者更佳。忌方、圆、八角诸式。

【注释】

[1]　小池：小池塘。

[2]　湖石四围：四周用太湖石砌边。

[3]　朱鱼：多指红色金鱼。详见本书卷四"朱鱼"条。

[4]　翠藻：翠绿色的水草。藻，泛指生长在水中的植物，种类众多。

[5]　游泳可玩：鱼儿穿游嬉戏其间，可供赏玩。

[6]　泉脉：指地下泉水，流经缝隙涌出，如人身上的血脉，故有此称。

【点评】

　　池塘有大小之分。宽广浩瀚者为广池，婉约精致者为小池。园林中的小池，无风时波平如镜，有"一泓秋水照人寒"的神韵；有月时，"流辉注水射千尺"，充满诗情画意；静观时，有"吟辞宿处烟霞去，心负秋来水石闲"之感，通禅道之境；起风时，令人想起"梨花院落溶溶月，柳絮池塘淡淡风"以及"风乍起，吹皱一池春水"，心中忽然触动。打破这种闲愁的，是文震亨所言的鱼在水藻间穿游嬉戏，刘无极《漾花池》诗云："一池春水绿如苔，水上新红取次开。闲倚东风看鱼乐，动摇花片却惊猜。"尽显其中的悠游之趣。

小池

　　如此景观，若与岸上的

建筑搭配映衬，更是锦上添花。文震亨说四周用太湖石围砌，种植野藤细竹，确实能增色不少。不用方、圆、八角诸式，是避免过于规整，显得刻意。如果小池并非袖珍景观，也可以放一条小船，不必划，也有浮桴江湖之感，颇有闲趣。

如果环境适宜，小池边还可以造一小亭或轩，以供休憩观光。苏州拙政园"与谁同坐轩"的设计，就颇可玩味。此轩临水而建，整体如同一个扇面，左右各有两个扇窗，与窗外风物组成天然图画。两侧有一联："江山如有待，花柳更无私。"轩内置桌凳，上挂灯具，前设护栏。左右各有一洞门，其中一门，借景"卅六鸳鸯馆"，另外一个门，则与"倒影楼"相互映衬，水波倒影之中，别有风情。亭正对着挂满古今名家碑刻的长廊，后方还有一似渔翁笠帽的笠亭，掩映于丛林山间。在亭中休憩、观景，品茗，论道，无有不可。轩名化用的是苏轼词中的"与谁同坐，明月清风我"，人坐其间，发思古之幽情，顿时物我两忘。

瀑　布 [1]

山居引泉 [2]，从高而下，为瀑布稍易。园林中欲作此，须截竹长短不一，尽承檐溜 [3]，暗接藏石罅中 [4]，以斧劈石 [5] 叠高，下凿小池承水，置石林立其下 [6]，雨中能令飞泉溅薄 [7]，潺湲有声 [8]，亦一奇也。尤宜竹间松下，青葱掩映，更自可观。亦有蓄水于山顶，客至去闻 [9]，水从空直注者，终不如雨中承溜为雅。盖总属人为，此尤近自然耳。

【注释】

［ 1 ］ 瀑布：即跌水，从悬崖或河床纵断面陡坡处跌落倾泻下的水流，远看如悬挂的白布。

［ 2 ］ 山居引泉：居于村野山中，接引泉水。

［ 3 ］ 尽承檐溜：用来承接屋檐流下的水。溜，房顶上顺房檐滴下来的水。

［ 4 ］ 暗接藏石罅（xià）中：隐蔽地引入岩石缝隙。罅，隙。

［ 5 ］ 斧劈石：园林中常用的石材，因表面皴纹与中国画中的"斧劈皴"相似，故有此名。色泽上以深灰、黑色为主，形状修长、刚劲，造景时做剑峰绝壁景观，尤其雄秀。

［ 6 ］ 置石林立其下：密集地放些石头在池子里面。

［ 7 ］ 飞泉溃（pēn）薄：飞流激荡。溃，古通"喷"。

［ 8 ］ 潺湲有声：水流有声。潺湲，流水声。南朝宋·谢灵运《入华子冈是麻源第三谷》诗："且申独往意，乘月弄潺湲。"

［ 9 ］ 去闸：打开水闸。去，除去，打开。闸，安装在某些机械上的能随时使机械停止运行的设备。

【点评】

　　中国古典园林，为了营造自然山水之境，常采用叠山理水的做法。其中之一，即是制造瀑布。

　　瀑布之美，一在于形。瀑布倾云倒雪，有如玉龙滚翻的震撼观感，古诗中描绘得极是形象，诗仙李白在观庐山瀑布时写诗道："日照香炉生紫烟，遥看瀑布挂前川。飞流直下三千里，疑是银河落九天。"以银河倒悬的比喻来写瀑布凌空之势，景象极是雄壮。另外一美，则在于声。瀑布之声，是水声中极其特殊的一种，因巨大落差形成的回响，轰声如雷，山谷皆颤。此中景象，曾巩曾在游千丈岩瀑布时赋诗一首云："玉虹垂处雪花翻，四季雷声六月寒。凭槛未穷千里势，请从岩下举头看。"吟咏之时，耳中似有轰鸣之声。张潮《幽梦影》云："松下听琴，月下听箫，涧边听瀑布，山中听梵呗，觉耳中别有不同。"确实如此。

上述的瀑布是天地间的自然景观，园林的瀑布，都是人工制造的。文震亨说用长短不一的竹子承接屋檐流水，隐蔽地引入岩石缝隙，在下面开凿小池子承水，水中放置大小不一的石头，下雨时飞泉激荡，流水潺潺，

山居引泉，从高而下，为瀑布稍易

旁边栽植青松绿竹，青翠掩映，这样既不突兀，又可以产生声光画色四美齐聚的效果。这种景观虽不如自然的瀑布磅礴壮丽，但也小巧秀丽，别具一格。苏州狮子林瀑布即为其中佳例，园中问梅阁附近的园墙处用湖石累石数叠，一侧暗置水柜，水流之时，垂落飞溅，坠入深潭，如真瀑无异。瀑边有亭，亭边有树，周围还有鸟语花香、日光云影，人坐其间，听着风声和瀑布声，如入山林。

唐人郑巢是很欣赏这种美的，他的《瀑布寺贞上人院》诗云："林疏多暮蝉，师去宿山烟。古壁灯熏画，秋琴雨润弦。竹间窥远鹤，岩上取寒泉。西岳沙房在，归期更几年。"羁旅他乡，夜宿山寺，在瀑布间，心中有一份闲雅，又有一份凄清，这感受自是大瀑布无法带来的。僧皎然也另有领悟，他的《咏小瀑布》诗云："瀑布小更奇，潺湲二三尺。细脉穿乱

沙，丛声咽危石。初因智者赏，果会幽人迹。不向定中闻，那知我心寂。"
小小的瀑布，在他心中俨然成了菩提明镜，有了些许幽寂的禅味。

凿　井^[1]

　　井水味浊，不可供烹煮^[2]；然浇花洗竹，涤砚拭几，俱不可缺。
凿井须于竹树之下，深见泉脉，上置辘轳引汲^[3]，不则盖一小亭覆之。
石栏古号"银床"^[4]，取旧制最大而古朴者置其上。井有神^[5]，井傍可
置顽石，凿一小龛^[6]，遇岁时奠^[7]以清泉一杯，亦自有致。

【注释】

[1] 凿井：指在岩土中用人力、爆破、机械等方法挖掘井筒的工作，古
　　　 人常用这种方法积贮用水。

[2] 烹煮：文中特指烹茶煮茗。

[3] 引汲：牵引汲取。

[4] 银床：井栏的别称。南朝梁·庾肩吾《九日侍宴乐游苑应令》："玉
　　　 醴吹岩菊，银床落井桐。"

[5] 井有神：井中有井神。古人认为江河湖海日月山川均有守护的神灵。

[5] 龛（kān）：供奉佛像、神位等的小阁子。

[7] 奠：供献祭品敬神。

【点评】

　　关于烹茶煮茗，陆羽《茶经》云："其水，用山水上，江水中，井水
下。"宋徽宗《大观茶论》也说："但当取山泉之清洁者，其次，则井水之

常汲者为可用。"在他们看来，泉水最佳，井水不尽如人意，不得已时才能使用。唐代茶人刘伯刍，品评天下名水时说"扬子江南零水第一"，在他的眼中，江水比泉水更好，自然更好过井水。诚然，若单从泡茶的角度而言，井水确实一般。但日常洗澡煮饭，还有文震亨所说的"浇花洗竹，涤砚拭几"，都少不了井水。它是古人生活的必需品。

不过，井水的功用不止于此，运用得宜的话，颇有妙处。有些园林里有种特殊的现象：久旱不雨时，池水不会干涸，连日降水时，池水不见漫溢。这一部分是来源于人工引水灌园，但很多时候是得益于井水的调节。二十世纪八十年代，园艺人员修缮留园时曾抽干了部分池水，在池底发现三个口径大如荷花缸的水井，呈"品"字型分布，井深都超过四米。当时人们推测是蓄水之用，后来人们在狮子林、拙政园、寄畅园等园林中也看到类似之物，便证实了这个推断。这般为池塘补充水源，确实是个妙法。与此同时，井水还能维持生态。因井水具有冬暖夏凉的特性，在炎炎酷日的三伏天，以及天寒地冻三九天，池中游鱼能够适应周围的水温，便都安然无事。一年四季，动物们都能安然存活，园林也就多了一分生气。

天　泉[1]

秋水[2]为上[3]，梅水[4]次之。秋水白而冽，梅水白而甘。春冬二水，春胜于冬，盖以和风甘雨[5]，故夏月暴雨不宜，或因风雷蛟龙[6]所致，最足伤人。雪为五谷之精[7]，取以煎茶[8]，最为幽况[9]，然新者有土气，稍陈乃佳[10]。承水用布，于中庭受之，不可用檐溜。

【注释】

[1] 天泉：天降之水，指雨水、雪水、露水。

[2] 秋水：秋天的江湖水、雨水。《庄子》："秋水时至，百川灌河。"

[3] 为上：他本或有脱漏此二字。

[4] 梅水：黄梅时节的雨水。

[5] 盖以和风甘雨：大概因为此时风和雨润。甘雨，适时好雨。《诗
经·甫田》孔颖达疏："甘雨者，以长物则为甘，害物则为苦。"

[6] 蛟龙：古代神话中的神兽，居深水中，修炼成真龙后能兴云雨。

[7] 五谷之精：五谷的精华。五谷，所指不一，郑玄认为是麻、黍、
稷、麦、豆，赵岐认为是稻、黍、稷、麦、菽，王逸认为是稻、
稷、麦、豆、麻，王冰认为是粳米、小豆、麦、大豆、黄黍。后世
以五谷代指谷物。

[8] 煎茶：古代一种风雅的烹茶方法。详见本书卷十二"候汤"条。

[9] 幽况：幽雅别致的况味。况，景况和情味。

[10] 稍陈乃佳：稍微放置一段时间才好喝。

【点评】

　　焚香煮茗，是清雅之事，但"器为茶之父，水为茶之母"，若是没有
好水，煮出来的茶，定然是索然无味的。文震亨等明代文人们，对此深
有研究，他们很推崇天泉的妙处。天泉，顾名思义是天上之水，其中雨
水最为常见。雨水中有春、夏、秋、冬之分，文震亨以为秋水为上，梅
雨次之，再次冬水，夏雨最次。这和四时的环境有关，秋季天高气爽，
少有杂质，故而水清；春季风和日丽，万物复苏，故有生气；冬天万物
归藏，雨水稀少，但也差强人意；而夏天风疾电掣，雨水对人身体有
损伤。

　　雨水之外，另有雪水。取雪水烹茶之风由来已久，中唐白居易晚起

雪为五谷之精，取以煎茶，最为幽况

烧炉煮茶，写诗道："融雪煎香茗，调酥煮乳糜"，很是自得其乐。晚唐陆龟蒙与人探讨茶道时，写了十咏，其中一联是"闲来松间坐，看煮松上雪"，极是清寒高雅。到南宋时，辛弃疾送别，有"送君归后，细写茶经煮香雪"之句，有孤清高洁的况味。陆游更是"雪液清甘涨井泉，自携茶灶就烹煎"，并说自己"一毫无复关心事，不枉人间住百年"，那一刻无疑是陶然忘忧了。而明代高濂《四时幽赏录》最得其中三昧，他说："茶以雪烹，味更清冽，所谓半天河水是也，不受尘垢，幽人啜此，足以破寒。"此中境界，大可玩味。

不过以上两种天泉虽然风雅，在健康方面却存在争议。清人朱彝尊在《食宪鸿秘》中说："黄梅天暴雨水极淡而毒，饮之损人，着衣服上即霉烂。"他还说："凡污水、浊水、池塘死水、雷霆霹雳时所下雨水、冰雪水俱能伤人，不可饮。"古人少有提及这一点的，大概他们认为文人清赏更为可贵吧。那么，人世间有没有既雅致又健康的天泉呢？有的，露水即是其中之一。此物古称"天酒"，《山海经》中说："仙丘降露，仙人常饮之。"《本草纲目》记载："百草头上秋露，未晞时收取，愈百疾，止消渴，令人身轻不饥，肌肉悦泽。"这确实难得，无怪乎乾隆会有收集荷叶露水烹茶的癖好，并一再赋诗，说它是天下第一泉。

地　泉[1]

乳泉[2]漫流[3]如惠山泉[4]为最胜，次取清寒者。泉不难于清，而难于寒。土多沙腻泥凝[5]者，必不清寒。又有香而甘者，然甘易而香难，未有香而不甘者也。瀑涌湍急者勿食，食久令人有头疾。如庐山水帘[6]、天台瀑布[7]，以供耳目[8]则可，入水品则不宜[9]。温泉下生硫黄，亦非食品。

【注释】

[1]　地泉：从地下涌生出来的泉水。

[2]　乳泉：甘美而清冽的泉水。宋·郑瑶《景定严州续志》："山有乳泉，溉田甚多。"

[3]　漫流：随意到处流淌。

［4］ 惠山泉：位于江苏无锡西郊，惠山山麓下的锡惠公园内，泉水清香甘冽。唐代茶圣陆羽品评天下名泉时，推其为"天下第二"。

［5］ 沙腻泥凝：细沙、泥土凝结。腻，细致。凝，凝结。

［6］ 庐山水帘：江西九江庐山康王谷的谷帘泉。陆羽品尝各地的碧水清泉时，将庐山谷帘泉排在第一。

［7］ 天台瀑布：浙江天台山蟠龙瀑布。唐·曹松《天台瀑布》："万仞得名云瀑布，远看如织挂天台。休疑宝尺难量度，直恐金刀易剪裁。喷向林梢成夏雪，倾来石上作春雷。欲知便是银河水，堕落人间合却回。"

［8］ 以供耳目：用来观赏。耳目，指视听，见闻，引申为审察和了解。

［9］ 入水品则不宜：用来饮用就不合适了。

【点评】

　　所谓"精茗蕴香，借水而发"，无水不足以论茶。烹茶之水，大江南北皆有，不过若论地位稳固、古今称赞的，当属无锡的惠山泉。惠山泉由唐代大历年间无锡令敬澄所开凿，其水兼具文震亨所说"清寒""甘香"二者之长，鲜美无比。中唐诗人李绅评价说："乃人间灵液，清鉴肌骨，漱开神虑，茶得此水，皆尽芳味也。"而在李绅之前的茶圣陆羽，曾遍尝天下泉流，将惠山泉列为天下第二。其后，刘伯刍、张又新等名士也公推其为天下第二泉。宋徽宗时，此泉水成为宫廷贡品。到元代，大书法家赵孟頫品尝惠山泉水，题下"天下第二泉"五字。至清代，乾隆用银斗"精量各地泉水"，再次将其列入天下第二。

　　如此之水，历代文人雅士，自然皆思一饮。相传唐代时，权相李德裕最爱用惠山泉水烹茶，曾令地方官员用坛封装，以驿马从江苏运到陕西，号为"水递"。北宋时，大学士苏东坡，曾两游惠山品水煎茶，留下了"独携天上小团月，来试人间第二泉"的千古名句。回杭后，又作诗

泉不难于清，而难于寒

云："兹山定空中，乳水满其腹。……愿子致一斛。"派人持诗向无锡知县索取惠山泉水。同时，还不忘跟朋友介绍，又写诗说："雪芽我为求阳羡，乳水君应饷惠山。"留下一段诗泉雅话。到两宋之交，高宗赵构在金人的追杀中仓皇南下，途经无锡时，竟然还不忘到惠山煎茶品茗。至明代，文震亨的曾祖文徵明在清明节时，曾邀请友人集会惠山，煮茶清谈，并挥毫作了《惠山茶会图》，俨然兰亭雅集。事虽有优劣，但痴态如一。

只是，惠山泉水虽好，相隔迢递，财力匮乏，取用总是艰难，古今茶人为此也是颇费脑筋。张岱《陶庵梦忆》云："其取惠水，必淘井，静夜候新泉至，旋汲之。山石磊磊，藉瓮底，舟非风则勿行。故水之生磊，即寻常惠水，犹逊一头地，况他水耶！"淘井是为了取最新鲜的水，放山石是为了净化，遇风航行是为了效率，这算是其中一种较好的办法吧。当然，也有取不到惠山泉水，居然异想天开自制的。朱国祯《涌幢小品》云："家居若泉水难得，自以意取寻常水煮滚，入大磁缸，置庭中避日色。俟夜天色皎洁，开缸受露，凡三夕，其清澈底。积垢二三寸，亟取出。以坛盛之，烹茶与惠泉无异。"只是不知这种办法，是真的能够以假乱真，抑或只是画饼充饥。

流　水[1]

江水，取去人远者[2]。扬子[3]南泠[4]，夹石渟渊[5]，特入首品[6]。河流通泉窦[7]者，必须汲置[8]，候其澄澈，亦可食。

【注释】

[1]　流水：流动的水，这里指江水河水。

[2]　去人远者：人迹罕至的。

[3]　扬子：指扬子江，长江的一段，在今江苏仪征、扬州一带，因扬子津及扬子县而得名。

[4]　南泠：南泠泉，又名中泠泉，位于江苏镇江金山寺外。泠，底本作"冷"，实应为"泠"。

[5]　夹石渟（tíng）渊：石间所涌出的泉水。夹，掺杂。渟，水积聚而不流动。

[6]　特入首品：特别归入上品之中。首品，上品。

[7]　泉窦：泉眼，泉水源头。

[8]　汲置：汲取放置。

【点评】

江水，和天泉、山泉、井水，均为饮茶可用之水。陆羽《茶经》中有江水仅次于山泉之说。苏轼曾作《汲江煎茶》一诗云："活水还须活火烹，自临钓石取深清。大瓢贮月归春瓮，小杓分江入夜瓶。茶雨已翻煎处脚，松风忽作泻时声。枯肠未易禁三碗，坐听荒城长短更。"可见在江边用江水烹茶，不仅能发茶香，还有一种雅趣。

文震亨所提及的扬子南泠，又名中泠泉，今时鲜为人知，古代却颇负盛名。它位于江苏镇江金山寺外的扬子江心，在湍急激流的曲折处，是长江中独一无二的泉眼。清代咸丰、同治年间，由于江沙堆积河道变迁，泉口处已变为金山的陆地。追本溯源，人们还是习惯将其归入江水之列。此水之色"绿如翡翠，浓似琼浆"，其味清香甘冽，细腻醇厚，用来煎茶，特别适宜。唐代名士刘伯刍曾评价说"扬子江南零水第一"，认为这是天下第一泉。宋末的文天祥饮后，曾赋诗一首云："扬子江心第一泉，南金来北铸文渊，男儿斩却楼兰首，闲品茶经拜羽仙。"也认为中泠泉是天下第一。持此观点的，还有明代田艺蘅，他在《煮泉小品》中也说："扬子，固江也。其南岭则夹石渟渊，特入首品。余尝试之，诚与山泉无异。"中泠泉的风头也算是一时无两。

不过，持不同的观点的大有人在。茶圣陆羽踏遍名山大川，曾将天下名水划为二十品，在他看来："庐山康王谷水帘水第一……扬子江南零水第七。"中泠泉品级与第一有很大的差距。只是古时的名水佳泉，或因年代久远而干涸，或因地质变迁而断流，即便曾经久负盛名，在会在历史长河中衰落，而即便是名士，身处的立场和看待问题的角度不同，得出的结论也会迥然有异，所以对于所谓的天下第一，清谈品鉴尚可，争论不休则毫无意义。

丹　泉 [1]

名山大川，仙翁修炼之处，水中有丹，其味异常，能延年却病，此自然 [2] 之丹液 [3]，不易得也。

【注释】

[１] 丹泉：传说中的仙泉，饮之不死。丹，丹药，仙丹。

[２] 自然：造化，自然界的创造者。

[３] 丹液：道教指长生不老之药。

【点评】

　　丹泉，在古书上有很多记载。《渊鉴类函》云："余杭大涤山有丹泉，其源自天柱而下，殷殷若雷声，至大涤洞西，乃出，有方池潴焉，天宇清明，则有赤光，四旁苔藓皆紫晕。"这是说丹泉所在之地有异象。《桂海虞衡志》云："民以墟中泉酿酒，既熟不煮，但埋土中，日足取出。色浅红，味甘而致远，暴日中而不坏。"这是说丹泉能使酒保鲜持久。《淮南子》云："凡四水者，帝之神泉，以和百药，以润万物。"这是说丹泉能够润泽万物。《抱朴子》云："昆仑及蓬莱，其上鸟兽饮玉泉，皆长生不死。"这是说丹泉有长生不死的功效。总之，在人们看来，丹泉是"自然之丹液"，人间之"仙泉"。文震亨追本溯源，认为丹泉的由来，是因道家真人修道炼气炼丹，使得水质有了脱胎换骨的变化。

　　不过，丹泉虽好，寻觅却极其艰难。李白就是此道的热衷者，他说："绿酒哂丹液，青娥凋素颜。"嘲笑诗人们只知道美酒的好处，却不知神仙丹药的妙处。又说："尚恐丹液迟，志愿不及申。"感叹理想未成，怕寻不到丹液，人生就要匆匆结束了。所以他几十年间到处去寻仙问道，甚至真做了道士，受符篆，烧丹鼎，希冀能够延寿成仙。胡衍诗云："元封旧事无人记，德寿仙游有客谈。痛饮丹泉卧玄石，松风满耳梦初酣。"饮丹液之时，逍遥忘忧，觉得梦都是香甜的。高似孙诗云："荫松柏兮牵丹泉，猿在上兮鹤在前……问山月兮今何年，月得道兮玄之玄。"饮丹液之时，已然不知不觉忘却了时间。然而，胡衍、高似孙所言，只是文人意趣的寄托，寻药炼丹之事本身终究是空虚渺茫的。

品　石[1]

石以灵璧为上，英石次之。然二种品甚贵，购之颇艰，大者尤不易得，高逾数尺者，便属奇品。小者可置几案间，色如漆、声如玉者，最佳。横石[2]，以蜡地[3]而峰峦峭拔[4]者为上。俗言灵璧无峰[5]、英石无坡[6]，以余所见，亦不尽然。他石纹片粗大，绝无曲折、屼峰[7]、森耸[8]、峻嶒[9]者。近更有以大块辰砂[10]、石青[11]、石绿[12]为砚山[13]、盆石[14]，最俗。

【注释】

[1]　品石：品评观赏奇石。

[2]　横石：放置石头。横，横陈。

[3]　蜡地：蜡黄色质地。

[4]　峰峦峭拔：山峦峻峭挺秀。峰峦，连绵的山峰。

[5]　灵璧无峰：灵璧石没有峭拔的地方。

[6]　英石无坡：英石没有平坦的地方。

[7]　屼峰：即峰屼，高耸之意，引申为奇特。屼，山光秃。峰，山高峻。

[8]　森耸：高耸。

[9]　峻嶒：高耸突兀。

[10]　辰砂：朱砂，以湖南辰州（今沅陵）所产最佳，故名。朱砂又称“丹砂”，为古代方士炼丹的主要原料，也可制作颜料、药剂。

[11]　石青：蓝色的矿物质，可做国画颜料。

［12］　石绿：孔雀石，可做国画颜料。

［13］　砚山：砚台的一种，利用山形之石，中凿为砚，砚附于山，故名。

［14］　盆石：此处非指盆景，而是置于盆中供清玩之石。

【点评】

园林中的用石，一类作铺路造桥、叠筑台阶等务实之用，另外一类或置于几案，或列入庭榭，纯粹用来赏玩。相对而言，前者是生活所必须，后者更接近文人的灵魂，故而深受推崇。一方面，是因石有苍、拙、灵、秀、瘦、透、漏、皱、丑、雄等特点，千奇百怪，变幻多姿，在清赏方面有无尽趣味；另一方面，是因石有坚、安、实、寿、静、朴等品质，盛行比德于物的古代，石向来用作比喻人品；还有一方面，是因多情的文人，向来有托物言志、寄情于物的传统，他们以石为师，以石为友，以石为志。所以陆游会说："花如解笑还多事，石不能言最可人。"

《南史·陶潜传》载有陶渊明卧石一事："先生弃官归，亦常往来庐山中，醉辄卧乱石上，其石至今有耳迹及吐酒痕焉。"造饮必醉，路卧乱石，风姿高蹈，令人景仰。唐代的牛僧孺和李德裕也不得不提。邵伯温《邵氏闻见后录》云："牛僧孺李德裕相仇，不同国也，其所好则每同。今洛阳公卿园圃中石，刻奇章者，僧孺故物；刻平泉者，德裕故物，相半也。"白居易曾说牛僧孺爱石是"待之如宾友，视之如圣哲，重之如宝玉，爱之如儿孙"，而李德裕，也是不遑多让。此二人虽是仇敌，在朝堂之外，若对一奇石，又同知己。宋代咏石最多的是苏东坡，他说："山无石不奇，水无石不清，园无石不秀，室无石不雅。赏石清心，赏石怡人，赏石益智，赏石陶情，赏石长寿。"将石提到极高的地位。

不过，古往今来，若论天下第一石痴，当推米芾，他对石头的喜爱，到了无以复加的地步。叶梦得《石林燕语》中说他做地方官时，曾见到一奇石，敛衣跪拜，还称呼石为"石丈"，朝野闻之，无不大笑。

米颠拜石

费衮的《梁溪漫志》中又记载了他的另一件奇事，说他在濡须时，听闻有怪石，马上就去赏玩，到了那里非常吃惊，令人把酒设席，说："我欲见石兄二十年矣。"不独古人绝倒，今人也是捧腹。有一年他在灵璧附近做官，获得丰富的藏石，一一品题把玩，终日不理政务，他的上司来视察，见此十分生气，出言训斥。对此，他倒是不慌不忙。李宗孔《宋稗类钞》中载："米径前以手于左袖取一石，其状嵌空玲珑，峰峦洞壑皆具，色极清润。米举石宛转示杨曰：'如此石安得不爱？'杨殊不顾，乃纳入左袖。又出一石，叠嶂层峦，奇巧又甚。又纳之左袖。最后出一石，尽天划神镂之巧。又顾杨曰：'如此石安得不爱？'"杨公也真是可爱，忽然说："非独公爱，我亦爱也！"居然将米芾手中美石夺走，径自登车，头也不回地走了，真是令人啼笑皆非。

关于奇石的品种，文震亨认为以灵璧、英石为佳，它们色如漆，声如玉，姿态奇绝，是置于几案的上上之品。此二石古已有之，宋代文人杜绾作《云林石谱》时颇为推崇。到宋徽宗时，他曾征收天下名石修建艮岳，其中自然也少不了如此佳物，只可惜劳民伤财，又毁于战火，实在令人慨叹。

灵 璧[1]

出凤阳府[2]宿州[3]灵璧县[4]，在深山沙土中，掘之乃见。有细白纹如玉，不起岩岫[5]。佳者如卧牛、蟠螭[6]，种种异状，真奇品也。

【注释】

[1] 灵璧：灵璧石，产于安徽灵璧磬云山，与英石、太湖石、昆山石并称"四大名石"。

[2] 凤阳府：今安徽凤阳，明朝时作为明中都，与明南都（今南京）明北都（今北京），并称明三都。

[3] 宿州：在安徽北部、新汴河以南，春秋时为宿国地域，唐置宿州，

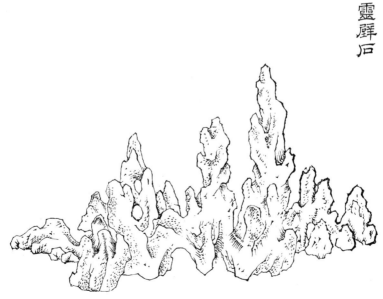

佳者如卧牛、蟠螭，种种异状，真奇品也

筑宿城。

[4] 灵璧县：今属安徽宿州，灵璧石的主产区。

[5] 岩岫：山洞，此处引申为孔眼之意。

[6] 蟠螭：盘曲的无角之龙，常用作器物的装饰。

【点评】

灵璧，"中国四大名石"之首。宋代杜绾的论石专著《云林石谱》将其列入天下第一，宋徽宗修筑艮岳，将其列入天下瑰奇特异名石的必征之首，其地位千百年从未动摇。该石质地细润，黑的如墨玉，白的如羊脂，兼有红、黄、青、蓝等色，令人目不暇接。其形，文震亨说有卧牛、盘龙等状，千奇百怪，美不胜收，确是奇品。

色、质、形之外，其声亦是一奇，以手叩灵璧石，声韵铿然，犹如金振玉鸣。《尚书》中载："泗滨浮磬。"屠隆《考槃馀事》中也说："有灵璧石色墨性坚者妙，悬之斋中，客有谈及人间事，击之以待清耳。"故而古人多用其做磬。

与灵璧交集最深的当属苏东坡。某一年，苏轼途经灵璧，专程拜会了老朋友张硕。在张氏的兰皋园中，他意外发现了一块如同麋鹿的灵璧石，心中喜爱，又不好意思开口，便主动画了一幅《丑石风竹图》相赠。张硕看出他的用意，便将石头赠予他。苏轼得到后，越看越是喜爱，自此一发不可收拾。后来多次造访兰皋园，以诗画换石。他还作《怪石传》一文，在米芾"皱、瘦、漏、透"的赏鉴基础上，提出了丑型之石的审美观。对此郑板桥评价说："一丑字则石之千态万状，皆从此出。"刘熙载也说："怪石以丑为美，丑到极处便是美到极处，一丑字中丘壑未易尽言也。"此论极大地丰富了赏石文化。

苏东坡在赏石、玩石、咏石、画石之余，还留下了一篇流传千古的《灵璧张氏园亭记》，其文曰："凡朝夕之奉，燕游之乐，不求而足。使其子孙开门而出仕，则跬步市朝之上；闭门而归隐，则俯仰山林之下。于以养生治性，行义求志，无适而不可。"文中借对张氏园亭的议论，表达自己养生治性、俯仰自得的人生观，说出了当时无数雅人的心声，也引起了后世无数韵士的共鸣。

英　石[1]

出英州[2]倒生岩下，以锯取之[3]，故底平起峰[4]，高有至三尺及寸余者，小斋之前，叠一小山，最为清贵[5]，然道远不易致[6]。

【注释】

[1] 英石：又名英德石，是广东英德山溪中所产的一种石头。

[2] 英州：今广东省清远市英德县。

[3] 以锯取之：从岩石上锯下来。

[4] 底平起峰：底部平坦，生出峰峦。

[5] 清贵：清雅可贵。

[6] 道远不易致：产地离此太远，不容易得到。

【点评】

英石，具有"透、漏、瘦、皱"四大特点，是"四大名石"之一。宋代杜绾《云林石谱》记载："英州含光、真阳县之间，石产溪水中，有数种……各有峰峦，嵌空穿眼，宛转相通。其质稍润，扣之微有声。又一种色白，四面峰峦耸拔，多棱角，稍莹彻，面面有光可鉴物，扣之无声。"明代计成《园冶》中的记载也基本相同，认为"可置几案，亦可点盆，亦

英石

叠一小山，最为清贵

可掇小景。"文震亨也认为是奇品，认为在小屋前用英石堆叠一座小假山最为清雅。

艺术皇帝宋徽宗也对英石珍爱有加。他修建艮岳时，曾用无数英石点缀布景，蔚为大观。后艮岳毁于战火，唯有一块名叫皱云峰的英石，历经辗转，留存于世。该石现存于西湖曲院风荷江南名石苑中，与玉玲珑、瑞云峰、冠云峰并称"江南四大名石"。其他三石均为太湖石，而皱云峰却是英石，其玲珑之态，可想而知。

真正令英石名垂于史的，是苏东坡与黄庭坚二人。东坡曾在扬州获得两块奇石，一白一碧，玲珑宛转，每日都要观赏一番。他曾梦见有人请他到一处名叫"仇池"的地方，想起了杜甫"万古仇池穴，潜通小有天"的诗句，又联想甘肃的仇池山陡峭奇绝，遂呼作"仇池石"，并作诗吟咏道："梦时良是觉时非，汲水埋盆故自痴。但见玉峰横太白，便从鸟道绝峨眉。秋风与作烟云意，晓日令涵草木姿。一点空明是何处，老人真欲住仇池。"此事被身为当朝驸马的好友王诜得知，以借观为名，巧取豪夺而去。东坡愤闷，要求他用《二马图》来交换，并写了数首讽喻诗，一时间闹得沸沸扬扬，最后以王诜理屈归还而告终。

另外一事，则是关于"壶中九华"的。东坡爱石成痴，贬谪英州途经湖口时，见到李正臣"玲珑宛转，若窗棂然"的九峰异石，想用百金买来给仇池石作伴，可此时朝廷先将他贬到惠州，又将他贬到琼州，便只能作罢。其后六年，徽宗大赦了他，他途经湖口想再购得"壶中九华"，却发现早被别人取走，留下了"尤物已随清梦断，真形犹在画图中"的慨叹。

而黄庭坚，也曾有过耗费万金从海外购得英石之事，对其喜爱可想而知。他与东坡亦师亦友，往昔同遭贬谪，到徽宗时才重新被起用，他从外地归京师途径湖口之时，见李正臣持东坡诗来，但石已不可复见，东坡也已溘然长逝了。于是，便只能将一腔情怀都倾注在诗中。其诗云："有人夜半持山去，顿觉浮岚暖翠空。试问安排华屋处，何如零落乱云中。能回赵璧人安在，已入南柯梦不通。赖有霜钟难席卷，袖椎来听响玲珑。"追忆之情，溢于言表，令人涕零。

太湖石[1]

石在水中者为贵，岁久为波涛冲击，皆成空石[2]，面面玲珑。在山上者名"旱石"[3]，枯而不润[4]，赝作弹窝[5]，若历年岁久，斧痕[6]已尽，亦为雅观。吴中所尚假山皆用此石。又有小石久沉湖中，渔人网得之，与灵璧、英石亦颇相类，第声不清响。

【注释】

[1] 太湖石：江苏太湖一带所产的石头，分水石和旱石两种，多窟窿和皱纹，园林中用以叠筑假山，点缀庭院。

[2] 空石：岩洞，引申为孔眼。

[3] 旱石：太湖石，分水石和旱石两种。在山上尽脱水痕的为旱石。

[4] 枯而不润：干枯不温润。

[5] 赝（yàn）作弹窝：人为地仿照天然太湖石开凿洞孔。弹窝，指岩石表面经水浪长期冲激形成的圆孔。

[6] 斧痕：人为的凿痕迹。

【点评】

太湖石，中国四大名石之一。宋代杜绾《云林石谱》载："平江府太湖石，产洞庭水中。性坚而润，有嵌空、穿眼、宛转、嵌怪势。一种色白，一种色青而黑，一种微青。其质，文理纵横，笼络隐起于石面，遍多坳坎，盖因风浪冲激而成，谓之'弹子窝'。扣之，微有声。"对其出处、质地、形态、色泽、品类、特点均有详细论述。其孔多质轻、玲珑剔透、纹理纵横、奇形怪状的特点，历来备受称道，赏玩之时，令人心旷神怡，神游物外。

文震亨对此颇为欣赏，认为在水中经波涛冲击，其形态玲珑奇秀，是最上品。在山中干枯不温润的，人工雕凿孔眼，年久日深，也有可观之处。这是观其形。唐代诗人白居易，赏玩之时，则是观其韵。他曾得到两块既丑且怪的石头，以其为伴，呼其为友。后罢官，得到五块太湖石，称"才高八九尺，势若千万寻""形质冠今古，气色通晴阴"。到暮年看淡世情隐居香山寺时，他还将这五块太湖石运来，说自己"弄石临溪坐，寻花绕泉行。时时闻鸟语，处处是泉声。"在《太湖石记》中，他介绍了自己得到太湖石的经过，并讲述品评太湖石的方法。在他看来，太湖石"三山五岳、百洞千壑，缥缈簇拥，尽在其中。百仞一拳，千里一瞬，坐而得之"，有无尽的妙处。他还认为石虽然"无文无声，无臭无味"，但如同故友所说，"苟适吾志，其用则多"。其适意之论，令人折服。

宋徽宗修筑艮岳，网罗天下奇珍异宝，千姿百态的太湖石即在其中。宋徽宗的清赏，和卫懿公"好鹤亡国"一样，不

太湖石

根蟠傾峭

吴中所尚假山皆用此石

可提倡。而那些太湖遗石散落四方，直到元明之时，才被人忆起，移植到园林之中。其中以三块最为著名，一为冠云峰，今在留园；一为玉玲珑，今在豫园；还有一块名为瑞云峰，在靖康之乱时遭弃湖中，明时湖州董家花了上千民工，用葱万余斤铺地运输，数日方才功成，后转入留园，乾隆年间又迁至织造署西花园，今在苏州第十中学内。三者姿态奇异，各有千秋，历经近千年，依然散发着独特的魅力，无声地诉说着那一段段历史。

尧峰石 [1]

近时始出，苔藓丛生，古朴可爱。以未经采凿，山中甚多，但不玲珑故耳。然政以不玲珑，故佳。

【注释】

[1] 尧峰石：出自苏州尧峰山上的石头，多用于园林观赏之用。尧峰山，在苏州西郊，因尧时人民避水登临而得名。

【点评】

尧峰石，又名黄石，石质坚硬，纹理古拙，棱角分明。计成《园冶》云："其质坚，不入斧凿，其文古挫。"文震亨说："近时始出，苔藓丛生，古朴可爱。"可知此石开采时间虽晚，但人们认为它相对于太湖石的阴柔，别有一种苍劲古朴之美。故而明季以来，在太湖石将要开采殆尽之时，它成为了新的造园用石，风靡于一时。

然而，采石造园的盛行，严重破坏了尧峰山的生态环境。明代文士赵宦光有感于此，联合冯梦龙、熊绍基以及文震亨的长兄文震孟等名流，在

尧峰山上建立"护石亭"，并刻上碑文："山以石为骨，去石而骨削，何以
山为？此山故多玲珑岩壑之美，而有妖妄之徒，挟秦王驱山之势，持斧而
睨视，人天共愤，能不重之护惜耶？"其语愤慨沉郁，兼劝诫之意，用心
良苦。然而很多人在利益的驱动下，无视这一护石之举，采石如故。直到
官府出面，情况才有所改变。近年来，有人在尧峰山发现"奉宪永禁采石"
的碑刻，当是彼时所刻。

昆山石[1]

出昆山[2]马鞍山[3]下，生于山中，掘之乃得，以色白者为贵。有
鸡骨片[4]、胡桃块[5]二种，然亦俗尚，非雅物也。间有高七八尺者，
置之古大石盆中，亦可。此山皆火石[6]，火气暖，故栽菖蒲等物于上，
最茂。惟不可置几案及盆盎中。

【注释】

[1] 昆山石：因产于苏州昆山而得名，天然多窍，色泽白如雪、黄似
玉，晶莹剔透，形状多样。

[2] 昆山：在江苏省东南部，地处上海与苏州市区之间，为昆曲的发
源地。

[3] 马鞍山：即玉峰山，在昆山市西北部，因形状如马鞍得名。

[4] 鸡骨片：昆山石中的精品，多洞，状若鸡骨，玲珑可爱，常见为白
色。今称"鸡骨石"。

[5] 胡桃块：昆山石中的一种珍品，今称"鸡骨石"。

[6] 火石：燧石，古时用以取火、制造玻璃的材料。

【点评】

昆山石，四大名石之一，色泽雪白晶莹，质地坚硬如玉，石上窍孔遍体，秀巧玲珑，变化多姿，不一而足。杜绾《云林石谱》载："其质磊魂……土人唯爱其色洁白，或栽植小木，或种溪荪于奇巧处，或置立器中，互相贵重以求售。"可见赏玩昆山石早在北宋就已蔚然成风。到明代时，文震亨说将七八尺高的昆山石，放置在大石盆中，并栽种菖蒲等物在上面，应当是流风遗韵。当嶙峋的岩孔中生出花叶后，会产生一种生机勃发之感，从中体味造化的神奇，大有意趣。只不过如此一来，这种大型的昆石确实如文氏所言"不可置几案及盆盎中"了，有人退而求其次，将尺许的昆石放在书斋中，旁边摆一盆花木，互相掩映，倒也差强人意。

文人雅士们在赏玩昆山石之时，也有吟咏。最有意趣的，可能要数元代的张雨。他一生不仕，不为五斗米折腰，与名士顾阿瑛诗酒唱和，在玉山雅集。顾阿瑛曾送给他一块昆山石，他得到美石后，诗兴大发，提笔写了一首《得昆山石》："昆丘尺璧惊人眼，眼底都无嵩华苍。隐若连环蜕仙骨，重于沉水辟寒香。孤根立雪依琴荐，小朵生云润笔床。与作先生怪石供，袖中东海若为藏。"对昆石赞赏不已，尤其是后四句，认为昆山石如同美玉，和古琴相得益彰，其超然之姿能招来天下云朵，当云朵润湿旁边的笔床之时，笔床上的凸起处，如同海外的仙山，飘飘然有凌云之意。他又作了另一首《云根石》："隐隐珠光出蚌胎，白云长护夜明台。直将瑞气穿龙洞，不比游尘污马嵬。岩下松株同不朽，月中鹤驾会频来，君看狠石英

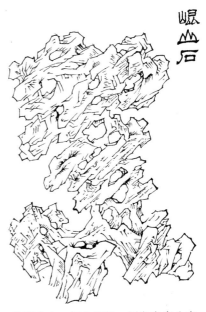

崐山石

生于山中，崛之乃得，以色白者为贵

雄坐，寂莫于今卧草莱。"将昆山石比作龙洞中的珍宝，和万年长青的松树以及翱翔月宫的仙鹤为侣，长存于天地之间。想必他在观赏昆山石时，心情好似遨游天地之间一样爽快。

锦川[1] 将乐[2] 羊肚[3]

石品中惟此三种最下，锦川尤恶。每见人家石假山，辄置数峰于上，不知何味？斧劈以大而顽[4]者为雅，若直立一片，亦最可厌。

【注释】

[1] 锦川：又名锦州石，产于辽宁锦州城西。石身有层层纹理和斑点，是园林常见观赏之石。

[2] 将乐：将乐石，产于福建三明将乐县城北郊石门岭一带。质坚硬，内部及表面依稀可见银色闪光点。

[3] 羊肚：羊肚石，质硬，松脆，多小孔。他本或作"采羊肚"。

[4] 顽：坚硬。

【点评】

锦川石、将乐石、羊肚石，均为点缀园林的常见石材。锦川石细长如笋，斑点密布，犹如松树皮，有古朴之感；将乐石白者如雪，黑者中带白斑，可供清赏，由于其材质温润，还可以作砚台；羊肚石，类似浮海石，是一种由火山喷发形成的岩石，质硬且松脆，断面粗糙有小孔，也可算奇石一种。

这三种石头，文震亨认为是石品中最低最贱的，其中锦川尤甚。不过和他几乎同时代的造园大师计成，却持不同的观点。计成《园冶·锦川石》云："斯石宜旧……旧者纹眼嵌空，色质清润，可以花间树下，插立可观。如理假山，犹类劈峰。"在计成看来，文氏所厌恶的锦川石，不仅可供清赏，还可以点缀庭园，是很有价值的一种造园石材。由此可见，雅与俗向来没有一定之规，不宜以自身的爱憎来强行论断。

土玛瑙[1]

出山东[2]兖州府[3]沂州[4]，花纹如玛瑙[5]，红多而细润者佳。有红丝石[6]，白地上有赤红纹。有竹叶玛瑙[7]，花班[8]与竹叶相类，故名。此俱可锯板[9]，嵌几榻屏风之类，非贵品也。石子五色，或大如拳，或小如豆，中有禽鱼、鸟兽、人物、方胜[10]、回纹之形，置青绿小盆，或宣窑[11]白盆内，班然可玩[12]，其价甚贵，亦不易得，然斋中不可多置。近见人家环列数盆，竟如贾肆。新都[13]人有名"醉石斋"者，闻其藏石甚富且奇。其地溪涧中，另有纯红纯绿者，亦可爱玩。

【注释】

[1] 土玛瑙：纹理似玛瑙的石头，产于山东临沂莒南，半透明，多呈灰、白、红三色。

[2] 山东：明代设立山东承宣布政使司，下辖六府十五州八十九县，地域包括今山东省和辽东半岛的一部分。

[3] 兖州府：明洪武十八年（公元1385年），兖州升为兖州府，领四州二十三县，包括今济宁、菏泽、泰安、枣庄、临沂等市所辖的三十

余县。

[4] 沂州：古州名，因沂河而得名。其范围包括今鲁南的临沂全部、枣庄东部，鲁中的沂源、新泰，还有鲁东南的日照全部，以及苏北一带。

[5] 玛瑙：玉髓类矿物的一种，品种多样，常见的为同心圆构造，色泽绚丽，可制器皿及装饰品。

[6] 红丝石：山东青州所产的砚石，石色赤黄，有红纹如丝。

中有禽鱼、鸟兽、人物、方胜、回纹之形

[7] 竹叶玛瑙：玛瑙的一种，多为黄色，中有竹叶纹理。

[8] 花班："班"通"斑"，指花纹。

[9] 锯板：疑为锯成薄板或薄片。

[10] 方胜：指两个菱形部分重叠相连而成的形状。

[11] 宣窑：即宣德窑，详见本书卷七"海论铜玉雕刻窑器"条中"宣窑"注释。

[12] 班然可玩：色彩斑斓，可供赏玩。

[13] 新都：一说是成都新都县，一说是指安徽徽州，较可信的说法为北京。明初，朱元璋将都城定在南京，并将其故乡凤阳府定为中都，靖难之役后，朱棣即位，将都城迁到北京，故有此说。

【点评】

土玛瑙，是一种纹理类似玛瑙的不透明石头。民国《临沂县志》中说它有胡桃纹、苔纹、云雾纹、缠丝等数种纹路，颜色有红、白、灰三种。清代蒲松龄《聊斋杂记》中说得更加具体："红多细润、不搭粗石者佳，胡桃花者佳，大云头及缠丝者次之，红白粗花又次之。可锯板，嵌桌面、床屏。"对其品类作了品评，并说明了具体用途。

文震亨提及的土玛瑙，有三种。其一是红丝石，该石质地细腻，色彩丰富，纹理多变，有一定观赏价值，适宜做砚台。杜绾《云林石谱》曾记载："青州益都县红丝石产土中，其质赤黄，红纹如刷丝，萦绕石面而稍软，扣之无声。琢为砚，颇发墨。唐林甫彦猷顷作《墨谱》，以此石为上品器。"只是，此石因唐宋时广泛开采，到宋末时已是难得一见了，如今存世的皆为珍品。其二是竹叶玛瑙，有人认为它就是玛瑙的一种，而非土玛瑙，它有竹叶的纹理，非常奇特，观赏价值也较高。

然而这两种石头，在文震亨看来还不算真正的名贵品种，只适宜镶嵌器具。他最推崇的是五色石。五彩石大者如拳，小者如豆，有花鸟、禽鱼、人物、方胜、回纹等多种纹路，较前二者，形态更佳。他认为将五色石放置在青绿小花盆或宣德窑白盆内，映衬之下，会使其色彩更加绚烂。不过他不提倡在书斋中多置，认为那样会显得杂乱，像商铺一样没有雅趣。此言有一定的道理，世间奇物贵精不贵多，而且书斋的空间本来就有限，一切以清简古雅为要，如此绚丽的石头，放置一盆即可。

大理石[1]

出滇中[2]，白若玉、黑若墨为贵。白微带青、黑微带灰者，皆下品。但得旧石[3]，天成山水云烟[4]，如米家山[5]，此为无上佳品。古人以箱[6]屏风，近始作几榻，终为非古。近京口[7]一种，与大理相似，但花色不清，石药[8]填之为山云泉石[9]，亦可得高价。然真伪亦易辨，真者更以旧为贵。

【注释】

[1] 大理石：大理岩的通称，有黑、灰、褐等色的花纹，有光泽，剖面可以形成一幅天然的水墨山水画，古代常用来做画屏和建筑、雕刻材料。

[2] 滇中：滇为云南的古称，滇中地区包括现在的昆明、曲靖、玉溪、红河、大理、楚雄和丽江等地。

[3] 旧石：老料的大理石。

[4] 天成山水云烟：天然形成像山水云烟一样的画面。

[5] 米家山：宋代米芾、米友仁父子所画山水，不求工细，但云烟连绵、林木掩映，疏秀脱俗，别具一格，世称"米家山"。

[6] 箱：古同"镶"，作"镶嵌"解。

[7] 京口：古城名，在今江苏镇江。

[8] 石药：矿物类药物，魏晋至唐，上层人士多喜服用。

[9] 山云泉石：指像山云泉石一样的画面。

【点评】

大理石，是一种带有自然纹路的石头，云南大理所产驰名中外。其中上等佳品，因花纹变幻多姿，气质端庄肃穆，质感光滑细腻，常作插屏、座屏、挂屏以及桌椅嵌饰之用。元代的皇宫中就有陈设。

真正令大理石名声大噪的是石画。大理石虽以"白若玉、黑若墨为贵"，但它的纹理或如山水楼阁，或如草木虫鱼，或如风云星辰，俨然一幅天然的图画。亲到滇南的徐霞客推崇大理石道："块块皆奇，俱绝妙著色山水，危峰断壑，飞瀑随云。雪崖映水，层叠远近，笔笔灵异，云皆能

宋　刘松年《十八学士图》
中用大理石镶嵌的桌面

活，水如有声，不特五色灿然而已。"他甚至认为："造物之愈出愈奇，从此丹青一家，皆为俗笔，而画苑可废矣。"文震亨本人最为欣赏的，就是天然形成山水云烟，犹如米家山水的石画，他甚至说它是"无上佳品"，可见其喜爱之深。不过他不太喜欢用大理石做插屏、几榻，认为非古，大概是认为那种做法不能尽物之性吧。

永　石[1]

　　即祁阳[2]石，出楚中[3]。石不坚，色好者有山水、日月、人物之象。紫花者稍胜，然多是刀刮成，非自然者，以手摸之，凹凸者可验[4]。大者以制屏，亦雅。

【注释】

[1]　永石：即祁阳石，石质不甚坚，温润细腻，多呈紫红色，可用于制

作砚台、屏风。

[2]　祁阳：在今湖南永州东北部、湘江中游。

[3]　楚中：泛指楚地，今湖北、湖南、河南、安徽、江苏、浙江、江西
　　　　和四川一带。

[4]　凹凸者可验：可以感受到表面凹凸不平。验，效验，效果。

【点评】

　　永石，又名祁阳石。文震亨认为它质地虽不甚坚，但色彩丰富，纹理
变幻，可用其制作石雕、屏风、玩件，或镶嵌在器物之上，颇为风雅。

　　永石中另有一类，文震亨未曾提到，它匀净细腻，温润如玉，可做砚
台。《湖南通志》云："祁阳出砚石，以绿色为佳。肌理莹彻，云委波襄。
以示几案，可并点苍所产。"《祁阳县志》亦载："石产邑之东隅，工人采
择，取其石之有纹者，随其石之大小，凿锯成板，彩质黑文如云烟状，俗
称花石板，以镶器皿亦颇不俗。无纹者有紫、绿两种，可以为砚。"可见
此石一度被看作砚石佳品，有一定影响力。

石不坚，色好者有山水、日月、人物之象

历史上有两件事让祁阳砚名声大噪。一件与乾隆有关。清代时，祁阳籍官员陈大受，曾将一方通体紫色，中间夹有青绿石纹的砚台，进献给乾隆皇帝，乾隆认为此砚如同"紫袍玉带"，非常符合自己的身份，而且有"紫气东来"的寓意，十分高兴，便将其列入贡品。另一件，是米芾索砚。当时宋徽宗雅好米芾书法，经常找他进宫写字。有一次米芾写完字后，目光迟迟不离徽宗的御用祁阳石砚，越看越是喜欢，便说："这砚台是御用之物，臣用过后就玷污了，不如干脆赏赐给臣吧。"徽宗虽然不舍，但还是忍痛割爱。米芾乐不可支，又担心徽宗后悔，揣着砚台就跑，当时砚台上还留着墨汁，弄得他满身墨迹淋漓，天下人传为笑谈。其痴态，也真是可爱。

卷四

禽鱼

文震亨《唐人诗意图册》册页四

禽 鱼[1]

语鸟[2]拂阁[3]以低飞，游鱼排荇[4]而径度[5]，幽人会心[6]，辄令竟日[7]忘倦。顾[8]声音颜色[9]、饮啄态度[10]，远而巢居穴处，眠沙泳浦，戏广浮深[11]，近而穿屋[12]、贺厦[13]、知岁[14]、司晨[15]、啼春[16]、噪晚[17]者，品类不可胜纪[18]。丹林绿水，岂令凡俗之品，阑入[19]其中。故必疏[20]其雅洁，可供清玩者数种，令童子爱养饵饲，得其性情，庶几[21]驯鸟雀，狎凫鱼，亦山林之经济[22]也。志《禽鱼》第四。

【注释】

[1] 禽鱼：禽鸟和游鱼。

[2] 语鸟：指鸟鸣，引申为啼叫的鸟。

[3] 拂阁：掠过楼阁。拂，掠过，轻轻擦过或飘动。

[4] 排荇（xìng）：穿过水藻。排，推开，穿过。荇，多年生草本植物，叶略呈圆形，浮在水面，根生水底，夏天开黄花。

[5] 径度：径直渡过，有畅游之意。

[6] 会心：情意相合，知心。

[7] 竟日：终日，整天。

[8] 顾：视，看，有品赏、品鉴之意。

[9] 声音颜色：禽鱼发出的声音及其身上的色泽。

[10] 饮啄态度：饮水啄食时的神情姿态。

[11] 巢居穴处，眠沙泳浦，戏广浮深：或在巢穴栖息，或在沙上睡眠，

或在水里嬉戏，或沉或浮，姿态各异。眠沙，在沙上睡眠。唐·李商隐《题鹅》："眠沙卧水自成群，曲岸残阳极浦云。"泳，游泳。浦，指池、塘、江河等水面。戏广，指到处嬉戏。浮深，指沉浮状态各异。

［12］穿屋：原指穿过房屋，此处指雀鸟。文震亨当是化用《诗经·行露》中的"谁谓雀无角，何以穿我屋"。

［13］贺厦：燕雀。汉·刘安《淮南子》："大厦成，而燕雀相贺，忧乐别也。"后以"贺燕"用作祝贺新居落成的套语，以"贺厦"指代燕雀。

［14］知岁：鹊鸟。汉·许慎《说文解字》："鹊，知太岁所在。"

［15］司晨：谓雄鸡报晓，此处指雄鸡。《尸子》卷下："使星司夜，月司时，犹使鸡司晨也。"

［16］啼春：黄莺。《礼记》有"仲春之月，始雨水，桃始华，仓庚鸣"，《禽经》上说仓庚即黄莺，一说啼春为杜鹃鸟。文中当指前者。

［17］噪晚：乌鸦。宋·石孝友《鹧鸪天》(一别音尘两杳然)："惊秋远雁横斜字，噪晚哀蝉断续弦。"

［18］不可胜纪：不能逐一记述，言其极多。

［19］阑入：泛指无凭证许可而擅自进入不应进去的地方。此处为掺杂之意。

［20］疏：分布，制备，选择。

［21］庶几：差不多，近似，作"如此"解。

［22］经济：现代多指财力及社会生产关系，古代指经世济民及治国才干，此处为学识、技艺之意。唐·袁郊《陶岘》："岘之文学，可以经济。"

【点评】

卷四论禽鱼，文震亨说"语鸟拂阁以低飞，游鱼排荇而径度"，其意

迎来精力不如初日到中时便罢书此外更无消遣事且从池上一观鱼

卬池渔父画

观鱼，令人生濠濮间想

态之美能令幽人会心忘倦，可供清玩，故而"驯鸟雀，狎凫鱼"，是隐居山林的重要技艺。

禽鱼何止是令人忘倦呢？其声使人心旷，其形使人神怡，其色使人悦目，其动使人欢欣，它们的存在，使得园中充满了勃勃的生气。相对而言，室庐再精雅，花木再清幽，水石再淡泊，也无法带来如此生动的灵韵。《世说新语》中载："简文帝入华林园，顾谓左右曰：会心处不必在远，翳然林水，便自有濠濮间想也，觉鸟兽禽鱼自来亲人。"鸟兽禽鱼比室庐、花木、水石多了一种令人亲近之感，让人心生爱意。因此，幽人韵士们多与禽鱼交际，发生故事。

《后汉书·隐逸列传》有严子陵富春隐居之事，说他"披羊裘钓泽中"，光武帝刘秀再三邀请，都不肯出仕，后来刘秀亲顾，他仍然以古代隐者自比，终其一生，隐居富春江畔，以飞鸟禽鱼为伴。其钓鱼处，被后世称之为钓鱼台。严子陵自比巢父、许由，漱石枕流，顺其本真，不为世俗所羁绊，其千古高风，令人敬仰。其后，无数幽人韵士皆受影响，对禽鱼寄托了很多情思。

王维在《山中与裴秀才迪书》中说："当待春中，草木蔓发，春山可望，轻鯈出水，白鸥矫翼，露湿青皋，麦陇朝雊"，描绘了一幅山居景象，说其中有深趣，非"天机清妙者"不能明白，写的是草木禽鱼，但表达的是淡泊从容之意。

吴均在《与朱元思书》中道："水皆缥碧，千丈见底，游鱼细石，直视无碍……好鸟相鸣，嘤嘤成韵……"还说"鸢飞戾天者，望峰息心；经纶世务者，窥谷忘反"。这就像张志和《渔歌子》中的"青箬笠，绿蓑衣，斜风细雨不须归"一般闲适安宁，禽鱼令他们尘虑顿消，忘怀忧愁。

禽鱼怡然自乐、逍遥自在、清洁孤高的意态神情，可助人修身养性、寄托志趣、标榜人格。以其入景之后，见素抱朴、隐逸山林、淡泊从容、闲适安宁、逍遥自得、天人合一之境，也能有了依托。因此，园林中便常以禽鱼来造景。沧浪亭中的观鱼处，艺圃中的浴鸥池，留园中的鹤所等，皆是其中典范。人们在山水楼台间闻着花香，听着鸟语，看着鱼游，感受动静，自有一种"万物静观皆自得，四时佳兴与人同"之感，既启游兴，又引入悟道。

鹤[1]

华亭鹤窠村[2]所出，具体高俊[3]，绿足龟文[4]，最为可爱。江陵[5]鹤津[6]、维扬[7]俱有之。相鹤但取标格奇俊[8]，唳声清亮[9]，颈欲细而长，足欲瘦而节[10]，身欲人立[11]，背欲直削[12]。蓄之者当筑广台，或高冈土垅之上，居以茅庵，邻以池沼，饲以鱼谷。欲教以舞，俟其饥，置食于空野[13]，使童子拊掌顿足[14]以诱之。习[15]之既熟，一闻拊掌，即便起舞，谓之食化[16]。空林别墅[17]，白石青松[18]，惟此君最宜。其余羽族[19]，俱未入品。

【注释】

[1] 鹤：鸟类的一种，叫声特别嘹亮，外形如鹭，全身白色或灰色，脚部色青，颈部修长，膝粗指细，生活在水边，吃鱼、昆虫或植物。在古代被称为"仙禽"。

[2] 华亭鹤窠村：华亭，又名华亭谷，在今上海松江西。其东郊有地名鹤窠。

[3] 具体高俊：体态高大俊秀。

[4] 绿足龟文：青绿色的脚上有龟壳般的花纹。

[5] 江陵：今湖北荆州，楚国国都"郢"即此地。南临长江，北依汉水，西控巴蜀，南通湘粤，古称"七省通衢"，从春秋战国到五代十国，先后有三十四位帝王在此建都。

[6] 鹤津：应为鹤泽。南朝宋·刘义庆《世说新语》："晋羊祜镇荆州，于江陵泽中得鹤，教其舞动，以乐宾友。"后即称江陵泽为"鹤泽"。

［7］ 维扬：扬州的别称。《尚书》中有"淮海惟扬州"，"惟"古通"维"，后世截取二字以为名。

［8］ 标格奇俊：风度杰出。标格，风范，风度。奇俊，杰出的人物，引申为杰出。

［9］ 唳声清亮：叫声清远嘹亮。唳，鹤鸣，汉·王充《论衡》："夜及半而鹤唳，晨将旦而鸡鸣。"

［10］ 节：高峻的样子。

［11］ 人立：如人直立之状。

［12］ 直削：直挺削拔。

［13］ 空野：旷野。

［14］ 拊掌顿足：拍手跺脚。

［15］ 习：教习，训练。晋·葛洪《抱朴子》："畜牲可习之以进退。"

［16］ 食化：通过用食物饲养的办法来驯化。

［17］ 空林别墅：此处作"旷野山居"解。

［18］ 白石青松：此处作"松间岩下"解。

［19］ 羽族：指鸟类。

【点评】

鹤，白身朱冠，颈足修长，身耸而正，体轻善飞，常栖息于沙洲山林之间，是"羽族之宗长，仙人之骐骥"。《诗经》云："鹤鸣于九皋，声闻于天。"杜牧《别鹤》诗道："声断碧云外，影孤明月中。"其潇洒幽闲之形，其清亮辽远之音，其清净出尘之态，有不食人间烟火的绝俗之概。故而幽人韵士常在园中蓄养点缀，如苏州的鹤园，无锡寄畅园的鹤步滩，北京圆明园中的双鹤斋，都是借此营造与世无争、高古绝尘的仙境氛围。

文震亨作为名门子弟，能欣赏鹤高俊秀丽的体态，清远嘹亮的鸣音，清绝出尘的气质，还说要筑高台，建茅屋，凿池沼让其栖息，识见颇丰。

只可惜他用"食化"这种方式来驯养教习，有损动物本性，就令人不敢苟同了。宋人林洪在《山家清事》中说："鹤不难相，人必清于鹤，而后可以相鹤矣……养以屋，必近水竹；给以料，必备鱼稻。蓄以笼，饲以熟食，则尘浊而乏精采，岂鹤俗也，人俗之耳……又则闻拊掌而必起，此食化也，岂若仙家和气自然之感召哉？"这种修身修心，以自然之气来感召的办法，比文震亨高雅得多，也更能尽物之性。清人李渔又道："种鱼养鹤，二事不可兼行，利此则害彼也。"此说可作养鹤参考，因为鹤鸣会惊扰池鱼。

真正因养鹤而闻名于世的文人，还得数林逋。他是宋初高士，不入仕途，在孤山种梅放鹤终老一生，世人称之为"梅妻鹤子"。沈括《梦溪笔谈》载："林逋隐居杭州孤山，常畜两鹤，纵之则飞入云霄，盘旋久之，复入笼中。逋常泛小艇，游西湖诸寺。有客至逋所居，则一童子出应门，延客坐，为开笼纵鹤。良久，逋必棹小船而归。盖尝以鹤飞为验也。"清雅之中，有孤高傲世的隐逸风韵。

在林逋之前，有仙人乘黄鹤之事广为流传。传说在夏口黄鹤楼头，曾有一名叫子安的仙人乘黄鹤飞升，一去不复返，只留下黄鹤楼在人世历经沧桑。唐代诗人崔颢路过之时听闻此事，写诗感叹道："昔人已乘黄鹤去，此地空余黄鹤楼。黄鹤一去不复返，白云千

仙人骑鹤

载空悠悠。晴川历历汉阳树，芳草萋萋鹦鹉洲。日暮乡关何处是？烟波江上使人愁。"后来李白到此，发出了"眼前有景道不得，崔颢题诗在上头"之叹。

关于鹤，还有玩物丧志一事。春秋时代的卫懿公，痴迷养鹤，给它造豪华庄园，封它为将军元帅，用军粮当它的饲料，出门携它相随，上朝带它作伴，不理朝政，不问民情，朝野怨声载道，最后落得个身死国灭的下场。此事应为镜鉴，玩物尚志，方是幽人所为。

鸂　鶒[1]

鸂鶒能敕水[2]，故水族[3]不能害。蓄之者宜于广池巨浸，十百为群[4]，翠毛朱喙[5]，灿然水中。他如乌喙白鸭[6]，亦可蓄一二，以代鹅群，曲栏垂柳之下，游泳可玩。

【注释】

[1] 鸂鶒（xī chì）：亦作"鸂鶒"，水鸟名。形体比鸳鸯大，紫色，好并游，俗称紫鸳鸯。

[2] 敕（chì）水：道教中的一种修炼法术，用以祷告神灵，荡除邪秽，消灾免难。宋·彭乘《墨客挥犀》："鸂鶒能敕水，故水宿而物莫能害。

[3] 水族：水生动物的统称。

[4] 十百为群：指成群结队。

[5] 翠毛朱喙：绿毛红嘴。喙，指鸟嘴。

[6] 乌喙白鸭：乌嘴白羽鸭。

【点评】

　　鸂鶒，翠毛朱喙，形态优美，据说它会一种道家的敕水之术，能够除去对人体有害的水虫，故而唐代以来，常常被豢养在园林中，以供赏玩。文震亨说蓄养此物，应建起广阔的池塘，让其成群结队在水中游玩。但若园林本身占地面积不大，蓄养如此多的生物，就类似市肆，毫无雅趣了。

　　五代王仁裕《开元天宝遗事》载："五月五日，明皇避暑游兴庆池，与妃子昼寝于水殿中。宫嫔辈凭栏倚槛，争看雌雄二鸂鶒戏于水中。帝时拥贵妃于绡帐内，谓宫嫔曰：'尔等爱水中鸂鶒，争如我被底鸳鸯？'"宋代罗愿的《尔雅翼》道："黄赤五彩者，首有缨者，皆鸂鶒耳。然鸂鶒亦鸳鸯之类，其色多紫。"明代李时珍《本草纲目》载："其游于溪也，左雄右雌，群伍不乱，似有式度者，故《说文》又作溪鶒。其形大于鸳鸯，而色多紫，亦好并游，故谓之紫鸳鸯也。"由此可知，鸂鶒和鸳鸯并非一物，只是长得特别像而已。

　　此物，宋代以前不乏诗人吟咏。杜甫诗云："无数蜻蜓齐上下，一双鸂鶒对沉浮。东行万里堪乘兴，须向山阴上小舟。"李德裕诗云："清泚双鸂鶒，前年海上雏。今来恋洲屿，思若在江湖。"毛文锡诗："春水满塘生，鸂鶒还相趁。昨夜雨霏霏，临明寒一阵。"或豪放，或惆怅，或清寂，寄托了他们复杂的情思。

　　宋代以后，关于鸂鶒的记录已是屈指可数了，到明清时更是少有人提。这大概有两个原因：其一，鸂鶒长得和五彩鸳鸯太像了，名字又太难读，人们把两者混为一谈了；其二，由于气候等或其他原因，

元　张中《枯荷鸂鶒图》

鸂鶒的数量渐渐减少，几近灭绝，已经很难找到了。文震亨虽有提及，但关于鸂鶒的描述只有"翠毛朱喙"四字，可能并未亲眼见过，或者是把鸳鸯误作鸂鶒了。而明清家具常用的鸂鶒木，虽然冠以鸂鶒之名，但和鸂鶒并没有直接的关系，只是纹理略似。

鹦 鹉[1]

鹦鹉能言，然须教以小诗[2]及韵语[3]，不可令闻市井鄙俚[4]之谈，聒然盈耳[5]。铜架食缸，俱须精巧。然此鸟及锦鸡[6]、孔雀、倒挂[7]、吐绶[8]诸种，皆断为闺阁中物，非幽人所需也。

【注释】

[1] 鹦鹉：鸟名，头圆，上嘴大，呈钩状，下嘴短小，舌大而软，毛色美丽，有白、赤、黄、绿等色，能学人语。

[2] 小诗：即兴式的短诗，表现刹那间的情绪和感触，寄寓哲思。

[3] 韵语：指合韵律的文词，特指诗词。

[4] 市井鄙俚：街头巷尾粗俗的言语。

[5] 聒然盈耳：嘈杂的声音充满耳内。聒然，声音吵闹，使人厌烦。

[6] 锦鸡：鸟的一种，形状与雉相似，雄鸡头上有金色的冠毛，颈橙黄色，背暗绿色，杂有紫色，尾巴很长，雌鸡羽毛暗褐色，多饲养来供玩赏。前蜀·韦庄《望远行》："谢家庭树锦鸡鸣，残月落边城。"

[7] 倒挂：鸟名，又名倒挂子、倒挂雀，似鹦鹉，体小。

[8] 吐绶：即避株鸟，今人常误作火鸡。火鸡由墨西哥首先驯化为家禽，在十六世纪传入欧洲，传入中国的时间更晚。而中国古籍对吐

绶早有记载。唐·段成式《酉阳杂俎》："吐绶鸟，鱼复县南山有鸟大如鸲鹆，羽色多黑，杂以黄白，头颊似雉，有时吐物长数寸，丹采彪炳，形色类绶，因名为吐绶鸟。又食必蓄嗉，臆前大如斗，虑触其嗉，行每远草木，故一名避株鸟。"

【点评】

鹦鹉，喙呈勾状，羽富华彩，体态玲珑，性情聪慧，再加上能通灵，善于模仿人语，很为人喜爱。古人蓄养时，如文震亨所言，教授的都是一些诗词韵文。倘若从它的口中吐出污言秽语，那可真是大煞风景了。

在传说中，此鸟颇讲义气。刘义庆《宣验记》中曾记载了鹦鹉灭火之事，说有只鹦鹉飞到一山中，山中禽兽对它非常爱护，但因为是过客，终究还是走了。数月后，遥遥望见山中大火，便入水沾羽飞去灭火。天神说它这是杯水车薪。但是鹦鹉认为曾居山中，那些禽兽待它如兄弟，所以势在必为。天神感动，便帮忙灭了火。鹦鹉的高义，也为世所赞叹。

在古代，有鹦鹉破案一事为人称道。唐玄宗时期，长安城中杨崇义妻刘氏与邻人李氏私通，两人合谋杀死了杨崇义，将尸体藏在枯井里。当时天色已晚，并无一人知晓，再加上杨氏贼喊捉

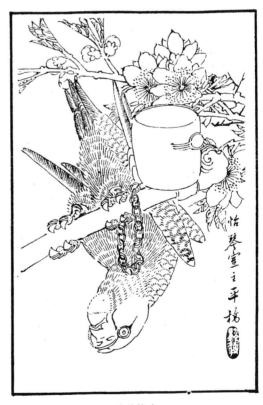

鹦鹉能言

贼，主动报官寻人，官府多日无法破案。一日衙役到杨崇义家中查探，架上鹦鹉忽然道："杀家主者，刘与李也。"一拷问，果真如此，才知原来一切都被鹦鹉瞧了个正着。玄宗听闻后，大觉有趣，把它养在宫中，封为"绿衣使者"。

在古代与鹦鹉渊源最深的，还得数汉末祢衡的《鹦鹉赋》。祢衡才华横溢，想为汉献帝尽忠，数度羞辱曹操，曹操借刀杀人，把他遣送给刘表，刘表因他恃才傲物，也不能容忍，又将他遣送给黄祖。黄祖开始时很尊重他，一次宴请宾客时，有人送来一只鹦鹉，就请他作赋。祢衡援笔立就，一气呵成，写了一篇流传千古的《鹦鹉赋》。赋中说鹦鹉不仅美丽，而且品德高尚，可以与凤凰媲美，接着他话锋一转，说木秀于林风必摧之，鹦鹉不为世容，几经辗转，随时有刀斧加身的危险，难以高飞。最后说自己的处境和鹦鹉类似，如果能真正被人欣赏任用，必当鞠躬尽瘁死而后已。只可惜，后来祢衡和黄祖发生了言语冲突，还是被黄祖杀害了，年仅二十六岁。如此遭遇，千秋之下，岂止祢衡一人，"晴川历历汉阳树，芳草萋萋鹦鹉洲"，后世之人到其地，思其人，感伤不已。

鹦鹉本应是幽人韵士的知音之鸟，后来却成为了文震亨口中的闺阁之物。追本溯源，其一大概是因为鹦鹉能言，颇为聪慧，可以当一个倾听者；其二，也许是明清以来，礼教对女子们的束缚极大，闺中寂寞，需要一个倾诉的出口，故而古代女子们，都习惯鹦鹉倾诉心事。这样久而久之，人们对鹦鹉的印象也就改变了。所以吟咏鹦鹉的诗词，如冯延巳的"玉钩鸾柱调鹦鹉，宛转留春语"，如韦庄的"惆怅玉笼鹦鹉，单栖无伴侣"，如朱庆馀"含情欲说宫中事，鹦鹉前头不敢言"，其事其情虽然不同，但都有一种闺中幽寂的味道。幽人之致和闺阁之思毕竟是不同的，文震亨不养鹦鹉，也在情理之中。

百舌^[1]　画眉^[2]　鸲鹆^[3]

饲养驯熟，绵蛮软语^[4]，百种杂出^[5]，俱极可听，然亦非幽斋所宜。或于曲廊之下，雕笼画槛，点缀景色则可，吴中最尚此鸟。余谓有禽癖^[6]者，当觅茂林高树，听其自然弄声^[7]，尤觉可爱。更有小鸟名"黄头"^[8]，好斗，形既不雅，尤属无谓。

【注释】

[1] 百舌：即百舌鸟，喙尖，毛色黑黄相杂，善鸣，能效百鸟之声。

[2] 画眉：即画眉鸟，因眼圈白色向后延伸呈蛾眉状，故名画眉，鸣声婉转悦耳。

[3] 鸲鹆（qú yù）：即鸲鹆，俗称八哥。

[4] 绵蛮软语：婉转温软的叫声。绵蛮，小鸟，文中指鸟鸣。《诗经·绵蛮》："绵蛮黄鸟，止于丘阿。"

[5] 百种杂出：有数百种之多。

[6] 禽癖：养飞禽的癖好。

[7] 弄（lòng）声：啼鸣。弄，玩耍，游戏。

[8] 黄头：鸟名，体似麻雀，羽色黄润，趾爪刚强，善斗。

【点评】

百舌、画眉、鸲鹆这三种鸟，都是善鸣之鸟，又各有千秋。百舌，能效百鸟之音，但有些喋喋不休，如文与可诗云："就中百舌最无谓，满口学尽众鸟声。"所以用以比喻为长舌。鸲鹆，模仿人声的本领仅次于鹦鹉，

发出的声音杂乱无章，久听无味。然而它的目光非常锐利，神态也显睥睨，有一种文人式的狷狂孤高，故颇受欢迎。如宋画中的《秋树鹦鸲图》，元代王渊的《鹦鸲梅雀图》，如明末八大山人的《枝上鹦鸲图》，都是画家以丹青言志的典范。

这三种鸟中，最受欢迎的是画眉。百舌、鹦鸲色泽灰黑，不太美观，画眉鸟的羽毛却是

宋　赵佶《鸲鸲图》（局部）

或青，或黄，或棕，多姿多彩。最关键的是它的声音非常悦耳。张潮在《画眉笔谈》题辞中说："鸟语之佳者，当以画眉为第一。"欧阳修的"百啭千声随意移，山花红紫树高低"，王叔承的"隔枝幽鸟响笙簧，一断清音一举觞"，都将其婉转悠扬的鸣声描绘的十分传神。另外，画眉的名字，相传是它们见西施画眉徘徊不去时，西施感叹它们声色之美点景立意而取，极具诗意。

文震亨认为这三种鸟的声音都非常好听，可以养在曲廊、画槛间点缀景色。他还说如果想要真正欣赏其鸣声之美，"当觅茂林高树，听其自然弄声"，符合其一贯提倡的自然之美，没有像食化教鹤那样失当。清初李渔对园林中禽鸟的安置也是别具匠心，他请名家在厅堂四壁上凿成画框，绘上烟云，安上着色的花树，将画眉、鹦鹉置于虬枝老干之上，以禽鸟声

色化成天然图画，真是巧夺天工。

朱 鱼[1]

朱鱼独盛吴中，以色如辰州朱砂，故名。此种最宜盆蓄[2]，有红而带黄色者，仅可点缀陂池[3]。

【注释】

[1] 朱鱼：多指红色金鱼。金鱼是世界著名的观赏鱼种，身姿奇异，有红、橙、紫、蓝、墨、银白、五花等颜色，以红色为主。

[2] 盆蓄：蓄养在盆中。

[3] 陂（bēi）池：蓄水池，池沼，池塘。

【点评】

朱鱼，即红色金鱼，形态优美，色彩绚丽，在水中嬉戏的神态十分动人。古人有"旁城微雨踏花过，五色文鱼戏绿波""散如万点流星迸，聚似三春濯锦舒"等诗句赞美它。

此物在唐之前只有零星记载，唐之后逐渐有了集中蓄养。南宋时，宋高宗曾在宫中建"金鱼池"，收集各式金鱼，一时间王公贵族纷纷效仿。元代时，奢侈无度的太平王燕帖木儿，也非常喜欢金鱼。他在宅第中建了一座水晶亭，亭子四壁完全镂空，放入色彩斑斓的金鱼，用绸缎剪彩为花撒在水上，里面还放置了琥珀做的栏杆，镶嵌各种奇珍异宝，红白掩映，玲珑剔透，光华夺目，极尽奢靡。明代时，养鱼之风已经深入寻常百姓家，从文震亨的言语中可得知，当时盛行盆养之风。至清代时，人们在盆养的基础上，发展出一种瓶养之法，将金鱼放在瓶中喂养，置于室内，以供雅玩。总之，千百年来，无论文人雅士、达官贵人、平民百姓，对金鱼都十分喜爱。

真正爱鱼之人养鱼，另得一番雅趣。清代的拙园老人在《虫鱼雅集》中说："鱼乃闲静幽雅之物，养之不独清目，兼可清心。观其游泳浮跃，可悟活泼之机，可生澄清之念。"在他看来，鱼是生活中的良伴，可以清心悦目，使人怡情忘忧。后来，他想起了苏东坡《赤壁赋》中的"侣鱼虾而友麋鹿"之句，干脆自号"侣虫鱼叟"。真是诗人风致。明代的张谦德在《朱砂鱼谱》中说："余性冲澹，无他嗜好，独喜汲清泉养朱砂鱼。时时观其出没之趣，每至会心处，竟日忘倦。惠施得庄周非鱼不知鱼之乐，岂知言哉。"他在养鱼观鱼的时候，想到庄周、惠施在濠梁之上辩论知不知鱼乐之事，以此来体悟大道，有哲人风范。

朱鱼独盛吴中

鱼　类[1]

　　初尚纯红[2]、纯白[3]，继尚金盔[4]、金鞍[5]、锦被[6]，及印头红[7]、裹头红[8]、连腮红[9]、首尾红[10]、鹤顶红[11]，继又尚墨眼[12]、雪眼[13]、朱眼[14]、紫眼[15]、玛瑙眼[16]、琥珀眼[17]。金管[18]、银管[19]，时尚极以为贵。又有堆金砌玉[20]、落花流水[21]、莲台八瓣[22]、隔断红尘[23]、玉带围[24]、梅花片[25]、波浪纹[26]、七星纹[27]，种种变态[28]，难以尽述，然亦随意定名，无定式也。

【注释】

[1]　鱼类：本条写的是各种金鱼品种。

[2]　纯红：纯红品种的金鱼。

[3]　纯白：纯白品种的金鱼。

[4]　金盔：金鱼的一种，白身，头顶有红朱王字。

[5]　金鞍：金鱼的一种，首尾俱白，腰围呈金带状。

[6]　锦被：金鱼的一种，背部红白花纹交错如锦。

[7]　印头红：金鱼的一种，头顶上有朱砂，如同印章。

[8]　裹头红：金鱼的一种，头顶上都是红色。

[9]　连腮红：金鱼的一种，白身，头部连身为红色。

[10]　首尾红：金鱼的一种，首尾颜色都通红。

[11]　鹤顶红：金鱼的一种，白身，头顶有一方红色。

[12]　墨眼：金鱼的一种，眼球突出眼眶外，有墨色红纹。

[13]　雪眼：金鱼的一种，眼睛呈白色。

〔14〕 朱眼：金鱼的一种，眼睛呈红色。

〔15〕 紫眼：金鱼的一种，眼睛呈紫色。

〔16〕 玛瑙眼：金鱼的一种，眼睛呈玛瑙色。

〔17〕 琥珀眼：金鱼的一种，眼睛呈琥珀色。

〔18〕 金管：金鱼的一种，尾巴是金色的。管，尾巴。

〔19〕 银管：金鱼的一种，尾巴是银色的。

〔20〕 堆金砌玉：金鱼的一种，色纯白，背部有朱砂红连成一线。

〔21〕 落花流水：金鱼的一种，满身红色，形如落花。

〔22〕 莲台八瓣：金鱼的一种，白身，头顶有多瓣花纹。

〔23〕 隔断红尘：金鱼的一种，明·张谦德《朱砂鱼谱》："半身朱砂，半身白者；或一面朱砂一面白，作天地分者。"

〔24〕 玉带围：金鱼的一种，明·张谦德《朱砂鱼谱》："首尾俱朱，腰围玉带者。"

〔25〕 梅花片：金鱼的一种，明·张谦德《朱砂鱼谱》："白身，头顶红梅花；或红身，头顶白梅花者。"

〔26〕 波浪纹：金鱼的一种，明·张谦德《朱砂鱼谱》："有满身白色，朱纹间之；亦有满身朱砂，白色间之，作波浪者。"

〔27〕 七星纹：金鱼的一种，明·张谦德《朱砂鱼谱》："有满身纯白，背点朱砂；亦有满身朱砂，白色间之，作七星纹者。"

〔28〕 变态：即变种，某些动物在个体发育过程中形态会产生变化。

【点评】

金鱼，原是鲫鱼的变种，由于国人十分喜爱，有意识地进行池养、缸养、盆养、瓶养，它的变种也就越来越多了。

明代的张谦德创作了中国第一部金鱼百科全书——《朱砂鱼谱》，将各种金鱼依据花纹颜色和眼睛颜色归类。其后，晚明名士屠隆也感叹为金鱼作谱者不多，在《考槃馀事》中特意留出了"鱼鹤笺"一章，不过大体不脱张谦德的范畴。文震亨对各种鱼如数家珍，并指出不同时代的风尚，但最后只说了一句"随意定名"，并未表达什么观点，大概是因为虽爱赏玩但终究不是此道行家。至清代时，关于金鱼的分类较前代完善。到今天，金鱼的分类几乎已完善备至了。

养鱼数百年，前人在分类之外，也总结了许多相鱼的法

清《金鱼图谱》中的金鱼，尚兆山绘

门，以供选择上等佳品。《朱砂鱼谱》曰："朱砂鱼之美，不特尚其色，其尾、其花纹、其身材，亦与凡鱼不同也。身不论长短，必肥壮丰美者方入格，或清癯或纤瘦者俱不快鉴家目。"句曲山农《金鱼图谱》云："大抵相鱼之法，凡矩嘴、方头、尾长、身软、眼如铜铃、背如龙脊，皆佳种也。鱼色驳杂不纯者，名花鱼，俗目为癞鱼，不甚珍之，不知神品皆出于此，其变幻不可量。"清人宝五峰《金鱼饲育法》道："总以身粗而匀，尾大而正，睛齐而称，体正而圆，口团而阔，要其于水中起落游动稳重平正，无俯仰奔窜之状，令观者神闲意静，乃为上品。"给后人留下了宝贵的经验。

蓝鱼[1]　白鱼[2]

　　蓝如翠[3]，白如雪[4]，迫[5]而视之，肠胃俱见，此即朱鱼别种[6]，亦贵甚。

【注释】

[1]　蓝鱼：金鱼变种，鱼鳞透明者称为水晶蓝。

[2]　白鱼：金鱼变种，现在称为玻璃鱼，鱼鳞透明，可见肠胃。

[3]　蓝如翠：蓝鱼色蓝如翠羽。

[4]　白如雪：白鱼色白如雪花。

[5]　迫：逼近，接近，引申为凑近。

[6]　别种：同一种族的分支，即变种。

【点评】

　　造化神奇，世间万物都是千姿百态。金鱼也是如此。它们的身体有红、橙、紫、墨等多种色泽，尾巴有三尾、五尾、七尾、九尾等多样形态，眼睛有黑眼、雪眼、硃眼、紫眼等多类样式。不止如此，文震亨还提到蓝鱼、白鱼这两种，鱼鳞透明，可见肠胃，更为神奇。

　　此事在今时，已经有了科学解释。陈桢《金鱼的家化和变异》一书中，曾对蓝鱼、白鱼有一段科学的解释："蓝鱼、水晶鱼只是一种透明鱼种的纲别变异，透明是这种鱼的普通特性，纯白、葱白、翡翠蓝……在现在这种鱼叫做'五花'。"作为现代人，我们应当了解科学依据，但也不必一笔抹杀古人的朴素观点。

鱼 尾[1]

自二尾以至九尾，皆有之，第美钟于尾，身材未必佳。盖鱼身必洪纤合度[2]，骨肉停匀[3]，花色鲜明，方入格[4]。

【注释】

［1］ 鱼尾：鱼的尾巴，寻常鱼只有二尾，金鱼有多尾。

［2］ 洪纤合度：大小合适。洪纤，大小，巨细。

［3］ 骨肉停匀：身体均匀。骨肉，指身体。停匀，均匀，匀称。

［4］ 入格：在规定的品级以内，即入品、入流。宋·沈括《梦溪笔谈》："筌恶其轧已，言其画粗恶不入格，罢之。"

【点评】

鱼尾，是金鱼身上美丽所钟之地，一动起来，如轻纱摇曳，长裙飘逸，煞是好看。关于如何品鉴，蒋在雝《朱鱼谱》中说："凡尾要大厚，分出上下丫叉样者，又要平直端正，上下均齐，不偏不侧，不上不下，尾根要装得端正，斯为两页尾。"清代宝五峰《金鱼饲育法》中观点类似，也说："总以身粗而匀，尾大而正……观者神闲意静，乃为上品。"看来鱼尾以"大厚"为佳，是古人的共同观点，大概具备这个条件，金鱼才劲力十足，摆尾嬉戏不至于无精打采。

金鱼在游戏之时，常常会因一些情况，突然从水底跳起来，古人称之为"惊鳞泼剌"，长时间的细致观察之下，竟然体悟到艺术相通之理。譬如古琴中，有一弹奏的指法名为"泼剌"，大要为：名、中、食

遊魚潑尾勢

興日雷雨作解。揚濤奮沫。魚將變化。掉尾潑剌。爰比興以取象。駢兩指而飄瞥。

右手食中指

潑剌譜作㨾二指雙出絃潑

明　谢琳《太古琴音》中的"游鱼泼尾势"

三指并拢，俱屈其根、中二节，使食指尖稍出于中指、中指尖稍出于名指，略作斜势，以指甲尖向外刺出或收回，然后三指一齐挺直。明代谢琳的琴谱《太古遗音》，将"泼剌"名为"游鱼泼尾势"，曰："雷雨作解，扬涛奋沫；鱼将变化，掉尾泼剌；爰比兴以取象，骈两指而飘瞥。"大道同源，古人定是在观看游鱼摆尾的时候，领悟了"泼剌"的指法。

明人张谦德《朱砂鱼谱》云："鱼尾皆二，独朱砂鱼右三尾者、五尾者、七尾者、九尾者，凡鱼所无也。"文震亨对此类鱼尾也能欣赏，但他认为鱼尾奇异，则鱼的身材一定不好，不如身体均匀、色彩绚美为佳。这不是简单的论述鱼尾，而是借此阐述一种自然、中正、和谐的审美。

观　鱼[1]

　　宜早起，日未出时，不论陂池、盆盎、鱼皆荡漾于清泉碧沼之间。又宜凉天夜月、倒影插波[2]，时时惊鳞泼剌[3]，耳目为醒[4]。至如微风披拂，琮琮成韵[5]，雨过新涨[6]，縠纹皱绿[7]，皆观鱼之佳境也。

【注释】

[1]　观鱼：观察赏玩游鱼。

[2]　倒影插波：月亮倒映水中。倒影，物体倒映于水中，此处指月光。插波，穿入水中。唐·李世民《临洛水诗》："水花翻照树，堤兰到插波。"

[3]　惊鳞泼剌：鱼儿不时穿梭腾跃。详见上条点评。

[4]　耳目为醒：令人耳目清醒，引申为赏心悦目。

[5]　琮琮（cóng）成韵：流水淙淙，声韵动听。琮琮，象声词，同"淙淙"，指流水声。

[6]　新涨：刚刚涨起来。新，刚刚。唐·王维《山居秋暝》："空山新雨后，天气晚来秋。"

[7]　縠（hú）纹皱绿：绿波细纹。縠为有皱纹的纱，縠纹指水波细纹。

【点评】

　　古人爱好风雅，观鱼乃一项乐事。

　　如何观鱼？其一，察其形态。大小是否合度，颜色是否绚美，体态是否匀称，气度是否雍容，游动时是否潇洒飘逸，也就是鱼本身之美。清人

红蓼依青嶂
翠尾映残阳自肉攸坚
起飞尼水而攸
春文谦

观鱼

宝五峰《金鱼饲育法》中总结得好："总以身粗而匀，尾大而正，睛齐而称，体正而圆，口团而阔，要其于水中起落游动稳重平正，无俯仰奔窜之状，令观者神闲意静，乃为上品。"

其二，赏其情境。金鱼在不同的情境下，各有细致幽微的意态。文震亨认为观鱼宜早起、宜月夜、宜微风、宜细雨，推崇日、月、风、雨四种不同的情境。在他之前，张谦德在《朱砂鱼谱》中描写得更加形象："宜早起，阳谷初生，霞锦未散，荡漾于清泉碧藻之间，若武陵落英点点，扑人眉睫；宜月夜，圆魄当天，倒影插波，时时尺鳞拨剌，自觉目境为醒；宜微风，为披为拂，琮琮成韵，游鱼出听，致极可人；宜细雨，蒙蒙霏霏，保波成纹，且飞且跃，竟吸天浆，观者逗弗肯去。"此言令人心醉，置身其境，必然乐趣无穷。高濂《遵生八笺》中，还提到一个隐士之园："有竹万竿，乔木盖屋，西有绕翠堂，东有芦轩。轩前有一大池，绿杨垂压，桃李间枝，池内有朱鱼数万，名为锦鳞池。至春日晴明，鱼游戏水，五色斑烂，名鱼万状。"营造这种情境，自然也是观鱼妙法。艺圃的乳鱼亭，沧浪亭的观鱼处，豫园的鱼乐榭，都是典范。

其三，悟其精神。这已经不限金鱼了。

古人观鱼之时，人对着鱼，鱼对着人，瞬间都忘了彼此的存在，不知何是鱼，何是人，人与鱼与天地万物，忽然和谐地融为了一体。这种境界是何其玄妙，是近乎道了，所以古人才会想到用双鱼图来作大道的诠释吧。

吸 水[1]

盆中换水一两日，即底积垢腻，宜用湘竹一段，作吸水筒吸去之。倘过时不吸，色便不鲜美。故佳鱼，池中断不可蓄。

【注释】

[1] 吸水：吸去缸底的污水和沉淀物。

【点评】

俗话说："养鱼先养水。"朱鱼生活在盆中缸中，虽然形态美观，但也需要时时照料，水质的好坏即是其中关键。好的水质，能使朱鱼身体健康，色泽艳丽，意态从容，坏水则使其黯淡无光，甚至丧命。故而养鱼之水不得不慎重。

只是水用久了，难免会腐坏，吸水和清底就非常关键。关于清底，《虫鱼雅集》道："清底之器，或彻子，或提壶均可。必须清蚤，将盆底鱼粪、沉下泥土及剩下死虫，皆要提净。若稍晚，经日一晒，则浮上水面，不得收什，且防死虫易于伤坏好水。若水一臭，鱼大有损。故养鱼必须起早，先掀蓬，后清底，再饲新食，鱼自妥然无伤且得养也。"关于吸水，《朱砂鱼谱》云："换水一两日后，底积垢腻，宜用湘竹一段作吸水筒，时时吸去之，庶无尘俗气。倘若时不吸，色便不鲜美，故吸垢之法尤为枢要焉。或曰投田螺两三枚，收其垢腻亦可。"文震亨的看法与其类似。众说均可作为参考。

此外，前人们还总结了换水的时机和宜忌。《金鱼饲育法》云："凡换水，必先备水一缸晒之，晒两三日乃可入鱼。鱼最忌新冷水也。水频换，则鱼褪色。"《朱砂鱼谱》中说："海换水需早起，须盥手，须缓缓用碗提取，勿迫以手。迫则伤其鳞鬣，鳞鬣伤，鱼则日渐就毙，纵不毙亦乏天趣，而生意不舒矣，慎之慎之。"清人句曲山农的《金鱼图谱》中说："凡缸畜者，夏秋暑热时须隔日一换水，则鱼不郁蒸而易大。若天欲雨，则缸底水热而有秽气，鱼必浮出水面换气急，宜换水；或鱼翻白及水泛，水更宜频换，迟换则鱼伤。"这些宝贵经验，已经历代检验，确是金玉良言。

水　缸 [1]

有古铜缸，大可容二石 [2]，青绿四裹 [3]，古人不知何用 [4]，当是穴中注油点灯之物，今取以蓄鱼，最古。其次以五色内府、官窑、瓷州 [5] 所烧纯白者，亦可用。惟不可用宜兴 [6] 所烧花缸，及七石、牛腿诸俗式。余所以列此者，实以备清玩一种，若必按图而索 [7]，亦为板俗 [8]。

【注释】

[1]　水缸：养金鱼贮水之缸。

[2]　石：计算容量的单位，十合为一升，十升为一斗，十斗为一石。

[3]　青绿四裹：四周被铜绿覆盖。青绿，铜器自然氧化后所形成的铜绿。

[4]　古人不知何用：倒装句式，即"不知古人何用"。

[5] 瓷州：今河北磁县观台镇一带，因瓷器闻名天下，故又称瓷州。文中指瓷州窑，瓷州窑建于宋代，品种繁多，以白地黑花（属釉下彩装饰）为主要特征。

[6] 宜兴：古称荆邑、阳羡，在江苏无锡西南部，邻接浙江、安徽两省，是紫砂壶的原产地。

[7] 按图而索：即按图索骥，比喻拘泥成法办事。

[8] 板俗：呆板庸俗，指不知变通。

【点评】

从古至今，养金鱼的方式，经历了池养、盆养、缸养、瓶养的演变。文震亨所处的晚明时期，盛行的是盆养和缸养之风。明人张谦德很推崇缸养，他在《朱砂鱼谱》中说："蓄类贵广，而选择贵精，须每年夏间市取数千头，分数缸饲养，逐日去其不佳者，百存一二，加作两三缸蓄之，加意培养，自然奇品悉备。"文震亨在"朱鱼"条中提到盆养，但只是一笔带过，而此条却单独论水缸，可见在他心中，缸养的效果和趣味要胜过盆养。

张谦德在《朱砂鱼谱》中详细论述了鱼缸材质的优劣："大凡蓄朱砂鱼缸，以磁州所烧白者为第一，杭州、宜兴所烧者亦可用，终是色泽不佳。余常见好事者家用一古铜缸蓄鱼数头，其大可容二石，制极古朴，青绿四裹。古人不知何用，今取以蓄朱砂鱼亦似所得。"这是较为精到的论述。文震亨的观点，与张谦德有所出入，认为有古铜缸最佳，其次是五色内府窑缸、官窑缸、瓷州窑缸，并提出诸多宜忌，也可作为一种参考。另外，文震亨最后说不必按图索骥，在境界上较张谦德更胜一筹。

历代论缸养最为细致的，还得数清代句曲山农的《金鱼图谱》。关于水缸形制和养鱼数量的多少，他说："缸宜底尖口大者，埋其底于土中。一缸只可畜五六尾，鱼少则食，可常继，易大而肥。"关于新旧鱼缸的使用方法，他道："凡新缸未蓄水时，擦以生芋，则注水后便生苔而水活，且性不燥，不致损鱼之鳞翅。若用古缸则宜时时去苔，苔多则减鱼色。"关于鱼缸养护的时令宜忌，他又说："初春缸宜向阳，入夏半阴半阳，立秋后随处安置，冬月将缸斜埋于向阳之地，夜以草覆缸口俾严寒。时常有一二指薄冰，则鱼过岁无疾。"诚哉斯言！如此用心养鱼，鱼岂有不生动活泼之理？

卷五 书画

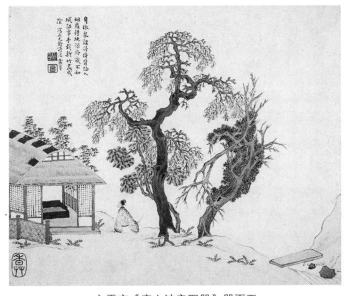

文震亨《唐人诗意图册》册页五

书　画[1]

　　金生于山，珠产于渊，取之不穷，犹为天下所珍惜，况书画[2]在宇宙[3]岁月既久，名人艺士不能复生，可不珍秘宝爱[4]？一入俗子之手，动见劳辱[5]，卷舒失所[6]，操揉燥裂[7]，真书画之厄也。故有收藏而未能识鉴[8]，识鉴而不善阅玩[9]，阅玩而不能装褫[10]，装褫而不能铨次[11]，皆非能真蓄书画者。又蓄聚既多，妍蚩混杂[12]，甲乙次第，毫不可讹。若使真赝并陈，新旧错出，如入贾胡肆[13]中，有何趣味！所藏必有晋、唐、宋、元名迹，乃称博古[14]；若徒取近代纸墨，较量[15]真伪，心无真赏[16]，以耳为目[17]，手执卷轴，口论贵贱，真恶道也。志《书画》第五。

【注释】

[1] 书画：书法和绘画艺术，也指书帖和画卷。

[2] 书画：底本作"图画"，误。

[3] 宇宙：指天地之间。

[4] 珍秘宝爱：珍藏爱惜。

[5] 动见劳辱：动辄随意取置乱翻。劳辱，劳苦之事，书画的劳辱即乱取乱翻。

[6] 卷舒失所：打开和卷合方法失当。

[7] 操揉燥裂：揉搓破裂。操，执持，拿着。燥裂，干裂，开裂。

[8] 识鉴：原指见地和鉴别人才的能力，此处指书画的识别和鉴定。

[9] 阅玩：观看玩赏。

［10］　装裰（chǐ）：装裱古籍或书画。裰，解下。明·夏文彦《图绘宝
　　　　鉴》："古画不脱，不须背襟……故绍兴装裰古画，不许重洗，亦不
　　　　许裁剪过多。"

［11］　铨（quán）次：编排次序，此处指分别等次、等级。

［12］　妍蚩（chī）混杂：指良莠不齐、优劣混杂。妍，美。蚩，恶。

［13］　贾（gǔ）胡肆：胡人开的书画铺子。贾，古指商人。

［14］　博古：通晓古代的事情。博，渊博，知道得多。

［15］　较量：考核验证，即考量。

［16］　心无真赏：心中没有真正品味欣赏。真赏，会心的欣赏。宋·范仲
　　　　淹《与谏院郭舍人书》："又嘉江山满前，风月有旧，真赏之际，使
　　　　人愉然。"

［17］　以耳为目：仅凭道听途说，人云亦云。清·梁章钜《归田琐记·陈
　　　　说》："俗人以耳为目，自古已然矣。"

【点评】

　　卷五论书画，文震亨对名家书画极其珍爱，他赞赏能收藏、识鉴、阅
玩、装裰、铨次且能爱护书画之人，认为这是"心有真赏"，对俗世中不
知真伪、卷舒失当、只论价钱的丑态，充满了不屑和鄙夷。

　　书画里有什么呢？诗文中有志趣情操，书法中有格调精神，绘画中
有灵魂境界，款识中有历史渊源，钤印中有名家见证，收藏中有奇闻轶
事，纸绢中有文化传承，赏鉴中有幽玄之理，装潢中有精微之道，书画
凝结了创作者的心血，汇聚了赏玩者的精神。再加上创作者一旦离世，
所有的作品都将成为绝响，而承载书画所用的纸张绢帛又容易腐烂破
碎，怎能令人不格外爱惜？这些都是文震亨的心声。

　　在园林中，书画也有妙用。

　　一为陈设装饰。书法，在园林中常用于匾额、楹联、碑刻、诗条石、

明　谢环《杏园雅集图》(局部)

景致题名上，门廊、亭榭、堂轩间皆有；画作则悬挂在书斋、厅堂等室庐中，这般布置，使园林充满文化气息，穿堂入室间，不至于觉得单调枯燥。

　　一为取意造境。中国园林，空间布置为形，诗情画意为神，将画境融入造园之中，依虚实、主次等画理来布局，把室庐、花木、水石、禽鱼等有机结合在一起，便能形成一幅天然画面。造园大师计成在《园冶》中说："结茅竹里，浚一派之长源；障锦山屏，列千寻之耸翠，虽由人作，宛自天开。刹宇隐环窗，仿佛片图小李；岩峦堆劈石，参差半壁大痴。萧寺可以卜邻，梵音到耳；远峰偏宜借景，秀色堪餐。紫气青霞，鹤声送来枕上；白苹红蓼，鸥盟同结矶边……"这是一幅绝美的景致，人在其中游，如在画图中。

论　书[1]

　　观古法书[2]，当澄心定虑[3]，先观用笔结体[4]，精神照应[5]；次观人为天巧[6]、自然强作[7]；次考古今跋尾[8]，相传来历[9]；次辨收藏印识[10]、纸色[11]、绢素[12]。或得结构[13]而不得锋铓[14]者，模本[15]也；得笔意[16]而不得位置[17]者，临本[18]也；笔势不联属[19]，字形如算子[20]者，集书[21]也；形迹虽存[22]，而真彩神气索然[23]者，双钩[24]也。又古人用墨，无论燥润[25]肥瘦[26]，俱透入纸素，后人伪作，墨浮[27]而易辨。

【注释】

[1] 论书：论述书法。

[2] 法书：可作典范的名家书法作品。唐·张彦远《法书要录》序："彦远家传法书名画，自高祖河东公收藏珍秘。"

[3] 澄心定虑：心静神定。澄心，静心。虑，思想，意念。

[4] 用笔结体：字的笔法与结构。用笔，指书法中提、按、顿、挫、转、折等运笔技巧。结体，指汉字书写的笔画结构。明·祝允明《评书》："盖师法古而结体密，源流远而意象深，乃为法书。"

[5] 精神照应：精神整体呼应。精神，实质，要旨，事物的精微所在。宋·王安石《读史》："糟粕所传非粹美，丹青难写是精神。"

[6] 人为天巧：人为的或自然的。天巧，不假雕饰，自然工巧。

[7] 自然强作：自然或勉强。

[8] 跋（bá）尾：指文末署名。

[9] 相传来历：书画的源流、传承，以及相关的故事。

[10] 收藏印识（zhì）：历代藏者印章题字。印识，印记，书画中指印章和题字。

[11] 纸色：纸张成色。

[12] 绢素：未曾染色的白绢。

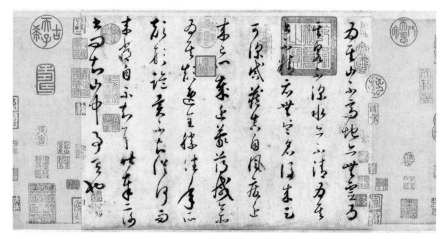

唐 怀素《论书帖》

［13］　结构：指诗文书画等各部分的搭配和排列。晋·卫夫人《笔阵图》："结构圆备如篆法，飘飏洒落如章草。"

［14］　锋铓：指书画的笔锋，铓与"芒"意同。宋·陆游《老学庵笔记》："汉隶岁久，风雨剥蚀，故其字无复锋铓。"

［15］　模本：即摹本，指按原本摹写或翻刻的书画等。摹写，是在字帖上蒙一张半透明纸描笔画。

［16］　笔意：指书画或诗文所表现的意态情致。《新唐书·魏徵传》："叔瑜善草隶，以笔意传其子华及甥薛稷。"

［17］　不得位置：位置不当。

［18］　临本：指临写出来的书画复制本。临写，是对着字帖，在另外的地方按照字帖字的笔画书写。

［19］　笔势不联属：笔势不连贯。笔势，书画文章的意态和气势。《晋书·王羲之传》："论者称其笔势，以为飘若浮云，矫若惊龙。"联属，连接，连贯。

［20］　字形如算子：字形如算珠。算子，算盘上的算珠。

［21］　集书：集合古碑帖字而成的书法作品。如名帖《大唐三藏圣教序》，

集的就是王羲之的字。

[22] 形迹虽存：虽然形似。形迹，遗迹，指书法的形态。

[23] 真彩神气索然：精神气韵却毫不存在。真彩，本质。神气，风格气韵。宋·姜夔《续书谱》："大抵下笔之际尽仿古人，则少神气。"

[24] 双钩：摹写的一种方法，用线条钩出所摹的字笔画的四周，构成空心笔画的字体。宋·姜夔《续书谱》："双钩之法，须得墨晕不出字外，或廓填其内，或朱其背，正得肥瘦之本体。"

[25] 燥润：特指书写时，字是干涩还是润泽。

[26] 肥瘦：特指字体笔画的肥壮与瘦劲。宋·黄庭坚《又跋兰亭》："摹写或失之肥瘦，亦自成妍，要各存之以心会其妙处尔。"

[27] 墨浮：笔墨漂浮，即没有力透纸背。

【点评】

　　本则，文震亨论述的是如何欣赏书法作品，并提出辨别摹本、临本、集书、双钩、伪作的方法。

　　自古以来，国人就对此道极为看重。早在周代，就有了"礼、乐、射、御、书、数"六艺，书法是修身的一条标准。历唐至清，书法也常常作为开科取士的一项考核项目，因书法好坏影响仕途者不计其数。数千年间，书法从甲骨文到金文、籀文、小篆、隶、草、楷、行诸体，不断完善。丰子恺说："中国艺术，成就最高的乃在书法。"此言不虚！

　　书法艺术中有几点最值得玩味。其一是字如其人。南朝袁昂《古今书评》云："王右军书如谢家子弟，纵复不端正者，爽爽有一种风气。"以象喻的手法勾勒书家的心灵。清代周星莲《临池管见》中也说："欧阳父子险劲秀拔，鹰隼摩空，英俊之气咄咄逼人。李太白书新鲜秀活，呼吸清淑，摆脱尘凡，飘飘手有仙气。"清代刘熙载《艺概·书概》中总结为："笔性墨情，皆经其人之性情为本，是则理性情者，书之首务也。"中国书法，不仅可表意，还可以从中看出一个人的意志、情趣、追求、品性、修养，非其他小道可比。

其二是书者心画。书法是作者心境的展现和情绪的流露。蔡邕《笔论》曰："书者，散也。欲书先散怀抱，任情恣性，然后书之。"王羲之《论书》云："须得书意转深，点画之间皆有意，自有言所不尽。"这两句话对后世影响极大。譬如天下第一行书《兰亭集序》，是王羲之在兰亭修禊、曲水流觞时援笔立就的，当时自己也十分得意。事后曾重写了几遍，都达不到当初的境界，不禁感叹："此神助耳，何吾能力致。"这是当时情境使然。又如颜真卿，在安史之乱中痛悼侄子时，写了天下第二行书《祭侄稿》，全帖笔势涌若奔潮，一泻千里，而且常常写至枯笔，其悲愤激烈之情跃然纸上。再如天下第三行书《黄州寒食诗帖》，是乌台诗案后，苏轼被贬黄州时所作，很多少年人看后只觉得丑。但不美之帖，实是苏东坡对于人生的另一种审视。

其三是大道同源。孙过庭《书谱》云："初学分布，但求平正，既知平正，务追险绝，既能险绝，复归平正。初谓未及，中则过之，后乃通会，通会之际，人书俱老。"苏轼《与侄书》道："凡文字，少小时须令气象峥嵘，采色绚烂。渐老渐熟，乃造平淡。"书与文都有人书俱老之境，可见书文同理。草圣张旭，在观看公孙大娘舞剑器，被"来如雷霆收震怒，罢如江海凝清光"的景象所震撼，从中悟到了用笔之道，练就了笔走龙蛇、惊电疾雨般的绝世书法，可见书剑同源。蔡邕《笔论》云："为书之体，须入其形，若坐若行，若飞若动，若往若来，若卧若起，若愁若喜，若虫食木叶，若利剑长戈，若强弓硬矢，若水火，若云雾，若日月，纵横有可象者，方得谓之书矣。"以草木竹石、日月星辰等入书，可见书法与宇宙万物同根同源，能融为一体。

论　画[1]

　　山水[2]第一，竹、树、兰、石[3]次之，人物、鸟兽、楼殿、屋木[4]小者次之，大者[5]又次之。人物顾盼语言[6]，花果迎风带露[7]，鸟兽虫鱼精神逼真[8]，山水林泉清闲幽旷[9]，屋庐深邃[10]，桥彴往来[11]，石老而润[12]，水淡而明[13]，山势崔嵬[14]，泉流洒落[15]，云烟出没[16]，野径迂回[17]，松偃龙蛇[18]，竹藏风雨[19]，山脚入水澄清[20]，水源来历分晓[21]，有此数端，虽不知名，定是妙手[22]。若人物如尸如塑[23]，花果类粉捏雕刻[24]，虫鱼鸟兽但取皮毛[25]，山水林泉布置迫塞[26]，楼阁[27]模糊错杂，桥彴强作断形[28]，径无夷险[29]，路无出入[30]，石止一面[31]，树少四枝，或高大不称[32]，或远近不分，或浓淡失宜，点染无法[33]，或山脚无水面，水源无来历，虽有名款[34]，定是俗笔[35]，为后人填写。至于临摹赝手[36]，落墨设色[37]，自然不古，不难辨也。

【注释】

[1]　论画：论述绘画之道。

[2]　山水：山水画，中国画画科之一，以山川自然景色为主体。山水画在魏晋六朝时出现，但当时多作为人物画的背景。至隋唐，已有不少独立的山水画作品。五代、两宋的山水画益趋成熟，名家众多。元代山水画趋向写意，以虚带实，侧重笔墨神韵，开创新风。明清及近代，续有发展，亦出新貌。山水画主要有青绿、金碧、没骨、浅绛、水墨等形式，先有设色，后有水墨，在艺术表现上讲究经营

元　黄公望《富春山居图》(局部)

位置和表达意境。

[3]　竹、树、兰、石：竹子、树木、兰花、石头相关的绘画。

[4]　人物、鸟兽、楼殿、屋木：人物、鸟兽、楼阁、屋木相关的绘画。
人物，即人物画，以人物形象为主体，出现较山水画、花鸟画等更
早，大体分为道释画、仕女画、肖像画、风俗画、历史故事画等。
人物画力求逼真传神、气韵生动、形神兼备。东晋顾恺之的《洛神
赋图》，五代南唐顾闳中的《韩熙载夜宴图》等，是其中典范。

[5]　大者：大幅的绘画。上文中的"小者"，即为小幅的绘画。

[6]　顾盼语言：形容人物形象生动。顾盼，指画中人物似乎向四周看来
看去。语言，指似乎能听到画中人物说话。

[7]　迎风带露：随风扶摇，含珠带露。

[8]　精神逼真：栩栩如生。精神，风采神韵。

[9]　清闲幽旷：清静闲雅，幽深旷远。

[10]　屋庐深邃：室庐幽深。

[11]　桥彴（zhuó）往来：小桥往来。桥彴，独木桥，小桥。

[12]　石老而润：山石古老润泽。

［13］水淡而明：流水淡远明亮。

［14］崔嵬（wéi）：山势高峻貌。唐·李白《蜀道难》："剑阁峥嵘而崔嵬，一夫当关，万夫莫开。"

［15］泉流洒落：泉水潺潺，分散落下。

［16］云烟出没：云雾缭绕。云烟，云雾，烟雾。

［17］野径迂回：小路曲折回旋。野径，村野小路。唐·杜甫《春夜喜雨》："野径云俱黑，江船火独明。"

［18］松偃龙蛇：松树枝干屈曲如同龙蛇。

［19］竹藏风雨：竹叶暗藏风雨欲来之势。

［20］入水澄清：出水口的水清澈明洁。澄清，清澈，明洁。

［21］来历分晓：来历分明。分晓，明白，清楚。

［22］妙手：指技艺高超的人，高手。

［23］如尸如塑：如同死尸和雕像，毫无生气。

［24］粉捏雕刻：面塑与雕刻。

［25］但取皮毛：只追求表面的形似。皮毛，比喻表面的、肤浅的东西。

［26］布置迫塞：布局逼仄。迫塞，逼近，阻塞。

［27］楼阁：他本或作"楼殿"。

［28］强作断形：故作断形。中国画中为体现深邃之状，常只画桥的一角。

［29］径无夷险：路径没有平坦和险峻的区别。

［30］路无出入：道路没有进出往来的踪迹。

［31］石止一面：石头单调，只画一面。

［32］高大不称：高度和大小不相称。

［33］点染无法：点染毫无章法。点染，一般指绘画，此处指点缀、装点。

［34］名款：名家的落款。款，钟鼎彝器上铸刻的文字或书画上的题名。

［35］俗笔：平庸的笔法。

［36］临摹赝手：专事临摹的伪造书画者。赝手，指伪造古代名人手笔的人。

［37］ 落墨设色：落笔着色。落墨，落笔。设色，敷彩，着色。

【点评】

本则名为"论画"，文震亨论述的是中国绘画艺术的赏鉴之法，他推崇气韵生动、精神逼真的画作，否定无生气、无神韵的呆板之作，并提出辨别古今真伪的办法，颇有条理。按照表现对象的不同，中国画可以分为山水画、花鸟画、人物画三类。

山水画，涵盖了泉景山林、界画楼台、宫室屋宇等题材，最为古人推崇。文震亨认为，好的山水画，须"山势崔嵬，泉流洒落，云烟出没，野径迂回"，境界高远，气韵生动。不同于西方绘画的焦点透视，中国山水画利用的是"平远、深远、高远"的散点透视，无边无际，人可将自身想象成飞鸟，尽情游观。山水画的时间，也是无穷无尽，无始无终的，山静如太古，却又恍如当世，令人思接千载，神游万里。杜甫诗云："两个黄鹂鸣翠柳，一行白鹭上青天。窗含西岭千秋雪，门泊东吴万里船。"描述的便是这样一种浩远高邈的画境。

另外，古人绘山水画也并非简单的模仿自然，而是寄情山水，托意笔墨，这一点在郭熙《林泉高致》中说得十分清楚。尘嚣缰锁，为人情所厌，烟霞仙圣，为人情希冀而不得见。人们常处、常乐、常适、常观的是丘园幽居、泉石啸傲、渔樵隐逸、猿鹤飞鸣，得一妙手在尺幅中描绘，不出斋门，天地风光就隐约在耳，历历在目，大快人意。这实是一种修心怡情的行径，与人颇有裨益。赵孟𫖯还为周密画过一幅《鹊华秋色图》。当时南宋已亡，周密无法再看到故乡风物，赵孟𫖯得知后，便将齐鲁之地相隔遥远的鹊山和华不注山，融在一幅画图之中赠与他，以慰其乡思之情，也借此诉说自己内心的挣扎和矛盾。清初曹溶对此画还有一句跋："鹊华两山有灵，故使主人涉江千里，攫取此卷还其乡也。"如此，画中山水，蕴含着画家和藏家的精魂。

花鸟画，涵盖花卉、竹石、鸟兽、虫鱼、蔬果等题材，是中国画的另一大分支。不同于西洋画追求的宛在目前、呼之欲出的形似，中国画追求的是涉笔成趣、幽微深邃的神似，其中以梅兰竹菊"四君子"最具代表性。譬如画竹，沈颢题朋友《疏竹图》道："余之竹，聊以写胸中逸气耳。岂复较其似与非，叶之繁与疏，枝之斜与直哉！或涂抹久之，它人视以为麻为芦，仆亦不能强辨为竹，真没奈览者何！"在他们的眼中，花鸟是他们比德于物，自况高尚情操的一个寄托。

人物画，在三大画科中排名最末，不过亦有可观之处。古圣先贤，承载着人们的崇高敬仰；神仙僧道，寄托着人们的出世念想；俗世人物，表现的则是一种浮世之相。郭子仪请韩幹、周昉两位大画家给女婿画像，女儿觉得两张都好，但后者更好，因为周昉不仅画出了表象，还画出了神气、性情。不同于西洋人物画的写生，中国的人物画尽是写意，这也是中国画的优点。

无论山水画、花鸟画、人物画，文人们都将诗、书、画、印熔为一炉，把自身的才学、品性、志趣、情思都寄寓其中，故而境界极为旷朗深邃，淡雅高远，而在轩窗花明、草堂人寂、月色溶溶、风声瑟瑟、雪霁初晴之时鉴赏把玩，令人觉岁月淡远，遐想尘外。

书 画 价 [1]

书价以正书 [2] 为标准，如右军 [3] 草书 [4] 一百字，乃敌 [5] 一行行书 [6]；三行行书，敌一行正书；至于《乐毅》[7]《黄庭》[8]《画赞》[9]《告誓》[10]，但得成篇，不可计以字数。画价亦然，山水竹石，古名贤象，可当正书；人物花鸟，小者可当行书；人物大者，及神图佛像、宫室楼阁、走兽虫鱼，可当草书。若夫[11]台阁标功臣之烈[12]，宫殿彰贞节之名[13]，妙将入神，灵则通圣，开厨或失[14]、挂壁欲飞[15]，但涉奇事异名，即为无价国宝。又书画原为雅道，一作牛鬼蛇神[16]，不可诘识[17]，无论古今名手，俱落第二[18]。

【注释】

[1] 书画价：书法和绘画作品的价格。

[2] 正书：一名真书，因形体方正，笔画平直，可作楷模，又名楷书。它由隶书演变而成，相传始于东汉王次仲，完备于三国魏钟繇，至唐代集大成。欧阳询的《九成宫醴泉铭》、颜真卿的《多宝塔碑》、柳公权的《玄秘塔碑》为其中典范之作。

[3] 右军：东晋著名书法家王羲之，字逸少，曾任右军将军。王羲之师承钟繇、卫夫人、张芝，其书法兼善隶、草、楷、行各体，自成一家，笔势委婉含蓄，遒美健秀，以《兰亭集序》《乐毅论》等为最。唐太宗赞其作品为"飘若浮云，矫若惊龙"，后人称其为"书圣"。

[4] 草书：书法字体的一种，为隶书通行后的草写体，取其书写便捷之意，故又名草隶。汉章帝好之，汉魏间的章草，殆由此得名。后来草书渐脱隶书笔意，用笔日趋圆转，笔画连属，并多省简，遂成今草。王羲之的《初月帖》、张旭的《肚痛帖》、怀素的《自叙帖》，为其中典范之作。

[5] 乃敌：才相当于，才堪匹敌。敌，对等，相当，匹敌。

[6] 行书：介于草书和楷书之间的一种字体，不像草书那样潦草，也不像楷书那样端正。王羲之的《兰亭序》号称天下第一行书。

[7] 《乐毅》：即《乐毅论》帖，是著名的小楷法帖，撰文者是曹魏夏侯玄，书写者是王羲之。唐人褚遂良称其"笔势精妙，备尽楷则"，

评为王羲之正书第一。真迹已佚，后世摹本甚多。乐毅，战国时燕
将，燕昭王时，任亚卿，率军击破齐国，先后攻下七十余城。

[8]《黄庭》：道教主要经书之一，指《上清黄庭内景经》和《上清黄庭
外景经》，以七言歌诀，讲说道教养生修炼的原理。东晋时，由于
王羲之喜欢鹅，山阴道士养了一群鹅让其写《黄庭经》交换，故有
王书《黄庭外景经》传世。

[9]《画赞》：原指以赞颂画像中的人物为主旨的一种文体，此处指由晋
夏侯湛撰文、王羲之书写的《东方朔画像赞》。褚遂良《右军书目》
中将此帖列为第三。

[10]《告誓》：即王羲之的《告墓文》(亦称《誓墓文》)帖。晋时，会稽
为扬州之属郡，王羲之任会稽内史时，王述为扬州刺史。王羲之非
常轻视王述，耻居其下，遂称病去职，并且在父母墓前发誓不再做
官。后以"羲之誓墓"指辞官归隐。

[11] 若夫：至于。用于句首或段落的开始，表示另提一事。

[12] 台阁标功臣之烈：台阁上绘制的文武功臣画像。唐·刘肃《大唐新
语》："贞观十七年，太宗图画太原倡义及秦府功臣赵公长孙无忌、
河间王孝恭、蔡公杜如晦、郑公魏徵……等二十四人于凌烟阁，太
宗亲为之赞，褚遂良题阁，阎立本画。"

[13] 宫殿彰贞节之名：宫殿中刻画的贞女贤士图像。宋·郭若虚《图画
见闻志》："文宗大和二年，自撰集《尚书》中君臣事迹，命画工图
于太液亭，朝夕观览焉。"

[14] 开厨或失：像顾恺之的画一样，打开橱柜就会丢失。《晋书·文苑
传》："恺之尝以一厨画糊题其前，寄桓玄，皆其深所珍惜者。玄乃
发其厨后，窃取画，而缄闭如旧以还之，绐云未开。恺之见封题如
初，但失其画，直云妙画通灵，变化而去。"后以"开厨"形容精
妙的绘画。

［15］ 挂壁欲飞：像张僧繇的画一样，挂在墙壁上就会飞走。唐·张彦远《历代名画记》："张僧繇于金陵安乐寺画四龙于壁，不点睛。每曰：'点之即飞去。'人以为妄诞，固请点之。须臾，雷电破壁，二龙乘云腾去上天，二龙未点眼者皆在。"

［16］ 一作牛鬼蛇神：一旦涉及虚幻荒诞、怪力乱神。

［17］ 不可诘识：无所依据。诘，追问。识，认得，知道。

［18］ 俱落第二：都要掉一个层次。第二，非具体的第二，指非第一流。

【点评】

本则谈论的是书画的价钱，文震亨对于不同类型的作品，作了价格高下的品评。书画是有价的，受艺术造诣、题材风格、尺寸大小、题跋藏印、渊源轶事，年代时限、保存状况、作者声名，以及装潢、拍卖、购买、收藏、保存、修复等因素影响，不同作品价值不一，以百金、千金、万金来衡量书画价值者比比皆是。

不过，若从艺术之境来看，书画则是无价的。文震亨在本卷开篇就说书画大家产出有限，仙逝后旧作就都成了绝响，而书画又不比金银，留存时间非常有限，存世之作会陆续减少，所以书画作品不能以常理论之。而书画家思接千载，神游万里，将万里河山、千般思绪都融入到尺幅中，刹那之间，已然光照千古。超越时代的书画，就更无法用价格来衡量了。

古人就很懂得此中真意。相传唐朝大画家吴道子路过洛阳，遇到了舞剑国手裴旻办丧事，当时裴旻送了很多金银钱帛给他，希望他能在天宫寺作画超度亡灵。吴道子将钱帛全部奉还，要求裴旻舞剑以增壮气。裴旻施展舞剑神技后，他有如神助，顷刻之间将画绘成。对吴道子来说，黄白之物，贱如尘土，而裴旻的剑舞和自己的画作一样，是真正的无价之物。

古今优劣[1]

　　书学[2]必以时代为限，六朝不及晋魏[3]，宋元不及六朝与唐。画则不然，佛道、人物、仕女、牛马[4]，近不及古；山水、林石、花竹、禽鱼[5]，古不及近。如顾恺之[6]、陆探微[7]、张僧繇[8]、吴道玄[9]及阎立德[10]、立本[11]，皆纯重雅正[12]，性出天然[13]。周昉[14]、韩幹[15]、戴嵩[16]，气韵骨法[17]，皆出意表[18]，后之学者，终莫能及。至如李成[19]、关仝[20]、范宽[21]、董源[22]、徐熙[23]、黄筌[24]、居寀[25]、二米[26]、胜国[27]松雪[28]、大痴[29]、元镇[30]、叔明[31]诸公，近代唐[32]、沈[33]及吾家太史[34]、和州[35]辈，皆不藉师资[36]，穷工极致[37]，借使二李复生[38]，边鸾再出[39]，亦何以措手其间[40]。故蓄书必远求上古[41]，蓄画始自顾、陆、张、吴[42]，下至嘉、隆名笔[43]，皆有奇观[44]。惟近时点染诸公[45]，则未敢轻议。

【注释】

[1] 古今优劣：古今书画的优劣高下。

[2] 书学：关于汉字书法的理论。

[3] 魏：此处指北魏，南北朝时北朝政权之一，公元386年由鲜卑人拓跋珪所建，后来分裂为东魏和西魏，再变为北齐、北周。北魏时期，佛教得到空前发展，迁都洛阳和移风易俗，促进了民族融合。

[4] 佛道、人物、仕女、牛马：佛道宗教壁画、人物画、仕女画、牛马画。

[5] 山水、林石、花竹、禽鱼：山水、林石、花竹、禽鱼相关的绘画。

［6］ 顾恺之：东晋画家。字长康，人谓其有三绝：才绝、画绝、痴绝。他善画人物，特别强调眼睛传神；画风绵密，史称"密体"。撰《论画》等文，提出"以形写神"等绘画理论，有《女史箴图》《洛神赋图》等传世。

［7］ 陆探微：南朝宋画家，以书法入画的创始人。初学东晋顾恺之，从圣贤图绘、佛像人物至飞禽走兽，无一不精。后人对其人物造型有"秀骨清像"之评。与曹不兴、顾恺之、张僧繇合称六朝四大家，与顾恺之并称"顾陆"。

［8］ 张僧繇（yáo）：南朝梁画家。善画佛道人物，亦画山水，创"没骨法"。其"画龙点睛"之事，后世传为美谈。画风以"疏体"著称，简练而富有表现力，画论家常将他与唐代画家吴道子相提并论。

［9］ 吴道玄：即吴道子，唐代著名画家，后改名道玄。曾随张旭、贺知章学习书法，通过观赏公孙大娘舞剑，体会用笔之道。尤精于佛道、人物画，长于壁画创作。画人像衣褶有飘举之势，号"吴带当风"，又好用焦墨勾线，略施淡彩，世称"吴装"。画史尊其为

唐　阎立本《步辇图》(局部)

画圣。

[10] 阎立德：名让，字立德，唐代画家，北周武帝宇文邕外孙。绘画以人物、树石、禽兽见长，与弟阎立本同为著名画家。

[11] 立本：阎立本，唐代画家。善人物写真，设色古雅沉着，线条刚劲有力。亦擅车马、台阁。作品有《步辇图》《历代帝王图》等。

[12] 纯重雅正：厚重风雅。雅正，典雅纯正。

[13] 性出天然：质朴自然。

[14] 周昉（fǎng）：字仲朗（或字景元），曾任宣州长史。善绘人物，所绘仕女、佛像神态悠闲从容，世称神品。其《戏婴图》《挥扇仕女图》《簪花仕女图》皆为传世杰作。

[15] 韩幹（gàn）：唐代画家。尤工画马，天宝年间画"玉花骢""照夜白"等宫廷内厩名马，画出肥壮雄骏之状，时称独步。存世作品有《牧马图》《照夜白图》等。

[16] 戴嵩：唐代画家，擅画田家、川原之景，写山泽水牛尤为著名，与韩幹画马，并称为"韩马戴牛"。传世作品有《斗牛图》。

[17] 气韵骨法：韵味笔法。气韵，指文章、书画的风格、意境和韵味。唐·张彦远《历代名画记》："若气韵不周，空陈形似，笔力未遒，空善赋彩，谓非妙也。"骨法，书画的笔力和法则。南朝齐谢赫《古画品录》中提出绘画"六法"之说，其二为"骨法用笔"。

[18] 皆出意表：都出人意料。意表，谓意料。

[19] 李成：五代末宋初画家，字咸熙，尤擅画山水，用墨清淡，有惜墨如金之称。存世作品有《读碑窠石图》《寒林平野图》等。

[20] 关仝（tóng）：五代后梁画家，擅画山水。师法荆浩，青出于蓝。工关河之势，笔简而气壮，号"关家山水"。代表作有《山溪待渡图》《关山行旅图》。

[21] 范宽：北宋画家。一名中正，字中立，华原（今陕西耀县）人。因

性情宽和，人呼范宽。用笔强健有力，画风浑厚雄峻。代表作有《溪山行旅图》《雪山萧寺图》《雪景寒林图》等。

［22］ 董源：名一作元，字叔达，五代画家，南派山水画开山鼻祖。擅画水墨或淡设色山水，用笔富有独创性。善以披麻皴、点苔法表现江南山水。与巨然并称"董巨"，对后世影响很大。有《潇湘图》《夏山图》《溪岸图》等存世。

［23］ 徐熙：五代南唐画家。善画花鸟虫鱼，所作禽鸟神气迥出，别有生动之意。与黄筌并称"黄徐"，形成五代、宋初花鸟画两大流派。传世作品有《石榴图》《鹤竹图》《雪竹图》等。

［24］ 黄筌（quán）：五代后蜀画家。作品多描绘宫廷中异卉珍禽。后人把他与江南徐熙并称"黄徐"，有"黄家富贵，徐熙野逸"之评。存世作品《写生珍禽图》为其代表画稿。

［25］ 居寀（cǎi）：即黄居寀，字伯鸾，黄筌第三子。五代末宋初画家。擅绘花竹禽鸟，精于勾勒，用笔劲挺工稳，填彩浓厚华丽。其画作为宋初翰林画院中取舍作品的标准。存世作品有《山鹧棘雀图》。

［26］ 二米：米芾和米友仁父子。米芾，字元章，北宋书画家。举止怪异，人称"米颠"。其书法与苏轼、黄庭坚、蔡襄并称"宋四家"。绘画方面，以水墨点染写山川岩石，云烟连绵、林木掩映，别具疏秀脱俗之风格，有"米家山"之称，著有《书史》《画史》及《山林集》等。米友仁，字元晖，米芾之子，人称小米。山水画发展其父技法，善用水墨横点写烟雨中景，自称"墨戏"，对文人画的形成有重要影响。有《潇湘奇观图》等存世。

［27］ 胜国：指被灭亡的国家，故而明朝人称元朝为胜国。明·张岱《夜航船》："灭人之国曰胜国，言为我所胜之国也。"

［28］ 松雪：即赵孟頫，字子昂，号松雪道人。能诗善文，懂经济，工书法，精绘艺，擅金石，通律吕，解鉴赏，以书法和绘画成就最高。

其书法，兼篆、隶、真、行、草之长，创"赵体"书，书风遒媚秀逸，结体严整，笔法圆熟，与欧阳询、颜真卿、柳公权并称"楷书四大家"。其绘画以笔墨圆润苍秀见长，开创元代新画风，被称为"元人冠冕"。存世书迹有《洛神赋》《四体千字文》等，存世画作有《鹊华秋色》《重江叠嶂图》等。

[29] 大痴：即黄公望，字子久，号一峰、大痴道人等。擅画山水，气清质实，骨苍神腴。与王蒙、倪瓒、吴镇并称"元四家"。其《富春山居图》为中国十大传世名画。

[30] 元镇：即倪瓒，字元镇，号云林子。擅画水墨山水，创"折带皴"写山石，所作多取材于太湖一带景色，意境清远萧疏，自谓"逸笔草草，不求形似"，"聊写胸中逸气耳"。存世作品有《雨后空林》《江岸望山》等图。董其昌赞其为"古淡天真，米痴后一人而已"。

[31] 叔明：即王蒙，赵孟頫外孙，号黄鹤山樵。善画山水，师法赵孟頫、董源、巨然，集诸家之长。写景以繁密见长，喜用枯笔干皴，创造出幽邃苍秀的意境。存世作品有《青卞隐居图》《葛稚川移居图》《夏山高隐图》等。

[32] 唐：即唐寅，字伯虎，号六如居士、逃禅仙吏等，明代画家、文学家。作画山水、人物、花鸟皆能，既严谨缜密，又清逸洒脱。与沈周、文徵明、仇英并称"吴门四家"。有《骑驴思归图》《山路松声图》《秋风纨扇图》等存世。

[33] 沈：即沈周，字启南，号石田，明代画家。擅画山水，中年后所绘大幅风格沉着浑厚。亦作细笔，人称"细沈"，兼工花鸟、人物。有《庐山高图》《秋林话旧图》《东庄图》等存世。

[34] 吾家太史：即文徵明，原名璧，字徵明，号衡山居士。善诗文，工书法，精绘画。其书法清俊秀雅，与祝允明、王宠并称"吴中三

家"。绘画方面，擅画山水，苍润秀雅，亦工人物、花卉，与沈周共创"吴派"。有《听泉图》《春深高树图》《万壑争流图》等存世。

[35] 和州：即文嘉，文徵明次子，字休承，号文水，官和州学枕。工小楷，轻清劲爽。擅山水，笔墨秀润。代表作有《江南春色图》《沧江渔笛图》等。

[36] 不藉师资：不借助师长。藉，凭借。师资，教师，师长。

[37] 穷工极致：画艺达到了极致。

[38] 借使二李复生：纵使唐人李思训、李昭道父子复活。借使，即使、纵然之意。李思训，字建睍（xiàn），善画山水，形成华丽工致、富有装饰美的金碧山水画风格。代表作有《海天落照图》等。李昭道，李思训子，继承家学，画风工巧繁缛，后人曾有"变父之势，妙又过之"之评，但也有"笔力不及思训"之说。存世《春山行旅图》《明皇幸蜀图》等，传为他所作。明·徐沁《明画录》："自唐以来，画学与禅宗并盛，山水一派亦分为南北两宗。北宗首推李思训昭道父子。"

[39] 边鸾再出：边鸾再生重出江湖。边鸾，唐代画家。擅画禽鸟和折枝花木，亦精蜂蝶，下笔轻利，用色鲜明而不掩笔迹。他奉唐德宗之命画的孔雀，羽毛金翠辉映，神态生动，富有神韵，为时人所叹赏。

[40] 何以措手其间：又怎能立足于他们之中。措手，着手处理、应付，此处指立足之意。

[41] 远求上古：寻求久远的上古时期的作品。上古，说法不一。目前我国史学界多称商、周、秦、汉时代为上古。

[42] 顾、陆、张、吴：顾恺之、陆探微、张僧繇、吴道子，详见前注。

[43] 嘉、隆名笔：明代嘉靖至隆庆年间的名家手笔。嘉靖，明世宗年号（1522—1566）。隆庆，明穆宗年号（1567—1572）。

［44］　奇观：原指罕见的景象，此处指佳作。

［45］　点染诸公：众多书画大家。

【点评】

中国文字由来已久，载体也不断变迁。夏及之前有龟甲，商周有青铜，秦汉有竹简、纸帛，由此产生了甲骨文、金文、籀文、小篆，隶、草、楷、行诸体，一脉相承。故而文震亨认为"书学必以时代为限，六朝不及晋魏，宋元不及六朝与唐"，"蓄书必远求上古"。而绘画因为诸多历史因素，发展状况和书法不同，故而文震亨认为"佛道、人物、仕女、牛马，近不及古，山水、林石、花竹、禽鱼，古不及近"，至于蓄画，文震亨"始自顾、陆、张、吴，下至嘉、隆名笔，皆有奇观"。这是时代使然，所言较为中肯。

不过，文震亨最后一句"惟近时点染诸公，则未敢轻议"，看似说得客气，但厚古薄今之意一览无余。这似乎是古人的通病，清初王时敏、王鉴、王翚、王原祁四人，号称"四王"，在书法上将董其昌奉为圭臬，在绘画上将黄公望视若神明，强调"朝夕临摹，宛然古人"，以至于作品趋向程式化。文震亨之前，明代文坛曾有"前七子"和"后七子"，他们标榜"复古"，提出了"文必秦汉，诗必盛唐"的口号。这虽然曾给文坛带了一场革命，但后来反而使他们陷入迂腐刻板的境地。直到公安三袁提出"独抒性灵，不拘格套"之说，文坛才有了一丝生气。古人之法并非可以照单全收，而今人之作也并非一无是处。

杜甫就很懂这个道理，提出"不薄今人爱古人"和"转益多师是汝师"的观点，他自己也是这样做，"孰知二谢将能事，颇学阴何苦用心"。跟他齐名的李白也是如此，杜甫曾评价他："清新庾开府，俊逸鲍参军。"这是说他的风格，也是说他转益多师。李白还说过"吾人咏歌，独惭康乐"，也是一个明证。诗文如此，书法绘画也是如此。

粉　本[1]

古人画稿，谓之粉本，前辈多宝蓄[2]之，盖其草草不经意处[3]，有自然之妙。宣和[4]、绍兴[5]所藏粉本，多有神妙者。

【注释】

[1]　粉本：一般认为是画稿。

[2]　宝蓄：珍藏。

[3]　草草不经意处：随意勾画的地方。

[4]　宣和：宋徽宗的最后一个年号。详见本卷"御府书画"条注释。

[5]　绍兴：此处指宋高宗赵构年号，公元1131年，赵构逃至越州，觉得有望收复江山，说了一句"绍祚中兴"，改元为绍兴，并改越州为绍兴。

【点评】

因时移世易，中国画中"粉本"一词的含义几经变化，到现在已是混淆不清。元代夏文彦《图绘宝鉴》云："古人画稿，谓之粉本，前辈多宝蓄之。"文震亨也用了这句话。不过此论很是宽泛，与画图同义。而文震亨又提出"其草草不经意处有自然之妙"的说法，更是令人难以捉摸了。

另一说是底稿。唐代时，玄宗派吴道子往嘉陵江画三百里山水，吴道子一日画成，玄宗惊问其故，他奏曰："臣无粉本，并记在心。"当时和吴道子同行的，还有大画家李思训，他用时三月才完成。故而，很多人认为

古人画稿，谓之粉本

粉本即底稿。但底稿绘出后，古人一般会继续创作完成，如觉得不可取，自会弃掉，其存世的可能性不大。故而这种说法也有待商榷。

还有人说"粉本"是草稿、底样、素稿。明代王绂《书画见习录》中认为："以粉作地，布置妥帖，而后挥洒出之，使物无遁形，笔无误落。"清代方熏《山静居画论》中道："墨稿上加描粉笔，用时扑绢素，以粉痕落墨，故名粉本……女工刺绣上样，尚用此法，不知是古画法也。"结合《闲情偶寄》所说的"曲谱者，填词之粉本，犹妇人刺绣之花样也"，如此作法，虽然可行，但必定生硬刻板，中国画讲究"气韵生动"，如此则断不可取。

那么，到底什么是粉本呢？最有可能的，也许是"小样"，即写生手册。晚明画坛盟主董其昌，曾有《集古树石画稿卷》传世，图中有松柏、杂树、芦荻、水草，以及坡石、溪渚、亭榭、茅舍，乃至庭院、人物等，并无章法，但董其昌常常带在身边。他还曾为老师王锡爵的孙子王时敏绘制了一幅与《集古树石画稿卷》相似的画稿，以供他临摹学习。不过待明末清初之时，王概编著了系统讲述绘画技法的《芥子园图谱》，《集古树石画稿卷》这类写生手册，就逐渐没落了。

在时代流变中，粉本一词或是本就有多重含义，或是词义在不断变化，那么，历代众人的诸多论述，可能也并未错讹。

赏　鉴^[1]

看书画如对美人，不可毫涉粗浮之气，盖古画纸绢皆脆，舒卷不得法，最易损坏。尤不可近风日^[2]。灯下不可看画，恐落煤烬^[3]，及为烛泪^[4]所污。饭后醉余，欲观卷轴，须以净水涤手；展玩之际，不可以指甲剔损^[5]。诸如此类，不可枚举。然必欲事事勿犯^[6]，又恐涉强作清态^[7]，惟遇真能赏鉴及阅古甚富^[8]者，方可与谈。若对伧父^[9]辈，惟有珍秘不出耳。

【注释】

[1] 赏鉴：欣赏、鉴别、品评。

[2] 风日：风与日，指风吹日晒。

[3] 煤烬：油灯烟灰碎屑。

[4] 烛泪：蜡烛燃烧时淌下的液态蜡汁。唐·杜牧《赠别》：“蜡烛有心还惜别，替人垂泪到天明。”

[5] 剔损：剔刮损坏。剔，挑，拔，引申为刮。

[6] 必欲事事勿犯：一味要求事事小心、不得犯错。

[7] 强作清态：故作清高的姿态。清态，清高之态。

[8] 阅古甚富：博古通今，饱览古代书画。

[9] 伧父：粗鄙之人。南北朝时，南人讥北人粗鄙，蔑称之为“伧父”。宋·陆游《老学庵笔记》：“南朝谓北人曰‘伧父’，或谓之‘虏父’。”

【点评】

赏鉴，即鉴赏，赏在先，鉴在后。文震亨说书画如美人，需要爱惜，总结了不可涉粗浮之气，不可近风日，不可灯下看画，饭后醉余须以净水涤手，不可以指甲剔损等要点，其实远不止此。《格古要论》中总结了十八善趣和二十五恶趣，都是爱惜书画者不可不知的。但事事小心，"又恐涉强作清态"。所以真正爱惜书画，也只能像文震亨所说，遇到真能赏鉴，博古通今的人，方可与谈，若面对粗鄙之人，唯有珍秘不出了。

在欣赏方面，孙过庭的《书谱》，张怀瓘的《书断》，赵孟坚的《论书》，项穆的《书法雅言》，谢赫的《古画品录》，张彦远的《历代名画记》，郭熙的《林泉高致》，董其昌的《画禅室随笔》等，论述颇多。概而言之，绘画讲究气韵、笔墨、意境、构思；书法讲究神韵、骨力、姿态、气势、境界、布局。细而论之，譬如画作，谢赫提出"气韵生动，骨法用笔，应物象形，随类赋彩，经营位置，传模移写"六法说，认为后五法可以经年累月学习而成，唯独气韵在于天生，需要"默契神会"，由此得出一个品评画作的结论："气韵生动、出于天成、人莫窥其巧者，谓之神品。笔墨超绝、傅染得宜、意趣有余者，谓之妙品。得其形似、不失规矩者，谓之能品也。"又如书作，王僧虔《笔意赞》云："书之妙道，神采为上，形质次之，兼之者方可绍于古人。"而南朝袁

看书画如对美人，不可毫涉粗浮之气

昂，受命品评古代书法家的作品时如此说道："王右军书如谢家子弟，纵复不端正者，爽爽有一种风气……崔子玉书如危峰阻日，孤松一枝，有绝望之意。"其中意蕴，只可意会。与此同时，古人还常将诗、书、画、印融为一体，其意蕴和美感自然得到极大的拓宽，也让观者感悟到书画同源之理。

绢　素[1]

古画绢色墨气[2]，自有一种古香可爱[3]。惟佛像[4]有香烟[5]熏黑，多是上下二色，伪作者，其色黄而不精采[6]。古绢自然破者，必有鲫鱼口[7]，须连三四丝，伪作则直裂。唐绢[8]丝粗而厚，或有捣熟[9]者；有独梭绢[10]，阔四尺余者。五代绢极粗，如布。宋有院绢[11]，匀净厚密；亦有独梭绢，阔五尺余，细密如纸者。元绢[12]及国朝内府绢[13]俱与宋绢同。胜国时有宓机绢[14]，松雪、子昭[15]画多用此，盖出嘉兴府宓家，以绢得名，今此地尚有佳者。近董太史[16]笔，多用研光白绫[17]，未免有进贤气[18]。

【注释】

［１］　绢素：供书画用未曾染色的白绢。绢，一种薄而坚韧的丝织物，多为蚕丝制成。素，白帛。

［２］　绢色墨气：绢纸之色和笔墨气质。

［３］　古香可爱：古色古香，惹人喜爱。

［４］　佛像：释迦牟尼佛、药师佛或菩萨的像，有雕像、铸像、画像之别，此处指画像。宋·高承《事物纪原》："后汉明帝梦金人长大，

顶有日光。傅毅曰：'天竺有其道者，号曰佛。'于是遣使天竺，图其形像，此中国有佛像之始也。"

［ 5 ］　香烟：焚香所生的烟。

［ 6 ］　精采：精神，神采。

［ 7 ］　鲫鱼口：参差不齐的裂口。元·陶宗仪《南村辍耕录》："古绢自然破者，必有鲫鱼口与雪丝，伪作者则否。"

［ 8 ］　唐绢：唐代的绢幅阔纹密，多为画家所用。

［ 9 ］　捣熟：捣练而熟。

［10］　独梭绢：绘画所用的较为稀薄的绢。

［11］　院绢：宋代画院之绢。元·陶宗仪《南村辍耕录》："唐及五代，绢素粗厚。宋绢轻细，望而可别也。"

［12］　元绢：元代的绢。明·董其昌《论法书》："唐绢粗而厚，宋绢细而薄，元绢与宋绢相似，而稍不匀净。"

［13］　内府绢：皇家织染局所制的绢。

［14］　宓机绢：元代宓家所织的绢，质地匀净厚密。明·曹昭《新增格古要论》："有宓机绢，极匀净厚密，嘉兴魏塘宓家，故名宓机。赵松雪、盛子昭、王若水多用此绢作画。"底本作"密机绢"，误。

［15］　子昭：即盛懋（mào），字子昭，元代画家。工山水，也画人物、花鸟，布置邃密，运笔精劲。存世作品有《秋林高士》《秋江待渡》等图。

［16］　董太史：即董其昌，字玄宰，号思白、香光居士，明代书画家。其书法疏宕秀逸，于流畅中兼具生涩之趣，与邢侗、米万钟、张瑞图并称"明末四大书家"。其画专精山水，清润明秀，以佛家禅宗喻画，提倡"南北宗论"，崇南抑北。著有《容台集》《画禅室随笔》。传世画作有《岩居图》《秋兴八景图册》等。

［17］　砑（yà）光白绫：以石磨白绫，使其光亮。砑光，用光石碾磨纸

张、皮革、布帛等物，使紧密光亮。

[18] 进贤气：士大夫气息。进贤，古冠名，此处引申为士大夫。明·谢肇淛《五杂组》："进贤，群臣冠也。"

【点评】

绢素，和纸张一样，都是承载书画的重要材料。此物唐时已有。宋人赵希鹄《洞天清录》载："河北绢，经纬一等，故无背面。江南绢，则经粗而纬细，有背面。唐人画，或用捣熟绢为之。"文震亨详细论述了唐绢、独梭绢、五代绢、宋绢、元绢、宓机绢、明代内府绢这七种绢素及其特点，并提出了鉴别真伪之法。可知历唐至明，绢素依然盛行，文人雅士们认为它是写字绘画不可或缺之物。

不过，绢素是丝织品，滞涩难写，非技艺高超者不敢问津。北宋时，四川邵家有一卷精良的蜀素，传了三代，找了无数名家，都无人敢写，最后是功力深厚的米芾，应邀写下了《拟古诗帖》，其书笔势飞动，率意恣睢，号称天下第八行书。如今，此书帖因年代久远，绢色墨气中散发着一种古香可爱的气质，令人赏心悦目。但这类作品，终究是少之又少。

绢画虽能保存千百年，但存世的并不多。《格古要论》中感叹："董源、李成，近代人耳，所画犹稀如星凤，况晋唐名贤真迹，其可得见之

宋　米芾《蜀素帖》（局部）

哉？"这是因为古画纸绢皆脆，如果经常舒卷，非常容易损坏。所以，如果真爱书画，应当学习鉴赏之道，让书画最大程度地避免损毁。

御府书画[1]

宋徽宗[2]御府所藏书画，俱是御书标题[3]，后用宣和[4]年号"玉瓢御宝"[5]记之。题画书于引首一条，阔仅指大[6]，傍有木印黑字[7]一行，俱装池[8]匠花押[9]名款。然亦真伪相杂，盖当时名手临摹之作，皆题为真迹，至明昌[10]所题更多，然今人得之，亦可谓"买王得羊"[11]矣。

【注释】

[1] 御府书画：皇室内府珍藏的书画。

[2] 宋徽宗：即赵佶，是古代少有的艺术天才与全才。通百艺，尤精书画。他自创一种书法字体，后人称之为"瘦金体"，他热爱画花鸟画，自成"院体"。后世评其为"诸事皆能，独不能为君耳"。

[3] 御书标题：皇帝亲笔书写题记。御，对帝王所作所为及所用物的敬称。标题，标识于器物或字画上的题记文字。

[4] 宣和：是宋徽宗的最后一个年号，其子宋钦宗即位时也曾沿用，一共使用七年。

[5] 玉瓢御宝：宋徽宗所用的玉制瓢形御印。御宝，天子的印玺。

[6] 题画书于引首一条，阔仅指大：题记在书画上一条仅一指宽的引首上。题画，题记。引首，书轴画幅的首端部分。

[7] 木印黑字：疑为通过木活字印刷的黑字。活字印刷使用可以移动

的金属、木制、胶泥字块，有别于雕版印刷。他本或作"活木印黑字"。

[8] 装池：即装裱、装潢书画的技艺。详见本卷"装潢"条。

[9] 花押：指旧时文书契约末尾的草书签名或代替签名的特种符号。宋·黄伯思《东观余论·记与刘无言论书》："文皇令群臣上奏，任用真草，惟名不得草。后人遂以草名为花押。韦陟五朵云是也。"

[10] 明昌：金章宗完颜璟的第一个年号，一共使用七年。

[11] 买王得羊：指想买王献之字，却得到了羊欣的字，意为差强人意。唐·张怀瓘《书断》："时人云：'买王得羊，不失所望。'今大令书中风神怯者，往往是羊也。"

【点评】

中国历代帝王，由于权力之便，往往从民间大肆搜集奇珍异宝，书画即是其中之列。唐太宗时，就曾广搜王羲之的法帖，充入内府。到宋徽宗时，由于他本人赏鉴能力极高，又设立宣和画院汇聚天下丹青妙手，故而内府书画藏品极其精良，堪称天下典范。明代内府中也收集了无数名家书画，但整体水准不及宣和内府所藏，所以像文震亨这样的雅士，始终对徽宗御府书画念念不忘，偶得一两幅真迹便欣喜若狂，即便"买王得羊"得了金章宗内府的藏品，也是喜不自胜。

文震亨如此态度，看重的自然是御府书画的艺术价值，除此之外，他在意的还有钤印。书画中的印章，本来是作收藏证明之用，宋徽宗将其发扬光大。他曾刻有"宣和七玺"："御书"葫芦印、双龙方印（或圆印）、"宣龢"连珠印、长方"政和"印（偶用"大观"印）、长方"宣和"印、"政龢"连珠印、"内府图书之印"九叠文大方印。如梁师闵传世名作《芦汀密雪图》中，这七方印章依照布局钤盖在各处，非常精妙，和画作本身融为了一体，对后世影响深远。尤其是七玺中的葫芦印，样式奇绝，古雅可爱。

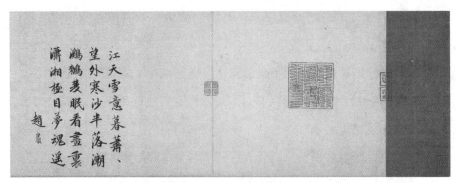

宋　梁师闵《芦汀密雪图》(尾端)

此画为宣和装，尾纸上盖有"内府图书之印"九叠文大方印和"政穌"连珠印

　　钤印之外，御府书画独创的引首题跋也让作品增色不少。赵希鹄《洞天清录》载："徽宗御府所储书，其前必有御笔金书小楷标题，后有宣和玉瓢御宝。"这种做法，一是可以述说书画来历及渊源轶事，二是不显得突兀，不会破坏书画本身的美感，对于书画收藏赏鉴颇有裨益，十分为世人称道。

院　画[1]

　　宋画院众工[2]，凡作一画，必先呈稿本[3]，然后上真[4]，所画山水、人物、花木、鸟兽，皆是无名者。今国朝内[5]画水陆[6]及佛像亦然，金碧辉灿，亦奇物也。今人见无名人画，辄以形似，填写名款，觅高价，如见牛必戴嵩[7]，见马必韩幹[8]之类，皆为可笑。

【注释】

[1]　院画：狭义上指宫廷画家的绘画作品，广义上还包括受到宫廷绘画
　　　影响的国画类别。这类作品多以花鸟、山水，宫廷生活及宗教内容

為題材，風格華麗細膩。

卷
五
·
书
画

［2］ 宋画院众工：宋代画院的众位画工。画院，古代指供奉内廷的绘画
机构，为皇家绘制各种图画，并承担皇家藏画的鉴定、整理及生徒
培养工作。画院始于五代，盛于两宋。徽宗时的宣和画院名家云
集，达到前所未有的高度。

［3］ 稿本：绘画初稿。

［4］ 上真：在稿本上落墨设色，正式作画。

［5］ 国朝内：他本或作"内府所"。

［6］ 水陆：即水陆道场，是佛教法会的一种。由僧尼设坛诵经，礼佛拜
忏，遍施饮食，超度一切亡灵，普济六道众生。

［7］ 见牛必戴嵩：见到所画为牛就题名为戴嵩。戴嵩，详见本卷"论
画"中注释。

［8］ 见马必韩幹：见到所画为马就题名为韩幹。韩幹，详见本卷"论
画"中注释。

【点评】

　　院体画，即皇室组织宫廷画家研究、创作而形成的绘画，风格多偏向工整细致、富丽秀雅一类。唐代专门设立了画待诏一职。到五代时，西蜀、南唐分别设置了画院。南唐的顾闳中还受李煜之命，以赴宴为名监视韩熙载，绘了一幅《韩熙载夜宴图》，用心虽不纯正，但作品形神兼备，流传千古。之后宋、明皆有画院，以两宋画院的水平为最高。

　　宋代画院中不得不提的是宋徽宗的宣和画院。他在位之时，授予画师们待诏之职，赐佩紫金鱼袋，并将儒、琴、棋、画四院重新编排，把画院拔到四院中最高的位置。他为了保持画院整体水准，常常让画家先呈稿本，经过集体探讨后上色。他还常常和画师们一起探讨画艺。某次，孔雀在殿前树下啄食掉落的荔枝，他让画师来写生。收到一幅幅精美的孔雀图

后，他摇头叹息说："画虽不错，可惜画错了。"众人愕然，经解释方知孔雀上土堆往往是先举左脚而不是右脚。有人不信，反复观察，才确信果如其言。他的一系列举措使得宋代院画发展得更加精密细腻。

宋徽宗领导的画院不拘泥刻板，创意迭出，打破了历代院画作品缺乏新意的魔咒。如他曾出题"嫩绿枝头红一点，动人春色不须多"，有人画了绿柳掩映下的楼阁，其中一位红衣女子凭栏观景。颜色的剧烈反差，使得景色更加鲜明。又如画题"踏花归去马蹄香"，有高手画了一只蝴蝶随着奔马起舞，画面中并不见花，但把"香"完美点出。又如画题"深山藏古寺"，有人连古刹一角都不画，只画一个小和尚在溪边担水，但古寺如在眼前。又如画题"野渡无人舟自横"，有人画一船夫躺在船上玩笛，把"无人"的清寂和闲雅描绘得活灵活现。故而集创作、收藏、研究、教学于一体的宣和画院，经过几十年的发展，在艺术上达到了中国绘画的巅峰。这也无怪乎文震亨虽然更推崇抒写胸臆、寄托情操的文人画，但还是非常喜欢宋代的院画。

不过，宋代院画也好，文人画也好，其中的好处都是心有真赏之人才

宋　赵佶《瑞鹤图》(局部)

能懂得的。俗人如一见无名画作就认为是古代的，还题上名家款识，寻求高价，就如文震亨所言，是非常可笑的。

单 条[1]

宋元古画，断无此式，盖今时俗制，而人绝好之。斋中悬挂，俗气逼人眉睫，即果真迹，亦当减价。

【注释】

[1] 单条：单幅的条幅，画幅细长，可单独悬挂。

【点评】

书画作品，按幅式的不同，可分为条幅、楹联、中堂、斗方、匾额、条屏、扇面、册页、手卷等形制。其中的条幅，是指竖行长条作品。单条，即是单幅的条幅，画幅细长，书画作品皆有，可单独悬挂。

此类作品，书法中以一行的格式最为多见。一字中，常见的有道、禅、淡、清、诚、仁等；二字中，常见的有抱朴、长乐、观复、旷达、妙境、慎独等；三字中，常见的有守静笃、香如故、得天趣等；四字中，常见的有博古通今、宠辱不惊、宁静致远等。其他五至七言，二至三行，多为诗句、格言、警句，可以作为室庐的点缀，静观时也颇有趣味。绘画中，多单幅作品，少有对轴。屠隆《考槃馀事》说得分明："高斋精舍，宜挂单条，若对轴即少雅致，况四五轴乎？且高人之画，适兴偶作数笔，人即宝传，何能有对乎？今人以孤轴为嫌，不足与言画矣！"文震亨认为单条是俗制，为幽人所不取，即便是真迹也会大为贬值，这完全是一家之言了。

名　家[1]

　　书画名家，收藏不可错杂。大者悬挂斋壁，小者则为卷册[2]，置几案间。邃古篆籀[3]，如钟[4]、张[5]、卫[6]、索[7]、顾、陆、张、吴[8]及历代不甚著名者，不能具论。书则右军[9]、大令[10]、智永[11]、虞永兴[12]、褚河南[13]、欧阳率更[14]、唐玄宗[15]、怀素[16]、颜鲁公[17]、柳诚悬[18]、张长史[19]、李怀琳[20]、宋高宗[21]、李建中[22]、二苏[23]、二米[24]、范文正[25]、黄鲁直[26]、蔡忠惠[27]、苏沧浪[28]、薛绍彭[29]、黄长睿[30]、薛道祖[31]、范文穆[32]、张即之[33]、先信国[34]、赵吴兴[35]、鲜于伯机[36]、康里子山[37]、张伯雨[38]、倪元镇[39]、俞紫芝[40]、杨铁厓[41]、柯丹丘[42]、袁清容[43]、危太素[44]；我朝则宋文宪濂[45]、中书舍人燧[46]、方逊志孝孺[47]、宋南宫克[48]、沈学士度[49]、俞紫芝和[50]、徐武功有贞[51]、金元玉珏[52]、沈大理粲[53]、解学士大绅[54]、钱文通[55]、桑柳州悦[56]、祝京兆允明[57]、吴文定宽[58]、先太史讳[59]、王太学宠[60]、李太仆应祯[61]、王文恪鏊[62]、唐解元寅[63]、顾尚书璘[64]、丰考功坊[65]、先两博士讳[66]、王吏部穀祥[67]、陆文裕深[68]、彭孔嘉年[69]、陆尚宝师道[70]、陈方伯鎏[71]、蔡孔目羽[72]、陈山人淳[73]、张孝廉凤翼[74]、王徵君穉登[75]、周山人天球[76]、邢侍御侗[77]、董太史其昌[78]。又如陈文东璧[79]、姜中书立刚[80]，虽不能洗院气[81]，而亦铮铮有名者。画则王右丞[82]、李思训父子[83]、周昉[84]、董北苑[85]、李营丘[86]、郭河阳[87]、米南宫[88]、宋徽宗[89]、米元晖[90]、崔白[91]、黄筌、居寀[92]、文与可[93]、李伯时[94]、郭忠恕[95]、董仲

宋　王希孟《千里江山图》（局部）

翔[96]、苏文忠[97]、苏叔党[98]、王晋卿[99]、张舜民[100]、杨补之[101]、杨季衡[102]、陈容[103]、李唐[104]、马远[105]、马逵[106]、夏珪[107]、范宽、关仝[108]、荆浩[109]、李山[110]、赵松雪[111]、管仲姬[112]、赵仲穆[113]、赵千里[114]、李息斋[115]、吴仲圭[116]、钱舜举[117]、盛子昭[118]、陈珏[119]、陈仲美[120]、陆天游[121]、曹云西[122]、唐子华[123]、王元章[124]、高士安[125]、高克恭[126]、王叔明[127]、黄子久[128]、倪元镇、柯丹丘、方方壶[129]、戴文进[130]、王孟端[131]、夏太常[132]、赵善长[133]、陈惟允[134]、徐幼文[135]、张来仪[136]、宋南宫[137]、周东村[138]、沈贞吉[139]、恒吉[140]、沈石田[141]、杜东原[142]、刘完菴[143]、先太史[144]、先和州[145]、五峰[146]、唐解元、张梦晋[147]、周官[148]、谢时臣[149]、陈道复[150]、仇十洲[151]、钱叔宝[152]、陆叔平[153]，皆名笔不可缺者。他非所宜蓄，即有之，亦不当出以示人。又如郑颠仙[154]、张复阳[155]、钟钦礼[156]、蒋三松[157]、张平山[158]、汪海云[159]，皆画中邪学[160]，尤非所尚。

【注释】

[1] 名家：专擅书画的著名人物。

[2] 卷册：此处指册页，即分页装裱成册的书画。

[3] 邃古篆籀（zhòu）：古代的篆文和籀文。邃古，远古。篆，即篆书，是大篆、小篆的统称。广义的大篆包括甲骨文、金文、籀文及春秋战国时通行于六国的文字，小篆即秦国简化统一的文字。籀，即籀文，我国古代书体的一种，也叫籀书、大篆，因周宣王太史作《史籀篇》而得名。字体多重叠，今存的石鼓文即其中代表。

[4] 钟：即钟繇。字元常，三国魏书法家。博采众长，兼善各体，尤精于隶、楷，形成由隶入楷的新貌。代表作有《宣示表》《贺捷表》等。

[5] 张：即张芝。字伯英，东汉书法家，善章草，后省减章草点画波磔，创立上下牵连、一笔而成的"今草"。三国魏韦诞称其为"草圣"。

[6] 卫：即卫瓘（guàn）。字伯玉，西晋书法家。善隶书及章草，不仅兼工各体，还能学古人之长，独出机杼。《书断》中评其章草为"神品"。

[7] 索：即索靖。字幼安，西晋著名书法家，尤善长草书，婉转屈致，有"银钩虿尾"之称。作品有《出师颂》《月仪帖》等。

[8] 顾、陆、张、吴：即顾恺之、陆探微、张僧繇、吴道子。详见本卷"古今优劣"条中注释。

[9] 右军：即王羲之。详见本卷"书画价"中注释。

[10] 大令：即王献之。王羲之子，字子敬，官至中书令。各体皆精，行草尤佳，号"破体"，富豪迈之气，对后世影响很大，与其父并称"二王"。代表作有《洛神赋十三行》《中秋帖》《鸭头丸帖》等。《晋书·王玟传》："（王玟）代王献之为长兼中书令。二人素齐名，世谓献之为'大令'，玟为'小令'。"

[11] 智永：陈、隋间僧人，本名王法极，书圣王羲之七世孙。擅正书、

草书，所传"永字八法"为后代楷书典范。所书《千字文》，影响深远。当时求书者多，踏破门槛，遂裹以铁，号"铁门限"。

[12] 虞永兴：即虞世南。字伯施，官至秘书监，封永兴县公，故称虞永兴。唐代书法家，精书法，与欧阳询、褚遂良、薛稷并称"初唐四家"。所书外柔内刚，笔致圆融而遒劲。传世书迹有碑刻《孔子庙堂碑》《汝南公主墓志铭》等。

[13] 褚河南：即褚遂良。字登善，唐高宗曾封他为河南郡公，故称褚河南。初唐书法家，工楷、隶，书学钟繇、王羲之，而成古雅瘦劲之体。传世墨迹有《孟法师碑》《雁塔圣教序》等。

[14] 欧阳率更：即欧阳询。字信本，官至太子率更令，故称欧阳率更。初唐书法家，书法劲险刻厉，世称"欧体"。有碑刻《九成宫醴泉铭》等存世，编有《艺文类聚》。

[15] 唐玄宗：即唐明皇李隆基。其人多才多艺，擅长八分书。其书雄秀丰丽，遒劲峻爽。传世书迹有《鹡鸰颂》《纪泰山铭》《石台孝经》。

[16] 怀素：僧人，本姓钱，字藏真，唐代书法家。以善"狂草"出名。兴到运笔，如骤雨旋风，飞动圆转，虽多变化，而法度具备。晚年趋于平淡。与张旭并称"颠张醉素"，对后世影响很大。存世书迹有《自叙帖》《苦笋帖》《论书帖》等。

[17] 颜鲁公：即颜真卿。字清臣，封鲁郡公，故世称颜鲁公。唐代书法家。其书气势雄浑遒劲，世称"颜体"，与柳公权并称为"颜筋柳骨"，有《多宝塔碑》《祭侄文稿》等存世。

[18] 柳诚悬：即柳公权。字诚悬，唐代书法家。工楷书，与欧阳询、颜真卿、赵孟頫并称"楷书四大家"。书法骨力劲健，结构紧凑。有碑刻《金刚经》《玄秘塔碑》《冯宿碑》等传世。

[19] 张长史：即张旭。字伯高，官至金吾长史，故称张长史。唐代书法家，擅草书，常醉后号呼狂走，索笔挥洒，其书起伏跌宕、大开大

阁，被尊为"草圣"。其书法与李白诗歌、裴旻剑舞并称"三绝"。代表作有《春草帖》《千字文》《肚痛帖》等。

［20］李怀琳：唐代书法家。好为伪迹，相传草书《与山巨源绝交书》是其仿作。

［21］宋高宗：即赵构，宋徽宗赵佶第九子，靖康之变后，流亡南方。精于书法，颇得晋人神韵，传世墨迹有《草书洛神赋》等。

［22］李建中：字得中，号严夫民伯，北宋书法家。其书笔致丰腴，结体端庄，有唐人风韵，为黄庭坚等所推重。存世书迹有《土母帖》《同年帖》等。

［23］二苏：即苏轼、苏辙兄弟。苏轼，字子瞻，号东坡居士，艺术通才，诗、书、画、乐无一不会，无一不精。其书法用笔丰腴跌宕，有天真烂漫之趣。与蔡襄、黄庭坚、米芾并称"宋四家"。绘画喜作枯木怪石，主张"神似"。存世书迹有《黄州寒食诗帖》等。画迹有《枯木怪石图》等。苏辙，字子由，亦善书，其书法潇洒自如，工整有序，运笔结字与其兄苏轼颇为接近。传世墨迹有《雪甚帖》《雪诗帖》《车马帖》《晴寒帖》等。

［24］二米：即米芾、米友仁父子。详见本卷"古今优劣"中注释。

［25］范文正：即范仲淹。字希文，北宋政治家、文学家，谥号文正。传世书迹有《伯夷颂》《道服赞》等。

［26］黄鲁直：即黄庭坚。字鲁直，号山谷道人，北宋文学家，书法家。书法造诣很高，以侧险取势，纵横奇倔，自成风格。书迹有《华严疏》《松风阁诗帖》等。

［27］蔡忠惠：即蔡襄，字君谟，谥号忠惠，故称蔡忠惠。书法风格浑厚端庄，淳淡婉美，自成一体，传世墨迹有《自书诗帖》《谢赐御书诗》等。

［28］苏沧浪：即苏舜钦，字子美。任职苏州期间，修葺古庭园，题名

唐　颜真卿《祭侄文稿》

"沧浪亭"，自号沧浪翁，并作《沧浪亭记》，故而世称苏沧浪。书法自成一格。

［29］薛绍彭：字道祖，号翠微居士，北宋书法家。工正、行、草书，笔致清润遒丽，具晋、唐人法度。与米芾齐名，人称"米薛"。存世书迹有《昨日帖》《随事吟帖》《晴和帖》等。

［30］黄长睿：即黄伯思，字长睿，别字霄宾，北宋晚期重要的文字学家、书法家、书学理论家。著有《法帖刊误》二卷。

［31］薛道祖：即薛绍彭，应为文震亨赘述。

［32］范文穆：即范成大。字致能，号石湖居士，南宋文学家，与杨万里、陆游、尤袤合称南宋"中兴四大诗人"。亦善书，其书法清新俊秀，典雅俊润。现存的手迹有《田园杂兴卷》《兹荷纪念札》《垂海札》等。

［33］张即之：字温夫，号樗寮，南宋书法家。爱国词人张孝祥之侄，中唐著名诗人张籍的后人。工书，学米芾而参用欧阳询、褚遂良的体势笔法，尤善写大字。存世书迹有《报本庵记》《书杜诗卷》等。

［34］先信国：即文天祥，字履善，号文山。因状元及第，官至右丞相，封信国公。文震亨家族以其为元祖，故称"先信国"。文天祥书法俊逸，富豪迈之气，书迹有《木鸡集序卷》《上宏斋帖》等传世。

［35］赵吴兴：即赵孟頫，因出生在吴兴（今浙江湖州），固有此称。详见本卷"古今优劣"条中"松雪"注释。

［36］ 鲜于伯机：即鲜于枢，字伯机，元代著名书法家。其书雄逸健拔，自然潇洒，代表作有《老子道德经卷上》《苏轼海棠诗卷》《韩愈进学解卷》《御史箴卷》《论草书帖》等。

［37］ 康里子山：即巎（náo）巎，一作巎（kuí）巎，字子山，康里部人，继赵孟頫之后的元代书法大家。善真、行、草书，笔画遒娟清秀，转折圆劲流畅，神韵可爱，时人谓为得晋人笔意，得其片纸，争相宝藏。书迹有《谪龙说卷》《李白诗卷》《述笔法意》等传世。

［38］ 张伯雨：即张雨，字伯雨，号贞居子、句曲外史。元代文学家、书画家、茅山派道士。书法上楷草结合，自成一格。存世书迹有《山居即事诗帖》《登南峰卷》等。

［39］ 倪元镇：即倪瓒。详见本卷"古今优劣"条中"元镇"注释。

［40］ 俞紫芝：即俞和。字子中，号紫芝，晚号紫芝老人，明代书法家。擅行、草书，秀雅挺劲，酷肖孟頫。楷书高古风雅，颇有晋人风度。有《篆隶千字文》传世。

［41］ 杨铁崖（yá）：即杨维桢，字廉夫，号铁崖，元代文学家、书法家。其书法将章草、隶书、行书的笔意熔于一炉，奇崛峭拔、狷狂不羁、骨力雄健、汪洋恣肆。传世作品有《周上卿墓志铭》《张氏通波迁表》《竹西志》等。

［42］ 柯丹丘：即柯九思，字敬仲，号丹丘生，元代书画家。擅书法，学欧阳询而雄健稳秀。精画墨竹，师法文同，笔墨苍秀。存世书迹有《老人星赋》等，画作有《清秘阁墨竹》《双竹》等图。

［43］ 袁清容：即袁桷（jué），字伯长，号清容居士。工书法，存世书迹有《同日分涂帖》《旧岁北归帖》等。

［44］ 危太素：即危素，字太朴，号云林，元末明初历史学家、文学家、书法家。书法代表作有《御制皇陵碑》《跋陆柬之书文赋》《义门王氏先茔碑》等。

[45] 宋文宪濂：即宋濂，初名寿，字景濂，号潜溪，别号龙门子、玄真遁叟，明初著名政治家、文学家、史学家、思想家。书法上也有一定造诣，有《王诜烟江叠嶂图跋》《题虞摹兰亭跋》等书迹传世。

[46] 中书舍人燧：即宋燧，宋濂次子，字仲珩，官中书舍人。明人何乔远《名山藏》称其"精篆、隶，工真、草，小篆之工，为国朝第一"。

[47] 方逊志孝孺：即方孝孺，字希直，一字希古，号逊志，明朝文学家、思想家。书迹有《致彦士翰林手札》等传世。

[48] 宋南宫克：即宋克，字仲温，自号南宫生，是明代初期闻名于书坛的"三宋二沈"之一。书法工草隶，深得钟、王之法，笔精墨妙，风度翩翩，有章草《急就章》《李白行路难》等。

[49] 沈学士度：即沈度。字民则，号自乐。曾任翰林侍讲学士。明代书法家，擅篆、隶、楷、行等书体。有墨迹《教斋箴》《四箴铭》等传世。

[50] 俞紫芝和：即俞和。与前文"薛道祖"一样，当为书中赘述。

[51] 徐武功有贞：即徐有贞。原名徐珵（chéng），字元玉（一字元武），晚号天全翁。明朝中期内阁首辅，因封爵武功伯，世称徐武功。书法方面有一定造诣，长于行草。

[52] 金元玉珏：应为"金元玉琮"的谬误。金琮，字元玉，自号赤松山农，明代书画家。初法赵孟頫，晚学张雨。书迹有《诞辰帖》《致民望札》等传世。文徵明对于他的书法非常推崇，偶得片纸，都要装裱成卷，并题上"积玉"两字，以示珍爱。

[53] 沈大理粲：即沈粲，字民望，沈度之弟。善真、草书，飘逸遒劲，自成一家。有《古诗轴》《梁武帝草书状卷》《重建华亭县治记》等传世。

[54] 解学士大绅：即解缙，字大绅（一字缙绅），号春雨，官至内阁首

辅、右春坊大学士，曾主持编纂《永乐大典》。书法小楷精绝，行、草皆佳，尤其擅长狂草，墨迹有《自书诗卷》《书唐人诗》《宋赵恒殿试佚事》等传世。

［55］ 钱文通：即钱溥，字原溥，谥文通。小楷行、草俱工。他本或作"钱文通溥"。

［56］ 桑柳州悦：即桑悦，字民怿，号思玄，别号鹤溪道人，曾任柳州通判。书法学赵孟頫、怀素。

［57］ 祝京兆允明：即祝允明，字希哲，因长相奇特，右手有骈指，故自号枝山，世人称为"祝京兆"。明代才子。擅诗文，与徐祯卿、文徵明、唐寅并称"吴中四才子"。尤工书法，小楷近钟繇，尤以草书见长，风骨烂漫，气势奔放，出神入化。其代表作有《太湖诗卷》《箜篌引》《赤壁赋》等。

［58］ 吴文定宽：即吴宽，字原博，号匏庵，谥号"文定"。明代名臣、文学家、书法家。明王鏊《震泽集》评价其"作书姿润中时出奇崛，虽规模于苏，而多所自得"。传世书迹有《种竹诗卷》《题赵孟頫重江叠嶂图诗》等。

［59］ 先太史讳：即文徵明。详见本卷"古今优劣"中"吾家太史"注释。

［60］ 王太学宠：即王宠，字履仁（一字履吉），号雅宜山人。博学多才，能书善画，行草尤为精妙，婉丽遒逸，疏秀有致，与祝允明、文徵明齐名。传世书迹有《千字文》等。

［61］ 李太仆应祯：即李应祯。名甡（shēn），字应祯，号范庵。工书法，善楷、行、草、隶诸体，自成一家。能用三指尖握笔，虚腕疾书，非他人所能及。传世作品有《缉熙帖》《枉问帖》。

［62］ 王文恪鏊（ào）：即王鏊，字济之，号守溪，晚号拙叟，去世后追赠太傅，谥号文恪。善书法，有《自书诗轴》《书悯松诗》等传世。

［63］唐解元寅：即唐寅。详见本卷"古今优劣"条中"唐"注释。

［64］顾尚书璘：即顾璘，字华玉，号东桥居士，累官至南京刑部尚书。元·陶宗仪《书史会要》："璘善行曹，笔力高古。"

［65］丰考功坊：即丰坊。明朝书法家。书学极博，诸体并能。尤擅草书。书迹有《砥柱行》《自书诗卷》等传世。

［66］先两博士讳：即文彭、文嘉。文彭，文徵明长子，字寿承，号三桥，别号渔阳子，官国子监博士。精于篆、隶，有小楷《赤壁赋》、行草《五律诗》等书迹传世。文嘉，文徵明次子，详见本卷"古今优劣"条中"和州"注释。

［67］王吏部穀（gǔ）祥：即王穀祥，字禄之，号酉室。官吏部员外郎。书仿晋人，篆籀八体，并臻妙品。书法作品有《九歌》传世。

［68］陆文裕深：即陆深，原名陆荣，字子渊，号俨山，谥号文裕。书法遒劲有法，如铁画银钩。书迹有《行书书札》《瑞麦赋》等传世。

［69］彭孔嘉年：即彭年，字孔嘉，号隆池山樵。行草师苏轼。有行书《诗翰册》《题完庵诗画卷》等传世。

［70］陆尚宝师道：即陆师道，字子传，号元洲，累官尚宝少卿。师事文徵明，诗、文、书、画俱习。尤工小楷、古篆，为一时书家冠之。有《仙山赋》《赠绍谷诗》等传世。

［71］陈方伯鎏（liú）：即陈鎏，字子兼，别号雨泉。书法尤精绝，丰媚遒逸，有天然趣。书迹有《明贤书札》《行草韦应物陪元侍御春游诗》传世。

［72］蔡孔目羽：即蔡羽，字九逵，自号林屋山人，由国子生授南京翰林孔目，故称蔡孔目。善书法，长于楷、行，以秃笔取劲，姿尽骨全。有行书《临解缙诗》、楷书《保竹说卷》等传世。

［73］陈山人淳：即陈淳，字道复，号白阳山人。书工行草，圆润恣睢，稳健老成。书迹有《草书千字文册》等存世。

[74] 张孝廉凤翼：即张凤翼，字伯起，号灵虚。善书，有行书《五言诗》《题李思训碑》等传世。

[75] 王徵君穉（zhì）登：即王穉登，字伯谷，号松坛道士。善书法，行、草、篆、隶皆精，书迹有《黄浦夜泊》《行书轴》等存世。

[76] 周山人天球：即周天球，字公瑕，号幼海。明代书画家。尤擅大小篆、古隶、行楷，书迹有行书《心经》《陋室铭轴》等传世。

[77] 邢侍御侗：即邢侗，字子愿，号知吾，官至陕西太仆寺少卿。工书，行草、篆隶，各臻其妙，而以行草见长，晚年尤精章草，传世书迹有《临王羲之帖》《论书册》等。

[78] 董太史其昌：即董其昌。详见本卷“绢素”条中注释。

[79] 陈文东璧：即陈璧，字文东，号谷阳生。书法多用侧锋，运笔流畅快健，富于绳墨。有《临张旭秋深帖》等传世。

[80] 姜中书立刚：即姜立刚（一作姜立纲），字廷宪，号东溪，瑞安人。以善书画闻名海内外。

[81] 院气：院画之气。院画详见本卷“院画”中注释。

[82] 王右丞：即王维，字摩诘，官至尚书右丞，故世称“王右丞”。中年后居蓝田辋川，过着亦官亦隐的优游生活。他参禅悟理，学庄信道，精通诗、书、画、音乐等。绘画方面，善写泼墨山水及松石，尤工平远之景，曾绘《辋川图》，著有《画学秘诀》，明董其昌推为南宗画派之祖。宋·苏轼《书摩诘蓝田烟雨图》：“味摩诘之诗，诗中有画；观摩诘之画，画中有诗。”

[83] 李思训父子：即李思训、李昭道。详见本卷“古今优劣”条中“二李”注释。

[84] 周昉（fǎng）：唐代著名画家。详见本卷“古今优劣”条中注释。

[85] 董北苑：即董源。在南唐时任北苑副使，故又称“董北苑”。详见本卷“古今优劣”条中“董源”注释。底本作“董北海”，误。

［86］ 李营丘：即李成。详见本卷"古今优劣"条中"李成"注释。

［87］ 郭河阳：即郭熙。字淳夫，北宋画家。擅画山水，早年较细腻工巧，晚年转为雄壮爽健，与子郭思合著山水画论著作《林泉高致》。山水取景构图上，创"高远、深远、平远"之"三远"构图法。有《早春图》《关山春雪图》等存世。

［88］ 米南宫：即米芾。详见本卷"古今优劣"中"二米"注释。

［89］ 宋徽宗：即赵佶。详见本卷"御府书画"条中注释。

［90］ 米元晖：即米友仁。详见本卷"古今优劣"中"二米"注释。

［91］ 崔白：字子西，北宋画家。工花竹禽鸟，清赡自然，尤以败荷凫雁为佳，一改黄筌浓艳画风，亦善画佛道鬼神等。有《禽兔图》《寒雀图》等传世。

［92］ 黄筌、居寀：详见本卷"古今优劣"条中注释。

［93］ 文与可：即文同，字与可，号笑笑居士。北宋诗人、画家。擅画墨竹，画竹创叶面深墨、叶背淡墨之法，主张画前当"胸有成竹"。

［94］ 李伯时：即李公麟，字伯时，号龙眠居士。长于行、楷书，有晋、宋书家之风。尤以画著名，凡人物、释道、鞍马、山水、花鸟，无所不精，时推为"宋画第一人"。有《五马图》《维摩诘图》等画作存世。

［95］ 郭忠恕：字恕先，宋朝书画家。善写篆、隶书，尤以"界画"为世人推重，传世作品有《雪霁江行图》《明皇避暑宫图》等。

［96］ 董仲翔：即董羽，字仲翔，南唐画家，擅画龙鱼，尤长海水，尽汹涌澜翻之势。有《腾云出波龙图》《踊雾戏水龙图》等画作。

［97］ 苏文忠：即苏轼，谥号"文忠"。详见本条"二苏"注释。

［98］ 苏叔党：即苏过，字叔党，苏轼第三子。能文，擅书画。苏轼看过他所作的《木石竹》图，将之与文同的画相提并论，以为"老可能为竹写真，小坡解与竹传神"。

［99］ 王晋卿：即王诜（shēn），字晋卿，北宋画家。能书，善属文，尤擅画山水，喜作烟江云山、寒林幽谷，水墨清润明洁，青绿设色高古绝俗。存世作品有《渔村小雪图》《烟江叠嶂图》《溪山秋霁图》等。

［100］ 张舜民：字芸叟，号浮休居士。工诗文，善书画，喜收藏。有《秋林落照图》传世。

［101］ 杨补之：即扬无咎，字补之，号逃禅老人。自称汉扬雄后裔，故其书姓从"扌"不从"木"。诗、书、画兼长，尤擅画梅，开墨梅之派先河，画作朴素而有雅韵，风味淡泊，荒寒清绝。当时声名远播，有"得补之一幅梅，价不下百千匹"之说。传世画作有《四梅图》《雪梅图》等。

［102］ 杨季衡：即扬季衡，扬无咎之侄。能作水墨花鸟，画墨梅甚得其家传。

［103］ 陈容：字公储，号所翁，诗文豪壮，尤善画龙，善用水墨，泼墨成云，噀水成雾，变化欲活，为后人画龙的典范，世称"所翁龙"。有《六龙图》《龙飞云雾图》等画作传世。

［104］ 李唐：字晞古，南宋画家。擅长山水、人物。变荆浩、范宽之法，苍劲古朴，气势雄壮。晚年去繁就简，创"大斧劈皴"。其技艺为刘松年、马远、夏珪等所师法，开南宋一代新风。存世作品有《万壑松风》《清溪渔隐》《采薇图》等。

［105］ 马远：字遥父，号钦山，南宋画家。擅画山水、人物、花鸟，多作一角半边之景，人称"马一角"。与李唐、刘松年、夏珪并称"南宋四家"，有《踏歌图》《梅石溪凫图》等存世。

［106］ 马逵：马世荣之子，马远之兄，画山水、人物得家学之妙，画花鸟疏渲极工，禽鸟毛羽粲然，飞鸣之态生动逼真。有《赏梅图》传世。

[107] 夏珪：字禹玉。善画山水及人物，所画山水自唐以来无出其右者。其构图简洁，独出一格，人称"夏半边"；又好用秃笔，称为"拖泥带水皴"。代表作《溪山清远图》《西湖柳艇图》。

[108] 范宽、关仝：详见本卷"古今优劣"条中注释。

[109] 荆浩：字浩然，号洪谷子。自称作画兼吴道子用笔和项容用墨之长，为北宗画派之祖。所著《笔法记》为古代山水画理论的经典之作，提出气、韵、景、思、笔、墨的绘画"六要"。现存作品有《匡庐图》《雪景山水图》等。

[110] 李山：金朝书画家，善画山水、树石，笔势纵横，若不经意，挥洒自如，不失法度。传世作品有《风雪松杉图》。

[111] 赵松雪：即赵孟頫。详见本卷"古今优劣"中"松雪"注释。

[112] 管仲姬：即管道升，字仲姬，赵孟頫之妻。诗、书、画俱有可观之处。所写行楷与赵孟頫颇相似，所书《璇玑图诗》笔法工绝。绘画方面，尤擅画墨竹梅兰，晴竹新篁，为其首创。作品有《水竹图卷》《山楼绣佛图》《长明庵图》等。

[113] 赵仲穆：即赵雍，赵孟頫次子，字仲穆。继承家学，画擅山水，师法董源；尤精人马，得曹霸之法；写兰竹则腴润洒落。作品有《挟弹游骑图》《澄江寒月》等图。

[114] 赵千里：即赵伯驹，字千里，宋太祖七世孙。擅金碧山水，布景周密，着色清丽，在淡彩基础上局部敷以青绿，改变了唐人浓郁之风。传世作品有《江山秋色图》等。

[115] 李息斋：即李衎（kàn），字仲宾，号息斋道人，元代画家。擅墨竹，初学王庭筠，后法文同。曾入竹乡，观察竹的各种姿态，画艺大进，其作墨竹，双钩设色，挺拔洒脱，工丽清雅，亦善画松石。传世作品有《双钩竹图》《四清图》《墨竹图》等。

[116] 吴仲圭：即吴镇，字仲圭，号梅花道人。擅画山水和墨竹，善用

湿墨，丰润浑厚，苍莽郁茂，自成一派。喜作渔父图，有清旷野逸之趣。与黄公望、王蒙、倪瓒并称"元四家"。存世作品有《渔父图》《双桧平远图》《洞庭渔隐图》等。

［117］钱舜举：即钱选，字舜举，号玉潭。宋末进士，入元不仕。工诗，善书画。山水、人物、花鸟转益多师。提倡"士气说"，倡导"戾家画"。在画上题写诗文或跋语，对诗书画结合的文人画有很大影响。存世作品有《桃枝松鼠》《浮玉山居》《花鸟》等图。

［118］盛子昭：即盛懋（mào），字子昭。善画人物、山水、花鸟。布置邃密，运笔精劲。存世作品有《秋林高士图》《秋江待渡图》等。

［119］陈珏（jué）：钱塘人，号桂岩，南宋宝祐年间为画院待诏，善画人物与着色山水。

［120］陈仲美：即陈琳，陈珏之子，字仲美。继承家学，又受教于赵孟頫，善画山水、花鸟、人物。

［121］陆天游：即陆广，字季弘，号天游生。能诗，工小楷。擅画山水，取法黄公望、王蒙，风格幽淡，后人以为在曹知白、徐贲之间。存世作品有《仙山楼观图》等。

［122］曹云西：即曹知白，字又玄、贞素，号云西。家有藏书数千卷，也喜蓄字画。擅山水，早年笔墨秀润，晚年苍秀简逸，风格清疏简淡，为黄公望、倪瓒所推重。存世作品有《疏松幽岫》《雪山清霁》等。

［123］唐子华：即唐棣，字子华，号遁斋。文思敏慧，能诗善画，传世作品有《林荫聚饮图》《霜浦归渔图》等。

［124］王元章：即王冕，字元章，号煮石山农、梅花屋主等。一生爱好梅花，所画梅花，花密枝繁，气韵生动，对后世影响较大。存世画迹有《南枝春早图》《墨梅图》《三君子图》等。

［125］高士安：元代画家。明·曹昭《格古要论》："高士安，字彦敬，

回鹘人。居官公暇，登山赏览，其湖山秀丽，云烟变灭，蕴于胸中，发于毫端，自然高绝。其峰峦皴法董源，云树学米元章，品格浑厚，元朝第一名画也。"

[126] 高克恭：字彦敬，号房山道人。工山水，擅写林峦烟景；初学二米，晚年兼法董源，笔墨苍润，甚得赵孟頫推崇。也写墨竹，风格近文同。存世作品有《云横秀岭》《春云晓霭》等图。

[127] 王叔明：即王蒙。详见本卷"古今优劣"条中"叔明"注释。

[128] 黄子久：即黄公望。详见本卷"古今优劣"条中"大痴"注释。

[129] 方方壶：即方从义，字无隅，号方壶、鬼谷山人等。擅写云山，取法董巨、二米，笔墨苍润，自成一格。亦能诗文，并工隶书、章草。存世作品有《神岳琼林》等。

[130] 戴文进：即戴进，字文进，号静庵、玉泉山人。明宣德年间画家。山水遒劲苍润，人物、花鸟笔墨简括，为"浙派"开山鼻祖。作品有《春山积翠图》《风雨归舟图》《三顾茅庐图》等。

[131] 王孟端：即王绂（fú），一作王芾，字孟端，号友石。擅长山水，尤精枯木竹石，具有挥洒自如、纵横飘逸、清翠挺劲的独特风格。代表作有《秋林隐居图》《竹鹤双清图》《湖山书屋图》。

[132] 夏太常：即夏昶。字仲昭，号自在居士。画墨竹师王绂，青出于蓝。有"夏昶一个竹，西凉十锭金"之说。

[133] 赵善长：本名元，后因避朱元璋讳而改作原，字善长，元末明初画家。擅山水，师法董源、王蒙，善用枯笔浓墨，风貌郁苍。兼能竹石，名重当时。

[134] 陈惟允：即陈汝言，字惟允，号秋水，元末明初画家。擅山水，兼工人物。行笔清润，构图严谨，意境幽深。有《荆溪图》《百丈泉图》《仙山图》等存世。

[135] 徐幼文：即徐贲（bēn），字幼文，号北郭生。绘画取法董源、巨

然，笔墨清润。亦精墨竹。存世画迹有《蜀山图》《秋林草亭图》等。

[136] 张来仪：即张羽，字来仪，号盈川。长于诗，与高启、杨基、徐贲称"吴中四杰"。绘画师法米氏父子及高克恭，笔力苍秀。有《松轩春霭图》等存世。

[137] 宋南宫：即宋克。详见本条中"宋南宫克"注释。

[138] 周东村：即周臣，字舜卿，号东村。擅山水，笔法严整，气局稳健，运笔奔放遒劲，也有人以为稍乏淡远之趣。兼工人物。唐寅、仇英曾从他学画。代表作有《柴门送别图》《春山游骑图》等。

[139] 沈贞吉：号南斋，吴门画派领袖沈周的伯父。山水师法董源、杜琼，并吸取元诸家之长，其精妙处直逼宋人。画作有《秋林观瀑图》等。

[140] 恒吉：即沈恒吉。沈贞吉之弟，沈周之父，字同斋。其画虚和潇洒，有《深山读书图》《胜感八景》《赠诚庵老友山水图》等存世。

[141] 沈石田：即沈周。详见本卷"古今优劣"条中"沈"注释。

[142] 杜东原：即杜琼，字用嘉，号东原耕者。能诗文，擅山水。山水宗董源、王蒙，多用干笔皴擦，淡墨烘染，设色清淡，风格苍秀，开吴门派先河。有《南村别墅图》《友松图》等传世。

[143] 刘完菴：即刘珏，字廷美，号完菴（一作"庵"）。工正、行书。擅山水，师法吴镇、王蒙，风格苍润。书法有《李白草书歌行》，绘画有《烟水微茫图》等存世。

[144] 先太史：即文徵明。详见本卷"古今优劣"条中"吾家太史"注释。

[145] 先和州：即文徵明次子文嘉。详见本卷"古今优劣"条中"和州"注释。

[146] 五峰：即文徵明之侄文伯仁，字德承，号五峰。工画山水，岩峦郁密，布景奇兀。有《万山飞雪图》《都门柳色图》等传世。

[147] 张梦晋：即张灵，字梦晋。祝允明弟子，受唐寅影响也极深。画人物形色清真，作山水清绝除尘，亦善竹石、花鸟。有《招仙图》《织女图》等传世。

[148] 周官：字懋夫，明代画家。善画山水人物，无俗韵。白描尤精绝，所绘饮中八仙，衣冠古雅，深得醉乡意态。

[149] 谢时臣：字思忠，号樗仙。善画山水，笔墨纵横自如，富有气势。有《杜陵诗意图》《策杖寻幽图》等传世。

[150] 陈道复：即陈淳。曾从文徵明学书画，山水学米友仁而笔迹放纵。擅写意花卉，淡墨浅色，风格疏爽。存世作品有《洛阳春色图》《山茶水仙图》等。

[151] 仇十洲：即仇英，字实父，号十洲，吴门四家之一。擅画人物，尤精仕女，以细腻工丽见称。亦擅青绿山水，妍雅温润。存世作品有《汉宫春晓图》《桃园仙境图》《赤壁图》等。

[152] 钱叔宝：即钱榖，字叔宝，号磬室。明代画家。善绘山水、兰竹，意趣古淡，疏朗清新。传世作品有《虎丘前山图》《求志园图》等。

[153] 陆叔平：即陆治，字叔平，自号包山子。绘画用笔劲峭，意境清朗，自具风格。有《彭泽高踪图》《端阳即景图》《三峰春色图》《花鸟册页》等画作传世。

[154] 郑颠仙：即郑文林，号颠仙，擅长绘画，画人物颇野放。

[155] 张复阳：即张复，字复阳，号南山，画风多作写意，水墨淋漓。

[156] 钟钦礼：即钟礼，字钦礼，号南越山人。画山水纵笔粗豪。有《雪溪放艇图》等存世。

[157] 蒋三松：即蒋松。明·周晖《金陵琐事》："蒋松，号三松，善山水、人物，多以焦墨为之，尺幅中寸山勺水，悉臻化境。"

[158] 张平山：即张路，字天驰，号平山。人物画师法吴伟，秀逸不足，

狂放过之，山水画有戴进的风致。有《山雨欲来图》《渔夫图》等
存世。

［159］汪海云：即汪肇，字德初。善绘画，有《柳禽白鹇图》等作品存
世。风格豪放不羁，自谓其笔意飘若海云，故自号海云。

［160］邪学：不正当的学说。

【点评】

书画名家，古往今来浩若烟海，不可胜数。文震亨提及的书法名家有
七十九人，皆是千古风流人物；他提及的绘画名家有八十二人，也皆是赫
赫有名，光照千古。华夏的艺术史，因为这些名家的存在而辉煌夺目。他
们留下的法书、名画，时至今日，仍令人受益无穷。收藏、赏鉴、临摹
等，均无法绕开这一串串名字。

不过受益之余，这些名家名作，也常常令人烦恼。一是无法企及的
惆怅，在一座座高山面前，后人常自感渺小，甚至自暴自弃，不能从容面
对其中真意。二是鄙薄顽固的风气，后世之人有心爱之物时，要么厚此薄
彼，要么厚古薄今，不能理性平静对待。三是艺道穷尽的感慨，苏轼云：
"诗至杜子美，文至韩退之，书至颜鲁公，画至吴道子，古今之变，天下
之事毕矣。"董其昌又云："夫诗至少陵，书至鲁公，画至二米，古今之
变，天下之能事毕矣。"后世之人，总觉得一切艺术都山穷水尽了，但殊
不知艺术总在流变之中，不同时代总会有不同时代的独有的艺术。四是
不能拥有的苦恼。遇到佳作，人皆有收藏之心，也往往有占有之欲，故
而从古至今发生了太多令人嗟叹之事，而少有人明白苏轼《赤壁赋》中
的"苟非吾之所有，虽一毫而莫取"。若能懂得，便能从物外之趣中，体
会到一种超然之意，如此再反观法书、名画，必然会有一种新的体会和
领悟。

宋绣[1]　宋刻丝[2]

宋绣针线细密，设色精妙，光彩射目，山水分远近之趣[3]，楼阁得深邃之体[4]，人物具瞻眺生动之情[5]，花鸟极绰约嚵唼之态[6]，不可不蓄一二幅，以备画中一种。

【注释】

[1] 宋绣：宋代的刺绣，针法细密、图案精致、格调高雅，色彩秀丽。

[2] 宋刻丝：即宋代的缂（kè）丝。缂丝是一种以生蚕丝为经线，彩色熟丝为纬线，采用通经回纬的方法织成的平纹织物，常用以织造帝后服饰、画像和名人书画，极具欣赏装饰性。

[3] 山水分远近之趣：山水有远近层次分明的意趣。

[4] 楼阁得深邃之体：楼阁能看到深邃悠远的体制。

[5] 人物具瞻眺生动之情：人物具有远望的生动表情。瞻眺，瞻看眺望。宋·朱熹《释奠斋居》："瞻眺庭宇肃，仰首但秋旻。"

[6] 花鸟极绰约嚵唼（chán shà）之态：花、鸟极尽迎风招展、争相啄食的神态。绰约，柔婉美好貌。绰约若处子。"嚵唼，水鸟争食的样子。嚵为吸饮、尝食之意。

【点评】

宋绣，即宋代的刺绣，又称汴绣。北宋时期，朝廷设有文绣院，几百位绣女云集，专为皇室和官员们绣制服饰。在汴梁城中还有一条绣巷，《东京梦华录》记载："皆师姑绣作居住。"可见当年的盛况。

宋绣菊花帘

宋徽宗时，绘画得到前所未有的重视，一些刺绣大师开始把绘画艺术引入刺绣中，形成了独具特色的绣画。屠隆《考槃馀事》云："宋之闺秀书，山水人物，楼台花鸟，针线细密，不露边缝，其用绒止一二丝，用针如发细者为之，故眉目必具，绒彩夺目，而丰神宛然，设色开染，交书更佳，女红之巧，十指春风，回不可及。"格调不凡，赏心悦目。

缂丝，由于制作繁琐，耗时长久，有"一寸缂丝一寸金"之说。不过由于其采用的是纬线穿通织物幅面的"通经断纬"之法，形成的花纹边界犹如雕琢镂刻一般，再加上色彩变换比较容易，故而特别适宜创作书画作品。

宋代绘画的发展，使缂丝像汴绣一般，由实用转向观赏。宋徽宗就对此颇为看重，他看到一位朱姓女子的缂丝画作《碧桃蝶雀图》后，曾在上面亲笔题诗道："雀踏花枝出素纨，曾闻人说刻丝难。要知应是宣和物，莫作寻常湘绣看。"当时的缂丝画作，题材十分广泛，有牡丹、山茶、芙蓉、荷花、绥草、翠鸟、鹌鹑、雁、蝴蝶等花鸟科，也有山水之作，设色典雅，别具风韵，可作画之一种。

装　潢^[1]

装潢书画，秋为上时^[2]，春为中时，夏为下时，暑湿^[3]及冱寒^[4]俱不可装裱。勿以熟纸^[5]，背必皱起，宜用白滑漫薄^[6]大幅生纸^[7]。纸缝先避人面及接处^[8]，若缝缝相接^[9]，则卷舒缓急有损，必令参差其缝^[10]，则气力均平^[11]，太硬则强急^[12]，太薄则失力^[13]。绢素彩色重者，不可捣理^[14]。古画有积年尘埃，用皂荚清水数宿^[15]，托于太平案^[16]扦去^[17]，画复鲜明，色亦不落。补缀之法，以油纸衬之，直其边际^[18]，密其隟缝^[19]，正其经纬^[20]，就其形制^[21]，拾其遗脱^[22]，厚薄均调^[23]，润洁平稳^[24]。又凡书画法帖，不脱落不宜数装背，一装背则一损精神。古纸厚者，必不可揭薄^[25]。

【注释】

[1] 装潢：一作装璜，又称装背、装裱、装褫、裱褙，装裱书画之意。古时装裱书画用黄檗汁染的纸，即潢纸，故有"装潢"一说。书画经装裱后更增美观，便于观赏收藏，残破后也能修补完整。

[2] 上时：最合适的时令。同理，下文中的中时即为一般的时令，下时则为不恰当的时令。

[3] 暑湿：炎热潮湿。

[4] 冱（hù）寒：寒气凝结，意为极度寒冷。三国魏·曹操《明罚令》："且北方冱寒地，老少羸弱，将有不堪之患。"

[5] 熟纸：经过煮捶或涂蜡的纸。宋·邵博《邵氏闻见后录》："唐人有熟纸，有生纸，熟纸所谓研妙辉光者。"

［6］ 白滑漫薄：洁白、光滑、轻薄、透亮。

［7］ 生纸：未经煮捶或涂蜡之纸。

［8］ 纸缝先避人面及接处：衬纸与画纸的接缝应先避开画人物面部和连接处。

［9］ 缝缝相接：画纸与衬纸的接缝完全重叠。

［10］ 参差其缝：画纸与衬纸的接缝要错开。

［11］ 气力均平：卷舒时用力能够均匀适度。

［12］ 太硬则强急：太硬的纸张卷舒时容易让人着急使力。底本作"大硬则强急"，"大"虽通"太"，但联系下文可知为错讹。

［13］ 太薄则失力：太软的纸张卷舒时容易让人使不上力。

［14］ 捣理：字画装裱成以后，用大块鹅卵石在裱背上摩擦使其光滑。

［15］ 用皂荚清水数宿：用皂荚水浸湿数日。皂荚，落叶乔木，开淡黄色花，其果可作皂质去污垢。

［16］ 太平案：装裱字画用的桌案。

［17］ 扦（qiān）去：挑去，剔除。

［18］ 直其边际：使边角、边缝排列整齐。

［19］ 密其陳缝：使接口严丝合缝。

［20］ 正其经纬：理顺纵面横面。

［21］ 就其形制：保持原来规格。

［22］ 拾其遗脱：填补缺损部分。

［23］ 厚薄均调：使其厚薄均匀。

［24］ 润洁平稳：使其干净、整齐、平滑。

［25］ 揭薄：揭去一层。

【点评】

　　装潢，在书画中有两种含义，其一是装裱，其二是修缮。

文震亨行书七言诗扇面

俗话说"三分画，七分裱"，装裱能使书画的色彩和笔墨更加突出，大大提高书画的观赏性。古人很早就注意到了一点，据《唐六典》记载，当时崇文馆、秘书省共用装潢匠十四人专职装潢。内府之物，"一例皆用白檀香为身，紫檀香为首，紫罗褾织成带，以为官画之标志"。宋高宗《翰墨志》又云："纸书绢素，备成卷帙，皆用皂鸾鹊木锦褾，白玉珊瑚为轴，秘在内府，用大观、政和、宣和印章。"用上好笺纸或绫绢作裱料，并用檀香木、白玉珊瑚为轴，画中有钤盖印章，并作题跋，显得高贵典雅，大气美观，令人赏心悦目。

修缮的作用甚至比装裱更为重要。明人周嘉胄在《装潢志》中提出，历代书画在传承中皆会有残脱，还要遭遇"兵火丧乱，霉烂蠹蚀，豪夺计赚"等种种厄运，珍品往往百不传一。他认为这如同"病笃延医"，若是所托非人，肯定"随剂而毙"。相反，如果装潢得法，则"古迹一新，功同再造"，于是研究并总结了一系列的修缮方法。

修缮之法，简而言之，在于先审视画况，然后通过漂洗、揭旧、补托、全色、接笔五个步骤，来达到修旧如旧的效果。漂洗，指用特定的清洁剂去除画面的霉斑、脏污。揭画，指揭尽原裱的复褙纸和托纸，这一步十分关键，稍有不慎，就会损坏画芯。《装潢志》中形容为："有临渊履冰之危，一得奏功，便胜泚水之捷。"所以不到万不得已，不可重新揭画。

托补，指画芯完整时，先托一层稍薄于命纸的旧色纸，若画面残缺，需要另用类似的纸张修补。全色，是用材料调兑颜料，在画面上勾勒，达到全幅统一的效果。接笔，指的书画上如有缺笔，根据字形、画意，用笔接上，使其浑然天成。装潢并非小道，除了修缮技术，还需具备多方面的能力。《装潢志》云："须具补天之手，贯虱之睛，灵慧虚和，心细如发充此任者，乃不负托。又须年力甫壮，过此则神用不给矣。"

文氏家族出了文徵明、文嘉、文彭、文元发等书画大家，家学渊源，文震亨对此道也有涉猎，文中所言如使用白滑薄亮的大幅生纸装裱，衬纸和画纸接缝避开人面，用皂荚水去除画面积年尘埃，古画不轻易装裱等，均有可观之处，可为方家参考。

法　糊[1]

用瓦盆盛水，以面一斤渗水上，任其浮沉，夏五日，冬十日，以臭为度[2]。后用清水蘸白芨[3]半两、白矾[4]三分，去滓[5]，和元浸面打成[6]，就锅内打成团，另换水煮熟，去水倾置一器[7]，候冷，日换水浸，临用以汤调开[8]，忌用浓糊[9]及敝帚[10]。

【注释】

[1]　法糊：装裱中按照一定规格调成的糨糊。

[2]　以臭为度：以发酵酸臭为标准。

[3]　白芨：多年生草本球根植物，也称白及。块茎含黏液质和淀粉等，可作糊料，亦可入药。

[4]　白矾：矿物明矾石经加工提炼而成的结晶。外用能解毒杀虫，燥湿

止痒；内用能止血，止泻，化痰。

[5] 去滓：去除渣滓杂质。

[6] 和元浸面打成：和原来浸过的面粉一起，在锅里打成面团。

[7] 去水倾置一器：把水倒掉，面团另放。

[8] 以汤调开：拿热水调开。汤，热水。

[9] 浓糊：浓稠的糨糊。

[10] 敝帚：破旧的扫帚。

【点评】

　　糨糊，是装裱书画必备的材料，能将裱纸与画纸粘合得妥帖牢靠、柔软平顺，且能防虫、防霉，故而可以直接影响到书画装裱的质量以及保存的时间，其地位可谓举足轻重。

　　其制作之法，文震亨所言包括备料、盛水、和面、候臭、去滓、浸泡、打团、候冷、冲水、调配等多个步骤，颇为繁琐，可见配置不易。唐代张彦远《历代名画记》，宋代周密《志雅堂杂钞》，元代王士点《秘书监志》、陶宗仪《南村辍耕录》，明代高濂《遵生八笺》、周嘉胄《装潢志》、方以智《物理小识》，清代周二学《赏延素心录》，均有记载法糊之方。有志此道者，可以互参。

装褫定式[1]

　　上下天地[2]须用皂绫[3]，龙凤、云鹤等样，不可用团花[4]及葱白[5]、月白[6]二色。二垂带[7]用白绫，阔一寸许，乌丝粗界画[8]二条，玉池[9]白绫亦用前花样。书画小者须挖嵌[10]，用淡月白画绢，上嵌金黄绫条，阔半寸许，盖宣和裱法，用以题识[11]，旁用沉香皮条边。大者四面用白绫，或单用皮条边，亦可。参书[12]有旧人题跋[13]，不宜剪削[14]；无题跋，则断不可用。画卷有高头[15]者不须嵌，不则亦以细画绢挖嵌。引首须用宋经笺[16]，白宋笺[17]及宋元金花笺[18]或高丽茧纸[19]、日本画纸[20]俱可。大幅上引首五寸，下引首四寸，小全幅上引首四寸，下引首三寸。上裱[21]除撅竹[22]外，净二尺，下裱除轴，净一尺五寸。横卷[23]长二尺者，引首阔五寸，前裱阔一尺，余俱以是为率[24]。

【注释】

[1] 装褫（chǐ）定式：装裱的固定形制。装褫，即装裱。

[2] 上下天地：画身上下部分。画身之上称为天，画身之下称为地。上方的轴称为天杆，下方的轴称称为地轴。接近天杆的部位称为天头，接近地轴的部位称为地头。

[3] 皂绫（líng）：黑色的绫。皂，皂荚壳可以染黑，文中作"黑色"解。绫，细薄而有花纹的丝织品。

[4] 团花：放射状或旋转式的圆形装饰纹样，纺织品上常有此种花饰。

[5] 葱白：淡青色。

[6] 月白：带蓝色的白色，因近似月色，故称。

[7] 二垂带：疑即"惊燕"，又名"绶带"，在天头处安装，燕子飞近时，两带被流风带动飘飞，可惊走燕子。

[8] 乌丝粗界画：黑色的粗直线。乌丝，纸绢画上画出或织上的直行黑色线，叫作"乌丝栏"。界画，作画时使用界尺引线，故名。

[9] 玉池：又名"诗塘"，指中国画立轴装裱上方所留出的地位，由于画身轴长画短，故留出一部分使画图保持均衡。明·杨慎《丹铅总录》："古装裱卷轴引首后，以绫粘褙者曰赠……唐人谓之玉池。"

[10] 挖嵌：是全绫裱的一种
形式，即将绫按照字画
大小挖空嵌入装裱。

[11] 题识：即题跋，见下文
注释。

[12] 参书：疑为以笺纸镶裱
书画两侧，留待题跋。
或为"诗堂"，在画心
上加一节空白纸，或上
下都加一节空白纸。

[13] 题跋：题指写在书籍、
字画、碑帖等前面的文
字，跋指写在书籍、字
画、碑帖等后面的文

文震亨在王羲之《快雪时晴帖》上的题跋

字，两者合称题跋。内容多为品评、鉴赏、考订、记事等。

[14] 剪削：砍削，文中意为裁剪。

[15] 高头：即天头，画卷上端所留的空白。

[16] 宋经笺：宋代写经时常用的笺纸。明·胡震亨《海盐县图经》："金
栗寺有藏经千轴，用硬黄茧纸，内外皆蜡磨光莹，以红丝阑界
之……纸背每幅有小红印，文曰：'金栗山藏经纸。'后好事者，剥
取为装潢之用，称为宋笺。"

[17] 白宋笺：明·屠隆《考槃馀事》："宋纸有黄白经笺，可揭用之。"

[18] 金花笺：洒有泥金的笺纸。详见本书卷七"纸"条注释。

[19] 高丽（lí）茧纸：朝鲜用蚕茧制作的纸。高丽，又称高丽王朝，是
继新罗之后朝鲜半岛历史上又一个统一政权。宋·陈槱《负暄野
录》："高丽纸以绵茧造成，色白如绫，坚韧如帛，用以书写，发墨

可爱。"

[20] 日本画纸：宋·陶穀《清异录》："建元中，日本使真人'兴能'来朝，善书札，译者乞得二幅，其纸云'女儿青'，微绀，一云'卵品'，光白如镜面，笔至上多褪，非善书者不敢用。"

[21] 上裱：画身之上方。同理，画身之下方为"下裱"。

[22] 擫（yè）竹：疑为对应下方画轴的部分，中国的装裱常用一个画轴。

[23] 横卷：是中国画装裱体式之一。即"手卷"，亦名"长卷"，以能握在手中自右向左展开阅览得名。明清以来常见的手卷形制，主要由天头、引首、画心、尾纸四部分组成。除引首用宋锦或绢裱成外，其余都用洁白的宣纸。

[24] 率：标准，限度。

【点评】

书画作品，形式多样，立轴和手卷两种最为常见。

立轴的装裱，文震亨说天地头用皂绫，上配龙凤、云鹤图案，二条惊燕垂带用白绫，画心外绘有粗黑的界限，玉池用白绫，花纹同天地相同。如此黑白相间，又有图案搭配，与画卷相得益彰，显得平挺柔软，淡雅素净。他还对大小幅书画所应用的具体材料、制式、尺寸，作了详尽的叙述，并兼论了手卷的装裱定式。他所言，即明时"吴装"（苏裱）的通用之法，此法可使画作增色不少，故而颇受海内赞誉。

后世承袭宋明之制，还出现一色装、二色装、三色装、诗堂装、间隔一色装、锦眉装、集锦装、装框两色装等多种装裱定式，书画装裱愈发精细。好此道者，不妨深入研究。

裱　轴[1]

古人有镂沉檀[2]为轴身，以裹金[3]、鎏金[4]、白玉、水晶、琥珀、玛瑙、杂宝[5]为饰，贵重可观[6]。盖白檀[7]香洁去虫[8]，取以为身，最有深意。今既不能如旧制，只以杉木[9]为身，用犀[10]、象[11]、角[12]三种雕如旧式。不可用紫檀[13]、花梨[14]、法蓝[15]诸俗制。画卷须出轴[16]，形制既小，不妨以宝玉为之[17]，断不可用平轴[18]。签[19]以犀、玉为之，曾见宋玉签[20]半嵌锦带[21]内者，最奇。

【注释】

[1] 裱轴：书画装裱时装置卷轴并加装饰。

[2] 镂沉檀：雕镂沉香木和檀木。

[3] 裹金：指在木材或其他非金属材料上包裹金箔。底本作"果金"，误。

[4] 鎏金：用金汞合金制成的金泥涂饰器物的表面，经过烘烤，使汞蒸发而金固结于器物上的一种传统工艺。

[5] 杂宝：各种珍宝。

[6] 贵重可观：价值珍贵，更为可观。

[7] 白檀：木名，可作器具，亦可入药。唐·张彦远《历代名画记》："贞观、开元中，内府图书一例用白檀身、紫檀首、紫罗褾织成带，以为官画之标。"

[8] 香洁去虫：清香洁净，能够驱除虫蚁。

[9] 杉木：亦称"沙木"。常绿乔木，树皮灰褐色，易加工，能耐朽，常作建筑、桥梁、造船、造纸等用材。

［10］　犀：即犀角，为珍贵的中药材和雕刻原料，如今为禁品。

［11］　象：即象牙，多用于雕制饰物及工艺美术品，目前我国禁止象牙贸易。

［12］　角：即牛角。可用来制作号角和器物。

［13］　紫檀：常绿乔木，木材坚实，紫红色，可做贵重家具、乐器或美术品。

［14］　花梨：即花梨木。质地坚实，色彩鲜艳，纹理细密，有香味，常用来作家具及文房器具。

［15］　法蓝：即珐琅，用石英、长石、硝石等物烧制成的像釉子的物质。用它涂在金属器物上，经过烧制，形成不同颜色的釉质表面，既可防锈，又可作为装饰。如搪瓷、景泰蓝等均为珐琅制品。

［16］　出轴：有轴头的称之为出轴。

［17］　以宝玉为之：用金玉珍宝作画轴。

［18］　平轴：无轴头的称之为平轴。

［19］　签：书卷、画轴封套所用的帙签，多悬于卷轴旁。

［20］　宋玉签：宋代的玉制之签。

［21］　锦带：锦制的带子。

【点评】

　　装裱书画时装置卷轴，既便于展玩，又赏心悦目。材料上，清人周二学《赏延素心录》中认为"用白玉、西碧为上，犀角制精者间用之"。宋人赵希鹄《洞天清录》中认为"古人用枣木、降真，或乌木、象牙，它木不用"。明人周嘉胄《装潢志》中说得更为具体："余以牙及紫檀，倩濮仲谦仿汉玉雕花，间用白竹雕者，及梅绿竹、斑竹为之，又令漆工仿金银片、倭漆及诸品填漆等制各种款样，殊绚烂可观，皆余创制。"如今已禁用犀、牙，故而以玉、枣木、紫檀、乌木为上，越轻越好。安轴也有讲究。《装潢志》云："用粳米粽子加少石灰捶粘如胶。以之安轴，永不脱落。灌矾汁者，轴易裂，又易脱。"书画装潢者不可不知。

至于帙签，文震亨提到新奇的"宋玉签半嵌锦带内者"。然而，此物虽然美观，但是从保护书画的角度还有待商榷，《赏延素心录》云："古玉签虽佳，但历久则签痕透入画里，为害不小。不如用旧织锦带作缚，宁宽无紧。"可供装裱书画者参考。

裱　锦[1]

古有樗蒲锦[2]、楼阁锦、紫驼花、鸾章锦[3]、朱雀锦、凤皇锦[4]、走龙锦、翻鸿锦，皆御府中物。有海马锦、龟纹锦、粟地锦、皮球锦，皆宣和绫[5]。及宋绣花鸟[6]、山水，为装池卷首，最古。今所尚落花流水锦[7]，亦可用。惟不可用宋段[8]及纻[9]、绢等物。带用锦带，亦有宋织者。

【注释】

[1]　裱锦：装裱书画所用之锦。

[2]　樗蒲（chū pú）锦：一作摴蒱锦。蜀地织绫，其纹似摴蒱之形，两尾尖削、中间宽阔。

[3]　楼阁锦、紫驼花、鸾章锦：明·曹昭《格古要论》："古有楼阁锦、樗蒲锦……阇婆锦、紫驼花锦、鸾鹊锦……此锦装背古画尤佳。"

[4]　朱雀锦、凤皇锦：晋·陆翙《邺中记》："织锦署在中尚方。锦有……斑文锦、凤皇锦、朱雀锦、韬文锦、桃核文锦……工巧百数，不可尽名也。"

［5］宣和绫：宣和年间所织之绫。

［6］宋绣花鸟：宋代有花鸟图案刺绣的锦。

［7］落花流水锦：古锦名，锦上梅花、桃花等花纹及水波纹饰。明·曹
　　　昭《格古要论》："今苏州有落花流水锦，皆用作表首。"

［8］宋段：即宋缎。

［9］纻（zhù）：指苎麻织成的布。

【点评】

　　锦，是彩色花纹的丝织物，为丝绸中最精美高级的品种，深受国人
喜爱，应用甚广。其中品类，以云锦、蜀锦、宋锦最为著名。云锦，产于
南京，用料名贵，典雅大方，绚丽多姿，有艳若云霞之态，多用作皇室服
饰。蜀锦，产于蜀地，多用经线起花，用彩条起彩，并搭配图案纹饰，织
纹精细，图案丰富，秀丽典雅，独具一格。

　　至于宋锦，原指宋代官府主持所制之锦，后也指明清时苏州织造府
所生产的宋式锦，不仅可用于服饰，还可用来装裱书画。文震亨所言的樗
蒲锦、楼阁锦、紫驼花、鸾章锦、朱雀锦、凤皇锦、走龙锦、翻鸿锦、海
马锦、龟纹锦、粟地锦、皮球锦等，便均是宋代御府中物。宋锦的品类分
为重锦、细锦、匣锦、小锦四种，尤以重锦为佳。其特点是用蚕丝制造纬
线，再用本色生丝、有色熟丝作经线，并搭配其他有色纬线制成，工艺繁
复，质地柔软，图案多变，典雅端秀，赏心悦目。用来装裱书画，可以锦
上添花，与艺术品相得益彰。

　　装裱书画还常用到一种"落花流水锦"。此锦产于宋时的蜀地，呈现
出散乱的梅花、桃花花瓣漂浮在水波上的图案，线条流畅，纹饰简洁，相
传是取"落花流水杳然去""桃花流水鳜鱼肥"这类诗的诗意而成，意境优
美，极有风韵。故宫博物院所藏宋徽宗书《后赤壁赋画卷》的装裱中，便
用到了"梅花曲水锦"，可见很受文人喜爱。

藏　画 [1]

以杉、桫木 [2] 为匣，匣内切勿油漆糊纸，恐惹霉湿。四五月先将画幅幅展看，微见日色，收起入匣，去地丈余，庶免霉白。平时张挂，须三五日一易，则不厌观 [3]，不惹尘湿，收起时，先拂去两面尘垢，则质地不损。

【注释】

［1］ 藏画：贮藏绘画。

［2］ 桫（suō）木：即桫椤，又名树蕨，蕨类植物，茎高而直，纹理稍黑，质地柔软，是一种很好的庭园观赏树木，也用来制作器具。

［3］ 不厌观：让人百看不厌。

【点评】

潮湿、高温、虫蛀、污染、霉菌、日晒，常使绘画作品破损毁坏。为了使绘画作品长久流传，藏画是必须的。文震亨是内中行家，所言涉及藏画匣、张挂、清洁、宜忌等方面，颇有参考意义。

画匣方面，文震亨认为适宜用杉木、桫木为匣。有人采用复合材料的画匣收藏名贵的画作，外层是樟木，中间为楠木，最里层用上等丝绸，画心上衬着宣纸，用布套包裹，这样能够不惹霉湿，而且还能防范虫鼠。也有人专门制橱柜来藏画。清人周二学《赏延素心录》中说，书画橱柜用豆瓣楠及香楠木，高度随画定制，"阔止二尺，深可尺余，一门开展，一门藏榇"。另外，卷册用旧的锦布作囊，或用紫白檀木作匣，"匣内衬宣德小

畫匣
以木為櫃而
盛畫故名畫
匣即古之所
謂櫃也

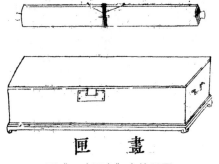

匣 畫

明《三才图会》中的画匣

云鸾白绫，以檀末糁新棉花为胎，不但展舒发香，且能辟蠹"。

展挂方面，文震亨认为根据时令、温度、湿度、日晒的不同，需要因时制宜。秋季天高气爽，水分容易蒸发，是悬挂的好时节，而梅雨季节潮湿燠热，断不可悬挂。而平时张挂三五日一换，不仅可以百看不厌，还能避免灰尘湿气侵损画卷。高濂在《遵生八笺》中认为"又当常近人气，或置透风空阁"，亦有道理。

藏画还有一些禁忌。如书画宜平放，不可竖放；观赏时，最好保持一定的距离；画上积灰时，用鸡毛掸子轻轻掸去；另外，现代家具多含有甲醛，橱柜中不宜藏画。总之，书画宝贵且脆弱，需要爱惜。

小画匣[1]

短轴作横面开门匣，画直放入[2]，轴头贴签，标写某书某画，甚便取看。

【注释】

[1] 小画匣：收藏小幅画作的匣子。

［ 2 ］ 画直放入：把画平直地从一侧塞入。

【点评】

收藏画作，画幅的大小不同，所用的画匣也有差异。大幅画作所用之匣，文震亨在"藏画"条中已有论述，小幅的画，他认为需用小匣，以横面开匣，从左边或右侧放入，在轴头上贴上标签，这样收藏妥帖，取用皆便。屠隆《考槃馀事》中认为单条也适宜此制。

清人周二学《赏延素心录》中对"小画匣"还有一段详细论述："小画作匣，用香楠木，长短阔狭，随画定制。一匣容四替，一替容五画。顶置提梁，横开一门、嵌入门上，钉紫铜方钮，钮中起柄，入凿便锁。锁贵精古，觅宋铁嵌金银者最佳，紫铜者次之。匣后按四穴，入指出替，省却替横钉钮。殿制如方几，高不过二尺，两匣并置，既取看不劳，即携带亦便。"这便是十分精致的小画匣了。

卷　画[1]

须顾边齐[2]，不宜局促，不可太宽，不可着力卷紧，恐急裂绢素，拭抹用软绢细细拂之，不可以手托起画[3]就观，多致损裂。

【注释】

［ 1 ］ 卷画：卷舒图画。

［ 2 ］ 须顾边齐：应将两端裱边对齐。

［ 3 ］ 托起画：他本或作"托起画轴"。

【点评】

卷画须顾边齐，不宜局促

古人雅好书画，对如何卷合书画也极其讲究。文震亨说"须顾边齐，不宜局促，不可太宽，不可着力卷紧，恐急裂绢素"，说的是力度，担心若用力不当，会导致画作断裂；"拭抹用软绢细细拂之"，说的是擦拭方法，忧虑若方式不当，会导致名画失神；"不可以手托起画就观，多致损裂"，说的是持画禁忌，以提醒无知者。

与卷合相对的是展玩。中国书画有屏风、册页、扇面、立轴、手卷等形式，屏风不需要开合，而册页和扇面因为幅式不大，只需力道轻缓即可，比较繁琐的是立轴和手卷。立轴是中国画中最常见的一种，展玩时需要先将扎带解开，一手持书画裱件，一手持画叉，慢慢挑高挂起，由一人牵引绦子慢慢展开。收卷时，左手向下握着地杆的中部，右手握着画轴右端向上缓缓卷起，松紧需要适度，卷好后用扎带系住。而手卷是画中精品，又不能悬挂，展玩时需要十分慎重，一般置于案上，自右至左徐徐展开，边看边收。总之，展玩和卷合的时候都需要特别小心。

法　帖[1]

历代名家碑刻[2]，当以《淳化阁帖》[3]压卷[4]，侍书[5]王著[6]

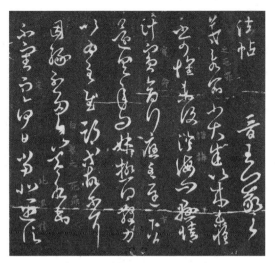

《淳化阁帖》中的王羲之法帖

勒[7]，末有篆题[8]者是。蔡京[9]奉旨摹者，曰《太清楼帖》[10]。僧希白[11]所摹者，曰《潭帖》[12]。尚书郎[13]潘思旦[14]所摹者，曰《绛帖》[15]。王寀辅道[16]守汝州[17]所刻者，曰《汝帖》[18]。宋许提举[19]刻于临江[20]者，曰《二王帖》[21]。元祐[22]中刻者，曰《祕阁续帖》[23]。淳熙[24]年刻者，曰《修内司本》[25]。高宗访求遗书[26]，于淳熙阁摹刻者，曰《淳熙祕阁续帖》[27]。后主[28]命徐铉[29]勒石[30]，在淳化之前者，曰《昇元帖》[31]。刘次庄[32]摹阁帖，除去篆题年月，而增入释文[33]者，曰《戏鱼堂帖》[34]。武冈军[35]重摹绛帖，曰《武冈帖》[36]。上蔡人[37]临摹绛帖，曰《蔡州帖》[38]。赵彦约[39]于南康[40]所刻，曰《星凤楼帖》[41]。庐江李氏[42]刻，曰《甲秀堂帖》[43]。黔人秦世章[44]所刻，曰《黔江帖》[45]。泉州[46]重摹阁帖，曰《泉帖》[47]。韩平原[48]所刻，曰《群玉堂帖》[49]。薛绍彭[50]所刻，曰《家塾帖》[51]。曹之格日新所刻[52]，曰《宝晋斋帖》[53]。王庭筠[54]所刻，曰《雪谿堂帖》[55]。周府[56]所刻，曰《东书堂帖》[57]。吾家[58]所刻，曰《停云馆帖》[59]、《小停云帖》[60]。华氏[61]刻，曰《真赏斋帖》[62]。皆帖中名刻，摹勒[63]皆精。又如历代名帖，收藏不可缺者，周、秦、汉，则史籀篆[64]《石鼓文》[65]、《坛山石刻》[66]，李斯[67]篆《泰山》[68]、《朐山》[69]、《峄山》[70]诸碑，《秦誓》[71]、《诅楚文》[72]，章帝[73]《草书帖》[74]，蔡邕[75]《淳于长夏承碑》[76]、《郭有道碑》[77]、《九疑山碑》[78]、《边韶碑》[79]、《宣父碑》[80]、《北岳碑》[81]，崔子玉[82]《张平子墓碑》[83]，郭香察隶[84]《西岳华山碑》[85]。魏帖，则元常[86]《贺捷表》[87]、《大飨碑》[88]、《荐季直表》[89]、《受禅碑》[90]、《上尊号碑》[91]、《宗圣侯碑》[92]，刘玄州《华岳碑》[93]。吴帖，则《国山碑》[94]、《延陵季子二碑》[95]。晋帖，则《兰亭记》[96]、《笔阵图》[97]、《黄庭经》[98]、《圣教序》[99]、《乐毅论》[100]、《周府君碑》[101]、《东方朔赞》[102]、《洛神赋》[103]、《曹娥碑》[104]、《告墓文》[105]、《摄山寺碑》[106]、《裴雄碑》[107]、《兴福寺碑》[108]、《宣示帖》[109]、《平西将军墓铭》[110]、《梁思楚碑》[111]，羊祜[112]《岘山碑》[113]，索靖《出师表》[114]。宋、齐、梁、陈[115]帖，则宋文帝[116]《神道碑》[117]；齐倪桂《金庭观碑》[118]；梁《茅君碑》[119]、《瘗鹤铭》[120]，刘灵正《堕泪碑》[121]。魏、齐、周[122]帖，则有魏裴思顺《教戒经》[123]；北齐王思诚《八分蒙山碑》[124]、《南阳寺隶书碑》[125]；后周《大宗伯唐景碑》[126]，萧子云[127]《章草出师颂》[128]、《天柱山铭》[129]。隋帖，则有《开皇兰亭》[130]，薛道衡[131]书《尔朱敞碑》[132]、《舍利塔铭》[133]、《龙藏寺碑》[134]，智永[135]真草二体《千文》[136]、草书《兰亭》[137]。唐帖，欧[138]书则《九成宫铭》[139]、《房定公墓碑》[140]、《化度寺碑》[141]、《皇甫君碑》[142]、《虞恭公碑》[143]、真书《千文》[144]、小楷《心经》[145]、《梦奠帖》[146]、《金兰帖》[147]；虞[148]书则《夫子庙堂碑》[149]、《破邪论》[150]、《宝昙塔铭》、《阴圣道场碑》、《汝南公主铭》[151]、《孟法师碑》[152]；褚[153]书则《乐毅论》[154]、《哀册文》[155]、《忠臣像赞》、《龙马图赞》[156]、《临摹兰亭》[157]、《临摹圣教》[158]、《阴符经》[159]、《度人经》[160]、《紫阳观碑》[161]；柳[162]书则《金刚经》[163]、《玄秘塔铭》[164]；颜[165]书则《争坐位帖》[166]、《麻姑仙坛记》[167]、二

《祭文》[168]、《家庙碑》[169]、《元次山碑》[170]、《多宝寺碑》[171]、《放生池碑》[172]、《射堂记》、《北岳庙碑》、草书《千文》、《磨崖碑》[173]、《干禄字帖》[174];怀素[175]书则《自序三种》[176],草书《千文》[177],《圣母帖》[178]、《藏真》《律公》二帖[179];李北海[180]书则《阴符经》、《娑罗树碑》[181]、《曹娥碑》[182]、《秦望山碑》[183]、《臧怀亮碑》[184]、《有道先生叶公碑》[185]、《岳麓寺碑》[186]、《开元寺碑》[187]、《荆门行》[188]、《云麾将军碑》[189]、《李思训碑》[190]、《戒坛碑》[191];太宗[192]书《魏徵碑》[193]、《屏风帖》[194]、《李勣碑》[195];玄宗[196]《一行禅师塔铭》[197]、《孝经》[198]、《金仙公主碑》[199];孙过庭[200]《书谱》[201];柳公绰[202]《诸葛庙堂碑》[203];李阳冰[204]《篆书千文》[205]、《城隍庙碑》[206]、《孔子庙碑》[207];欧阳通[208]《道因禅师碑》[209];薛稷[210]《升仙太子碑》[211];张旭[212]草书《千文》[213];僧行敦[214]《遗教经》[215]。宋则苏、米诸公,如《洋州园池》[216]、《天马赋》[217]等类。元则赵松雪。国朝则二宋诸公[218]。所书佳者,亦当兼收以供赏鉴,不必太杂。

【注释】

[1]　法帖:即历代名家所作,可流传后世的书作范本。帖,原指丝织物上的标签,后指写在纸绢上篇幅短小的文字,装订成册的书作也称帖。

[2]　碑刻:石刻、木刻文字的拓本或印本,可供学习书法之用。

[3]　《淳化阁帖》:又名《淳化秘阁法帖》。宋太宗淳化年间摹刻,收录先秦至隋唐一千多年的书法墨迹,包含四百二十篇作品。后世称此帖为"法帖之祖",它的刊刻确立了王羲之的"书圣"地位。

[4]　压卷:指诗文书画中的最佳之作。

[5]　侍书:侍奉帝王、掌管文书的官员,宋明时期为翰林院属官。

[6]　王著:字知微,宋初著名书法家,颇有家法,笔迹甚媚。

[7] 勒：编纂。《南史·孔休源传》："聚书盈七千卷，手自校练。凡奏议弹文勒成十五卷。"

[8] 篆题：用篆书所题写的字。宋·曹士冕《法帖谱系·临江戏鱼堂帖》："元祐间，刘次庄以家藏《淳化阁帖》十卷摹刻堂上，除去卷尾篆题，而增释文。"

[9] 蔡京：字元长，福建莆田人。徽宗时奸相，六贼之首。书法造诣极高。元·陶宗仪《书史会要》："（蔡京）其字严而不拘，逸而不外规矩。正书如冠剑大人，议于庙堂之上。行书如贵胄公子，意气赫奕，光彩射人。大字冠绝古今，鲜有俦匹。"

[10] 《太清楼帖》：宋徽宗大观年间，《淳化阁帖》年久皴裂，不能复拓，且多有错漏。蔡京重为摹勒镌刻，更正了不少谬误，镌刻精工，故为世所重。因帖石置于太清楼，故称太清楼帖。

[11] 僧希白：即释希白，北宋僧人，字宝月，号慧照大师，长沙人。

[12] 《潭帖》：亦称《长沙帖》。北宋庆历年间，刘沆在潭州时，命僧希白摹刻。以《淳化阁帖》为底本，增入王羲之《霜寒帖》及王濛、颜真卿等帖。原石毁于南宋建炎年间。

[13] 尚书郎：官名。东汉时，孝廉中有才能者入尚书台，在皇帝左右处理政务。魏晋时尚书台分曹，各曹有侍郎、郎中等官，通称为尚书郎。

[14] 潘思旦：一作"潘师旦"。相传为宋时驸马，善书法，曾任尚书郎。

[15] 《绛帖》：以《淳化阁帖》为底本而有所增损，因刻于绛州（治所在今山西新绛），故名。宋·曹士冕《法帖谱系》："绛本旧帖，尚书郎潘师旦以官帖私自摹刻者，世称'潘驸马帖'。"

[16] 王寀辅道：王寀，字辅道，号南陔。好学，工词章。登第后，任校书郎、迁翰林学士、兵部侍郎，好神仙道术。徽宗时为林灵素所害。

［17］ 守汝州：担任汝州县令。守，指任事、任职。汝州，隋大业二年改伊州置，历代更名频繁，1988年改为汝州市。

［18］《汝帖》：宋大观年间，王寀守汝州时，采择潭、绛、泉（泉州翻刻的《淳化阁帖》）帖中之最优者，荟萃成文，刻石置于汝州望嵩楼中。

［19］ 许提举：即许开，字仲启，曾为中奉大夫，提举武夷冲佑观。

［20］ 临江：在今江西樟树。五代南唐时所置，宋时为临江军治所，元时改为临江路，明代改为临江府，清朝沿袭。

［21］《二王帖》：王羲之、王献之父子的行草书帖。

［22］ 元祐：宋哲宗赵煦的第一个年号，公元1086年至1094年使用。

［23］《祕（mì）阁续帖》：即《秘阁续帖》，共十卷。元祐五年，秘书省邓洵武、孙谔等请旨乞以《淳化阁帖》所未备之前代遗墨刻之，为《秘阁帖》。元祐七年，宋哲宗诏令将《淳化》《秘阁》二帖中所缺的墨迹入石，即为《秘阁续帖》。祕，古通"秘"。

［24］ 淳熙：宋孝宗赵眘的最后一个年号，公元1174年至1189年使用。

［25］《修内司本》：又名《淳熙阁帖》《淳熙修内司帖》。清·欧阳辅《集古求真》："宋孝宗淳熙十二年，诏以内府所藏《淳化阁帖》刻石，集中规模，与原本略无小异。卷尾楷书题云：'修内司奉旨摹勒上石。'"修内司，官署名，宋朝掌宫殿、太庙修缮事务。

［26］ 高宗访求遗书：宋高宗访求古代书法遗迹。遗书，指散佚的书。

［27］《淳熙祕阁续帖》：宋孝宗淳熙十二年曾刻《淳熙阁帖》。同年，高宗访求晋唐遗迹摹刻成《淳熙秘阁续帖》十卷，每卷皆有内府印鉴。

［28］ 后主：此处指南唐李煜。李煜，字重光，号钟隐，世称李后主。能诗文、音乐、书画，尤以词著名。前期作品大都描写宫中生活，风格清丽。后期则吟叹身世，怀念故国，字字皆是血泪。

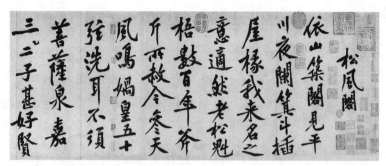

宋　黄庭坚《松风阁诗帖》(局部)

[29]　徐铉（xuàn）：宋初文学家、书法家。精通文字学，曾校订《说文
　　　　解字》，世称"大徐本"。宋·欧阳修《集古录跋尾》："昔徐铉在江
　　　　南，以小篆驰名，郑文宝其门人也，尝受学于铉，亦见称于一时。"

[30]　勒石：碑刻术语，指将法书钩摹本背面加朱复印到石面上的工序。

[31]　《昇元帖》：南唐后主李煜藏古今法帖刻石，有"昇元二年三月建业
　　　　文房模勒上石"字样，故称。此刻石在淳化阁帖之前，宋人周密疑
　　　　为法帖之祖。

[32]　刘次庄：字中叟，号戏鱼翁。工正、行、草，最善小楷，兼采群书
　　　　自成一家。

[33]　释文：指以楷书考释篆、隶、草、行等书体。

[34]　《戏鱼堂帖》：元祐七年，刘次庄以家藏《淳化阁帖》十卷为本，除
　　　　去淳化年月和卷尾篆题，再在后部增加释文，摹刻在临江戏鱼堂壁
　　　　上，称为《临江戏鱼堂帖》或《临江帖》。

[35]　武冈军：两宋时期，有州升府、县升军的情况。《宋史》："武冈军，
　　　　崇宁五年，以邵州武冈县升为军。"

[36]　《武冈帖》：宋·赵希鹄《洞天清录》："武冈军重摹绛帖二千卷，殊
　　　　失真，石且不坚，易失精神。后有武臣守郡，嫌其字不精采，令匠
　　　　者即旧画存刻，谓之洗碑，遂愈不可观，其释文尤舛谬。"

[37]　上蔡人：上蔡之人。上蔡，即今河南驻马店上蔡县。

［38］《蔡州帖》：明·曹昭《格古要论》："蔡州临摹《绛帖》上十卷，刻石出于临江《潭帖》之上。"

［39］赵彦约：生平不详。朱长文《墨池编》："宋《星凤楼帖》，赵彦约刻于南康。"他本或作"曹彦约"。赵希鹄《洞天清录》："曹尚书刻《星凤楼帖》于南康军。"姑且两说并存。

［40］南康：位于江西赣州西部。晋太康元年始置南康县。

［41］《星凤楼帖》：《星凤楼帖》是王献之所书，宋时以《淳化阁帖》为蓝本，增加了一些其他的帖和刻石的内容刻成。

［42］庐江李氏：明·高濂《遵生八笺》："《甲秀堂帖》，宋庐江李氏刻，前有王颜书，多诸帖未见，后有宋人书亦多。今吴中有重模本，亦有可观。"

［43］《甲秀堂帖》：淳熙年间庐陵李氏刻。世间未有完本，汇集历代各家书法，刻有《石鼓文》《泰山秦篆谱》《秦权量铭》等。

［44］黔人秦世章：贵州人秦世章，字子明。

［45］《黔江帖》：元·陶宗仪《南村辍耕录》："黔江者，黔人秦世章，于长沙买石摹僧宝月古法帖十卷。载入黔江绍圣院，乃潭人汤正臣父子刻石。"

［46］泉州：位于福建省东南，宋、元时为全国对外贸易中心。

［47］《泉帖》：又名《宋拓泉州本淳化阁帖》，是指在泉州翻刻的《淳化阁帖》，主持人为庄夏，故又称"庄夏刻本"。一说原石藏于南宋内府，帝昺南逃时携至泉州。

［48］韩平原：即韩侂胄，为韩琦曾孙，加封平原郡王。因策立宁宗有功，除枢密都承旨，权位居左右丞相之上。崇岳飞、贬秦桧，一生有功绩。开禧北伐失败后被杀，函首送至金廷乞和。

［49］《群玉堂帖》：原名《阅古堂帖》。南宋时，韩侂胄以家藏墨迹，令向若水编次摹刻，共十卷，涵盖晋、唐诸贤帖，宋代帝王及同代名

人书迹。其石后没入秘书省，改名为《群玉堂帖》。

［50］薛绍彭：宋代著名书法家。详见本卷"名家"中注释。

［51］《家塾帖》：元·陶宗仪《南村辍耕录》："薛绍彭亦有《家塾帖》。"

［52］曹之格日新所刻：日新，疑为曹之格的字。宋·朱长文《墨池编》："宋《宝晋斋帖》，绍兴六年，曹之格摹刻于无为州学。"

［53］《宝晋斋帖》："宝晋斋"为米芾的斋号，他曾摹刻王羲之《破羌帖》、谢安《八月五日帖》、王献之《十二月帖》。原石遭战火毁坏之后，葛祐之根据拓本重刻此三帖。葛祐之刻本被毁之后，曹之格搜集旧石并重新摹刻，除原三石外又增加曹氏家藏的晋人法书和米氏父子墨迹。

［54］王庭筠：字子端，号黄华山主。书法学米芾，得晋人风韵。

［55］《雪谿（xī）堂帖》：即《雪溪堂帖》。今已佚。元·元好问《遗山集》："画鉴既高，又尝被旨与舅氏宣徽公汝霖品第秘府书画，因集所见及士大夫家藏前贤墨迹、古法帖所无者摹刻之，号《雪溪堂帖》。"

［56］周府：明太祖朱元璋第五子朱橚的长子朱有燉，袭封周王，死后谥宪，世称周宪王。

［57］《东书堂帖》：又名《东书堂集古法帖》。明永乐十四年，朱有燉以《淳化阁帖》为主，参以《秘阁续帖》，并增入宋、元人书法，临摹上石。此帖首册有祝允明序、文徵明题跋、董其昌印鉴。

［58］吾家：文震亨家。文氏家学渊源，曾祖文徵明、祖父文彭、叔公文嘉、父亲文元发、兄长文震孟，均为一时俊杰。

［59］《停云馆帖》：明嘉靖三十九年（1560），文徵明与文彭、文嘉选集晋、唐名帖及宋、元、明人法书而成，共十二卷，续帖四卷。因选择精严，伪书独少，为帖中精品。

［60］《小停云帖》：文徵明原帖又称《大停云馆帖》，明人章简甫依据原

帖另刻一本，称《小停云帖》，又称《小停云馆帖》。

［61］ 华氏：即华夏，字中甫，别号东沙子。他曾在东沙建造一座"真赏斋"，辟为藏书画之所，收藏三代彝鼎、金石，魏晋以来书画、宋元善本图籍。

［62］ 《真赏斋帖》：嘉靖年间，华夏将其"真赏斋"中收藏的魏晋法帖，请挚友文徵明、文彭父子钩摹，由章简甫刻石，命名为《真赏斋帖》。

［63］ 摹勒：依样描字刻石。

［64］ 史籀（zhòu）篆：太史籀所作的篆书。史籀，周宣王的太史，名籀，姓氏不详，故称为"史籀"，或"太史籀"。

［65］ 《石鼓文》：秦刻石文字。出土于唐初，共十块鼓形石，上用籀文分刻十首四言韵文，记述秦国国君的游猎情况，后世亦称为"猎碣"。

［66］ 《坛山石刻》：河北省赞皇县坛山的山壁刻有"吉日癸巳"四个篆字，相传为周穆王书，笔力遒劲。原刻石在宋皇佑年间被州将刘庄凿取带走，宋皇祐五年李中祐摹刻本也已散失，现存南宋重刻本。

［67］ 李斯：字通古，上蔡人，秦代著名的政治家。曾求学于荀子，后为秦丞相，主张加强中央集权，并以"小篆"作为全国规范的文字。他"小篆入神，大篆入妙"，被称为书法鼻祖。

［68］ 《泰山》：即《泰山刻石》，又名《封泰山碑》。前半部为秦始皇东巡泰山时所刻，后半部为秦二世胡亥刻制。原字相传为李斯手笔，修长宛转，工整圆健，具有极高的艺术价值。

［69］ 《朐（qú）山》：即《朐山碑》。秦始皇三十五年东巡时，立石于东海上朐界中，以之为秦东门。

［70］ 《峄（yì）山》：即《峄山碑》。宋·欧阳修《集古录跋尾·秦峄山刻石》："右秦峄山碑者，始皇帝东巡，群臣颂德之辞。至二世时丞相李斯始以刻石。今峄山实无此碑，而人家多有传者，各有所

自来。"

［71］《秦誓》：秦国石刻。秦惠文王时，祈求天神保佑秦国获胜，诅咒楚国败亡，故后世称"诅楚文"。北宋时发现三块，根据所祈神名分别命名为《巫咸》《大沈厥湫》《亚驼》。

［72］《诅楚文》：见上条注释。

［73］章帝：即汉章帝刘炟（dá）。后世流行的"章草"，就是因其爱好上行下效而形成的一种书体。

［74］《草书帖》：汉章帝的草书书迹。明·赵宧光《寒山帚谈》："淳化阁辰宿帖章草书，古帝犹存，即非章帝，亦汉晋良工也。"

［75］蔡邕：字伯喈，才女蔡文姬之父。明经史、善辞赋、通音律，他在书法方面也很有造诣，精于篆、隶，尤以隶书造诣最深，创飞白字体，世称"妙有绝伦，动合神功"。

［76］《淳于长夏承碑》：明·杨士奇《东里文集》："汉《淳于长夏承碑》，无书人氏名，中书舍人陈登思孝，定为蔡伯喈书，字画特奇，古盖用篆笔也。"

［77］《郭有道碑》：即《郭泰碑铭》。郭泰，东汉时的士人代表和太学生领袖。熟诵经史，淡泊名利。"党锢之祸"时，郭泰幸免于难，闭门教书。死后，蔡邕为他作碑文，说："吾为碑铭多矣，皆有惭德，唯郭有道无愧色耳。"

［78］《九疑山碑》：即《九嶷山铭碑》，蔡邕书。九疑，即"九嶷"。

［79］《边韶碑》：蔡邕隶书作品。边韶，字孝先，才思敏捷，号"五经笥"，汉桓帝大中大夫。

［80］《宣父碑》：晋·羊欣《采古来能书人名》："陈留蔡邕，后汉左中郎将，善篆、隶，采斯、喜之法，真定《宣父碑》文犹传于世，篆者师焉。"

［81］《北岳碑》：即《北岳恒山碑》，蔡邕汉隶之作。

［82］ 崔子玉：即崔瑗（yuán），字子玉，精通天文，历史、数学、文学等，与马融、张衡相交甚厚。工书，尤善章草，开座右铭之风。

［83］ 《张平子墓碑》：清·倪涛《六艺之一录》："（张平子）墓之东侧坟有平子碑，文字悉是古文篆额，是崔瑗之辞。"张平子，即张衡，东汉科学家、文学家。

［84］ 郭香察隶：明·王世贞《弇州四部稿》："《西岳华山碑》，文见杨用修金石刻，亦尔雅可读，为新丰郭香察书……其行笔殊遒劲，督策之际不尽如钟梁二公，知唐人隶分之法，所由起耳。"

［85］ 《西岳华山碑》：又名《华岳碑》《西岳华山庙碑》，东汉桓帝延熹四年刻。结字规正，笔致灵秀，变化多端，奇妙精绝，为汉碑佳品。

［86］ 元常：即钟繇，字元常，详见本卷"名家"条中注释。

［87］ 《贺捷表》：又名《戎路表》。建安二十四年，蜀将关羽被魏、吴联军所杀，钟繇贺捷表奏。《宣和书谱》："楷法今之正书也，钟繇《贺克捷表》备尽法度，为正书之祖。"

［88］ 《大飨碑》：明·何乔远《名山藏》："魏文帝幸谯，父老于帝故宅立《大飨碑》，曹植文，梁鹄、钟繇书篆。"

［89］ 《荐季直表》：钟繇书于魏黄初二年，布局空灵，结体疏朗。

［90］ 《受禅碑》：又名《受禅表》，钟繇书，记曹丕受禅之事。其碑隶法方整浑厚，意气雄伟排宕。

［91］ 《上尊号碑》：又名《劝进碑》《魏公卿将军上尊号奏》。记东汉献帝末年，华歆、贾诩、王朗等对曹丕劝进之事。其书以方整峻丽著称。

［92］ 《宗圣侯碑》：《考槃馀事》："宗圣侯碑，魏文帝封孔子二十一世孙羡为宗圣侯，曹子建作文，梁鹄书，在孔庙。"

［93］ 刘玄州《华岳碑》：一说"刘玄州"为"张昶"误。《宣和书谱》："（王羲之）于从弟洽处复见张昶《华岳碑》，始喟然叹曰：'学卫夫

人书徒费年月。'"一说"刘玄州"为"刘元明",则此书为北魏帖而非曹魏帖,位置当在"裴思顺《教戒经》"前。宋·欧阳棐《集古录目》:"不着撰人名氏,后魏镇西将军略阳公侍郎刘元明书。"

［94］《国山碑》:三国时期,江苏宜兴离墨山中发现了善卷洞,当地官僚和朝臣们认为是祥瑞,向皇帝上表,皇帝派人封禅,改离墨山为国山,刻国山碑。碑文为篆体,如今大半已磨损殆尽。

［95］《延陵季子二碑》:在今江苏丹阳延陵镇。始刻不知何时,现季子碑系唐时殷仲容拓本,明正德六年重摹上石。季子,即季札。春秋时吴王寿梦第四子。其挂剑存义一事,传为千古美谈。

［96］《兰亭记》:即《兰亭序》。晋永和九年,书圣王羲之与谢安、孙绰等四十一人在会稽山阴的兰亭雅集,饮酒赋诗。王羲之将这些诗赋辑成一集,并作序一篇,抒发自己的内心感慨。此序被称为"天下第一行书"。传说唐太宗死后,以真迹陪葬。

［97］《笔阵图》:晋时卫夫人所撰。专门论述写字笔画,阐述执笔、用笔方法,或疑为六朝人伪托。卫夫人,晋女书法家,传为王羲之之师。工书,师钟繇,妙传其法。

［98］《黄庭经》:小楷法帖,王羲之所书。详见本卷"书画价"条中注释。

［99］《圣教序》:全称《大唐三藏圣教序》。玄奘取经回长安之后,唐太宗作此序表彰其事,当时高宗为太子,又作《述三藏圣教序记》。最早由褚遂良所书,称为《雁塔圣教序》。咸亨三年,弘福寺僧怀仁,集晋王羲之字迹,依序刻碑,世称《怀仁集王羲之圣教序》。

［100］《乐毅论》:小楷法帖,王羲之所撰。详见本卷"书画价"条中"《乐毅》"注释。

［101］《周府君碑》:又名《桂阳周府君碑》。东汉桂阳太守周昕开凿泷水治河有功,乡民为之立庙刻石。文震亨将此书放在晋帖中,误。

［102］《东方朔赞》：即《东方朔画像赞》，夏侯湛撰文，王羲之书写，详见本卷"书画价"条中"《画赞》"注释。

［103］《洛神赋》：三国时期曹植创作的辞赋名篇。书法家王献之曾书《洛神赋》，今仅存十三行，称玉版十三行。

［104］《曹娥碑》：东汉人曹盱溺于舜江，数日不见尸体，其女曹娥昼夜沿江号哭，十七日后投江自尽，五日后抱父尸浮出水面，时人感怀不已。东汉上虞县长度尚为之改葬立碑，其弟子邯郸淳为其撰文书丹。东汉蔡邕补上"黄绢幼妇，外孙齑臼"八字。东晋升平二年（358），王羲之到庙书曹娥碑，由新安吴茂先镌刻，后人评价"如幼女漂流于波浪间"。

［105］《告墓文》：即《告誓》，详见本卷"书画价"条中"《告誓》"注释。

［106］《摄山寺碑》：《考槃馀事》："《摄山寺碑》，智永集右军书。"摄山寺即今南京栖霞寺。

［107］《裴雄碑》：宋·朱长文《墨池编》："晋《裴雄碑》，元康九年。"

［108］《兴福寺碑》：又称《镇国大将军吴文碑》。开元九年，僧人大雅集王羲之行书刻成。此碑虽与《圣教序》相差较远，但也颇具古淡之趣，因而被历代书家推重。

［109］《宣示帖》：又名《宣示表》。原为三国时魏钟繇所书，笔法质朴浑厚，雍容自然。宋代《淳化阁帖》中的拓本，是据王羲之临本摹刻。

［110］《平西将军墓铭》：又名《周孝侯碑》，陆机撰文，王羲之所书。周孝侯即周处，有"除三害"之事。

［111］《梁思楚碑》：郭袁撰，开元十年，卫秀集王书，刻成此碑。

［112］羊祜（hù）：字叔子，泰山南城人。晋朝著名政治家、文学家。

［113］《岘（xiàn）山碑》：又名《羊公碑》《堕泪碑》。《晋书·羊祜传》："襄阳百姓于岘山祜平生游憩之所建碑立庙，岁时飨祭焉。望其碑

者莫不流涕，杜预因名为堕泪碑。"

[114] 索靖《出师表》：指索靖所书的《章草出师颂》。索靖，详见本卷"名家"条中"索"注释。底本中此句在"孙过庭《书谱》"后，然索靖是晋人，文震亨依据年代列举名家法帖，可知位置错讹，故更正。

[115] 宋、齐、梁、陈：指南朝的宋、齐、梁、陈四个政权。

[116] 宋文帝：刘裕第三子刘义隆。在位时，加强集权，整顿吏治，史称"元嘉之治"。北伐失败后，被太子刘劭弑杀。

[117] 《神道碑》：此处指《太祖文皇帝神道之碑》，是刘义隆墓道前的碑文。

[118] 齐倪桂《金庭观碑》：《墨池编》："《齐桐柏山金庭观碑》，永元二年沈约撰，倪桂书。"

[119] 《茅君碑》：宋·王象之《舆地碑记目》："梁茅君碑，道士文韬书，道士张泽集，碑以普通三年立在茅山。"

[120] 《瘗（yì）鹤铭》：著名摩崖刻石，位于镇江焦山，一说陶弘景书，一说王羲之书。明王世贞评价此铭："古拙奇峭，雄伟飞逸，固书家之雄。"

[121] 刘灵正《堕泪碑》：刘灵正书写的《羊公碑》。《羊公碑》在历史上几度遭毁，南梁大同十年（544），此碑重新竖立，并由刘之遴撰文，记重立始末，刘灵正书丹，刻于碑阴。

[122] 魏、齐、周：指北朝的魏、齐、周这三个政权。

[123] 裴思顺《教戒经》：宋·朱长文《墨池编》："后魏庚戌造《教戒经幢记》，裴思顺造。"

[124] 王思诚《八分蒙山碑》：宋·朱长文《墨池编》："北齐《蒙山碑》，天统五年，王思诚八分书。"底本作"王思诚《八分茅山碑》"，误。

[125] 《南阳寺隶书碑》：又名《青州刺史临淮王像碑》《南阳夺碑》《娄

定远碑》。碑文记载碑主娄公修南阳寺之事。娄公即娄定远,《北齐书》《北史》均有传。该碑刻于北齐武平四年,原在青州城内龙兴寺。隶书碑文,法度严慎,有魏晋之风。底本中此句在"倪桂《金庭观碑》"后,为"齐《南阳寺隶书碑》",时代、位置皆误,故更正。

[126] 后周《大宗伯唐景碑》:欧阳询书。此处后周当指北周。

[127] 萧子云:字景齐,通文史,善草隶书。师法钟繇、王羲之,其书亦雅,被梁武帝赞为"笔力骏劲,心手相应"。

[128] 《章草出师颂》:晋人索靖所书,此指萧子云临本。

[129] 《天柱山铭》:又名《天柱山魏碑》《天柱山摩崖石刻》,应归入魏帖。北魏永平四年,郑道昭书镌,记述其父郑羲的生平事迹和著述,故而此碑又称《郑文公碑》。该碑集众体之长,后世评价很高。郑道昭,字僖伯,自称中岳先生,是魏碑体的鼻祖。

[130] 《开皇兰亭》:即《开皇本兰亭序帖》。开皇,隋文帝年号,共用二十年。

[131] 薛道衡:字玄卿,历仕北齐、北周、隋,诗文为时所重,在隋代诗人中艺术成就最高。

[132] 《尔朱敞碑》:薛道衡书。底本作"朱敞碑",脱"尔"字。

[133] 《舍利塔铭》:隋文帝在仁寿年间分三次向各州颁赐舍利并建塔供养,刻《舍利塔铭》。

[134] 《龙藏寺碑》:《恒州刺史鄂国公为国劝造龙藏寺碑》的简称。隋代张公礼撰,书法遒丽宽博,现存于河北省正定县龙藏寺内。

[135] 智永:陈、隋间僧人,详见本卷"名家"中注释。

[136] 真草二体《千文》:《千文》即《千字文》,古时书家亦多有临写。文中所指为智永用真、草二体写成的《千字文》。底本作"真行二体《千文》",误。

［137］ 草书《兰亭》：智永草书《兰亭序》，用笔秀润清俊流美，风神隽永。

［138］ 欧：即欧阳询。详见本卷"名家"中"欧阳率更"注释。

［139］ 《九成宫铭》：又名《九成宫醴泉铭》，唐代魏徵奉敕撰文，欧阳
询书，记述唐太宗在九成宫避暑时发现醴泉之事。笔法刚劲婉润，
兼有隶意，是欧阳询晚年得意之作，历代皆被书家推崇。

［140］ 《房定公墓碑》：即《徐州都督房彦谦碑》。房彦谦，房玄龄之父，
贞观三年逝世。唐朝以其子房玄龄有大功于唐，追赠其为徐州都
督。后来房玄龄请李百药撰写碑文，又请欧阳询书丹，刻石立于
墓前。其碑形制华美而庄穆，正文为隶书。

［141］ 《化度寺碑》：全名《化度寺邕禅师舍利塔铭》。李伯药撰文，欧阳
询书丹，贞观五年刻，原石已佚。此碑笔力雄浑，神气深隐，有
超尘绝世之概。

［142］ 《皇甫君碑》：即《皇甫诞碑》，全称《隋柱国左光禄大夫弘义明公
皇甫府君之碑》。唐代于志宁撰文，欧阳询书丹。碑额篆书"隋柱
国弘义明公皇甫府君碑"十二字。虽为欧阳询早年作品，但已具
备了"欧体"严整、险绝的基本特点。

［143］ 《虞恭公碑》：又称《温公碑》《温彦博碑》。唐代岑文本撰，欧阳询书。
原碑在宋代已残，有宋拓本传世。此碑书法气度雍容，格韵淳古。

［144］ 真书《千文》：欧阳询所书的《千字文》，见于著录的共有三本：
一为蔡襄题识过的《草书千字文》，一为《行书千字文》，还有一
本是南宋初期扬无咎所藏《楷书千字文》。

［145］ 小楷《心经》：《心经》全名《般若波罗蜜多心经》，全文仅
二百六十字，却囊括了六百卷《般若波罗蜜经》的精华。目前流
传的欧本《心经》，因无确凿证据，疑为托名之作。

［146］ 《梦奠帖》：全名《仲尼梦奠帖》，欧阳询书，共七十八字。元人郭
天锡跋："此本劲险刻厉，森森焉如府库之戈戟，向背转折，浑得

二王风气，世之欧行第一书也。”

[147]《金兰帖》：欧阳询书，共六十字。

[148] 虞：即虞世南。见本卷"名家"条中"虞永兴"注释。

[149]《夫子庙堂碑》：又名《孔子庙堂碑》，虞世南撰并书，记述唐高
祖李渊立孔子后裔孔德伦为褒圣侯，并新修孔庙之事。碑为正书，
用笔外秀内劲，肥瘦得宜，有中和之美。

[150]《破邪论》：此处指《破邪论序》。《破邪论》原为唐初道佛之争时，
佛教对世间质疑的回应，虞世南特为它写了一篇序文，风行一时。

[151]《汝南公主铭》：又名《汝南公主墓志》或《汝南公主墓志起草真
迹》。汝南公主是唐太宗之女，早逝。虞世南为其撰写墓志。此传
世书帖是虞世南的草稿。

[152]《孟法师碑》：全称《京师至德观主孟法师碑》。唐代岑文本撰文，
褚遂良书丹。原碑佚失，现存为清代拓本。此碑书法质朴，运笔
多隶法，章法缜密而气势流动。

[153] 褚：即褚遂良。见本卷"名家"条中"褚河南"注释。

[154]《乐毅论》：唐太宗曾命褚遂良临摹《乐毅论》。

[155]《哀册文》：即《唐太宗文皇帝哀册文》。传为褚遂良撰文书丹。
唐·刘𬤇《隋唐嘉话》："褚遂良为太宗哀册文，自朝还，马误入
人家而不觉也。"

[156]《龙马图赞》：又名《龙马图赞并序》，柳宗元文，后人集虞世南字
刻碑。

[157]《临摹兰亭》：褚遂良临摹的《兰亭序》。魏徵曾说"遂良下笔遒
劲，甚得王逸少体"。

[158]《临摹圣教》：此处当指褚遂良所书的《圣教序》。《圣教序》详见前注。

[159]《阴符经》：原名《黄帝阴符经》，内容多谈道家政治哲学思想。唐
代褚遂良曾有丹书传世。其书笔势纵横清晰，宽绰而见虚灵之气，

具有极高的水准。

[160] 《度人经》：全称《太上洞玄灵宝无量度人上品妙经》，是一部道教作品，影响深远。曾有书丹传世，传为褚遂良所书。

[161] 《紫阳观碑》：全名《唐茅山紫阳观玄静先生碑》，文震亨误认为此碑为褚遂良所作。实为柳识撰，张从申书，李阳冰篆额，立于大历七年八月十四日，现存元拓本。张从申，唐代书法家，善真、行书，师法王羲之。

[162] 柳：即柳公权。见本卷"名家"条中"柳诚悬"注释。

[163] 《金刚经》：全称《金刚般若波罗蜜经》。柳公权曾有丹书传世，名《柳公权书金刚经》。原石于宋代已被毁，现仅存敦煌石窟发现的唐拓孤本。其书笔势劲健，法度森严。

[164] 《玄秘塔铭》：全称《唐故左街僧录内供奉三教谈论引驾大德安国寺上座赐紫大达法师玄秘塔碑铭并序》。唐代裴休撰文，柳公权书丹并篆额。其书骨力遒劲，结构严谨，是柳体中的典范之作。

[165] 颜：即颜真卿。见本卷"名家"条中"颜鲁公"注释。

[166] 《争坐位帖》：唐代颜真卿所书。书中以直笔为主，笔力矫健，质朴苍劲，方中见圆，力透纸背。历代书家称赞，与王羲之《兰亭序》并称"行书双璧"。

[167] 《麻姑仙坛记》：全称《有唐抚州南城县麻姑山仙坛记》，颜真卿撰文并正书。碑文苍劲古朴，骨力挺拔，并有篆籀笔意。

[168] 二《祭文》：即《祭侄季明文稿》与《祭伯父豪州刺史文》，均为颜真卿所书。《祭侄季明文稿》，追叙了常山太守颜杲卿父子一门，在安禄山叛乱时坚决抵抗最终牺牲之事。其帖纵笔豪放，一泻千里，并多有枯笔，英风烈气，千古长存，世称天下第二行书。《祭伯父豪州刺史文》，是颜真卿被贬饶州刺史，奠告于伯父墓前的祭文稿本。此书或行或草，刚劲圆熟，行气贯串，风神奕奕。此二

祭文与《争坐位帖》合称"颜书三稿"。

［169］《家庙碑》：即《颜家庙碑》。是唐代颜真卿为其父亲颜惟贞撰文书
丹镌立之碑，有篆书名家李阳冰篆额。原碑现藏于西安碑林。其
书笔力雄健、结体庄密。

［170］《元次山碑》：又名《容州都督元结碑》。颜真卿悼念好友元结，撰
文并书丹。该碑字体浑厚雄健，气势磅礴。

［171］《多宝寺碑》：即《多宝塔碑》，全名《大唐西京千福寺多宝塔感应
碑》。岑勋撰文，颜真卿书丹，徐浩题额，史华刻石。字体工整细
致，结构规范严密，是现存颜书中最早的楷书作品，学颜体者多
从此碑入手，以窥其奥。

［172］《放生池碑》：又名《天下放生池碑铭》。颜真卿撰文并书，原刻宋
时已佚。现存为南宋留元刚《忠义堂帖》本。

［173］《磨崖碑》：明·张弼《东海文集》："浯溪在祁阳邑之西，南六七
里有寺，唐元次山别馆有颜鲁公《磨崖碑》。"

［174］《干禄字帖》：颜元孙撰，颜真卿书。宋·欧阳修《集古录》："鲁
公喜书大字，余家所藏颜氏碑最多，未尝有小字者，惟《干禄字》
书法最为小字，而其体法与此记不同，盖《干禄》之注持重舒和
而不局蹙。"

［175］怀素：详见本卷"名家"中注释。

［176］《自序三种》：即怀素的草书名作《自叙帖》。分为三部分，第一部
分自序生平，第二部分节录颜真卿《怀素上人草书歌序》，第三部
分摘录朋友赠诗。

［177］草书《千文》：即怀素《小草千字文》。因造诣极高，有一字一金
之誉，故又名《千金帖》。卷末有清人王文治跋："是帖晚年之作，
纯以淡胜。"

［178］《圣母帖》：又名《东陵圣母帖》，怀素晚年途经宜陵镇所作，记述

东陵圣母升仙成圣的事迹和东陵圣宫的景象。明·王世贞《艺苑卮言》：“《圣母帖》独匀稳清熟，妙不可言。”

[179]《藏真》《律公》二帖：即《藏真帖》与《律公帖》。《藏真帖》，通篇以行书为主，间以草书，记述怀素北上向名家求教书法之事。《律公帖》，怀素草书，北宋周越跋云：“越观怀素之书有飞动之势，若悬岩坠石，惊电遣光也。”

[180] 李北海：即李邕。字泰和，唐朝宗室，官至北海太守，世称“李北海”。善行书，其笔力沉雄，风格奇伟倜傥。

[181]《娑罗树碑》：明·顾炎武《金石文字记》：“《娑罗树碑》，李邕撰并书，行书开元十一年，今重刻在淮安府。”

[182]《曹娥碑》：王羲之书《曹娥碑》后，李邕也曾书《曹娥碑》。清·阮元《两浙金石志》说：“曹娥碑右军小楷书，唐李北海曾以行体书之，世无传本。此蔡卞于元祐时重书，应从北海原刻而出，宋时犹及见真本。蔡卞书米元章尝称之。”

[183]《秦望山碑》：全名《秦望山法华寺碑》，李邕撰并书。

[184]《臧怀亮碑》：李邕所书行书，圆健可爱。臧怀亮，字时明，莒（今山东莒县）人，曾任左羽林大将军。颜真卿也曾为其书墓志。底本作“臧怀庇碑”，误。

[185]《有道先生叶公碑》：宋·欧阳修《集古录》：“右《有道先生叶公碑》，李邕撰并书。余《集古》所录李邕书颇多，最后得此碑于蔡君谟。君谟善论书，为余言邕之所书，此为最佳也。”

[186]《岳麓寺碑》：又名《麓山寺碑》，李邕撰并书，在湖南长沙岳麓公园。黄庭坚评价该碑：“气势豪逸，真复奇崛，所恨功力太深耳。少令功损相半，使子敬复生，不过如此。”

[187]《开元寺碑》：北宋·欧阳棐《集古录目》：“唐淄州《开元寺碑》，李邕撰并行书，开元二十八年七月立。”

［188］《荆门行》：清·梁巘《古今法帖论》："北海《荆门行》，昔人以为
集字。"

［189］《云麾将军碑》：即《唐故云麾将军李公碑》，又名《云麾将军李
秀碑》。李邕撰并书，郭卓然摹勒并题额，张昂等镌。该书丰腴雄
秀，首次以行书书碑，拓宽了碑铭书体之路。

［190］《李思训碑》：又名《云麾将军碑》，李邕撰并书。李思训与李秀官
同姓同，故此碑也可称《云麾将军碑》。李思训碑在陕西蒲城，李
秀碑在北京良乡。此碑遒劲妍丽，为历代书家称道。

［191］《戒坛碑》：此帖疑为张杰书，后人伪托李邕之名。欧阳辅《集古
求真》："《少林寺戒坛铭》，李邕书，僧义净制，宋人著录此帖，
皆云张杰八分书，未有言李北海行书者，此本殆后人伪托。"

［192］太宗：即唐太宗李世民。

［193］《魏徵碑》：魏徵逝世后，唐太宗所立。

［194］《屏风帖》：草书，唐太宗所作。

［195］《李勣（jì）碑》：疑此处脱"高宗"二字。《李勣碑》全称《大唐
故司空上柱国赠太尉英贞武公碑》，唐高宗李治撰并书。

［196］玄宗：即唐玄宗李隆基。见本卷"名家"中"唐玄宗"注释。

［197］《一行禅师塔铭》：明·赵均《金石林时地考》："《一行禅师塔碑》，
明皇文，并八分书。"

［198］《孝经》：此处指《唐玄宗孝经》。唐玄宗所书隶书。因碑座底下有
三层石台，又名《石台孝经》。该碑今在西安碑林。

［199］《金仙公主碑》：即《金仙长公主神道碑》。唐徐峤撰文，书者一说
为唐玄宗，一说为玉真公主。

［200］孙过庭：字虔礼。胸怀大志，博雅好古。工正、行、草，尤以草
书擅名。所著《书谱》在古代书法理论史上占有重要地位。

［201］《书谱》：书法理论著作，孙过庭撰。在论述正、草二体的笔法、

章法，以及学习、创作等方面，均有真知灼见。有墨迹《书谱》

传世。米芾评价："孙过庭草书《书谱》，甚有右军法。"

[202] 柳公绰：柳公权之兄，字宽。其书法端肃浑厚，古朴自然。

[203]《诸葛庙堂碑》：即《蜀丞相诸葛武侯祠堂碑》，裴度撰文，柳公绰

正书，名匠鲁建刻，有"三绝碑"之誉。

[204] 李阳冰：李白族叔，字少温。他的篆书师法李斯，劲利豪爽，自

诩"斯翁之后，直至小生，曹喜、蔡邕不足也"。

[205]《篆书千文》：篆书《千字文》，是李阳冰的篆书代表作。

[206]《城隍庙碑》：全称《缙云县城隍庙记碑》。唐乾元二年，李阳冰

为本县城隍祈雨有应之后，撰文并书丹。后毁于宋代方腊之乱中，

现存宋代拓片翻刻。

[207]《孔子庙碑》：宋·欧阳棐《集古录目》："阳冰为缙云令，重修孔

子庙像，碑以上元二年七月刻，在缙云县。"

[208] 欧阳通：欧阳询之子，字通师。书法得其父险峻遒健之法，与其

父齐名，称"大小欧阳"。

[209]《道因禅师碑》：即《道因法师碑》。李俨撰文，欧阳通书丹，现收

藏于西安碑林。

[210] 薛稷：薛道衡曾孙，字嗣通。其书结体遒丽，圆腴挺拔。

[211]《升仙太子碑》：武则天撰文，薛稷、钟绍京书丹。其文借周灵王

太子晋升仙班故事，歌颂武周盛世。其书介于行书和草书之间，

笔法婉约流畅，意态纵横。

[212] 张旭：见本卷"名家"条中"张长史"注释。

[213] 草书《千文》：即张旭《草书千字文》，又名《断千字文》。其书狂

放不羁，挥洒自如，变幻莫测。石刻现藏于西安碑林，仅存六石。

[214] 僧行敦：僧人行敦，以书名于世，《宣和书谱》收录其作。

[215]《遗教经》：又名《佛垂般涅槃略说教诫经》，总结佛陀一生弘法言

教内容，姚秦时代鸠摩罗什译文。行敦曾有书丹。

［216］《洋州园池》：苏轼行书作品。

［217］《天马赋》：此处指米芾撰并书的《天马赋》。明·王世贞《弇州四部稿》："墨刻《天马赋》，笔势雄强超逸，真有千金蹀躞，过都历块之气。"

［218］二宋诸公：即宋克、宋广。《明史·文苑传》："（宋克）杜门染翰，日费十纸，遂以善书名天下。时有宋广，字昌裔，亦善草书，称二宋。"

【点评】

　　法帖，又名法书，是集历代名家书法装订成册，以供万世师法之物。刻帖之法，一般有两种，一种是直接在木板或碑石上书丹，而后镌刻拓印，另一种是用半透明的纸附在原帖上钩摹，再用朱砂反钩，而后再将拓纸附于刻石或木板上，最后进行镌刻拓印。无论哪种方法，最后都编次装订成册，称之为帖。此时的帖，便有了名家书作之意。古人也曾因记事直接书碑，后世有人直接拓印，也有人临写另行摹刻拓印，如此装订成册的书作也称帖，但碑、帖本身，实为二物。

　　文震亨醇古风流，所述包括《淳化阁帖》等二十五部丛帖，以及史籀等三十余位名家的一百三十四部碑帖，无一不是名作，于此也可见文家历年收藏之丰。这些作品，收入书斋，日夕观摩，时时受其润泽。或邀请韵友一同探讨，自是人生乐事。

南北纸墨[1]

古之北纸，其纹横[2]，质松而厚[3]，不受墨[4]；北墨，色青而浅，不和油蜡^[5]，故色澹而纹皱^[6]，谓之"蝉翅拓"。南纸其纹竖，用油蜡，故色纯黑而有浮光，谓之"乌金拓"。

【注释】

[1] 南北纸墨：古时拓帖用纸及用墨，有南北之分。

[2] 纹横：纹理横顺。下文"纹竖"即纹理竖直。

[3] 质松而厚：质地松软厚实。

[4] 不受墨：不容易吸墨。

[5] 不和油蜡：不用油蜡调和。

[6] 色澹而纹皱：颜色浅淡而纹理发皱。

【点评】

纸、墨，是写字作画的重要工具。几千年来，因为历史发展、文化差异、技术传承等因素，南北方的纸墨，有很大的区别。南北之纸，曹昭《格古要论》载："北纸用横帘造，纹必横，其质松而厚。南纸用竖帘，纹竖。"关于北墨，屠隆《考槃馀事》道："北墨多用松烟，色青而茂，不和油蜡，故色淡，而纹皱如薄云之过青天，谓之夹纱蝉翅搨也。"关于南墨，他又说："用油湮以蜡，及造乌金纸水，敲刷碑文，故色纯而有浮光，谓之乌金拓。"从这些记载中可以看出，南北纸墨各有千秋。文震亨所见，与他们基本相同。

赵希鹄《洞天清录》云："南纸用竖帘，纹必竖。若二王真迹，多是会稽竖纹竹纸。盖东晋南渡后，难得北纸，又右军父子多在会稽，故也。"此事让人联想到南宋画家马远和夏珪，他们的画作少有大开大阖高深幽远的全景山水，而是多为一角一边，人送外号"马一角"与"夏半边"。那是因为宋朝的半壁江山都丢了，残山剩水间尽是故国之思。乱世之人如同蝼蚁，要享受简单的闲情雅致，何其之难啊！

古今帖辨[1]

古帖历年久而裱数多，其墨浓者，坚若生漆，纸面光彩如砑，并无沁墨[2]水迹侵染，且有一种异馨[3]，发自纸墨之外[4]。

【注释】

[1] 古今帖辨：关于古往今来法帖的赏鉴辨别方法。

[2] 沁墨：墨汁渗染。

[3] 异馨：别样的馨香。

[4] 发自纸墨之外：从纸张之内向外散发出来。

【点评】

古今法帖的辨伪，常用的方法之一是根据纸墨来判断。文震亨的论述涉及墨迹硬度、颜色、香味等方面，皆可作为参考。

高濂在《遵生八笺》中的论述更为全面。关于南北纸墨性质，他说："南纸坚薄，极易拓墨，北纸松厚，不甚受墨。故北拓如薄云之过青天，以其北用松烟，墨色青浅，不和油蜡，故色淡而文皱，非夹纱作蝉翅拓也。南拓用烟和蜡为之，故色纯黑，面有浮光。"依据这个原则，他判断"用油蜡拓"或"间有效法松烟墨拓"的伪作，必定深浅不匀，殊乏雅趣。

关于法帖历年久远的形态，他说："古帖受裱数多，历年更远，其墨浓者，坚若生漆，且有一种不可称比异香，发自纸墨之外。若以手揩墨色，纤毫无染；兼之纸面光采如砑，其纸年久质薄，触即脆裂，侧勒转折处，并无沁墨水迹侵染字法。"依据这个原则，他判断"浓墨拓者，以指微抹，满指皆黑"的作品，定然是伪作。

关于观感，他说："古帖纸色面有旧意，原人摩弄积久，自然陈色，故面古而背色长新。"关于坚韧度，他说："古帖……薄者揭之，坚而不裂，以受糊多耳；厚者反破碎莫举，以年远糊重，纸脆故也。"皆可作辨伪的窍门。

古代有许多作伪手法，难以辨别。《遵生八笺》中说："近有吴中高手，赝为旧帖，以坚帘厚粗竹纸，皆特抄也，作夹纱拓法，以草烟末香烟薰之，火气逼脆本质，用香和糊若古帖臭味，全无一毫新状，入手多不能破。其智巧精采，反能夺目。"故而，他认为"鉴赏当具神通观法"。然而法帖辨伪着实不易。唐代肖诚曾伪作古帖，告诉李邕说是王羲之真迹，李邕看后欣然认可，之后肖诚以实相告，李邕再仔细审视时，认为"果欠精神"。李邕是书法大家，《宣和书谱》评价说："邕精于翰墨，行草之名尤著。初学右将军行法，既得其妙，乃复摆脱旧习，笔力一新。"这样的大师都有看走眼的时候，常人就更只有勤奋学习，才能日渐精进了。

装　帖[1]

古帖宜以文木薄一分许为板，面上刻碑额[2]、卷数。次则用厚纸五分许，以古色锦或青花白地锦[3]为面，不可用绫及杂彩色。更须制匣以藏之，宜少方阔，不可狭长、阔狭不等，以白鹿纸[4]厢边[5]，不可用绢。十册为匣，大小如一式，乃佳。

【注释】

[1] 装帖：装潢法帖。

[2] 碑额：碑头及其题字。元·吾丘衍《学古编》："凡写碑匾，字画宜

肥，体宜方圆，碑额同此。"

[3]　青花白地锦：白色质地配上青花图案的一种锦。

[4]　白鹿纸：古代书画用纸，详见本书卷七"纸"条中"白箓"注释。

[5]　厢边："厢"，古通"镶"，镶边即用花边、滚条等给物品加装饰。

【点评】

法帖是书法作品的精华，古代雅人韵士争相收藏。其藏法，文震亨认为最宜外镶一寸厚的小木板来装订，面上标刻碑额、卷数，并制一个方阔的匣子，以白鹿纸镶边，按十册一匣来收藏，并且统一匣子的大小形制。如此颇为精雅，可供后世效仿。

宋人周密《齐东野语》中也提及了诸多御府法帖的收藏之法。简而言之，先根据作品年代、影响力、作者身份等来划分藏品优劣等级，再据此来进行收藏装帧。如"两汉、三国、二王、六朝、隋、唐君臣墨迹"，先用"妙"字标签名，后以"克丝"（缂丝）作裱锦，以"大姜牙云鸾白绫"作引首，以白玉作轴，并让当时的书法名家题跋，引首后盖上御府图书印。又如苏黄米蔡等人的诗书真迹，"用皂鸾绫褾。白鸾绫引首。夹背蠲纸赗。象牙轴。用睿思东阁印、内府图记"。另外文中还有"碑刻横卷定式"一则，对碑帖的引首、阑道（框线）、行距等都做了规范说明，可见当时装帖的严谨和美观程度。

宋　板[1]

藏书贵宋刻[2]，大都书写肥瘦有则[3]，佳者有欧[4]、柳[5]笔法[6]，纸质匀洁[7]，墨色清润[8]。至于格用单边[9]，字多讳笔[10]，虽辩证^[11]之一端，然非考据^[12]要诀也。书以班^[13]范^[14]二书、《左传》^[15]、《国语》^[16]、《老》^[17]、《庄》^[18]、《史记》^[19]、《文选》^[20]、诸子^[21]为第一。名家诗文、杂记、道释^[22]等书次之。纸白板心绵纸者为上^[23]，竹纸^[24]活衬^[25]者亦可观。糊背^[26]批点^[27]不蓄可也。

【注释】

[1] 宋板：一作"宋版"。宋刻书籍，雕镂最佳，纸张、校勘也极精良。

[2] 宋刻：指宋代刻印的书籍。

[3] 肥瘦有则：肥瘦有制，粗细有度。

[4] 欧：即欧阳询。详见本卷"名家"条中"欧阳率更"注释。

[5] 柳：即柳公权。详见本卷"名家"条中"柳诚悬"注释。

[6] 笔法：画画、写字、作文的技法或特色。

[7] 纸质匀洁：纸质均匀洁净。

[8] 墨色清润：墨色清丽温润。

[9] 格用单边：宋版的刻书，每一行之间，均有竖线隔开，左右两张纸合起来是一个整体，单页纸网格不完整，故有此说。

[10] 字多讳笔：文字中多避讳之笔。讳笔，旧时对于君主和尊长的名字，不直接写出，用缺笔字或他字代替，以示庄重。

[11] 辩证：辨析考证。

[12] 考据：指对古代的名物典章制度等进行考核辨证。

[13] 班：即班固，字孟坚，所修的《汉书》，是中国第一部断代史。

[14] 范：即范晔，字蔚宗，所著《后汉书》，结构严谨、属词丽密，与《史记》《汉书》《三国志》并称"前四史"。

[15] 《左传》：全称《春秋左氏传》，相传是春秋时鲁国左丘明为《春秋》做注解的一部史书，与《公羊传》《穀梁传》合称"春秋三传"。

[16] 《国语》：中国最早的一部国别体著作。记事起自西周中期，下迄春

秋战国，前后约五百年。内容包括各国贵族间朝聘、宴飨、讽谏、辩说、应对之辞以及部分历史事件与传说。

［17］《老》：即《老子》，又名《道德经》，春秋时期李耳所著。论及修身、治国、用兵、养生之道，而多以政治为旨归，乃所谓"内圣外王"之学，是道家最精要之书。

［18］《庄》：即《庄子》，又称《南华经》，战国中期庄周所著，反映了庄子的哲学、艺术、美学思想与人生观、政治观等。

［19］《史记》：原名《太史公书》。西汉司马迁所撰。是中国历史上第一部纪传体通史，被列为"二十四史"之首，记载了从黄帝时代至汉武帝太初四年间共三千多年的历史。

［20］《文选》：又称《昭明文选》。是中国现存最早的一部诗文总集，由南朝梁武帝的长子萧统（谥号昭明）组织文人共同编选。所选作家上起先秦，下至梁初，所录作品以才子名篇为主。

［21］诸子：指先秦至汉初的各派学者或其著作。《汉书·艺文志》存名的共有一百余家，但影响最大的只有儒、道、阴阳、法、名、墨、纵横、农、杂、小说等十余家而已。

［22］道释：道家和佛家。这里指道家和佛家的典籍。

［23］纸白板心绵纸者为上：纸色纯白、书本中心为绵纸的最佳。绵纸，一种用树木的韧皮纤维制成的纸。色白柔韧，纤维细长如绵，故称。他本"板心"或作"板新"。

［24］竹纸：用嫩竹为原料制成的纸。

［25］活衬：明·屠隆《考槃馀事》："装潢书画，补缀后以白纸为里，四周放大为护叶，谓之活衬。"又称"金镶玉"。

［26］糊背：用纸另行托背。

［27］批点：在书刊、文章上加批注和圈点。

【点评】

本则论宋刻书，文震亨详述了它的特点，以及辨别、收藏之道。

宋刻本，在古籍收藏中，有"一页千金"之说。明代崇祯年间，藏书家毛晋曾在门前挂求书启示："有以宋椠本至者，门内主人计叶酬钱，每叶计三百。"两页为一叶，一叶三百钱，算是高价了。在他之前，"后七子"领袖王世贞雅好藏书，曾用一座庄园来交换一部赵孟𫖯收藏过的宋刻《两汉书》。到清初时，黄丕烈更是嗜宋刻成狂，他自号"书魔""佞宋主人"，只要听说有宋刻本，必定前去搜求。一次，他看中的宋刻本被朋友捷足先登了，他竟在床上卧病不起，直到朋友相让时，病情才有所好转。久而久之，他收藏了百余套宋刻古籍，给藏书楼命名为"百宋一廛"，其痴态十分可爱。

古人如此喜爱宋刻，概而言之，有这几个原因：

其一，字体古雅。明人谢肇淛云："宋刻有肥瘦两种，肥者学颜，瘦者学欧。"这是在宋代早期。南宋时，还用柳公权、诸遂良等人的字体刻书。故而宋刻本的字体，非常古雅苍劲。

其二，用纸考究。宋刻多用树皮纸、竹纸，纸张苍润洁白，柔韧厚实，防霉防蛀。着墨之后，书上墨色如漆，没有水湿痕迹，阅卷有书香。

其三，装帧精美。唐及唐以前的卷轴装、旋风装、经折装，宋代均有继承，还发展出独具特色的蝴蝶装，解决了书籍接缝容易断裂折损的问题，而且翻阅起来如同蝴蝶飞舞，十分美观。

其四，校勘严谨。宋代人为图书校

宋本《楚辞集注》

勘花了很大功夫，还作过相关规定。宋人陈骙《南宋馆阁录》载："诸字有误者，以雌黄涂讫，别书。或多字，以雌黄圈之；少者，于字旁添入；或字侧不容注者，即用朱圈，仍于本行上下空纸上标写。"当时之法，和今世相差并不太大。

其五，版式疏朗。宋刻本色彩简约，用单边或双边的墨线作格，行宽适宜，字大且疏，简约美观，疏朗大气，十分适宜翻阅。

古人对宋刻的收藏展玩，有一系列方法。关于藏书，屠隆《考槃馀事》道："藏书于未梅雨之前，晒取极燥，入柜中，以纸糊门，外及小缝，令不通风，盖蒸汽自外而入也。纳芸香、麝香、樟脑可辟蠹。"关于观书，他引用了赵孟𫖯的话："勿卷脑，勿折角，勿以爪侵字，勿以唾揭幅，勿以作枕，勿以夹纸，随损随修，随开随掩，则无伤残。"今时看来，亦有借鉴意义。

悬画月令[1]

岁朝[2]宜宋画福神[3]及古名贤像；元宵[4]前后宜看灯[5]、傀儡[6]；正[7]、二月宜春游、仕女、梅、杏、山茶、玉兰、桃、李之属[8]；三月三日[9]宜宋画真武像[10]；清明[11]前后宜牡丹、芍药；四月八日[12]宜宋元人画佛及宋绣佛像[13]；十四[14]宜宋画纯阳像[15]；端五[16]宜真人玉符[17]，及宋元名笔端阳景、龙舟[18]、艾虎[19]、五毒[20]之类；六月宜宋元大楼阁、大幅山水、蒙密树石[21]、大幅云山、采莲[22]、避暑等图；七夕[23]宜穿针乞巧[24]、天孙织女[25]、楼阁、芭蕉、仕女等图；八月宜古桂[26]或天香[27]、书屋[28]等图；九、十月宜菊花、芙蓉、秋江、秋山、枫林等图；十一月宜雪景、蜡梅、水仙、醉杨妃等图；十二月宜钟馗[29]、迎福[30]、驱魅[31]、嫁妹[32]；腊月廿五[33]，宜玉帝[34]、五色云车[35]等图；至如移家[36]，则有葛仙移居[37]等图；称寿[38]则有院画寿星[39]、王母[40]等图；祈晴[41]则有东君[42]；祈雨[43]则有古画风雨神龙[44]、春雷起蛰[45]等图；立春[46]则有东皇[47]、太乙[48]等图，皆随时悬挂，以见岁时节序[49]。若大幅神图，及杏花燕子、纸帐梅[50]、过墙梅[51]、松柏[52]、鹤鹿[53]、寿意[54]之类，一落俗套，断不宜悬。至如宋元小景[55]，枯木、竹石四幅大景[56]，又不当以时序论也。

【注释】

[1] 悬画月令：悬挂图画的时令。月令，《礼记》等书中，有《月令》篇，按照一年十二个月的时令，记述朝廷的祭祀礼仪、职务、法令、禁令等大事。后用以特指农历某个月的气候和物候。

[2] 岁朝：农历正月初一。

[3] 福神：能赐人幸福的神灵。道教有三官之说（天官赐福，地官赦罪、水官解厄），民间年画中多有绘像。

[4] 元宵：农历正月十五日为上元节，这天晚上称"元宵"，亦称"元夜""元夕"，古代道路夜间禁行，而此夜除外。民间有赏花灯、猜灯谜、吃元宵等习俗，极其热闹。

[5] 看灯：元宵节时，民间举办观灯集会。此处指看灯图画。

[6] 傀儡：木偶戏。此处指木偶戏图画。

[7] 正：正月，农历中一年的第一个月。

[8] 之属：之类的图画。下文的"之类"同理。

[9] 三月三日：即上巳节，有沐浴被褉的习俗。

[10] 真武像：真武大帝的画像。真武大帝是道家信奉的北方之神，其像被发、黑衣、仗剑、蹈龟蛇，随从者执黑旗。

［11］ 清明：即清明节，在冬至后一百零八天，是中国重要的祭祖节日，民间有上坟扫墓、插柳、踏青等习俗。

［12］ 四月八日：即浴佛节，是佛祖释迦牟尼诞辰。佛寺于此日诵经，并用名香浸水，灌洗佛像。

［13］ 宋绣佛像：宋代用刺绣工艺绘成的佛像。

［14］ 十四：即农历四月十四。相传为吕洞宾诞辰。

［15］ 纯阳像：即纯阳子吕洞宾画像。吕洞宾，八仙之一，号纯阳子。屡举进士不第，游历江湖时，遇钟离权授以丹诀而成仙。

［16］ 端五：即端午，也称端阳。时在农历五月初五日，因纪念自沉汨罗江的爱国诗人屈原，有包粽子、赛龙舟等习俗。

［17］ 真人玉符：佩挂符箓的得道仙人画像。真人，道家称存养本性或修真得道的人，亦泛称成仙之人。玉符，旧时佩挂胸前以避灾邪的符箓。

［18］ 龙舟：端午为纪念诗人屈原而竞渡的龙形船。此处指龙舟画像。

［19］ 艾虎：端午日采艾制成虎形的饰物，佩戴能辟邪祛秽。清·潘荣陛《帝京岁时纪胜》："五月朔，家家悬朱符，插蒲龙艾虎，窗牖贴红纸吉祥葫芦。"此处指艾虎画像。

［20］ 五毒：说法不一，一般指蝎子、蛇、蜈蚣、蟾蜍、壁虎五种毒物。清·富察敦崇《燕京岁时记》："每至端阳，市肆间用尺幅黄纸，盖以朱印，或绘画天师钟馗之像，或绘画五毒符咒之形，悬而售之。"此处指五毒画像。

［21］ 蒙密树石：茂密的树石。此处指草木树石相关的图画。

［22］ 采莲：采摘莲蓬。此处指采莲图。

［23］ 七夕：农历七月初七之夜。民间传说牛郎织女每年此夜在天河相会。

［24］ 穿针乞巧：旧时七夕，妇女在当晚望月乞求智巧。南朝梁·宗懔

《荆楚岁时记》："七月七日，为牵牛织女聚会之夜。是夕，人家妇女结彩缕，穿七孔针，或以金银鍮石为针，陈瓜果于庭中以乞巧，有喜子网于瓜上，则以为符应。"此处指穿针乞巧图。

[25] 天孙织女：织女画像。天孙，《汉书·天文志》："织女，天帝孙也。"南朝梁·殷芸《小说》："天河之东有织女，天帝之子也。年年机杼劳役，织成云锦天衣，容貌不暇整。"

[26] 古桂：古奇的桂树。此处指桂树图。

[27] 天香：疑为桂树的赘述。

[28] 书屋：指书屋读书图。

[29] 钟馗：指钟馗画像。钟馗是中国民间传说中能打鬼驱除邪祟的神，生得铁面虬鬓，相貌奇异。

[30] 迎福：指钟馗迎福图。

[31] 驱魅：驱除鬼魅，此处指钟馗驱魅图。

[32] 嫁妹：钟馗嫁妹图。相传钟馗生前多番得到同乡好友杜平相助，做鬼王后，于除夕夜率鬼卒返家，将妹妹嫁给了杜平。底本作"嫁魅"，误。

[33] 腊月廿（niàn）五：农历十二月二十五。民间有接玉皇、照田蚕、千灯节、赶乱岁等习俗。

[34] 玉帝：玉皇大帝，道教神话传说中天地的主宰。此处指玉皇大帝画像。

[35] 五色云车：指仙人乘五彩云车图。

[36] 移家：搬家，乔迁。此处指乔迁图。

[37] 葛仙移居：即《葛洪移居图》，是道教经久不衰的绘画题材。葛洪，字稚川，自号抱朴子，东晋道家学者、方士。有《抱朴子》《金匮药方》《神仙传》《西京杂记》等著述。

[38] 称寿：祝人长寿，此处指祝寿图。

［39］　寿星：即南极老人星，神话中的长寿之神。此处指寿星图。

［40］　王母：王母是古代神话传说中掌管不死药、惩罚罪恶、预警灾厉的
　　　　长生女神，居住在西方的昆仑山。此处指王母娘娘画像。

［41］　祈晴：因久雨而祈祷天晴。此处指祈晴图。

［42］　东君：太阳神名。此处指太阳神图。

［43］　祈雨：因久旱而求神降雨。古称雩（yú）祀。此处指祈雨图。

［44］　风雨神龙：即《风雨出蛰龙图》。清·李斗《扬州画舫录》："董源
　　　　绘事冠绝南唐，不特山水入神，兼工画龙，郡城汤氏藏其《风雨出
　　　　蛰龙图》，宋秘阁物。"

［45］　春雷起蛰：即《春龙起蛰图》。宋·李方叔《画品》："蜀文成殿下
　　　　道院军将孙位所作，山临大江，有二龙自山下出，龙蜿蜒骧首云
　　　　间，水随云气布上，雨自爪鬣中出。"

［46］　立春：二十四节气之一，在农历正月初，为四时之始。

［47］　东皇：东皇太一。汉代王逸注《九歌》称："太一，星名，天之尊
　　　　神，祠在楚东，以配东帝，故曰东皇。"此处指东皇太一图。

［48］　太乙：即帝星，在紫微宫阊阖门中，是北极神。一说太乙即东皇太
　　　　一。此处指太乙图。

［49］　岁时节序：时节交替，年岁变迁。

［50］　纸帐梅：此处指纸帐梅花图。

［51］　过墙梅：过墙梅为梅花的一种，树枝较长。此处指过墙梅图。

［52］　松柏：松树和柏树。两树皆长青不凋，为志操坚贞的象征。此处指
　　　　松柏图。

［53］　鹤鹿：鹤鹿与"合禄"谐音，古代有"合禄"同春之意，亦有富贵
　　　　长寿之说，多见于玉插屏及玉牌子。此处指鹤鹿图。

［54］　寿意：寓意福寿的图案。他本或作"寿星"。

［55］　小景：中国画术语，指小幅山水风物画。始于北宋惠崇，有"惠崇

小景"之称。沈括《图画歌》中说"小景惠崇烟漠漠",黄庭坚说"得意于荒率平远",即此小景风格。

[56] 大景:大幅图画。

【点评】

挂画,与插花、焚香、斗茶并称文人四雅。后三者更偏向色、香、味之美,而前者,则重在意境。此风唐代已有,当时主要用来烘托茶会情境。到古典文化登峰造极的宋代,士大夫以家中不挂画为耻,挂画的内容也慢慢丰富起来,挂画之道渐渐精深。

挂画之道,一是应时应景。文震亨此条有详细的论述。在他看来,不同的时令,不同的气候,不同的场合,不同的心境,都需要悬挂相应的书画,作为点缀和调剂,这样既能给生活增添不少情趣,而且在特定之时又会另有一番领悟。

另外一项是随心随性。画题中有雅有俗,雅画自不必说,挂上俗画反而不如不挂。至于枯木、竹石这些景物,四时不变,且其中寄托了文人的情思,故而不因月令而变,四时皆宜,想挂就挂。

另外,屠隆《考槃馀事》说:"对景不宜挂画,以伪不胜真也。"天地有大美,能够观赏时,自然应该好好观赏,而不必太执着画中情境。在真山水面前,画境始终逊色一些,在真花鸟面前,画中声色终究不如。这是高论,值得研究探讨。

卷六 几榻

文震亨《唐人诗意图册》册页六

几　榻[1]

　　古人制几榻，虽长短广狭不齐，置之斋室，必古雅可爱，又坐卧依凭[2]，无不便适。燕衎[3]之暇，以之展经史[4]，阅书画，陈鼎彝[5]，罗肴核[6]，施枕簟[7]，何施不可[8]？今人制作，徒取雕绘文饰[9]，以悦俗眼，而古制荡然[10]，令人慨叹实深。志《几榻》第六。

【注释】

[1]　几榻：靠几与卧榻，常用以泛指日用器具。

[2]　依凭：凭藉，依靠。

[3]　燕衎（kàn）：宴饮行乐。燕，古通"宴"。衎，快乐安定、和适自得的样子。《诗经·南有嘉鱼》："君子有酒，嘉宾式燕以衎。"

[4]　展经史：铺展典籍。经史，中国古籍一般分经、史、子、集四大部类，故而"经史"一般指代典籍。

[5]　陈鼎彝：陈设鼎彝。鼎彝，刻着表彰文字的古代祭器。详见本书卷七"海论铜玉雕刻窑器"条。

[6]　罗肴核：摆设菜肴果蔬。肴核，肉类和果类食品。宋·苏轼《前赤壁赋》："肴核既尽，杯盘狼藉。"

[7]　施枕簟（diàn）：安放枕簟，指躺卧休息。簟，竹席。

[8]　何施不可：有何不可。施，施行，施展。

[9]　雕绘文饰：刻意修饰。雕绘，雕镂彩绘。文饰，修饰、装饰。

[10]　荡然：毁坏，消失。

【点评】

卷六论几榻，包括床榻、几案、椅凳、柜架等家具，涵盖日常生活的方方面面。文震亨所处的时代，家具制作水平达到巅峰。他推崇富含文人意趣的家具，认为几榻需要舒适实用，在审美上，需要古雅可爱，不可"雕绘文饰，以悦俗眼"。

上好的明式家具都如他所言，是集实用、美观于一体的。造型上，高低、长短、粗细、宽窄的搭配，方、圆、直、曲的组合，使比例协调，气脉贯通，简明典雅；装饰上，运用雕、镂、嵌、描等手法，山川草木、花鸟虫鱼等题材无所不包，但又遵循删繁就简的原则，点缀恰到好处，不失朴素与清雅；材质上，多用黄花梨、紫檀、榉木、鸡翅木、铁力木，质地坚实，纹理细密，色泽温润不张扬，不必修饰就有一种古雅之美；结构上，不用钉子少用胶，采用榫卯结构，局部镶以圈口、牙板、卡子花、霸王枨等，既美观又牢固；功能上，高低大小、形状弧度、使用方式无一不符合人的使用习惯和生理力学，令人非常舒适。

如此辉煌的成就，背后的原因很多，如江南经济的繁荣，能工巧匠的聚集，珍贵木材的输入等。文人们的参与，对家具的格调有了深远的影响。明中叶以降，政治腐败，有识之士深感无力。当时思想界又产生了王阳明、李贽等人主导的心学革命，让他们对旧有的制度渐渐产生怀疑。于是很多人开始全身心地追求闲情雅致，转而研究"即物见道"和"独抒性灵"。谢华《文震亨造物思想研究》中，还提及造园之风兴起后，文人觅得一处精神天地，有的亲自参与造园，有的亲自绘制图纸让工匠制作，还不时互相品评鉴赏。为了区别于附庸风雅之辈，他们还会设计出一些独具文人趣味的家具，将文人的情趣、审美、精神、哲学、人生态度都融入其中，这使得明式家具独具一格，别有风味。

文震亨用几榻"坐卧依凭"，"展经史，阅书画，陈鼎彝，罗肴核，施枕簟"，虽能在会心之时得到真趣，但又常常恪守成规，固步自封，破坏

坐卧依凭，无不便适

了这种意趣。他提出遵循古制，依照一定之规制作家具，过长、过短或过阔，都不可用。生活中若处处如此，未免太累。倒是他的另一观点"宁古无时，宁朴无巧，宁俭无俗"以及"繁简不同，寒暑各异……高堂广榭，曲房奥室，各有所宜"更恰当些。毕竟制具的目的是尚用。另外，古今之辩和雅俗之辩，本身也是一个很宽泛的话题，当时之古，虽依然是后世之古，但当时之"今"，却又是后世之"古"，不必处处厚古薄今。而在雅俗上，更是见仁见智。

家具除了生活实用、寄托情趣，还有一个作用是美化室庐。如果家具过多或是过大，则显得房间臃肿逼仄；若是家具过少或是过小，则显得房间轻浮空荡。如果家具的色彩、纹饰和房间不搭，则杂乱无章。如果摆放的位置不对，不仅使用不便，还会有一种别扭之感。不同的家具陈设，能营造不同的情境。陈从周《说园》中曾说："家具俗称'屋肚肠'，其重要可知，园缺家具，即胸无点墨，水平高下自在其中。"在家具上下功夫，必能使室宇增色。室宇增色，则主人的人格也能得到标榜。

榻[1]

座高一尺二寸，屏高一尺三寸，长七尺有奇[2]，横一尺五寸，周设木格，中实湘竹，下座不虚[3]，三面靠背，后背与两傍等，此榻之定式也。有古断纹[4]者，有元螺钿[5]者，其制自然古雅。忌有四足，或为螳螂腿[6]，下承以板，则可。近有大理石镶者，有退光朱黑漆[7]、中刻竹树、以粉填者，有新螺钿者[8]，大非雅器。他如花楠[9]、紫檀[10]、乌木[11]、花梨[12]，照旧式制成，俱可用，一改长大诸式，虽曰美观，俱落俗套。更见元制榻[13]，有长丈五尺，阔二尺余，上无屏者，盖古人连床夜卧[14]，卧以足抵足[15]，其制亦古，然今却不适用。

【注释】

[1] 榻：狭长而矮的坐卧用具。汉·刘熙《释名》："长狭而卑曰榻，言其体榻然近地也。"汉·服虔《通俗文》："三尺五曰榻，八尺曰床。"

［2］奇（jī）：零数，余数。

［3］下座不虚：床脚坚实，不摇晃。下座，床脚。虚，疏松，不坚实。

［4］断纹：漆器年久日深，产生的一种断裂纹。一般出现在常为弦所激的古琴上，状如梅花、牛毛或蛇腹，需要几百年的时间才能形成。文中所指的断纹，可能是一种仿制。

［5］元螺钿（diàn）：元代的螺钿。螺钿，手工艺品，用螺壳与海贝镶嵌在器具的表面，做成有天然彩色光泽的花纹、图饰。钿，以金银、珠宝、介壳镶嵌器物。

［6］螳螂腿：四腿弯曲形如螳螂的榻，佛前的供桌多为此式。

［7］退光朱黑漆：朱黑色的退光漆。退光漆，一种生漆，初始时光泽较暗，后逐渐发亮，故名。

［8］新螺钿：指相对元螺钿而言的明代制作的螺钿饰品，较为繁复奢华。

［9］花楠：即刨花楠，也叫楠木，树冠浓密，枝叶翠绿，树形美观。

［10］紫檀：紫檀木。详见本书卷五"裱轴"条中注释。

［11］乌木：常绿乔木，木材黑色，坚重致密，常用来制作家具。

［12］花梨：花梨木。详见本书卷五"裱轴"条中注释。

［13］元制榻：元代制式的榻。

［14］连床夜卧：夜间将它拼连起来睡觉。

［15］以足抵足：脚挨着脚，抵足而眠。抵，触撞，接触。

【点评】

　　榻，狭长而矮的家具。此物先于桌、椅、床而问世，现代依据功用，多将其归于床类。然而古代的榻分为坐榻和卧榻两种，坐榻仅可容身，后来加了倚靠的靠背；卧榻无围栏，一个平面，四足落地，一物多用。在椅子出现之前，古人读书、饮食、睡觉，都在榻上。

　　关于榻的选用，在形制上，文震亨列出了定式："座高一尺二寸，屏高一尺三寸，长七尺有奇，横一尺五寸，周设木格，中实湘竹，下座不虚，三面靠背。"在纹饰上，他推崇漆器断纹、元代的螺钿饰品。在用材上，他认为以花楠、紫檀、乌木、花梨等木材为佳。总之一切都在崇尚"自然古雅"。至于"忌有四足，或为螳螂腿"，大概是因为这类榻的形式近似供桌，非幽人坐卧所宜。他还否定了元代的"长丈五尺，阔二尺余"的古榻，这又体现出他的开明之处，虽然崇尚古雅，但并非完全泥古不化。

　　榻的安置也大有学问。屠隆《考槃馀事》云："周设木格，中实湘竹，置之高斋，可足午睡。梦寐中，如在潇湘洞庭之野。"极其浪漫。高濂《遵生八笺》云："神隐曰：'草堂之中，竹窗之下，必置一榻。时或困倦，偃仰自如，日间窗下一眠，甚是清爽。时梦乘白鹤游于太空，俯视尘壤，有如蚁垤。自为庄子，梦为蝴蝶，入于桃溪，当与子休相类。'"如此布置，神游八方，较屠隆更佳。曹庭栋《老老恒言》云："安置坐榻，如不着墙壁，风从后来，即为贼风。制屏三扇，中高旁下，阔不过丈，围于榻

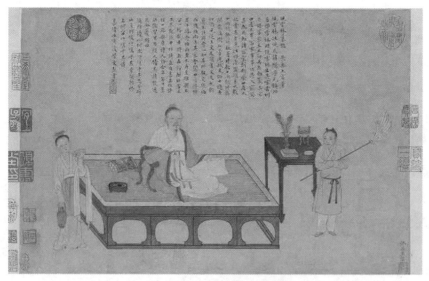

明　仇英《倪瓒像》中的榻

后，名'山字屏'。放翁诗'虚斋山字屏'是也。可书座右铭，或格言黏于上。"这种做法，也很风雅，而且还有养身之用，颇值提倡。

关于榻，历史上有两个著名的典故。一为"徐孺下陈蕃之榻"。说的是东汉名臣陈蕃，被贬豫章时，遇到一位姓徐名稺字孺子的高士，品性见识都是一流，陈蕃十分敬重，专门为他作了一个榻，平时就挂在墙上，他来了，才取下来，秉烛夜谈。一为"卧榻之侧，岂容他人鼾睡"。说的是南唐后主李煜对赵匡胤卑躬屈膝，以求苟延残喘，但赵匡胤征在准备充分后，毫不犹豫地征伐南唐。这两件事，一风雅一暴力，前者令人敬仰，后者令人慨叹。

短 榻[1]

高尺许，长四尺，置之佛堂、书斋，可以习静坐禅[2]，谈玄挥麈[3]，更便斜倚，俗名弥勒榻[4]。

【注释】

[1] 短榻：低矮的卧榻。明·何景明《雨夜似清溪》："短榻孤灯里，清筇万井中。"

[2] 习静坐禅：修心养气之术。习静，又称"习靖"，指习养静寂的心性，也指过幽静生活。汉·焦赣《易林》："奇适无耦，习靖独处。"坐禅，佛教语，指静坐息虑，凝心参究。

[3] 谈玄挥麈：谈论玄理，挥动麈尾。玄，即玄学，魏晋时期，《易经》《老子》《庄子》被称为三玄。麈，详见本书卷七"麈"条。

[4] 弥勒榻：坐禅习静的一种短榻，因形如弥勒佛坐榻状，故名。

【点评】

短榻

短榻，又名弥勒榻，据说是罗汉床的前身。这种榻，文震亨说"高尺许，长四尺"，屠隆《考槃馀事》中说是"高九寸，方圆四尺六寸，三面靠背，后背少高如傍"，兼具坐卧两种功能，以坐为主。

短榻上也有文人风致。"短榻久抛尘市梦，残编聊共古今论"，赵春熙在短榻上有闲话渔樵之感；"薄醉伴琴眠短榻，高吟惊鹤起危枝"，何巩道在短榻上有看淡古今之意；"双童竹下扶迎客，短榻花间卧看云"，区大相在短榻上有超然物外之味；"短榻临风当槛坐，野花乘雨傍篱栽"，缪公恩在短榻上有山居忘世之境；"短榻曲肱忘主客，好风吹梦到羲皇"，王渐逵在短榻上有自得其乐之悟。

几[1]

以怪树天生屈曲若环若带之半者为之，横生三足，出自天然，摩弄滑泽[2]，置之榻上或蒲团，可倚手顿颡[3]。又见图画中有古人架足而卧者^[4]，制亦奇古。

【注释】

[1]　几：古人坐时凭倚、搁置物件的小桌，后专指放置小件器物的
　　　　家具。

[2]　摩弄滑泽：打磨擦拭，使光滑润泽。摩弄，抚摩，玩弄。

[3]　倚手顿颡（sǎng）：用来放手，或用以支头。倚，凭靠。顿颡，屈
　　　　膝下拜，以额角触地。

[4]　架足而卧者：用来架起双脚的几。

【点评】

　　几，是案的雏形。它和案很像，但比案小，功能也不如案丰富。如
今，两者已经常常并称。

　　《说文解字》云："几，踞几也。象形。"《字汇》中解释道："几，古
人凭坐者。"可见几最初是供倚坐之用。在椅子出现之前，古人大都是席
地而坐，时间久了容易疲劳酸痛，年长者更是难以支撑。上设木板或条

元　刘贯道《梦蝶图》
图中人以几架足而卧

棍，下面用支撑物固定起来的"几"，确实很有益处。

随着时代的发展，后世出现了承放瓶花的花几，摆放茶具的茶几，陈设香炉的香几，陈列菜肴的宴几，搁置文房用具的案头几，还有供炕上使用的炕几，供弹琴使用的琴几，供读书写字用的书几等，种类丰富。而与文人们有着最多交集的，是凭几。

凭几，一名隐（音 yìn，一作 pò）几，整体呈长方形或弧形，多为木板榫接而成，下面有腿。《庄子》云："南郭子綦，隐机而坐，仰天而嘘。""隐"是凭靠之意，"机"即是"几"，凭几而坐，仰天而嘘，是因为通了大道。晋代《会稽记》中载："上虞兰室山，葛玄所隐之处，有隐几，化为鹿。"葛洪遗物，化为仙鹿，飘飘然有仙气。唐代白居易有《隐几》诗云："身适忘四支，心适忘是非。既适又忘适，不知吾是谁。百体如槁木，兀然无所知。方寸如死灰，寂然无所思。今日复明日，身心忽两遗。行年三十九，岁暮日斜时。四十心不动，吾今其庶几?"今时读之，仍有物我两忘之感。《太平广记》载"李泌"一事云："泌每访隐选异，采怪木蟠枝，持以隐居，号曰养和，人至今效而为之，乃作《养和篇》，以献肃宗。"其隐逸之风，影响了后世无数的文人。

文震亨此则所言之"几"即"隐几"。他说"以怪树天生屈曲"为之，大概是这种形制既奇古，又天然，幽人凭倚，既能发思古之幽情，又能得物外之趣吧。

禅　椅^[1]

以天台藤^[2]为之，或得古树根，如虬龙诘曲臃肿^[3]，槎牙四出^[4]，可挂瓢笠^[5]及数珠^[6]、瓶钵^[7]等器，更须莹滑如玉，不露斧

斤^[8]者为佳，近见有以五色芝^[9]粘其上者，颇为添足。

【注释】

[1] 禅椅：坐禅之椅。明·高濂《遵生八笺》："禅椅较之长椅，高大过半，惟水摩者为佳。斑竹亦可。其制惟背上枕首横木阔厚，始有受用。"

[2] 天台藤：即浙江天台山所产的野藤，轻柔有韧性。

[3] 诘曲臃肿：屈曲粗大。

[4] 槎（chá）牙四出：枝节突出。槎牙，也作槎岈、槎枒，树木枝杈歧出貌。

[5] 瓢笠：和尚云游时随身携带的瓢勺和斗笠。

[6] 数珠：即佛珠。详见本书卷七"数珠"条。

[7] 瓶钵：僧人出行所带的化缘食具，瓶用来盛水，钵用来盛饭。唐·刘长卿《送灵澈上人归嵩阳兰若》："唯将旧瓶钵，却寄白云中。"

[8] 斧斤：一作"斧釿"，以斧子修削，后喻指过分雕琢。

[9] 五色芝：即灵芝，能益精气、强筋骨，久食延寿。晋·葛洪《抱朴子》："赤者如珊瑚，白者如截肪，黑者如泽漆，青者如翠羽，黄者如紫金。"

【点评】

禅椅，因可以在上面盘坐修行而得名。它的造型非常奇特，三面有围栏，背后的"搭脑"（家具最上的横梁）才及腰部，而两侧的扶手长度只到椅面的一半。相较于交椅、圈椅、官帽椅、太师椅等，更加简洁空灵、素雅沉静。

如此设计，禅椅在倚靠上的功能自然不强，但足够大的坐面，让盘坐有了余地，三面围栏的存在，既可防止跌落，又分隔了空间，让人有一种遗世独立之感。而靠背和扶手下的空间，不置一物，极尽空灵之态，坐在上面，内心清明宁静，便于参禅悟道。

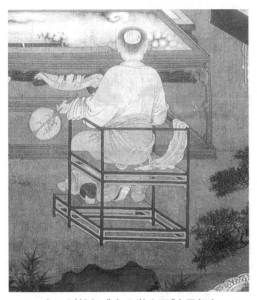

宋　刘松年《十八学士图》(局部)
画中人坐的即是禅椅

此物缘起于禅宗。唐代文人多有参禅，家中间有摆放禅椅。到了宋代，士大夫将归隐田园的意趣、逍遥无为的境界和空寂自在的禅理互参，禅椅开始盛行。到明代时，禅椅的风行已然达到顶峰，对于很多文人雅士来说，静坐参禅、修身养性已经成为了生活的一部分。即便不修禅，他们认为禅椅有一种独特的气质，摆放在家中可以彰显自己的修养和境界，故而禅椅几乎是当时书斋中的标配。

禅椅的用材，以黄花梨、紫檀、红酸枝等为主，文震亨更为推崇天台藤或虬曲的古树根，他还说，如果在上面挂莹滑如玉的瓢笠、数珠、瓶钵等器，较有意趣，批判了世俗中挂灵芝的行为，这大概是认为繁复雕琢始终不如古朴雅洁吧。不过，他在室庐卷中说过一句话："古人最重题壁，今即使顾陆点染，钟王濡笔，俱不如素壁为佳。"既然一切以自然古雅为好，那么禅椅还是不置一物为好。或许瓢笠、数珠等器较灵芝更简朴，但挂上去便是刻意修饰，倒是佛家所言的"着相"了。

天然几[1]

以文木如花梨、铁梨[2]、香楠等木为之；第以阔大为贵，长不可过八尺，厚不可过五寸，飞角处[3]不可太尖，须平圆，乃古式。照倭几[4]下有拖尾者，更奇，不可用四足如书桌式；或以古树根承之，不则用木，如台面阔厚者，空其中，略雕云头、如意之类；不可雕龙凤花草诸俗式。近时所制，狭而长者，最可厌。

【注释】

[1] 天然几：几的一种。一般长七到八尺，两端飞角起翘，高过桌面五六寸，下面两足作片状，装饰有如意、雷纹、剐字等。

[2] 铁梨：即铁梨木，又名愈疮木。材质优良，结构均匀，纹理交错密致，耐久性强。常用来做家具。

[3] 飞角处：两端起翘的尖角。

[4] 倭几：日本所制之几。倭，中国古代对日本人及其国家的称呼。

【点评】

天然几，一说是画案，一说是条桌，历来众说纷纭，争论不休。

文物鉴赏家王世襄在《明式家具研究》中说："画案在南方古有天然

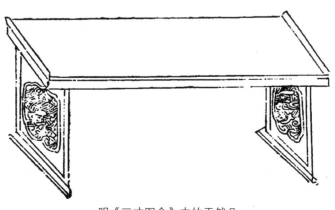

明《三才图会》中的天然几

几或天禅几之称，到今天还被人沿用，北方则无此名称。"直接确定天然几为画案。

明人袁宏道《瓶史》中说："室中天然几一，藤床一。几宜阔厚，宜细滑。凡本地边栏漆桌，描金螺钿床，及彩花瓶架之类，皆置不用。"他虽无精准定义，但认为天然几以阔厚为佳，且为雅物。

再来说文震亨的说法，他虽也未下定义，但从材质、形制、纹饰三方面详细论述了天然几的特点。材质上，他认为以花梨、铁梨、香楠等材质细密、纹理柔美的木材为佳，可见天然几色泽较为古雅。形制上，他认为"长不可过八尺，厚不可过五寸"，可见此天然几较为宽大，功用也比较丰富。纹饰上，文震亨认为略雕一些云头、如意之类的图样，不可雕龙凤花草的俗式，可见其功用偏向于读书、绘画、赏鉴文玩之类的文人式生活。

综上几条，大致可判断天然几为画案。

书　桌[1]

中心取阔大，四周厢边，阔仅半寸许，足稍矮而细，则其制自古。凡狭长混角[2]诸俗式，俱不可用，漆者尤俗。

【注释】

[1]　书桌：读书写字用的桌子。通常配有分格的抽屉。

[2]　混角：圆角。

【点评】

桌，木头材质，高出地面，与案非常相似，都具备读书、写字、吃饭、下棋、喝茶等功用。不过桌多为平头，腿部顶住四角，而案多为翘头，腿部收进一段。另外在文化层面，桌更世俗化，而案更艺术化。现代人常将桌案混为一谈，实为谬误。

文人书斋中，最常见的一种桌即是书桌。书桌和画桌很像，但比画桌要短一些。其材质，曹庭栋《老老恒言》中认为以香楠最佳，可以防止梅雨时节水气黏纸污书。书桌下面通常配有分格的抽屉，书桌上，通常放置笔、墨、纸、砚、水注、笔架、印章、香炉等文房用具，有的人也会在桌上放置奇石、古玩等文房清供，以供闲暇之时消遣。

书桌阔大

壁　桌[1]

长短不拘，但不可过阔，飞云、起角[2]、螳螂足[3]诸式，俱可供佛，或用大理及祁阳石镶者，出旧制，亦可。

【注释】

[1]　壁桌：靠墙壁安置的桌子，多为供佛和陈设之用。

［2］飞云、起角：待考。

［3］螳螂足：详见本卷"榻"条中的"螳螂腿"注释。

【点评】

壁桌，为靠墙安置之桌。常见的一种为供桌，为长方形，但不太长，也不太阔，足多螳螂形，一般摆放佛像、供果、香炉等物品。祠堂中，则多有神位、香烛等物，故又有香案、祭案之称。

另外一种，为条桌，又名条几，边缘卷头的又称条案。正对着客厅中间的八仙桌，摆放在中堂之下，多放置水果、茶壶之类实用物事，徽州多设座钟、镜子、花瓶，寓意"终生平静"。如今民间一些老宅子中还可见到。一些讲究的人家，或博物馆中，用到的是架几案，形制为两个几座架设一块长长的案板，也靠墙陈设，多置放花瓶、古玩之类物品，从功能上来讲，也可归于壁桌一类。

另有一说认为琴桌也是壁桌，则为谬误。琴桌专为弹琴而设，并不一定靠墙。此外，在抚琴时琴桌常在室外陈设，文震亨曾有"乔松、修竹、岩洞、石室之下，地清境绝，更为雅称"之说，历代关于抚琴情境的名画中也确如文震亨之言，可知琴桌并不是壁桌的一种。

方　桌[1]

旧漆者最多，须取极方大[2]古朴，列坐[3]可十数人者，以供展玩书画，若近制八仙[4]等式，仅可供宴集[5]，非雅器也。燕几[6]别有谱图[7]。

【注释】

[1] 方桌：传统家具，面呈正方形，结构分无束腰和有束腰两种。

[2] 方大：宽大。

[3] 列坐：原指依次相坐，此处指在座的人。

[4] 八仙：指八仙桌，是一种四边长度相等的、桌面较宽的方桌。每边可坐二人，四边围坐八人，故而民间称八仙桌。

[5] 宴集：宴饮集会。

[6] 燕几：一般指用以靠着休息的小桌子。此处指用于宴会，长度不一，可以错综排列成各种图形的小桌。宋·黄伯思《燕几图序》："《燕几图》者，图几之制也……纵横离合，变态无穷，率视夫宾朋多寡，杯盘丰约，以为广狭之则。"

[7] 谱图：即图谱，指按类编制的图集。

【点评】

　　方桌中，最为常见的是八仙桌。这种桌子形态方正，稳定平和，能坐八个人，大概民间联想起"八仙"，故而给它取了个"八仙桌"的雅名。它通常被摆放在大厅里，平时可供一家人围坐吃饭，有客人来时便放置茶水点心招待。

　　不过文人认为写字绘画等艺术生活，要比柴米油盐

若近制八仙等式，仅可供宴集

的日常生活高级有趣，故而文震亨并不待见八仙桌，他推崇的是宽大古朴的大方桌。这类方桌可供赏玩书画，品鉴古玩，古画中常见它的踪影。宋人刘松年绘有《十八学士图》，秦王弘文馆中杜如晦、房玄龄、于志宁等十八人，围绕着方桌，或品茶，或弈棋，或谈玄，或论诗，或品香，闲雅之极。

台　几[1]

倭人所制，种类大小不一，俱极古雅精丽，有镀金[2]镶四角者，有嵌金银片者，有暗花[3]者，价俱甚贵。近时仿旧式为之，亦有佳者，以置尊彝之属[4]，最古。若红漆狭小三角诸式，俱不可用。

【注释】

[1]　台几：放在台案之上的小几。

[2]　镀金：在别的金属或器物表面涂附上一层薄金。

[3]　暗花：隐而不显的花纹。

[4]　尊彝之属：各种礼器。尊、彝均为古代酒器，因祭祀、朝聘、宴享之礼多用之，后以此泛指礼器。

【点评】

台几，形制较小，种类不一，纹饰精丽，常见的下承"托泥"（明清家具中有的腿足不直接着地，另有横木或木框在下承托，此木框即称为"托泥"），有"小器大样"之相。一般多放在几案之上，陈列尊彝古玩之类的器具，如此设计，颇有高贵典雅之感。

此物产于何时何地，尚无明确说法，一般多传为日本所制，明时传入中土。文震亨提到的制式有镀金镶四角、嵌金银片、暗花三类，高濂《遵生八笺》中还提到一种形制："有金银甸嵌山水禽鸟倭几，长可二尺，阔尺二寸余，高三寸者。"可见均十分精巧。士大夫家中配置一二，自是常事。

椅[1]

椅之制最多，曾见元螺钿椅[2]，大可容二人，其制最古；乌木镶大理石者，最称贵重，然亦须照古式为之。总之，宜矮不宜高，宜阔不宜狭，其折叠单靠[3]、吴江竹椅[4]、专诸禅椅[5]诸俗式，断不可用。踏足处，须以竹镶之，庶历久不坏。

【注释】

[1] 椅：有靠背的坐具。中国椅具，缘起于对交椅的改良，详见下文"交床"注释。

[2] 元螺钿椅：元代镶嵌螺钿的椅子。元螺钿，详见本卷"榻"条中注释。

[3] 折叠单靠：又名直背交椅，即没有扶手，靠背又为直板的交椅。

[4] 吴江竹椅：苏州的竹椅。吴江，今属江苏苏州。

[5] 专诸禅椅：专诸巷在今江苏苏州阊门内，明时巷内有人专门制禅椅为营生，故有此名。

【点评】

椅，生活中常用的坐具。它缘起于汉代时传入的胡人马扎，经魏晋南

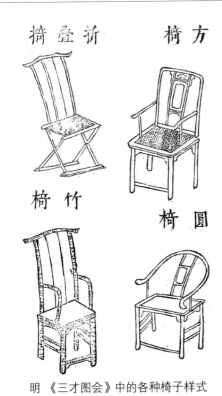

新壁椅　方椅

竹椅　圆椅

明 《三才图会》中的各种椅子样式

北朝，渐渐流传于世。唐代时，出现了"椅子"之名。两宋之际，人们追求风雅，讲究享乐，改进了胡床不牢固、不能倚靠的缺点，给它加上了后背，发明了太师椅、圈椅、官帽椅等多种样式，朴素雅致，挺拔秀丽，垂足而坐之风渐渐盛行，所有的家具开始慢慢定型。

明代时，椅子已成为日常生活不可或缺的一部分，各式椅子造型简洁，比例适度，选材考究，制作精良，朴素古雅，既有实用价值，又有美学价值，成了明代文化的一部分。明代才子高濂还发明了一种可以默坐凝神的"仙椅"，他在《遵生八笺》中记载道："后高扣坐身作荷叶状者为靠脑，前作伏手，上作托颏，亦状莲叶。坐久思倦，前向则以手伏伏手之上，颏托托颏之中，向后则以脑枕靠脑，使筋骨舒畅，血气流行。"颇为奇妙。文震亨则依然推崇古制，认为"宜矮不宜高，宜阔不宜狭"，若镶嵌螺钿、大理石等物更为雅观。

由上可知，椅子在历史长河中，发展历程是从低到高、从舒适到礼制、从简约到繁复，一直在变化。而就是这种变化，无声无息地给社会带来了巨大的变革。从生理上看，垂足而坐取代席地而坐后，汉人罗圈腿的病态少了不少。从生活看，椅子出现后，所有的家具也相应增高，床榻原来的坐卧功能也只剩下卧。从政治上看，宝座、交椅、太师椅成了权力的象征，椅子渐渐代表不同的等级，尊卑观念更加明显。从艺术上来看，桌椅使坐姿改变，从而引发了书法中执笔姿势的变革，唐代及以前的"握管执笔法",渐渐转变为"双钩执笔法",这也潜移默化地影响了后世书画作品的风骨神韵。

杌[1]

杌有二式，方者四面平等[2]，长者亦可容二人并坐；圆杌须大，四足坬出[3]，古亦有螺钿朱黑漆者。竹杌[4]及绦环[5]诸俗式，不可用。

【注释】

[1] 杌（wù）：凳子。无椅背的称为杌，圆形的称为圆杌，方形的称为方杌，长方形的称为牌杌。

[2] 四面平等：面呈正方形，四面一样宽。

[3] 坬出：疑为鼓出之意。

[4] 竹杌：竹凳。

[5] 绦环：在文玩中指有孔可系丝绦之环，在建筑、家具中指绦环板。绦环板，宋称腰华板，是传统家具中的一种构件，常见用于柜面、门扇、床围、椅凳之上，常见的四周起线中间透空之形；也有四周起线中间作浮雕之状彩绘纹饰的；床榻椅凳上，另有一些环状的雕饰，或浮雕，或镂空，也叫绦环。但无论哪种，板面绦环上的每边阳线，与边框的距离始终对等。

【点评】

杌，本质上是没有靠背的坐具，即凳子。很多方言中的"杌凳"，说的即是此物。它的基本造型，和普通凳子没什么两样。如文震亨所云，小

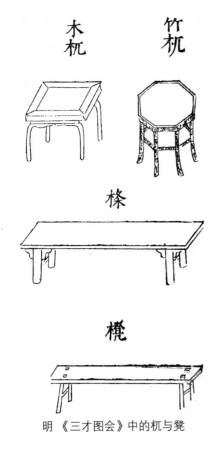

木杌　竹杌

梱

櫈

明 《三才图会》中的杌与凳

一点的，四面等长，稍大一些的，可容二人同坐。

有一类杌，可以折叠携带，最简单的只用八根直材制成，中间穿绳索或皮革条带，也就是俗称的"马扎"，是胡床（交床）的原始形态，和交椅的区别主要在于交椅有靠背，而杌凳没有。如今在民间一些老宅中，还可以看到这种杌。还有一种圆杌，样式和绣墩很像。只不过绣墩常装饰鼓钉，且无腿足，而圆杌无钉饰，且有四小腿足，且有束腰。束腰是家具术语，王世襄《束腰和托腮——漫谈古代家具和建筑的关系》文中说："束腰"指家具上的一个收缩部分，一般位在面板边框和牙条之间。家具中如此装饰，如同人系腰带，有了一种美感。文震亨说的"螺钿朱黑漆"，则是另外一种修饰了。

杌在宋朝时，某种意义上还是地位的象征。清人毕沅《续资治通鉴》中有个更以杌进的典故，说的是权臣丁谓，百般排挤当朝为官的李迪，差点在朝堂上打起来。事情闹到宋真宗那里，两人都被罢了官。后来宋真宗问丁谓事情原委，他把责任都推到李迪身上，宋真宗给他赐坐时，他居然跟左右说这是皇帝表示让自己官复原职，让他们给自己拿杌来坐。不坐坐墩，却坐杌，是自抬身份，非常嚣张跋扈。

凳[1]

凳亦用狭边厢者为雅，以川柏[2]为心，以乌木厢之，最古。不则竟用杂木，黑漆者亦可用。

【注释】

[1] 凳：有腿无靠背的坐具。

[2] 川柏：即柏木，因四川盛产，故称川柏。材质细密坚韧，耐腐，有芳香，可作建筑、车船、家具等用材。

【点评】

在坐具中，杌、凳基本是一类，椅子是另一类。凳和椅的区别在于，椅子带靠背，往往有扶手，而凳子则相反。所以凳子更小巧玲珑一些，没有尊卑感，从四边都可以上。另外一个区别在于，凳子除了坐，早期还有供踩踏的作用。刘熙《释名》曰："榻凳施于大床之前，小榻之上，所以蹬床也。"这即是说古人在上床的时候，需要使用到凳子。上马的时候亦然。另有一种脚凳，又称滚凳，常常放在书桌下，供踩踏按摩之用。

凳子按形制分，有方凳、圆凳两类。方凳，各式材料都有，可再细分为闲坐的马扎，吃饭用的杌凳，两三人坐的长条凳，还有一种可以让人躺在上面的春凳。这种凳子在人家嫁女儿时，会被贴上喜花，上面放置锦缎被褥，作为嫁妆抬到夫家。圆凳的用料往往更为讲究，豪奢之家中用红木、楠木等材料的都有，有三足、四足、五足、六足不等，形状有鼓形、笔筒形、弯脚形、独挺形、海棠形、梅花形等，较为美观。另有一种叫绣墩的圆凳，没有腿，整体如同一个圆形的鼓墩，做工非常精致，女子较喜欢这种坐具。总体而言，方凳比较朴素，承坐时较为稳固。而圆凳更富于变化，但也更容易翻倒。

交　床[1]

即古胡床之式，两脚[2]有嵌银、银铰钉[3]圆木者，携以山游，或舟中用之，最便。金漆折叠者，俗不堪用。

【注释】

[1]　交床：即胡床，又称交椅，是一种有靠背、能折叠、下身椅足呈交叉状的坐具，携带非常方便。

[2]　脚：底本作“都”，误。

[3]　铰钉：一种贯穿物件的零件，如同现在的铆钉。

【点评】

交床，有圆背和直背两种，可以开合折叠，方便携带。此物由胡人传入中原，当时用八根木棍组成椅架，坐面用棕绳联结，是个简易的“马扎”。《后汉书》载：“灵帝好胡服、胡帐、胡床、胡坐、胡饭……京都贵戚皆竟为之。”上行下效，中原大地，一时风行。隋朝时，炀帝猜忌胡人，改“胡床”为“交床”。到宋代时，人们针对胡床不牢固、不能依靠的缺点，给它加上了后背，称之为“交椅”，逐渐定型。

从古诗中也可以看出端倪。杜甫诗云：“满岁如松碧，同时待菊黄，几回沾叶露，乘月坐胡床。”若胡床和宋代以后的床一般，那么就无法坐看月色沾染叶露了。白居易有诗云："池上有小舟，舟中有胡床。床前有新酒，独酌还独尝。"若胡床和今日之床类似，绝不可能搬到小舟上。即使花九牛二虎之力搬上去了，舟中也就没有多少空间可以陈设其他物品了，小舟也难以承载如此重量。可见，彼时之床非今时之床。苏轼又有词云："闲倚胡床，庾公楼外峰千朵。与谁同坐，明月清风我。"词中用的是"倚""坐"二字，必是坐具。由此可知，胡床就是早先的马扎无疑。

此物早先是身份的象征。《孔雀东南飞》中，焦仲卿之母将夫妻二人生生拆散时，焦仲卿据理力争，其母一听，大怒，举拳捶胡床，后来还高踞胡床上将来见她的儿媳赶走，由交床可见长者地位。《晋书·王导传》云："（王恬）沐头散发而出，据胡床于庭中晒发，神气傲迈。"名士的一举一动为世所重，他们坐交床，必然有称赏之心。由于它轻便易携，后来帝王将军，也常在行军和狩猎带上它以供休憩。马未都先生曾在《马未都说收藏·家具篇》一书中援引过两个《三国志》里的事例：一为曹操与马超攻占时失利，坐胡床不起；一为曹丕打猎见栅栏里的鹿跑了，坐在胡床上拔刀准备杀人。故而人们用"坐第一把交椅"，来代指居于高位。

到了后世，寻常人家也可备有交床。文震亨辈文人雅士，常"携以山游，或舟中用之"。他们走累了，用它来承坐休息；或者寻一佳处，烧一壶水静坐候汤，以备烹茶之用；在舟中时，坐在上面，静观天地山水、四时风物。而寻常农家，在地里干农活累了，就坐在交床上休息，颇为实用。只不过这类交床并不复杂，多为简易的马扎而已。

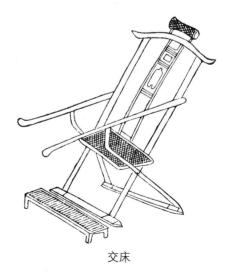

交床

橱[1]

藏书橱[2]须可容万卷，愈阔愈古，惟深仅可容一册。即阔至丈余，门必用二扇，不可用四及六。小橱以有座者[3]为雅，四足者差俗，即用足，亦必高尺余，下用橱殿[4]，仅宜二尺，不则两橱叠置矣。橱殿以空如一架者为雅。小橱有方二尺余者，以置古铜玉小器为宜，大者用杉木为之，可辟蠹[5]；小者以湘妃竹及豆瓣楠、赤水椤[6]、古黑漆断纹者为甲品[7]，杂木亦俱可用，但式贵去俗耳。铰钉忌用白铜[8]，以紫铜[9]照旧式，两头尖如梭子，不用钉钉者为佳。竹橱及小木直楞[10]，一则市肆中物，一则药室[11]中物，俱不可用。小者有内府填漆[12]，有日本所制，皆奇品也。经橱[13]用朱漆，式稍方，以经册[14]多长耳。

【注释】

[1] 橱：放置衣服、物件的家具，前面有门。

[2] 藏书橱：也叫书柜，书房主要家具之一，专门用来藏书。

[3] 有座者：有底座的。

[4] 橱殿：中空有横板用来垫橱柜的底座。

[5] 辟蠹（dù）：驱除蛀虫。辟，屏除，驱除。蠹，蛀虫。

[6] 赤水椤：有两种说法。一说是接近瘿木的木材，明朝时有进口，多用作小漆盒，清朝中叶绝迹。另一说是赤水木和椤木。赤水木是一种心材呈红色的硬木，明清家具常用作材料。椤木是一种长绿小乔木，枝繁叶茂，嫩叶鲜红，园林中观赏效果较佳。两种均作保留。

［7］ 古黑漆断纹者：该句上下文，他本或作"赤水椤为古，黑漆断纹者为甲品"。

［8］ 白铜：铜合金，详见本书卷一"门"条注释。

［9］ 紫铜：铜合金，又名"赤铜""红铜"，因其颜色为紫红色而得名。

［10］ 小木直楞：小木架。

［11］ 药室：药铺。

［12］ 填漆：漆器工艺的一种。即在漆器上雕刻花纹，在刻纹处填以彩漆。清·高士其《金鳌退食笔记》："明永乐年制漆器，以金银锡木为胎，有剔红、填漆二种……填漆刻成花鸟，彩填稠漆，磨平如画，久而愈新。"

［13］ 经橱：存放经书的橱柜。经，对典范著作及宗教典籍的尊称。

［14］ 经册：经文书册。

【点评】

橱，日常承置和储藏物品的家具，形制和柜很像。它们之间的区别在于：柜的形体较大，有两扇对开的门，其中另有一种架格型柜，无门；而橱的形体比柜要小一些，下面设有抽屉，有些橱的上面形制如案，可作桌案之用。

橱中常见的一种是藏书橱。宽阔的书橱能容万卷书，对文人大有裨益，不过进深仅容一册为宜，这样便于取用。经橱，也可以归入藏书橱的大类中，只不过因为经册较长，式样稍微方一点。文震亨对这两种均有论述。

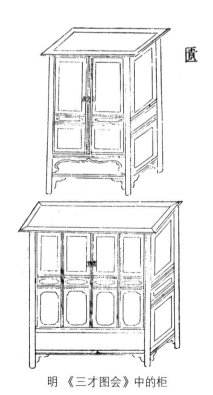

匮

明 《三才图会》中的柜

另有一种闷户橱，它的上面是桌案，下有抽屉，此外抽屉下面还有一个特殊的空间——闷仓，从外面并看不出端倪，使用时需要先拔下抽屉，虽然繁琐一些，但是隐蔽性较高。

又有一种药橱，在古时候的医馆极为常见。它设有一排排抽屉，将药品分门别类，这样便于找寻，而且可以防止药材气味相熏相冲。这种橱一般精心打造，多为花梨木或紫檀木等制成，特别忌用樟木，因为樟木有异味，会使药材变质。

还有一种橱，名为柜橱，形体不大，高度和桌案近似，它的面上是桌案形制，面下抽屉可以放置日用杂物，抽屉下又安柜门两扇，内装屉板两层。这样一来，将柜、橱、桌三种家具的功能融为一体，颇为实用。现代家具多效仿此类，将多种功能结合在一起，也许正是因为如此，日常生活中我们渐渐将橱柜并称，不分彼此了。

架[1]

书架有大小二式，大者高七尺余，阔倍之，上设十二格，每格仅可容书十册，以便检取；下格不可置书，以近地卑湿故也，足亦当稍高。小者可置几上。二格平头[2]、方木[3]、竹架及朱黑漆者，俱不堪用。

【注释】

[1] 架：支承或搁置东西的用具。

[2] 二格平头：疑为两格对称的平头书架。

[3] 方木：疑为建筑方木，即根据实际加工情况切成一定规格的方形木条。

【点评】

架，是支承、搁置物品的器具。灯烛架，既可以固定蜡烛，又可以作装饰，多成对摆放。衣架，放在床头，衣服可以搭着上面。又有一种火盆架，旧时用铁盆或铜炉烧炭，用火盆架端起来不会烫手。还有一种是脸盆架，盥洗时可以避免脸盆侧翻，平日也可放置。

架在文人书斋中，也常常见到。其中一种是书架。古人的书架通常高五六尺，以木为柱，用三四层横板分隔，造型简练，采光性好，特别适于取用书籍。因为当时的书籍装帧与今时不同，且部分古书是数册一函，高度远远超过现代书籍，古书的特点决定了它只能摞叠，而不能像现代书架一样竖行摆放，是故古时书架后起围护作用的栏板要比现代低得多。故而为了区分现代书架，有人称之为"书格"。这种书格，工艺上要比现代书架更复杂一些。规格上，文震亨有详细的描述："大者高七尺余，阔倍之，上设十二格，每格仅可容书十册。"这样是为了便于收藏和翻阅。他还提出"下格不可置书""足亦当稍高"，这是为了防潮。至于具体用材，他虽未细说，但提到了一些宜忌，可见总体还是崇尚素雅耐用。

文人书斋中，常见的另一种架是博古架。这种架子外形或圆或方，中间分隔成若干形状和大小不一的格子，可以摆放香炉、瓷器、玉器、奇石、笔架、印章等古玩器皿，前后敞开，无板壁遮挡，便于取放。

清 《雍亲王题书堂深居图屏·博古幽思》

历代文人都追求风雅，书斋之中放置满架的文玩，闲暇之余观赏把玩，可以修身养性，其乐无穷。

佛橱[1]　佛桌[2]

用朱黑漆，须极华整，而无脂粉气，有内府雕花者，有古漆断纹者，有日本制者，俱自然古雅。近有以断纹器凑成者，若制作不俗，亦自可用，若新漆八角、委角[3]，及建窑佛像[4]，断不可用也。

【注释】

[1] 佛橱：用来摆放礼佛用具的橱柜。

[2] 佛桌：用来供奉佛像，摆放贡品的桌子。

[3] 委角：明清家具工艺术语。指将桌、几、案的四个直角改为小斜边而成八角形的做法，江南木工称之为"劈角做"。

[4] 建窑佛像：建窑烧制的佛像。建窑，宋代著名瓷窑。原址在福建建安（今建瓯），后迁建阳。所烧黑釉茶盏，细如兔毛，称"兔毫盏"，器底刻有"供御""进盏"等字样，为窑中珍品。

【点评】

明清之时，士大夫之家多建佛堂，在室内陈设相关器具，以供日夕参禅做课。佛像，一般放置在佛橱之中，也有人在佛橱上另制佛龛，专门来安置佛像，另以佛橱或经箱来收纳佛典。是故佛橱形制，需华整庄重无脂粉气，文震亨提倡的朱黑漆色颇为适宜。至于佛灯、净瓶、香炉、钟磬、供品等物，一般放置在供桌、供案之上，桌案自然也当以古雅为佳。

文震亨推崇的供桌有两种制式，一种为古漆断纹形制，因年深日久，极有古意；另一种为日本所制，高濂曾有"倭人之制漆器，工巧至精极矣"之语，可知颇为精雅。

床^[1]

床以宋、元断纹小漆床^[2]为第一，次则内府所制独眠床^[3]，又次则小木出高手匠作者^[4]，亦自可用。永嘉^[5]、粤东^[6]有折叠者^[7]，舟中携置亦便。若竹床及飘檐^[8]、拔步^[9]、彩漆^[10]、卍字、回纹等式，俱俗。近有以柏木啄细如竹者，甚精，宜闺合及小斋中。

【注释】

[1] 床：供人睡卧的家具。

[2] 小漆床：采用特殊漆艺制成的一种床榻，有断纹。

[3] 独眠床：即单人床。

[4] 小木出高手匠作者：手艺高超的工匠做的木床。

[5] 永嘉：指浙江省温州市永嘉县，汉时称永宁，隋代改名永嘉。

[6] 粤东：广东省的别称。

[7] 折叠者：此处应为折叠床，而不是马扎。中国古代的折叠床出现甚晚，相传发明者为明熹宗朱由校。

[8] 飘檐：即飘檐床。飘檐，原指房屋左右的边缘部分，在明清家具术语中，指床踏步外设架，如同屋檐一般。

[9] 拔步：即拔步床，又叫八步床，是汉族传统家具中体型最大的一种床。镶以木制围栏，前面有碧纱厨及脚踏，两侧可以安放桌、凳类

小型家具，用以放置杂物。

[10] 彩漆：即彩漆床。以各种颜料配合漆制而成的床。

【点评】

床，许慎《说文解字》曰："安身之坐者。"刘熙《释名》中说："人所坐卧曰床。"可见在汉期它既指卧具，又指坐具。魏晋南北朝时，胡床传入，人们改席地而坐为垂足而坐，又在榻的三面加挡板，便出现了风靡一时的罗汉床。到宋代时，人们将马扎改进为交椅，并发明了太师椅、官帽椅等一系列坐具后，床才完全定型为卧具。

明代时，考虑到夏日避蚊虫，冬日御风寒，以及安全、私密等因素，人们发明了架子床，三面装有围栏，上面可以架设蚊帐。另有一种拔步床，非常宽大，里面可以放盥洗用具，盛极一时，其后几百年都经久不衰。不过文震亨并不推崇架子床、飘檐床、拔步床、彩漆床、卍字床之类的床，他更欣赏的是独眠床、宋元时期的断纹小漆床，依然追求幽人风致，希望能兼具实用和美观。如果鱼与熊掌不能兼得，他就遵循"宁古无时，宁朴无巧，宁俭无俗"的审美观。

清代李渔在《闲情偶寄》中说："人生百年，所历之时，日居其半，夜居其半。日

架子床

间所处之地，或堂或庑，或舟或车，总无一定之在，而夜间所处，则止有一床。是床也者，乃我半生相共之物，较之结发糟糠，犹分先后者也。人之待物，其最厚者，当莫过此。"他非常珍视床，也颇了解床的好处，后来他还自己制床，最后说依法施为，则"行起坐卧无非乐境"，还说："予尝于梦酣睡足、将觉未觉之时，忽嗅蜡梅之香，咽喉齿颊尽带幽芬，似从脏腑中出，不觉身轻欲举，谓此身必不复在人间世矣。"如此情境，真是令人神往之极。

高濂也深谙此道，他还发明了一种"二宜床"，其制式是："如常制凉床，少阔一尺，长五寸，方柱四立，覆顶当做成一扇阔板，不令有缝。三面矮屏，高一尺二寸作栏。以布漆画梅，或葱粉洒金亦可，下用密穿棕簟。"这种设计，夏天可以挂帐子，既凉爽，又能防蚊虫。冬天，可以在上面作木格糊纸，用于御寒。另外，帐中还可悬挂葫芦用来插香，还可以设钩子挂壁瓶，四时插花，与花为伴。他说如此这般，则"清芬满床，卧之神爽意快"，确实风雅有趣，比起李渔来不遑多让。

箱[1]

倭箱[2]黑漆嵌金银片，大者盈尺，其铰钉锁钥[3]，俱奇巧绝伦，以置古玉重器[4]或晋、唐小卷[5]最宜。又有一种差大[6]，式亦古雅，作方胜、缨络[7]等花者，其轻如纸，亦可置卷轴、香药、杂玩，斋中宜多畜以备用。又有一种古断纹者，上员[8]下方，乃古人经箱[9]，以置佛坐间，亦不俗。

【注释】

[1] 箱：收藏物品的方形器具，通常上面有盖扣住。

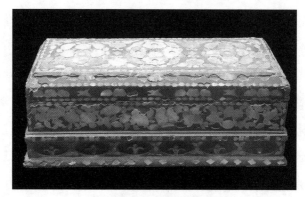

唐五代嵌螺钿经箱

［ 2 ］ 倭箱：日本制作的箱子。

［ 3 ］ 锁钥：指锁和钥匙。

［ 4 ］ 古玉重器：古玉文玩等贵重物品。

［ 5 ］ 晋、唐小卷：晋、唐时期的小卷书画。小卷，篇幅短小的著作，小
幅的书画。

［ 6 ］ 差大：稍大一点的。

［ 7 ］ 缨络：即"璎珞"，原为古代印度佛像颈间的一种装饰，后成为用
珠玉串成戴在颈项上的饰物。

［ 8 ］ 员：古通"圆"。

［ 9 ］ 经箱：专门用来收藏经典书籍的箱子。

【点评】

　　箱，和匣、椟、橱、柜一样，都是用来收纳、储藏物品。它和匣椟的
主要区别在于，匣椟要小巧一些，且多为长方形，而箱相对而言要大一些，
长方形和正方形的都有。它和橱柜的区别，主要在于橱柜分为若干抽屉及
"闷仓"，是横向拉门，而箱基本上只有一个盖，设计成上下翻开的形式。

　　《马未都说收藏·家具篇》一书中，还提到了古人避暑时，设计了一
种木制的上下开合有孔的箱子，在里面放置冰块以散发凉气，当时称为冰

箱。他说二十世纪三十年代时，西方左右开合的冰柜传入中国后，国人认为那等相当于一个插了电的冰箱，称之为电冰箱。由于先有了电冰箱之名，后来上下开合的冰箱反而被称为电冰柜。这倒是件非常有趣的事情。

由于箱子的形制，比匣椟大，又比橱柜小，收藏的物品不多不少，不会太重，便于携带，故而嫁娶、行商、赶考、出游，箱子是人们路途中携带物品的首选，在上面上锁，心里就觉得踏实。文震亨提到了倭厢、经厢和略大而有纹饰的箱子，华美轻便，赏心悦目，将玉器、书画、文玩、香料等物品收纳其中，更有一种红花绿叶相衬的美感。

屏[1]

屏风之制最古，以大理石镶下座精细者为贵。次则祁阳石。又次则花蕊石[2]。不得旧者，亦须仿旧式为之。若纸糊及围屏[3]、木屏[4]，俱不入品。

【注释】

[1] 屏：屏风。室内陈设，用以挡风或遮蔽的器具，上面常有字画。汉·刘熙《释名》："屏风，言可以屏障风也。"

[2] 花蕊石：即花乳石，色黄，中间有淡白点，质硬，不易破碎。

[3] 围屏：一种可以折叠的多扇屏风。

[4] 木屏：木雕屏风。

【点评】

《史记》载："天子当屏而立。"屏风，原是帝王宝座后面的装饰，是一种权力的象征，其形制多以木为框，以帛为芯，上画斧钺之类的图案。

进入寻常百姓家之后，屏风在式样、功能方面不断流变。按形制分，屏风有座屏、围屏、挂屏、枕屏、砚屏等；按材质工艺分，屏风有木雕、石料、绢素、竹藤、漆艺等制。其功能也颇为丰富，一方面可以隔断居室空间，内外互不干扰。一方面可以挡风，古人睡榻之时，三面围着屏风，可避免着凉。还有一方面，是可以保护隐私。有了屏风的遮挡，居室不至于一览无余地暴露在外人眼前。

屏风还有装饰美化室庐的作用。在房间里摆放一架绘有山水人物、草木竹石的画屏，给人一种古雅、宁静、和谐的美感。杜牧诗："银烛秋光冷画屏，轻罗小扇扑流萤。"秦观词："晓阴无赖似穷秋，淡烟流水画屏幽。"江总诗："屏风有意障明月，灯火无情照独眠。"白居易诗："心中万事不思量，坐倚屏风卧向阳。"或清寂，或惆怅，或孤独，或空明，诗人

单面屏风

折叠屏风

的千万思绪都在屏风上了。

文震亨最欣赏的屏风，是大理石屏风。大理石端庄肃穆、古雅高贵，其花纹变幻多端，若有若无，似山水楼阁，似人物花鸟，似草木虫鱼，似星辰万物，俨然一幅天然的图画。非常符合文人意趣。他还提到一种常见的围屏，但并不认可。这种屏又叫曲屏、折屏，一般由四扇、六扇、八扇或十二扇拼合而成，多绘梅兰竹菊、历史典故、风景名胜相关的组景。围屏多放在厅堂中，作为一种装饰，也颇为风雅。

脚　凳[1]

以木制滚凳[2]，长二尺，阔六寸，高如常式，中分一铛[3]，内二空中[4]，车圆木二根[5]，两头留轴转动，以脚踹轴，滚动往来，盖涌泉穴[6]精气所生，以运动为妙。竹踏凳[7]方而大者，亦可用。古琴砖[8]有狭小者，夏月用作踏凳，甚凉。

【注释】

[1] 脚凳：矮凳子，可以踏脚用。

[2] 滚凳：古代一种装有转轴的凳子，用足掌来回推动，可以刺激穴道，达到养生治病的功效。

[3] 中分一铛：从中间分为两格。

[4] 内二空中：两格内是中空。

[5] 车圆木二根：两根圆木头穿入其中。

[6] 涌泉穴：足少阴肾经穴道之一，位于足底。清·梁章钜《归田琐记》："又有百病从脚起之说，盖涌泉穴与心相通，风最易入，故养

生家皆慎之。"

[7] 竹踏凳：又名承脚、踏床子，脚床子，是竹制的搁脚凳，可以用来踏脚，也可以用来坐。

[8] 古琴砖：即古代的空心墓室砖。长一米左右，外表刻有几何形纹饰，空心，轻叩铿然有声，可以与琴音产生共鸣，使琴声更加悠扬。所以古代多用此砖来搁放古琴，因此得名琴砖。

以脚踹轴，滚动往来

【点评】

脚凳，多为踏脚之用，形制不高。取藏书时，可以承足；冬夏时地面冰冷闷湿，可以用其踏足隔绝地气。文震亨还提到一种内安圆轴，可以转动的滚凳。脚在上面转动摩擦，可收足底按摩之效，非常实用。遥想古人坐书斋中，一边读书、作诗、观画、临帖，一边做足底按摩活跃气血，身心皆愉，可为人生乐事之一种。

卷七 器具

文震亨《唐人诗意图册》册页七

器　具[1]

古人制具尚用[2]，不惜所费，故制作极备，非若后人苟且。上至钟、鼎、刀、剑、盘、匜[3]之属，下至隃糜[4]、侧理[5]，皆以精良为乐，匪徒铭金石[6]、尚款识[7]而已。今人见闻不广，又习见[8]时世所尚，逐致雅俗莫辨。更有专事绚丽[9]，目不识古[10]，轩窗几案，毫无韵物，而侈言陈设[11]，未之敢轻许也。志《器具第七》。

【注释】

[1] 器具：文中泛指各类文房用具。

[2] 尚用：崇尚实用。

[3] 匜（yí）：古代盥洗时用以盛水、浇沃之具。多青铜制，也有陶制。

[4] 隃糜：一作隃麋。汉代置隃麋县，在今陕西千阳。其地以产墨著称，故后世以其代指墨或墨迹。

[5] 侧理：即侧理纸，又名苔纸。晋·王嘉《拾遗记》："南人以海苔为纸，其理纵横邪侧，因以为名。"

[6] 匪徒铭金石：而不只是看重金石铭刻。匪，古通"非"。

[7] 尚款识：崇尚题记、落款。款识，详见本卷"海论铜玉雕刻窑器"条中"款识"注释。

[8] 习见：常见，习惯。

[9] 专事绚丽：一味推崇华丽。

[10] 目不识古：不识古雅。

[11] 侈言陈设：大言不惭地谈论陈设摆放。

【点评】

卷七论器具，所涉上至钟、鼎、刀、剑、盘，下至纸、墨、笔、砚等，涵盖了文房生活中的种种。

与器相关的是道。《易经·系辞》曰："形而上者谓之道，形而下者谓之器。"道，是天地万物的本源，是一切依循的准则，是世界运行的轨迹，自然而然却又无所不包，无形无象却又无处不在，幽玄高深得令人不可捉摸。虽然如此，道在俗世还是有承载之物，器具，即是其中之一。对于文人来说，一幅书画，一方印章，一张古琴，一尊宣炉，一架屏风，一卷湘帘，乃至于花木盆玩、拳山勺水，无一不寄托自己的闲情雅致和淡泊高志，处身书斋之中，与这些佳物相伴，可以远离尘嚣，忘却世情。

文人的这一追求，促成了文房清物的出现，玩物之风开始大行其道。北宋时，苏易简曾著《文房四谱》，首次论述"文房四宝"笔墨纸砚。南宋时，赵希鹄著《洞天清录》，在此基础上将文房清玩扩充到十项。明初，曹昭著《格古要论》，将文房清供归纳为古铜器、古画、古墨迹、古碑法帖、古琴、古砚、珍奇、金铁、古窑器、古漆器、锦绮、异木、异石十三项，并加以论述。到晚明时，高濂著《遵生八笺》，屠隆著《考槃馀事》，董其昌著《筠轩清秘录》，文震亨著《长物志》，李渔著《闲情偶寄》，其中的文房清赏渐达六十多项，笔、

明 杜堇《玩古图》

墨、纸、砚、印章、香炉、奇石等已成标配。此时的文房器具，不仅造型简洁，制作精良，而且古朴清雅，独具一格，使用赏玩两者皆宜，令人喜爱，可传之不朽。

对于这些文房清玩乃至生活用具，文震亨及众多文人一方面追求制具尚用，另外一方面崇尚古朴风雅、厚质无文，非常鄙薄世俗之制。造型上，他们追求简洁，忌讳繁复；结构上，他们追求匀称，忌讳淫巧；材质上，他们追求古朴，忌讳奇异；装饰上，他们追求适度，忌讳炫美；制度上，他们追求古雅，忌讳时尚；功能上，他们追求的是实用和适用一体，两者密不可分。如文震亨所言的"宁古无时，宁朴无巧，宁俭无俗"的思想，一直贯彻始终。这样一来，文人的书斋必然是极其精致的，在丈室之中吟咏风雪，眠云梦月，就完全成为了可能。

香　鑪[1]

三代[2]、秦、汉鼎彝，及官、哥、定窑[3]、龙泉、宣窑，皆以备赏鉴，非日用所宜。惟宣铜彝鑪[4]稍大者，最为适用。宋姜铸[5]亦可。惟不可用神鑪[6]、太乙[7]及鎏金白铜双鱼[8]、象鬲[9]之类。尤忌者，云间[10]潘铜[11]、胡铜[12]所铸八吉祥[13]、倭景[14]、百钉[15]诸俗式，及新制建窑、五色花窑[16]等鑪。又古青绿博山[17]亦可间用。木鼎[18]可置山中，石鼎惟以供佛，余俱不入品。古人鼎彝，俱有底盖，今人以木为之，乌木者最上，紫檀、花梨俱可，忌菱花、葵花诸俗式，鑪顶以宋玉帽顶[19]及角端[20]、海兽[21]诸样，随鑪大小配之，玛瑙、水晶之属，旧者亦可用。

【注释】

[1] 香罏（lú）：即香炉。有陶制、金属制等形制，可用作陈设、熏衣，或敬神供佛。罏，炉子，下不赘述。宋·赵希鹄《洞天清录》："古以萧艾远神明而不焚香，故无香炉。今所谓香炉，皆以古人宗庙祭器为之。爵炉则古之爵，狻猊炉则古之踽足豆，香球则古之鬵，其等不一，或有新铸而象古为之者。惟博山炉乃汉太子宫所用，香炉之制始于此。"

[2] 三代：指夏、商、周。

[3] 定窑：古代著名瓷窑之一。详见本卷"海论铜玉雕刻窑器"条中"定窑"注释。

[4] 宣铜彝罏：即宣德炉，是明代宣德年间烧造的铜制彝炉。制炉的铜经过精炼，烧造时又加入金银等贵重金属，故而宣德炉色泽极为美观，是明代著名的工艺品。

[5] 宋姜铸：姜氏铸造的铜器，因工艺精良名噪一时。"宋"或作"元"。明·高濂《遵生八笺》："元时杭城姜娘子、平江王吉二家铸法，名擅当时。其拨蜡亦精，其炼铜亦净，细巧锦地花纹，亦可入目。"

[6] 神罏：敬神供佛时焚香之炉。

[7] 太乙：太乙是帝星，在紫微宫阊阖门中，此处指道家炼丹的太乙炉。

[8] 双鱼：双鱼炉。双鱼图案在古代代表阴阳。

[9] 象鬲（lì）：象形的容器。鬲，古代一种圆口炊器。详见本卷"海论铜玉雕刻窑器"条中"鬲"注释。

[10] 云间：上海松江的古称。元·陶宗仪《南村辍耕录》："'潮逢谷水难兴浪，月到云间便不明。'松江古有此语。谷水、云间，皆松江别名也。"

［11］ 潘铜：潘氏所铸铜器。明·高濂《遵生八笺》："近有潘铜打炉，名假倭炉。此匠幼为浙人，被虏入倭，性最巧滑，习倭之技，在彼十年。其凿嵌金银倭花样式，的传倭制。"

［12］ 胡铜：胡文明所铸的铜器。乾隆年间《松江府志》载："明万历年间，华亭胡文明有鎏金鼎炉瓶盒等物。"

博山炉

［13］ 八吉祥：指法螺、法轮、宝伞、白盖、莲花、宝瓶、盘长、金鱼八种佛教吉祥宝物。

［14］ 倭景：日本风景式样。

［15］ 百钉：香炉表面，铸成无数如钉子一样的凸起点。

［16］ 五色花窑：五彩花瓷器。

［17］ 博山：即博山炉。多为青铜或陶瓷器，炉体上有盖，高而尖，呈山形，间绘纹饰，象征海外仙山，故名。南朝宋·鲍照《拟行路难》其二："洛阳名工铸为金博山，千斫复万镂，上刻秦女携手仙。"

［18］ 木鼎：木制的香炉。"石鼎"同理。

［19］ 宋玉帽顶：镶嵌宋代玉石的帽子的顶。宋玉，宋代之玉。帽顶，帽子顶上所缀的结子或珠宝。

［20］ 角端：即角端牛。古代鲜卑异兽，状似牛，角在鼻上，故称。

［21］ 海兽：海中的异兽。

【点评】

香炉，焚香之器。文震亨对其材料、纹饰、形制、宜忌等均有论述，他最为推崇的，是博山炉和宣德炉。

博山炉，《格古要论》中说它源于汉代太子宫中，地位十分尊贵。其造型新颖，做工精细，下有底座，上面高而尖的镂空之盖，似群山的外观，其上雕有飞禽走兽、草木山川，象征蓬莱、方丈、瀛洲三座仙山，炉腹内燃烧香料时，烟雾从山形盖中散出，令人有置身仙境之感。南北朝刘绘《咏博山香炉诗》"上镂秦王子，驾鹤乘紫烟"，李白《杨叛儿》诗"博山炉中沉香火，双烟一气凌紫霞"，描绘的都是用博山炉熏香时，营造出的一种缥缈迷离之境。

至于宣德炉，比博山炉更受推崇，有"文房百器，宣炉为首"之称。这种铜炉的整个设计和制造过程，都由宣德皇帝亲自监督，形制参照宋代《宣和博古图》《考古图》等典籍，用上等铜材，反复冶炼，并加入了金、银等调和，最后熔铸出来的香炉，线条简洁流畅，质地温润细腻，色泽古雅内敛。明人项元汴《宣炉博论》中说："其款式之大雅，铜质之精粹，如良金之百炼，宝色内涵，珠光外现，淡淡穆穆，而玉毫金粟隐跃于肤理之间。若以冰消之晨夜，光晶莹映彻，迥非他物可以比方也。"冒襄《宣炉歌注》描述得更加动人："宣炉最妙在色，假色外炫，真色内融，从黯淡中发奇光。正如好女子肌肤，柔腻可掐。蓺火久，灿烂善变，久不着火，即纳之污泥中拭去如故。"将其神态风韵描写得极为传神。

香　合[1]

宋剔合[2]色如珊瑚[3]者为上，古有一剑环[4]、二花草、三人物之说，又有五色漆胎[5]，刻法深浅，随妆露色[6]。如红花绿叶、黄心黑石[7]者次之。有倭盒三子、五子[8]者，有倭撞金银片[9]者，有果园厂[10]大小二种，底盖各置一厂[11]，花色不等，故以一合[12]为贵。有内府填漆合，俱可用。小者有定窑、饶窑[13]蔗段[14]、串铃[15]二式，余不入品。尤忌描金[16]及书金字[17]，徽人剔漆[18]并磁合，即宣[19]、成[20]、嘉[21]、隆[22]等窑，俱不可用。

【注释】

[1] 香合：即香盒，又名香笥、香函，是盛香的盒子。

[2] 宋剔合：宋代的剔红盒。剔红即雕红漆，是漆器工艺的一种。明·曹昭《格古要论》："剔红器皿，无新旧，但看朱厚色鲜红润坚重者为好。"

[3] 珊瑚：珊瑚虫分泌物凝结而成，状如树枝，多为红色，鲜艳美观，可做装饰。

[4] 一剑环：剑环第一。剑环，即剑与柄连接处的两旁突出部分，此处指漆器的一种样式。

[5] 漆胎：原指用脱胎法制成的坯，此处特指漆面香盒。

[6] 刻法深浅，随妆露色：雕刻法式深浅不一，随形就色。

[7] 红花绿叶、黄心黑石：漆器上雕刻的纹饰样式。

[8] 倭盒三子、五子：日本三格、五格的漆盒。子，盒内的小格。

[9] 倭撞金银片：日本式提盒。撞，吴语中作"提盒"解。金银片，即金银平脱，是一种将髹漆与金属镶嵌相结合的工艺技术，是我国古代著名的器物装饰技法。唐代传入日本，对其影响深远。

[10] 果园厂：明代御用漆器作坊。详见本卷"海论铜玉雕刻窑器"条中"果园厂"注释。

[11] 各置一厂：分厂制作。

[12] 一合：即整体，文中指盒的底与盖花色同为一体。

[13] 饶窑：即景德镇窑。因景德镇旧属饶州府浮梁县，故名。

[14] 蔗段：香盒的一种样式，形如圆柱。

[15] 串铃：香盒的一种样式。

[16] 描金：用金粉或银粉在器物或建筑的图案上勾勒描画，作为装饰。

[17] 书金字：以金粉书就的文字，多铭刻于碑石、器物上。

[18] 剔漆：漆器雕漆工艺的一种。多用两种颜色（红、黑），在胎骨有
规律地轮换漆刷，达到一定的厚度，再雕刻云钩、剑环、卷草等
图案。

[19] 宣：即宣德窑，详见本卷"海论铜玉雕刻窑器"条中"宣窑"注释。

[20] 成：即成窑。明代成化年间官窑烧制的一种瓷器，以小件和五彩的
最为名贵。

[21] 嘉：即嘉窑。明代嘉靖年间官窑烧制的一种瓷器。

[22] 隆：即隆窑。明代隆庆年间官窑烧制的一种瓷器。

【点评】

香盒是专门收纳香料的器具，是文房中不可或缺之物。在线香发明之前，古人所焚之香，多为香丸、香饼、天然香木等，容易挥发，为了使香品持久，香盒便应运而生。

宋　青白瓷香盒

它的外形和印泥盒很像。相对而言，印泥盒要深大一些，以便装盛足量的印泥，而香盒扁圆小巧，容量较为随意。香盒又和香宝子有类似之处。香宝子，本是佛教之物，也作盛香之用，多作高筒罐状，而且往往一左一右成对放在香炉的两边，唐代曾盛极一时。但宋代以降，香宝子便慢慢被香盒取代了。

文震亨对香盒的纹饰、漆色、样式等均有论述。他最推崇的是色如珊瑚，

形如剑环的宋代剔红香盒，认为古雅精美。剔红，是在器物胎型上，涂上一层又一层朱红大漆，待风干后，雕饰各种纹样。此技法在宋元时期非常成熟，明人黄成《髹饰录》中有"宋元之制，藏锋清楚，隐起圆润，纤细精致"的说法。富丽华美、精巧玲珑的宋剔盒，很受文人喜欢。文人们或在斋中把玩，或将其当作礼物送人，都是一时风气。

隔　火 [1]

鑪中不可断火，即不焚香，使其长温，方有意趣，且灰燥易燃，谓之"活灰" [2]。隔火，砂片 [3] 第一，定片 [4] 次之，玉片 [5] 又次之，金银不可用。以火浣布 [6] 如钱大者，银镶四围，供用尤妙。

【注释】

[1] 隔火：隔火片，香炉中用来隔离炭火的器具，使香品不直接燃烧。

[2] 活灰：香灰。在香炉里铺上香灰，是为了受热均匀，便于发香，且使香味持久。他本或作"活火"。

[3] 砂片：砂制薄片，用来隔火。清·屈大均《广东新语》："火既活而灰复干，乃以玉碟或砂片隔之，使之不易就燥。"

[4] 定片：定窑瓷片，用来隔火。

[5] 玉片：磨薄的玉片，用来隔火。

[6] 火浣布：一作"火澣布"，即石棉布，具有不易燃和导热性低的特点。宋·蔡绦《铁围山丛谈》卷五："及哲宗朝，始得火浣布七寸……大抵若今之木棉布。色微青黳，投之火中则洁白，非鼠毛也。"

【点评】

古代的香，有多种形制。或燃烧，闻其味赏其烟；或置放，让其自然散发幽香，还有一种方法，是用香丸隔火熏香，最受推崇。

明人朱权《焚香七要》云："烧香取味，不在取烟。香烟若烈，则香味漫然，顷刻而灭。取味则味幽香馥，可久而不散，可用隔火。"这段话点出了隔火熏香的妙处，不但无烟，而且节省香料，还能使香气持久。除此之外，此法取香，还有一个好处是便于饮茶清谈。香无烟，则不冲茶味，香绵长，则可助谈兴。幽人对坐熏香品茗，用此法更有雅趣。

隔火熏香，需准备众多器具，隔火片就是隔火熏香中必不可少之物，其作用，正在于隔绝炭火和香料，使香料不直接燃烧。文震亨最推崇的是砂片、定窑瓷片、玉片、火浣布，鄙弃金银。砂片，即粗陶片，冒襄《影梅庵忆语》有用砂片隔火熏香的记载："每慢火隔砂，使不见烟，则阁中皆如风过伽楠、露沃蔷薇、热磨琥珀、酒倾犀斝之味。久蒸衾枕间，和以肌香，甜艳非常，梦魂俱适。"可见砂片的导热和隔火性能都不错。玉片和瓷片虽然较为美观，但导热和隔火性能逊于砂片。金银片，较为俗气，

明　陈洪绶《南生鲁四乐图卷》(局部)
香炉中垒成山状的香灰上有一隔火片盛放香丸

且如果纯度不够，容易产生异味，一般弃而不用。至于火浣布，俗称石棉布。现代科学研究已证明，石棉致癌，人体接触后容易患支气管肺癌、间皮瘤等多种疾病，不宜再使用。

匙 箸[1]

紫铜者佳，云间胡文明[2]及南都[3]白铜者，亦可用。忌用金银，及长、大、填花诸式。

【注释】

[1] 匙箸（zhù）：即香匙和香箸，取香的器物。香匙又名香铲，香箸又名筴（jiā）。匙，舀取食物等的小勺。箸，小者为箸，大者为火筴。唐·陆羽《茶经》："火筴，一名箸。"

[2] 胡文明：文中指铜匠胡文明所制之铜。明·莫是龙《云间杂志》："胡文明，居云间，按古式制彝鼎尊卣之属极精，价亦甚高，誓不传他姓。时礼帖称'胡炉'，后亦珍之。"

[3] 南都：今江苏南京。朱棣迁都北京后，明人称南京为南都。

【点评】

香匙和香箸，是香道中的重要器具。香匙一般用来舀取香料，香箸的作用很广，可夹香炭，夹隔火片，夹香丸，搅动香灰等。其材料，文震亨推崇白铜，色泽典雅而不耀眼，且比较实用。他说忌用金银材质和填花样式，是觉得不雅。忌长和大，是因为不实用。屠隆《考槃馀事》中，认为玉器也不可用，是因为玉遇火易脆。古时也有人用象牙作香匙、香箸，外面套着一层铁皮，在文震亨看来或许也不符合幽人风韵。今时保护大象，自然更不应提倡了。

箸　瓶[1]

官、哥、定窑者虽佳，不宜日用。吴中近制，短颈细孔者，插箸下重不仆[2]。铜者不入品。

【注释】

[1]　箸瓶：即箸瓶，香道中放火筷等物的容器。

[2]　插箸下重不仆：插入匙箸后，因为下面分量重而不会倒。仆，倒下。唐·韩愈《祭湘君夫人文》："旧碑断折，其半仆地。"

【点评】

香炉、香盒、箸瓶，合称"炉瓶三事"：香炉，用来焚香；香盒，用来盛贮香料；箸瓶，则用来放置火箸、火铲之类的器具，通常和香盒一左一右放在香炉两侧。箸瓶是随着香丸、香饼这类香料而出现的，因为这些香料，在使用过程中需经夹、放、掩等步骤，就要用到火箸、火铲等器具，它们与火接触升温，需要妥帖放置，不然轻则损坏器具，重则酿成火灾，而一经箸瓶收贮，就既无隐患，又显得整饬。故而李渔《闲情偶寄》中说："焚香必需之物，香锹香箸之外，复有贮香之盒，与插锹箸之瓶之数物者，皆香与炉之股肱手足，不可或无者也。"

关于箸瓶的用材、形制，文震亨推崇短颈细孔的瓷瓶，认为"铜者不入品"，此言有待商榷。箸、铲均为铜铁制品，一旦受热，放入"短颈细孔"的瓷瓶中，可能会使瓷瓶爆裂。所以屠隆《考槃馀事》中，并不认为"铜者不入品"，反而以为"古铜者亦佳"。明人高濂《遵生八笺》云："余斋中有古铜双耳小壶，用之为瓶，甚有受用。"持见和屠隆类似。这种铜制箸瓶，既能承受火箸、火铲的热力，搭配上也更为契合，整体较瓷制箸瓶更佳。故而文震亨所言，可当一家之言看待。

内置匙箸的箸瓶

袖鑪[1]

熏衣炙手[2]，袖炉最不可少，以倭制漏空罩盖漆鼓[3]为上，新制轻重方圆二式，俱俗制也。

【注释】

[1] 袖鑪：一种小烘炉。

[2] 炙手：烫手，引申为烘手。

［３］　漏空罩盖漆鼓：镂空盖子的漆鼓状袖炉。

【点评】

袖炉，又名袖珍炉。它的功用和手炉类似，是"书斋中薰衣炙手、对客常谈之具"。

它的一大特点，是精致小巧。好的袖炉，制作精良，质地温润，用手轻轻一扣，会发出非常悦耳的声音，放在手中把玩，颇有情趣。而且在外出之时，也可以随身携带，随时感受香道的美好。

有盖也是袖炉的一大特点。因为有盖，薰衣炙手时才能不出意外，对客常谈时也不至于蹭得满手香灰。文震亨推崇日本所制的镂空盖子的漆鼓状袖炉，认为新制样式的袖炉俗气。高濂观点有异，他在《遵生八笺》中说："焚香携炉，当制有盖透香，如倭人所制漏空罩盖漆鼓薰炉，似便清斋焚香，炙手薰衣，作烹茶对客常谈之具。今有新铸紫铜有罩盖方圆炉，式甚佳，以之为袖炉，雅称清赏。"这又涉及雅俗定义的问题了，文震亨与高濂见仁见智，所论均为一家之言。

手　鑪[1]

以古铜青绿大盆及簠簋[2]之属为之，宣铜兽头三脚鼓鑪[3]亦可用，惟不可用黄白铜及紫檀、花梨等架。脚鑪[4]旧铸有俯仰莲坐[5]细钱纹者，有形如匣者，最雅。被鑪[6]有香球[7]等式，俱俗，竟废不用。

【注释】

［１］　手鑪：冬天供取暖用的小火炉。

［ 2 ］　簠簋（fǔ guǐ）：盛黍、稷、稻、粱的礼器。详见本卷"海论铜玉雕
　　　　刻窑器"条中"簠簋"注释。

［ 3 ］　宣铜兽头三脚鼓鑪：宣德年间铜制的兽头鼓身三脚炉。

［ 4 ］　脚鑪：天冷时烘脚用的小炉，状圆而稍扁，多用铜制，也有瓦制的。

［ 5 ］　俯仰莲坐：俯仰莲花底座。俯莲含苞待放，仰莲绽放舒展。

［ 6 ］　被鑪：旧时用于床褥间的一种取暖炉。宋·范成大《丙午新正书
　　　　怀》其五："稳作被炉如卧炕，厚裁绵旋胜披毡。"

［ 7 ］　香球：金属制的镂空圆球。内安一能转动的金属碗，无论球体如何
　　　　转动，碗口均向上，焚香于碗中，香气由镂空处溢出。明·田艺蘅
　　　　《留青日札》："今镀金香球如浑天仪然，其中三层关掀，圆转不已，
　　　　置之被中而火不覆灭。"

【点评】

　　本则论手炉，但实际上文震亨谈到了手炉、脚炉、被炉三种器物。

　　手炉，和袖炉类似，但比袖炉略大，主要用来烘手。早期多用铁、瓷
制成，后来改用铜制。用铜的好处，一是便于导热保温；二是便于随物赋
形；三是不易毁坏；四是握在手中光滑细润，不会觉得不舒适。铜手炉一
般由炉身、炉盖、提梁几部分组成。炉身多为外壳包裹内胆，双层的模
式，可保温又能适度传热，便于手携。

　　明清时期，是手炉制作的高峰。炉身有圆形、方形、南瓜形、梅花
形、花篮形、八角形、海棠形、龟背形等多种样式。炉盖方面，匠人也是
穷工极巧，多用镂雕和錾刻、错金银工艺，雕绘草木、花鸟、山水、书
画、人物等纹饰，精美绝伦。晚明嘉兴的张鸣岐，是其中的佼佼者。《鉴
物广识》等古籍中说他用一整块铜料手工打造手炉，不用焊接，制造出来
的手炉朴实雅致，光泽柔和，里面炭火烧得很旺，但摸炉身却不烫手。用
脚踩，炉子也不瘪，当时人都以得到他做的手炉为荣。

唐　银香球

　　清人张劭有一首《手炉》诗道尽了手炉的好处。诗云："松灰笼暖袖先知，银叶香飘篆一丝。顶伴梅花平出网，展环竹节卧生枝。不愁冻玉棋难捻，且喜元霜笔易持。纵使诗家寒到骨，阳春腕底已生姿。"寒冬腊月，读书写字，常常会感觉手脚冰冷，十分难挨。这时候用铜手炉烧上炭火，并在里面燃点篆香，满室温煦，香烟从梅花盖中一缕缕飘出，身心俱暖，精神为之一振，不知起了多少诗兴。

　　脚炉，也多为铜质，有提梁。一般比手炉大，也比手炉厚实。古人冬日在家闲坐、读书、写字之时，可以脚踏它御寒。坐轿访友，也可以使用，但终究有些不雅，不如手持袖炉为宜。

　　至于被炉，是供被褥间取暖之用。其中有一种香球颇为有名，原理是用一小圆钵通过轴承与可以转动的同心圆环相连，利用重力带动圆环转动，使得置香的一面始终朝上，不致燃烧被褥。此物还可当作手携的香炉使用，陆游《老学庵笔记》云："京师承平时，宗室戚里岁时入禁中，妇女上犊车，皆用二小鬟持香球在旁，而袖中又自持两小香球。车驰过，香烟如云，数里不绝，尘土皆香。"颇为有趣。可能是因其使被褥漫溢芳香，且多与女子有关，故而文震亨认为不是文人所宜，说它俗了。

香 筒[1]

旧者有李文甫[2]所制，中雕花鸟竹石，略以古筒为贵。若太涉脂粉，或雕镂故事人物，便称俗品，亦不必置怀袖间。

【注释】

[1] 香筒：又名香插、香笼，一般直接将特制的香料或是香花放入其内，香气便从筒壁、筒盖的气孔中溢出。清·褚德彝《竹刻脞语》："圆径相同，长七八寸者，用檀木作底盖，以铜作胆，刻山水人物，地镂空，置名香于内焚之，香气喷溢，置收案间或衾枕旁，补香篝之不足，名曰香筒。"

[2] 李文甫：清·褚德彝《竹人续录》："李文甫，名耀，金陵人，善雕扇骨，其所镌花草，皆玲珑有致，亦能刻牙章，尝为文三桥提刀。"

【点评】

香筒，香道器具之一，多为长直筒型，上有顶盖，下有承座，筒身镂空，筒内设有放置线香的香插，外壁雕刻着花鸟竹石等图案。文震亨推崇的是简约古朴的形制，认为雕镂故事人物或太涉脂粉气，便为俗品。

此物是旧时文人居家常备的生活用品。文人读书临帖、作画弹琴、对客闲谈时，往往会用它来点上一根线香，香雾缭绕之中，颇有宁静安逸、自在忘忧的意趣。就是不焚香，将它摆在几案之上，也觉赏心悦目。清人项鸿祚《清平乐》云："蓦然如醉，叠枕和衣睡。却忆去年今日事，画烛替人垂泪。 月明依旧房栊，虆帷寒减香筒。剩得一枝梧叶，能禁几日秋风。"词中之人，抚今追昔，虽然心事重重，但烟雾氤氲中，一切恍然如梦，就连愁绪都显得缥缈了。而幽闺女子更喜欢将花瓣或香料直接放在香筒中，让芬芳的幽香缓缓散发，令人心醉。

此外，还有一种专门用来储存线香的长型圆筒也叫"香筒"，但功能上和前者截然不同，是同名异物了。

笔 格[1]

笔格虽为古制，然既用砚山[2]，如灵璧、英石，峰峦起伏，不露斧凿者为之，此式可废。古玉有山形者，有旧玉子母猫[3]，长六七寸，白玉为母[4]，余取玉玷[5]或纯黄纯黑玳瑁[6]之类为子者。古铜有鐒金双螭挽格[7]，有十二峰为格，有单螭起伏为格。窑器有白定三山、五山[8]及卧花哇[9]者，俱藏以供玩，不必置几砚间[10]。俗子有以老树根枝，蟠曲万状，或为龙形，爪牙俱备者，此俱最忌，不可用。

【注释】

[1] 笔格：即笔架，又名笔搁，多为山形，作搁置毛笔之用。

[2] 砚山：原为砚台的一种，一般雕刻山形之石为砚台，砚附于山上。后来呈山状可搁笔无砚台的笔搁，也叫砚山。

[3] 旧玉子母猫：雕有连在一起的母猫和子猫的古玉饰，古人用它作笔格。明·高濂《遵生八笺》："旧玉子母六猫，长七寸，以母横卧为坐，以子猫起伏为格，真奇物也，目中罕见。"

［４］ 白玉为母：用白玉雕刻成母猫。

［５］ 玉玷：略带瑕疵的玉。玷，玉的斑点，瑕疵。

［６］ 玳瑁：海龟的优良龟甲，常用来作装饰。

［７］ 鏒（sǎn）金双螭（chī）挽格：鏒金两螭相挽为格。鏒金，一种饰金工艺，用金泥附着于器物表面。螭，古代传说中无角的龙，古代建筑或工艺品多仿其形作装饰。挽，牵引。格，架。双螭挽格，可作双螭相连的笔架解。

［８］ 三山、五山：三峰、五峰。明·高濂《遵生八笺》："余见哥窑五山三山者，制古色润。"

［９］ 卧花哇：卧娃娃。哇通"娃"，作小儿解。明·高濂《遵生八笺》："又见白定卧花哇哇，莹白精巧。"

［１０］ 几砚间：几案上砚台间。

【点评】

笔格，搁架毛笔之物。笔格中的一种常见横搁形制，名笔搁。文震亨所言的子母猫笔格、玳瑁笔格、鏒金双螭铜笔格、定窑笔格，均为赏玩之用，并非日用之物。

这些在高濂的《遵生八笺》中也有详细的论述，他还特意提到两种心仪的笔格。一种是老树根："蟠曲万状，长止七寸，宛若行龙，鳞甲爪牙悉备，摩弄如玉，此诚天生笔格。"不过这种观点，文震亨却并不赞同，他认为老树根笔格爪牙可憎，并无天然之趣。高濂笔下另外一种笔格是用奇石制成的："余斋一石，蟠曲状龙，不假斧凿，亦奇物也，可架笔三矢。"而文震亨说用灵璧石、英石作的砚山，可以当笔格之用，还有"峰峦起伏，不露斧凿"之妙。可能他和高濂所言，实是一类事物。

笔格的另一种形态是文震亨提到的砚山，形如山峰，不仅可以搁笔，

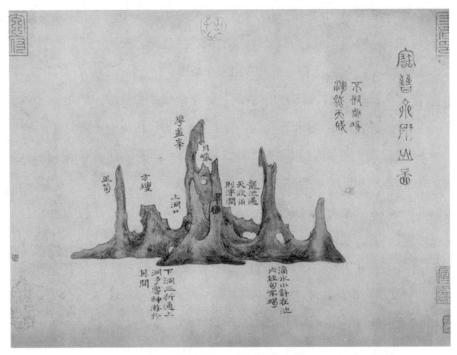

宋　米芾《宝晋斋研山图》

有的还作砚台。南唐李煜曾得到一灵璧砚山，径长不过一尺，峥嵘崔嵬，嶙峋突兀，另有幽壑透洞贯穿其间。前部峰峦之间可以搁笔；后部凿一小池，可作砚台；内部滴水少许即能数日不干，可当砚滴；石之本身瑰奇特异，又可充文房清供。相传国破之时，他冒着生命危险，也要折返皇宫携带此物逃亡。后几经辗转，此物到了石痴米芾之手。米芾狂喜，曾"抱眠三日"，写下了千古名作《研山铭》，又绘下《宝晋斋研山图》，说"下洞三折通上洞，予尝神游于其间"，可见"百仞一拳，千里一瞬"都"坐而得之"。后人评价米芾此作，常用"沉顿雄快""跌宕多姿"之语。另外，赵希鹄《洞天清录》中说："灵璧石……能收香，斋阁中有之，则香云终日盘旋不散。"若如此，李煜、米芾在焚香写字之时，此石沾染了松墨、沉香等物的香气，想必是香韵超绝。

笔 床[1]

笔床之制，世不多见，有古鎏金者，长六七寸，高寸二分，阔二寸余，上可卧笔四矢[2]，然形如一架，最不美观，即旧式，可废也。

【注释】

[1] 笔床：放置毛笔的器具。南朝陈·徐陵《玉台新咏序》："琉璃砚匣，终日随身；翡翠笔床，无时离手。"

[2] 四矢：四只，四管。

【点评】

笔床，是文房中专门搁置毛笔的器具，一般可放置毛笔四五支。不过它在使用上并不太方便，需要将笔管的两端都嵌入笔床上的凹槽。文震亨也认为"可废也"。故而笔床渐渐在文房中消失，逐渐被笔格、笔筒等物取代。

不过，笔床的文化内涵却一直被古人传承着。《新唐书》中说陆龟蒙"不喜与流俗交，虽造门不肯见"。陆龟蒙是晚唐隐士，隐居在太湖一带耕读自娱，常常携带茶灶、笔床等器具泛舟湖上，自比与屈原对话的"渔父"和救伍子胥的"江上丈人"。朝廷曾以"高士"的荣誉征召他，他并不入仕。后世仰慕其高风，便以"笔床茶灶"代指不慕荣华、恬淡无为的隐士风范。笔床寄寓着一种逍遥、淡泊的闲雅意趣。

笔 屏[1]

镶以插笔，亦不雅观。有宋内制方、圆玉花版[2]；有大理旧石方不盈尺者，置几案间，亦为可厌，竟废此式可也。

【注释】

[1] 笔屏：笔插与袖珍屏风合体的文房用具。

[2] 宋内制方、圆玉花版：宋代内府所制的方、圆形制的玉花版笔屏。明·高濂《遵生八笺》："宋人制有方玉、圆玉花板，内中做法，肖生山树禽鸟人物，种种精绝。此皆古人带板灯板，存无可用，以之镶屏插笔，觉甚相宜。"

【点评】

古时，使用完毕的毛笔在洗净之后，往往将笔尖朝上，让水珠慢慢流下来，自然风干，为的是使笔心不腐烂。这便产生了笔屏，一个集笔插、砚屏优点于一身的综合体。笔插，多鼓形、瓶形、三羊蕉叶形，有一至三个不等的插孔，笔筒发明之前，人们常用它竖立放笔。砚屏是古人磨墨时防止墨汁风干的用具，后来纯粹作为案头清玩。古人参考了两者的长处，便制作了一种既可插笔又可观赏的笔屏。

这种清玩，颇受文人青睐。高濂在《遵生八笺》中推崇大理石制成的笔屏："有大理旧石，俨状山高月小者，东山月上者，万山春霭者，皆余目见，初非扭捏，俱方不盈尺，天生奇物，宝为此具，作毛中书屏翰，似亦得所。"屠隆则喜欢一种蜀中的奇石，在《考槃馀事》中说："蜀中有石，解开有小松形，松止高二寸，或三五十株，行列成径，描画所不及者，亦堪作屏，取极小名画或古人墨迹镶之，亦奇绝。"但文震亨却认为笔屏不雅观，惹人恶，可以废弃。这或许是其自诩名门韵士，故而便常常以一己之爱好来定义雅俗，终不可取。

笔　筒[1]

湘竹、栟榈[2]者佳，毛竹以古铜镶者为雅，紫檀、乌木、花梨亦间可用，忌八棱菱花式[3]。陶者[4]有古白定竹节[5]者，最贵，然艰得大者[6]；青冬磁细花[7]及宣窑者，俱可用。又有鼓样[8]、中有孔插笔及墨者，虽旧物，亦不雅观。

【注释】

[1] 笔筒：筒形插笔的器具。

[2] 栟榈：即棕榈，可作器具和建筑材料。

[3] 八棱菱花式：八边棱角的菱花样式。

[4] 陶者：陶瓷制造的笔筒。

[5] 白定竹节：定窑白瓷竹节笔筒。

[6] 艰得大者：很难得到大的。

[7] 青冬磁：有细花纹饰的青色瓷器。他本或作"冬青磁细花"。

[8] 鼓样：鼓形的笔筒。

【点评】

笔筒，搁置毛笔的器物，常刻镂雕绘山水人物、草木竹石等图案。清

玉石笔筒

人朱彝尊《笔筒铭》云："笔之在案，或侧或颇，尤人之无仪，筒以束之，如客得家，闲彼放心，归于无邪。"以人譬喻，将笔筒的优点和文人心态，阐述得淋漓尽致。

文震亨最推崇的竹制笔筒，很大一部分缘由是在于竹的文化内涵。竹，与梅、兰、菊，并称"四君子"，有虚心有节、经霜不凋、坚劲挺拔等精神意蕴，历来备受士人推崇。清代四大竹雕大师之一的潘西凤不仅雕竹笔筒，更在上面刻书道："虚其心，坚其节，供我文房，与共朝夕。"与竹朝夕为伴，可以养清虚高洁之气，如在山林。如此，文房中实不可少。

笔 船[1]

紫檀、乌木细镶竹篾[2]者可用，惟不可以牙、玉为之。

【注释】

[1] 笔船：横置放笔的文房器物，内设笔搁。

［2］ 竹篾：剖削成一定规格的竹皮，可制成筒、篓等物品。

【点评】

文房中专门搁置毛笔的器具，文震亨共介绍了五种，即笔格、笔床、笔屏、笔筒、笔船。笔船和笔床类似，只不过笔船外形多作船型，中间整块为凹槽，可内设笔搁，放置毛笔。

若论放置毛笔的数量，以笔筒及笔挂为最多。若论器具本身的雅致程度，则首推笔搁、笔屏。若论文化含义的深沉，则以笔床为第一。今时今日，笔床、笔船几乎绝迹，笔屏多供赏玩，实际搁置毛笔的，仅为笔搁、笔挂、笔筒。

笔　洗[1]

玉者[2]，有钵盂洗[3]、长方洗[4]、玉环洗[5]；古铜者，有古鎏金小洗[6]，有青绿小盂[7]，有小釜[8]、小卮[9]、匜[10]，此五[11]物原非笔洗，今用作洗最佳；陶者，有官、哥葵花洗[12]、磬口洗[13]、四卷荷叶洗[14]、卷口蔗段洗[15]；龙泉[16]，有双鱼洗[17]、菊花洗[18]、百折洗[19]；定窑，有三箍洗[20]、梅花洗[21]、方池洗[22]；宣窑，有鱼藻洗[23]、葵瓣洗[24]、磬口洗[25]、鼓样洗[26]，俱可用。忌绦环[27]及青白相间诸式。又有中盏[28]作洗，边盘作笔砚[29]者，此不可用。

【注释】

［1］ 笔洗：用陶瓷、石头等制成的洗刷毛笔的器皿。

［2］ 玉者：玉制的笔洗。下文的"古铜者""陶者"同理。

［3］ 钵盂（yú）洗：钵盂形制的笔洗。钵盂，僧人的食器，肚大，口小。

［4］ 长方洗：长方形的笔洗。

［5］ 玉环洗：玉环形制的笔洗。玉环，一种圆形而中间有孔的玉器，形状与镯类似。

［6］ 鋈金小洗：鋈金工艺的小笔洗。鋈金，详见本卷"笔格"条中注释。

［7］ 盂：盛汤浆或饭食的圆口器皿，有提手，也有无提手的。

［8］ 釜（fǔ）：同"釜"。古代的炊具，敛口，圆底，或有二耳。置于灶口，上置甑（zèng）用以蒸煮。有铁制的，也有铜和陶制的。

［9］ 卮（zhī）：古代盛酒器。未灌酒就空仰着，灌满酒就倾斜，没有一成不变的常态。

［10］ 匜（yí）：古代洗手、浇水的用具，详见本卷"器具"条中"匜"注释。

［11］ 五：他本或作"数"。

［12］ 官、哥葵花洗：官窑、哥窑烧制的葵花状边缘的笔洗。

［13］ 磬口洗：磬口形制的陶制笔洗。磬，详见本卷"钟磬"条注释。

［14］ 四卷荷叶洗：四边卷角的荷叶状笔洗。

［15］ 卷口蔗段洗：卷口甘蔗段形制的笔洗。

［16］ 龙泉：龙泉窑烧制的笔洗。下文"定窑""宣窑"同理。

清 《珍陶萃美》中的宋汝窑蟠龙笔洗

［17］ 双鱼洗：笔洗的一种，浅腹，圈足，中心有凸出的双鱼装饰，故
名。宋、元龙泉窑多烧青釉双鱼洗。

［18］ 菊花洗：菊花图案或菊花形的笔洗。

［19］ 百折洗：数片褶皱组合成型的笔洗。此"百折"与"百褶裙"中的
"百褶"同义。

［20］ 三箍洗：镶有三箍的笔洗。箍，紧紧套在物体外面的圈。

［21］ 梅花洗：浅刻写意梅花或梅花形的笔洗。

［22］ 方池洗：疑为形方内深的笔洗。

［23］ 鱼藻洗：烧刻鱼戏水藻间纹饰的笔洗。

［24］ 葵瓣洗：八瓣葵花式笔洗。

［25］ 磬口洗：磬口形制的笔洗。

［26］ 鼓样洗：大鼓形制的笔洗。

［27］ 绦环：绦环在文玩中指有孔可系丝绦之环。此处指外形或如绦环，
或四周纹饰作绦环状，中间盛水的笔洗。

［28］ 中盏：即盅盏。盅是饮酒喝茶用的没有把手的杯子。盏是浅而小的
杯子。

［29］ 笔觇：即笔掭。详见下条"笔觇"注释。

【点评】

笔洗，是盛水洗笔的器皿。造型多变，有圆形、桃形、长方形、荷
叶形、梅花形、双鱼形等，以盆盂类的圆形居多；材质繁多，有陶瓷、玉
石、玛瑙、珐琅、象牙、犀角等，以瓷制为主。精湛的工艺，古雅的气
质，兼实用观赏于一体，是文房中不可或缺的用具。文震亨详尽地介绍了
笔洗的材质、样式，以及禁忌。

笔洗虽为古玩中的杂项，但也颇具收藏价值。民国年间，北平琉璃厂
雅文斋古玩铺掌柜肖书农，曾到一家老宅去鉴定花瓶，看到廊檐底下堆放

的破烂瓶罐里有一个海棠式笔洗。购得后，回斋中清洗干净，发现居然是北宋哥窑的笔洗，算是捡了个大漏。也是在民国年间，重庆北泉图书馆中有一个汉代笔洗，敞口浅腹，形若盆盎，两边的提耳上雕着游鱼。在洗内放入清水，用手摩擦双鱼，隐约有嗡嗡之声，清水随即从鱼嘴中喷出，状若喷泉，可称奇观。但如今不知下落。

笔　觇[1]

定窑、龙泉小浅碟俱佳，水晶[2]、琉璃[3]诸式，俱不雅，有玉碾片叶[4]为之者，尤俗。

【注释】

[1] 笔觇（chān）：即笔搽，又名笔舐，古代文人书写绘画时，用来搽拭毛笔的用具。

[2] 水晶：一种透明的结晶石英，晶莹剔透，质坚如玉。

[3] 琉璃：一种有色半透明的石材，晶莹剔透，流云漓彩。最初是铸造青铜器时产生的副产品，在一千多度高温下烧制而成。

[4] 玉碾片叶：疑为用玉石雕镂成片叶形状。

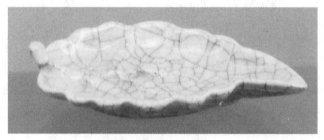

清　仿哥釉叶形笔搽

【点评】

笔觇，是用来调整笔锋的器具。古人写字作画用的是毛笔，蘸墨之后较为饱满，需要调整为适度的浓淡方可挥毫。下笔一段时间后，笔锋会开叉，也不利于书写，需要搌拭使其收束均匀。于是，便有了这种搌墨吮毫的文具。

文震亨推崇定窑、龙泉的小浅碟形笔觇，认为水晶、琉璃制成的不雅，玉碾片叶形制的尤俗，这还是他追求古、雅、韵的延伸。定窑、龙泉瓷，集宋人美学之大成，朴素古雅，自然天成。而水晶、琉璃只是炫目而已，并不符合幽人审美。至于玉碾片叶，则过于刻意，故而显得不美了。

水中丞[1]

铜性猛，贮水久则有毒，易脆笔[2]，故必以陶者[3]为佳。古铜入土岁久，与窑器同[4]，惟宣铜则断不可用。玉者，有元口瓮[5]，腹大仅如拳，古人不知何用[6]，今以盛水，最佳。古铜者，有小尊罍[7]，小甑[8]之属，俱可用。陶者，有官、哥瓷肚小口钵、盂[9]诸式。近有陆子冈[10]所制兽面锦地[11]，与古尊罍同者，虽佳器，然不入品。

【注释】

[1] 水中丞：又名水丞、水盛、水盂，供磨墨用的盛水器，多以玉石或陶瓷制成。

[2] 脆笔：使笔折断。古代五行中有金克木之说，铜属金，毛笔属木，故说铜制水中丞易脆笔。

［ 3 ］　陶者：陶制的水中丞。下文"玉者""古铜者"同理。

［ 4 ］　与窑器同：与陶瓷器具作用相同。窑器，陶瓷器。详见本卷"海论
　　　　铜玉雕刻窑器"条中"窑器"注释。

［ 5 ］　元口瓮：即圆口瓮。瓮，一种盛水、酒等物的陶器。

［ 6 ］　古人不知何用：即"不知古人何用"。

［ 7 ］　尊罍（léi）：泛指酒器。尊，古通"樽"，古代盛酒器。罍，似壶的
　　　　青铜酒器。详见本卷"海论铜玉雕刻窑器"中"尊"与"罍"注释。

［ 8 ］　甑（zèng）：古代蒸食炊器，底有孔，多用陶制，殷周时代用青铜制。

［ 9 ］　官、哥瓮（wèng）肚小口钵、盂：官窑、哥窑烧制的小口大腹钵、
　　　　盂。瓮，小口大腹的陶制汲水罐。

［10］　陆子冈：明代嘉靖、万历间玉石雕刻家，擅镂空透雕、阴线刻划等
　　　　工艺。清代《苏州府志》载："陆子冈，碾玉妙手，造水仙簪，玲
　　　　珑奇巧，花茎细如毫发。"

［11］　兽面锦地：指神兽纹饰的玉器。

【点评】

　　水中丞，是书案上用来贮水磨墨的器具，造型小巧玲珑。文震亨推崇
陶、玉、古铜制的如古尊罍般无纹饰的水中丞，认为其古朴雅致。后世
之人好此物者也是不计其数。

　　由于水中丞没有注口，故需搭配水勺使用。水勺一般为铜制，也有用玉、牙等材质的，造型有鹅首、凤首、鹤首、如意、竹节等样式。两者搭配，像很多文房器具一样，实用之余，颇具观赏价值。

明　项元汴《历代名瓷图谱》
中的宋紫定窑百摺卧蚕洗水中丞

水注[1]

古铜玉俱有，辟邪[2]、蟾蜍、天鸡[3]、天鹿[4]、半身鸬鹚杓[5]、鋄金雁壶[6]诸式滴子，一合者为佳。有铜铸眠牛，以牧童骑牛作注管者，最俗。大抵铸为人形，即非雅器。又有犀牛、天禄、龟、龙、天马[7]口衔小盂者，皆古人注油点灯，非水滴也。陶者，有官、哥、白定、方圆立瓜、卧瓜、双桃、莲房、蒂、叶、茄、壶诸式。宣窑，有五采桃注、石榴、双瓜、双鸳诸式，俱不如铜者为雅。

【注释】

[1] 水注：又名砚滴、水滴、书滴，贮水研墨的盛水器。多以玉石或陶瓷制成。

[2] 辟邪：传说中的神兽，似鹿而长尾，有两角。

[3] 天鸡：神话传说中天上的鸡。南朝梁·任昉《述异记》："东南有桃都山，上有大树……上有天鸡，日初出，照此木，天鸡则鸣，天下鸡皆随之鸣。"

元　青白瓷水注

明　水晶独角兽砚壶

［ 4 ］ 天鹿：又名天禄，古代神话传说中的神兽，似鹿而长尾，一角者为
天禄，二角者为辟邪，可攘除灾难，永安百禄。

［ 5 ］ 鸬鹚杓（lú cí sháo）：雕刻为鸬鹚形的酒杓。鸬鹚，水鸟，颈长嘴
尖，善捕鱼。杓，古通"勺"。唐·李白《襄阳歌》："鸬鹚杓，鹦
鹉杯，百年三万六千日，一日须倾三百杯。"

［ 6 ］ 鋄金雁壶：鋄金的雁形壶。鋄金，详见本卷"笔格"条中注释。

［ 7 ］ 天马：传说中的兽名。《山海经·北山经》："又东北二百里，曰马
成之山，其上多文石，其阴多金玉，有兽焉，其状如白犬而黑头，
见人则飞，其名曰天马。"

【点评】

水注，是磨墨时滴水于砚中的器具。它腹内中空，用以盛水，较高处
有细孔，用以滴水，玲珑精致，穷极工巧，是书斋清玩中的佳品。它和水
盂很像，两者均小巧玲珑，且都为贮水供研墨之用，不过水盂没有滴口，
水滴却有。

文震亨对于水注的材质、样式、宜忌等均有详尽的论述。他贵古铜
玉，认为在官、哥、定窑的陶瓷水注之上，大概是爱玩其中的一缕古意。
他最贬斥的是一种状如牧童骑牛的水，认为"铸为人形，即非雅器"。人形
铜灯中的人，多为仆役之辈，大概他认为人为万物之灵，作注油点灯之物，
如纸马刍狗般的祭品，令人非常不适，感觉悲哀恶俗，实在不值得提倡。

糊　斗 [1]

有古铜有盖小提卣 [2]，大如拳，上有提梁索股 [3] 者；有瓷肚 [4]

如小酒杯式，乘方座者[5]；有三箍长桶[6]，下有三足；姜铸回文小方斗[7]，俱可用。陶者，有定窑蒜蒲长罐[8]，哥窑方斗，如斛中置一梁者[9]，然不如铜者便于出洗。

【注释】

[1] 糊斗：文房中盛放糨糊的器具。糊，指粉加水调和煮成的胶状物。

[2] 卣（yǒu）：酒器，青铜制，外形为椭圆形，大腹，圈足，有盖与提梁，商周时用作礼器。

[3] 提梁索股：纽状提手。提梁，指篮、壶等器具的提手。索股，绳索纽结状。

[4] 瓮肚：小口大腹状。瓮，小口大腹的陶制汲水罐。

[5] 乘方座者：下有方座的。乘，骑，坐。

[6] 三箍长桶：有三道箍环的长桶状糊斗。

[7] 姜铸回文小方斗：姜氏铸造的回文纹饰的方形小糊斗。姜铸，见本卷"香炉"条中"宋姜铸"注释。

[8] 蒜蒲长罐：蒜头状的长罐状糊斗。蒜蒲，蒜头。罐，古通"罐"。

[9] 斛（hú）中置一梁者：中间放一根梁柱的斛形盆钵。斛，指口、底均为正方形的斛形盆钵。

古铜有盖小提卣样式，
文震亨认为可作糊斗

【点评】

旧时文房中，多需要用糨糊来修补字画和书籍。专门用来盛放糨糊的器具，即是糊斗。

糊斗多由铜、陶等材质制成。一般以铜质为佳，便于清洗。其制有带座小酒杯式，带足长桶式，也有中正的方盒式。顶部有镂空小孔的盖子，可防鼠，并防止糨糊变质。此物常配有涂抹浆糊的器具，名为抹子，多用竹片、象牙、玉器制成。如此搭配，既讲究实用，又追求美感。

蜡　斗[1]

古人以蜡代糊，故缄封[2]必用蜡斗熨[3]之。今虽不用蜡，亦可收以充玩，大者亦可作水杓。

【注释】

[1] 蜡斗：文房中用以盛蜡或热蜡的器具。

[2] 缄封：封闭，封口。

[3] 熨：烘烤、烫烙、按压使平直。

【点评】

旧时之人，用蜡缄封书信。元代《居家必用事类全集》中说："每蜡一两，入郁金末少许同熬，颜色深浅随意加减，乘热绢滤去滓，入沥青两皂角子大再熬。既不透纸，又可着蜡。上尊位书宜温蜡浅蘸，欲易于开封。家书宜热蜡深蘸，可防私拆之患。"文震亨对蜡斗的的描述是"缄封必用蜡斗熨之"，"大者亦可作水杓"。高濂也称"古人用以炙蜡缄启，铜制，颇有佳者，皆宋元物也"。由此可知，蜡斗为铜制，形状当与水勺类似，用时加热，待蜡成液态便缄封。此物在明代时，已渐渐由实用转为赏玩了。

不过从晚清留下的文物来看，蜡斗与糊斗类似，是一种用来盛蜡的容器。不知是后人误认糊斗为蜡斗，抑或这也是蜡斗形制的一种。若这种形制也是蜡斗，那么当先从中取蜡，再以火烘烤。若果真如此，倒是和火漆印类似。火漆，用松脂、石腊、焦油等物制成，与蜡近似。火漆印的用法是将火漆放置在铁勺上烘烤加热，待火漆融化后滴在信封封口处，然后再用印戳钤印，不仅能保密，还美观典雅。这种封缄之法，十分古老，旧时重要文件、出境文物中，时常用到。火漆印虽早已退出历史舞台，但作为工艺礼品，在今时还能偶见。这大概是因为人们对古老文化仍有一种深深的迷恋吧。

镇 纸[1]

玉者有古玉兔、玉牛、玉马、玉鹿、玉羊、玉蟾蜍、蹲虎[2]、辟邪、子母螭[3]诸式，最古雅；铜者有青绿虾蟆[4]、蹲虎、蹲螭、眠犬、鎏金辟邪、卧马、龟、龙，亦可用。其玛瑙、水晶、官、哥、定窑，俱非雅器。宣铜马、牛、猫、犬、狻猊[5]之属，亦有绝佳者。

【注释】

[1] 镇纸：古时用来压纸、压书的工具，多用木、石、金属制成，形态各异。

[2] 蹲虎：蹲着的老虎。下文中"蹲螭""眠犬""卧马"同理。

[3] 子母螭：大小两螭，大者为母，小者为子。

[4] 虾蟆（há ma）：即蛤蟆，青蛙和蟾蜍的统称。

[5] 狻猊（suān ní）：古代神话传说中龙生九子之一，形如狮，喜烟好

坐。常出现在古建筑和香炉上。

【点评】

唐 琉璃卧牛镇

镇纸，文房中用于压纸、压书的器具。此物的起源，有说是"席镇"。在椅子等坐具发明之前，人们席地而坐，频繁的起身，会让席子移动或产生褶皱，于是便用器物压住席子四角。桌椅发明后，人们在写字作画时也遇到类似的问题，便用案头器具用来压镇。久而久之，镇纸便成了文房器具的一种。

它的用材非常丰富，有铜、铁、玉、瓷、木、竹等；图案非常精美，有草木竹石、花鸟虫鱼等，也有匠人在上面镌刻书画、诗文；造型上也往往自然随形，极尽变化。文震亨认为"玛瑙、水晶、官、哥、定窑，俱非雅器"，这就是一家之言了。

此物是文房良伴。唐人杜光庭《录异记》云："会稽进士李眺，偶拾得小石，青黑平正，温滑可玩，用为书镇。"奇石可供赏玩，有天然之趣，李眺用作书镇，一举两得。宋人陶毂《清异录》云："欧阳通善书，修饰文具，其家藏遗物尚多皆就刻号……镇纸曰套子龟、小连城、千钧史。"欧阳通以家藏的文玩作镇纸，也是物尽其用。清代的蒲松龄，屡试不第，曾发愤图强，自制了两锭铜制镇纸，刻下了他的名联："有志者，事竟成，破釜沉舟，百二秦关终属楚；苦心人，天不负，卧薪尝胆，三千越军可吞吴。"他的镇纸不仅可以用来压镇书纸，还能时时刻刻给予警勉激励，另集书法、对联、篆刻等艺术于一体，着实雅观。

压　尺[1]

　　以紫檀、乌木为之，上用旧玉璏[2]为纽[3]，俗所称"昭文带"是也。有倭人鏒金双桃银叶为纽，虽极工致，亦非雅物。又有中透一窍[4]，内藏刀锥之属者，尤为俗制。

【注释】

[1]　压尺：压纸用的一种尺状器具，长且扁平。

[2]　玉璏（zhì）：玉制的剑鼻。璏，剑鞘旁的玉制附件，同时具有固定革带的作用。汉·许慎《说文解字》："璏，剑鼻玉也。"

[3]　纽：结扣。

[4]　窍：窟窿，孔洞。

【点评】

　　压尺，是镇纸的一种，一般用于压镇大幅的字画，成对出现。今时所见，多为木制，素雅无纹饰。古时还有玉、石、铜、瓷等材质，上有诗词格言、草木山水等纹饰，日用之余，也可观赏把玩，见物自省。

　　文震亨推崇的是紫檀、乌木制成的压尺，上面有玉制的兽纽。这种压尺，在古朴方正中富有生意变化，颇受文人喜爱。他还提到了一种日本所制的鏒金双桃银叶压尺，以及一种中空可置器具的压尺，认为低俗。此物在明人高濂的《遵生八笺》中有详细的记载："又见倭人鏒金银压尺，古所未有。尺状如常，上以金鏒双桃银叶为钮，面以金银鏒花，皆绦环细嵌，工致动色。更有一窍透开，内藏抽斗，中有刀锥、镊刀、指铧、刮

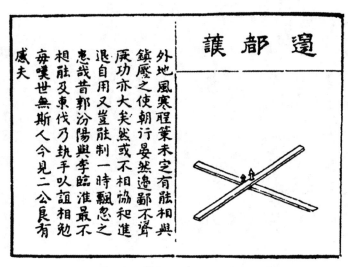

宋　林洪《文房图赞》中的压尺，雅称"边都护"
镇纸形态各异，而压尺为尺状

齿、消息、挖耳、剪子，收则一条，挣开成剪。此制何起？岂人心思可到。谓之八面埋伏，尽于斗中收藏，非倭其孰能之？余以此式令潘铜仿造，亦妙，潘能得其真传故耳。论尺无过此者。"可见其工致精巧，且有一物多用的便利，未必是俗物。

秘　阁[1]

以长样古玉璏为之，最雅。不则倭人所造黑漆秘阁如古玉圭[2]者，质轻如纸，最妙。紫檀雕花，及竹雕花巧人物者，俱不可用。

【注释】

［1］秘阁：又名臂搁，毛笔书写时用以搁置腕臂的工具。

［2］玉圭：即玉珪。古代帝王、诸侯朝聘或祭祀时所持的玉器。

【点评】

秘阁，是一件上圆、下方、中空的文房器具。由于过去毛笔书写的方式是自上至下、自左及右，衣袖容易沾染墨迹，用秘阁可以避免这个问题。写字累了，还可以把手搁在上面放松片刻，缓解疲劳。夏日酷热，用秘阁既可以防止汗水洇纸，又可以借其清凉之感祛除暑气。即便不使用它，把它放在纸上，还可起到镇纸的作用，一物多用。

秘阁有多种材质，以玉、竹、紫檀木材质最受欢迎。文震亨认为紫檀、竹雕的秘阁不可用，推崇长条状的古玉璏秘阁，还提到了一种日本制的黑漆古玉秘阁，觉得轻巧古雅。明人高濂《遵生八笺》中提到了玉制秘阁的其他种类："近有以玉为秘阁，上碾螭文、卧蚕、梅花等样，长六七寸者。"关于日本的秘阁，他的记载更为详细："倭人墨漆秘阁，如圭圆首方下，阔二寸余，肚稍虚起，恐惹字墨，长七寸，上描金泥花样，其质轻如纸，此为秘阁上品。"此条可与文震亨之言互参。

由上可知秘阁为雅物，在漫长的历史中曾是文人的良伴。我们若有闲暇练习书法之时，不妨配置它来感受一二。今时人们日常已不用毛笔写字，是用不着秘阁了，但它其实并未完全消失。使用鼠标时用来保护手腕

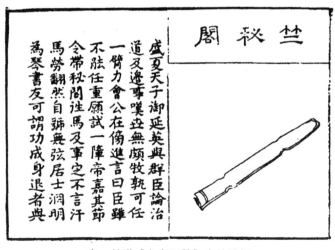

宋　林洪《文房图赞》中的臂搁

的类似中医把脉枕的鼠标枕，可以算是秘阁的一种延续，这便是历史的一种奇妙进程了。

贝　光^[1]

古以贝螺^[2]为之，今得水晶、玛瑙、古玉物中，有可代者，更雅。

【注释】

[1] 贝光：古代文房中用来砑光纸张的工具，最初用贝壳制成，故名。明·高濂《遵生八笺》："贝光多以贝、螺为之，形状亦雅，但手把稍大，不便用。"

[2] 贝螺：贝与螺。壳的内面，光泽华美，可用以镶嵌漆器。

【点评】

贝光，文房用具的一种，材质多样，结构不一，大小和印章近似，上方一边有耳便于把持，下部平整光滑用于磨砑宣纸。旧时造纸术未成熟时，纸张表面多有颗粒，用贝光来磨砑，能使书写绘画流畅不少。

其精巧雅观的造型，也可入文房清供。水晶、玛瑙、古玉材质最受推崇，文震亨认为比贝制更雅。高濂《遵生八笺》中说："余得一古玉物，中如大钱，圆泡高起半寸许，旁有三耳可贯，不知何物，余用为贝光，雅甚。又见红玛瑙制为一桃，稍扁，下光砑纸，上有桃叶枝梗，此亦为砑而设。水晶玉石，当仿为之。"观点近似。还有用瘿木制成的，厚润瑰丽，有一种天然之趣，颇为奇异。日常把玩，或置于书斋中彰显文人情趣，均无不可。

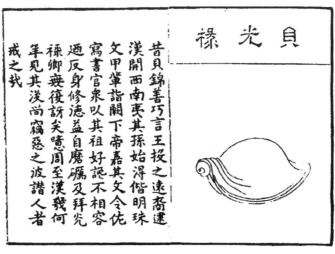

宋　林洪《文房图赞》中的贝光

只不过，贝光并非文房必需品，在造纸术逐渐完善后，便渐渐没落了。因其留存于世者极少，今时已难得一见。

裁　刀[1]

有古刀笔[2]，青绿裹身，上尖下圆，长仅尺许，古人杀青[3]为书，故用此物，今仅可供玩，非利用也。日本番夷[4]有绝小者，锋甚利，刀靶俱用鸂鶒木[5]，取其不染肥腻[6]，最佳。滇中鏒金银者，亦可用。溧阳[7]、昆山[8]二种，俱入恶道，而陆小拙[9]为尤甚矣。

【注释】

[1] 裁刀：裁纸刀。

[2] 刀笔：指古代书写工具。在竹简上写字时，有误则用刀削去重写。

[3] 杀青：指古代制竹简的流程。在竹简制成后，将竹火炙去汗后，刮

去青色表皮，以便书写和防蠹。汉·刘向《别录》："杀青者，直治竹作简书之耳。新竹有汁，善朽蠹。凡作简者，皆于火上炙干之。"

[4] 番夷：旧指边境的少数民族。

[5] 鸂鶒木：疑为"鸡翅木"，纹理近似鸂鶒。其木一半紫褐色，内有蟹爪纹，一半纯黑色，如乌木。

[6] 肥腻：油腻，浊俗。

[7] 溧（lì）阳：文中指江苏溧阳产出的裁刀。

[8] 昆山：文中指江苏昆山产出的裁刀。

[9] 陆小拙：明朝著名的小刀制造工匠。

【点评】

裁刀，是用来装裱书画、裁纸拆信的刀具。在它出现之前，人们往往用手将纸撕开。《南史》曾载："朓嗟吟良久，手自折简写之。"但此法非常容易把纸撕坏，于是人们想到用刀具裁切的办法，裁刀也就应运而生。

文震亨此则提到了尺许长的青绿古刀，日本的鸂鶒木靶利刀，以及滇中錾金银裁刀。而高濂《遵生八笺》中认为青绿古刀"今入文具，似极雅称"。文震亨之前的屠隆在《考槃徐事》里还提到了两种刀："有姚刀可入格，近有崇明刀颇佳。"总而言之，他们推崇的是带有古典气质的刀具。刀把用材，崇尚沉静柔和，锋芒内敛，如鸂鶒木、乌木、不灰木，他们认为这样的刀具，才具有文人意趣，和文人身份相称。

当时有位叫陆小拙的刀匠制造的裁刀非常有名。他的朋友张大复在《梅花草堂笔谈》中说："好制小刀，缕大蝇字，轻若羽毛。"还说"刀名于小拙陆氏……至于陆已绝，盛难为继也。"可见推崇之意。不过他所制之刀，文震亨并不待见，甚至认为它入了恶道。为何两人的评价截然不同呢？因为陆小拙没有潜心用力制良剑利匕流传后世，而只是制奇巧的小刀以牟利，缺乏匠人精神。文震亨所憎恶的，可能正是这一点。只不过生计艰难，匠人中有真能诚心向道者，可敬之赞之，未能做到的寻常之人，也不必求全责备。

剪　刀[1]

有宾铁[2]剪刀，外面起花[3]镀金，内嵌回回字[4]者，制作极巧；倭制折叠者，亦可用。

【注释】

[1]　剪刀：用来铰断布、纸、绳等物的金属工具，两刃交错开合。

[2]　宾铁：精炼且坚硬的铁。宾，古通"镔"，指冶炼质量很高的铁。

[3]　起花：缀出突出的花纹。

[4]　回回字：回族的文字。

【点评】

剪刀，文房中多用来剪裁纸张。文震亨推崇的是镔铁剪刀和日本折叠剪刀，样式精巧雅观。明清之际的剪刀，最著名的要数张小泉和王麻子。两者都有手感好、刀口利、开合顺、磨工细、刻花精、耐久用等特点。张小泉剪刀至今还是中华老字号，有人曾用它来剪布，几十层白布，一次剪断。近代田汉曾作一首诗来形容："快似风走润如油，钢铁分明品种稠。裁剪江山成锦绣，杭州何止如并州。"可见颇受世人推崇。

田汉所提及的并州剪刀，是中国历史上最负盛名的剪刀，晋时便已闻名。因其锋利，便成了一种可以剪除万事万物的文化意象。杜甫诗云："焉得并州快剪刀，剪取吴松半江水。"在他的笔下，并州剪刀简直有开天辟地之力。朱锡梁诗云："销铸并州刀，剪尽尾形辫。"在他的笔下，并州剪刀可以剪掉国人的辫子，可使革命功成。胡奎诗云："人间安得并州剪，剪断琴弦与机丝，别情庶有穷尽时。"在他的笔下，并州剪刀可以剪除一切烦恼。不过，这是一种美好的想象。姜夔则直接说："算空有并刀，难剪离愁千缕。"人间烦恼，并非轻易能够剪断。

书　灯[1]

有古铜驼灯、羊灯、龟灯[2]、诸葛灯[3]，俱可供玩，而不适用。有青绿铜荷一片檠[4]，架花朵于上，古人取金莲[5]之意，今用以为灯，最雅。定窑三台、宣窑二台者，俱不堪用。锡者，取旧制古朴矮小者为佳。

【注释】

[1]　书灯：看书照明用的灯。

[2]　驼灯、羊灯、龟灯：骆驼、羊、乌龟形状的书灯。

[3]　诸葛灯：即孔明灯，又名马灯、祈天灯、许愿灯。下部没有口，底盘上放置的松脂等物燃烧后，热气贯充，灯便升空。

[4]　檠（qíng）：烛台，灯台。北周·庾信《对烛赋》："刺取灯花持桂烛，还却灯檠下烛盘。"

[5]　金莲：金制的莲花。金莲在道家、佛家中都是洁净的象征。文中所指为唐朝"金莲华炬"一事，被看作天子对臣子的特殊礼遇。《新唐书·令狐绹传》："夜对禁中，烛尽，帝以乘舆、金莲华炬送还，院吏望见，以为天子来。"

【点评】

书灯，古人读书照明之物。文震亨提到了古铜驼灯、羊灯、龟灯、诸葛灯、三台灯架定窑灯、两台灯架的宣窑灯。这自然是很风雅的，但寻常人家未必用得起，他们一般用瓷碗作灯盏，盛贮桐油作燃料。读书人也千方百计地节省灯油。陆游《老学庵笔记》云："书灯勿用铜盏，唯瓷盏最省。蜀有夹瓷盏，注水与盏唇窍中，可省油之半。"用注水法来做"省油灯"，可谓用心良苦。而更令人感喟的是，汉代的匡衡，在自己墙壁上凿一小孔，借隔壁的灯光

书灯

看书；晋代的车胤，夏天用练囊装萤火虫照明；同在晋代的孙康，冬天还用到白雪的反光取亮；唐代的苏颋，常在马棚灶中，吹火夜读；宋代陆游的祖父陆佃，直接把月光当作灯光来照读；元代的王冕，儿时常在狰狞的佛像前，"执策映长明灯读之，琅琅达旦"，清苦之至。

元人谢宗可《书灯》一诗，道尽了历代读书人的心思："唔咿声里漏初长，愿借丹心吐寸光。万古分明看简册，一生照耀付文章。芸编清逼兰膏暖，花尽时粘竹汗香。明日金莲供草制，几人风露在秋堂。"书灯照亮长夜，自己也想像它一样绽放光芒。因为书灯不仅可供照明，而且还是志存高远者的知音，在漫漫长夜中，默默地陪伴着读书人，见证文人写出照耀千古的文章。灯油使得读书人感到温暖，烧完后，空气中还残留着一股清香之气，图燃尽了自己，成全了他人。最后由普通书灯，想到了唐代的"金莲华炬"之事。《新唐书》中说令狐绹夜中与皇帝商议政事，归去时皇

帝破格赐天子用的金莲华炬给他照明。后世之人便将金莲华炬看作特殊的隆遇，把"使寰区大定，海县清一"看作毕生的志愿。其事若成，就不必再蛰伏草堂风露之中了。这就寄寓了兼济天下的凌云壮志。

灯^[1]

闽中珠灯^[2]第一，玳瑁、琥珀、鱼魫^[3]次之，羊皮灯^[4]名手如赵虎^[5]所画者，亦当多蓄。料丝^[6]出滇中者最胜；丹阳^[7]所制有横光^[8]，不甚雅；至如山东珠、麦、柴、梅、李、花草、百鸟、百兽^[9]、夹纱^[10]、墨纱^[11]等制，俱不入品。灯样以四方如屏，中穿花鸟，清雅如画者为佳；人物、楼阁，仅可于羊皮屏上用之；他如蒸笼圈^[12]、水精球^[13]、双层、三层者，俱最俗^[14]。篾丝^[15]者虽极精工华绚，终为酸气。曾见元时布灯^[16]，最奇，亦非时尚也。

【注释】

[1] 灯：照明用的器具。

[2] 珠灯：缀珠的灯。

[3] 鱼魫（shěn）：鱼枕骨做的灯。魫，古通"枕"。宋·彭乘《续墨客挥犀》："南海鱼有石首者，盖鱼魫也。取其石，治以为器……明莹如琥珀，人但知爱玩其色，而鲜能识其用。"

[4] 羊皮灯：羊皮制作的灯，灯光柔和明亮。

[5] 赵虎：生平不详，待考。

[6] 料丝：一种丝状材料，由煮料抽丝而成，故名。明·郎瑛《七修类稿》："用玛瑙、紫石英诸药捣为屑，煮腐如粉……而后缫之为

丝……上绘人物山水，极晶莹可爱，价亦珍贵。"

［7］　丹阳：在江苏镇江东南部。古称曲阿，后取"丹凤朝阳"之意改名丹阳。

［8］　横光：疑为横向散光。

［9］　珠、麦、柴、梅、李、花草、百鸟、百兽：珠灯、麦灯、柴灯、梅花灯、李形灯、花草灯、百鸟灯、百兽灯。

［10］　夹纱：夹纱灯，以剜纸刻花竹禽鸟，以轻纱包裹制成。

［11］　墨纱：疑为剔墨纱灯，即宫灯。四角、六角或八角形，每面糊绢或镶玻璃，并画有彩色图画，下面悬挂流苏，雍容华贵。

［12］　蒸笼圈：蒸笼圈形状的灯。

［13］　水精球：水晶球灯。水精即"水晶"。

［14］　俱最俗：他本或作"俱恶俗"。

［15］　篾（miè）丝：竹篾劈的细丝。此处指用竹篾制作的灯。

［16］　布灯：布罩灯。

【点评】

古代的灯，材质多样，造型丰富，千姿百态，不一而足。灯不仅可照明，还有装饰和观赏之用。

最早的一种灯，为陶制豆形灯。上方为圆盏，中间为长直柄，下方为圆形的底座，中间往往还有突出之物。后来人们用蜡烛照明，很多灯具也为豆形，只不过盏中多一尖针而已。

人形和动物青铜灯，是豆灯之后常见的两种。譬如汉代中山靖王刘胜墓中出土的长信宫灯，造型为一宫女踞坐，一手执灯，一手放在灯盖上作挡风状，可拆卸，可调节光亮强弱及照射方向，点燃灯火时还可收纳灰屑，通体鎏金，背刻铭文，十分精巧，但想必文震亨不喜欢这种人形灯。而龙、龟、麟、鹤、雁等动物灯不仅造型精巧，还寄托了种种寓意，多被古人认同。其中另有一种主体为容器盛灯油，内置可翻转的背盖作灯盏，以铰链相连的形制，称之为"辘轳灯"。用时是灯，不用时可当案头清玩，令人赏心悦目。中山靖王墓中，也曾出土此物，形如羊身，颇有意思。

宫灯，原为宫廷之物，四角、六角、八角皆有，以木为骨架，外糊绢纱，面上绘有花草树木、飞鸟虫鱼、名山大河、传奇故事等，非常雅致。后流入民间，厅堂廊榭中均有悬挂，使用十分广泛。文震亨所说的"以四方如屏，中穿花鸟，清雅如画者"，应是此物。陈从周《说园》中曾说照明灯宜隐，装饰灯宜显，或许是就现代灯饰而言，若论宫灯，则少有不适。

作家孟晖对此道颇有研究，曾论述过明角灯、花灯、香薰灯这几种精美绝伦的古典灯种。

明角灯，呈团形，多用牛羊角加工成半透明状。因防风防雨效果甚好，古人常作照明灯或携以夜游。张岱《陶庵梦忆》中曾提及戏曲《唐明皇游月宫》布景，大要是以圆球燃数株"赛月明"来状明月，其外以轻纱为幔，置羊角灯表现云气，旁置玉兔捣药、吴刚伐桂等景，恍如月宫幻境。明人汪然明追忆年少夜游看花的情景时说："三十年前虎林王谢子第多好夜游看花，选妓徵歌，集于六桥；一树桃花一角灯，风来生动，如烛龙欲飞。较秦淮五日灯船，尤为旷丽。"想来几百株桃树上悬着羊角灯，如同千颗明珠映照夜空，令人神往之极。

花灯，也令人喜爱。《红楼梦》第五十三回中有荷叶灯："每一席前竖一柄漆干倒垂荷叶，叶上有烛信插着彩烛。这荷叶乃是錾珐琅的，活信可以扭转，如今皆将荷叶扭转向外，将灯影逼住全向外照，看戏分外真切。"可以调节光线，又极具美感。花篮灯，就比荷叶灯更为雅致了。灯身为花篮，四周垂花叶，筐内置油灯，既可见光景，又可闻花香，若有若无的光线从花叶间透出来，如梦如幻。垂挂在房间，不仅可以照明，还能借花香来伴人入梦乡。

香薰灯，更为风雅。高濂《遵生八笺》中有"金猊玉兔香方"一条，记载十分详细。其大要是以香料作香心，面裹炭末调制，再用模具塑成狻猊和兔子形状，并用针穿孔。制成之后，点燃狻猊和玉兔尾部照明，动物口中会吐出缕缕的香雾。狻猊和玉兔表面，初始之时是黑色的，燃烧后色泽一黄一白，若是不去触碰，香灰经久不散，又成一种玩物，精巧绝伦。还有的塑成凤、鹤等造型，云烟雾饶之际，更具仙气。室中置此一物，不作红尘间想。

清　陈枚《月曼清游图册》中的悬灯赏花场景

除了上述所说，文震亨所言的缀珠的珠灯，绘画图案的羊皮灯，也是古代流行的灯种。周密《武林旧事》中云："珠子灯，则以五色珠为网，下垂流苏，或为龙船、凤辇、楼台故事。羊皮灯，则镂镂精巧，五色妆染，如影戏之法。"可见宋时已有，且制作精良。其他的若树枝状有若干灯盏的连枝灯，匀净细腻的瓷灯，绚丽夺目的走马灯，用于超度祈福的河灯，用于军事和祈愿的孔明灯等，皆有可观之处。

园居生活中，灯是必备之物。悬灯本身，是一种点缀空间的装饰，很有美感。灯身上面的山水花鸟图案，如同书画小品，可令游者驻足观赏。夜中灯可照明，在灯火照耀下，树木的光影掩映在墙上，楼台的光影倒映在水中，景观都与白日不同，有一种别样的氛围。而当全园上灯之时，灯景本身又成一种景观。古人在上灯后，在书斋中读书写字，或是随兴夜游园林，或是在水榭隔着池水灯影看戏，或是来一场灯谜雅集，其情韵之美，都仿佛远胜平时，令人难忘。

镜[1]

秦陀[2]、黑漆古[3]、光背质厚无文[4]者为上，水银古花背[5]者次之。有如钱小镜[6]，满背[7]青绿，嵌金银五岳图[8]者，可供携具[9]；菱角、八角、有柄方镜，俗不可用。轩辕镜[10]，其形如球，卧榻前悬挂，取以辟邪，然非旧式。

【注释】

[1] 镜：用来映照形象的器具，古代用铜磨制。

[2] 秦陀：即秦图，指秦代古镜。

[3] 黑漆古：黑漆色古铜镜。古铜长期在空气中锈蚀，年深日久，变得漆黑发亮，具有光滑晶莹的玉质感，俗称为"黑漆古"。

[4] 光背质厚无文：镜背厚实无纹。

[5] 水银古花背：背面带有花纹的古代银色铜镜。水银古，古代的铜器，由于一氧化锡析出在表面，或被水银浸渍，内外皆呈银白色者，称之为"水银古"。

[6] 如钱小镜：明·高濂《遵生八笺》："鉴赏以大径尺外圆镜，并三寸以上，至如钱小镜，为上格。"

[7] 满背：他本或作"背满"。

[8] 五岳图：镜背作五岳图形。此图即五岳真形图，是道教符箓，据称为

太上道君所传，有免灾致福之效。

[9] 携具：携带出游使用。

[10] 轩辕镜：镜名，古人用以辟邪。宋·赵希鹄《洞天清录》："轩辕镜，其形如球，可作卧榻前悬挂，取以辟邪。"

【点评】

镜，照形取影的器具，古代多用铜制。它由镜面、镜背、钮、边框等组成，有方、圆、八角、菱花等形状，有镂空、金银错、镶嵌、彩绘、鎏金、螺钿等技艺，有几何图形、草叶花卉、仙禽瑞兽、神仙人物等图案。此外，还有各种篆字铭文，近代考古专家罗振玉《古镜图录》中说："古刻划之精巧，文字之瑰奇，辞旨之温雅，一器而三善备，莫镜若也。"

镜有观照和借鉴之用，在古代被称之为"鉴"。

汉末蔡文姬说："揽镜拭面，则思心当洁净；敷脂，则思心当点检；加粉，则思心当明白；泽发，则思心当柔顺；用栉，则思心当条理；立髻，则思心当端正；摄鬓，则思心当整肃。"她是在对镜梳妆之时，自省修身，陶冶性情。

晋代傅玄《镜铭》云："人徒览于镜，止于见形。鉴人可以见情。"其子傅咸《镜赋》又道："不有心于好丑，而众形其必详。同实录于良史，随善恶而是彰。"这对父子是在照镜之时，观察人世间的美丑善恶。

禅宗中有个公案，说马祖道一未悟大道之前，曾整日坐禅，怀让禅师曾以磨砖成镜之语开导，让他醍醐灌顶，这也是观照借鉴、明心见性的一则佳例了。

当然，最著名的要数唐太宗的"三镜论"："以铜为镜，可以正衣冠；以古为镜，可以知兴替；以人为镜，可以明得失。"他亲历隋末巨变，故而对鉴往知来十分看重。当时他有诤臣魏徵敢于冒死直谏，基本上能做到从谏如流。魏徵死后，他非常痛惜，说："魏徵没，朕亡一镜矣。"这是比

唐　四鸾衔绶纹金银平脱镜

德于物思想的延伸，古人总是在一件小小的物品上体悟人世间的诸番道理。

古代曾流传很多与古镜相关的奇异故事。一类是照妖辟邪，东汉郭宪《洞冥记》中就曾记载了一枚金镜，能够"照见魑魅，不获隐形"。轩辕镜也属此类。此镜和八卦镜不同，多为水银圆球制成。故宫皇帝宝座正上方的藻井里，龙口中所衔晶亮圆球此是此物。相传袁世凯复辟称帝时，害怕被它砸到，还特意将龙椅往后摆放。

另一类是照人病症。秦始皇宫中，有一枚据说可以照见人五脏六腑的宝镜，《红楼梦》中也出现了一枚风月宝鉴。前者是秦始皇用来窥人心思，以供惩戒之用，后者原可自救，不料被反面的骷髅吓到，执迷不悟，反倒加速了死亡。明代小说《明珠缘》中，还有一种观照三生三世之镜，"初照前生之善恶，次照今世之果报，三照来世之善果"，这就更神乎其神了。

南朝宋刘敬叔《异苑》中，还有个青鸾舞镜的故事：一国王买得一鸾，虽给予金饰玉食，鸾鸟却三年不鸣。王后提议悬镜照影，结果"鸾睹影悲鸣，冲霄一奋而绝"。这也是一种观照，只不过原想让鸾见类而鸣，却反使鸾物伤其类而死，这便是一种悲哀了。

文震亨论镜，推崇背面素雅无纹饰的秦代铜镜和黑漆色古铜镜，提倡携带嵌金银五岳图的青绿古镜作为游具，还倡导在斋中悬挂轩辕镜辟邪。总而言之，他笔下的这些器具都是不可使用的古物，可见对他而言，当艺术性和实用性冲突时，他是可以牺牲实用来追求古雅的。这或许和本书性质有关，《长物志》所述本就非有用有益之事，"于世为闲事，于身为长物"是其旨趣，"不为无益之事，何以遣有涯之生"，是其精神所在。

钩[1]

古铜腰束绦钩[2]，有金、银、碧[3]填嵌[4]者，有片金银[5]者，有用兽为肚者[6]，皆三代物；也有羊头钩[7]、螳螂捕蝉钩[8]，鋄金者，皆秦汉物也。斋中多设，以备悬壁挂画及拂尘[9]、羽扇[10]等用，最雅。自寸以至盈尺，皆可用。

【注释】

[1] 钩：悬挂、钩取、连结器物的工具。

[2] 铜腰束绦钩：铜腰带钩。束绦，以丝带束于腰间。

[3] 碧：碧玉。

[4] 填嵌：镶嵌。

[5] 片金银：即金银平脱。详见本卷"香合"条中注释。

[6] 用兽为肚者：用兽皮制作的。

[7] 羊头钩：形如羊头的钩子。

[8] 螳螂捕蝉钩：状如螳螂捕蝉的钩子。

[9] 拂尘：一种于手柄前端附上兽毛或丝状物的器具，常用来扫除尘迹或驱赶蚊蝇；也为道士常用，有拂去尘缘、超凡脱俗之意；同时还是汉传佛教的法器，象征扫除烦恼；一些武术流派也以拂尘作武器。

[10] 羽扇：用长羽毛制成的扇子。详见本卷"扇"条中"羽扇"注释。

【点评】

清　白玉龙首螭纹带钩

钩，是用来钩取、连结或悬挂物品的器具。最常见的一种是带钩，古称"犀比"，是用来固定腰带的挂钩。它分为钩头、钩柄、钩体三部分，呈S形，下中部固定腰带一头，钩头固定另一头。造型上有龙凤首、琵琶、方柱、如意、鱼尾、飞鸟、蝌蚪等形状。钩身上，常常雕镂各式图案，或镶嵌各种宝石，工艺十分精美。历史上，齐桓公继位之前，曾被管仲追杀，一箭射中带钩，才幸免于难，是传奇之事。文震亨推崇镶嵌金、银、碧玉的铜带钩，还有金银平脱钩、兽皮钩、羊头钩、螳螂捕蝉金钩，都是三代秦汉之物，古朴雅致。不过他却并不用来挂腰带，却用来悬挂书画、拂尘、羽扇等物，集实用、观赏于一体，清雅别致，赏心悦目。

束　腰[1]

汉钩[2]、汉玦[3]仅二寸余者，用以束腰，甚便；稍大，则便入玩器，不可日用。绦用沉香、真紫[4]，余俱非所宜。

【注释】

[1]　束腰：指腰带，后文中的"束腰"指以衣带系腰。

[2]　汉钩：汉代的带钩。

［ 3 ］ 汉玦（jué）：汉代的佩玉。玦，古时佩带的玉器，环形，有缺口。《说文》："玦，佩玉也。"

［ 4 ］ 沉香、真紫：沉香色、正紫色。

【点评】

束腰，是古代服饰的一部分。用一根带子系在腰间，防止衣服散开，当时称为"衿"。后来也有用牛皮和绢做腰带的，牛皮又称韦或革，平民百姓因无装饰，便有了"布衣韦带"之说，而士大夫们的腰带多用玉、金、银、铜等物作装饰，称为鞶带，以示身份，"蟒袍玉带"作为帝王象征自然更不必说。至于衣带中的另一种绢带，束于腰间，一头下垂作为装饰，称"大带""丝绦"，宋人邢昺说："以带束腰，垂其余以为饰，谓之绅。"故衣带又有了"绅"的别名。"乡绅""绅士"，也因其衣饰而得名。当时官员多持笏垂绅以记事，故有了"缙绅"之说。这是服饰中蕴含的文化。

就衣带的装饰而言，有一种镂空成片状，饰以花纹，成排呈现的，称之为"金镂带"。上置圆环，用于系挂佩刀、佩剑等物的腰带，称之为蹀躞带。用来固定腰带的器具，除了文震亨所说的带钩、玉玦外，另有一种名"带镯"，方圆皆有，中间带有扣针，插入腰带较为牢靠，后世十分常见。而丝绦的颜色，文震亨认为用沉香色和正紫色较为适宜，用沉香色，是觉得较为雅致，紫色也许是取紫气东来之意。

据欧阳修《归田录》载，陶榖深夜去见宋太宗，立门前而不入，宋太宗思索片刻，方才醒悟自己没有束带，有失君臣之礼，匆忙系上，陶榖见后方才进门。此时的衣带，象征着一种礼仪。三国时，还有"衣带诏"一事，汉献帝忌惮曹操，用血写诏书藏于衣带中，令董承秘召忠臣良将以清君侧，却不料事机泄漏，众人被诛，只有刘备逃过一劫。若是事成，那么三国历史该是另一番模样了。宋末，贾琼之妻韩希孟的"裙带诗"，就显得悲凄了。元兵攻破岳阳城时，她不幸被俘，在押解途中，投水而死，年仅十八岁。死后三日，人们在她的裙带中发现一诗云："我质本瑚琏，宗庙供苹蘩。一朝婴祸难，失身戎马间。宁当血刃死，不作衽席完。汉上有王猛，江南无谢安。长号赴洪水，激烈摧心肝。"其刚烈决绝，令人动容。据陶宗仪《南村辍耕录》中的记载，此诗另有一个版本，中有"初结合欢带，誓比日月炳，鸳鸯会双飞，比目原常并"之句，这段感情，必然也曾十分美好。

禅　灯[1]

高丽者[2]佳，有月灯，其光白莹如初月[3]；有日灯，得火内照[4]，一室皆红，小者尤可爱。高丽有俯仰莲、三足铜罏，原以置此，今不可得，别作[5]小架架之，不可制如角灯[6]之式。

【注释】

［1］禅灯：寺庙的石灯。

［2］高丽者：高丽造的禅灯。

［3］白莹如初月：灯光洁白明亮，如初升的新月。

［4］得火内照：用火点着，光照室内。内照，光照室内。汉·张衡《西京赋》："流景内照，引曜日月。"

［5］别作：另外做一个。

［6］角灯：即羊角灯，见本卷"灯"条点评。

【点评】

禅灯，是一种石灯，文震亨说高丽禅灯有红白二色，灌上灯油点燃

禅灯

之后，白石灯如初月出海，红石灯如晓日东升，非常奇特。

禅灯源于寺院。它如同经幢，底座为方形或俯莲花形，顶有塔状盖顶，中间是高仰莲花座托四面柱灯台，也有整体为塔状或三足盛托亭状的，古朴静寂，与环境非常融洽，点亮后，透着一种神秘虚无之感。日式园林也常用此制，路旁、水畔、石边、林中、亭外皆有，朴拙自然，幽闲空寂，颇具美感。

禅灯之下，心多清寂，自然别有领悟。一则记载崇信法师的公案云：某夜德山向崇信求教，德山离开前说天好黑，崇信点燃一支蜡烛交予德山然后吹灭，问对方现在看到了什么。德山如同醍醐灌顶，说见到了心中之灯。灯燃则亮，灯灭则暗，所见不同而已，先燃灯，再灭灯，也只是令人见不同景象的手段罢了，从根本上来说，燃不燃灯，黑暗都在，见与不见，本身并无区别。许棐诗云："松筠为道友，日月是禅灯。"黄衷诗云："齐磬群峰应，禅灯独夜明。"缪公恩诗云："老僧已入维摩定，一任禅灯暗复明。"都有各自不同的体会。至于顾炎武的"共对禅灯说楚辞，国殇山鬼不胜悲。心伤衡岳祠前道，如见唐臣望哭时"，则是朝代鼎革之际内心痛苦，逃入佛门暂求安宁，是另一种境遇了。

香橼盘[1]

有古铜青绿盘，有官、哥、定窑青冬磁[2]，龙泉大盘，有宣德暗花白盘，苏麻尼青[3]盘，朱砂红盘，以置香橼，皆可。此种出时[4]，山斋最不可少。然一盆四头[5]，既板且套[6]，或以大盆置二三十，尤俗。不如觅旧硃雕茶橐架一头[7]，以供清玩。或得旧磁盆长样者[8]，置二头于几案间亦可。

【注释】

[1] 香橼（yuán）盘：古代文人书斋中陈设的一种小型果盘，常置香橼、佛手于其中，可添不少芳香雅趣。香橼，详见本书卷十一"香橼"条。

[2] 青冬磁：他本或作"冬青磁"。

[3] 苏麻尼青：一种青料。苏麻尼，又作苏麻离、苏勃泥。准确来说，苏麻离为元代从伊朗进口的宝石，元青花瓷有此颜色；苏勃泥为郑和下西洋时带回的青料。明代中期，苏勃泥青已经绝迹，改用江西乐平产的平等青，故而成化、宣德青花瓷有所不同。明·陈继儒《泥古录》："宣庙窑器，选料、制样、画器、题款，无一不精。青花用苏勃泥青。"

[4] 出时：产出问世的时候。

香橼盘

[5] 四头：四颗。

[6] 既板且套：既死板又无新意。

[7] 觅旧硃雕茶橐（tuó）架一头：寻取一个旧的红色雕花茶托。硃，
即"朱"。橐，即"橐"，盛物的袋子。

[8] 旧磁盆长样者：长条形的旧瓷盘。

【点评】

　　古人素爱闻香，通过摆放香果来制造香气，即是常用的一种方法。香
橼盘，就是专门来盛放香橼等香果的。常见的香橼盘有瓷、玉、漆等材
质，其中以瓷器居多。文震亨提及的有宣德暗花白盘，苏麻尼青盘、朱砂
红盘以及官、哥、定窑青冬瓷龙泉大盘等瓷器。高濂还提到可用青花盘、
白盘作香橼盘。两人所用，均较为素雅。

　　香橼盘也有追求精巧华丽的。故宫博物院中，就有一件乾隆粉彩雕镶
荷叶香橼盘，盘呈荷叶形，翻卷起伏，釉色呈青绿色，盘面上还有红色的
莲花和青色的莲房，中间还有淡青色的莲子，极其逼真传神。就是不放香
橼，静静地摆在那里，也是一件赏心悦目的艺术品。

如　意[1]

古人用以指挥向往[2]，或防不测，故炼铁为之，非直[3]美观而已。得旧铁如意，上有金银错[4]，或隐或见[5]，古色蒙然[6]者，最佳。至如天生树枝竹鞭[7]等制，皆废物也。

【注释】

[1]　如意：古代的爪杖，由梵语“阿那律”意译而来，可以挠痒、防身。佛教徒听讲经时，还可记经文于上，以备遗忘。

[2]　古人指挥向往：古人用以指挥方向及往来。向往，归向，趋向。

[3]　直：只。

[4]　金银错：即镂金装饰法，古代金属装饰工艺之一，用金银丝在各种器皿上装饰图案，与器皿表面严丝合缝。错，以金银嵌饰。

[5]　或隐或见：若隐若现。见，古通“现”。

[6]　古色蒙然：古朴斑驳。蒙然，迷糊貌，蒙昧貌。

[7]　天生树枝竹鞭：天然长成的树枝、竹根。竹鞭，竹类的根状茎。

【点评】

如意，取的是如人之意的美意，长柄宛曲若北斗，首形似心若云芝。常见的有玉、牙、瓷、竹、木、金、银、铜、铁、犀等材质，上面多雕桃果、灵芝、蝙蝠纹饰。文震亨推崇的是金银错铁如意，认为此种较为古朴。

唐人段成式《酉阳杂俎》中载，孙权曾在地下掘得一铜匣，长二尺七寸，以琉璃为盖，里面有一个白玉如意，刻龙虎及蝉形。他的幕僚薛综说："昔秦皇以金陵有天子气，平诸山阜，处处辄埋宝物，以当王气，此盖是乎？"这大概是如人之意含义的发端吧。所以后世典礼、外交，婚庆等场合，都少不了它。

有人认为它起源于佛教。当时的很多法师讲经，常手持如意一柄，记录经文以作备忘。另一说，是民间挠痒爪变种之说。释道诚《释氏要览》说如意是古代的爪杖，背部瘙痒人手难及时，用之搔抓正如人意，较为可信。

除了挠痒，它还有其他的功用。文震亨说"古人用以指挥向往，或防不测"，不过如意当作武器的可能性不大，用其作战阵指挥，倒是较为顺手。《南史·韦睿传》中，曾记载了名将韦睿手执如意一事："虽临阵交锋，常缓服乘舆，执竹如意以麾进止。"这是儒将的风姿。

不打仗时，它的功用和拂尘类似。古代幽人韵士多喜欢用如意作配饰，以此来衬托自己闲雅脱俗的风仪，称为"执友"或"谈柄"。《晋书·王敦传》云："每酒后，辄咏魏武帝乐府歌：'老骥伏枥，志在千里，烈士暮年，壮心不已'，以如意打唾壶，壶边尽缺。"李嘉祐《题道虔上人竹房》诗曰："诗思禅心共竹闲，任他流水向人间。手持如意高窗里，斜日沿江千万山。"杜甫又

清 《雍亲王题书堂深居图屏·立持如意》

437

有《舍弟观赴蓝田取妻子到江陵喜寄三首》诗云："马度秦关雪正深，北来肌骨苦寒侵。他乡就我生春色，故国移居见客心。剩欲提携如意舞，喜多行坐白头吟。巡檐索共梅花笑，冷蕊疏枝半不禁。"或伤怀，或自适，或惊喜，都与如意有关，虽事殊世异，但今日读之，依然令人感喟。

麈[1]

古人用以清谈[2]，今若对客挥麈，便见之欲呕矣。然斋中悬挂壁上，以备一种。有旧玉柄者，其拂以白尾[3]及青丝[4]为之，雅。若天生竹鞭、万岁藤[5]，虽玲珑透漏，俱不可用。

【注释】

[1] 麈（zhǔ）：用驼鹿的尾毛做成的一种形如尖桃或蒲扇的器具，名士常用于清谈，还可作拂尘用。元·张可久《折桂令·游龙源寺》：

唐　孙位《高逸图》
麈尾形似扇，图中人所执即麈尾

"借居士蒲团坐禅，对幽人松麈谈玄。"

[2]　清谈：清雅的谈论，闲谈。唐·杜甫《送高司直寻封阆州》："清谈慰老夫，开卷得佳句。"

[3]　白尾：白鹿尾，后用白马尾。宋·司马光《名苑》："鹿大者曰麈，群鹿随之，视麈尾所转而往，古之谈者挥焉。"

[4]　青丝：青色的丝线。

[5]　万岁藤：长青藤，或古藤。

【点评】

麈，原指"四不像"驼鹿。后世多用它的尾毛，做成闲谈时驱虫、掸尘的工具，也就是麈尾。麈尾和拂尘很像，但却不是拂尘。拂尘，是一种在手柄前端附上长条丝状物的器物。而麈尾，却是在细长的木条两边及上端插设兽毛，形如尖桃或蒲扇。孙位《高逸图》中的阮籍，手中所握的即是此物，颇有超尘脱俗之感。文震亨说以白尾及青丝为拂，是旧时所尚。

历代名士，对其不乏赞美之辞。许询作《白麈尾铭》曰："蔚蔚秀格，伟伟奇姿。茬弱软润，云散雪霏。"将麈尾说得秀美绝伦。又作《黑麈尾铭》云："体随手运，散飙清起。通彼玄咏，申我君子。"在他看来，麈尾是可以通玄的，可以彰显君子风度的，且有益于清谈进境。王导《麈尾铭》就说得更具体了："勿谓质卑，御于君子。拂秽清暑，虚心以俟。"在他看来，麈尾不仅拂秽清暑，还可以用于雅士清谈之时，可以助谈姿，增风韵，启话题。李尤也有《麈尾铭》曰："执成德柄，言为训辞。鉴彼逸傲，念兹在兹。"在他看来，麈尾象征圣人之德，有一种领袖风范，可以教化世人。

至于与麈尾联系紧密的清谈一事，历史上有很大的流变，东汉时期盛行清议，谈论的内容以对人物、时事的批评为主；魏晋时期崇尚老庄，评论的主要是人物和玄理；到后世，却以清雅的谈论为主。而世人最怀念的，莫过于"非汤武而薄周孔，越名教而任自然"的魏晋时代，是汉人风姿最高蹈的时期。但空谈玄理，到最后也渐渐地失去了最初的意义。《世说新语》中有一则记载，说孙安国、殷浩两人手挥麈尾，来回辩驳，半天谁也说服不了谁。到傍晚连饭都没吃，麈毛脱落掉入饭中，最后恶语相向。两人都是无事袖手谈心性而已，身居高位者皆如此，其国堪忧。

钱[1]

钱之为式甚多，详具《钱谱》[2]。有金嵌青绿刀钱[3]，可为签[4]，如《博古图》[5]等书成大套者用之；鹅眼[6]、货布[7]，可挂杖头[8]。

【注释】

[1] 钱：钱币。

[2] 详具《钱谱》：《钱谱》中有详细记载。《钱谱》，历代研究钱币的著作。南朝梁顾烜有《钱谱》一卷，唐人封演有《续钱谱》一卷，北宋李孝美有《历代钱谱》十卷，北宋董逌有《续钱谱》十卷。

[3] 金嵌青绿刀钱：镶金青绿色刀形古钱。刀钱，古代货币，形状似刀。唐·司马贞《史记索隐》："刀者，钱也。《食货志》有契刀、错刀，形如刀，长二寸，直五千。以其形如刀，故曰刀，以其利于人也。"

[4] 签：此处指书签。

[5] 《博古图》：宋代王黼于宣和五年后编纂的《宣和博古图录》。该书记录了当时皇室所藏的自商至唐的铜器八百多件，囊括了宋代所藏青铜器的精华，共三十卷，每类有总说、图绘、款识、细节说明，并附考证。

[6] 鹅眼：即鹅眼钱，古代一种劣质的钱。《宋书·颜竣传》："景和元

年，沈庆之启通私铸，由是钱货乱败，
一千钱长不盈三寸，大小称此，谓之鹅
眼钱。"

[7] 货布：王莽新朝时的货币。《汉书·食
货志下》："罢大小钱，改作货布，长
二寸五分，广一寸……其文右曰'货'，
左曰'布'。重二十五铢，直货泉
二十五。"

[8] 可挂杖头：可挂于杖头作装饰。杖头，
手杖的顶端之意，此处当作"杖头钱"
解，即买酒钱。宋·陆游《对酒戏作》：
"杖头高挂百青铜，小立旗亭满袖风。"

【点评】

　　钱，用于交换物品。早期人们用贝壳等物
充作钱币，先秦之时，铜铸钱币成了主流。秦
"半两"铜钱、汉制"五铢钱"、唐铸"开元通
宝"……数千年来，钱币的形态不断变化。

明　陈洪绶《阮修沽酒图》

　　钱有很多别名，如邓通、布泉、货泉、白水真人、赤侧、错刀、孔方
兄、不动尊、青蚨、盘缠、阿堵物、上清童子、没奈何、官板、鹅眼等，
一些事典颇为有趣。如"邓通"，原为汉文帝宠臣之名，相士给他算命说
"当贫饿死"，汉文帝不以为然，赐一座铜山让他造钱，一时富可敌国。到
汉景帝时，铜山被收回，邓通最终饿死。至于"阿堵物"就令人捧腹了，
《世说新语》中说王衍认为钱俗，口不言钱，有一次他妻子开玩笑，用铜钱
把床围了起来，他醒来一看，床也下不了，大呼"举却阿堵物"。又如"青
蚨"，《淮南子》和《搜神记》等书中，说是一种类蝉的虫，母子连心，不

论相隔多远，都能寻觅相聚。相传将母、子青蚨血涂在不同的铜钱上，用掉的铜钱都会飞回来，取之不尽，用之不竭。

　　文房中摆放钱币，取的不是"发财"之意，所用一般为古钱币，用于赏玩。而文震亨所追慕的，还有一种魏晋风流。《晋书》中载，阮籍之侄阮修一生傲岸不群，不见俗人，不理俗事，心有所感，不论晨夕，便出门步行，常常把钱挂在杖头，去酒馆中图一大醉，在山野间逍遥自在。其人其事，令人叹赏。

瓢[1]

　　得小匾葫芦[2]，大不过四五寸，而小者半之[3]，以水磨其中、布擦其外，光彩莹洁，水湿不变，尘污不染，用以悬挂杖头及树根禅椅之上，俱可。更有二瓢并生者，有可为冠者，俱雅。其长腰[4]、鹭鹚[5]、曲项[6]，俱不可用。

【注释】

[1]　瓢：瓠的一种，又名葫芦，古代用老熟的对半剖开，制成的舀水器或盛酒器。《庄子·逍遥游》："剖之以为瓢，则瓠落无所容。"

[2]　葫芦：也称壶芦、匏瓜。果实像重叠的两个圆球（上小下大），嫩时可食，干老后可作盛器或供玩赏。

[3]　半之：减半。

[4]　长腰：此处特指中间细长的葫芦。

[5]　鹭鹚：即鹭鸶，此处特指鹭鸶鸟颈形的葫芦。鹭鸶，水鸟的一种，身体高大而瘦削，喙强直而尖，脖子与足都很长，脚趾有半蹼，与

鸬鹚不是同一种。

[6] 曲项：此处特指弯脖子形的葫芦。项，颈的后部，后泛指脖子。

【点评】

瓠子、葫芦，老化后晒干剖开，便可作器具瓢。瓢，非常轻便，可漂浮在水面上，用来舀水非常方便，也有用作酒器的。古代婚礼中，有一种名为"合卺"的仪式，就是将剖好的瓠或葫芦，一分为二，中盛酒水，用器具将其连接起来，让夫妇共饮，取合欢之意。宋人孟元老《东京梦华录》中已称之为交杯酒。

在中国古典文化中，有三个关于瓢的典故非常著名。

其一是"风瓢"。许由是帝尧时的贤士，尧曾准备把天下禅让给他，但他拒绝了，还跑到溪流中去洗耳。他生活清苦，连饮水的杯子都没有，有人送他一瓢，他喝过水后把它挂在树上，后来嫌风吹有声音，索性把瓢扔掉了。古人遂以"风瓢"代指幽隐的高士生活。罗隐诗"高挂风瓢濯汉滨，土阶三尺愧清尘"，李中诗"吾君侧席求贤切，未可悬瓢枕碧流"，都表达了对许由的敬仰以及对隐逸生活的向往。

其二是"一瓢饮"。《论语·雍也》云："贤哉，回也！一箪食，一瓢饮，居陋巷，人不堪其忧，回也不改其乐。"他的老师孔子曾有言："饭疏食，饮水，曲肱而枕之，乐亦在其中矣。不义而富且贵，于我如浮云。"应当对颜回有很深的影响。无论是颜回的安贫乐道还是孔子的乐在其中，都是圣贤之乐，令人景仰。

其三是"照葫芦画瓢"。宋人陶谷，作翰林院学士时，得不到宋太祖的重视。宋太祖以为，翰林学士的工作，只不过是校对词章，并没有技术含量，对他说这便是"依样画葫芦"。陶谷无奈，只得在壁上题诗自嘲："堪笑翰林陶学士，年年依样画葫芦。"令人忍俊不禁。后世的模仿之说，也从此始。

钵[1]

取深山巨竹根，车旋[2]为钵，上刻铭字[3]，或梵书[4]，或《五岳图》[5]，填以石青[6]，光洁可爱。

【注释】

[1] 钵：又名钵多罗、钵和兰，盛放食水的器具，底平，口略小，形圆稍扁，多用泥或铁等制成。佛教徒多以其乞食。

[2] 车旋：一种木工技艺，将物品制作成有层次感的圆形。

[3] 铭字：即铭文。刻写在金石等物上的文辞，具有称颂、警戒等性质，多用韵语。

[4] 梵书：梵字，也指佛经。

[5]《五岳图》：详见本卷"镜"条中"五岳图"注释。

[6] 石青：蓝色的矿物质，可作国画颜料。详见本书卷三"品石"条中"石青"注释。

【点评】

钵，底平形圆，类盆而小，原为佛家食具，用于盛放饭菜清水。佛教对钵有"体、色、量"三事规定。质地，只能用瓦、铁，后来也用木制，色彩只能用黑赤二色，容量方面，大的受三斗，小的受半斗，中者受一斗半，有使人少欲知足，不生尘心之意。

清代彭淑端《为学》一篇中，说有贫富二僧去南海，一僧说要买舟而下但力不逮，一僧说："吾一瓶一钵足矣。"可见发心的珍贵，也可见修行的高低。给人启示甚多。禅宗中，还有一则"洗钵去"的公案。说是有人不远千里，来赵州问禅。赵州禅师问他有没有吃粥。对方说吃了。赵州禅师便说："那就洗钵去吧！"和"吃茶去"一事，似有相通之处，尽是日常小事，处处透着禅机。

佛教中还有"衣钵相承"一说。释迦令僧人用钵乞食，世所公知。后来在灵山上，他还曾拈花示众，众佛菩萨不解其意，只有迦若心领神会，微微一笑，便将"教外别传，不立文字，直指人心，见性成佛"一法传给迦若，是为禅宗。当时有一木棉袈裟，视为信物，代代相传。传至二十八代时，达摩西来，在嵩山面壁九年，于少林开中土禅宗一脉。流风所及，中土文化中的"继承衣钵"，便有了技艺传承之意。而当时的那件木棉袈裟，经五祖传至六祖慧能，被武则天强索而去，赐予智诜禅师，多年后不知所踪。慧能临终之时，鉴于佛教历代纷争，不再执着，干脆将武则天赐予的御制袈裟焚毁，"传法不传衣"，禅宗反而因此一花开五叶，又是另外一段故事了。其物虽不存，但法却常存天地间。

中国文人是很喜欢这些典故的。文震亨说用竹做钵，上刻铭文、佛典或五岳图，光洁可爱。高濂《遵生八笺》中也有类似之说，评价为道家方物、物外高品。他们自然不会真的拿着钵出去乞食，只是以此寄托情趣。

花 瓶[1]

古铜入土年久，受土气深，以之养花，花色鲜明，不特古色可玩[2]而已。铜器可插花者：曰尊，曰罍，曰觚[3]，曰壶[4]，随花大小用之。磁器用官、哥、定窑古胆瓶[5]、一枝瓶[6]、小蓍草瓶[7]、纸槌瓶[8]，余如暗花、青花、茄袋[9]、葫芦、细口、匾肚[10]、瘦足、药坛[11]

及新铸铜瓶、建窑等瓶，俱不入清供，尤不可用者，鹅颈壁瓶[12]也。古铜汉方瓶[13]，龙泉、均州瓶[14]，有极大高二三尺者，以插古梅，最相称。瓶中俱用锡作替管[15]盛水，可免破裂之患。大都[16]瓶宁瘦，无过壮；宁大，无过小，高可一尺五寸，低不过一尺，乃佳。

【注释】

[1] 花瓶：盛水养花或作摆设用的器皿。

[2] 不特古色可玩：不只是古色古香可供赏玩。不特，不仅，不但。

[3] 觚（gū）：青铜酒器，口部与底部呈喇叭状，细腰，圈足。

[4] 壶：盛茶、酒等液体的器具。深腹，敛口，多为圆形，也有方形、椭圆等形制。汉代及以前的壶一般只有盖，无把和嘴，汉代之后出现把和嘴。《说文》："壶，昆吾圜器也。"

[5] 胆瓶：长颈大腹的花瓶，因形如悬胆而得名。

[6] 一枝瓶：花瓶的一种，瓶偏小，只可容插一两枝花，故名。

[7] 蓍（shī）草瓶：装占卜草的瓶子。蓍草，古代用以占卜的草。晋·张华《博物志》："蓍千岁而三百茎，其本已老，故知吉凶。"

[8] 纸槌瓶：花瓶的一种。平底内凹，长直颈，长腹稍鼓，肩圆折或平折。

[9] 茄袋：俗称荷包，小而精致，可随身备放物品。

[10] 匾肚：形体扁圆。匾，古通"扁"。

[11] 药坛：中药坛子。

[12] 鹅颈壁瓶：悬挂在墙壁上的瓶子，形如鹅颈。

[13] 汉方瓶：汉代瓶子的一种，瓶身和瓶腹均为方形，有盖，无提手和嘴。

[14] 龙泉、均州瓶：龙泉窑瓶、钧州窑瓶。均州，即夏台，在今河南禹县南。金世宗时，因阳翟（今河南禹州）有钧台，故改称钧州。

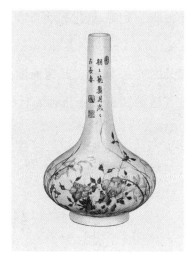

胆瓶样式

［15］　替管：即屈管，用来盛水的器物。

［16］　大都：大多，大概，此处作"一般来说"解。

【点评】

　　插花是文人四大雅事之一，明人袁宏道《瓶史》中说幽人韵士屏绝声色，最嗜好山水花竹，大多想漱石枕流，但是最终为世俗羁绊，往往不如之意，而且迁徙无常，所居之地也并不理想，所以退而求其次，以养花来寄托情趣。此风盛行之时，花瓶便成为文人书斋中不可或缺的一种点缀。宋人曾几《瓶中梅》诗云："小窗水冰青琉璃，梅花横斜三四枝。若非风日不到处，何得香色如许时。"其风致令人沉醉。

　　文人最推崇的花瓶形制有两种，一种是瓷器，一种是铜器。

　　关于瓷器，文震亨推崇官、哥、定窑古胆瓶，还有一枝瓶、小菖草瓶、纸槌瓶、龙泉、钧州瓶，排斥暗花、青花、茄袋、葫芦、细口、匾肚、瘦足、药坛、鹅颈壁瓶等瓶。虽未言明原因，但想必是觉得俗气。用瓷的好处，是其意态细媚滋润，如"花神之精舍"，十分风雅。

　　至于铜器，文震亨推崇尊、罍、觚、壶，以及古铜汉方瓶。这些都是酒器，用来插花颇为新奇。具体原因，他解释道："古铜入土年久，受土气深，以之养花，花色鲜明。"明人张谦德的《瓶花谱》中还有相关的补充说法："开速而谢迟。或谢，则就瓶结实，若水秀。"铜器有土气滋养，富含生机，而且比瓷器多了一种古雅之味，确实适合作花瓶。

钟　磬^[1]

不可对设^[2]，得古铜秦汉镈钟^[3]、编钟^[4]及古灵璧石磬^[5]声清韵远^[6]者，悬之斋室，击以清耳^[7]。磬有旧玉者，股^[8]三寸，长尺余，仅可供玩。

【注释】

[1] 钟磬：钟，铜制器具，古时供祭祀或宴享时用，战斗中也用来指挥进退，在佛寺中，还用作报时、报警、集合等信号。磬，打击乐器，用铜、铁、玉、石等材料制成，悬挂在架上。

[2] 对设：面对面陈设。

[3] 镈（tuán）钟：铁钟。镈，铁块。

[4] 编钟：古代大型打击乐器。青铜铸造，依律吕和大小排列，悬于一木架上，用丁字木锤和长棒分别敲打，能发出不同的乐音，演奏美妙的音乐。

[5] 灵璧石磬：安徽灵璧石做的磬。灵璧石，详见本书卷三"灵璧"条。

[6] 声清韵远：声音清亮，悠扬动听。

[7] 清耳：净耳。指洗净耳中听到的尘嚣与污浊。

［ 8 ］　股：古代数学名词。不等腰直角三角形中的短边为勾，长边为股，斜边称弦。

【点评】

世人常将钟磬合称。但钟和磬并不是同一种乐器，它们各有不同的形制，而且在金、石、丝、竹、匏、土、革、木八音中，钟属于金音，磬属于石音，两者有本质的区别。

钟，多由铜制成，悬于架上演奏，声音低沉浩远。王公贵族们在朝聘、祭祀和宴乐中，常常使用它。1978 年，湖北随县（今随州市）曾侯乙墓中，曾出土了罕见的大型编钟，共八组，六十五枚，音色优美，音域宽达五个半八度，可以旋宫转调，演奏各类乐曲。因此它成为权势和地位的象征。

另一方面，钟也与佛法相关。《百丈清规》中说："大钟丛林号令资始也。晓击即破长夜，警睡眠；暮击则觉昏衢，疏冥昧。"《阿含经》又说："若打钟时，一切恶道诸苦，并得停止。"《俱舍论》又道："人命将终，闻击钟磬之声，能生善心，能增正念。"故而佛寺中多有梵钟，僧侣们起床、早课、吃饭、睡觉、集合、法事时，都会敲响它。其声清越悠扬，令人尘虑顿忘。张继《夜泊枫江》诗云："月落乌啼霜满天，江枫渔火对愁眠。姑苏城外寒山寺，夜半钟声到客船。"那一夜在寒山寺外，他听到的若非钟声，必然是另外一种感受。

磬，最初是由石头制成，先秦之时，《禹贡》中就有"泗滨浮磬"记载，这是说有一种灵璧石，以手叩之，声韵铿然，特别动听。柳宗元诗云："韵磬叩凝碧，锵锵彻岩幽。"马仲珍又有诗道："古井知潮候，重云隔磬声。"在文人的笔下，它颇具洗练人心的出尘气质。

它最早也像编钟一样，用于征战和祭祀等活动。编磬，即是为此而设计的。曾侯乙墓中，也曾出土全套编磬共四十一枚，声韵清越明澈，

磬

也可以旋宫换吕，演奏不同的旋律。也如钟一般，佛教传入后，磬常被当作一种唤醒入定者的法器。有一种"僧磬"，呈现为钵形，大者径与高约二三尺。小者径约半尺，高不足半尺。《百丈清规》云："大殿早暮、住持知事、行香时、大众看诵经咒时，直殿者鸣之。唱衣时，维那鸣之。行者披剃时，作梵阇梨鸣之。"可见用途颇为广泛。

钟磬之音，给人一种忘却世情、非在人间之感。王庭筠《超化寺》诗曰："隔竹微闻钟磬音，墙头脩绿冷阴阴。"贯休《山居》诗云："数声清磬是非外，一个闲人天地间。"常建《题破山寺后禅院》诗道："万籁此都寂，但余钟磬音。"他们游山寺时，忽然之间就听到了钟磬之音，一时间有"欲念色尘，一时幻破，清净无碍"之感。如此，人们自然对它喜爱有加。在庙堂、佛寺外，文震亨之辈文人雅士，也常将它"悬之斋室，击以清耳"。

清耳的典故，出自宋人周密《澄怀录》："江南李建勋尝蓄一玉磬尺余，以沉香节按柄扣之，声极清越。客有谈及猥俗之语者，则起击玉磬数声，曰：'聊代清耳。'一竹轩，榜曰：'四友'：以琴为峄阳友，磬为泗滨友，《南华经》为心友，湘竹为梦友。"李建勋将磬与琴、湘妃竹、《南华经》并举，可见推崇之情，也可见其蕴藉风流。但他也有无奈，座上客人也有鄙俚之辈，有人语出粗秽之时，要击玉磬数声来清耳。"谈笑有鸿儒，往来无白丁"，有时候并不是件容易的事。

杖[1]

鸠杖[2]最古，盖老人多咽[3]，鸠能治咽故也。有三代立鸠、飞鸠杖头，周身金银填嵌者，饰于方竹、筇竹[4]、万岁藤之上，最古。杖须长七尺余，摩弄光泽，乃佳。天台藤更有自然屈曲者。一作龙头诸式，断不可用。

【注释】

[1] 杖：指手杖，扶着走路的棍子，比拐杖高。

[2] 鸠杖：杖头刻有鸠形的拐杖。

[3] 咽：通"噎"，咽喉梗塞。

[4] 筇（qióng）竹：又名罗汉竹。光滑无毛，高节实中，常作为手杖。

【点评】

杖，又名"扶老"，多用竹、木制成。崔瑗《杖铭》曰："乘危履险，非杖不行。年老力竭，非杖不强。"走路时用它确实能借一些力，年老体衰者"或散步旷野，或闲立庭除"，更是少不了它。

中国向来有尊老敬老的美德。早先，礼制上有赐杖的传统。《礼记·王制》云："五十杖于家，六十杖于乡，七十杖于国，八十杖于朝。"这是中国自古以来的一种尊老敬老的观念。汉明帝曾主持过一次招待寿星的活动，过后还赠送酒肉帛米，并赐予手杖。此风后世历代皆有。

文震亨所提及的鸠杖，是历代帝王赐予的杖中最有名的杖形。鸠，是传说中的不噎之鸟，把它纹饰或雕刻在杖头，有防噎祛病的吉祥寓意。而比这个传说更精彩的，是楚汉相争的故事。应劭《风俗通义》曾载，刘邦

老人持杖

军战败，项羽军穷追不舍，眼看就要被追上了，刘邦灵机一动躲在树丛中，当时正好有斑鸠鸟落在附近自在的鸣叫，项羽军见状，以为无人，另觅他处。刘邦称帝之后感念此事，就做了很多鸠杖赠与行动不便的老人。汉明帝之举，想必是遵循祖宗之制吧。

文震亨所推崇的鸠杖，以三代立鸠、飞鸠作杖头，以方竹、筇竹、万岁藤为材料，并镶嵌金银饰品，颇为古雅。不过这种杖，美则美矣，到底少了一种朴拙之意。古画中的高人韵士，手中所携的，均为一种长长的木杖，一般略带屈曲，非常古拙，与天地山水非常融合。诗人远游，也常常携带它。陶渊明《归去来兮辞》曰："策扶老以流憩，时矫首而遐观。云无心以出岫，鸟倦飞而知还。"志南《绝句》云："古木阴中系短篷，杖藜扶我过桥东。"高濂《遵生八笺》道："秋来扶杖，遍访城市林园，山村篱落。更挈茗奴从事，投谒花主，相与对花谈胜，或评花品，或较栽培，或赋诗相酬，介酒相劝，擎怀坐月，烧灯醉花，宾主称欢，不忍执别。"均是闲雅之极。还有以梅枝作杖的，谢宗可诗云："江路策云香在手，溪桥挑月影随人。"有一种高古清绝的况味。

坐　墩 [1]

冬月用蒲草 [2] 为之，高一尺二寸，四面编束 [3]，细密坚实，内用木车坐板以柱托顶[4]，外用锦饰。暑月可置藤墩[5]。宫中有绣墩[6]，形如小鼓，四角垂流苏[7]者，亦精雅可用。

【注释】

[1] 坐墩：又名座墩、凉墩，圆形，腹部大，上下小，可供承坐。其造型尤似古代的鼓，故又名鼓墩。

[2] 蒲草：即香蒲，又名水烛。其茎叶可供编织，还可填床枕。

[3] 编束：环绕编织。束，环绕，缠绕。

[4] 内用木车坐板以柱托顶：内用木板作衬并设立柱顶置。

[5] 藤墩：藤蔓编织成的坐具。藤，蔓生植物白藤、紫藤等的通称。

[6] 绣墩：即坐墩。因上面多覆盖一方丝绣织物，故名。

[7] 流苏：又称穗子，用彩色羽毛或丝线等制成的穗状下垂饰物，常饰于车马、帷帐、玉佩、扇柄上，随风飘摇，非常雅致。唐·卢照邻《长安古意》："龙衔宝盖承朝日，凤吐流苏带晚霞。"

【点评】

　　坐墩，瓷、石、木、竹之制皆有。瓷制，多绘饰图案，精美炫目。木制，多用黄花梨、紫檀木等木材，典雅温润，非常舒适。石制，一般放在亭中。竹制，通体用竹编织，自然质朴。文震亨还到两种形制，一种用草，一种用藤，草制的内部用木板顶置，不至塌陷。冬天用蒲，夏日用藤，也是因时制宜。后世也有直接用藤、草编织的，但高度一般也接近文震亨所说的一尺三寸，和蒲团有别。

　　坐墩的形制，有海棠、梅花、瓜棱、六角等样式，以圆形居多。这种坐墩不稳当，容易

明　三彩坐墩

翻倒。但明清之时，家具多为方形，缺少变化，家中陈设这种圆形的坐具，能起到调节视觉的作用。

坐 团[1]

蒲团大径三尺者，席地快甚[2]，棕团[3]亦佳。山中欲远湿、辟虫，以雄黄熬蜡，作蜡布团，亦雅。

【注释】

[1] 坐团：又名圆座、蒲墩、蒲团，是用蒲草、稻草编成的圆形坐垫。

[2] 席地快甚：铺坐在地上，非常舒适。快，舒适，畅快。

[3] 棕团：用棕榈树上的棕毛编织的蒲团。

【点评】

坐团

坐团，是一种用蒲草、稻草等植物编织而成的圆形扁平的坐垫，圆而扁平，高度很低，有布套的多称蒲团，无布套的多称蒲墩。坐团舒适干爽，隔绝尘秽，人坐其上，风姿儒雅，心情放松，意念也容易集中。

此物原为僧人坐禅和信徒跪拜时所用之物，禅宗日常化后，文人家中也常见备置。宋明理学兴起后，儒士们"半日静坐半日读书"，自然也少不了此物。像文家这种有参禅之风的书香世家，坐蒲团上"对幽人松麈谈玄"自不在话下。欧阳詹诗云："草席蒲团不扫尘，松间石上似无人。"陈去病诗道："只合蒲团了身世，万缘删尽息悲哀。"两者都是坐着蒲团之上，各自体悟着世事人生。

数　珠[1]

以金刚子[2]小而花细者为贵，以宋做玉降魔杵[3]、玉五供养[4]为记总[5]。他如人顶[6]、龙充[7]、珠玉、玛瑙、琥珀、金珀、水晶、珊瑚、车渠者，俱俗。沉香、伽南香者则可。尤忌杭州小菩提子[8]，及灌香于内者。

【注释】

[1] 数珠：也称念珠、佛珠。佛教徒诵经时用来摄心计数的成串的珠子。道教、天主教、伊斯兰教等教派也有使用。

[2] 金刚子：金刚树（一名天目树、菩提树）所结的果实。金刚，取其无坚不摧之意，佩戴可以驱邪增福。唐·释慧琳《一切经音义》："西方树木子，核纹似桃核，大如小樱桃颗。或如小弹子，有颗紫色。此名金刚子，堪作数珠。金刚部念诵人即用之，珠甚坚硬。"

[3] 宋做玉降魔杵：宋代玉制的降魔杵。降魔杵，又名普巴杵。佛寺中金刚塑像手执的佛教法器，一端为金刚杵，另一端为铁制三棱杵，中段有三佛像，一作笑状、一作怒状、一作骂状，用以镇恕伏魔。

[4] 玉五供养：玉制的五种供养物。五供养，佛教指涂香、供花、烧

香、饭食、灯明五种供养物。

[5]　记总：即一串珠当中的配件，以别他物，用作记数。

[6]　人顶：人头盖骨制成的数珠。明・屠隆《考槃馀事》："数珠，有人顶骨，以傍边宗眼血实色红者为佳，枯黑为下。"

[7]　龙充：龙鼻骨制成的数珠。明・屠隆《考槃馀事》："数珠，有龙鼻骨磨成者，谓之龙充，色黑，嗅之者微有腥香。"

[8]　菩提子：菩提树及无患子的实，可作念佛的数珠。《佛说校量数珠功德经》："若用菩提子为数珠者，或时掐念，或但手持，诵数一遍，其福无量。"

【点评】

清 《雍亲王题书堂深居图
屏・捻珠观猫》

数珠，持、佩、挂者皆有，多用菩提子、金刚子、沉香木、水晶、玛瑙、琥珀等制成，是佛教徒念经计数的工具，当取一念之间成佛成魔之意，用以警戒世人。其形圆，象征着一种圆满觉悟。一串数珠由主珠、诸多列珠、绳子三部分组成，分别对应佛、法、僧三宝。数珠一般为一百零八颗，寓意人世间的各种烦恼，其他颗数也各有其寓意。

手持数珠之时，一般将它展开，拇指掐持，右手四指或无名指下托，从最大颗的母珠，依次下掐，一咒一珠。再见母珠时，则翻转从头开始，以示敬佛之意。僧众无论信奉大乘还是小乘佛法，皆持珠修行。文震亨家有修禅传统，配置数珠自然是寻常之举。道教也有数珠，称之为"流珠"，多三百六十五枚。《太玄金锁流珠引》云："昼夜斗转，周天无穷，如水流之不绝，星圆如珠，故曰流珠也。"有象天法地之意。

番　经 [1]

常见番僧 [2] 佩经，或皮袋，或漆匣，大方三寸，厚寸许。匣外两傍有耳 [3] 系绳，佩服 [4] 中有经文，更有贝叶金书 [5]、彩画天魔变相 [6]，精巧细密，断非中华 [7] 所及，此皆方物 [8]，可贮佛室，与数珠同携。

【注释】

[1]　番经：即梵书、佛经。

[2]　番僧：少数民族及外国的僧人。

[3]　耳：器物上耳状的物品，可供穿绳用。

[4]　佩服：有佩饰的衣服。清·黄鹫来《题抱阳山人归隐图》："矫矫高世士，佩服何巍然。

[5]　贝叶金书：描金的佛经。贝叶，古代印度人用以写经的树叶，后指佛经。金书，指用金简刻写或金泥书写的文字。

[6]　彩画天魔变相：彩绘的天子魔经变图。天魔，即天子魔，欲界第六天魔王波旬，常为修道设置障碍。古天竺·伽斯那《百喻经》："邪见外道，天魔波旬，及恶知识，而语之言，汝但极意六尘，恣情五欲，如我语者，必得解脱。"变相，即"经变"，指敷演佛经的内容

而绘成的具体图相，多绘制在寺庙、石窟的墙壁上和纸帛上，用几幅连续的画面表现故事的情节，传播佛教教义。范文澜《中国通史》："变的意思是变原样，依照佛经所说，作成绘画的形状，叫做变相。"

[7] 中华：今指中国。古代指华夏民族及其所在的中原地区，后因各朝疆土渐广，凡属中国统辖之地，皆称中华。

[8] 方物：此处非指地方特产，当作"方外之物"解。方外指世俗礼法之外，即仙境或僧道所处的世外。

【点评】

佛经，源于印度，中国历史上先后有法显、玄奘等人西行求经，有鸠摩罗什、玄奘、真谛、不空等人译经。佛经分为经、律、论三藏。经，是对佛言的汇编，被视为教义依据；律，是佛为教众指定的律则；论，是对经、律的解释或阐述。广为流传的佛经有《心经》《金刚经》《楞严经》《法华经》《华严经》《阿弥陀经》《地藏经》《坛经》等。汇编一切佛经的经典，称之为《大藏经》，以《乾隆大藏经》《中华大藏经》《大正大藏经》的规模最为宏大。不过世人学佛，最常念的是"阿弥陀佛"和"唵嘛呢叭咪吽"六字真言。

文震亨说见到番僧用皮袋、漆匣盛放描金的经文以及天魔变相，颇为奢华，一般作收藏之用。高濂《遵生八笺》中还提到用梵文书写的佛经，在佛教徒看来更是弥足珍贵了。他又说："当佩服持珠，作人间有发僧，坐卧西风黄叶中，捧念西方大圣，较之奔逐利名，哀哀寒暑者，自觉我辈闲静。"有放心自在之意，一颗心逐渐归于宁静。

扇[1]　扇坠[2]

　　羽扇[3]最古，然得古团扇[4]雕漆柄[5]为之，乃佳。他如竹篦、纸糊、竹根、紫檀柄者[6]，俱俗。又今之折叠扇[7]，古称聚头扇，乃日本所进，彼中[8]今尚有绝佳者，展之盈尺，合之仅两指许，所画多作仕女乘车、跨马、踏青、拾翠[9]之状，又以金银屑饰地面[10]，及作星汉人物[11]，粗有形似，其所染青绿奇甚，专以空青[12]、海绿[13]为之，真奇物也。川中蜀府[14]制以进御[15]，有金铰藤骨[16]、面薄如轻绡[17]者，最为贵重；内府别有彩画、五毒[18]、百鹤鹿[19]、百福寿[20]等式，差俗，然亦华绚可观[21]；徽、杭亦有稍轻雅者；姑苏[22]最重书画扇[23]，其骨[24]以白竹、棕竹、乌木、紫白檀、湘妃[25]、眉绿[26]等为之，间有用牙及玳瑁者，有员头[27]、直根[28]、绦环[29]、结子[30]、板板花[31]诸式，素白金面[32]，购求名笔图写[33]，佳者价绝高。其匠作则有李昭、李赞[34]、马勋、蒋三、柳玉台、沈少楼[35]诸人，皆高手也。纸敝墨渝[36]，不堪怀袖，别装卷册以供玩，相沿既久，习以成风，至称为姑苏人事，然实俗制，不如川扇[37]适用耳。扇坠夏月[38]用伽南、沉香为之，汉玉小玦[39]及琥珀眼掠[40]皆可，香串[41]、缅茄[42]之属，断不可用。

【注释】

[1]　扇：扇子，摇动生风的工具。

[2]　扇坠：系在扇柄上的饰品。明·谢肇淛《五杂组》："扇之有坠，唐前未闻，宋高宗宴大臣，见张循王扇有玉孩儿坠子，则当时有

之矣。"

[３] 羽扇：用长羽毛制成的扇
子。蜀汉诸葛亮，孙吴周瑜
皆有执羽扇指挥众军之事。

[４] 团扇：圆形有柄的扇子。古
代皇宫内常用，又称宫扇。
唐·王昌龄《长信秋词》其
三："奉帚平明金殿开，且
将团扇暂徘徊。"

[５] 雕漆柄：雕漆的扇柄。

[６] 竹篾、纸糊、竹根、紫檀柄
者：竹篾扇、纸糊扇、竹根
及紫檀做柄的扇。

唐　周昉《挥扇仕女图》(局部)

[７] 折叠扇：即折扇，又名骨
扇、纸扇、聚头扇、旋风扇。一种用竹、木、象牙等做骨架，再糊
上纸或绢为面，可以折叠的扇子。清人钱泳《履园丛话》记载云：
"或谓古人皆用团扇，今之折扇是朝鲜、日本之制。有明中叶始行
于中国也。案《通鉴》：'褚渊入朝，以腰扇障日。'"

[８] 彼中：该地。他本或作"彼国"。

[９] 拾翠：原指拾取翠鸟羽毛为首饰，后多指妇女游春。三国魏·曹植
《洛神赋》："或采明珠，或拾翠羽。"

[１０] 金银屑饰地面：以金银屑片装饰扇面。

[１１] 星汉人物：神仙。星汉即云汉，天河、银河之意，星汉人物即牛
郎、织女、太白金星、赤脚大仙之类。

[１２] 空青：又名杨梅青，中空，翠绿色。可作绘画颜料。

[１３] 海绿：介于蓝、绿之间的一种颜色。

［14］ 川中蜀府：即四川地区。

［15］ 进御：进呈，进献。南朝梁·刘勰《文心雕龙·诠赋》："进御之赋千有余首，讨其源流，信兴楚而盛汉矣。"

［16］ 金铰藤骨：用金属钉铰穿制藤扇骨。铰，即钉铰，一种贯穿物件的零件，如同今天的铆钉。骨，即扇骨，扇的骨架，扇子两端的两片骨为大骨，大骨间的若干骨为小骨。

［17］ 轻绡：一种透明而有花纹的丝织品。清·王士禛《池北偶谈》："南越轻绡似碧云，裁为飞燕御风裙。"

［18］ 彩画、五毒：彩色画及五毒绘饰。五毒，一般指蝎子、蛇、蜈蚣、蟾蜍、壁虎五种毒物。详见本书卷五"悬画月令"条中注释。

［19］ 百鹤鹿：百应为泛指，指群鹿群鹤图。

［20］ 百福寿：百应为泛指，指多福寿的图绘。

［21］ 华绚可观：华丽绚烂，颇为可观。

［22］ 姑苏：苏州吴县的别称，因姑苏山而得名，后世也以此指代苏州。唐·张继《枫桥夜泊》诗："姑苏城外寒山寺，夜半钟声到客船。"

［23］ 书画扇：题字绘画的扇子。

［24］ 骨：即扇骨，见上"金铰藤骨"中注释。

［25］ 湘妃：即湘妃竹。详见本书卷二"竹"条中"斑竹"注释。

［26］ 眉绿：又名麋鹿、眉禄，斑竹之一种，色紫赭有黑斑，斑似麋鹿。

［27］ 员头：即圆头的扇骨。

［28］ 直根：疑为平直无修饰的扇骨。

［29］ 绦环：在文玩中，绦环指有孔可系丝绦之环，朴素的，和雕绘花鸟形状的皆有。在建筑、家具中，绦环多指四周起线中间透空若环形的一种装饰。此处既指扇骨而非扇坠，当为参考建筑工艺，镂空作绦环状的扇骨。

［30］ 结子：疑为扇骨上刻结子花。

〔31〕 板板花：疑为每根扇骨刻花。

〔32〕 素白金面：疑为带有洒金纹饰的素白纸张。

〔33〕 名笔图写：名家题字作画。图写，图物写貌，即绘画。

〔34〕 李昭、李赞：明朝制扇骨名家，弘治、正德年间人物，以擅制扇骨驰名于南京。明·周晖《金陵琐事》："李昭、李赞、蒋诚制扇骨极精工。"清·王士禛《香祖笔记》："成弘间，留都扇骨，以李昭制者为最。"

〔35〕 马勋、蒋三、柳玉台、沈少楼：均为精制扇骨的名家。明·沈德符《万历野获编》："今吴中折扇，……惟骨为时所尚。往时名手，有马勋、马福、刘永晖之属，其值数铢。近年则有沈少楼、柳玉台，价遂至一金，而蒋苏台同时，尤称绝技，一柄至直三四金。"

〔36〕 纸敝墨渝：纸墨品质低劣，易损坏。敝，破烂，破旧。渝，古通"输"，毁坏、倾颓之意。

〔37〕 川扇：四川所制的扇子。

〔38〕 夏月：他本或作"宜"。

〔39〕 汉玉小玦：汉代的小佩玉。玦，详见本卷前文"束腰"条中注释。

〔40〕 琥珀眼掠：琥珀所制的眼掠，相当于现代的镜片。明代已有眼镜，当时多用水晶制镜片。明·谷应泰《博物要览》："黑水晶可作掠眼……掠眼以色晶者，水晶性凉，能消龇火故也。"

〔41〕 香串：以香料制成的珠串。

〔42〕 缅茄：常绿乔木，原产于缅甸，种子可以雕刻成装饰品。明·谢肇淛《滇略》："缅茄，枝叶皆类家茄，结实如荔枝核而有蒂。"

【点评】

扇，引风纳凉之物。文人常常装配精美的扇坠，或构扇联，或作扇谜，或题诗于其上，或作画于其中，或请工匠雕刻精美纹饰，以供平日雅玩。文震亨对扇及扇坠的源流、形式、材质、特点、风俗等均有论述，如数家珍。

扇的种类非常丰富，从形状开合上，则可以分为平扇和折扇两大类。

平扇，常见形制为文震亨所提及的羽扇、团扇。羽扇是最古老的一种扇，用羽毛制成，前段较尖，类似飞禽的翅膀。《三国志·诸葛亮传》记载："（亮）乘素舆，葛巾，以白羽扇指挥三军进退。"其风姿潇洒若神。团扇，又名宫扇、纨扇、合欢扇，以左右对称如圆月形的为主，用它的多是女子。班婕妤曾有"新裂齐纨素，鲜洁如霜雪。裁为合欢扇，团团似明月"之句。后面又说："常恐秋节至，凉飙夺炎热。弃捐箧笥中，恩情中道绝。"这是借扇譬喻自身失势，带着一种哀怨的味道。

折扇，则是扇子的另一种常见形式。它的来源众说纷纭，有说是南北朝时国人已经发明，又有说是宋代时由高丽进贡传入，还有说是明代永乐年间从日本传入。它最大的特点是可以折合开启，或悬在腰间，或置于怀袖中，都十分方便。同时，它集书法、绘画、诗词、印章、雕刻、镶嵌等多种艺术形式于一体，非常具有文人意趣。此物当时在苏州一地最为盛行，当时多用白竹、湘竹、紫白檀制成扇骨，请名家题字作画。文震亨提及的李昭、李赞、马勋、蒋三、柳玉台、沈少楼等人，都是匠人中的高手。当地人"相沿既久，习以成风"，出门时必备一把这样的"怀袖雅物"。

枕[1]

有书枕[2]，用纸三大卷，状如碗，品字相叠[3]，束缚成枕。有旧窑枕[4]，长二尺五寸，阔六寸者，可用。长一尺者，谓之尸枕[5]，乃古墓中物，不可用也。

【注释】

[1]　枕：枕头，躺着时垫在头下的物品。

[2]　书枕：常指镇尺，此处指类似于书本的一种睡枕。

[3]　品字相叠：像品字一样叠放。

[4]　旧窑枕：旧时窑中烧制的瓷枕。上施彩釉，并绘精美的图案，或题
　　　　诗句。瓷枕始于隋，继于唐，兴于宋。

[5]　尸枕：逝者的枕头，放于古墓棺椁之中。

【点评】

古人之枕，可根据硬度分为硬枕和软枕。

硬枕，最早为木制，一般内凹，上长下窄，呈元宝状，多用黄杨木制成。还有圆木做的枕头，只要稍动，头便会滑落，人就会惊醒。郑玄、钱镠、司马光、富弼等人皆用过，或为保持仪容用以修身，或为防熟睡贻误军机，或为激励自己用功读书。古人称之为“警枕”。还有用以石料制成的枕头，中间微凹，但凉气很重，有“石枕冷入脑”之说，多用于夏日，且并非人人适宜。蔡确诗云：“纸屏石枕竹方床，手倦抛书午梦长。睡起莞然成独笑，数声渔笛在沧浪。”意不在书，也不在睡，有似梦似醒之感。还有用藤、竹编制的枕头，非常轻便，质地也不会太硬，吕舸诗云：“藤

宋　珍珠地鸭戏水瓷枕

枕消闲处，炎风一夜凉。"王灼诗云："但能饮酒读离骚，竹枕藤床卧明月。"可见凉爽宜人。一些达官贵人，还用玉器、水晶、象牙等物作枕，就不是普通百姓能用得起了。文震亨所说的书枕，也是硬枕的一种，其法是三大卷硬纸卷成碗状，然后叠成品字束缚在一起。相传是明人朱权所制。高濂《遵生八笺》中还有一段补充："头枕上卷，每卷缀以朱签牙牌，下垂，一曰'太清天篆'，一曰'南极寿书'，一曰'蓬莱仙籍'。用以枕于书窗之下，便作一梦清雅。"颇有幽人风致。

硬枕中，还有一种瓷枕，最为著名。它造型奇异，方形、圆形、人物形、动物形皆有；纹饰多变，施各种釉色，上面还刻有诗词、对联、警句等。夏日用之，不独身凉，心也如受洗礼。另外，瓷枕的两侧一般开几个圆孔，以便热气排出，旧时有一说是便于灵魂在梦中出入。至于古人为何用这么硬的枕头，一说是保持发型不乱，一说是枕硬即骨硬，骨硬即身硬。其境也自不差。

软枕，温暖舒适，以布为面，内填枕芯。枕芯中有银杏叶、通心草、茶叶末、菊花等物，有明目清心，健身疗疾等效，常称药枕。李时珍《本草纲目》云："苦荞皮、黑豆皮、绿豆皮、决明子……作枕头，至老明目。"便是一枕方。陆游还曾以菊花作枕，那是和唐婉新婚燕尔之时，人生十分快意。后来唐婉逝世，他年老时再度制作菊花枕，十分感慨，写诗道："采得黄花作枕囊，曲屏深幌闷幽香。唤回四十三年梦，灯暗无人说断肠！"又云："少日曾题菊枕诗，囊编残稿锁蛛丝。人间万事消磨尽，只有清香似旧时！"其事令人十分伤感。

枕还有其文化含义。"枕戈待旦"，说的是战事激烈，报国心切。"高枕无忧"，说的是心中无事，舒适安逸。"枕冷衾寒"，说的是心境凄凉。"漱石枕流"，说的是隐居山林。"曲肱而枕"，说的是安贫乐道。"枕中鸿宝"，说的是枕中藏秘，可通大道。苏轼的"一枕春睡日亭午"，李清照的"枕上诗书闲处好"，说的是枕上闲情。宋玉《高唐赋》中，有巫山神女见

楚襄王进枕席侍寝之事，后来洛神与曹植也以枕为定情信物。最著名的是
"一枕黄粱"的故事，出自唐人沈既济《枕中记》，又称"黄粱美梦""邯
郸一梦"。某年有个卢姓书生，在邯郸旅舍遇见道士吕翁，感叹身穷志困，
吕翁特授予一枕，言可令人荣适如意。卢生枕后，梦见娶娇妻，中进士，
破戎虏，出将入相，享尽荣华。醒来后，发现店家的黄粱尚未蒸熟，方知
人世如梦，虚幻缥缈，不再执着。

簟^[1]

茭葟^[2]出满喇伽国^[3]，生于海之洲渚^[4]岸边，叶性柔软，织为
细簟，冬月用之，愈觉温暖。夏则蕲州^[5]之竹簟^[6]最佳。

【注释】

[1] 簟：指簟竹，也指日常用来遮蔽车厢后窗的竹席，此处指供坐卧铺
垫用的苇席或竹席。

[2] 茭葟（zhāng）：茭葟草。

[3] 满喇伽国：即马六甲，马来西亚古城。

[4] 洲渚：水中的小块陆地。

[5] 蕲（qí）州：在今湖北蕲春。南朝陈置，元改为路，明初改为府，
洪武九年改为州。

[6] 竹簟：竹席。唐·李白《夏景》："竹簟高人睡觉，水亭野客狂登。"

【点评】

簟与席，早先是有区别的。簟多用于夏天，席，多用于冬天。《三国

志·吴志·朱桓传》注引《文士传》，载有张纯《赋席》："席以冬设，簟为夏施。揖让而坐，君子攸宜。"可知当时对簟与席是有区分的。不过后来，两者渐渐并称，等同一物了。

制作簟的材料，多用竹，还有苇、草、藤、竹、动物皮毛等。竹簟廉价耐用，凉爽舒适，能祛暑降热，宋人陶穀《清异录》中载，南唐宗室宜春王李从谦，赞竹美德，曾以竹簟拟人，封其为"夏清侯"。还有人因竹簟色黄光亮似琉璃，称之为"黄琉璃"。这两个异名都颇为雅致。而竹簟所用之竹，以湖北蕲春所产最佳，故古人常以蕲竹代指凉簟，并颇多吟咏。如吴德仁的"草芳春径绿，蕲竹夜寒窗"，周邦彦的"蕲州簟展双纹浪，轻帐翠缕如空"，陶允宜的"恍坐水阁眠冰壶，皇都炎热逾江湖"，说的都是此物。此外，也有用象牙做簟的。据刘歆《西京杂记》载，赵飞燕姐妹所居住的昭阳殿中，就有"玉几、玉床、白象牙簟"等物。清朝雍正皇帝曾收到五幅象牙做的席子，觉得奢靡异常，便下令禁止制作了。

古人卧簟时，产生了各种情愫。苏轼《南乡子·自述》云："凉簟碧纱厨，一枕清风昼睡余。睡听晚衙无一事，徐徐。读尽床头几卷书。"他心中无事，躺在竹簟上，翻阅书籍，枕着清风，颇为悠闲。王学《谢刘本玉先生惠簟》诗云："山斋溽暑正六月，野人清梦迷三湘。卷舒随分且藏节，作诗为报刘中央。"他享受这睡在竹簟上的清梦，也以竹簟的清凉有节，标榜自己的清高狷介。李白《长相思》诗云："长相思，在长安。络纬秋啼金井阑，微霜凄凄簟色寒。孤灯不明思欲绝，卷帷望月空长叹。"他感叹美人如花隔云端，秋日别有一种凄凉。辛弃疾《水龙吟·过剑南双溪楼》词云："元龙老矣，不妨高卧，冰壶凉簟。千古兴亡，百年悲笑，一时登览。"他一生都力图收复河山，睡在竹簟上，还是心忧天下。

琴^[1]

琴为古乐^[2]，虽不能操^[3]，亦须壁悬一床^[4]。以古琴历年既久，漆光退尽^[5]，纹如梅花^[6]，黯如乌木，弹之声不沉^[7]者为贵。琴轸^[8]，犀角、象牙者雅。以蚌珠^[9]为徽^[10]，不贵金玉^[11]。弦用白色柘丝^[12]，古人虽有朱弦清越^[13]等语，不如素质^[14]有天然之妙。唐有雷文、张越^[15]；宋有施木舟^[16]；元有朱致远^[17]；国朝有惠祥、高腾^[18]、祝海鹤^[19]，及樊氏、路氏^[20]，皆造琴^[21]高手也。挂琴不可近风露日色。琴囊^[22]须以旧锦为之。轸上不可用红绿流苏。抱琴勿横。夏月弹琴，但宜早晚，午则汗易污，且太燥，脆弦^[23]。

【注释】

[1] 琴：即古琴，又名瑶琴、玉琴、丝桐、七弦琴。琴身为狭长形，音箱为木质，面板外侧有十三徽。上古时为五弦，西周时文王武王各增一弦成七弦。音域宽广，音色深沉，余音悠远。古琴是中华文化中最推崇的乐器，古人将其看作雅乐，位列琴棋书画四艺之首，有"士无故不撤琴瑟"之说。

[2] 古乐：远古时代的音乐，也指有别于民间"俗乐"的"雅乐"。《礼记·乐记》："吾端冕而听古乐，则唯恐卧；听郑卫之音，则不知倦。敢问古乐之如彼，何也？"

[3] 操：弹奏。古人弹琴，称之为"操缦"。

[4] 壁悬一床：挂一张古琴在墙壁上。床，量词，古人有一张琴、一床琴的说法。

晋　顾恺之《斫琴图》(局部)

[5]　漆光退尽：大漆的光泽消退，色泽黯黑。宋·赵希鹄《洞天清录》：
　　　　"古琴漆色，历年既久，漆光退尽，惟黯黯如海舶所货乌木，此最
　　　　奇古。"

[6]　纹如梅花：像梅花一样的断纹。宋·赵希鹄《洞天清录》："凡漆器
　　　　无断纹，而琴独有之者，盖他器用布漆，琴则不用，他器安闲，而
　　　　琴日夜为弦所激。"明·屠隆《考槃馀事》："古琴以断纹为证，不
　　　　历数百年不断。有梅花断，其纹如梅花，最古。"

[7]　不沉：不沉闷。古琴声贵"清、微、淡、远"。

[8]　琴轸（zhěn）：琴上调弦的小柱。清·孙枝蔚《挽房兴公朱姬》：
　　　　"镜台琴轸满生尘，夜雨空窗不可闻。"

[9]　蚌珠：蚌所产的珍珠。底本作"蚌朱"，误。

[10]　徽：即琴徽，又名徽位。古琴琴面上有十三个指示音节的徽位标
　　　　识。宋·朱熹《杂着》："盖琴之有徽，所以分五声之位，而配以当
　　　　位之律，以待抑按而取声。而其布徽之法，则当随其声数之多少，
　　　　律管之长短，而三分损益，上下相生以定其位。"

［11］ 不贵金玉：不崇尚用金银和玉器作徽位。

［12］ 白色柘丝：食柘叶之蚕所吐的白色蚕丝。柘，落叶灌木或乔木，树皮有长刺，叶卵形，可以喂蚕。北魏·贾思勰《齐民要术》："柘叶饲蚕，丝好，作琴瑟等弦，清鸣响彻，胜于凡丝远矣。"

［13］ 朱弦清越：疑为"朱弦疏越"。《礼记·乐记》："清庙之瑟，朱弦而疏越。"朱弦指熟丝制的琴弦，越指琴瑟底孔，疏越即疏通底孔使声音舒缓。

［14］ 素质：原指事物本来的性质，此处指琴弦未经加染的本色。

［15］ 雷文、张越：唐代的制琴名师。明·屠隆《考槃馀事》："蜀中有雷文、张越二家，制琴得名，其龙池、凤沼间有舷，余处悉洼，令关声而不散。"

［16］ 施木舟：宋代制琴名师。明·屠隆《考槃馀事》："有施木舟者，造琴得名，断纹渐去。"

［17］ 朱致远：元代制琴名师。明·屠隆《考槃馀事》："有朱致远造琴精绝。今之古琴，多属施、朱二氏。"

［18］ 惠祥、高腾：明代制琴名师。明·屠隆《考槃馀事》："弘治间，有钱塘惠祥、高腾、祝海鹤，擅名当代，人多珍之。"

［19］ 祝海鹤：即祝公望，号海鹤。善琴，为浙操之师。也善斫琴，蕉叶式古琴为他所创制。明·高濂《遵生八笺》："若祝海鹤之琴，取材斫法，用漆审音，无一不善，更是漆色黑莹，远不可及。其取蕉叶为琴之式，制自祝始。"

［20］ 樊氏、路氏：制琴名师。

［21］ 造琴：古称斫（zhuó）琴。制作古琴的工艺十分复杂，一般需要历经选材、制胚、髹漆、调音、上弦等工序。

［22］ 琴囊：贮琴的布袋。

［23］ 脆弦：琴弦易断。

【点评】

本则谈琴，文震亨对琴的纹路、材质、配饰、名家、弹琴宜忌均有论述。他在崇祯年间，曾奉旨出色完成为两千张琴命名的任务，对此道颇有研究。

琴，是大雅之器。蔡邕《琴操》上说："长三尺六寸六分，象三百六十六日。广六寸，象六合也。前广后狭，象尊卑也。上圆下方，法天地也。五弦，象五行也。文王、武王加二弦以合君臣之恩。"琴中的岳山，承露，龙池，凤沼，雁足，天地柱……每一个组成部分都大有讲究。可以说其中有天，有地，有人，有日，有月，有星，有山，有水，有龙，有凤，有阴阳，有五行，有宇宙万物……象天法地，包罗万象，无际无涯。所以嵇康说众器之中，琴德最优。

琴以木为骨，以胎（鹿角霜）为肉，以漆为肤，能保存千年而不朽，传世之琴今日依然可以弹奏。琴有四个八度又两个音，兼具泛散按三种音色，其中散音七个、泛音九十一个、按音一百四十七个。散音松沉而旷远，让人起远古之思，称之地籁；泛音清洌而空灵，让人有清冷入仙之感，故为天籁；按音细微而悠长，时如人语，称之人籁。

古人认为，音乐不仅是好听而已，还是使天地和谐的工具，能够感化人心，移风易俗。所以上古先王制作礼乐，并非是饱耳目之欲，而是想让朝堂和敬，乡里和顺，家庭和亲，让世界进入正轨。古琴与圣人的交集，让它成为了完美的道器。

远古之时，洪水肆虐，帝尧心忧天下，乞求上天赐予解救之法，依稀之间，得到了启示。洪水退却后，他十分高兴，拿出古琴弹奏，其音清莹透亮，幽微深邃，如日月经天；其声苍远雄健古朴粗犷，如江河行地，弹着弹着，神从天界降临了，与人欢畅歌舞。这是天人合一之境。帝舜之时，曾弹五弦琴，并作《南风》之诗："南风之薰兮，可以解吾民之愠兮；南风之时兮，可以阜吾民之财兮。"他生而不幸，但修身齐家，最后治国平天下，就连弹琴唱歌时，都在期望臣子修德养性，百姓安居乐业，可谓用心良苦。这是教化之境。圣人孔子，曾有学琴三月不知肉味领悟《文王操》的故事。而更令人感喟的是，他困于陈蔡，粮绝之时，"愈慷慨讲诵，弦歌不衰"。这是坚持大道之境。

真正将古琴艺术化、江湖化、生活化，并发扬光大的，是古代的文人。

伯牙弹琴，子期知道志在高山流水，而司马相如的一曲《凤求凰》，帘后的卓文君明白了倾慕之意，说的都是知音。魏晋时期，阮籍为避免祸患隐居山林间弹琴写字，饮酒作诗，在一片混沌朦胧之中醉生梦死，心中的郁结之气也暂得舒展。嵇康临刑东市，神气不变，索琴弹之，曲终曰："《广陵散》于今绝矣！"真正绝的不是琴曲，而是一种风骨，一种气节。楚襄王怀疑宋玉的德行。他以阳春白雪和下里巴人作例辩解，曲高和寡，自古皆然。欧阳修曾患"幽忧之疾"，辗转求医总不见好，后来跟好友学琴，竟不药而愈。陶渊明也许不会弹琴，但说"但得琴中趣，何劳弦上音"。幽人会心之时，琴作为一种文化符号，代表着高古的意趣。林洪《山家清供》中记有"银丝供"一事，说张镃喜交山林湖海之士，一日午酌后，令人作银丝供，众人以为是菜肴，谁知是以琴弦为银丝，弹《离骚》一曲。其中旨趣，与陶渊明不谋而合。唐代的薛易简曾说："琴为之乐，可以观风教，可以摄心魄，可以辨喜怒，可以悦情思，可以静神虑，可以壮胆勇，可以绝尘俗，可以格鬼神。"此言不虚！

琴　台 [1]

以河南郑州所造古郭公砖 [2]，上有方胜及象眼花者，以作琴台，取其中空发响，然此实宜置盆景及古石。当更制一小几，长过琴一尺，高二尺八寸，阔容三琴者为雅。坐用胡床，两手更便运动[3]；须比他坐稍高，则手不费力。更有紫檀为边，以锡为池，水晶为面者，于台中置水蓄鱼藻，实俗制也。

【注释】

[1] 琴台：指安放琴的琴桌。有时大小条桌也作琴桌用。

[2] 郭公砖：郑州砖匠郭公烧造的砖，用作琴桌时，奏琴时会产生共鸣。明·王佐《新增格古要论》："尝见郭公砖，灰白色，中空，面上有象眼花纹……此砖驾琴抚之，有清声泠泠可爱。"

[3] 运动：意为弹奏。

【点评】

　　琴桌，专为弹琴而作，一般为木质的，偶尔也有石质的。木制琴桌，一般用质地坚硬的木头，依曹昭《格古要论》和赵希鹄《洞天清录》的说法，厚度应在一寸至二寸左右，不宜太厚。轻薄才便于琴音共振，增加音量。古时也有双层琴桌，凿空内部，制成音箱，宋徽宗《听琴图》中所用即为此物，今时多有仿制。

　　文震亨提及的郭公砖，上有纹饰，空心，两端有孔。汉代皇宫曾用来铺路，走在上面

琴台

有回响。用这种砖来架琴，声韵悠扬，余音袅袅，效果颇佳。除此之外，曹昭《格古要论》、高濂《遵生八笺》、屠隆《考槃馀事》中，还提到玛瑙石、南阳石、永石等，也有一定的效果。当时人们还在琴桌上作各种装饰，文震亨说的"有紫檀为边，以锡为池，水晶为面者，于台中置水蓄鱼藻"即是一种。高濂和屠隆都感叹这是天下奇货，文震亨却认为是俗制。雅俗尚可商榷，但不利弹琴却是事实。

今时所存的琴桌，以王世襄先生的黄花梨琴案最为珍贵。王世襄《自珍集》中说，当年为了方便夫人袁荃猷向管平湖学琴，曾在管平湖的指导下，将一明式画案改为琴案。后来杨葆元、汪孟舒、溥雪斋、关仲航、张伯驹、潘素、张厚璜、沈幼、王迪、白祥华、吴景略、查阜西、詹澄秋、凌其阵、杨新伦、吴文光等知名琴师造访王家时，也曾用此案抚琴，群贤毕至，少长咸集。而当年此案上的古琴，有"春雷""枯木龙吟""飞泉""大圣遗音"等唐代名琴，还有宋元时期的名琴，王世襄曾感叹"案若有知，亦当尤奇遇之感"。如此佳话，令人动容。

砚 [1]

砚以端溪 [2] 为上，出广东肇庆府 [3]，有新旧坑、上下岩之辨 [4]，石色深紫，衬手而润，叩之清远 [5]，有重晕 [6]、青绿、小鹦、鸲眼 [7] 者为贵；其次色赤，呵之乃润 [8]；更有纹慢而大者，乃"西坑石" [9]，不甚贵也。又有天生石子，温润如玉，磨之无声 [10]，发墨而不坏笔 [11]，真稀世之珍。有无眼而佳者，若白端 [12]、青绿端 [13]，非眼不辨 [14]。黑端 [15] 出湖广 [16] 辰、沅二州 [17]，亦有小眼 [18]，但石质粗燥 [19]，非端石 [20] 也。更有一种出婺源歙山 [21]、龙尾溪 [22]，亦有新旧二坑，南唐[23]时开，至北宋已取尽，故旧砚非宋者，皆此石。石有金银星[24]，及罗纹[25]、刷丝[26]、眉子[27]，青黑者尤贵。漓溪石[28]出湖广常德[29]、辰州二界，石色淡青，内深紫，有金线及黄脉[30]，俗所谓"紫袍金带"[31]者是。洮溪砚[32]出陕西[33]临洮府[34]河中，石绿色，润如玉。衢砚[35]出衢州[36]开化县[37]，有极大者，色黑。熟铁砚[38]出青州[39]。古瓦砚[40]出相州[41]。澄泥砚[42]出虢州[43]。砚之样制不一，宋时进御[44]有玉台[45]、凤池[46]、玉环[47]、玉堂[48]诸式，今所称贡砚[49]，世绝重之。以高七寸、阔四寸、下可容一拳者为贵，不知此特进奉一种[50]，其制最俗。余所见宣和旧砚[51]有绝大者，有小八棱者，皆古雅浑朴[52]。别有圆池[53]、东坡瓢形[54]、斧形[55]、端明[56]诸式，皆可用。葫芦样[57]稍俗。至如雕镂二十八宿[58]、鸟、兽、龟、龙、天马，及以眼为七星形，剥落砚质[59]、嵌古铜玉器于中，皆入恶道。砚须日涤，去其积墨败水[60]，则墨光莹泽[61]，惟砚池边斑驳墨迹[62]，久浸不浮[63]者，名曰"墨锈"[64]，不可磨去。砚，用则贮水，毕则干之[65]。涤砚用莲房壳[66]，去垢起滞[67]，又不伤砚。大忌滚水磨墨，茶酒俱不可，尤不宜令顽童持洗[68]。砚匣[69]宜用紫黑二漆，不可用五金[70]，盖金能燥石[71]。至如紫檀、乌木，及雕红、彩漆，俱俗不可用。

【注释】

[1] 砚：又称砚台、石君、墨侯、墨盘、墨海、墨池、砚瓦、砚池。磨墨的文具，古代文房四宝之一。

[2] 端溪：广东高要东南溪水名，因其地所产的砚台为砚中上品，后世即以端溪代指端砚或砚台。

[3] 广东肇庆府：在今广东肇庆。宋代设肇庆府，元代改为肇庆路，明代改回旧名。

[4] 新旧坑、上下岩之辨：新老坑口和优劣岩层之分。

[5] 衬手而润，叩之清远：手感温润，敲击出的声音清美幽远。衬手，顺手，趁手。宋·魏泰《东轩笔录》："余为儿童时，见端溪砚有三种：曰岩石，曰西坑，曰后历。石色深紫，衬手而润，几于有水，扣之声清远。"

東坡玩硯

丙寅冬至日邛池渔父

东坡玩砚

[6] 重晕：好的砚台表面色泽温润，光照下也有一种类似于日月光圈的光晕。

[7] 鸲、鹆（yù）眼：指端石上类似鹦鹆与鸲鹆眼睛的圆形斑点。眼，即端砚独有的石眼，是砚台上如同鸟兽眼睛一样的名贵花纹。大小不一，色泽多样。石眼按形状分，有鸲鹆眼、乌鸦眼、鹦哥眼、象眼等；按神态分，有活眼、泪眼、瞎眼等；按位置分，又有高眼、低眼、底眼等。

[8] 呵之乃润：对砚呵气，砚色温润有水痕。

[9] 西坑石：端砚矿坑中的一种，多产呵气有水痕的赤色砚石。

[10] 磨之无声：研磨时不发出声音。

[11] 发墨而不坏笔：发墨且不损伤毛笔。发墨，砚台磨墨时，发涩不滑，磨出的墨汁非常光亮。明·马愈《马氏日抄》："何以谓之发墨？

曰：磨墨不滑，停墨良久，墨汁发光，如油如漆，明亮照人。此非墨能如是，乃砚石使之然也，故发墨者为上。”

[12] 白端：白色的端溪石，细润如玉、莹白如雪。

[13] 青绿端：青绿色的端石。

[14] 非眼不辨：因此不能以是否有石眼来辨别优劣。

[15] 黑端：黑色的砚石，并非真正的端石。宋·赵希鹄《洞天清录》：“一种辰、沅州黑石，色深黑，质粗燥，或微有小眼，黯然不分明。今人不知，往往称为‘黑端溪’，相去天渊矣。”

[16] 湖广：元代置湖广行省，管辖湖南、湖北、广东、广西以及贵州大部和四川的一部分地区。明、清代只辖两湖，但沿袭旧称。

[17] 辰、沅二州：辰州和沅州。辰州，怀化的古称，在今湖南怀化沅陵，隋代取辰溪为名，置州，元改为路，明改为府。沅州，地处湖南西部芷江、黔阳一带。南朝陈曾改武州为沅州，以沅水命名，唐代改巫州为沅州，元代升为沅州路，明代复改为沅州。

[18] 小眼：小的“石眼”。

[19] 粗燥：粗糙干燥。

[20] 端石：即端溪石。色青紫，质细，易发墨，为上等砚材。

[21] 婺源歙（shè）山：婺源歙县的山中。婺源，唐代置县，因近婺水之源而得名。地处赣、浙、皖三省交界处，古代属安徽辖区，现属江西上饶。歙山，疑为安徽歙县之山。歙县古名歙州，隋开皇九年置，是文房四宝中徽墨、歙砚的主要产地。

[22] 龙尾溪：溪水名。宋·杜绾《云林石谱》：“徽州婺源石，产水中者皆为砚材，品色颇多。一种石理有星点，渭之龙尾，盖出于龙尾溪。”

[23] 南唐：五代十国之一，李昪在江南建立，定都江宁（今江苏南京），名义上延续了李唐王朝的法统，历三帝，享国三十九年，

地跨今江西全省及安徽、江苏、福建、湖北、湖南等省的一部分。其"以文治世"的风尚，为宋代所沿袭。

[24] 金银星：金星石和银星石。金星石，又名"砂金石"，石中含云母细片，耀如金星，是砚石的一种。银星石，宋·赵希鹄《洞天清录》："银星新旧坑，并粗燥，淡青黑色，有银星处不堪磨墨。工人多侧取之，置其星于外，谓之'银星墙壁'。"

[25] 罗纹：回旋的花纹。元·赵善庆《寨儿令·早春湖游》："棹涟漪水皱罗纹，破韶华桃露朱唇。"

[26] 刷丝：即"刷丝砚"，产于安徽歙县，石纹细致精密如刷丝。宋·胡仔《苕溪渔隐丛话后集》："石虽多种，惟罗纹者、眉子者、刷丝者最佳。"

[27] 眉子：安徽省歙县眉子坑所产的砚石。宋·洪适《歙砚说》："眉子，色青或紫。短者簇者如卧蚕，而犀纹立理；长者阔者如虎纹，而松纹从理。"

[28] 漉溪石：漉溪石砚。

[29] 常德：古称武陵、柳城，在湖南北部、沅江下游、洞庭湖西侧，有"川黔咽喉，云贵门户"之称。

[30] 金线及黄脉：有金色和黄色的纹理。

[31] 紫袍金带：宋·赵希鹄《洞天清录》："一种名漉石，出九漉溪。表淡青，里深青紫而带红，有极细润者，然以之磨墨，则墨涩而不松快。愈用愈光，而顽硬如镜面。间有金线或黄脉直截如界行相间者，号'紫袍金带'。"

[32] 洮（táo）溪砚：甘肃洮河中优质绿石制成的名贵砚台，与端砚、歙砚、澄泥砚，并称四大名砚。宋·赵希鹄《洞天清录》："除端、歙二石外，惟洮河绿石，北方最贵重，绿如蓝，润如玉，发墨不减端溪下砚，然石在大河深水之底，非人力所致，得之为无价之宝。"

［33］陕西：与今陕西省含义不同。明时陕西的地域范围包括今陕西省和宁夏长城以南、秦岭以北及山西西南部、河南西北部、甘肃东南部地区。

［34］临洮府：临洮在今甘肃定西，古称狄道，在陇西盆地西边。秦代置县，以县城临洮水得名。西魏改名溢乐，隋代复旧名。金、元、明设临洮府。

［35］衢（qú）砚：衢州开化砚。清·赵汝珍《古玩指南》："浙江省衢州属常山县之开化，产黑石，坚润有似歙石，用以制砚颇佳。统名产有金星、玉带砚"。

［36］衢州：在今浙江西部，有"四省通衢、五路总头"之称。唐代置州，以境内有三衢山得名。元改为路。明改为府。

［37］开化县：在今浙江衢州西北部。清代《衢州府志》："开化县即吴越开化场置，故名。"

［38］熟铁砚：即铁铸的砚台。铁砚自汉末扬雄始，至五代擅名一时。宋·李之彦《砚谱》："青州熟铁砚甚发墨，有柄可执。"

［39］青州：古九州之一，以"东方属木，木色为青"而得名。秦统一天下后，置齐郡。汉置青州，三国两晋沿袭。隋废。唐初复置州，五代、宋沿袭。元改益都路。明改为青州府，辖今山东省青州市区域。该地以产砚而闻名。唐·柳公权《论砚》："蓄砚以青州为第一，绛州次之，后始端、歙、临洮。"

［40］瓦砚：又名砚瓦、瓦头砚。汉未央宫、魏铜雀台等诸殿瓦，瓦身如半筒，厚一寸左右，背平可研墨，故而唐宋以来，文人取以为砚。宋·欧阳修《砚谱》："青州潍州石末砚，皆瓦砚也。"

［41］相州：古代州名，北魏置。辖今河北邢台、广宗以南，河南林州、汤阴、清丰、范县以北，山东武城、莘县以西地区。其后朝代更迭，辖境渐小。

［42］ 澄泥砚：以经过澄洗的细泥作为原料加工烧制而成，质地细腻，发
　　　 墨而不损毫。且因烧过程及时间不同，会出现多种颜色。明·谢肇
　　　 淛《五杂组》："江南李氏有澄泥砚，坚腻如石，其实陶也。"

［43］ 虢（guó）州：隋代置，宋以后辖境渐小。其地产澄泥砚，唐时以
　　　 为第一。

［44］ 进御：进呈，进献。

［45］ 玉台：砚台的一种。宋·米芾《砚史》："玉出光为砚，着墨不渗，
　　　 甚发墨，有光，其云磨墨处不出光者，非也。"

［46］ 凤池：砚台的一种。由唐代风字砚演变而来。砚石青碧晶莹，质密
　　　 细润，砚底托以二高足，一侧呈弧状。

［47］ 玉环：待考。

［48］ 玉堂：待考。

［49］ 贡砚：进献皇宫充当贡品的砚台。明·高濂《遵生八笺》："古有端
　　　 石贡砚无眼，其细腻发墨，青色光润。"

［50］ 不知此特进奉一种：不知道这种规格而制作进奉的另一种。

［51］ 宣和旧砚：宣和年间的老砚台。

［52］ 古雅浑朴：古雅朴素。浑朴，朴实，淳厚。

［53］ 圆池：即圆池砚，有的砚身为方形而砚池为圆形，有的砚身和砚池
　　　 均为圆形。

［54］ 东坡瓢形：东坡石瓢壶形状的砚台。"石瓢"是紫砂壶经典款式，
　　　 疑为该砚台形如紫砂壶。

［55］ 斧形：斧头形状的砚台。

［56］ 端明：待考。

［57］ 葫芦样：形状像葫芦般的砚台。

［58］ 雕镂二十八宿：雕刻二十八星宿图案。二十八宿，东方七星——
　　　 角、亢、氐、房、心、尾、箕；北方七星——斗、牛、女、虚、

危、室、壁；西方七星——奎、娄、胃、昴、毕、觜、参；南方七

星——井、鬼、柳、星、张、翼、轸。

[59] 剥落砚质：剥剔下部分砚石。

[60] 积墨败水：砚台上积存的墨汁。

[61] 墨光莹泽：新磨墨汁就光亮润泽。

[62] 斑驳墨迹：杂乱错落的墨迹。斑驳，色彩杂乱错落。明·归有光

《项脊轩志》："三五之夜，明月半墙，桂影斑驳，风移影动，珊珊

可爱。"

[63] 久浸不浮：长久被侵蚀渗透，浮不上来的墨。

[64] 墨锈：砚台用久后，被墨汁侵蚀渗透，内壁会附着一层物质，即为

"墨锈"。

[65] 毕则干之：用完了就晾干。毕，完成，完结。

[66] 莲房壳：莲蓬的壳。莲房，详见本卷"水注"条中"莲房"注释。

[67] 去垢起滞：清除污垢淤滞。滞，指积压的事物，此处引申为残

留物。

[68] 持洗：拿着清洗。

[69] 砚匣：又名"砚盒"，用来安置砚台，木制最为常见。

[70] 五金：原指金、银、铜、铁、锡五种金属，后泛指各种金属。《汉

书·食货志》颜师古注："金谓五色之金也。黄者曰金，白者曰银，

赤者曰铜，青者曰铅、黑者曰铁。"

[71] 燥石：使砚台干燥。

【点评】

本则论砚，文震亨提及数种砚台，对其源流、形制、特点均有论述，

并说明涤砚、装砚之道。

砚，别称石友，是文房中必不可少的研墨器具。早期的砚台以实

用为主，不事雕琢，到宋代时开始讲究装饰，造型上有太史砚、风字砚、石渠砚、长方砚、正方砚、月形砚、古钱砚、琴式砚等；图案涵盖山川日月、草木竹石、飞禽走兽、历史典故等。文人们还常常将诗词歌赋、藏主姓名、来历渊源等铭刻其上，写字作画之余，放在手中欣赏把玩。

砚种类丰富，其中端砚、歙砚、洮砚、澄泥砚品质最好，并称"四大名砚"，而端砚则为天下名砚之首。端砚，产于古端州，石黑如漆，细润如玉，轻扣有声，研磨无声，发墨迅速不滞涩。用它研磨的墨汁非常细滑，不容易伤笔，书写时非常流畅，字迹也容易持久。酷暑时，用手按住它的中心，水气久久不干，容易存墨。更令人惊讶的是，在严寒之时，诸多砚石易冻，端砚却只需要轻呵一口气，就可以正常研墨。李贺诗曰："端州石工巧如神，踏天磨刀割紫云。"张九成诗云："端溪古砚天下奇，紫花夜半吐虹霓。"都表达了对它的赞美。

苏东坡有一则玩砚之事值得玩味。他少年时，曾见到一群小孩凿地玩耍，挖到一块浅碧色的异石，温莹如玉，用手扣之铿然有声，试着研墨，发墨极好。他的父亲认为这和江淹梦五色锦、李白梦笔生花一般，是天赐，于是取名"天砚"，让他好好爱护。他成年后，虽名动天下，求得多方宝砚，但还是一直带着它。乌台诗案后，他被贬外地，一时间亲友离散，文房清玩也丢失无数，那块"天砚"也不见了。七年后，他调任汝州，在途中翻看书箱，"天砚"居然失而复得了，这让他非常欣喜。念起老父当年对自己的谆谆教导，他也效仿父亲，向子孙赠砚，并写铭文道："以此进道常若渴，以此求进常若惊。以此治财常思予，以此书狱常思生。"又云："有尽石，无已求。生阴壑，阅重揪。得之艰，岂轻授。旌苦学，昪长头。"一方石砚中，见宦海浮沉，见人生无常、父辈期许和劝勉苦心。

笔[1]

尖、齐、圆、健[2]，笔之四德[3]。盖毫[4]坚则"尖"；毫多则"齐"；用苘贴衬得法[5]，则毫束[6]而"圆"；用纯毫[7]附以香狸[8]、角水[9]得法，则用久而"健"，此制笔之诀也。古有金银管、象管、玳瑁管、玻璃管、镂金、绿沉管[10]，近有紫檀、雕花诸管[11]，俱俗不可用，惟班管[12]最雅，不则竟用白竹[13]。寻丈书笔[14]，以木为管，亦俗，当以筇竹为之，盖竹细而节大，易于把握。笔头式须如尖笋；细腰、葫芦诸样，仅可作小书[15]，然亦时制也。画笔[16]，杭州者佳。古人用笔洗，盖书后即涤去滞墨[17]，毫坚不脱，可耐久。笔败则瘗[18]之，故云"败笔成冢"[19]，非虚语也。

【注释】

[1] 笔：书写和绘画的工具，文中指毛笔。

[2] 尖、齐、圆、健："尖"是笔锋锐尖不开叉，利于钩捺；"齐"指笔头饱满浓厚，吐墨均匀；"圆"指圆转如意，挥扫自如；"健"指健劲耐用，不脱散，有弹力，利于书写。

[3] 四德：四种德行和标准。

[4] 毫：长而锐的毛。因笔用"羊毫""狼毫"制作，故而"毫"又代指毛笔。

[5] 用苘（qǐng）贴衬得法：用苘麻把毫毛黏贴得好。苘，一年生草本植物，茎皮的纤维可以做绳子。贴衬，垫衬。

[6] 束：聚集成小捆之物。文中当引申为"整齐凝聚"之意。

[7] 纯毫："毫"有"兼毫"与"纯毫"之分。"兼毫"指多种"毫"混
杂而成，"纯毫"即一种纯净的"毫"。

[8] 香狸：即灵猫，因肛门下部有分泌腺，能发香味，故又称香狸。
唐·段成式《酉阳杂俎》："香狸，取其水道连囊，以酒烧干之，其
气如真麝。"

[9] 角水：即胶水，黏东西用的液体。

[10] 金银管、象管、玳瑁管、玻璃管、镂金、绿沉管：金银、象牙、玳
瑁甲壳、玻璃制成的笔杆、雕镂嵌金的笔杆、浓绿色的笔杆。镂
金，雕镂物体，中间嵌金。绿沉，浓绿色，器物被染成浓绿色者也
称"绿沉"。管，即笔管，笔杆之意。晋·王羲之《笔经》："有人
以绿沉漆竹管及镂管见遗，录之多年。"

[11] 紫檀、雕花诸管：紫檀木及雕刻花纹之类的笔杆。雕花，在木、
竹、窗上雕刻图案、花纹的工艺。

[12] 班管：指斑竹（湘妃竹）制成的笔杆。

[13] 白竹：白竹制成的笔杆。白竹，圆筒形，无毛，幼时微被白粉，故
名。明·项元汴《蕉窗九录》："古有金银管、斑管、象管、玳瑁
管、玻璃管、镂金管、绿沉漆管、棕竹管、紫檀管、花梨管，然皆
不若白竹之薄标者为管，最便持用。笔之妙尽矣，他又何尚焉！"

[14] 寻丈书笔：大号的书法用笔。寻丈，泛指八尺到一丈之间的长度。
《管子·明法》："有寻丈之数者，不可差以长短。"结合下文的"小
书"，疑为"寻常"的笔误。

[15] 小书：小字书写。

[16] 画笔：绘画用的毛笔，与书法毛笔最大的区别在于笔锋更长。

[17] 滞墨：残余的墨汁。

[18] 瘗（yì）：埋葬。

[19] 败笔成冢：典出"退笔冢"。唐·张怀瓘《书断》："（智永）住吴兴

永欣寺，积年学书，后有秃笔头十瓮，每瓮皆数石……后取笔头瘗之，号为'退笔冢'。"

【点评】

本则谈毛笔，文震亨对笔的特点、用材、式样、制造、养护均有论述。

笔由笔毫和笔管两部分组成。笔毫，多由兔毛、黄鼠狼毛、鹿毛、狸毛、羊毛、鹅毛等材料制成，也有多种毫毛混制的，称为兼毫，文人最推崇的是鼠须。晋代时，宣州陈氏善于制笔，王羲之曾多次前往求笔，并赠与《求笔帖》。到唐代时，书法大家柳公权曾往陈家求笔，陈家后人以鼠须笔相赠，柳公权竟不能书，由此得出了柳公权比王羲之弗如远甚的结论。

而笔管的材料同样非常丰富，有竹、木、瓷、玉、牙、犀、角等，文震亨最推崇的是斑竹与白竹笔管。唐秉钧《文房肆考图说》中说："汉制笔，雕以黄金，饰以和璧，缀以隋珠，文以翡翠。管非文犀，必以象牙，极为华丽矣。"这是当时的一种风气。书圣王羲之《笔经》中却说自己曾获赠一管绿沉漆竹管，用了多年，非常喜欢，认为金银雕镂之笔与之相比，显得俗不可耐。可见文人心中对材质优劣自有一种评判标准。

至于笔的品质，首推湖笔，选料精严、制作考究，兼具"尖、圆、齐、健"四德。元时的赵孟頫号称日书万字，日常之笔均不能持久，他后来得到制笔大师冯应科所制之笔后，居然能日书万字而不败，其质量可见一斑。

关于笔的轶事有很多。苏易简《文

古玉笔管

《房四谱》中有不少记载。关于勤奋的，有智永之事："僧智永于楼上学书，有秃笔头十瓮，每瓮数石。人求题头，门限穿穴，乃以铁叶裹之，谓之铁门限。后取笔头瘗之，号退笔冢，自制铭志。"关于文采斐然的，有祢衡、阮瑀之事："祢衡为《鹦鹉赋》于黄射座上，笔不停辍。又阮瑀援笔草檄立成，曹公索笔求改，卒无下笔处。"关于谏争讽喻的，有柳公权之事："柳公权为司封员外，穆宗问曰：'笔何者书善？'对曰：'用笔在心正，心正则书正。'上改容，知其笔谏。"关于立志高远的，有班超之事："汉班超常为官佣书，久劳苦，乃投笔曰：'大丈夫当效傅介子、张骞，立功异域以取封侯。焉能久事笔砚？'"还有李白梦笔生花、江淹梦五色锦、马良神笔彩绘之事，既奇异，又有趣。

墨[1]

墨之妙用，质取其轻[2]，烟取其清[3]，嗅之无香[4]，磨之无声[5]，若晋唐宋元书画，皆传数百年，墨色如漆，神气完好[6]，此佳墨之效也。故用墨必择精品，且日置几案间，即样制[7]亦须近雅，如朝官[8]、魁星[9]、宝瓶[10]、墨玦[11]诸式，即佳亦不可用。宣德墨[12]最精，几与宣和内府所制同，当蓄以供玩，或以临摹古书画，盖胶色[13]已退尽，惟存墨光[14]耳。唐以奚廷珪[15]为第一，张遇[16]第二。廷珪至赐国姓，今其墨几与珍宝同价。

【注释】

[1] 墨：即墨块，又称墨锭。书画所用的黑色颜料，用炭黑、松烟、胶等制成，形状为固态，通过在砚台中加水研磨，可以磨出墨汁。

［ 2 ］ 质取其轻：质地要轻。

［ 3 ］ 烟取其清：墨色要清。

［ 4 ］ 嗅之无香：闻起来没有浓重刺鼻的气味。

［ 5 ］ 磨之无声：在砚台中研磨，不发出刺耳的声音。

［ 6 ］ 神气完好：神韵和气质完好无损，宛如当初。

［ 7 ］ 样制：式样，外形。

［ 8 ］ 朝官：墨的一种样式。宋代称一品以下常参官员为朝官，朝官墨具
体形制，疑为将朝官形象雕刻在墨上。明朝"印脱"技术出现后，
墨上刻山水、花鸟、人物以供清玩之风大行其道。

［ 9 ］ 魁星：墨的一种样式。魁星是北斗七星的第一星天枢，因"奎主文
章"，且谐音科举中的夺魁，故而又称为文曲星。古人制墨，有时
在墨的一面刻魁星下凡立于鳌头上的形象，另一面刻"状元及第，
一品当朝"等文字，以此寄托中举之愿。

［10］ 宝瓶：墨的一种样式，形如宝瓶。宝瓶又名净瓶，是佛教法器之
一，下宽上窄，瓶颈狭长。

［11］ 墨玦：墨的一种样式，疑为"乌玉玦""墨丸"，整体为圆形。
元·陶宗仪《南村辍耕录》："上古无墨，竹挺点漆而书。中古方以
石磨汁，或云是延安石液。至魏晋时，始有墨丸，乃漆烟松煤夹和
为之，所以晋人多用凹心砚者，欲磨墨贮沈耳。自后有螺子墨，亦
墨丸之遗制。"

［12］ 宣德墨：宣德年间所制之墨。

［13］ 胶色：制墨用胶，故而有胶色。

［14］ 墨光：墨的本色。好的墨色泽黑亮，以黑中泛紫光为上品，纯黑次
之，青光又次之。

［15］ 奚廷珪：即李廷珪。唐末战乱，奚超携全家逃至歙州，与子奚廷
珪以造墨为生，造出"丰肌腻理，光泽如漆"的徽墨。南唐后

明 《程氏墨苑》中的墨图

主李煜视其墨为珍宝，将奚廷珪封为"墨务官"，并赐姓李。李廷珪墨，宋朝以来被推为天下第一，有"黄金易得，李墨难获"之誉。

[16] 张遇：唐末宋初的制墨名家，油烟墨的创始者，以制"供御墨"而闻名于世。元·陶宗仪《南村辍耕录》："宋熙丰间，张遇供御墨，用油烟入脑麝、金箔，谓之龙香剂。"

【点评】

本则谈墨，文震亨对佳墨的特点、益处以及制墨名家均有论述，不乏真知灼见。

墨，分松烟墨和油烟墨两种。松烟墨，以松树烟灰为原料，油烟墨则用桐油、麻油、脂油等混合原料。无论哪种，都需要经过烧烟、收烟、加胶、加药、和烟、蒸剂、杵捣、捶炼、制样、入灰、出灰、去湿等十几道工序才能制成，过程十分繁杂。

许多书画家，希望作品能够流传久远，且神完气足，故而对良墨求之若渴。一般来说，好墨需要具备文震亨说的四大特点："质取其轻，烟取其清，嗅之无香，磨之无声。"中国墨中，徽墨最佳。唐末，奚氏父子在潜心琢磨之下，改进了制墨规程，造出了"丰肌腻理，光泽如漆"的佳墨，名闻天下，流风所及，当地产生了一批批著名的墨工。至宋初，张遇创始了油烟墨，开辟了制墨的新领域。沈桂以松脂、漆滓，烧出了一种"十年如石，一点如漆"的漆烟墨。潘谷还制造出一系列"香彻肌骨，磨研至尽而香不衰"的佳品。徽墨日渐鼎盛。到明代时，由于文人趣味的影响，能工巧匠们还将书法、绘画、雕刻等装饰融入其中，将墨做得精美异常，极具收藏价值，令骚人墨客爱玩不已。

在中国画中，有"笔墨"的概念，是重要的绘画技法。"笔"指钩、勒、皴、擦、点等笔法；"墨"指烘、染、破、泼、积等用墨渲染法，张彦远《历代名画记》中，提出的"焦、浓、重、淡、清"五色，以及后人说的"白"，则是调墨法。中国画中虽杂用多色，但以黑墨为主，就能绘出世间绝美的景象，表现高妙绝伦的意境，令人惊叹。

纸[1]

古人杀青[2]为书，后乃用纸。北纸用横帘[3]造，其纹横，其质松而厚，谓之"侧理"[4]；南纸用竖帘[5]，二王真迹[6]，多是此纸。唐有硬黄纸[7]，以黄蘗[8]染成，取其辟蠹[9]。蜀妓薛涛[10]为纸，名十色小笺[11]，又名蜀笺。宋有澄心堂纸[12]，有黄白经笺[13]，可揭开用；有碧云春树[14]、龙凤[15]、团花[16]、金花[17]等笺；有匹纸长三丈至五丈；有彩色粉笺[18]及藤白[19]、鹄白[20]、蚕茧^[21]等纸。元有彩色粉笺、蜡笺^[22]、黄笺^[23]、花笺^[24]、罗纹笺^[25]，皆出绍兴；有白箓^[26]、观音^[27]、清江^[28]等纸，皆出江西。山斋俱当多蓄以备用。国朝连七^[29]、观音、奏本^[30]、榜纸^[31]，俱不佳，惟大内用细密洒金五色粉笺^[32]，坚厚如板，面砑光^[33]如白玉，有印金花五色笺^[34]，有青纸^[35]如段素^[36]，俱可宝^[37]。近吴中洒金纸^[38]、松江潭笺^[39]，俱不耐久。泾县^[40]连四^[41]最佳。高丽别有一种，以绵茧造成，色白如绫，坚韧如帛，用以书写，发墨可爱，此中国所无，亦奇品也。

【注释】

［1］ 纸：中国古代四大发明之一，用植物纤维、丝絮等材料制成，可供书写、绘画、印刷之用。

［2］ 杀青：指制作竹简的程序。详见本卷"裁刀"条中注释。

［3］ 横帘：横式帘，供荡料及压纸用。

［4］ 侧理：即侧理纸，详见本卷"器具"条中"侧理"注释。

［5］ 竖帘：竖式帘，供荡料及压纸用。

［6］ 二王真迹：王羲之和王献之父子的书法手笔。

［7］ 硬黄纸：唐代以黄檗染纸，均匀涂蜡，使纸的光泽更加莹润，后世称为"硬黄纸"，常用于写经和摹写古帖。

［8］ 黄檗（niè）：即黄檗。落叶乔木，开黄绿色小花，果实黑色，茎可制黄色染料。宋·郭茂倩《乐府诗集·子夜歌十》："黄檗郁成林，当奈苦心多。"

［9］ 辟蠹（dù）：驱虫、防虫。

［10］ 薛涛：字洪度，流落蜀中时，入乐籍成为官妓。极有才华，与鱼玄机、李季兰、刘采春并称唐代四大女诗人。与韦皋、元稹有过恋情，最终遁入空门。

明　宋应星《天工开物》
中的造纸法

[11]　十色小笺：即薛涛笺，又名蜀笺、浣花笺，是唐代女诗人薛涛晚年
　　　　寓居成都浣花溪时自制的一种便于写诗、长宽适度的小彩笺，有十
　　　　种颜色，薛涛本人最爱深红小彩笺。

[12]　澄心堂纸：南唐后主李煜嫌蜀笺不能长期保存，下令制造的一种细
　　　　薄光润、坚洁如玉的纸，因纸上有"澄心堂"印而得名。

[13]　黄白经笺：笺名。明·屠隆《考槃馀事》："徽州歙县地名龙须者，
　　　　纸出其间，莹白可爱，有黄白经笺，可揭开用之。"

[14]　碧云春树：一种笺名，形制待考。

[15]　龙凤：指龙凤笺，即有龙凤纹饰的笺。

[16]　团花：指团花笺。团花是四周呈放射状或旋转式的圆形装饰纹样，
　　　　古代铜器、陶瓷器、织绣品上常见。团花笺即有旋转纹饰的笺。

[17]　金花：指金花笺，即洒有泥金（用金箔和胶水制成的金色颜料）的
　　　　笺纸。宋·乐史《杨太真外传》："上曰：'赏名花，对妃子，焉用
　　　　旧乐为？'遽命龟年持金花笺，宣赐翰林学士李白，立进《清平乐

词》三篇。"

[18] 彩色粉笺：彩色的笺纸，常供题诗或书信用。明·曹昭《格古要论》："有彩色粉笺，其质光滑，苏黄多用是作字。"

[19] 藤白：去皮后的树藤的颜色。

[20] 鹄（hú）白：形容洁白。宋·黄庭坚《求范子默染鸦青纸》其一："极知鹄白非新得，谩染鸦青袭旧书。"

[21] 蚕茧：蚕吐丝结成的椭圆形壳，是缫丝的原料。用蚕茧制成的纸，洁白缜密。

[22] 蜡笺：涂蜡的纸，旧时专供书法家写字之用。

[23] 黄笺：黄色的笺纸。

[24] 花笺：精致华美的信笺、诗笺。

[25] 罗纹笺：有纵横细线相交的隐约纹样的笺纸。宋·苏易简《文房四谱》："以细布先一面浆胶，令劲挺，隐初其纹者，谓之'罗纹笺'。"

[26] 白箓（lù）：即白箓纸，产于元代，最早为江西道士写符所用，后因赵孟𫖯用以写字作画，嫌"箓"不雅、不吉，而看到造纸的抄帘上绣有形态各异的鹿图（鹿为祥瑞），更其名为白鹿纸。该纸后来为宫廷御用，纸质莹白如玉，面滑如丝，受墨柔和，同时因规格为一丈二尺，故而又称"丈二宣"。箓，道教的秘文。

[27] 观音：即观音纸，供拜神祭祀用。

[28] 清江：笺纸的一种。明·屠隆《考槃馀事》："有白箓笺、观音笺、清江笺，皆出江西。赵松雪、巙子山、张伯雨、鲜于枢书多用此纸。"

[29] 连七：连四纸的一种。详见下文"连四"注释。

[30] 奏本：指明清时为私事上皇帝的文书，多用宣纸。明·沈德符《万历野获编》："今本章名色，为公事则曰题本，为他事则曰奏本。"

[31] 榜纸：旧时殿试揭榜和官府告示所用的大幅纸张，即为榜纸，一般

为丈二匹、丈六匹等大规格。

［32］细密洒金五色粉笺：疑为洒金的彩印笺，或砑花纸。笺纸发展到明
代，有"拱花"工艺，即先雕刻物像于木板上，再将宣纸覆于版面
上，上加薄毡，最后用木棍按压后，纸面会形成各式图像花纹。洒
金，又名"砂金漆"，指漆底上金点或金片后再罩漆的装饰工艺，
会形成疏密有致的各式花纹。可参考下文"洒金纸"注释。

［33］砑光：一种古老的工艺，详见本书卷五"绢素"条中注释。

［34］印金花五色笺：五色的泥金笺。泥金见本条"金花"注释。

［35］青纸：即瓷青纸。明宣德年间，用靛蓝染料染成，纸色呈蓝黑，与
青花瓷色类似。洒金其上，溢彩流光，古朴典雅。

［36］段素：疑为"缎素"，即"素绸缎"，又名"素绉缎"。真丝绸缎面
料，组织密实，手感滑爽，富有弹性。

［37］宝：珍藏。

［38］洒金纸：即销金纸。一种装饰工艺，在纸上敷贴金点或金片，形成
各式花纹，以制作精细、装饰华贵而闻名。

［39］松江潭笺：松江府生产的一种笺纸。明·屠隆《考槃馀事》："近日
吴中无纹洒金笺纸为佳，松江潭笺不用粉造。"

［40］泾县：古称猷州，以泾水得名，今属安徽宣城。

［41］连四：即连四纸，绵连四纸，"连史纸"为其讹称。产于江西、福
建等省，多用竹制造，其纸质细，色白，经久不变。旧时，凡贵重
书籍、碑帖、书画、扇面等多用之。

【点评】

本则谈纸，文震亨详尽说明了南北纸张特点及材质，并历数唐、宋、
元、明各朝名纸。

纸，供书写、绘画之用，是我国古代四大发明之一。华夏文字发明

之时，最早用甲骨承载，间用青铜器。春秋时期有了竹简，但还是非常不便。用缣帛书写，则造价昂贵，非王公富商不能用。直至东汉，蔡伦改良了原来了造纸术，用树皮、麻头、敝布、鱼网等材料造纸，以往的种种不便才得以解决。蔡伦之后，历代造纸术也皆有改进，使得纸张更为精良，文明也得以大面积传播。

纸中最著名的一种是宣纸，与徽墨、端砚、湖笔并称。它具有绵韧光滑、洁白稠密、搓折无损、润墨性强等特点，用它来写字作画，能呈现出各种虚实浓淡效果。同时，它耐老化、耐光热，不易变色，并且还能防虫蛀，有"千年寿纸"的美誉。

另一种较为有趣的是薛涛笺，这是唐代乐妓薛涛，寓居西蜀时所制。她与元稹曾有一段恋情，常寄书笺述说心事。当时笺纸的尺寸较大，写律诗或绝句诗酒唱和时，不仅浪费，而且非常不美观，她便指导工人将纸幅改小，还突发奇想，把植物花液融入其中，制成彩色笺，有深红、粉红、杏红、明黄、深青、浅青、深绿、浅绿、铜绿、残云十色，以红色居多。这种精致美观的纸问世后，很快风靡全国，甚至连政府官方的信札都用它。

至于文震亨所推崇澄心堂纸、明大内洒金五色粉笺，是宋明时的珍品，在当世已是珍宝，今时更是难觅一二了。

剑[1]

今无剑客[2]，故世少名剑，即铸剑之法亦不传。古剑铜铁互用[3]，陶弘景[4]《刀剑录》[5]所载有"屈之如钩，纵之直如弦，铿然有声者"，皆目所未见。近时莫如倭奴[6]所铸，青光射人。曾见古铜剑，青绿四裹者，蓄之，亦可爱玩。

【注释】

[1] 剑：古代兵器，身直头尖，两面有刃，中间有脊，素有"百兵之君"的美称。一般用作防身、战斗，以及装饰。

[2] 剑客：精于剑术的人。

[3] 互用：交错运用，参杂使用。

[4] 陶弘景：字通明，号华阳隐居，南朝齐梁间人。梁朝时隐居山中，天子以朝廷大事咨询，时称"山中宰相"。其人博学多才，丹药、文学等无不精通。作品有《本草经注》《华阳陶隐居集》等。

[5] 《刀剑录》：即《古今刀剑录》，陶弘景撰，对三代至南朝以来的宝刀、宝剑的数量、名称、尺寸、铸造、铭文等，都做了详细的记录。

[6] 倭奴：我国对日本的古称，明朝时对倭寇用此蔑称。

【点评】

剑，又名轻吕、径路、长铗，是一种造型古雅灵动、横竖皆可伤人的利器。元稹曾以"霆电满室光，蛟龙绕身走"来形容它的风姿。

在战场上，将军用它来指挥进退，士兵用它来杀敌防身。礼仪上，文武官员配剑彰显身份。道释两家兴盛后，神仙、妖邪、鬼怪之说盛行，法师多用它祈禳、诛邪。唐代以后，由于盔甲厚重，使用战刀杀敌更为有效，它便逐渐退出战场，走向民间，武人多仗着它行侠仗义，文震亨这样的文人也将剑挂在家中，作为一种装饰。剑是权力、地位、力量、正义、光明的象征。故而它在十八般兵器中排名第一，有"百兵之君"的名誉。而轩辕、湛泸、赤霄、太阿、龙渊、干将、莫邪、鱼肠等古代名剑的故事，更是传得神乎其神，令人悠然神往。

挂剑吴公子高情远古今
市谊振今金铧铮寒青濯松枝参
碧陵夜湖彩影语秋水故人心
丙寅冬十月邛池渔父

季札赠剑

文人在剑上，寄托了太多的情感。

其一是建功立业和求遇知己。三国之时，太史慈死时曾大叫："大丈夫生于乱世，当带三尺剑立不世之功！"唐代郭震也曾上《宝剑篇》云："精光黯黯青蛇色，文章片片绿龟鳞……虽复尘埋无所用，犹能夜夜气冲天。"表达的都是建功立业的愿望。但他们受人赏识，还算幸运，而世上还有很多人是时运不济，命运多舛。南宋的辛弃疾"醉里挑灯看剑，梦回吹角连营"之事，想要"了却君王天下事，赢得生前身后名"，最后却只能叹一句："可怜白发生。"

其二是一诺千金和至情至性。《史记·吴太伯世家》载："季札之初使，北遇徐君。徐君好季札之剑，口弗敢言。季札心知之，为使上国，未献。还至徐，徐君已死，于是乃解其宝剑，系之徐君冢树而去。"延陵季子一诺千金，重情轻物，值得后人敬仰。

其三是身世飘零和心忧天下。陈巢南《归家杂感》："琴剑飘零千里别，江湖涕泪一身多。"李鸿章《杂诗》云："河山破碎新军纪，书剑飘零旧酒徒。国难未除家未复，此身虽去也踟蹰。"其处境和胸怀，今日读之依然感喟。文震亨虽是以剑为玩物的文人，但他在宦海中几度沉浮，颇有剑胆琴心。他感叹当世无剑客，而日本所制之剑却是青光照人，也许亦有李鸿章辈之忧。

印　章[1]

以青田石[2]莹洁如玉、照之灿若灯辉者为雅。然古人实不重此，五金、牙、玉、水晶、木、石皆可为之，惟陶印[3]则断不可用，即官、哥、青冬等窑，皆非雅器也。古鎏金、镀金、细错金银[4]、商金[5]、青绿、金、玉、玛瑙等印，篆刻精古，纽式奇巧[6]者，皆当多蓄，以供赏鉴。印池[7]以官、哥窑方者为贵，定窑及八角、委角[8]者次之，青花白地[9]、有盖、长样俱俗。近做周身连盖滚螭白玉印池[10]，虽工致绝伦，然不入品。所见有三代玉方池，内外土锈血侵[11]，不知何用，今以为印池，甚古，然不宜日用，仅可备文具一种。图书匣[12]以豆瓣楠、赤水㯶[13]为之，方样套盖[14]，不则退光素漆[15]者亦可用，他如剔漆[16]、填漆[17]、紫檀厢嵌[18]古玉，及毛竹、攒竹[19]者，俱不雅观。

【注释】

[1] 印章：即图章，印在文件上鉴定和签署的文具，作取信之用。制作材质有金属、木、石、玉等。印有阳文（凸出的文字或花纹）、阴文（凹下的文字或花纹）之分，使用时需蘸印泥。

[2] 青田石：印章石料，产于浙江青田的方山，基色主调为青色。与巴林石、寿山石和昌化石被称为中国"四大印石"。

[3] 陶印：陶瓷印章。初见于晋，明代石制印章普及后，渐渐少见。

[4] 错金银：即金银错，详见本卷"如意"条中"金银错"注释。

[5] 商金：在铜器上镶杂金银的一种金属装饰技法。商，本作"鸧"。

《诗经》郑玄笺:"鸽,金饰貌。"

[6] 纽式奇巧:印鼻奇巧。纽,器物上用以提携悬系的襻纽,印纽即印鼻。宋·赵希鹄《洞天清录》:"古之居官者必佩印,以带穿之,故印鼻上有穴,或以铜环相绾。"

[7] 印池:印泥缸,又名印泥盒、印色池、印奁。宋以前并无专门器具,宋以后为了防止印泥挥发,参照妇女粉盒而制成。

[8] 委角:明清家具制作工艺术语。详见本书卷六"佛橱 佛桌"条中"委角"注释。

[9] 青花白地:青花图案配白色质地的一种纹饰。

[10] 周身连盖滚螭白玉印池:盒和盖连体,做成螭形的白玉印池。

[11] 土锈血侵:玉石埋藏地下多年,泥土及尸气渗透后,逐渐形成的泥土印迹和血色痕迹。明·张应文《清秘藏》:"土锈谓玉上蔽黄土,笼罩浮翳,坚不可破。"明·高濂《遵生八笺》:"古之玉物,上有血侵,色红如血。"

[12] 图书匣:收藏图书的盒子。文中由印章跳至图书匣,有些突兀,疑此处或为墨匣。

[13] 赤水椤:详见本书卷六"橱"条中"赤水椤"注释。

[14] 方样套盖:成套方盒。

[15] 退光素漆:即退光漆。详见本书卷六"榻"条中"退光朱黑漆"注释。

[16] 剔漆:漆器工艺的一种。详见本卷"香合"条中"徽人剔漆"注释。

[17] 填漆:漆器工艺的一种。详见本书卷六"橱"条中"填漆"注释。

[18] 厢嵌:即镶嵌之意。他本或作"镶嵌"。

[19] 攒竹:竹工造竿时削竹以胶粘合,称为攒竹。

【点评】

本则,文震亨谈印章、印池,对其材质、样式均有论述,推崇用古雅

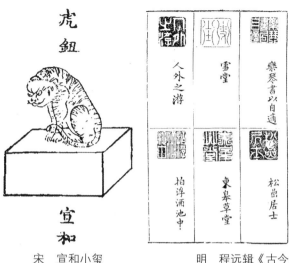

宋　宣和小玺　　　　　明　程远辑《古今印则》中的历代名印

之物作为文具并供赏鉴。

　　印章，是古代用来取信于对方的信物。它的材质以石居多，石中以青田石、寿山石、昌化石、巴林石最著名，并称四大名石。印章的外形，有一面印、两面印、六面印、子母印、带钩印、套印等，文字形式有朱文、白文、阴刻、阳刻等样式，内容涉及名号、斋馆、藏鉴、诗词、吉语等，方寸之中，融书画、篆刻等艺术于一体，可用可玩。

　　它的起源，当追溯到春秋之时。当时诏书敕令、官爵任免、通关边防、往来合契都要用到它，所有印章不分尊卑，都称为"玺"。秦一统天下后，改变了这种局面，规定皇帝的印章才能叫"玺"，臣子乃至庶人的，只能称"印"。秦始皇的玉玺以和氏璧雕成，纹饰螭虎，正面有李斯所书的"受命于天，既寿永昌"八个篆字。秦亡汉立，以它为无上权位的象征。其后魏、晋、宋、齐、梁、陈、隋、唐历代沿用，到武则天时，因"玺"与"死"音近，称之为"宝"。至唐末之乱中，后唐李从珂在洛阳自焚，玉玺遂不知所终。宋、元、明、清数代，另刻它印，历代所刻都不尽相同，到清代时居然多达二十五方，如受命、奉天、嗣天、制造、钦文、讨罪等，各有不同的功用。印还有个名字叫"章"，是汉时专为将军所刻。

因为战事无常，很多官员都是临时受命，而所刻之章，往往在仓促间完成，又名"急就章"。

印章盛行之后，便有了钤印之风。钤印，指的是在书画、书籍等物品上钤盖印章，表示对此物的拥有权，以及鉴定收藏后的认可。唐代，李世民非常爱好书法，尤其推崇王羲之，他曾作"贞观"连珠印等多方印章，经常把它盖到书帖上。不过当时钤印还未形成风气，到宋代时，由于苏东坡等人推动，才开始渐渐盛行。宋徽宗时，书画发展到极盛，出现了独具特色的宣和式装裱方法，宋徽宗还突发奇想在引首题跋，并作了宣和七玺，在藏品中的不同部位钤盖。由于样式独特，且钤盖的部位符合章法布局，有时竟能起到画龙点睛的奇效，备受后人称赞。相形之下，乾隆皇帝所刻一千八百余方印章，钤盖漫无章法，又胡乱题跋，把书画的美感毁坏不少，可谓书画的浩劫。

好在这种歪风邪气，在寻常文人中并不多见，他们或题斋号，或拟诗词，或绘图画，将自身的审美、情感、志趣，都寄托在印章中，将诗书画印四绝合而为一，令中国艺术熠熠生辉。文震亨的爷爷文彭，就发现"冻石"便于篆刻，穷究其道，开了文人治印的先河，他所刻的"倚南窗以寄傲""琴罢倚松玩鹤"等印，均是风雅之极。

文　具[1]

文具虽时尚，然出古名匠手，亦有绝佳者。以豆瓣楠、瘿木及赤水椤为雅，他如紫檀、花梨等木，皆俗。三格一替[2]，替中置小端砚一，笔觇一，书册一，小砚山一，宣德墨一，倭漆墨匣[3]一。首格置玉秘阁一，古玉或铜镇纸一，宾铁古刀大小各一，古玉柄棕帚[4]一，笔船一，高丽笔二枝；次格古铜水盂一，糊斗、蜡斗各一，古铜水杓一，青绿鎏金小洗一；下格稍高，置小宣铜彝鑪一，宋剔合一，倭漆小撞[5]、白定或五色定小合各一，矮小花尊[6]或小注[7]一，图书匣一，中藏古玉印池、古玉印、鎏金印绝佳者数方[8]，倭漆小梳匣[9]一，中置玳瑁小梳及古玉匜[10]等器，古犀玉小杯[11]二。他如古玩中有精雅者，皆可入之，以供玩赏。

【注释】

[1] 文具：指笔、墨、纸、砚及其他文房器具，文中指装文具的匣子。

[2] 替：古通"屉"，抽屉之意。

[3] 倭漆墨匣：日本制雕漆的墨盒。墨匣，用于贮藏墨锭的盒子，多为漆匣，以远湿防潮，漆面上常作描金花纹装饰。

[4] 棕帚：棕丝编扎的小帚。

[5] 倭漆小撞：日本制的雕漆提盒。撞，作"提盒"解。

[6] 花尊：花瓶之意。尊，古通"樽"，详见本卷"海论铜玉雕刻窑器条"中"觚尊"注释。

[7] 小注：小水注。他本或作"小觯"。

[8] 方：量词，用于方形的东西。

[9] 倭漆小梳匣：日本制的收贮梳妆用具的雕漆匣子。

[10] 匜：底本在"匜"字前有一处涂抹。

[11] 古犀玉小杯：疑为"玉角杯"，用玉石仿犀角琢雕而成，口椭圆，腹中空。此样式在西汉南越王墓曾有出土。

【点评】

本则所谈的文具，即文具匣，类似今天的文具盒，但是比今天的文具盒要宽大且古雅精巧得多了。这类匣子一般用豆瓣楠、瘿木、紫檀、花梨木等上等木材制成，内设三四格，文震亨所提及的为三格一屉。其中放置笔、墨、纸、砚、书册、香炉、文玩各类器具，可达几十件。古人在书斋收纳物品，或出游之时，经常用到它。

乾隆皇帝的文具匣，历来备受称道。该匣由檀木制成，内设抽屉暗格，可放置六十四件文具，还有一套棋具、一盏防风烛灯。盒中另有机关，可将盒身伸张开变成一张两尺来长的小桌。读书、写字、绘画、弈棋、批阅奏折，均可在上面完成，可谓匠心独运。

与文具匣相似的另一物为备具匣，又名多宝匣，高濂《遵生八笺》曾有提及。这种匣子可拆卸，可旋转，一般内设暗格，可放置笔、墨、纸、砚、香炉、茶盒、诗筒、文玩、小梳具匣、小文具匣等物，相对文具匣而言，更为精巧，容量也更大，也是文人出游之时的常用之具。

梳　具[1]

以瘿木为之，或日本所制，其缠丝[2]、竹丝[3]、螺钿[4]、雕漆、紫檀等，俱不可用。中置玳瑁梳[5]、玉剔帚[6]、玉缸[7]、玉合[8]之类，即非秦汉间物，亦以稍旧者为佳。若使新俗诸式阑入，便非韵士所宜用矣。

【注释】

[1] 梳具：梳头器具，文中指的是放置梳头器具的盒子。

[2] 缠丝：红白相间的玛瑙，古代一般用来作酒杯、书镇等物。

[3] 竹丝：即竹篾，将竹削成丝，再编成器物。

[4] 螺钿：手工艺品，详见本书卷六"榻"条中"元螺钿"注释。

[5] 玳瑁梳：玳瑁做成的梳子，黑褐色，呈马蹄形，梳齿非常均匀。

[6] 玉剔帚：玉制的剔除梳齿中污垢的器具。

[7] 玉缸：玉制的装发油等物品的小缸。

[8] 玉合：玉制的盒子。多为圆筒形，平口，平底，直腹。

【点评】

古时女子梳妆所用的梳篦、簪笄、脂粉等物，用一物统一收纳，称之为奁。园居生活中的士大夫，虽不如女子所用繁复，但也少不了此物。文震亨推崇的是瘿木材质及日本所制的古雅箱奁，梳子推崇玳瑁所制，其他器具推崇玉制，有清莹雅洁之意。

古人信奉《孝经》中的"身体发肤，受之父母"之说，不敢轻易毁伤。理顺头发的工具，便是梳子。梳子的材质以木、牙、玉居多，形状以长方形、马蹄形、月牙形、弓形最为常见，用浮雕、镂刻、彩绘、镶嵌等工艺来修饰，美观精巧。梳子的用法很有讲究，据《礼记·玉藻》记载，士大夫用涤高粱的水洗头，用涤粟米的水洁面，然后梳头，头发湿润顺滑时用白木梳梳理，头发干燥涩硬时用象牙梳梳理，在理顺头发的同时，保护滋养头发。古人还于梳头之道中，发展出一套养生观念。明人谢肇淛《五杂组》云："修养家谓梳为木齿丹……每日清晨梳千下，则固发去风，容颜悦泽。"明人焦竑《焦氏类林》云："冬至夜子时，梳头一千二百次，以赞阳气，经岁五脏流通。"梳头可以刺激头皮，加快新陈代谢。古人还以梳为冠饰，男女皆用。

宋　牡丹纹玉梳

梳头的器具还有篦，一般两边均有齿，且比梳子更密，制作工序也远比梳子复杂繁琐。篦的效用是去除头皮上的污垢和虱子，因其细密，故能面面俱到。相传慈禧太后晚年认为洗头麻烦伤元气，有太医投其所好发明了一种"香发散"，用玫瑰花、零陵香、檀香、公丁香等物合成，使用时掺于发上，再用篦子梳理，有清洁、止痒、滋发之效。江苏常州所产的梳篦，最为著名，其历史可追溯到晋代。清朝之时，常作贡品，有"宫梳名篦"之称。

梳和篦，在古代还统称为"栉"，有治理之意。晋人傅咸《栉赋》云："夫才治世，犹栉之理发也。理发不可无栉，治世不可无才。"唐人韩愈《试大理评事王君墓志铭》："栉垢爬痒，民获苏醒。"皆寓意深刻。

海论铜玉雕刻窑器[1]

三代秦汉人制玉，古雅不凡[2]，即如子母螭[3]、卧蚕纹[4]、双钩碾法[5]，宛转流动[6]，细入毫发，涉世既久，土锈血侵[7]最多，惟翡翠色[8]、水银色[9]，为铜侵者，特一二见[10]耳。玉以红如鸡冠者为最，黄如蒸栗[11]、白如截肪[12]者次之，黑如点漆[13]、青如新柳[14]、绿如铺绒[15]者又次之。今所尚翠色[16]，通明[17]如水晶者，古人号为碧[18]，非玉也。玉器中圭璧[19]最贵，鼎彝[20]、觚尊[21]、杯注[22]、环玦[23]次之，钩束[24]、镇纸、玉瑯[25]、充耳[26]、刚卯[27]、瑱珈[28]、珌瑂[29]、印章之类又次之，琴剑觿佩[30]、扇坠又次之。铜器，鼎、彝、觚、尊、敦[31]、鬲[32]最贵，匜、卣、罍[33]、觯[34]次之，簠簋[35]、钟注[36]、歃血盆[37]、奁花囊[38]之属又次之。三代之辨[39]，商则质素无文[40]，周则雕篆细密[41]，夏则嵌金银，细巧如发，款识[42]少者一二字，多则二三十字，其或二三百字者，定周末先秦时器。篆文[43]，夏用鸟迹[44]，商用虫鱼[45]，周用大篆[46]，秦以大小篆[47]，汉以小篆。三代用阴款[48]，秦汉用阳款[49]，间有凹入者，或用刀刻如镌碑[50]，亦有无款者，盖民间之器，无功可纪，不可遽谓非古[51]也。有谓铜气入土久，土气湿蒸，郁而成青[52]，入水久，水气卤浸，润而成绿[53]，然亦不尽然，第铜气清莹不杂[54]，易发青绿耳。铜色，褐色不如朱砂，朱砂不如绿，绿不如青，青不如水银，水银不如黑漆，黑漆最易伪造，余谓必以青绿为上。伪造有冷冲[55]者，有屑凑[56]者，有烧班[57]者，皆易辨也。窑器，柴窑[58]最贵，世不一见，闻其制，青如天，明如镜，薄如纸，声如磬，未知然否？官[59]、哥[60]、汝窑[61]以粉青色[62]为上，淡白次之，油灰[63]最下。纹取冰裂[64]、鳝血[65]、铁足[66]为上，梅花片[67]、墨纹[68]次之，细碎纹[69]最下。官窑隐纹[70]如蟹爪[71]，哥窑隐纹如鱼子[72]，定窑[73]以白色而加以泑水[74]如泪痕者佳，紫色黑色俱不贵。均州窑[75]色如胭脂[76]者为上，青若葱翠[77]、紫若墨色者次之，杂色者不贵。龙泉窑[78]甚厚，不易茅蔑[79]，第工匠稍拙[80]，不甚古雅。宣窑[81]冰裂、鳝血纹者，与官、哥同，隐纹如橘皮[82]、红花[83]、青花[84]者，俱鲜彩夺目，堆垛[85]可爱。又有元烧枢府字号[86]，亦有可取。至于永乐[87]细款青花杯[88]、成化[89]五彩葡萄杯[90]及纯白薄如琉璃者，今皆极贵，实不甚雅。雕刻精妙者，以宋为贵，俗子辄论金银胎[91]，最为可笑，盖其妙处在刀法圆熟[92]，藏锋不露，用朱极鲜[93]，漆坚厚而无敲裂[94]，所刻山水、楼阁、人物、鸟兽，皆俨若图画，为佳绝耳。元时张成[95]、杨茂[96]二家，亦以此技擅名一时。国朝果园厂[97]所制，刀法视宋尚隔一筹[98]，然亦精细。至于雕刻器皿，宋以詹成[99]为首，国朝则夏白眼[100]擅名，宣庙绝赏之[101]。吴中如贺四[102]、李文甫[103]、陆子冈[104]，皆后来继出高手，第所刻必以白玉、琥珀、水晶、玛瑙等为佳器，若一涉竹木，便非所贵。至于雕刻果核^[105]，虽极人工之巧^[106]，终是恶道。

【注释】

[1] 海论铜玉雕刻窑器：总论铜器、玉器、雕刻，以及陶瓷器具。窑器，陶瓷器。

[2] 凡：底本作"烦"，误。

[3] 子母螭：大小两螭。详见本卷"镇纸"条中"子母螭"注释。

[4] 卧蚕纹：即谷纹，玉器上的一种传统装饰纹样，形如倒写的字母 e，整体如粗壮圆实的谷粒。战国时期发展为逗号形状，如同圈着尾巴的蝌蚪，又称"蝌蚪纹"。

[5] 双钩碾法：古代雕琢玉器的一种技法，刻纹细如游丝。

[6] 宛转流动：变化生动。

[7] 土锈血侵：详见本卷"印章"条中"土锈血侵"注释。

[8] 翡翠色：中国传统色彩，一般为翡翠石或翠鸟羽毛的青绿色。

[9] 水银色：水银的银白色。水银，即汞，通常用辰砂矿石加热蒸馏而成，有剧毒。

[10] 特一二见：很少见到。

[11] 蒸栗：蒸熟的栗肉色泽。

[12] 截肪：切开的脂肪，用以形容颜色和质地白润。三国魏·曹丕《与钟大理书》："窃见玉书称美玉，白如截肪，黑譬纯漆，赤拟鸡冠，黄侔蒸栗。"

[13] 点漆：乌黑光亮的样子。

[14] 新柳：刚发芽的柳条颜色。

[15] 铺绒：铺开的绿绒的颜色。

[16] 翠色：青绿色。

［17］ 通明：十分明亮，此处作透明解。

［18］ 古人号为碧：古人称之为碧。号，指给以称号或取号。

［19］ 圭璧：古代帝王祭祀，或诸侯朝聘时所用的一种玉器。《周礼·考工记·玉人》："圭璧五寸，以祀日月星辰。"

［20］ 鼎彝：古代祭器，上面多刻着表彰有功人物的文字。鼎，古代炊器，圆鼎两耳三足，方鼎两耳四足，多用青铜或陶土制成，商周时多用为宗庙的礼器和墓葬的明器。彝，古代泛指宗庙常用礼器。

［21］ 觚（gū）尊：古代酒器。觚，详见本卷"花瓶"条中注释。尊，古通"樽"，古代使用的大中型盛酒器和礼器。唐·李白《行路难》其一："金樽清酒斗十千，玉盘珍羞直万钱。"

［22］ 杯注：杯子和壶。注，用于斟注的小壶。

［23］ 环玦：玉环和玉玦，并为佩玉。玦，半环形有缺口的佩玉。

［24］ 钩束：带钩。详见本卷"钩"条。

［25］ 玉璏（zhì）：玉制的剑鼻。详见本卷"压尺"条中"玉璏"注释。

［26］ 充耳：又名"瑱"（tiàn）。古代挂在冠冕两旁的饰物，下垂及耳，可以塞耳避听。

［27］ 刚卯：汉代用以辟邪的佩饰。《汉书·王莽传》颜师古注："刚卯，以正月卯日作佩之，长三寸，广一寸，四方；或用玉，或用金，或用桃，着革带佩之。今有玉在者，铭其一面曰：正月刚卯。"

［28］ 瑱珈（tiàn jiā）：玉饰的一种。瑱，即充耳。珈，上古王后和诸侯夫人编发做假髻，叫作副；用笄把副别在头上，笄上加玉饰，叫作珈。《诗经·君子偕老》："副笄六珈。"

［29］ 珌琫（bì běng）：古代刀鞘的饰物，在下端的为珌，在上端的为琫。《诗经·瞻彼洛矣》："君子至止，鞸琫有珌。"

［30］ 觿（xī）佩：解结用的骨锥，可用作佩饰。觿，古代解结的用具，形如锥，用象骨制成。

〔31〕 敦（duì）：古代食器，一般为三短足，圆腹，二环耳，有盖。

〔32〕 鬲（lì）：古代一种炊器，口圆，似鼎，三足中空而曲。

〔33〕 罍（léi）：外形或圆或方，小口，广肩，深腹，圈足，有盖和鼻，与壶相似，多用来盛酒或水，一般用青铜铸造，亦有陶制的。《诗经·卷耳》：“我姑酌彼金罍。”

〔34〕 觯（zhì）：古代青铜酒器，形似尊而小，有的有盖。盛行于商周。

〔35〕 簠簋（fǔ guǐ）：盛黍、稷、稻、粱的礼器。簠，长方形，有四短足及二耳。盖与器形状相同，合上为一器，打开则成大小相同的两个器皿。簋，圆腹，圈足。商代的簋多无盖、无耳。

〔36〕 钟注：酒杯酒壶。钟，古时盛酒的器皿，或大酒杯，同“盅”。

〔37〕 歃（shà）血盆：歃血时用以盛血的器具。歃血，古代盟会结盟中的一种仪式。一般在盟约宣读后，参与者用刀割手滴血，再将血混合在一起喝下，以示诚意。

〔38〕 奁（lián）花囊：存放妇女梳妆用品的器具。奁，古代放置梳妆用品的器具。北周·庾信《镜赋》：“暂设妆奁，还抽镜屉。”

〔39〕 三代之辨：夏、商、周三代的区别。

〔40〕 质素无文：没有任何修饰。质素，本色素朴，不加文饰。

〔41〕 雕篆细密：篆刻细密。雕篆，即雕虫篆刻。虫书、刻符分别为秦书八体之一，西汉时蒙童所习。因以“雕虫篆刻”喻词章小技。

〔42〕 款识：古代钟鼎彝器上铸刻的文字。有三种说法，其一，款是阴字凹入者，识是阳字突起者；其二，款在外，识在内；其三，花纹为款，篆刻为识。

〔43〕 篆文：即篆书，大篆、小篆的统称。指甲骨文、金文、籀文及春秋战国时通行于六国的文字和小篆。

〔44〕 鸟迹：指鸟篆。形如鸟的爪迹，故称。汉·蔡邕《隶势》：“鸟迹之变，乃惟佐隶。蠲彼繁文，崇此简易。”

［45］ 虫鱼：即虫鱼篆。秦玺中有此篆，李斯作。

［46］ 大篆：广义上，指西周一直到春秋战国时各国所使用的文字。狭义
上指周宣王时史籀所作的籀文，有金文、钟鼎文之别。

［47］ 小篆：又名秦篆、玉筋篆。春秋战国时期，各国文字简繁不一、一
字多形。秦始皇统一中国之后，推行"书同文"的政策，下令丞相
李斯在原来大篆籀文的基础上，进行简化，创造出秦国的小篆，作
为统一的义字。

［48］ 阴款：阴文款。阴文指器物或印章上，所雕铸或所镌刻的凹下的文
字或花纹。

［49］ 阳款：阳文款。阳文指器物或印章上，所雕铸或镌刻的凸出的文字
或花纹。

［50］ 镌碑：雕刻石碑。

［51］ 不可遽谓非古：不能据此认为就不是古器。遽，遂，就。

［52］ 土气湿蒸，郁而成青：土壤湿气蒸发，郁结而生成青色。

［53］ 水气卤浸，润而成绿：水气浸润，生成绿色。

［54］ 清莹不杂：清净纯正。清莹，洁净透明。

［55］ 冷冲：古铜器伪造方法之一，往往故意损坏后再修补，作出土状。

［56］ 屑凑：古铜器伪造方法之一，往往用残缺的古物部件拼凑成一器
物，以此鱼目混珠。

［57］ 烧班：即烧斑，古铜器伪造方法之一，通常用火烧出斑点，来冒充
出土古物。班，古通"斑"。

［58］ 柴窑：五代十国时期周世宗柴荣的御窑，原址在今河南郑州一带。
相传所烧瓷器，质地甚佳，有"青如天，明如镜，薄如纸，声如
磬"的特点，为众窑之冠。

［59］ 官：即官窑。宋代著名瓷窑之一，北宋大观、政和年间，宫廷自建
瓷窑烧造瓷器，故称。其色以粉青为上，其纹以冰裂鳝血为高。南

渡后，又于杭州别建新窑。明清两代景德镇御窑厂所烧瓷器，一般也称官窑。

[60] 哥：即哥窑。宋瓷窑名。窑址在浙江龙泉，南宋章生一、章生二兄弟在此制瓷，各主一窑。生一所制之瓷号哥窑，生二所制者号弟窑。哥窑之瓷以胎细质白著称。

[61] 汝窑：北宋著名的瓷窑之一，与官窑、钧窑、哥窑、定窑合称五大名窑。窑址在今河南临汝境内，古代属汝州，故名。所产瓷器，造型古朴大方，釉汁莹厚滋润，釉色近于雨过天青或淡白，有"雨过天晴云破处""千峰碧波翠色来"之美誉，为众窑之魁，故而有"纵有家财万贯，不如汝瓷一片"的说法。

[62] 粉青色：釉色的一种。釉色青绿之中显粉白，有如青玉，故名。影响青瓷色调的因素，主要是胎釉中的氧化铁，在还原焰气氛中焙烧所致。若含铁不纯，还原气氛不充足，色调便呈现黄色或黄褐色。

[63] 油灰：油灰色，灰色中带着一种油污之感。

[64] 冰裂：即冰裂纹，又称"开片"。瓷器烧制过程中，由于瓷胚和釉膨胀系数不同，焙烧后冷却时瓷器釉面会出现一种自然开裂的现象，呈冰裂状，裂片层叠，有立体感。这本来是制瓷工艺中的一种缺陷，但古代工匠却用以装饰瓷器，此工艺在南宋灭亡后失传，直到2001年名家叶小春复原，才得以重现于世。

[65] 鳝血：即鳝血纹，花纹呈血丝状。

[66] 铁足：即"紫口铁足"，指瓷器上口沿薄釉处露出灰黑泛紫，足部无釉处呈现铁褐色的现象。

[67] 梅花片：一种窑变花纹，纹片层叠似梅花片。

[68] 墨纹：宋代窑瓷经加墨着色后，大纹片呈黑色，小纹片呈黄褐色，称为"金丝铁线"或"墨纹梅花片"，多见于哥窑瓷器。

[69] 细碎纹：疑为"百圾碎"，冰裂纹的一种，裂纹繁密。

［70］ 隐纹：暗花纹。

［71］ 蟹爪：即蟹爪纹。有的瓷器施釉，釉厚下垂形成似落泪后留下的痕迹，如同沙滩上一串串小小的蟹足印，故名。明·高濂《遵生八笺》："汝窑……汁水莹厚如堆脂，然汁中棕眼隐若蟹爪。"

［72］ 鱼子：即鱼子纹，属窑变釉系列。瓷器开片中纹路交错，形成许多细眼，因其状如鱼子，故名。

［73］ 定窑：古代著名瓷窑之一。窑址在今河北曲阳涧磁村、燕山村，古代属定州，故名。唐时已有，至宋代因瓷质精良、色泽淡雅、纹饰秀美被选为宫廷用瓷。所烧以白瓷为主，兼烧黑釉、酱釉和绿釉瓷，分别称为"黑定""紫定""绿定"。

［74］ 泑（yōu）水：即釉水，以石英、长石、硼砂、黏土等为原料制成，通常加水稀释，涂在瓷器、陶器的表面，烧制出一种玻璃光泽。

［75］ 均州窑：即钧窑，又名钧州窑、钧台窑。窑址在阳翟（今河南禹州）。其地古代属钧州，又有钧台，故名。窑中所烧的瓷器，胎质细腻，釉色绚丽，变化幽微，高雅大气。而最特殊的是其对窑变的控制，后世有"钧瓷无对，窑变无双"的赞誉。

［76］ 胭脂：一种用于化妆和绘画的鲜红色颜料，其色泽被称为胭脂色。

［77］ 葱翠：青翠，苍翠。

［78］ 龙泉窑：宋代六大窑系之一，因在浙江龙泉而得名，龙泉窑青瓷，土细质厚，釉色淡青，釉彩多碎纹，为窑中珍品。

［79］ 茅蔑：损坏。清·朱琰《陶说》："折曰'蔑'，边毁剥曰'茅'。"

［80］ 工匠稍拙：工匠们的工艺技术稍差。

［81］ 宣窑：即宣德窑。明代宣德年间于江西景德镇所设的官窑，其选料、制样、画器、题款，无一不精。

［82］ 橘皮：即橘皮纹、橘皮釉。釉面富积棕眼，外观呈橘子皮状，本是烧造过程中的一种缺陷，后用作一种纹饰。

［83］ 红花：即釉里红。元代景德镇窑创烧的一种釉下彩绘。以氧化铜在瓷坯上着彩，然后施透明釉，1300℃还原焰烧成，成品颜色如红花。

［84］ 青花：即青花瓷。始于唐宋，兴于元代，明清时达到顶峰。它用含氧化钴的蓝色釉彩在坯体上绘制花纹，外施无色透明釉，形成青翠欲滴的蓝色花纹，明净素雅，清新俊逸，历来广受赞誉。而瓷器上通体山水、花鸟、楼阁、人物等图案，更是与国画完美融合，达到极高的艺术水平。

［85］ 堆垛：堆积，堆砌。

［86］ 元烧枢府字号：元代江西景德镇烧制的贡品字号。枢府，主管军政大权的中枢机构。明·谷应泰《博物要览》："元烧小足印花，内有'枢密'字号，价重且不易得。"

［87］ 永乐：明成祖朱棣的年号，使用共二十二年。

［88］ 细款青花杯：即明永乐年间的制作精细的青花压手杯。该杯形体古朴敦厚，青花色调深翠，胎体厚重，重心在杯的下部，口沿微微外撇，手握杯时有沉重压手之感，故名。

［89］ 成化：明宪宗朱见深的年号，使用二十三年。

［90］ 五彩葡萄杯：五彩，瓷器釉彩名，有"釉上五彩"和"青花五彩"之分，一般于已烧成之白釉瓷器上涂画釉彩，再烧而成。葡萄杯，酒具的一种，胎骨薄至透明，外壁用彩色绘葡萄纹，青花勾线，微带绿色的鹅黄，熟葡萄一样的紫色，显得娇艳透亮，底书"大明成化年制"款，故名"葡萄杯"。

［91］ 金银胎：指以金、银为器物胎骨。

［92］ 刀法圆熟：刀法纯熟，且具有变化。圆熟，纯熟，灵活变通。

［93］ 用朱极鲜：所用朱漆色非常鲜丽。鲜，鲜明，明丽。

［94］ 敲裂：龟裂、破裂的痕迹。

［95］张成：元代雕刻名家，擅雕漆，其作品雕刻深峻，圆浑而无锋芒。工戗金、戗银法。故宫博物院藏有他的作品观瀑图圆盒，底部有"张成造"落款。其子张德刚承袭父法，明代时为宫廷雕制漆器。

［96］杨茂：元代雕刻名家。工戗金、戗银法，所雕作品组织严谨，刀法有力，花纹自然柔和。其中，剔红花卉纹尊和剔红观瀑图八方盘被收藏在故宫博物院。

［97］果园厂：明代永乐年间御用漆器作坊。永乐十九年，明成祖朱棣迁都北京后在皇城内设立。当时有一批名匠奉旨入京督造，雕漆名匠张德刚就在其中。该厂的雕漆保持了元代浑厚圆润，藏锋清晰的特点。

［98］视宋尚隔一筹：与宋代相比稍逊一筹。视，相较，比较。

［99］詹成：宋代雕刻名家。元·陶宗仪《南村辍耕录》："詹成者，高宗朝匠人。雕刻精妙无比，尝见所造鸟笼，四面花版，皆于竹片上刻成宫室、人物、山水、花木、禽鸟，纤悉具备，其细若缕，且玲珑活动。求之二百余年，无复此一人矣。"

［100］夏白眼：明代雕刻名家。明·张应文《清秘藏》："宣德间，夏白眼能于乌榄核上刻十六哇哇，状半米粒，眉目喜怒悉具。或刻子母九螭，荷花九鹭，其蟠曲飞走之态，成于方寸小核。求之二百余年仅一人耳。"

［101］宣庙绝赏之：明宣宗年间很受推崇。宣庙，明代人对明宣宗朱瞻基的称呼。

［102］贺四：明代雕刻名家。擅长木雕，以及其他各种质料的器皿。其弟子陆恩（字子沾），在他的指导下，技艺大进，人称"小贺"。

［103］李文甫：明代雕刻家。详见本卷"香筒"条中"李文甫"注释。

［104］陆子冈：明代雕刻家。详见本卷"水中丞"中"陆子冈"注释。

［105］雕刻果核：果核雕刻是民间工艺一绝。一般在植物果核上，利用

其外形特点或起伏的变化，雕镂出各种人物走兽、山水楼台等图案。

［106］极人工之巧：技艺精巧，达到极高的水平。

【点评】

本则为器具卷的总结，论述涉及玉器、铜器、陶瓷、雕刻四大类。文震亨对其形态、种类、特征、赏鉴等均有论述，并阐述了自身的喜恶爱憎，其精要还在于古雅二字，鄙薄流俗。

有了器具，如何赏玩便是一个问题。董其昌《骨董十三说》里的这段话可谓鞭辟入里："宜先治幽轩邃室，虽在城市，有山林之致。于风月晴和之际，扫地焚香，烹泉速客，与达人端士，谈艺论道。于花月竹柏闲盘桓久之，饭余晏坐，别设净几，铺以丹罽，袭以文锦，次第出其所藏，列而玩之。若与古人相接，欣赏可以舒郁结之气，可以敛放纵之习。"大要是须有舒适的环境，晴和的天气，然后扫地洁屋，焚香烹茶，和幽人韵士在花月竹柏一起谈艺论道，渐入佳境后便出示藏品一起品鉴，能对修身养性有所裨益。

此外，个人的处境和心态也很重要。李渔《闲情偶寄》中认为收藏适宜富贵之家，可以彰显品位，若是三餐不继还要不惜血本买古董，严重影响到自己和家人的生活，则不可取，说得十分中肯。《荀子》云："君子役物，小人役于物。"一个人若能通过古玩中丰富学识、陶冶情操，则是真懂古玩，若是太过执着于古玩本身，便失了物外之趣，反为长物之奴了。

卷八 衣饰

文震亨《唐人诗意图册》册页八

衣　饰[1]

衣冠制度[2]，必与时宜[3]，吾侪既不能披鹑带索[4]，又不当缀玉垂珠[5]，要须夏葛冬裘[6]，被服娴雅[7]，居城市有儒者之风，入山林有隐逸之象，若徒染五采[8]，饰文缋[9]，与铜山金穴之子[10]侈靡斗丽[11]，亦岂诗人粲粲衣服[12]之旨乎？至于蝉冠[13]朱衣[14]，方心曲领[15]，玉佩[16]朱履[17]之为"汉服"[18]也；幞头[19]大袍之为"隋服"也；纱帽[20]圆领之为"唐服"也；檐帽[21]襕衫[22]、申衣[23]幅巾[24]之为"宋服"也；巾环[25]襟领[26]、帽子系腰[27]之为"金元服"也；方巾团领[28]之为"国朝服"[29]也，皆历代之制，非所敢轻议也。志《衣饰第八》。

【注释】

[1] 衣饰：衣服首饰。

[2] 衣冠制度：服饰的规格、样式。衣冠，衣服和帽子，泛指服饰。

[3] 必与时宜：应该与当时的需要或风尚契合。

[4] 披鹑（chún）带索：穿破烂的补丁衣服，以绳索为衣带。鹑，即鹑衣，破烂的衣服。带索，以绳索为衣带。《列子》："孔子游于太山，见荣启期行乎郕之野，鹿裘带索，鼓琴而歌。"

[5] 缀玉垂珠：在衣服上装饰珠宝玉石。

[6] 夏葛冬裘：夏天穿葛布衣服，冬季穿毛皮衣服。

[7] 被服娴雅：穿的衣服文静、优雅、大方。

[8] 染五采：穿着华丽。五采，指青、黄、赤、白、黑五种颜色，后泛

指多种颜色。

[9] 饰文缋（huì）：华服重彩。缋，指彩色的花纹图案。

[10] 铜山金穴之子：指纨绔子弟。铜山，产铜的山，也指金钱、钱库。
清·吴炽昌《客窗闲话》："眷恋铜山，徘徊阿堵。"金穴，藏金之
窟，指豪富之家。唐·张说《虚室赋》："朱门金穴，恃满矜隆。"

[11] 侈靡斗丽：争奢斗艳。

[12] 粲粲衣服：衣着鲜艳优雅。粲粲，鲜明貌。

[13] 蝉冠：汉代侍从官所戴之冠。上有蝉饰，并插貂尾，也称貂
蝉冠。

[14] 朱衣：大红色的公服。

[15] 方心曲领：具有"象法天地"的古代服装样式，上圆下方，形似璎
珞。曲领，也称"拘领"，是官员为了使朝服更加熨帖，加在外衣
领上的一个圆形护领。

[16] 玉佩：古人在身上佩挂的玉石装饰品，通常呈扁平状。

[17] 朱履：红色的鞋。南朝梁·沈约《登高望春》："齐童蹑朱履，赵女
扬翠翰。"

[18] 汉服：文中所指为中国汉代的服饰。下文中的"隋服""唐服""宋
服""金元服"均同此理。今指以交领右衽、系带隐扣、褒衣广袖为
特点的汉族传统服饰。

[19] 幞（fú）头：古代头巾，有四带，二带系脑后垂之，二带反系头
上，令曲折附顶。

[20] 纱帽：纱制官帽，后用以代指官职。

[21] 檐帽：边缘形如檐的帽子。

[22] 襕（lán）衫：古代士人之服。襕，古代衣与裳相连的长衣。《宋
史·舆服志五》："襕衫，以白细布为之，圆领大袖，下施横襕为
裳，腰间有辟积。"

［23］ 申衣：即深衣，古代上衣、下裳
相连缀的一种服装。《礼记》郑玄
注："名曰深衣者，谓连衣裳而纯
之以采也。"

［24］ 幅巾：古代男子以全幅细绢裹头
的头巾。

［25］ 巾环：缀在巾上的玉环。

［26］ 襈（zhuàn）领：滚领，即衣裳的
边饰。

［27］ 系腰：腰带。

［28］ 方巾团领：软帽和圆领。方巾，
明代文人、处士所戴的软帽。

明·沈德符《万历野获编》："见朝及陛见，戴方巾，穿圆领，系丝
绦，盖用杨廉夫见太祖故事。"

［29］ 国朝服：明代的服饰。国朝，本朝，文中所指为明朝。

被服娴雅

【点评】

卷八论衣饰，此乃人人必需之物。文震亨介绍了历代服饰，认为在
注意生活实用的同时，要考虑制式娴雅，使"居城市有儒者之风，入山林
有隐逸之象"，至于争奢斗艳，则是俗不可耐之举，其言颇有条理。不过，
文震亨所言的历代服饰，今人并不一一命名，而是统称汉服。这是为了区
分西服而采用的说法。

汉服在结构上，有领、襟、裾、袂、袪、袖、衿、衽、带、系十个组
成部分。材料有锦、绢、纱、布、棉、麻、绫、罗、绸、缎等。颜色有青、
赤、白、黑、玄、黄、紫、红、绿等。形制上有衣裳制（上衣下裳）、衣裤
制（上衣下裤）、深衣制（上下分裁再相连）、通裁制（上下剪裁为一体），

此外还有内穿的小衣和外穿的罩衣。它随时代发展而流变，或庄重典雅，或飘逸灵动，或丰腴华丽，或简约优雅，或宏美繁复，但交领右衽、宽袍大袖、系带隐扣等特点始终保留，既端庄大气，又潇洒飘逸。

广义的汉服，还包括首服（冠、巾、冕、弁、帽、笠）、足服（舄、履、屐、鞋、靴）、头饰（簪、钗、钿、步摇、珠花）、项饰（项链、项圈、璎珞）、耳饰（耳珰、耳坠、耳环）、腰饰（玉、剑、绶、香囊）等配饰。各部分搭配起来，宏美典雅，夺人心目。

古人在日用之余，也往往不自觉地将审美、情趣、信仰、寄托等融入衣饰中。于是，汉服开始承载起了中华深厚的文明。

《周易·系辞》云："黄帝、尧、舜，垂衣裳而天下治，盖取诸乾坤。"在先民们看来，衣饰是象天法地的产物，既能蔽体御寒，也能与天地沟通。衣饰若是合乎宇宙秩序，并将其中的幽玄之理推行到人世之中，便可天人合一，无为而治。

周代时，礼仪制度出现了，有吉礼、凶礼、宾礼、军礼、嘉礼五种礼制，对天子和臣民的衣饰也有规定，在不同的场合，均需要穿着不同的衣服。衣饰成了区分身份的重要标志，成了礼仪中重要的一部分。故而《春秋左传正义》中说："中国有礼仪之大，故称夏；有服章之美，谓之华。""华夏"二字，就是因礼仪与衣冠而得名。

永嘉之乱时，西晋统治政权集体南迁，定都建康建立东晋，当时跟随转移的，不只是人口和经济，还有文明的火种，故而史称"衣冠南渡"。其后千年，历宋、齐、梁、陈、隋、唐、宋，中华文化代代传承，衣饰也随之变化。至明时，洪武朱元璋再正衣冠，明人的衣饰又有一变。千百年来，日本、朝鲜等东亚国家曾屡次派使臣前来交流，将华夏衣冠带回本土，衍生出和服与韩服。明末至近代，中国的制度、风俗、文化发生剧变，非三言两语所能道尽。汉服承载的历史文化，比世上其他民族的传统服饰厚重得多。

到本世纪，传统文化有了复兴之象，沉寂已久的汉服，又重新回到人们的视线中。无数有志青年以天下为己任，四处奔走，弘扬优秀传统文化，令人赞叹。千言万语，难尽心意，惟愿中华河山永固，盛世永昌。

道　服[1]

制如申衣[2]，以白布为之，四边[3]延以缁色[4]布；或用茶褐[5]为袍，缘以皂布[6]。有月衣[7]，铺地如月，披之则如鹤氅[8]，二者用以坐禅策蹇[9]，披雪避寒，俱不可少。

【注释】

[1] 道服：原指僧道的服装，后指普通人居家穿的道袍。

[2] 申衣：即深衣。见上条注释。

[3] 四边：即整体。

[4] 缁（zī）色：即黑色。

[5] 茶褐：文中指赤黄而略带黑色的布料。元·陶宗仪《南村辍耕录·写像诀》："茶褐，用土黄为主，入漆绿、烟墨、槐花合。"

[6] 缘以皂布：用黑布做边。皂，皂壳煮汁可以染黑，故后世也称黑色为皂色。

[7] 月衣：月形之衣，即披风。

[8] 鹤氅（chǎng）：鸟羽制成的裘，多用作外套。南朝宋·刘义庆《世说新语》："尝见王恭乘高舆，被鹤氅裘。"

[9] 坐禅策蹇（jiǎn）：打坐骑驴。坐禅，佛教语，指静坐参禅。策蹇，乘

驱驽马劣驴。唐·白行简《李娃传》："质明，乃策蹇而去。"

【点评】

道服，又名道袍，交领，右衽，上下通裁，两侧开衩接有暗摆，以系带系结，在明代已成为文人和平民的居家常服。文震亨推崇白色道服，并作缃色边缘。

宋代时，范仲淹见到一位许姓朋友制道服，作了一篇《道服赞》："道家者流，衣裳楚楚。君子服之，逍遥是与。虚白之室，可以居住。华胥之庭，可以步武。岂无青紫，宠为辱主。岂无狐貉，骄为祸府。重此如师，畏彼如虎。旌阳之孙，无忝于祖。"表达的是文人的"清其意而洁其身"，流风所及，可见文震亨也有衣以载道之意。

文震亨还说道服"坐禅策蹇，披雪避寒，俱不可少"。坐禅，即静坐参禅。文家有修禅之风，另外宋明之时，士人兼修儒释道三家，道家主张静坐，儒家的朱熹等人也主张静坐，故而此处的"参禅"，可作"参禅悟道"来解，文震亨之说就不足为奇了。

元　王绎、倪瓒《杨竹西小像》
画中人身穿道服

至于策蹇，即骑驴之意。古人游山玩水时，常以驴作交通工具，不疾不徐，颇有兴味。李渔《笠翁对韵》中有"踏雪寻梅策蹇驴"之句，说的是唐代诗人孟浩然，在灞陵桥边踏雪寻梅之事。风雪之日，一人骑驴在天地间慢慢地走着，这种幽寂的况味，令孟浩然诗兴倍增。明人高濂的《遵生八笺》中也有

"雪霁策蹇寻梅"一则："三冬披红毡衫，裹以毡笠，跨一黑驴，秃发童子挚尊相随，踏雪溪山，寻梅林壑。忽得梅数株，便欲傍梅席地，浮觞剧饮，沉醉酣然，梅香扑袂，不知身为花中之我，亦忘花为目中景也。"文震亨所玩味的，也即此境。

禅　衣[1]

以洒海剌[2]为之，俗名"琐哈剌"，盖番语[3]不易辨也。其形似胡羊毛片[4]，缕缕下垂，紧厚如毡[5]，其用耐久，来自西域，闻彼中亦甚贵。

【注释】

[1] 禅衣：此处特指僧衣。

[2] 洒海剌（là）：即琐哈剌，古代西域所产的一种毛织物。明·曹昭《格古要论》："洒海剌，出西蕃，绒毛织者，阔三尺许，紧厚如毡，西蕃亦贵。"

[3] 番语：少数民族或外国的语言。番，旧称少数民族或外国。

[4] 胡羊毛片：绵羊毛皮。胡羊，指产于胡地的羊，今指绵羊。

明　陈洪绶《达摩禅师像》

［ 5 ］ 毡（zhān）：羊毛或其他动物毛在湿、热、压力等条件下，缩制而成的块片状材料。

【点评】

禅衣，即僧衣，不同的宗派中，规定不尽相同。但大多皆将衣服分为三件，大者称祖衣，为典礼活动时所穿；中者称七衣，为诵经参禅时所穿；小者称五衣，为日常劳作时所穿。同时，僧衣规定不许用纯色，必须加旧布破坏样式，或用其他颜料破坏颜色，时称"不正色"，又称袈裟。流入中土时，受道士服饰影响，开始用上了黑中带赤的缁色，称缁衣。历经数代，或因文化陶染，或因政策影响，僧衣出现了紫、红、蓝、灰、黑、黄、茶褐等不同颜色，一时有一时的风尚。到如今，僧衣可使用褐、黄、黑、灰等色，规定早已没有当初那样严格。

文震亨所言的禅衣，为日常家居所穿，较之僧人要随意得多。他推崇的是西域所产，形如羊毛片，紧厚如毡的"琐哈剌"禅衣，宽大厚实，保暖性佳。在他之前的高濂，在《遵生八笺》中对禅衣的记载是："琐哈喇绒为之，外红里黄，其形似胡羊毛片，缕缕下垂，用布织为体。其用耐久，来自西域，价亦甚高，惟都中有之，似不易得。今以红褐为外，黄绸为里，中絮茧绵，坐以围身，亦甚温暖不俗。"可知此衣外面多为红褐色，里面多用黄绸，中间夹着棉絮茧绵，甚是华贵。江南气候温热，此制当更适宜于北地。

除了僧衣，还有另外一种形制也名禅衣，但实为字面谬误，应作"禅（dān）衣"。这是一种质料为布帛或丝绸的衣物，单层，没有衬里，轻薄透明，穿在身上，可使里层衣物纹饰隐现，营造飘逸朦胧之感。长沙马王堆汉墓中曾出土两件素纱禅衣，其纹饰精美绚丽，更奇的是重不满一两，薄如蝉翼，轻若烟雾，举之若无，令人惊叹。此物当为古人夏日衣饰，穿在身上想必非常凉爽。

被^[1]

被以五色氆氇^[2]为之，亦出西蕃^[3]，阔仅尺许，与琐哈剌相类，但不紧厚。次用山东茧绸^[4]，最耐久。其落花流水^[5]、紫、白等锦，皆以美观，不甚雅。以真紫花布^[6]为大被，严寒用之，有画百蝶于上，称为"蝶梦"者，亦俗。古人用芦花^[7]为被，今却无此制。

【注释】

[1] 被：被子。

[2] 氆氇：俗称"普罗""叵罗"，一种绒毛织品，可作床毯、衣服等。

[3] 西蕃：我国古代对西域一带及西部边境地区的泛称。

[4] 茧绸：即柞丝绸，用柞蚕丝织成的平纹纺织品，有光泽。西汉·桓宽《盐铁论》："茧绸缣练者，婚姻之嘉饰也。"

[5] 落花流水：即有花纹及水波纹饰的锦缎，详见本书卷五"裱锦"条中"落花流水锦"注释。

[6] 真紫花布：纯紫色花布。

[7] 芦花：即芦絮，芦苇花轴上密生的白毛，随风飘散。隋·江总《赠贺左丞萧舍人》："芦花霜外白，枫叶水前丹。"

【点评】

被，大者称衾，小者称裯，是睡觉时覆体御寒之物，一般用布或绸作套，里面填充棉花、蚕丝、羽绒、驼绒、羊毛等物。古人感念它的陪伴护体之用，又称其为"寝衣"。幽人韵士往往费尽心思，将它制作得精致雅观。文震亨说以五色毾𝒯、山东茧绸、真紫花布，即是考虑分量轻便、冬暖夏凉、精致华美等因素。

文震亨认为用真紫花布画蝶为俗，又认为芦花被当世无有。但高濂却很巧妙地将两者结合在一起了。他在《遵生八笺》中说："深秋采芦花装入布被中，以玉色或蓝花布为之。仍以蝴蝶画被覆盖，当与庄生同梦。"以芦花填充，上绘蝴蝶，在梦中梦到蝴蝶飞舞，非常适意，像庄周梦蝶一样陶然忘机，却不知是自己梦到了蝴蝶，还是蝴蝶梦到了自己。

古人另有一种纸被，用藤纤维纸制成。《江右建昌志》曰："揉软作被，细腻如茧，面里俱可用之，薄装以绵，已极温暖。"诗人们多有吟咏。龚诩诗云："纸衾方幅六七尺，厚软轻温腻而白。霜天雪夜最相宜，不使寒侵独眠客。"陆游诗云："纸被围身度雪天，白于狐腋软于绵。放翁用处君知否？绝胜蒲团夜坐禅。"宋庆之诗道："纸被添新絮，茶瓯煮细泉。虽云方寸地，春意一陶然。"都写得极有幽趣。徐黄的诗尤得其中三昧，他说："文采鸳鸯罢合欢，细柔轻缀好鱼笺。一床明月盖归梦，数尺白云笼冷眠。披对劲风温胜酒，拥听寒雨暖于绵。赤眉豪客见皆笑，却问儒生直几钱。"这俨然有些"煨得芋头熟，天子不如我"的疏狂不羁之意。

褥[1]

京师有折叠卧褥，形如围屏[2]，展之盈丈，收之仅二尺许，厚三四寸，以锦为之，中实以灯心[3]，最雅。其椅榻等褥，皆用古锦为之。锦既敝[4]，可以装潢卷册。

【注释】

[1] 褥（rù）：坐卧的垫具。杨荫深《事物掌故丛谈》："褥有二种：一种用于床上，俗称垫被；一种用于椅或车上，俗称坐垫或垫子，古则又称为茵。"

[2] 围屏：即折屏、曲屏，详见本书卷六"屏"条。

[3] 灯心：指灯心草。茎细长直立，可用以造纸、织席，中心可做油灯的灯芯。

[4] 敝：破烂，破旧。

【点评】

褥，相对"被"而言，是坐卧时垫在身下之物，可保暖，使人舒适。

一般人家的褥多用棉絮制成。高濂《遵生八笺》提到一种蒲花制成的褥子："九月采蒲略蒸，不然生虫，晒燥，取花如柳絮者，为卧褥或坐褥。皆用粗布作囊盛之，装满，以杖鞭击令匀，厚五六寸许，外以褥面套囊，虚软温燠，他物无比。春时后，去褥面出囊，炕燥收起，岁岁可用。"曹庭栋《老老恒言》中提到一种芦花褥，称其质轻平实："老年人于夏秋初卧之，颇能取益。"他还对褥的养护布置有颇多论述，譬如"褥久卧则实，隔两三宿，即就向阳处晒之，毋厌其频"，又如"褥底铺毯，可藉收湿，卧时热气下注，必有微湿，得毯以收之"，对养生有一定的效用。

富贵人家，则多用兽皮制成。上官婉儿诗云："横铺豹皮褥，侧带鹿胎巾。借问何为者，山中有逸人。"白居易诗云："裘新青兔褐，褥软白猿皮。似鹿眠深草，如鸡宿稳枝。"胡炳文《纯正蒙求》中说刘恕家贫，从不妄取他人毫厘，归乡天寒时，司马光曾赠送衣袜及旧貂褥，但他坚持不受。由此可知，豹皮、猿皮、貂皮等物均可用来制褥。同时，用锦制褥的也很多。韩偓诗云："碧阑干外绣帘垂，猩色屏风画折枝。八尺龙须方锦褥，已凉天气未寒时。"薛韫诗云："堂前锦褥红地炉，绿沉香榼倾屠苏。

解佩时时歇歌管，芙蓉帐里兰麝满。"苏籀诗云："炽红麒麟沉水炉，凤纹锦褥须弥毡。琐窗犀案衔珍具，瑶瑛红珀莹杯棬。"都是富贵景象。文震亨所说的京师折叠卧褥，用锦作面，中充灯芯草，颇为古雅华贵。椅榻也用古锦作褥，能够保持整体的协调感。他还说当锦缎破旧之后，可以拿来装裱书画。可见锦价颇贵，纵是世家子弟，也不能尽情使用。至于寻常人家，便只能望洋兴叹了。

宋人史浩对褥有很深的体会，写过《衾褥八篇》，其一云："锦縠绫罗不足贪，无过紫绀与红蓝。仁宗一味黄绸被，万古传扬作美谈。"其七云："我生自幼识艰难，枕席虽温敢自安。安得衾裯无限数，普令天下不忧寒。"其八："梦幻浮华有此身，青毡已旧不须新。百年撒手成归计，多少衣衾属别人。"一赞仁宗勤俭，一忧天下民生，一叹浮生若梦，很值得玩味。

绒　单[1]

出陕西、甘肃，红者色如珊瑚，然非幽斋所宜；本色[2]者最雅，冬月可以代席。狐腋[3]、貂褥[4]不易得，此亦可当温柔乡[5]矣。毡者不堪用，青毡[6]用以衬书大字[7]。

【注释】

[1] 绒单：用驼毛或羊毛、棉毛等织成的毯子，具有较好的保暖性能。

[2] 本色：本来的颜色。

[3] 狐腋：亦作"狐掖"，狐狸腋下的毛皮，非常珍贵。

[4] 貂褥：貂皮制成的褥子。

［5］　温柔乡：原指女色迷人之所，后指温暖舒适的境地。

［6］　青毡：青色毛毯。

［7］　用以衬书大字：可用来铺在桌子上写毛笔大字。

【点评】

绒单，即绒毯，又名坐毡。多用羊毛制成，西北一带所制甚佳。相较于狐腋、貂褥，价格略便宜一些，寒冬腊月，可以御寒。文震亨推崇的是原色绒单，将青毡用作字垫。高濂则持不同观点，他在《遵生八笺》"坐毡"条中云："花时席地，每用鹿皮为之，人各一张，奈何毛脱不久。以蒲团、棕团坐之甚佳。余意挟青毡一条，临水傍花处，展地共坐，更便卷舒携带耳。"不仅实用，而且风雅，比文震亨更有巧思。

氍毹，也属于绒单中的一种，李贺诗云："蜡光高悬照纱空，花房夜捣红守宫。象口吹香氍毹暖，七星挂城闻漏板。"陈与义诗云："今晨胡床冷，愧我无氍毹。"可知颇为珍贵。《世说新语》中载有一则趣事：王子猷去拜访郗恢，当时郗恢在内室，他见堂上有氍毹，居然让童子直接搬回家。郗恢出来寻觅不得，王子猷说刚才有个大力士把它背走了。此事今时看来，真令人哭笑不得。但魏晋之时，任诞之风盛行，而王、郗二人为至交，胸次不凡，不可以常理度之。与

铺地绒单

氍毹类似的还有氀毹，也是一种用毛织的毯子，一般也用来铺地。岑参诗云："暖屋绣帘红地炉，织成壁衣花氀毹。"可见也是奢华之物，普通人家难得一见。

帐[1]

冬月以茧绸或紫花厚布为之。纸帐[2]与绸绢[3]等帐俱俗。锦帐[4]、帛帐[5]俱闺阁中物。夏月，以蕉布[6]为之，然不易得。吴中青撬纱[7]及花手巾[8]制帐，亦可。有以画绢[9]为之，有写[10]山水墨梅于上者，此皆欲雅反俗。更有作大帐，号为"漫天帐"[11]，夏月坐卧其中，置几榻橱架等物，虽适意，亦不古。寒月小斋中制布帐于窗槛之上，青紫二色可用。

【注释】

[1] 帐：自上而下覆盖张施在床上的器具，多用布或其他材料等做成，质料不同，用途稍异。

[2] 纸帐：以藤皮茧纸缝制的帐子。明·高濂《遵生八笺》："用藤皮茧纸缠于木上，以索缠紧，勒作皱纹，不用糊，以线折缝缝之。顶不用纸，以稀布为顶，取其透气。"

[3] 绸绢：绸与绢。绸，一种薄而软的丝织品。绢，一种平纹生丝织物，挺括滑爽。

[4] 锦帐：锦缎制的帷帐。汉·伶玄《赵飞燕外传》："为婕妤作七成锦帐。"

[5] 帛帐：帛制的帷帐。底本作"帕帐"，误。帛，丝织品总称。

［6］　蕉布：用蕉麻纤维织成的布。南朝宋·沈怀远《南越志》："蕉布之品有三，有蕉布，有竹子布，又有葛焉。虽精粗之殊，皆同出而异名。"

［7］　青撬纱：一种青色的稀纱，透气性较好。

［8］　花手巾：待考。

［9］　画绢：绘画时使用的绢。

［10］　写：摹画，绘画。

［11］　漫天帐：巨大的帷幔。

【点评】

帐，即床帐，有防虫、防尘、挡风、保暖、避光、遮挡等多种用途。清人沈复《浮生六记》中，记载了童年的一则趣事："夏蚊成雷，私拟作群鹤舞空，心之所向，则或千或百，果然鹤也；昂首观之，项为之强。又留蚊于素帐中，徐喷以烟，使之冲烟飞鸣，作青云白鹤观，果如鹤唳云端，怡然称快。"其实此事不独他自己怡然称快，就连读者也啧啧称奇。后来他长大了，娶了才貌双全的芸娘，洞房花烛之夜卧于帐内，"遂与比肩调笑，恍同密友重逢。戏探其怀，亦怦怦作跳，因俯其耳曰：'姊何心春乃尔耶？'芸

帐

回眸微笑。便觉一缕情丝摇人魂魄，拥之入帐，不知东方之既白。"读之，令人神迷意乱。

富贵之家的帐子，多用绸缎等名贵的材质，还有人悬挂流苏香囊，配上精美的纹饰，《孔雀东南飞》云："红罗覆斗帐，四角垂香囊"，描述的就是这种景象。而皇亲国戚的床帐，自然更是奢华。平民家中的帐子就朴素多了，文震亨说寒月可用布帐。皇宫中也有用此帐的，梁武帝时，曾作木棉布皂帐，晋元帝时，也曾作布帐，寓意崇俭，用来遏制奢靡之风。

除了布帐外，文震亨还推崇茧绸帐、紫花厚布帐、蕉布帐、青撬纱帐，认为这些雅致可用。他又提到一种大帐，说："夏月坐卧其中，置几榻橱架等物，虽适意，亦不古。"可见在他心中，古雅重于实用，追求"宁古无时，宁朴无巧，宁俭无俗"。他还提到了画绢帐和纸帐，对两者的评价都是一个俗字，就令人有些难以捉摸了。

画绢帐，文震亨有说明，即用画绢作帐，有素白的，也有在帐上绘山水墨梅图的，颇为风雅。唐人皇甫冉，曾有两首《题画帐》诗。其一云："湘水风日满，楚山朝夕空。连峰虽已见，犹念长云中。"其二曰："朝见巴江客，暮见巴江客。云帆悦暂停，中路阳台夕。"在他看来，画帐之间，既有天地山水，也有人世之思。

至于纸帐，历代文人皆爱。其中一种梅花纸帐，尤受激赏。元人陈泰有"梦回蕲竹生清寒，五月幻作梅花看"，蓝仁有"山中一枕梅花月，不识鸡声送马蹄"，令人向往。宋代林洪《山家清事》中对纸帐制式有很详细的记载："法用独床，傍植四黑漆柱，各挂一半锡瓶，插梅数枝。后设黑漆板，约二尺，自地及顶，欲靠以清坐。左右设横木，亦可挂衣。角安斑竹书贮一，藏书三四。挂白尘一，上作大方目，顶用细白楮衾作帐罩之。前安小踏床，于左植绿漆小荷叶一，置香鼎，然紫藤香。中只用布单、楮衾、菊枕、蒲褥，乃相称'道人还了鸳鸯债，纸帐梅花醉梦间'之意。"这种帐子，别说居于其间，就是光想象就令人神骨俱清。

而高濂在《遵生八笺》中还记载了一种无漏帐："上写蝴蝶飞舞，种种意态，俨存蝶梦余趣。"曹庭栋《老老恒言》中也提到折荷花放在帐外，使"隔帐香来"。这都和梅花纸帐有异曲同工之妙。但想必文震亨都不喜欢，或许他认为都失之刻意了吧。

文人卧帐，自然也有很多情思寄寓其中。张元干《好事近》词云："三冬兰若读书灯，想见太清绝。纸帐地炉香暖，傲一窗风月。"词中有崖岸自高之意。辛弃疾《祝英台近》词云："罗帐灯昏，呜咽梦中语。是他春带愁来，春归何处。"词中有说不尽的愁绪。曹雪芹《红楼梦》中说："昨日黄土陇头送白骨，今宵红灯帐底卧鸳鸯。"这是感慨世事人生的无常，看透世情的冷淡。白居易《长恨歌》诗云："云鬓花颜金步摇，芙蓉帐暖度春宵。春宵苦短日高起，从此君王不早朝。"描述大唐的衰落过程，字字悲概。蒋捷《虞美人》词云："少年听雨歌楼上。红烛昏罗帐。壮年听雨客舟中。江阔云低、断雁叫西风。　而今听雨僧庐下。鬓已星星也。悲欢离合总无情。一任阶前、点滴到天明。"人生最美好、最值得惦念的是少年时期，此后历经悲欢离合国破家亡，也曾无数次卧帐，但当年的种种，是再也回不去了。

冠[1]

铁冠[2]最古，犀、玉、琥珀次之，沉香、葫芦者又次之，竹箨、瘿木[3]者最下。制惟偃月[4]、高士[5]二式，余非所宜。

【注释】

[1] 冠：此处指古代官吏及成年男子所戴的礼帽。《说文解字》："冠，

弁冕之总名也。"

[2] 铁冠：古代御史所戴的法冠，以铁为柱卷，故名。

[3] 瘿木：又名"影木"，泛指所有长有结疤的树木。是树木病态增生
的结果。明·曹昭《格古要论》："瘿木出辽东、山西，树之瘿有
桦树瘿，花细可爱，少有大者；柏树瘿，花大而粗，盖树之生瘤者
也。国北有瘿子木，多是杨柳木，有纹而坚硬，好做马鞍鞯子。"

[4] 偃月：半弦月形状的冠。

[5] 高士：此处指隐居不仕或修炼者常戴的一种帽子。明·龚贤《浴鹭
诗为宗弟黄作》："尘埃不上羽人服，霜雪常沾高士冠。"

【点评】

今时今日，戴在头上的挡风避雨、遮阳防尘之物，统称为帽，冠属于
其中一种。但是在古代，首服有冠、巾、帽、盔、笠等多种类别。冠的用
材非常考究，主要用作装饰，表示身份礼仪。

冠服

冠的类别非常多，有玄冠、鹖冠、梁冠、
獬豸冠、樊哙冠、进贤冠、通天冠、远游冠等
多种，每一种均有其历史渊源。譬如樊哙冠，
是鸿门宴时樊哙为了救刘邦，用破衣服裹盾牌
戴在头上而来，汉代多将此种形制的冠赐予殿
卫。譬如进贤冠，冠檐呈斜俎形，中间镂空插
毛笔，用来记录君王过失。又如鹖冠，在冠顶
插饰鹖毛，象征武官如鹖鸟般英勇。文震亨提
及的士人之冠，多用铁、犀、玉、琥珀、沉香
木、葫芦等材质制成，推崇偃月、高士二式，
追求的依然是清雅高洁的幽人风致。

冠，包含了很多礼仪。其一是冠服制度。

这是礼制中的一种，要求王公贵族，文臣武将们，在不同礼仪场合佩戴不同的冠，身着不同的衣裳，颜色、图案等都有一定之规，用来表现各自的身份。如唐高祖李渊曾颁布"武德令"，规定天子之服十四、皇后之服三、皇太子之服六、太子妃之服三、群臣之服二十二、命妇之服六，等级十分森严。其二是冠礼。在古代，女子十五岁成年，行笄礼，男子二十岁成年，行冠礼。其过程非常繁杂，需要选定黄道吉日在宗庙举行，父母及宾客都需要身穿礼服到场，给成年者加冠，并宣读祝辞，再取表字。仪式完毕，受冠者需再去拜见长者，获得大家的认可。儒家希望用这一套礼仪，培养出一个孝、悌、忠、信，对社会有益的人。

冠，衍生了很多故事。一为"正衣冠"。鲁国内乱，孔子的弟子子路，曾力度挽救，但却被暗算，连冠下的丝缨都被砍断了。但他却在死前从容整冠，说："君子死而冠不免。"这是为信仰而死，令人敬仰。还有一为"怒发冲冠"。战国时，蔺相如受命带和氏璧到秦国交换城池，他料定了秦王并无意愿，宁为玉碎，不为瓦全，竟然"持璧却立倚柱，怒发上冲冠"，在他的斗智斗勇之下，终于在将和氏璧完璧归赵。岳飞《满江红》中"怒发冲冠，凭栏处、潇潇雨歇"之句，即典出于此。

巾 [1]

汉巾去唐式不远[2]，今所尚披云巾[3]最俗，或自以意为之，幅巾[4]最古，然不便于用。

【注释】

[1] 巾：裹头布。明·李时珍《本草纲目》："古以尺布裹头为巾。后世

以纱、罗、布、葛缝合，方者曰巾，圆者曰帽，加以漆制曰冠。"

[2] 汉巾去唐式不远：汉巾与唐巾差别不是太大。他本或作"唐巾去汉式不远"。汉巾，是一种包头的布，折角为蝴蝶型、尖角型的都有。唐式，唐代的巾，唐代帝王戴的一种便帽。后世士人多戴这种帽子。明代时进士巾也叫"唐巾"。

[3] 披云巾：明代男子所戴的一种头巾。以绸带为面料，内纳棉絮。顶部呈扁方形，后垂披肩，一般用于御寒。

[4] 幅巾：古代男子以全幅细绢裹头的头巾，平民多用。

【点评】

巾，是用来供擦拭、覆盖、包裹、佩戴等用的纺织物。原是卑贱之物。《释名》中载："士冠，庶人巾。"在古代，男子二十岁成年，需要束发举行冠礼，但当时只有士大夫才能戴冠，庶民、仆役等地位低下者，便只能用巾来代替冠，作裹头之用。

到汉代时，这种局面有所改观。当时有一名士郭太，品学出众，很受人崇敬，一举一动，都对时人影响很大。一次他路中遇雨，就把巾折了一角戴在头上，颇有风姿。当时之人，无论贫贱，争相效仿，一时间蔚然成风。从此，巾才开始渐渐真正流行开来。

帻和巾类似，是士人在冠下压紧两鬓、整收乱发的包头物。巾成了一种时尚后，帻也演变成了一种覆盖整个头顶的首服。它和幞

明　朱卫玒《汝水巾谱》中的唐巾样式

头类似，但形制又有所区别。北周时，宇文邕发现巾系在头上不紧，就用两根垂带系在上面，打结后做成装饰，乌纱帽的形制就是由此发展而来。

巾自风行以后，两千年来，有结巾、雷巾、仪巾、网巾、方巾、飘巾、儒巾、幅巾、浩然巾、万字巾、南华巾、纯阳巾、混元巾、折上巾、逍遥巾、东坡巾等多种样式问世。其中，幅巾、逍遥巾、浩然巾、混元巾、东坡巾这几种，千百年来最受欢迎。

幅巾，是用整幅帛巾束首，纶巾即是其中的一个分支。苏轼有《念奴娇·赤壁怀古》赞叹周瑜道："羽扇纶巾，笑谈间，樯橹灰飞烟灭。"其英姿令人倾倒。

逍遥巾后有垂带，有飘飘然之态，故名逍遥。冯梦龙《古今笑》中有一副对联云："风摆棕榈，千手佛摇折叠扇；霜凋荷叶，独脚鬼戴逍遥巾。"后来金庸在《射雕英雄传》中写郭靖背着黄蓉求见一灯时，借用了这副对联，极其有趣。

浩然巾，初为孟浩然所戴，他在灞桥策蹇踏雪寻梅，说自己"诗思在灞桥风雪中驴背上"。混元巾，是道教九巾之首，用黑缯糊成，硬沿，整体呈圆形，取混元一气之意。东坡巾，以较硬的薄纱制成，相传当时苏东坡因为贬官入狱，在狱中无法身着官服，故想出此头巾。但后来幽人隐士们都喜欢佩戴此巾，这就是因缘际会了。

笠[1]

细藤者[2]佳，方广二尺四寸，以皂绢[3]缀檐[4]，山行[5]以遮风日。又有叶笠[6]、羽笠[7]，此皆方物[8]，非可常用。

【注释】

[1] 笠：又名斗笠、笠帽，用竹篾、箬叶或棕皮等编成的一种帽子，可用来挡风遮雨。稍为讲究的，往往在笠中以竹叶夹一层油纸或荷叶，在笠面涂上桐油。

[2] 细藤者：即云笠。明·高濂《遵生八笺》："一名云笠，以细藤作笠，方广二尺四寸，以皂绢蒙之，缀檐以遮风日。"

[3] 皂绢：黑绢。

[4] 缀檐：用材料缝制边缘，即滚边。

[5] 山行：在山中行走。

[6] 叶笠：用竹叶或树叶编织的斗笠。

[7] 羽笠：用鸟羽编织的斗笠。

[8] 方物：本地产物，地方特产。一作"方外之物"解。

【点评】

　　笠，是民间用来遮阳、防风、挡雨的一种帽子。有尖顶、圆顶、无顶三种形制。用箬叶和竹篾编成的，称为"箬笠"。用毛毡片编成的，称为"毡笠"。用棕树皮编成的，称为"雨笠"。用皮革编织而成的，称为"皮笠"。有用葵叶铺陈笠盖的，称为"葵笠"。用草梗来编织的，称为"草笠"，因其色常由青变黄，故又称其为平民的"黄冠"。以芦苇编成的名"苇笠"，以台草编成的名"台笠"。《说文解字》中，还提到一种"簦"，和斗笠几乎一样，但有柄。《世说新语》中有一则趣事，孔隐士劝谢灵运放弃戴这种没有高远之趣的帽子，谢用庄子典故作答："将不畏影者，未能忘怀。"以此讽刺其着相，颇为有趣。

　　另外，影视剧中常见一种"帷帽"，又名"浅露"，缘起于胡人的"幂篱"，可以视为斗笠的变种。这种帽子的帽身是竹片制成的斗笠，帽檐上垂挂一层丝网或薄绢，其长至颈部、腰部、脚踝不等，有防风遮阳之用。

西塞山连白
鹭飞桃花流
水鳜鱼肥青
箬笠绿蓑
衣斜风细雨
不须归
承斜风细雨
赖观沅迹
甲戌小春月

张志和《渔歌子》「青箬笠，绿蓑衣，斜风细雨不须归」诗意图

宋人高承《事物纪原》载："帷帽创于隋代，永徽中始用之……今世士人往往用皂纱若青，全幅连缀于油帽或毡笠之前，以障风尘，为远行之服。"可见其制源流甚远。武则天时，社会风气开放，女子多戴绢帛及颈的帷帽；至宋代，风气保守，女子多戴遮护全身的帷帽，给人一种神秘飘逸的感觉。

古时文人也爱戴斗笠。文震亨提及的斗笠有云笠、叶笠、羽笠三种，对叶笠、羽笠皆一笔带过。屠隆《考槃馀事》中对此二者有详细的介绍:"有竹丝为之,上以棕叶细密铺盖,名叶笠。有竹丝为之,上缀鹤羽,名羽笠。"此三物,文震亨认为是方外之物,屠隆认为"三者最轻便,甚有道气",二人所见略同。可见他们追求的,是古朴、清雅、出尘之感。

文震亨和屠隆都未提及文人最心仪的"蓑笠"。蓑衣、斗笠虽是两物,但在古诗文中常常并用。历代文人,一直有一种渔樵情结。而渔夫在湖山之间,通常的装束就是蓑衣斗笠。唐人张志和有《渔歌子》云:"西塞山前白鹭飞,桃花流水鳜鱼肥。青箬笠,绿蓑衣,斜风细雨不须归。"身披绿蓑,头戴青箬,看着山前的白鹭、桃花、流水、游鱼,斜风细雨也不归,真是悠闲逍遥,似乎时光都静止了。唐人柳宗元有《江雪》云:"千山鸟飞绝,万径人踪灭。孤舟蓑笠翁,独钓寒江雪。"下雪了,茫茫天地不见一物,只有一个蓑笠翁在孤舟上垂钓,其意境多么寒寂,多么孤绝,却又似乎与天地大道融为了一体。

张志和与柳宗元的诗广为流传,文人对蓑笠愈发有歆慕之感。李颀有诗云:"白首何老人,蓑笠蔽其身。"储光羲有诗云:"圆笠覆我首,长蓑披我襟。"苏轼有词云:"自庇一身青箬笠,相随到处绿蓑衣。"在他们看来,绿蓑青笠是一生的良伴,也是一种人生的归宿。宋初有人要将杨朴推荐给宋太宗,杨朴赋了一首《莎衣》诗以对:"软绿柔蓝著胜衣,倚船吟钓正相宜。蒹葭影里和烟卧,菡萏香中带雨披。狂脱酒家春醉后,乱堆渔舍晚晴时。直饶紫绶金章贵,未肯轻轻博换伊。"莎衣即蓑衣,他追求"绿蓑青笠"式的逍遥自在,鄙弃"紫绶金章"式的案牍劳形。这便涉及"仕"与"隐"的问题,究竟是兼济天下,还是独善其身,古代士人无不为其困扰。故而如苏轼辈,会说"会挽雕弓如满月,西北望,射天狼",也会说"几时归去,作个闲人。对一张琴,一壶酒,一溪云"。平日里忧愁实在无法排解时,他们往往会泛舟湖上,着一蓑衣,戴一斗笠,执一钓竿,找回片刻的闲适和宁静。

履^[1]

冬月，秧履^[2]最适，且可暖足。夏月，棕鞋^[3]惟温州者佳。若方舄^[4]等样制作不俗者，皆可为济胜之具^[5]。

【注释】

[1] 履：鞋。《说文解字》：“履，足所依也。”

[2] 秧履：疑为草鞋，用稻秆或草茎等编制的鞋。

[3] 棕鞋：用棕丝编制的鞋。唐·戴叔伦《忆原上人》：“一两棕鞋八尺藤，广陵行遍又金陵。”

[4] 方舄（xì）：以木为复底的方形鞋子。

[5] 济胜之具：游览用具，详见本书卷九“舟车”条中“济胜之具”注释。

【点评】

鞋，是行走护脚之物，又称履，在古代有靴、舄、屦（jù）、屩（juē）、屐等类别，其形制也有很大的不同。

靴，是长筒的鞋子，多用皮制成。马缟《中华古今注》载：“靴者，盖古西胡服也。昔赵武灵王好胡服，常服之。其制，短靿黄皮，闲居之服。”

舄，是专门在祭祀中穿的一种鞋，多为方形，底部有两层，用木料置于其下，防止弄湿鞋底。

屦，是用麻、葛等材料制成的一种鞋，《诗经·大东》云：“纠纠葛屦，可以履霜。”说的就是这种鞋。《庄子》中说曾子寄居卫国时，“缊袍无表，颜色肿哙，手足胼胝，三日不举火，十年不制衣。正冠而缨绝，捉衿而肘见，纳屦而踵决。曳纚而歌《商颂》，声满天地，若出金石。天子不得臣，诸侯不得友……"这和颜回居于陋巷，原宪居鲁时，都是一样的境界。

屩，即草鞋，穿着走路非常轻便。它另有几个别名，一个是"屣"（xǐ），《孟子》曰："舜视弃天下犹弃敝屣也。"一个是"蹻"（juē），《史记·平原君虞卿列传》载："虞卿者，游说之士也。蹑蹻檐簦，说赵孝成王。"还有一个是"扉"，独孤及《谏表》云："以其粮储扉屦之资，充疲人贡赋。"

屐，是一种木制的鞋，底较高，下有二齿，在平地走路非常稳当，走泥路或下雨时，不容易沾染泥泞。此物春秋时已有，晋文公即位后封赏群臣，独独忘了割肉给他的介之推，寻他时，他已遁入深山。晋文公放火烧山想要逼他出来，结果介之推和老母抱树烧死，晋文公伐树作木屐。常常悲叹："悲乎，足下！"其事令人感伤不已。东晋时，谢灵运也曾制作一种登山屐，鞋底安有两个木齿，"上山则去前齿，下山则去后齿"，非常适用。李白非常崇拜他，在《梦游天姥吟留别》一诗中写道："脚着谢公屐，身登青云梯。半壁见海日，空中闻天鸡。"也算是名流之事了。

至于履，是鞋最广泛的名称。它是用皮制成的鞋子，又名鞮（dī），颜师古云："鞮，薄革小履也。"有一种翘头履，头部上翘，可以避免在走路过程中因踩住袍裙而绊倒。家居日常、礼仪典庆，各种场合穿戴，无不适宜。另有一种远游履也非常出名，曹植《洛神赋》云："践远游之文履，曳雾绡之轻裾。微幽兰之芳蔼兮，步踟蹰于山隅。"李白有诗云："足下远游履，凌波生素尘。"令人非常神往。

文震亨所推崇的鞋子，为秧履、棕鞋、方舄，多为植物茎叶编成的鞋，而非纺织物，这可能是他认为冬暖夏凉穿着舒服，也有可能是他认为人在天地之间，与草木毗邻，更有一种幽人风致。宋人罗大经《鹤林玉露》云："金貂紫绶，诚不如黄帽青簑；朱毂绣鞍，诚不如芒鞋藤杖；醇醪豢牛，诚不如白酒黄鸡；玉户金铺，诚不如松窗竹屋。"理由是后者得其天性。其意和文震亨倒有相通之处。

卷九 舟车

文震亨《唐人诗意图册》册页九

舟　车[1]

　　舟之习于水[2]也，弘舸连轴[3]，巨槛接舻[4]，既非素士所能办[5]，蜻蛉[6]、蚱蜢[7]，不堪起居[8]，要使轩窗阑槛[9]，俨若精舍，室陈厦飨[10]，靡不咸宜[11]。用之祖远饯近[12]，以畅离情[13]；用之登山临水，以宣幽思[14]；用之访雪载月[15]，以写高韵[16]；或芳辰缀赏[17]；或靓女采莲[18]；或子夜清声[19]；或中流歌舞[20]，皆人生适意[21]之一端也。至如济胜之具[22]，篮舆[23]最便，但使制度新雅[24]，便堪登高涉远，宁必饰以珠玉，错以金贝[25]，被以缋罽[26]，藉以簟蒻[27]，镂以钩膺[28]，文以轮辕[29]，绚以鞶革[30]，和以鸣鸾[31]，乃称周行[32]、鲁道[33]哉？志《舟车》第九。

【注释】

[1]　舟车：船和车，泛指交通工具。

[2]　习于水：在水里航行。

[3]　弘舸连轴：大船巨舰，首尾相连。弘，通"宏"。《尔雅》："弘，大也。"舸，大船。汉·扬雄《方言》："南楚、江、湘，凡船大者谓之舸。"连轴，车船相接。宋·欧阳修《初食车螯》："水载每连轴，陆输动盈车。"

[4]　巨槛接舻：与"弘舸连轴"意同。他本或作"巨舰接舻"。槛，上下四方加板的船。舻，古代指船头或船尾，后泛指船。"弘舸连轴，巨槛接舻"句出自西晋左思《吴都赋》。

[5]　既非素士所能办：这不是贫寒的读书人所能置办的。素士，指贫寒

545

的读书人，也指文人儒士。

[6] 蜻蛉：蜻蜓的别称。此处指蜻蜓舟，一种小船。明·王世贞《赠梁公实谢病归》："我亦欲买蜻蜓舟，归与少年为薄游。"

[7] 蚱蜢（zhà měng）：即舴艋舟，一种小船，极小而灵便。宋·李清照《武陵春·春晚》："只恐双溪舴艋舟，载不动许多愁。"

[8] 不堪起居：不能承担生活起居。

[9] 轩窗阑槛：窗户和栏杆。轩窗，窗户。唐·孟浩然《同王九题就师山房》："轩窗避炎暑，翰墨动新文。"阑槛，栏杆。宋·欧阳修《朝中措·送刘仲原甫出守维扬》："平山阑槛倚晴空，山色有无中。手种堂前垂柳，别来几度春风。"

[10] 室陈厦飨（xiǎng）：船舱陈设适宜，可摆酒设宴。厦，大屋子，此处当指船舱。飨，设盛宴待宾客。

[11] 靡不咸宜：都要适宜。靡，没有。《诗经·荡》："靡不有初，鲜克有终。"咸，全、都。晋·王羲之《兰亭集序》："群贤毕至，少长咸集。"

[12] 祖远饯近：饯行送别。祖，出行时祭祀路神，引申为饯行。《战国策》："至易水之上，既祖，取道。"饯，饯行，设酒食送行。

[13] 以畅离情：以尽离别之情。畅，尽情，尽兴。离情，别离的情绪。唐·谢逸《柳梢青》："无限离情，无穷江水，无边山色。"

[14] 以宣幽思：用以宣发心中的思想感情。幽思，深思，沉思。

[15] 访雪载月：雪夜访友，乘月醉归。详见本条点评。

[16] 以写高韵：抒发高雅的情致。写，倾吐，抒发。明·唐寅《题画》："促席坐鸣琴，写我平生心。"高韵，高雅的风度。宋·陆游《答福州察推启》："高韵照人，清言绝俗。"

[17] 芳辰缀赏：共享良辰美景。芳辰，美好的时光。南朝梁·沈约《反舌赋》："对芳辰于此月，属今余之遵暮。"缀赏，赞赏，玩赏。《乐府诗集·水调二》："昨夜遥欢出建章，今朝缀赏度昭阳。"

明　戴进《月下泊舟图》

[18]　靓女采莲：指看美女乘舟采莲。靓女，青春靓丽的美女。宋·张先
　　　　《望江南》词："青楼宴，靓女荐瑶杯。"

[19]　子夜清声：指泛舟听清吟之声。子夜，半夜。文中所指疑为吴越之
　　　　地常唱的《子夜歌》。此歌是乐府诗的一种。现存晋、宋、齐三代
　　　　歌词四十二首，写爱情生活中的悲欢离合，多用双关隐语。宋·梅
　　　　尧臣《咏官妓从人》："无心歌《子夜》，有意学流黄。"清声，清亮
　　　　的声音。汉·扬雄《太玄赋》："听素女之清声，观宓妃之妙曲。"

[20]　中流歌舞：指到江中纵情歌舞。中流，江河中央，水中。唐·张祜
　　　　《题润州金山寺》："树影中流见，钟声两岸闻。

[21]　适意：称心合意，闲适得意。

[22]　济胜之具：游览用的交通工具。济胜，攀登胜境，即游览。宋·陈
　　　　与义《游董园》："幸有胜济具，枯藜支白头。"

[23]　篮舆：古代供人乘坐的交通工具。详见本卷"蓝舆"条注释。

[24]　制度新雅：规格适宜，样式新奇雅致。

[25]　错以金贝：镶嵌金贝。错，泛指镶嵌或绘绣。金贝，金银贝壳。

［26］被以缋罽（huì jì）：披上彩色毛毯。被，古通"披"。缋罽，彩色的毛织物。

［27］藉（jiè）以簟莆（bó）：挂上竹帘。藉，凭借，文中当引申为"装饰"之意。簟，竹席。莆，车帘。

［28］镂以钩膺（yīng）：雕刻缨饰。钩膺，马颔及胸上的革带，下垂缨饰。《诗经·采芑》："簟莆鱼服，钩膺鞗革。"

［29］文以轮辕：装饰车辆。文，修饰，文饰。轮辕，指车辆。轮是车轮，辕是车前驾牲口用的直木。

［30］绚（qú）以鞗（tiáo）革：指装饰拴马的缰绳。绚，用布麻丝缕搓成绳索。他本或作"鞫""约""绚"，误。革，雕饰上革。鞗革，马络头的下垂装饰。《诗经·蓼萧》："既见君子，鞗革忡忡。"

［31］和以鸣鸾：装配响铃。和，附和，响应。鸣鸾，即鸣銮，装在轭首或车衡上的铜铃。

［32］周行：至善之道。此处作"行驶顺畅"解。

［33］鲁道：原指鲁国境内的道路。后引申为道路通达。《诗经·南山》："鲁道有荡，齐子由归。"

【点评】

卷九论舟车，即交通工具。文震亨所论的舟车，包含巾车、蓝舆、舟、小船几种，鄙夷徒加修饰的庸俗行径，认为幽人韵士的舟车当如精舍，如此出行之时，方有逸致。在他眼中，舟车即是游具。由此可见，他看似写舟车，实则写的是出游的逸兴和复杂的情思。

历代文人们，都有出游的传统，也一直如文震亨般看重出游在精神层面的意义。

《晋书》中说羊祜喜爱山水，每逢佳日便造访岘山，把酒吟诗，终日不倦。他曾对随从感慨道："自有宇宙，便有此山。由来贤达胜士，登此远望，如我与卿者多矣！皆湮灭无闻，使人悲伤。如百岁后有知，魂魄犹应登此也。"登高望远，发思古之幽情，感慨世事人生，属文人常事。

宋人韩持国当太守时，每逢春日，便准备十几人的饮用器具泛舟西湖，遇到名人雅士就相邀把酒吟诗。有人问何以至此，他说："吾之为乐无几，而春亦不吾待矣。"光阴易逝，日月如梭，人生自当好好珍惜。

张岱《湖心亭看雪》云："大雪三日，湖中人鸟声俱绝……余拏一小舟，拥毳衣炉火，独往湖心亭看雪。雾凇沆砀，天与云与山与水，上下一白。湖上影子，惟长堤一痕、湖心亭一点、与余舟一芥，舟中人两三粒而已。"到得亭上，还见到二人对坐饮酒，自己"饮三大白而别"。这等闲情逸致，令人物我两忘。

刘义庆《世说新语》载："王子猷居山阴，夜大雪，眠觉，开室，命酌酒，四望皎然。因起彷徨，咏左思招隐诗，忽忆戴安道。时戴在剡，即便夜乘小船就之。经宿方至，造门不前而返。人问其故，王曰：'吾本乘兴而行，兴尽而返，何必见戴？'"宋人叶梦得在《避暑录话》中又记载了欧阳修出游一事："公每于暑时，辄凌晨携客往游，遣人走邵伯湖，取荷花千余朵，以画盆分插百许盆，与客相间。酒行，即取一花传客，以次摘其叶，尽处则饮酒，往往侵夜载月而归。"王子猷和欧阳修事虽有异，但都是乘兴而来，兴尽而返。其高绝之处，令人千载追慕。

其实这一切，文震亨自己已点明："用之祖远饯近，以畅离情；用之登山临水，以宣幽思；用之访雪载月，以写高韵；或芳辰缀赏，或靓女采莲，或子夜清声，或中流歌舞，皆人生适意之一端也。"他的前辈高濂在《遵生八笺》说："我辈能以高朗襟期，旷达意兴，超尘脱俗，迥具天眼，揽景会心，便得妙观真趣。"将出游幽赏的真意一语道破。

中国园林之中，也有舟车用具。如豫园、颐和园等，水域十分宽广，可以泛舟，泛舟之时，有江湖万里之感。如拙政园、留园、艺圃等，水域有限，一般在柳岸系着一只小船来点景，以示逍遥自由之意，也颇有意趣。巾车、蓝舆之类，旧时常用，如今已很难见到了。

巾 车[1]

今之肩舆，即古之巾车也。第古用牛马[2]，今用人车[3]，实非雅士所宜。出闽、广者精丽，且轻便；楚中[4]有以藤为扛者[5]，亦佳；近金陵所制缠藤者，颇俗。

【注释】

[1] 巾车：有帷幕的车子，此处指肩舆，俗名轿子。箱形，内可坐人，架上竹竿，可使人肩抬行走。起初供山行使用，后来用作平地代步。唐·白居易《东归诗》："翩翩平肩舆，中有醉老夫。"

[2] 第古用牛马：不过古人用牛马拉车。第，但，只是。

[3] 人车：人力担抬巾车。

[4] 楚中：原指广泛的楚地。联系下文，可知当指湖南、湖北、江西、安徽一带。

[5] 以藤为扛者：以藤条为抬杠的巾车。

【点评】

巾车，即肩舆，是一种人力抬扛的代步工具。其形制是长方形的木板上设有座位，底下有两个长竿供人担抬。唐宋时，由于舆服制度的影响，普通人甚至官员都没有乘坐肩舆的资格，宋代历仕四朝的元老文彦博和司马光，因为年老多病，皇帝准许乘舆，在当时被看作莫大的恩典和殊荣。

到南宋时，由于南方地多湿滑，骑马容易摔伤，宋高宗就将原来的规矩废除了，其后肩舆才开始真正走入民间。

肩舆，还是轿子的原型。在唐代之前，由于中国人多是踞坐，当时的肩舆并不高。后来胡床（交床）从西域传入，经过漫长的演变，到宋代时人们把它改成有靠背的椅子，人们的生活方式随之剧变，肩舆也相应增高，也就演变成后来可以垂足而坐的

今之肩舆，即古之巾车也

轿子，出现了二人、四人、八人、十人、十六人等多种样式。明代首辅张居正回乡时，曾让三十二人抬轿，其场面可谓空前。

由于肩舆安稳，比坐车、骑马舒服，古今士人都非常喜欢。陶渊明《归去来兮辞》中说："农人告余以春及，将有事于西畴。或命巾车，或棹孤舟。既窈窕以寻壑，亦崎岖而经丘。木欣欣以向荣，泉涓涓而始流。善万物之得时，感吾生之行休。"他归田园后，乘舆远行之时，看到万物欣欣向荣之态，有闲适自得之感。唐代白居易《早夏游平原回》诗云："夏早日初长，南风草木香。肩舆颇平稳，涧路甚清凉。紫蕨行看采，青梅旋摘尝。疗饥兼解渴，一盏冷云浆。"坐在肩舆上，看着早夏美景，闻着草木清香，品尝着青梅，不亦快哉。

杨万里乘舆之事就更为刺激了。有一次他游峨眉山，"以健卒挟山轿

强登"，刚开始路途还算平坦，举目四望，有身处虚无缥缈间之感，心情十分畅快。后来路越来越险，左颠右簸，但他还较为镇定，远处的人都看呆了。后来追忆这一怵目惊心的过程，他写诗道："绝壁临江千尺余，上头一径过肩舆。舟人仰看胆俱破，为问行人知得无？"几百年后，袁宏道说："遇绝险处，当大笑。"两人应属知音。

文震亨对肩舆的态度，颇为纠结。他既明白肩舆历史悠久，也能欣赏闽广两地精丽轻便的肩舆和楚中的藤制肩舆，但是又认为用人担抬不雅。按此说，他应该会摒弃这种交通工具。但明时肩舆是一种常见的交通工具，他或许终究无法避免乘坐肩舆。至于文震亨是单纯觉得肩舆不雅，还是有爱惜百姓劳力之念，就不得而知了。

蓝　舆 [1]

山行无济胜之具，则蓝舆似不可少。武林[2]所制，有坐身踏足处俱以绳络[3]者，上下峻坂[4]皆平，最为适意，惟不能避风雨。有上置一架，可张小幔者，亦不雅观。

【注释】

[1] 蓝舆：即篮舆，古代供人乘坐的交通工具，形制不一，一般以人力抬着行走，类似后世的轿子。

[2] 武林：旧时杭州的别称，以武林山得名。

[3] 绳络：绳编的网状饰物。

[4] 峻坂：陡坡。

明　陈洪绶《陶渊明故事
图》中的蓝舆形制

【点评】

　　蓝舆，即篮舆，是一种人力担抬的代步工具，文人雅士山游之时常用。

　　明人陈洪绶绘有《陶明渊故事图》，其中"无酒"一段出现了蓝舆，整体为一根竹竿吊着一个无盖大箱的形状，空间不大，人在其间盘坐。《宋书·陶潜传》云："潜尝往庐山，弘令潜故人庞通之赍酒具于半道栗里要之，潜有脚疾，使一门生二儿舆篮舆，既至，欣然便共饮酌，俄顷弘至，亦无忤也。"又道："尝九月九日无酒，出宅边菊丛中坐久，值弘送酒至，即便就酌，醉而后归。"陶渊明曾乘过蓝舆，也曾有无酒之事，陈洪绶心慕神追，在所处的时代也曾见过蓝舆，故而他画中陶渊明作所乘的蓝舆，可以作为蓝舆制式的参考。文震亨说"武林所制，有坐身踏足处俱以绳络者"，则是一种可踏足的种类。

舟[1]

　　形如划船[2]，底惟平，长可三丈有余，头阔五尺，分为四仓[3]：中仓可容宾主六人，置桌凳、笔床[4]、酒鎗[5]、鼎彝、盆玩之属，以轻小为贵；前仓可容僮仆四人，置壶榼[6]、茗鑪[7]、茶具之属；后仓隔之以板，傍容小弄[8]，以便出入。中置一榻，一小几。小厨上以板承之，可置书卷、笔砚之属。榻下可置衣箱、虎子[9]之属。幔以板[10]，不以蓬簟[11]，两傍不用栏楯，以布绢作帐，用蔽东西日色，无日则高卷，卷以带，不以钩。他如楼船[12]、方舟[13]诸式，皆俗。

【注释】

[1] 舟：船。汉·许慎《说文解字》："舟，船也。古者共鼓货狄，刳木为舟，剡木为楫，以济不通。象形。"

[2] 划船："划"疑为"划"，划船为"划子"，又称"瓜船"，两头小中间大。

[3] 仓：舱位。

[4] 笔床：卧置毛笔的器具，详见本书卷七"笔床"条。

[5] 酒鎗：旧时的一种三足温酒器。

[6] 榼（kē）：古代盛酒或贮水的器具。

[7] 茗鑪：即茶炉。

[8] 傍容小弄：旁留过道。小弄，窄巷，引申为过道。

[9] 虎子：便壶，多以陶、瓷、漆或铜制作，因形作似虎而得名。

[10] 幔以板：船幔要用木板。

[11] 蓬簟：竹篾、竹席。蓬，疑为"篷"，即遮蔽风雨和日晒的物品，用竹篾、苇席、布等物制成。簟，竹席。

[12] 楼船：有楼的大船，古代战时常用于水路运输。唐·刘禹锡《西塞山怀古》："王濬楼船下益州，金陵王气黯然收。"

[13] 方舟：两船并驶。汉·班固《西都赋》："方舟并骛，俯仰极乐。"

【点评】

舟，即是船的一种。古人早先用竹筏渡水，后刳木为舟，再后来就有了较为稳固安逸的小舟。后世舟的形制虽然有异，但大体相同。

文震亨把舟分为四舱，精心布置：中舱放桌凳、笔床、酒鎗、鼎彝、盆玩等；前舱放酒壶、茶炉、茶具等；后舱分为两部分，一部分放置睡榻、坐几、衣物，另一部分放置书卷、笔砚等。如此设计，一个人独坐时，可以焚香、弹琴、饮酒、品茗；诗兴大发时，可以吟诗作赋、写字作画；客来了，可以对坐，品鉴古玩、盆花，或邀对方弈棋；饿了，可以一起吃点心；困倦了，可以随时高卧。

他还提到了楼船、方舟二种舟。楼船，为古时的战船，一般能装载几十上百兵士，有仓库专门用来放置兵器、粮草，可以将它看作古代的军舰。方舟，形态为两船相并之式，顾恺之《洛神赋图》中就有此式，舟体较大，颇为奢华。唐人陈希烈《奉和圣制三月三日》诗云："锦缆方舟渡，琼筵太乐张。"可见多为王公贵族所用。与此类似的还有两种，一为龙舟，一为画舫。龙舟，也是大型的楼船制式，外形为龙形，不过不用于战争，多作君王巡游之用。舫，即舸，或临水，或建在水中，外形与船相似，有"不系舟"之称。其中一种名画舫，内部宽敞，装饰精丽，居住、宴饮、游赏，无不适宜，最受文人喜爱。但画舫布置在园林中则有些不符合幽人风致，文震亨未提，可能因此故。

文震亨辈爱舟，其一是因为舟有逍遥忘忧的文化含义。《庄子》云："巧者劳而知者忧，无能者无所求，饱食而遨游，泛若不系之舟，虚而遨游者也。"不系之舟，寓意着心无挂碍，无拘无束，不滞于物，逍遥自在。这是一种理想的精神境界。韦庄的"他年却棹扁舟去，终傍芦花结一庵"，苏轼的"小舟从此逝，江海寄余生"，均有这种向往。李白说过"人生在世不称意，明朝散发弄扁舟"，他还有《游洞庭湖》诗云："南湖秋水夜无烟，耐可乘流直上天。且就洞庭赊月色，将船买酒白云边。"泛舟湖上，看着无尽的溶溶月色，有"乘桴浮于海"之感，想去白云边的酒馆去买酒，真不知在天上还是人间。

其二是因舟象征了隐逸自适。舟本为渔人常用，柳宗元《江雪》诗云："千山鸟飞绝，万径人踪灭。孤舟蓑笠翁，独钓寒江雪。"将孤舟与蓑笠并举，故而舟多了一层渔隐之意。晚唐隐士陆龟蒙，终老湖山之间，不乘车马只乘舟，自比涪翁、渔父，将舟拔至极高的地位。初唐时，王勃《滕王阁序》中有"渔舟唱晚，响穷彭蠡之滨"之句。后世有人以此入曲，描绘了一幅绚丽夕照下渔人载歌而归的画面。如此，文人对舟自有一种深厚的情结。

其三是因舟还有清寂闲适之雅趣。韦应物《滁州西涧》云："独怜幽草涧边生，上有黄鹂深树鸣。春潮带雨晚来急，野渡无人舟自横。"野渡之畔，幽草无边，黄鹂时鸣，暮雨将至之时，只有一只孤舟横陈。清寂中，多么闲雅。韦庄有词云："春水碧于天，画船听雨眠。"皇甫松有词云："闲梦江南梅熟日，夜船吹笛雨萧萧。"如此意境，都美得令人心醉。还有李清照的"兴尽晚回舟，误入藕花深处。争渡，争渡，惊起一滩鸥鹭"，王维的"明月松间照，清泉石上流。竹喧归浣女，莲动下渔舟"，无需深解，即可觉天地有大美。

文人们还常借舟来抒发内心的情思。"亲朋无一字，老病有孤舟"，说的是飘零之苦；"风鸣两岸叶，月照一孤舟"，说的羁旅之愁；"仍怜故乡水，万里送行舟"，说的是离别之思；"壮年听雨客舟中。江阔云低、断雁叫西风"，说的是人生无常，"两岸猿声啼不住，轻舟已过万重山"，说的是难得快意。还有"月落乌啼霜满天，江枫渔火对愁眠。姑苏城外寒山寺，夜半钟声到客船"，失意的游子，夜半看着月色和渔火，想着值得留恋的东西，忽然听到了远远传来的寒山寺钟声，顿觉旧日的种种如同云烟。

小　船^[1]

长丈余，阔三尺许，置于池塘中，或时鼓枻^[2]中流；或时系于柳阴曲岸^[3]，执竿把钓^[4]，弄月吟风^[5]。以蓝布作一长幔^[6]。两边走檐^[7]，前以二竹为柱，后缚船尾钉两圈处，一童子刺^[8]之。

【注释】

[1]　小船：又名扁舟，规模不大的轻便的船。

[2]　鼓枻（yì）：划桨，即泛舟。枻，船舷，也指船桨。

[3]　柳阴曲岸：杨柳成荫的河岸。曲岸，弯曲的河岸。

[4]　执竿把钓：持竿垂钓。

[5]　弄月吟风：赏玩、吟咏风月美景。元·管道升《渔父词》："争得似，一扁舟，弄月吟风归去休。"

[6]　长幔：船篷。幔，布帛制成，遮蔽门窗等用的帘子。

[7]　两边走檐：两边伸出作檐。

[8]　刺：古通"拉"，牵、扯、拽之意，文中作撑船、划船解。

【点评】

小船，一般长丈余，阔三四尺，可坐三四人，行驶轻便。

明代宁王朱权自称臞仙后曾说："河内置一小舟，系于柳根阴处。时乎闲暇，执竿把钓，放乎中流，可谓乐志于水。或于雪霁月明，桃红柳媚之时，放舟当溜，吹箫笛以动天籁，使孤鹤乘风唳空。或扣舷而歌，饱餐风月，回舟返棹，归卧松窗，逍遥一世之情，何其乐也！"他的小舟，应是小船，在上面赏景、垂钓、吹箫、吟歌，真是快哉！想必远离权力旋涡的他，在那一刻，真的可以逍遥忘忧。文震亨说"置于池塘中，或时鼓枻中流；或时系于柳阴曲岸，执竿把钓，弄月吟风"，其情境与朱权类似。他的曾祖文徵明仕途跌宕，常在仕与隐之间徘徊。他自己和兄长文震孟，生活在风雨飘摇的晚明乱世，想必对此绿笠青蓑、执竿把钓的渔隐生活，有更深的向往。

不过文人在小舟上，更多的是享受闲情逸趣，或观赏沿岸的景色，或静听潺潺的水声，或闭目凝神，什么都不想。有诗思时，就吟诗作赋。无聊时，把手伸出船外，看忽然间从水草深处飞出的鸥鹭。饿了，就钓几条鱼，吃完躺在船舱里就睡。李珣《南乡子》词："云带雨，浪迎风，钓翁回棹碧湾中。春酒香熟鲈鱼美，谁同醉？缆却扁舟篷底睡。"描述的即是此种情境。

或时系于柳阴曲岸，执竿把钓，弄月吟风

小船中，有一种精雅的乌篷船，颇受文人欢迎。这种船盛于浙江绍兴一带，篷为黑色，呈半圆形，轻快闲雅，民国时周作人经常提到它。他曾写信给朋友说："我以前在杭沪车上时常遇雨，每感困难，所以我于火车的雨不能感到什么兴味，但卧在乌篷船里，静听打篷的雨声，加上欸乃的橹声以及'靠塘来，靠下去'的呼声，却是一种梦似的诗境。倘若更大胆一点，仰卧在脚划小船内，冒雨夜行，更显出水乡住民的风趣，虽然较为危险，一不小心，拙劣地转一个身，便要使船底朝天。二十多年前往东浦吊先父的保姆之丧，归途遇暴风雨，一叶扁舟在白鹅似的波浪中间滚过大树港，危险极也愉快极了。"他写得很平淡，娓娓道来，却如名茶般，有一种微苦后的回甘。他说的这段经历，极诗意，也极险，非乘坐者难以体会。

讲究生活美学的李渔，对于小船的设计也别出心裁。他在小船上制了一扇窗，如此"坐于其中，则两岸之湖光山色、寺观浮屠、云烟竹树，以及往来之樵人牧竖、醉翁游女"，尽入眼中，舟摇水动之际，移步换景，赏心悦目。此窗不仅娱己，还可娱人，从外视内，舟中人物也入了天地山水的画幅之中。坐着这样的小船，看着山水，听着雨眠，真不知今夕何夕。

今时今日，由于生活环境的剧变，小船已经渐渐退出历史舞台，臞仙、文震亨、李珣、李渔、周作人笔下的闲情逸致，我们已很难体验，只能通过这些文字来追思怀想了。

卷十 位置

文震亨《唐人诗意图册》册页十

位 置^[1]

位置之法，烦^[2]简不同，寒暑各异，高堂广榭^[3]，曲房奥室^[4]，各有所宜，即如图书鼎彝之属，亦须安设得所^[5]，方如图画。云林清秘^[6]，高梧古石中，仅一几一榻，令人想见其风致^[7]，真令神骨俱冷^[8]。故韵士所居，入门便有一种高雅绝俗之趣。若使前堂养鸡牧豕^[9]，而后庭侈言^[10]浇花洗石，政^[11]不如凝尘满案^[12]，环堵四壁^[13]，犹有一种萧寂气味^[14]耳。志《位置第十》。

【注释】

[1] 位置：布置，安排，处置。宋·陈鹄《耆旧续闻》："晁无咎闲居济州金乡，葺东皋归去来园，楼观堂亭，位置极潇洒。"

[2] 烦：古通"繁"。

[3] 高堂广榭：高楼大厦。榭，建在高台上的木屋，也指无室的厅堂。

[4] 曲房奥室：幽居密室。曲房，内室，密室。奥室，内室，深宅。

[5] 安设得所：安置得当。

[6] 云林清秘：元代画家倪瓒的隐居之所。云林，元代画家倪瓒的别号。清秘，指清秘阁。清为纯之意，秘为稀之意，此阁名意为纯正稀少的珍品藏于阁内。

[7] 风致：风味，情趣。

[8] 神骨俱冷：神清气爽。

[9] 牧豕（shǐ）：喂猪。豕，猪。

[10] 侈言：大谈大讲。

[11] 政不如：倒不如。政，通"正"，表示肯定的强调语气，的确、实
　　　在之意。

[12] 凝尘满案：灰尘布满案几。

[13] 环堵四壁：四壁简陋残破。环堵，四面围绕土墙的狭屋，即狭小、
　　　简陋的居室。晋·陶渊明《五柳先生传》："环堵萧然，不蔽风日。"

[14] 萧寂气味：萧瑟闲寂的气息。

【点评】

　　卷十论位置，即今时所说的布局。文震亨所述涉及椅、榻、屏、架、
香炉、花瓶、书画、敞室等室内陈设，他认为不同的事物繁简不同，寒暑
各异，应随方制象，各得所宜，营造一种古雅绝俗的意趣。而在具体的布
置上，需要兼顾法则和审美两方面。

　　法则上，有因时制宜：如"坐具"条，文氏提倡日用为湘竹榻和禅
椅，冬天设锦缎、虎皮当坐垫；如"置瓶"条，文氏提倡"春冬用铜，秋
夏用磁"；又如"置炉"条，文氏提倡"夏月宜用磁炉，冬月用铜炉"。这
些都是考虑到季节因素，根据时令来布局。

　　有因地制宜：如"亭榭"条，文氏考虑到风吹日晒，故而多用古拙
的器具；如"坐几"条，文氏提出将天然几设置室中左偏东向，这样可以
避免日晒，上面砚台的摆设也偏左，这样可使墨光不刺眼；又如"敞室"
条，文氏提出不必挂画，因为佳画夏日易燥。

　　有因人制宜：如"卧室"，文氏认为绚丽华美的卧室为女子闺阁所宜，幽人
韵士则应当追求精洁雅素，在室内辟出一块空间，放置薰笼、衣架等生活用品。
其他区域以简约为宜，并在室外种植花木，这样便于眠云梦月。

　　这三项，谢华《文震亨造物思想研究》中有精到的论述。不过，文震亨
的布置法则，还有"因物制宜"和"因境制宜"。

　　因物制宜：如"置瓶"条，文氏说"花宜瘦巧，不宜烦杂，若插一

枝，须择枝柯奇古，二枝须高下合插"；如"椅榻屏架"条，文氏说"书架及橱，俱列以置图史，然亦不宜太杂，如书肆中"；又如"悬画"条，"斋中仅可置一轴于上，若悬两壁及左右对列，最俗"，都是根据具体情况，来运用最佳搭配之法，使整体精雅协调。

因境制宜：如"敞室"条，文氏云："北窗设湘竹榻，置簟于上……几上大砚一，青绿水盆一，尊彝之属，俱取大者。置建兰一二盆于几案之侧。奇峰古树，清泉白石，不

位置之法，烦简不同，寒暑各异

妨多列。湘帘四垂，望之如入清凉界中。"器具与情境融合，能够更好地营造氛围。

审美上，文震亨贯彻始终的还是古雅之思。他举了元代隐士倪瓒的例子，说他居住在高梧古石之间，居室的陈设只有一几一榻，清寂雅洁。高濂《遵生八笺》对倪瓒居室有更详细的记载："阁尤胜，客非佳流，不得入。堂前植碧梧四，令人揩拭其皮。每梧坠叶，辄令童子以针缀杖头，亟挑去之，不使点污，如亭亭绿玉。苔藓盈庭，不容人践，绿褥可爱。左右列以松桂兰竹之属，敷纡缭绕。外则高木修篁，郁然深秀。周列奇石，东设古玉器，西设古鼎尊罍，法书名画。"如此之地，确实如同图画，幽人韵士在这样的地方生活，尽可漱石枕流，笑傲烟霞，咏歌自娱，逍遥忘忧，外人望之，当视为世外之人。倘非如此，文震亨认为若是在堂前养鸡

牧豕，在后庭大谈浇花洒扫，顿失高雅绝俗之趣，倒不如凝尘满案、四壁萧然，这样反而更有萧寂之趣。虽是偏激之言，但也可见其心意。

当然，文震亨的《长物志》是一本明代士人生活的百科全书，所涉的布局岂止室内陈设呢？花木、水石、禽鱼、书画、衣饰、舟车、蔬果、香茗，每一处都有他的精心构思。

如室庐卷中，他说："要须门庭雅洁，室庐清靓，亭台具旷士之怀，斋阁有幽人之致。"花木卷中，他说"或水边石际，横偃斜披；或一望成林；或孤枝独秀。草花不可繁杂，随处植之，取其四时不断，皆入图画。"水石卷中，他说："要须回环峭拔，安插得宜。一峰则太华千寻，一勺则江湖万里。"几榻卷中，他说："古人制几榻，虽长短广狭不齐，置之斋室，必古雅可爱，又坐卧依凭，无不便适。"蔬果卷中，他说："顾山肴野蔌，须多预蓄，以供长日清谈，闲宵小饮；又如酒鎗皿盒，皆须古雅精洁，不可毫涉市贩屠沽气。"他说了这么多，归结起来还是室庐卷"海论"条中的那句："宁古无时，宁朴无巧，宁俭无俗。"如此施为，才能突显文人雅士隐逸脱俗的气质、情操、心性和意趣。反之，若布置不当，味道差俗，人处其间，身心俱疲。

坐　几 [1]

天然几一，设于室中左偏东向，不可迫近窗槛，以逼风日。几上置旧砚一，笔筒一，笔砚一，水中丞一，砚山一。古人置砚，俱在左，以[2]墨光不闪眼[3]，且于灯下更宜。书册[4]、镇纸各一，时时拂拭，使其光可鉴[5]，乃佳。

【注释】

[1] 坐几：摆放几案。坐，置放。

[2] 以：使、令，引申为避免之意。

[3] 闪眼：即耀眼。指光线强烈，使人眼花。

[4] 书册：疑为"书尺"，即镇尺。

[5] 鉴：照，映照。

【点评】

　　本条论室内几案陈设，文震亨对方位摆放、器具陈设等一一说明，然而所述的几案为天然几，即画案，几上的器具为砚台、笔筒、笔觇、水丞、砚山、书册等，均为文房器具，可知实则论述的是书斋的内部布置。

　　书斋，是文人雅士安身立命之所，内部布置，以清雅为要。高濂《遵生八笺》曾有一段论述："斋中长桌一，古砚一，旧古铜水注一，旧窑笔格一，斑竹笔筒一，旧窑笔洗一，糊斗一，水中丞一，铜石镇纸一。左置榻床一，榻下滚脚凳一，床头小几一，上置古铜花尊，或哥窑定瓶一。花时则插花盈瓶，以集香气；闲时置蒲石于上，收朝露以清目。或置鼎炉一，用烧印篆清香。冬置暖砚炉一，壁间挂古琴一，中置几一，如吴中云林几式佳。壁间悬画一。书室中画惟二品，山水为上，花木次之……坐列吴兴笋凳六，禅椅一，拂尘、搔背、棕帚各一，竹铁如意一。"又说右侧列书架，陈列古往今来各种典籍、法帖、名画，说自己"斋中永日据席，长夜篝灯，无事扰心，阅此自乐，逍遥余岁，以终天年。此真受用清福，无虚高斋者得观此妙。"较文震亨之言，更深入具体。李渔还提到了墙壁，认为最宜萧疏雅洁，"切忌油漆"，上策用石灰，其次用纸糊，并且间挂书画。也有人想到给书斋题名，或以花木竹石为名，或以百家典籍为名，或以书画文玩为名，寄托着高古的志趣。总之，以清雅为要，力求营造一种绝俗之趣。

　　这些是书斋内的布置，书斋外的布置，另有讲究。陈继儒《小窗幽

书斋陈设

记》云："书屋前，列曲槛栽花，凿方池浸月，引活水养鱼；小窗下，焚清香读书，设净几鼓琴，卷疏帘看鹤。"提到了花、水、鱼、鹤。高濂《遵生八笺》云："窗外四壁，薜萝满墙，中列松桧盆景，或建兰一二，绕砌种以翠云草令遍，茂则青葱郁然。旁置洗砚池一，更设盆池，近窗处，蓄金鲫五七头，以观天机活泼。"提到的是藤草、盆景、砚池、游鱼。李日华《紫桃轩杂缀》云："在溪山纡曲处择书屋，结构只三间，上加层楼，以观云物。四旁修竹百竿，以招清风；南面长松一株，可挂明月。老梅寒蹇，低枝入窗，芳草缛苔，周于砌下。东屋置道、释二家之书，西房置儒家典籍。中横几榻之外，杂置法书名绘。朝夕白饭、鱼羹、名酒、精茗。一健丁守关，拒绝俗客往来。"提到的是溪水、修竹、青松、老梅、明月、芳草、典籍、法帖、名酒、香茗、美食等，令人心荡神摇。

坐 具[1]

湘竹榻[2]及禅椅皆可坐，冬月以古锦[3]制缛，或设皋比[4]，俱可。

【注释】

[1] 坐具：供人坐的用具，一般指榻、椅。

[2] 湘竹榻：湘妃竹制作的榻。

[3] 古锦：年代久远的锦缎。文中疑指古色古香的锦缎。

[4] 皋（gāo）比：虎皮。《左传》杜预注："皋比，虎皮。"

【点评】

坐具，分椅、杌、凳几类，在这些坐具发明之前，早期的床、榻也常具坐卧两用。文震亨此则所述，是从因时制宜的角度，讲述日常湘竹榻、禅椅的陈设。

李渔《闲情偶寄》中也有类似的记载，他提到两种坐具——暖椅和凉杌。

关于凉杌，他说形制和普通的杌大略相同，但杌面下面需留出虚空，四围和底部用油灰镶嵌，上面用瓦片覆盖。里面灌入凉水，水一热就换掉重新加凉水。这样只需几瓢水，就可以消去不少暑气。

关于暖椅。他说在椅子前后置门，两旁镶木板，臀足之下安装栅栏。前门的作用是让人进入，后门的作用是放置炭火，木板的作用是保温，栅栏的作用是透热。其关键是在脚踏的栅栏下面有抽屉，用木板制成，四周镶铜边，底部嵌薄砖，里面放炭灰及木炭。这样一生起火来，满室生春，又不觉炽热。

这两种制式确实奇特，在没有空调的年代，也不失为纳凉御寒的办法。而且非常经济实惠，即便平民百姓也可以使用。

椅 榻 屏 架

斋中仅可置四椅一榻。他如古须弥座[1]、短榻、矮几、壁几[2]之类，不妨多设。忌靠壁平设数椅，屏风仅可置一面，书架及橱，俱列以置图史，然亦不宜太杂，如书肆中。

【注释】

[1] 须弥座：古代一种状似须弥山的台座。原为安置佛像之用，后常作为建筑、家具装饰的底座。

[2] 壁几：疑为壁桌。壁桌靠墙，多为半月形。

【点评】

本条论椅、榻、屏、架的摆设，可与"坐几"条同参，实际上论述的都是书斋内的布置。文震亨的观点是：椅子仅可放四把，榻和屏风仅可放一个，短榻、矮几、壁几可以多设，书架和藏书橱内可以放各类书籍，但是不宜太杂。此言十分精辟，有一种清简之味。李渔也有"宜简不宜繁"之说，两人可谓知音。

当代园艺大师陈从周先生《说园》一文中，对室内家具的布置，还提出了因材制宜之说。他认为"家具以石凳、石桌、砖面桌之类，以古朴为主"。至于"红木、紫檀、楠木、花梨所制"，应当配套陈设，"华丽者用红木、紫檀；雅素者用楠木、花梨"。但无论什么材质，都需要根据季节的变化、建筑的风格，作不同的处理。而文震亨曾在本卷开篇说过："位置之法，烦简不同，寒暑各异，高堂广榭，曲房奥室，各有所宜。"可知两人殊途同归。

悬　画

　　悬画宜高，斋中仅可置一轴于上，若悬两壁及左右对列，最俗。长画可挂高壁，不可用挨画竹曲挂[1]。画桌[2]可置奇石，或时花[3]盆景之属，忌置朱红漆等架。堂中宜挂大幅横披[4]，斋中宜小景花鸟。若单条[5]、扇面[6]、斗方[7]、挂屏[8]之类，俱不雅观。画不对景，其言亦谬。

【注释】

[1]　不可挨画竹曲挂：不可卷曲悬挂。挨画竹，如果画幅太长，悬挂时用细竹横挡，并将画卷一段在上面，这种细竹称为"挨画竹"。

[2]　画桌：古人用来画画的桌子，常见的为半米宽，一米多长。画桌与画案的最大区别在于，画桌四脚顶着桌角，而画案四脚收缩进一部分，较小的画案还有卷头，在展玩书画时可以起到防跌落的作用。

[3]　时花：时令鲜花。

[4]　横披：长条形横幅字画。元·陶宗仪《南村辍耕录》："横披始于米氏父子，非古制也。"

[5]　单条：单幅的条幅，画幅细长，详见本书卷五"单条"条注释。

[6]　扇面：书画作品的一种形式，分为折扇式和团扇式。在古代，文人雅士，都喜欢在扇面上绘画、题字，用以抒情达意，或赠人留念。

[7]　斗方：一尺见方的册页书画。清·李渔《闲情偶寄》："十年之前，凡作围屏及书画卷轴者，止有中条、斗方及横批三式。"

［8］挂屏：贴在有框的木板上或镶嵌在镜框里供悬挂用的屏条。清·沈
　　初《西清笔记·纪职志》：“江南进挂屏，多横幅。”

【点评】

关于挂画之法，赵希鹄《洞天清录》云：“择画之名笔，一室止可
三四轴，观玩三五日别易名笔。”这样做的理由，他自己也说了：“则诸轴
皆见风日，决不蒸湿。又轮次挂之，则不惹尘埃，时易一二家，则看之不
厌。”他又说：“然须得谨愿子弟，或使令一人细意卷舒，出纳之日，用马
尾或丝拂轻拂画面，切不可用椶拂。”这是说细心舒展并清除灰尘，可以
避免书画失色。再如“牖牗必油纸糊，户常垂帘”，这是防风；又如“室
中切不可焚沉香、降真、脑子”，这是防油烟；又如“一画前，必设一小
案以护之，案上勿设障面之物，止宜香炉、琴、砚”，这是防止书画脱落；又如“极暑则室中必蒸热，不宜挂壁。大寒于室中渐着小火，然如二月天气候，挂之不妨，然遇寒必入匣，恐冻损。”这是防止书画受潮、冻裂，避免损伤。

当然，除此之外，还有许多斟酌之处：如根据居室大小，来考虑书画的尺寸、数量；如根据室内格局，来考虑书画的位置摆放；如根据室内色彩光线，

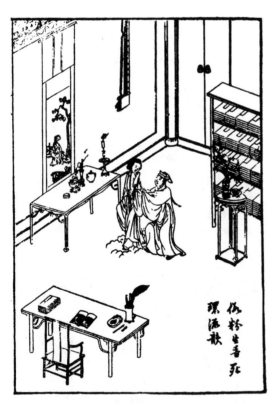

悬画宜高，斋中仅可置一轴于上

来选择不同色调。文震亨说斋中仅可悬挂一轴，而不是左右对称，这是因为一种主题与斋室较为融合，两个主题反而主次不分。画桌前置奇石，或时花盆景之类，则可以烘托气氛，为画增色。至于"堂中宜挂大幅横披，斋中宜小景花鸟，若单条、扇面、斗方、挂屏之类，俱不雅观"，这是因地制宜，选择最合适的来搭配。另有一项，是关于悬画是否对景的问题，文氏认为适宜，屠隆《考槃馀事》中则认为不宜，因为"伪不胜真"，这就是见仁见智了。总之，精通挂画之道，既可以保护书画，又可以最大程度地展现书画的风韵，还可以陶冶身心。

置　鑪[1]

于日坐几[2]上，置倭台几[3]方大者一。上置鑪一，香盒大者一，置生、熟香[4]小者二，置沉香、香饼之类，箸瓶一。斋中不可用二鑪，不可置于挨画桌[5]上及瓶盒对列。夏月宜用瓷鑪，冬月用铜鑪。

【注释】

[1]　置鑪：放置炉子。

[2]　日坐几：日常坐卧凭倚的小几。

[3]　倭台几：日本制的放在台案之上的小几。

[4]　生、熟香：生香和熟香。详见本书卷十二"角香"条中点评。

[5]　挨画桌：靠近挂画的桌子。

【点评】

香炉的布置，有几点非常关键。

其一是选材。文震亨在器具卷中说："秦汉鼎彝，及官、哥、定窑、龙泉、宣窑，皆以备赏鉴，非日用所宜。惟宣铜彝鑪稍大者，最为适用。"他推崇宣德炉。其大小，高濂《遵生八笺》中认为茶杯大小的较为适宜。至于官哥定窑之器虽不能日用，但青花瓷之类的瓷器，还是较为适宜。

其二是时令。香炉虽然不像花瓶需要贮水，也不会冻裂，但是季节的变化，对周围环境的影响也较大，倘若冬天用瓷会显得过于清冷，夏天用铜炉，则显得过于炙热，故而文震亨说夏用瓷炉，冬用铜炉，这样既适宜又雅致。

其三是搭配。文震亨认为香炉在几案上只适宜放一个，放两个则入了排偶的恶道，非常不美观，也不能突出主题。不放画桌前，是避免香灰或香火落入画桌上，使书画有损。至于不使箸瓶、香盒对列摆放，则有待商榷。古代有"炉瓶三事"之说，常将香炉、香盒、箸瓶放在一起，未见得不雅致。

其四是变动。李渔《闲情偶寄》中说："古玩中香炉一物，其体极静，其用又妙在极动，是当一日数迁其位，片刻不容胶柱者也。"他以风帆作比喻，说风往哪里，帆就往哪边，香炉和风的关系也一样。他说："风从南来，则宜位置于正南，风从北入，则宜位置于正北。"其余方向亦然。另需注意"须启风采路，塞风去路"，使香味久留。

台几上置香炉、香盒、箸瓶

置　瓶[1]

随瓶制[2]置大小倭几之上，春冬用铜，秋夏用磁；堂屋宜大，书屋宜小，贵铜瓦[3]，贱金银，忌有环，忌成对。花宜瘦巧，不宜烦杂[4]，若插一枝，须择枝柯[5]奇古；二枝须高下合插[6]，亦止可一二种，过多便如酒肆；惟秋花[7]插小瓶中不论。供花不可闭窗户焚香，烟触即萎，水仙尤甚，亦不可供于画桌上。

【注释】

[1]　置瓶：放置花瓶。

[2]　瓶制：瓶的样式、规格、大小。

[3]　铜瓦：铜瓶、瓷瓶。

[4]　烦杂：即繁杂，烦通"繁"。

[5]　枝柯：枝条。

[6]　高下合插：高低错落整体相宜。

[7]　秋花：秋天的花朵。

【点评】

本条论置瓶，文震亨言"春冬用铜，秋夏用磁"，是因时制宜。言"堂屋宜大，书屋宜小"是因地制宜。言"贵铜瓦，贱金银"，是崇尚清雅，言"忌有环，忌成对"，是为了避免斋室摆放如同祠堂，颇有条理。他还在器具卷"花瓶"条对花瓶的大小有过论述："大都瓶宁瘦，无过壮，宁大，无过小，高可一尺五寸，低不过一尺，乃佳。"如此设计，是为了

春冬用铜，秋夏用磁

美观且养花长久。袁宏道《瓶史》中还有情境上搭配处理的论述："室中天然几一，藤床一。几宜阔厚，宜细滑。凡本地边栏漆桌，描金螺钿床及彩花瓶架之类，皆置不用。"俗气的花瓶架，容易破坏风雅。

另外，值得关注的就是冬天用瓶和护养的问题。冬天瓷器易裂开，文震亨在"花瓶"条说："瓶中俱用锡作替管盛水，可免破裂之患。"在花木卷"瓶花"条中说："冬月入硫黄于瓶中，则不冻。"张谦德《瓶花谱》还提出一法："用淡肉汁去浮油入瓶插花，则花悉开而瓶略无损。"都是插花之人的经验之谈。养护方面，文震亨在"瓶花"条中说："忌香、烟、灯煤熏触，忌油手拈弄。"这是担心有损清雅。高濂《遵生八笺》云："官哥古瓶，下有二方眼者，为穿皮条缚于几足，不令失损。"张谦德《瓶花谱》中说："瓶花有宜沸汤者，须以寻常瓶贮汤插之，紧塞其口，侯既冷，方以佳瓶盛雨水易却，庶不损瓶。若即用佳瓶贮沸汤，必伤珍重之器矣，戒之。"虽然从不同层面论述，但都非常实用，古人在惜物方面所下的功夫，确非今人可及。

小　室[1]

　　几榻俱不宜多置，但取古制狭边书几[2]一，置于中，上设笔砚、香合、薰鑪之属，俱小而雅。别设石小几[3]一，以置茗瓯[4]茶具；小榻一，以供偃卧趺坐[5]，不必挂画；或置古奇石，或以小佛橱供鎏金小佛于上，亦可。

【注释】

［ 1 ］　小室：小屋。

［ 2 ］　书几：小书桌。

［ 3 ］　石小几：石制小几。

［ 4 ］　茗瓯（ōu）：即茶瓯，饮茶的器具。分为两类，一类以玉璧底碗为代表；另一类杯口为五瓣花形。瓯，杯、碗之类的饮具。南唐·李煜《渔父》：“花满渚，酒满瓯，万顷波中得自由。”

［ 5 ］　偃卧趺（fū）坐：坐卧休憩。偃卧，仰卧，睡卧。趺，两足交叠而坐。唐·王维《登辨觉寺》：“软草承趺坐，长松响梵声。”

【点评】

　　小室，又称小阁、丈室、容膝斋等，较为狭小。然而麻雀虽小，五脏俱全，文人们常将笔、墨、纸、砚，香炉、茶具、奇石、瓶花等置于其间，特别精雅。只不过几榻桌案等家具，不宜多置，多了就显得拥挤迫塞，气韵滞涩。而各类文房器具，也不必都一一摆放其中，可以根据个人爱好放置，或不定期变换主题，倒更显得风雅生动。

陆游曾作过数首小室诗，其一曰："窗几穷幽致，图书发古香。尺池鱼鲅（bō）鲅，拳石树苍苍。老去身犹健，秋来日自长。养生吾岂解，懒或似嵇康。"说小室里窗明几净，陈列奇石图书，闲暇时居住，有养生之效。另一首诗云："地褊焚香室，窗昏酿雪天。烂炊二䆲（yuè）饭，侧枕一肱眠。身似婴儿日，家如太古年。狸奴不执鼠，同我爱青毡。"颇有些陶渊明所说的"羲皇上人"的意味。

文震亨的小室所陈，有几、榻、笔、砚、茶具、香具、奇石之类，可吟诗作赋，可作画临帖，可焚香品茗，人处其间，可偷得浮生半日闲。

卧　室 [1]

地屏 [2] 天花板 [3] 虽俗，然卧室取干燥，用之亦可，第不可彩画及油漆耳。面南设卧榻 [4] 一，榻后别留半室 [5]，人所不至，以置薰笼 [6]、衣架、盥匜 [7]、箱奁 [8]、书灯之属。榻前仅置一小几，不设一物；小方杌二；小橱一，以置香药玩器。室中精洁雅素，一涉绚丽，便如闺阁中，非幽人眠云梦月 [9] 所宜矣。更须穴壁一，贴为壁床 [10]，以供连床夜话 [11]，下用抽替 [12] 以置履袜 [13]。庭中亦不须多植花木，第取异种宜秘惜 [14] 者，置一株于中，更以灵璧、英石伴之。

【注释】

[1] 卧室：即卧房。供居住者在其内睡觉、休息等活动的房间。

[2] 地屏：地板。

[3] 天花板：室内的天棚，即承尘。

［ 4 ］ 卧榻：矮床，亦泛指床。

［ 5 ］ 半室：半间屋子，指部分空置的地方。

［ 6 ］ 薰笼：有笼覆盖的熏炉，可用以熏烤衣服。

［ 7 ］ 盥匜（guàn yí）：洗手器具。盥，古代洗手的器皿。匜，古代盥洗时用以盛水之具。

［ 8 ］ 厢奁（lián）：即"箱奁"，古代女子用来放梳妆用品的匣子。

［ 9 ］ 眠云梦月：指极美的文人式幽梦。眠云，多指山居，因山中多云，故称眠云。唐·陆龟蒙《和张广文贲旅泊吴门次韵》："茅峰曾醮斗，笠泽久眠云。"梦月，幽梦。唐·李白《梦游天姥吟留别》："我欲因之梦吴越，一夜飞度镜湖月。"

［10］ 壁床：墙壁上所凿的空穴称为壁床。

［11］ 连床夜话：晚上睡在一起叙谈。连床，并榻或同床而卧。明·刘基《寄赠怀渭上人》："连床笑语到晨鸡，走笔赠言何款恂。"

［12］ 抽替：即抽屉。

［13］ 履袜：鞋袜。履，鞋。详见本书卷八"履"条注释。

［14］ 秘惜：隐藏珍惜，不以示人。

【点评】

　　卧室，是生活起居之地，首要的是健康舒适。曹庭栋《老老恒言》中对此论述颇丰，关于光线，他说："房开北牖，疏棂作窗，夏为宜，冬则否，窗内须另制推板一层以塞之。"追求明亮爽目。关于冷暖，他说："北地御寒，纸糊遍室，则风始断绝，兼得尘飞不到。"而长夏酷热之时，需要在窗外用帷幕遮挡。他还提到了加厚天花顶板，这样夏天可以隔绝热气，冬天又可以御寒，还能防鸟作窠妨碍睡眠。

　　其次是大小适宜和环境清净。曹庭栋引用了沈期诗云："了然究诸品，弥觉静者安。"他认为卧室不需太大，除了床之外，容一几一榻足矣。

如同现在推崇极简的空间，既清雅又宁静，不但适宜休息，而且有修身养性之效。卧室适宜精致玲珑。若是太敞，则会显得空荡荡的，很孤清，有不安全之感；若是大得出奇，则会感觉睡在仓库中一般。乾隆想必深有体会，他身为一国之君，却只选择了十余平方米的卧室，恐怕就是这个缘故吧。

这之后，可以考虑雅致。文震亨说："榻前仅置一小几，不设一物，小方杌二，小橱一，以置香药玩器。室中精洁雅素，一涉绚丽，便如闺阁中，非幽人眠云梦月所宜矣。"不过，可能令他始料未及的是：后世女子的闺房，也以男人们的书房作为标准来布置，《红楼梦》中刘姥姥进大观园潇湘馆时，见卧室中都是书和文房用具，以为是贾府哪位公子所居，却不知是林黛玉。

亭 榭 [1]

亭榭不蔽风雨，故不可用佳器[2]，俗者又不可耐，须得旧漆、方面、粗足、古朴自然者[3]置之。露坐[4]，宜湖石平矮者，散置四傍，其石墩[5]、瓦墩[6]之属俱置不用，尤不可用朱架[7]架官砖[8]于上。

【注释】

[1] 亭榭：亭阁台榭。

[2] 佳器：美材、良器。

[3] 古朴自然者：古朴自然的桌凳之类。

[4] 露坐：露天的坐凳。

[5] 石墩：用作大桥基础或立柱底座的石料。

[6] 瓦墩：瓦制的坐具。一说为瓷墩。

[7] 朱架：红漆架子。

[8] 官砖：官窑所烧制之砖。

【点评】

亭榭常常并称，实则并非一物。

亭是一种开敞的小型建筑物，有方、圆、六角、八角等式，多用木、石筑成，内部虚空，四面迎风，无限风光尽收其中，非常适合幽赏，还可供人休息、纳凉、避雨、雅集，实用价值颇多。而亭的选址，一般因形就势，多位于赏景的要冲之地，或水边，或山巅，或林中，从远处观望，亭子本身也成了一种景观的点缀。钟华楠《亭的继承》中说："亭是中国建筑物中最无实用价值，而功能又最多，最奇妙之空间。"可谓一语道破根本。

园林之中，亭也是必不可少之物。沧浪亭，是因亭闻名的一座园林。园前有一池碧水，水边有长而曲折的廊墙，墙内有山，一方亭就矗立在山巅，视野开阔，可以饱览美景。此园亭原为五代吴越国钱元亮的池馆，宋代苏舜钦被贬流寓吴中时，曾花四万贯钱买下废园进行修筑，有感于《渔父》中的"沧浪之水清兮，可以濯吾缨；沧浪之水浊兮，可

亭榭不蔽风雨，故不可用佳器

以濯吾足"之句，作《沧浪亭记》命名，并自号"沧浪翁"。拙政园，是亭子最多的一座园林。园林中部有绣绮亭可赏春花，有荷风四面亭可赏垂柳碧荷，有待霜亭可观枫林晚景，有雪香云蔚亭可赏梅花。最妙的是有一座梧竹幽居亭，四面洞开拱门，朝南可观松树梧桐，朝北可观翠竹，朝西可观荷花垂柳，朝东可观漏窗和天光臆想冬景，四时风光尽收其中。

布置之法上，文震亨说："亭榭不蔽风雨，故不可用佳器。"故而用旧漆、方面、粗足、古朴的器具，以求长久。不用"朱架架官砖上"，是觉得涉及官府气息，失去幽人风致，颇为无趣。至于"湖石平矮者，散置四傍"，则可以看作一种因地制宜，因为以古朴自然的石头为坐，放在湖光山色之间，确实比较融洽。至于不用"石墩、瓦墩之属"倒有待商榷了，这类坐具虽失自然，但坚实耐用，造价也比他所用的奇石低得多。

此道，造园大师计成和才子高濂也颇有研究。计成造亭，趋于因地制宜、随方制象。高濂《遵生八笺》中提到过两种亭子，一种是茅亭，"以白茅覆之……结于苍松翠盖之下，修竹茂林之中"，一种是松柏亭，"植四老柏以为之，制用花匠竹索结束为顶成亭"。茅草、松柏为山野间物，在隐士居所中常见，文人雅士造此式，置于山水之间，是为了营造一种淳朴古雅、自然恬淡之境。

榭，最初为高台上的木质敞屋，和台功能类似。后来渐渐由高向低，成为一种临水的建筑，称为水榭，有时也称水阁。它多半凌于水面，半傍台基，呈长方形，前置护栏，可坐倚观景，也可在水榭中品茗、抚琴、下棋。《园冶》中说"花间隐榭"，即将榭建于花木茂盛之地，景致不俗，再加上临水，便更佳了。

艺圃延光阁是苏州园林中最大的水榭，位于广池之上，远处是假山亭台，非常适合诗酒雅集。郭庄中的两宜轩，本身是廊屋，两面临水，人坐其中，有舟行之感。而榭如亭一般，也是一种景观的点缀。拙政园中的水榭小沧浪，近书斋，便于读书、赏画，门上挂着一副对联："智者乐水仁者乐山，清斯濯缨浊斯濯足。"前有一座廊桥名小飞虹。不论从此处看远处，还是从远处看此处，都如同画境。

敞　室[1]

长夏宜敞室，尽去窗槛，前梧后竹，不见日色，列木几[2]极长大者于正中，两傍置长榻无屏者各一，不必挂画，盖佳画夏日易燥，且后壁洞开，亦无处宜悬挂也。北窗设湘竹榻，置簟于上，可以高卧。几上大砚一，青绿水盆一，尊彝之属，俱取大者。置建兰[3]一二盆于几案之侧。奇峰古树，清泉白石[4]，不妨多列。湘帘[5]四垂，望之如入清凉界[6]中。

【注释】

[1] 敞室：较为开阔的居室。

[2] 木几：木制的几。

[3] 建兰：兰花品类的一种。夏秋季开花，淡黄绿色，有紫色条纹，气味清香，可供观赏。

[4] 奇峰古树、清泉白石：均为盆景的样式。

[5] 湘帘：用湘妃竹做的帘子。

[6] 清凉界：佛家用语中有"清凉世界"，此处单指凉爽的境地。

【点评】

长夏炎热，令人烦恼。文震亨消暑的办法，是建敞室。他提出撤除窗槛，令室宇前后大开，广纳清风，并且在室外种植梧桐青竹。他还提出

长夏宜敞室

在敞室中央放一个宽广的木制几案，上面设砚台、尊彝、瓶花、盆景，以供赏玩，主人一边静坐消暑，一边赏玩雅器，不时抬头看远方的亭台楼榭、水石花木、飞鸟白云，颇有妙趣。

文震亨提到的垂挂湘帘，也是一种妙法，作用远非遮阴那么简单。陈从周《品园》中说："帘在建筑中起'隔'的作用，且是隔中有透，实中有虚，静中有动。"故而帘后美人、帘卷西风，隔帘双燕等场景引人遐想。而湘帘的好处在于"通风好，隔景好，帘影好，遮阳好，留香好，隔音妙，而且分外雅洁"，静态的景观中兼具声、光、影、风、香等元素，如同画境。是故窗前设此一物，造境甚佳。

另外，文震亨还提到一事："北窗设湘竹榻，置簟于上，可以高卧。"这也是古人常用的一种消暑办法。陶渊明《与子俨等疏》中说："常言五六月中，北窗下卧，遇凉风暂至，自谓是羲皇上人。"后人仰慕其高风，故北窗高卧，在文人看来多了层风雅情致。然而，这件事本身还是有待商榷的。曹庭栋《老老恒言》中说："长夏日晒酷烈，及晚尚留热气，风即挟热而来。"又说："南北皆宜设窗，北则虽设常关，盛暑偶开，通气而已。渊明……其文辞佳耳，果如此，入秋未有不病者，毋为古人所愚。"他所指为卧室、书室，但应用于敞室，理皆相同，从健康的角度来说，"北窗高卧"并不合适。

佛　室[1]

内供乌丝藏佛[2]一尊，以金鏒甚厚[3]、慈容端整[4]、妙相具足[5]者为上，或宋元脱纱大士[6]像俱可，用古漆佛橱[7]。若香象[8]、唐象[9]及三尊[10]并列、接引[11]、诸天[12]等象，号曰一堂[13]，并朱红小木等橱，皆僧寮[14]所供，非居士所宜也。长松石洞之下，得古石像最佳。案头以旧瓷净瓶[15]献花，净碗酌水[16]，石鼎[17]爇印香[18]，夜燃石灯[19]，其钟[20]、磬[21]、幡[22]、幢[23]、几榻之类，次第铺设，俱戒纤巧[24]。钟、磬尤不可并列。用古倭漆经厢[25]，以盛梵典[26]。庭中列施食台[27]一，幡竿[28]一，下用古石莲座石幢[29]一，幢下植杂草花数种。石须古制，不则亦以水蚀之[30]。

【注释】

[1]　佛室：即佛堂。指供奉佛像的堂屋。

[2]　乌丝藏佛：西藏所产的金佛。乌丝藏，也作"乌思藏"，明朝曾以此称西藏。

[3]　金鏒（sǎn）甚厚：鏒金丰厚。金鏒，即鏒金，详见本书卷七"笔格"条中"鏒金双螭挽格"注释。

[4]　慈容端整：容颜慈祥，仪态端庄。

[5]　妙相具足：宝相庄严。妙相，佛教指庄严之相。

[6]　脱纱大士：即不披纱的观世音菩萨。大士，佛教对菩萨的通称，有时也特指观世音菩萨。

［ 7 ］　古漆佛橱：上了漆的古代佛柜。佛橱，放置佛教典籍的橱柜。

［ 8 ］　香象：菩萨名。《华严经》称其在香积山中。

［ 9 ］　唐象：待考。

［10］　三尊：佛教有西方三尊、药师三尊、释迦三尊。西方三尊是阿弥陀
　　　　佛、观音、势至；药师三尊是药师佛、日光、月光；释迦三尊是释
　　　　迦、文殊、普贤。文中所指应为释迦三尊。

［11］　接引：接引佛，即阿弥陀佛，西方极乐世界的教主，手常持莲台，
　　　　接引众生。

［12］　诸天：佛教指护法众天神。佛经言欲界有六天，色界有十八天，无
　　　　色界有四天，其他尚有日天、月天、韦驮天等诸天神，总称诸天。

［13］　号曰一堂：放在一处供奉。

［14］　僧寮：僧舍。唐·孙愐《唐韵》："禅居意取多人同居，共司一务，
　　　　故称寮也。"

［15］　净瓶：佛教比丘十八物之一，又名水瓶或澡瓶，用以盛水供饮用或
　　　　洗濯。

［16］　净碗酌水：净碗舀水。净碗，佛教中用来供奉清水的碗。

［17］　石鼎：石制之鼎。多用于佛堂、道馆、宗庙等处的祈神、祭祀场景。

［18］　爇（ruò）印香：燃点印香。爇，燃。印香，又称篆香，用多种香
　　　　料捣末和匀，并用模具框范、压印而成的一种香。

［19］　石灯：石制灯具，有猴灯、狮灯、动物俑灯等。

［20］　钟：古代以铜制成，佛寺中用来报时、报警等，详见本书卷七"钟
　　　　磬"条注释。

［21］　磬：用玉、石或金属制成，寺院中众僧诵经常用。详见本书卷七
　　　　"钟磬"条注释。

［22］　幡：佛教用具，用竹竿等挑起来直着挂的长条形旗子。详见本书卷
　　　　一"佛堂"条注释。

［23］　幢：佛教的一种柱状标帜，详见本书卷一"佛堂"条注释。

［24］　俱戒纤巧：都需要避免过于细巧。

［25］　古倭漆经厢：古代日本制作的上了漆的放置佛典的箱子。厢，古
　　　　通"箱"。

［26］　梵典：佛经，佛典。梵，佛经原用梵文写成，故凡与佛教有关的事
　　　　物，皆称梵。

［27］　施食台：施舍食物的台子。施食，是佛教救济世人的一种做法，过
　　　　程中有时会用到幡幢等物。

［28］　幡竿：系幡的杆。

［29］　古石莲座石幢：古代莲花底座的石头经幢。石幢，古代祠堂、宗
　　　　庙、佛堂中刻有经文、图像或题名的大石柱。有座有盖，状如塔。

［30］　水蚀：以水浸润。蚀，侵蚀，作"浸润""浸泡"解。

【点评】

　　佛堂，为供佛之地。佛教徒相信，发心清净，日常供奉佛菩萨相，可
以带来福报，故多在家中特意辟出一室，摆放佛像、供器、法器、经书，
以供日夕相对。

　　文震亨家素有参佛的传统，他本人也对禅理颇有兴趣。《长物志》一
书，室庐卷中有关于佛堂的营造之法；几榻卷中有关于佛橱、佛桌的选
择陈设之法；衣饰卷中有关于禅衣的制式说明。所以，位置卷中，自然
有一条专论佛室的内部布置。一般来说，佛室的中间摆放佛像，释迦牟
尼佛居中，药师佛和阿弥陀佛在如来两侧，再外围是菩萨，菩萨外是护
法。供桌上摆放的是一净杯，一香炉，一花瓶，净瓶日常换水，花瓶常供
鲜花，香炉则在参佛时燃香。另外室内放灯烛、蒲团、典籍，以供诵经参
拜之用。佛像，文震亨推崇西藏所产的金佛，用古漆佛橱陈列。若是近时
所制佛像，便用水蚀浸润的做旧之法，来营造一种古朴雅致沧桑之感。净

瓶，他推崇用旧瓷，香炉，他推崇用石鼎，佛灯，他推崇用石灯，均有一种古雅庄严之感。除此之外，他对长松石洞的佛像，以及室外幡幢的搭配和环境的营造，均有论述，细致而周全，堪为明时士大夫家佛室的范本。

卷十一 蔬果

文震亨《唐人诗意图册》册页十一

蔬　果[1]

　　田文坐客[2]，上客食肉，中客食鱼，下客食菜，此便开千古势利之祖[3]。吾曹[4]谈芝讨桂[5]，既不能饵菊术[6]，啖花草[7]，乃层酒累肉[8]，以供口食，真可谓秽我素业[9]。古人蘋蘩可荐[10]，蔬笋可羞[11]，顾山肴野蔌[12]，须多预蓄[13]，以供长日清谈[14]，闲宵小饮[15]；又如酒鎗皿盒[16]，皆须古雅精洁，不可毫涉市贩屠沽气[17]；又当多藏名酒，及山珍海错[18]，如鹿脯、荔枝之属，庶令[19]可口悦目，不特动指流涎[20]而已。志《蔬果》第十一。

【注释】

[1] 蔬果：蔬菜和水果。

[2] 田文坐客：齐国孟尝君田文座上食客。田文，"战国四公子"之一，称薛公，号孟尝君。齐湣王时任相国，门下有食客数千人。曾联合韩、魏先后打败楚、秦、燕三国。

[3] 开千古势利之祖：开了古今待人势利的先例。祖，初，开始。

[4] 吾曹：我辈，我们。曹，辈。南朝梁·王僧孺《与何炯书》："斯大丈夫之志，非吾曹之所能及已。"

[5] 谈芝讨桂：喜欢高洁的芝、桂。芝，又名灵芝，是一种生于枯木根际的真菌，可入药，古人视为瑞草，认为服之可以成仙。桂，肉桂，常绿乔木，花黄色，果实黑色，树皮可调味。《南史·褚伯玉传》："近故要其来此，冀慰日夜。比谈讨芝桂，借访荔萝，若已窥烟液，临沧洲矣。"

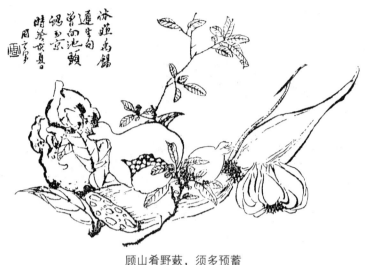

顾山肴野蔌,须多预蓄

[6] 饵菊术(zhú):服食菊花、白术。饵,服食。术,白术,多年生草本,其根有补脾、益胃、燥湿、和中等功用。晋·葛洪《神仙传》:"陈皇子得饵术要方,服之得仙去。"

[7] 啖(dàn)花草:品尝花草。啖,吃。

[8] 层酒累肉:大量饮酒食肉。

[9] 秽我素业:斯文扫地,玷污我辈的儒素生活。素业,清白的操守。

[10] 蘋蘩可荐:蘋和白蒿可供佐食。蘋,又名四叶菜、田字草。生浅水中,夏秋开小白花。全草入药,也可作饲料。《诗经·采蘋》:"于以采蘋?南涧之滨。"蘩,即白蒿。多年生草本,可食用。《诗经·采蘩》:"于以采蘩?于沼于沚。"荐,佐食。

[11] 蔬笋可羞:蔬菜和竹笋可当作美味的食物。羞,古通"馐",美味的食品。蔬笋,底本作"蔬苟","苟"为"筍"("笋"的异体字)之误。

[12] 顾山肴野蔌(sù):山中野菜野味。顾,发语词,作"所以"解。蔌,野菜之意。底本作"蔌",误。宋·欧阳修《醉翁亭记》:"山肴野蔌,杂然而前陈者,太守宴也。"

［13］ 预蓄：预先储备。

［14］ 长日清谈：白日闲谈。

［15］ 闲宵小饮：夜间小酌。宵，夜晚。宋·柳永《雨霖铃》："今宵酒醒何处，杨柳岸晓风残月。"

［16］ 皿盒：饮食所用的器具。

［17］ 贩屠沽气：肉铺酒肆的市侩气。

［18］ 山珍海错：山珍海味。错，指混杂非一种，故称各种海味为海错。

［19］ 庶令：但求让。

［20］ 动指流涎：食指动、流口水，即一饱口福。动指，食指动，预兆将有口福。《左传》："楚人献鼋于郑灵公。公子宋与子家将见。子公之食指动，以示子家，曰：'他日我如此，必尝异味。'"涎，唾液，口水。

【点评】

卷十一论蔬果。《礼记》中说："饮食男女，人之大欲存焉。"孟子也说："食、色，性也。"食物是人类赖以生存的根本，与它亲昵是人的天性。庄子有"饱食而遨游，泛若不系之舟"之句，说的即是饮食过后的自适和享受。只不过爱吃、能吃之人虽多，真正会吃、懂吃之人却是少之又少。文震亨所推崇的是色泽清丽、香气清和、味道清甘、形态精致的清雅可口食物，蔬菜和水果，自是首选。

今天的市场中，蔬果的种类琳琅满目，相对而言，古人食用的蔬果品种就非常有限了，似乎有些单调。不过，与现代满足口腹之欲相比，他们更看中蔬果的精神意蕴。文震亨说："山肴野蔌，须多预蓄，以供长日清谈，闲宵小饮。"这是传统士人的一种闲情，雅的思想，贯彻始终。苏东坡词云："雪沫乳花浮午盏，蓼茸蒿笋试春盘。人间有味是清欢。"说的即是此中况味。只不过比文氏更进一层，上升到人生态度层面。

李渔《闲情偶寄》中说："声音之道，丝不如竹，竹不如肉，为其渐近自然。吾谓饮食之道，脍不如肉，肉不如蔬，亦以其渐近自然也。"又说这样排列，一示崇俭，一示复古，三示爱惜生命。最好是"如鱼虾之饮水，蜩螗之吸露，尽可滋生气力，而为潜跃飞鸣。若是，则可与世无求，而生人之患熄矣"。这已经不仅是在说饮食了，而是在说处世之道，以及一种理想的人生境界了。也许在他们看来，如能像姑射神人一样"不食五谷，吸风饮露，乘云气，御飞龙，而游乎四海之外"，那可真是逍遥了。

宋代的林洪，曾著《山家清供》一书，记录了一百多种宋代的食物，涉及菜、羹、汤、饭、饼、面、粥、糕等精巧的食品，以素食居多，既注重闲情雅致，又注重养生药用，同时还钩沉轶事典故，援引相关的诗词曲赋，并加以评点。如"傍林鲜"："夏初，林笋盛时，扫叶就竹边煨熟，其味甚鲜，名曰'傍林鲜'。文与可守临川，正与家人煨笋午饭，忽得东坡书。诗云：'想见清贫馋太守，渭川千亩在胃中。'不觉喷饭满案。想作此供也，大凡笋贵甘鲜，不当与肉为友。今俗庖多杂以肉，不才有小人，便坏君子。'若对此君成大嚼，世间那有扬州鹤'，东坡之意微矣。"类似的例子数不胜数，令幽人韵士读之不忍释卷，是真懂蔬果饮食之言。

晋人张翰，也因"莼羹鲈脍"一事，在历史上留下了深沉的一笔。《晋书》说他放浪不羁，一次偶遇知音，携手千里同去洛阳，后见秋风起，思念家乡的菰菜、莼羹、鲈鱼，说："人生贵得适志，何能羁宦数千里以要名爵乎？"接着作歌挂印而去了。有人问他："卿乃可纵适一时，独不为身后名邪？"他说："使我有身后名，不如即时一杯酒。"其旷达之状和适意之思，令后世感叹不已。

园林中种植蔬果，意蕴也十分深厚。苏州作家蒋晖对此颇有研究，他在《园林卷子》中说，菜圃豆棚有一种田园风情，可作园林点缀。飘香的蔬果成熟之后，可食用，也可作药用，如有盈余，还可以适当地售卖，补贴家用。从思想上来看，儒家传统认为躬耕可以传家，还可以修身立德，还颇受人尊敬。这一点颇有道理。《三国志》中说："亮躬耕陇亩，好为《梁父吟》。"诸葛亮躬耕之际，仰观俯察，胸存韬略，逢时乱世危，慨然出山，为万民谋福祉。后世之人，效仿颇多。园林主人也未尝没有此念。譬如文震亨的宰相兄长文震孟，几度浮沉，兴建药圃，虽是修身医心，但所念却是救世医国。《园林卷子》中还提出一个观点："'灌园鬻蔬'是农夫的生活，也是庄子的境界。"《庄子》中有"抱瓮灌园"一事，言一老人宁愿抱瓮浇菜而不用机械，以示质朴无机心。后来潘岳感念此言，在《闲居赋》中还说："筑室种树，灌园鬻蔬，是亦拙者之为政也。"引申到了政治生活层面。明中叶时，文震亨曾祖文徵明的好友王献臣，仕途失意，归隐苏州后营造园林，就借用了庄子和潘岳文意，取名"拙政园"。这一层道家的思想，也为历代园林主人所看重。是故园林中的果蔬田地，绝不可等闲视之。只不过此类事物，在园林布局中，一般别置一区，远离室庐、花园，也不可太多太杂，否则就失了幽人风致。

樱　桃[1]

樱桃古名"楔桃"，一名"朱桃"，一名"英桃"，又为鸟所含，故《礼》称"含桃"[2]，盛以白盘，色味俱绝。南都曲中[3]有英桃脯[4]，中置玫瑰瓣一味[5]，亦甚佳，价甚贵。

【注释】

[1] 樱桃：花白中带红，果实多为红色，味甜或带酸，核可入药。

[2] 《礼》称"含桃"：《礼记》中称它为"含桃"。《礼记》："是月也，天子乃以雏尝黍，羞以含桃，先荐寝庙。"

〔3〕南都曲中：南京秦淮河沿岸官妓聚居之处。南都，今江苏南京，明
　　　朝三都并存，朱棣迁都北京后，明人称南京为南都。曲中，妓坊的
　　　通称。

〔4〕英桃脯：樱桃干。脯，干制的果仁和果肉。

〔5〕一味：一种食物。

【点评】

　　樱桃，春初开白花，刘禹锡诗云："樱桃千万枝，照耀如雪天，王孙
宴其下，隔水疑神仙。"在他笔下，繁英似雪，煞是好看。也有开红花的，
徐渭赞道："今节初冬逼下旬，樱桃数杪着花新。天寒翠袖宜深幕，日暮
红帷讶美人。"《花史》上说有个张茂卿的人，平日"喜与名妓交往，吹拉
弹唱，乐此不疲"，一日"携酒与歌妓同饮于樱桃树下"，见到樱桃花"皎
洁妩媚、晶莹剔透，如贵妃出浴，似西施浣纱，柔美静谧、风流飘逸"，
居然说："红粉风流，无逾此君。"最后把美人都遣散了，自己独处花下，
与其同饮。其痴态可掬，也可见此花之风流。

　　如此美艳之花，很容易让人联想到樱花，但樱花一般不结果，樱桃却
既有花又结果。《说文》云："莺鸟所含食，故又名含桃。"《埤雅》云："又
谓之莺桃，则亦以莺所含食，故曰莺桃也。"其后因为莺、樱同音，故而
开始使用"樱桃"。

　　莺鸟含果，必然不凡。樱桃确实长得玲珑诱人，颜色晶莹红润、如
同玛瑙一般，其味甘中微酸，非常鲜美，制饼、制脯皆有，一般为洗净生
食，不过林洪《山家清供》中说樱桃经雨之后，内部容易生虫，故最好用
水久浸。

　　《本草》中说樱桃能够"主调中，益脾气，令人好颜色，美志气"，故
而女子非常爱吃。不独女子，文人雅士、帝王将相都十分喜爱。《礼记》
中用樱桃进献寝庙。汉时，叔孙通曾对惠帝说："礼，春有尝果，方今樱

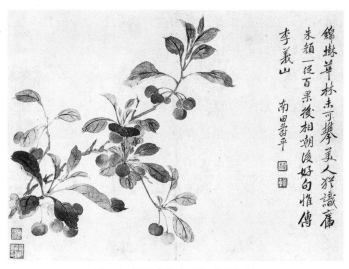

锦幛华林未可攀美人惊识面
朱颖一径百果後相潮後好句惟传
李义山
南田寿平

清　恽寿平《花卉册》中的樱桃

桃熟，可献，愿陛下出，因取樱桃献宗庙。"樱桃常常作为一种献果，大概是因为樱桃是"初春第一果"的缘故吧。

到汉明帝时，樱桃还用来大宴群臣。《拾遗记》载："明帝月夜宴群臣于华昭园，诏大官进樱桃，以赤瑕瑛为盘，赐群臣，而去其叶。月下视盘与樱桃共一色。众臣皆笑云是空盘。"唐朝时，李世民曾在酒宴中，让群臣赋樱桃诗助兴，他自己作诗云："华林满芳景，洛阳遍阳春。朱颜含远日，翠色影长津。乔柯转娇鸟，低枝映美人。昔作园中实，今来席上珍。"一时传为佳话。当时若有人被赏赐这种"席上珍"，是一种荣宠。

到唐僖宗时，有"樱桃宴"一事。《太平广记》载："唐时新进士尤重'樱桃宴'。乾符四年……时京国樱桃初出，虽贵达未适口，而覃山积铺席，复和以糖酪，用享人蛮献一小盘，亦不啻数升。以至参御辈，靡不沾足。"这种用樱桃来宴请新科进士的风气，成了历史佳话，至宋元明清依然不绝。只不过唐朝的吃法大有讲究，当时将樱桃放在琉璃盏中，使其红艳欲滴之态通过晶莹的容器折射出来，并且放入乳酪拌着吃，奶香和着果香，想想都令人垂涎。

金榜题名时，文人们已是人生得意，再吃到美味的佳肴，就更觉得不虚此生了。白居易曾说："荧惑晶华赤，醍醐气味真。如珠未穿孔，似火不烧人。杏俗难为对，桃顽讵可伦。肉嫌卢橘厚，皮笑荔枝皱。"唐人因为杨贵妃的缘故，非常喜欢吃荔枝，白居易本人也是，但他居然说卢橘、荔枝不堪和樱桃作对，必是有这一层渊源。不仅如此，白居易有歌妓无数，其中以樊素和小蛮最为出众，小蛮善舞，腰肢纤细，似在掌中也可起舞，樊素能歌，嘴唇非常美艳，他就用"樱桃樊素口，杨柳小蛮腰"来形容她们，可见樱桃的颜色、气质、造型，都容易令人联想到世间美好的事物。西人米吉安尼《樱桃》一文也有类似的描写："樱桃成熟了，通红通红的，像年轻的山区女人的血液。而在山区女人的心房下面，爱情的果实也成熟了。山区女人坐在自己茅屋的门坎上，在她苍白的面孔上有着鲜红的嘴唇，就像枝上的樱桃一样。"但情感要比白居易大胆直接多了。

然而，樱桃的花与果，在中国古典文学中的意蕴，终究还是复杂的。

如蒋捷的"流光容易把人抛，红了樱桃，绿了芭蕉"，感叹的是逝水流年一去不返。如冯延巳的"小堂深静无人到，满院春风，惆怅墙东，一树樱桃带雨红"，说的是一种生命中莫名的感伤。李煜词中的樱桃，则有泣血之象了，宋军兵临城下时他写："樱桃落尽春归去，蝶翻轻粉双飞。子规啼月小楼西，玉钩罗幕，惆怅暮烟垂。别巷寂寥人散后，望残烟草低迷。"词未填完，国都已被攻陷，后来他补上三句："炉香闲袅凤凰儿，空持罗带，回首恨依依。"亡国之痛，不忍卒读。

唐代《河东记》中还有个樱桃青衣的故事。讲的是一个落第书生，日暮见一手持樱桃的青衣丫鬟领自己见富贵亲戚，其后金榜题名，又娶得美人，历尽宦海风波。再见青衣时，忽然梦觉，见自己衣衫如故，人饿驴饥，叹道："人世荣华，穷达富贵贫贱，亦当然也。"遂寻仙访道，绝迹人世。这个故事，令人有不知今夕何夕的惘然之感。

桃[1] 李[2] 梅[3] 杏[4]

桃易生，故谚云："白头种桃。"[5]其种有匾桃[6]、墨桃[7]、金桃[8]、鹰嘴[9]、脱核蟠桃[10]，以蜜煮之，味极美。李品[11]在桃下，有粉青[12]、黄姑[13]二种，别有一种，曰"嘉庆子"[14]，味微酸。北人不辨梅、杏，熟时乃别。梅接杏而生者，曰"杏梅"[15]，又有消梅[16]，入口即化，脆美异常，虽果中凡品，然却睡止渴[17]，亦自有致。

【注释】

［1］ 桃：落叶小乔木，果实表面有毛茸，味甜，可食用，核仁可入药。详见本书卷二"桃"条注释。

［2］ 李：落叶小乔木，果实称"李子"，熟时呈黄色或紫红色，可食。详见本书卷二"李"条注释。

［3］ 梅：落叶乔木，其果实立夏后熟，生青熟黄，味酸，可生食，也制成蜜饯等食品。详见本书卷二"梅"条注释。

［4］ 杏：落叶乔木，核果酸甜，可食。详见本书卷二"杏"条注释。

［5］ 白头种桃：指桃树结果很快。宋·陆佃《埤雅》："谚曰：'白头种桃。'又曰：'桃三李四，梅子十二。'言桃生三岁，便放花果，早于梅李，故首虽已白，其花子之利可待也。"

［6］ 匾桃：桃的一种，因果实形状扁圆，故名。明·李时珍《本草纲目》："匾桃出南番，形匾肉涩，核状如盒，其仁甘美。"

［7］ 墨桃：疑为紫桃，果实黑褐或深紫色。

［8］ 金桃：又名黄桃，果肉金黄色。明·王象晋《群芳谱》："金桃，形

长，色黄如金，肉黏核，多蛀，熟迟，用柿接者，味甘色黄。"

[9] 鹰嘴：即鹰嘴蜜桃。果大、清甜、爽脆、有蜜味，末端如同鹰嘴。
广东连平所产较为著名。

[10] 脱核蟠桃：无核的蟠桃。蟠桃，在神话中属于仙桃。此处指桃的一
种，花色从淡至深粉红或红色，有时为白色，果形扁圆，味甘美，
汁不多。

[11] 品：品级。

[12] 粉青：疑为青李，果皮青绿中带白粉。

[13] 黄姑：疑为黄李，果圆，皮黄，果肉血红色。

[14] 嘉庆子：即嘉庆李，又名"御黄李"，形大，味甘美。唐·韦述
《两京记》："东都嘉庆坊有李树，其实甘鲜，为京城之美，故称嘉
庆李。今人但言嘉庆子，岂称谓既熟，不加李亦可记也。"明代嘉
靖皇帝年幼时在湖北境内，品尝过此李子的滋味，登基之后，将其
定为贡品，故此果明代又名"玉皇李""嘉靖果"。

[15] 杏梅：梅的一种。花色淡红，果实扁圆有斑，味如杏。

[16] 消梅：梅的一种，果实松脆多汁。

[17] 却睡止渴：提神解渴。

【点评】

桃李梅杏，是园林中常见的四种花木，也是常见的四种水果。

桃，文震亨提到的有墨桃、金桃、鹰嘴、脱核蟠桃。蟠桃，是一种果
大汁多的桃子，神话中称其为仙桃，相传三千年才结一次果，吃了可长生
不老。还有一种水蜜桃，今时已常见，古时或许产出不多。清人褚华《水
蜜桃谱》云："水蜜桃，前明时出顾氏名世露香园中，以甘而多汁，故名
水蜜。其种不知所自来，或云自燕，或云自汴。"桃均可生食，文震亨提
到用蜜蒸煮，也是一种食法。宋人林洪《山家清供》中，有一种"蟠桃

饭"："采山桃，用米泔煮熟，漉置水中，去核，候涌同煮顷之。"他还引用了苏轼诗句："戏将桃核裹红泥，石间散掷如风雨。坐令空山作锦绣，绮天照海光无数。"颇为风雅。清人朱彝尊《食宪鸿秘》中，还有将桃制成桃干、桃鲊的食法。

东方朔偷桃

李，文震亨提到的有粉青、黄姑、玉皇李三种，味道甘甜，有的微酸，一般生食。朱彝尊《食宪鸿秘》中，有"盐李""嘉庆子"二条，均是用盐来腌制的吃法。还有一种奈李较为常见，成熟时黄中带白斑，果大肉厚，口感香甜，也为国人所喜爱。对于李子的品级，文震亨认为李比桃低，南朝周兴嗣《千字文》中却说"果珍李奈，菜重芥姜"，是见仁见智之说了。另有一种朱李也颇为有名，文震亨在花木卷中提及，说与蟠桃、杏子鼎足。西汉刘歆《西京杂记》载："初修上林苑，群臣远方各献名果异树……李十五：紫李、绿李、朱李、黄李。"朱李作为皇家贡品，味道应当不差。此物，南朝任昉《述异记》中也有记载，说当年魏文帝安阳殿前，某一日曾天降朱李八枚，吃一枚数日不饿。有些神仙风韵。《晋书》中说竹林七贤之一的王戎，少时见小儿摘路旁李子，竟能猜到味苦而不摘，则是趣事一则了。

梅，与杏略微相似，但梅的枝干更苍劲，花香更清幽，果子更小且味道也不相同。文震亨提到的有消梅、杏梅，一为自然长成，一为嫁接之物，消梅入口即化，杏梅的味道更似杏一些。两者的共同点，都是酸中带甜，且有提神止渴之用，故而才会有"望梅止渴"的典故。常见的还有青梅，皮青微酸，但回味甘甜。李白诗云："妾发初覆额，折花门前剧。郎骑竹马来，绕床弄青梅。同居长干里，两小无嫌猜。十四为君妇，羞颜未尝开。"后来，青梅竹马、两小无猜就用来形容少年时纯澈的爱情。《尚书》中有"若作和羹，尔惟盐梅"，说明国人食梅甚早，并将其当作佐料。最懂食梅之道的，还是林洪，他的《山家清供》中，有"蜜渍梅花"一则云："剥白梅肉少许，浸雪水，以梅花酝酿之，露一宿取出，蜜渍之，可荐酒。较之敲雪煎茶，风味不殊也。"他还引杨万里诗句："瓮澄雪水酿春寒，蜜点梅花带露餐。句里略无烟火气，更教谁上少陵坛。"风雅之极。果之外，他还将梅花充当食品，"梅粥"条中，记载了用梅英合雪水煮白粥之法。"梅花汤饼"条中则记载了以梅肉、檀香、面皮作出梅花形状的汤饼，并引用诗句"恍如孤山下，飞玉浮西湖。"千载之下，令人心醉神摇。此外，朱彝尊《食宪鸿秘》中，另有青脆梅、白梅、黄梅、乌梅的食法。明人瞿祐《居家必备》中，又有青梅、乌梅、蜜滋梅、梅酱的食法，还作冰梅丸治病，可供参考。

杏，也与李类似，但李花清白出尘如道姑，杏花却淡黄优雅如姝丽，李子多椭圆形，酸甜夹杂，而杏子多圆形，味甜少酸，差异还是较大的。杏子一般也是生食。宋人陶谷《清异录》云："杏仁新水浸没，生姜、甘草、丁香、蜀椒、缩砂、白豆蔻、盐花、沉、檀、龙、麝，皆取末，如面搅拌，晒干，候水尽，味透，更以香药铺糁，名爽团。宿酲未解，一枚爽然。"这种食法，就类似今天的甜点了。朱彝尊《食宪鸿秘》中还有"咸杏仁"条云："京师甜杏仁，盐水浸拌，炒燥，佐酒甚香美。"又有"酥杏仁"条云："苦杏仁泡数次，去苦水，香油炸浮，用铁丝杓捞起，冷定，脆美。"用杏来作酥佐酒，倒也是别开生面的食法。关于杏，南朝任昉《述异记》中，言人迷路至荒岛，食杏兔死，有些神仙意味。不过最著名的故事，还是董奉植杏。晋人葛洪《神仙传》中说他治病不取分文，只让人栽杏数株。后以杏易谷，在灾年开仓赈灾，救活了不少百姓。林洪《山家清供》有以杏制粥一方，用董奉故事，名"真君粥"，还评价说："苟有功德于人，虽未死而名已仙矣。"可谓中肯。

橘^[1] 橙^[2]

橘为"木奴"[3]，既可供食，又可获利。有绿橘[4]、金橘[5]、蜜橘[6]、扁橘[7]数种，皆出自洞庭[8]；别有一种小于闽中，而色味俱相似，名"漆碟红"[9]者，更佳；出衢州者[10]皮薄亦美，然不多得。山中人[11]更以落地未成实者，制为橘药[12]，醶[13]者较胜。黄橙[14]堪调脍[15]，古人所谓金齑[16]；若法制丁片[17]，皆称俗味。

【注释】

[1] 橘：常绿乔木，树枝细而有刺，花有馨香。果呈扁圆形，皮红黄色，果肉多汁，味酸甜不一。

[2] 橙：常绿乔木或灌木，叶长卵形。果圆球形，皮红黄色，多汁，味酸甜。

[3] 木奴：橘树的别称。晋·习凿齿《襄阳记》："（李衡）于武陵龙阳泛洲上作宅，种甘橘千株。临死，敕儿曰：'汝母恶我治家，故穷如是。然吾州里有千头木奴，不责汝衣食，岁上一匹绢，亦可足用耳。'"故而后称柑橘树为"木奴"。

[4] 绿橘：橘的一种，皮色青绿，早熟，味酸甜。

[5] 金橘：橘的一种。叶披针形或长圆形，秋冬果实成熟，色黄，味酸。明·李时珍《本草纲目》："此橘生时青卢色，黄熟则如金，故有金橘、卢橘之名。"

［ 6 ］ 蜜橘：橘的一种，味极甜，故名。

［ 7 ］ 扁橘：疑为宽皮橘。果皮相当宽松，与果肉极易分离。适合加工成
糖水罐头、蜜饯等。

［ 8 ］ 洞庭：指江苏苏州太湖一带。太湖东南方有洞庭东山、洞庭西山。
下文中的"洞庭"所指皆同，不再赘述。

［ 9 ］ 漆堞红：疑为漆碟红，是福橘的变种。

［10］ 出衢州者：即衢橘，又名朱橘。个头偏小，皮薄，色泽红润，肉多
味香。明·张大复《梅花草堂集》："橘之品出衢、福二地者上。衢
以味胜，福以色香胜。"

［11］ 山中人：山野之家，深山里的人。

［12］ 橘药：又名"药橘"，作药用。宋·韩彦直《橘录》："乡人有用糖
熬橘者，谓之药橘。"

［13］ 醶：用盐腌渍。

［14］ 黄橙：橙子的一种，因其色金黄，故名。

［15］ 调脍：文中指捣烂橘子作调味剂。调，调剂。脍，原指细切的鱼
肉，后也指细切。唐·白居易《盐商妇》："何况江头鱼米贱，红脍
黄橙香稻饭。"

［16］ 金齑（jī）：橙肉捣烂后作菜肴配料，古人称为金齑。唐·冯贽《南
部烟花记》："南人鱼脍，细缕金橙拌之，号为金齑玉脍。"

［17］ 法制丁片：按古法切成丁和片。法制，如法炮制。

【点评】

　　橘，俗称桔。皮黄，形椭圆，味道酸甜不一。文震亨提及的有绿橘、
金橘、蜜橘、扁橘、漆堞红、衢橘数种，认为较为可口，还说可以在园中
种植获利，倒是颇为实在。他还提到用橘制药之事，未提方法如何。民间
常见的是用橘子皮晒干泡水喝，中医认为有止咳、开胃、顺气、除烦、醒

酒等功效，物虽廉，功用却不少。

此物在中华文化中，有深远的文化含义。

《淮南子》中载有春秋年间"晏子使楚"一事。当时楚王想尽办法羞辱晏子，其中一法是找一齐国囚徒来讽刺齐国民风。晏子说："橘生淮南则为橘，生于淮北则为枳。叶徒相似，其实味不同。"又说造成这种现象的根本原因是水土有异，以此来反讽楚地民风不善。其机智与情操，历来受人称道。战国屈原又有《橘颂》一诗。诗云："后皇嘉树，橘徕服兮。受命不迁，生南国兮。"这是说自己矢志不移，犹如橘生南国。又云："青黄杂糅，文章烂兮。精色内白，类任道兮。"这是说自己堪托大任，犹如橘之芬芳灿烂。又云："苏世独立，横而不流兮。闭心自慎，不终失过兮。"这是说自己不从流俗，犹如橘枝横耸而不俯伸。又云："淑离不淫，梗其有理兮。年岁虽少，可师长兮。行比伯夷，置以为像兮。"这是说自己情操高洁，犹如橘树枝干纹理清晰。这是比德于物，令人敬仰。

与橘相关的典故，有两则非常有名。一则出自《三国志》，说的是陆绩六岁去见袁术，临走的时候带走的几枚橘子被发现了，问其故，答曰："欲归遗母。"其孝心令人颇为感动。一则出自《太平广记》，说的是巴邛人秋后收橘，见有两个非常大的橘子，心感有异，剖开一看，发现每只橘子中都有两个鹤发童颜的老者，对弈闲谈，须臾飞升而去。后世象棋名谱《橘中秘》，除借此指代棋事外，大概也有一种橘中日月长的自得其乐之意。

橙，是另一种常见的

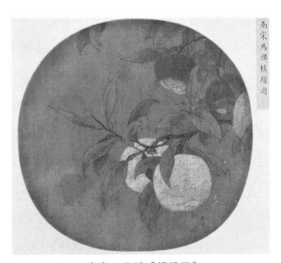

南宋　马麟《橘绿图》

水果。此物多为圆球形，个头也比橘子大，一般较甜，有甜橙、血橙、脐橙数种。苏轼诗云："一年好景君须记，正是橙黄橘绿时。"可见橙子也颇讨古人喜欢。

橙子和橘子一般都是剖开生食。宋人林洪《山家清供》中有"蟹酿橙"一则云："橙用黄熟大者，截顶，剜去穰，留少液。以蟹膏肉实其内，仍以带枝顶覆之，入小甑，用酒、醋、水蒸熟。用醋、盐供食，香而鲜，使人有新酒菊花、香橙螃蟹之兴。"这种烹调方法，新颖独特，成品芳香鲜美，对养筋活血也所裨益。林洪说食此令人想起危稹赞蟹诗句："黄中通理，美在其中。畅于四肢，美之至也。"此诗化用的是《易经》中的句子，说的是修身养性之道。如此，食"蟹酿橙"便多了一种文化意蕴。

文震亨对橙的说法颇为简单，只有一句"黄橙堪调脍，古人所谓金齑"，却道出了古人千年风雅。旧时有金齑玉鲙（脍）颇为著名，是一道将切片的鲈鱼作主料，以齑料捣泥为配料的美味佳肴。齑，指的是姜、蒜、葱等调料碎末，金齑即是将橙肉捣烂成泥。橙齑如金，鱼鲙如玉，黄白相映之下颇为美观。唐人刘𫗧《隋唐嘉话》曾载："吴郡献松江鲈，炀帝曰：'所谓金齑玉脍，东南佳味也。'"吃惯了各种山珍海味的隋炀帝，对金齑玉鲙赞不绝口，可见其味必定颇为鲜美。唐人王昌龄诗云："冬夜伤离在五溪，青鱼雪落鲙橙齑。"宋人黄庭坚诗云："齑臼方看金作屑，脍盘已见雪成堆。"宋人苏轼诗云："金齑玉脍饭炊雪，海螯江柱初脱泉。临风饱食甘寝罢，一瓯花乳浮轻圆。"一写别离时的饮食，一写贬谪时的饮食，一写闲居时的饮食，各自心境不同，便觉得滋味不同，但金齑玉脍深入人心，是不言而喻的。宋人吴文英也颇识此中乐趣，他的《虞美人影·咏香橙》中，有"点点吴盐雪凝，玉脍和齑冷"及"香荐兰皋汤鼎，残酒西窗醒"之句，一说金齑玉鲙之事，还说用橙肉熬汤，还有醒酒的作用。清人熊荣有"清香夜满芙蓉帐，笑买新橙置枕函"之句，还说九、十月间新橙，可以"堆盘列案，以当清供"。这是用橙子当天然香果，颇有雅趣。

柑[1]

柑出洞庭者，味极甘；出新庄[2]者，无汁，以刀剖而食之；更有一种粗皮，名"蜜罗柑"[3]，亦美。小者曰"金柑"[4]，圆者曰"金豆"[5]。

【注释】

[1] 柑：常绿灌木，花白色，果实球形稍扁，皮色生时青熟时黄，果肉多汁，味甜。明·李时珍《本草纲目》："柑，南方果也……其树无异于橘，但刺少耳。柑皮比橘色黄而稍厚，理稍粗而味不苦。"

[2] 新庄：江苏吴县地名。

[3] 蜜罗柑：形如佛手，肉白无籽，味道甘甜。

[4] 金柑：一说即上条中的金橘。一说是金弹，果实倒卵形或圆球形，色黄，果厚，味甜。宋·韩彦直《橘录》："金柑比他柑特小，其大如钱，小如龙目。色似金，肌理细莹，圆丹可玩。啖者不削去金衣。若用以渍蜜尤佳。"

[5] 金豆：果实名，金橘的一种，大如樱桃，内有一核。

【点评】

橘、橙、柑，容易让人混淆。譬如古人将柑橘并称，实则指的是橘子，又譬如百姓称金柑为金橘，种种谬误，不一而足。橘、橙、柑三者的区别究竟何在呢？概而言之，橘体型较小，多呈扁圆形，味道酸甜不一，皮容易剥落。橙多呈圆形或长圆形，酸甜皆有，表皮光滑但不容易剥落，富有香气，储存时间比橘长。柑，文震亨提到洞庭山柑、新庄柑、蜜罗柑数种，此外还有芦柑、招柑等，品类丰富。此物多呈扁圆形，比橘稍大，表皮粗糙，成熟后黄绿皆有，味道或甜或苦。三者看似一物，实则有很大差别。

古人食柑，也多风雅。杜甫诗云："岑寂双柑树，婆娑一院香。"依稀间有一种禅味。《渊鉴类函》中说宋代安定郡王赵世开，以黄柑酿酒，取名"洞庭春色"，令人觉得清香扑面，满院生香。王庭筠词云："紫蟹黄柑真解事。似倩西风、劝我归欤未。"他品蟹食柑，有了张翰的"秋风鲈鱼"之思，意味深长。曾几《曾宏甫分饷洞庭柑》诗云："黄柑送似得尝新，坐我松江震泽滨。想见霜林三百颗，梦成罗帕一双珍。流泉喷雾真宜酒，带叶连枝绝可人。莫向君家樊素口，瓠犀微齼远山颦。"将柑子的色香味描写得十分动人，还反用"樱桃樊素口"的典故，说要大快朵颐，也颇有一种痴态。

关于柑，最为著名的故事，当属刘伯温的《卖柑者言》。文中果贩所卖之柑，金玉其外败絮其中，还理直气壮地说当世达官贵人多尸位素餐，实是刘伯温借事讽喻，识见不凡，可为后世镜鉴。与此年代相近的《三国演义》中，还有左慈见曹操剖柑之事，左慈所剖之柑味道鲜美，而曹操所剖之柑只见空壳，其旨趣和刘伯温之言庶几近之。

香　橼[1]

大如杯盂[2]，香气馥烈，吴人最尚。以磁盆盛供，取其瓢拌以白糖，亦可作汤，除酒渴[3]。又有一种皮稍粗厚者[4]，香更胜。

【注释】

[1]　香橼（yuán）：又名香圆、枸橼。常绿小乔木，有短刺，叶卵圆

形，花带紫色。果实长圆形，皮黄色而有褶皱，香味浓郁，可供食用及观赏。

［2］　杯盂：指酒杯。唐·白居易《马上作》："高声咏篇什，大笑飞杯盂。"

［3］　除酒渴：解除酒后的口渴。

［4］　皮稍粗厚者：疑为"佛手柑"，即香橼的变种。

【点评】

香橼，皮黄色，有褶皱，果呈椭圆形，也属柑橘类蔬果，不过在古代它并不常充当食品，而是用作熏香和赏玩之用。

它的色泽富丽雅致，赏心悦目。它的气味也馥郁清香，令人多生祥和之意，《本草纲目》形容它"清香袭人"。《证类本草》中说："香氛大胜柑橘之类，置衣笥中，则数日香不歇。"故而古人常用它作书斋清供，高濂《遵生八笺》中认为"香橼出时"，是"山斋最要一事"，王世懋《花疏》云："士人置之明窗净几间，颇可赏玩。"文震亨自己也写过《香橼屋》诗："香不带花气，果中无是奇。采青原有意，枝重不胜垂。"可见喜爱之情。

在古代，香果一度有取代香料之势。一些富贵人家，往往一次摆放几十个香橼，为了保持新鲜，一般十余天更换全套。然而，当时一个香橼的价钱，相当于今时的几十元人民币，并非普通人家所能负担得起。《宫女谈往录》中说慈禧曾在储秀宫中放置五六口缸，往里头添加香橼等香果，每月初二、十六用新果换旧果，动辄就是成百上千，以此时刻保持室内的清香。虽然她后来把

香橼

大如杯盂，香气馥烈

换掉的香果都赏赐给了宫女，但这景象已经豪奢得令人吃惊了。

文人们因为经济的缘故，往往只能少量摆放。文震亨提倡实用，在赏玩之余，将香橼的果肉拌白糖吃，以及熬汤。高濂《遵生八笺》和朱彝尊《食宪鸿秘》中，另有酱食和捣烂成膏的吃法。林洪《山家清事》倒是玩出了以香橼作酒杯的新意，说谢奕礼不爱喝酒，还有'不饮但能看醉客'的诗句。一日读书弹琴之余，令仆从剖香橼作二杯，还雕刻花纹，温酒劝客品尝。众人但觉清芬霭然，往昔用过的金樽玉杯此时如同尘埃，想必他们不饮先醉了。

此外，作清供的香果还有佛手柑，其形如佛手，香气较香橼也更为浓郁，声名较香橼更著，有"果中珍品，世间奇果"之美誉，旧时在室内常有摆放。《红楼梦》中描写探春的房间道："左边紫檀架上放着一个大观窑的大盘，盘内盛着数十个娇黄玲珑大佛手……他又要佛手吃，探春拣了一个与他说：'顽罢，吃不得的。'"佛手是香橼的变种，宽泛而言，也可归于香橼一类。

清末以来，时代剧变，使用香橼的人家日渐稀少了，汪曾祺在《鉴赏家》中说："他还卖佛手、香橼。人家买去，配架装盘，书斋清供，闻香观赏。"这是对古时文人书斋的一种憧憬。他又在小说《悒郁》中说："隔山有人吹着芦管，把声音拉长，把人的心也好像拉长了。她痴了一会儿，很想唱唱歌，就曼曼的唱着：'第一香橼第二莲，第三槟榔个个圆。第四芙蓉五桂子，送郎都要得郎怜。'"这样的歌谣，今日听之，恍如隔世。

枇　杷 [1]

枇杷独核者佳，株叶 [2] 皆可爱，一名"款冬花" [3]，荐之果奁 [4]，色如黄金，味绝美。

【注释】

［1］ 枇杷：常绿小乔木，花白色，叶长圆形绿色，果实金黄色呈梨形，味甜美，可生食。

［2］ 株叶：植株和树叶。

［3］ 款冬花：非指植物款冬，文中所指为枇杷的别称。因枇杷与大部分果树不同，在秋天或初冬开花，故名。

［4］ 荐之果奁：采摘成熟的果子放在果篮里。荐，进献，送上。果奁，盛放果品的箱盒。

【点评】

　　枇杷，色如黄金。宋人戴敏《初夏游张园》诗云："乳鸭池塘水浅深，熟梅天气半晴阴。东园载酒西园醉，摘尽枇杷一树金。"描写的即是枇杷成熟后的动人景象。

　　汉代刘熙在《释名》中说："枇杷，本出于胡中，马上所鼓也。推手前曰枇，引手却曰杷，象其鼓时，因以为名。"这即是说，乐器琵琶，本名叫"枇杷"，后来为了与水果枇杷区分，人们才更改了字形。故而民间有"枇杷不是琵琶，琵琶却是枇杷"之说。清人褚人获在《坚瓠首集》中记载了一件轶事：沈周曾收到枇杷，上误写"琵琶"。他回信打趣道："承惠琵琶，开奁视之，听之无声，食之有味。乃知司马挥泪于江干，明妃写怨于塞上，皆为一啖之需耳。嗣后觅之，当于杨柳晓风、梧桐夜雨之际也。"苏轼有诗云："罗浮山下四时春，卢橘杨梅次第新。"写的是枇杷、杨梅，但据后人考证，这其实是他记错了司马相如《上林赋》中的词句，枇杷、卢橘两者实则风马牛不相及。

　　枇杷可食，其味甘中微酸，有清肺止咳、降逆止呕的功效。常见的枇

宋　林椿《枇杷山鸟图》

杷都是有核的，也有无核的。清人徐珂《清稗类钞》中载有"朱竹垞食无核枇杷"一事，说的是朱彝尊和一个道士交善，某一日到其道观吃枇杷果时，发现都没有核。朱问其故，道士说此乃仙种，但他不信，寻思道士爱吃猪蹄，就邀他上门。等人来后，朱彝尊令仆人到集市中买猪蹄，还故意让道士看见。很快猪蹄就蒸好了，道人大快朵颐，十分开心，但搞不懂为何蒸得如此之快。朱彝尊说："果有小术，欲以易枇杷种耳。"道士说："此无他，于始花时镊去其中心一须耳。"朱彝尊回敬道："然则吾之馔，乃昨所烹者也。"两人听罢对方的秘术，抚掌大笑。

枇杷，在文学史上留下了淡淡的一笔，但也足够后人铭记。

其一是《千字文》中的记载："枇杷晚翠，梧桐早凋。"晚翠，即是说枇杷叶子经冬不凋，苍翠如故，有大器晚成之象，也有耐寒坚贞之意，为世人所称道。

其二是薛涛之事。元稹曾有《山枇杷》诗云："山枇杷，花似牡丹殷泼血。往年乘传过青山，正值山花好时节。"他曾在蜀中与薛涛有过一段恋情，而薛涛的住处，曾种了许多的枇杷，那段时光郎才女貌、红袖添香，想必非常幸福。可惜，他最后终究是辜负佳人了。不知后来薛涛一个人，独自对着满庭的枇杷树，会作何感想。

还有一件，是归有光之事。他在《项脊轩志》中写道："余既为此志，后五年，吾妻来归，时至轩中，从余问古事，或凭几学书。"六年后，他的妻子死了，他也宦游在外。多年后，他回到故居之时，见到枇杷枝繁叶茂，但物是人非，妻子也永远成为追忆了，于是记道："庭有枇杷树，吾妻死之年所手植也，今已亭亭如盖矣。"语极冷静，但读之令人断肠。

杨　梅[1]

吴中佳果，与荔枝并擅高名，各不相下。出光福[2]山中者，最美，彼中人以漆盘盛之，色与漆等，一斤仅二十枚，真奇味也。生当暑中，不堪涉远，吴中好事家或以轻桡[3]邮置[4]，或买舟就食[5]。出他山者味酸，色亦不紫。有以烧酒浸者，色不变，而味淡。蜜渍[6]者，色味俱恶。

【注释】

[1]　杨梅：常绿乔木，花褐色，果实球形，表面有粒状突起，有核，味酸甜，可食。

[2]　光福：光福镇，在今江苏省苏州市吴中区，西滨太湖，北接东渚，是江苏省历史文化古镇之一。

[3]　轻桡：小桨，借指小船。南朝宋·谢惠连《泛湖出楼中玩月》："日落泛澄瀛，星罗游轻桡。"

[4]　邮置：邮寄。

[5]　买舟就食：乘船前往品尝。买舟，雇船。

[6]　蜜渍：用蜂蜜浸渍。

【点评】

杨梅，颜色鲜艳烁紫，有"红实缀青枝，烂漫照前坞"的美誉，不

杨梅，吴中佳果

过更为销魂的还是它的味道。宋僧释祖可说："味方河朔葡萄重，色比泸南荔子深。"清人杨芳灿说："夜深一口红霞嚼，凉沁华池香唾。"不过最得其中三昧的还是方岳的"众口但便甜似蜜，宁知奇处是微酸"。微酸，是杨梅最大的特点，它的味道初时酸，须臾甜，回味时，还有微微的酸甜气息，令人满口生津，欲罢不能。所以明代内阁首辅徐阶品尝杨梅后说："若使太真知此味，荔枝焉得到长安。"首辅都有如此之誉，寻常百姓自也是极其喜爱，文震亨说盛夏苏州人"或以轻桡邮置，或买舟就食"，可见一时风气。

民国时，周瘦鹃和周作人都写过民间售卖杨梅的情景。周瘦鹃《杨梅时节到西山》云："跨上埠头时，瞥见一筐筐红红紫紫的杨梅，令人馋涎欲滴，才知枇杷时节已过，这是杨梅的时节了。"周作人《杨梅》云："方杨梅盛出，好事者都以小舫往游，因络酒舟中，市堤杨梅，与酒相间，足为奇观。妇女以簪髻上，丹实绿叶繁丽可爱。又以雀眼竹盛贮为遗，道路相望不绝。识者以为唐人所称荔枝筐，不过如此。"短短数语，俨然如画。

此物一般清吃为宜，也有用烧酒和蜂蜜浸渍的吃法，但文震亨认为色相不雅，且有损真味，故而不推崇。也有直接用来酿酒的，东方朔《林邑记》云："邑有杨梅，其实大如杯碗，青时极酸，熟则如蜜。用以酿酒，号为梅香酎，甚珍重之。"盛夏之时，喝一杯冰镇杨梅酒，既解渴，又涤肠胃、除烦气，微醺之中，惬意极了。

葡　桃[1]

有紫、白二种。白者曰"水晶萄"[2]，味差亚[3]于紫。

【注释】

[1]　葡桃：即葡萄，又名蒲陶、蒲萄、蒲桃。落叶藤本植物，叶卵圆形，花黄绿色，浆果多为圆形和椭圆形，色泽多变，可生食或制葡萄干，也可酿酒。

[2]　水晶萄：即水晶葡萄，因外观玲珑剔透，故名。

[3]　差亚：不及。

【点评】

　　葡桃即葡萄，与苹果、柑橘、香蕉并称"世界四大水果"。《史记》和《汉书》中，认为是张骞通西域时从大宛国带回来的，今人在《诗经》中找到零星的记载，推测是本土之物。李时珍《本草纲目》中的解释是："《汉书》言张骞使西域还，始得此种，而《神农本草》已有葡萄，则汉前陇西旧有，但未入关耳。"

　　葡萄之状颇为美观，枝干斑驳苍劲，果实结时垂垂累累，玲珑剔透、晶莹欲滴。陈维崧有"轻明晶透，芳鲜圆绽，小摘西山雨"之句形容，也有人将其比作石崇的歌女绿珠和刚出浴的杨妃。汪曾祺《葡萄月令》说："下过大雨，你来看看葡萄园吧，那叫好看！白的像白玛瑙，红的像红宝石，紫的像紫水晶，黑的像黑玉。一串一串，饱满、磁棒、挺括，璀璨琳琅。"可见世人爱之极深。

明　徐渭《墨葡萄图》

葡萄之味香脆可口，甘而不饴，凉而不酸，食后可以除烦解渴、益气温脾。郑允端有诗云："满筐圆实骊珠滑，入口甘香冰玉寒。若使文园知此味，露华应不乞金盘。"文园指的司马相如，他曾担任过文园令。金盘即承露盘，汉武帝曾起柏梁台，作承露盘承接天露，以求长生。当时司马相如患有糖尿病，正需天露治疗，但汉武帝一勺都舍不得给，郑允端认为若是司马相如尝过葡萄的滋味，大概就不会想要承露台的琼浆玉液了，将葡萄之味写得极其传神。

除食用之外，葡萄还可以用来酿酒。白葡萄所酿之酒色泽清透，紫葡萄所酿之酒色如玫瑰。两种酒都香味馥郁，初尝时多为酸味，接着是酒精味，再接着是甜味和果味，层次分明，而后交织在一起，回味柔和绵长，《本草纲目》中说："人醑饮之，则醄然而醉。"此酒也有养生功效，《遵生八笺》中说："行功导引之时，饮一二杯，百脉流畅，气运无滞，助道所当不废。"今时还有人保持临睡之前小饮半杯的习惯。

早期葡萄酒由于稀有，显得弥足珍贵，只在上流社会流传。相传东汉时，有个叫孟佗的人送了大量葡萄酒给十常侍中的张让，换来了一个凉州刺史的官位。到三国时，曹丕可算是它最大的拥趸了，他在《与吴监书》中说："蒲萄……酿以为酒，甘于曲蘗，善醉而易醒。道之固以流羡咽唾，况亲食之耶？南方有橘，酢正裂人牙，时有甜耳。即远方之果，宁有匹者乎？"其后此酒渐渐在中原大地传开，陆机说："蒲萄四时芳醇，琉璃千钟旧宾。"庾信说:"蒲桃一杯千日醉,无事九转学神仙。"乔知之说:"愿君解罗襦,一醉同匡床。"李白说:"此江若变作春酒,垒曲便筑糟丘台。"都以品饮葡萄酒为乐。

历代写葡萄最著名的诗句,莫过于王翰的《凉州词》了,诗云:"葡萄美酒夜光杯,欲饮琵琶马上催。醉卧沙场君莫笑,古来征战几人回。"用美玉雕琢而成的酒杯,盛满了著名的葡萄美酒,想要痛饮一杯,却突然听到了塞上的琵琶声,无奈只得放下,前往边关杀敌,若有人问起沙场上为何醉生梦死,却要反问"古来征战几人回"。其中的悲壮之意无以复加。

另一首著名的诗歌是李颀的《古从军行》,诗云:"闻道玉门犹被遮,应将性命逐轻车。年年战骨埋荒外,空见蒲桃入汉家。"他用大量的笔墨勾勒了塞外的荒蛮,倒数第二句,还说要为国捐躯,但令人意想不到的是,最后却说"空见蒲桃入汉家",心中的悲愤,气冲云霄,令人感慨不已。

书画中,徐渭的《墨葡萄图》也寄托遥深,他用一支笔尽情挥洒,最后还在画上题诗道:"半生落魄已成翁,独立书斋啸晚风。笔底明珠无处卖,闲抛闲掷野藤中。"写尽了自己坎坷的一生。郑板桥曾评价八大山人画是"横涂竖抹千千幅,墨点无多泪点多",窃以为以此评价《墨葡萄图》,也是十分妥帖传神的。

荔　枝[1]

荔枝虽非吴地所种,然果中名裔[2],人所共爱,"红尘一骑"[3],不可谓非解事人。彼中有蜜渍者,色亦白,第壳已殷[4],所谓"红糯白玉肤"[5],亦在流想[6]间而已。龙眼[7]称"荔枝奴"[8],香味不及,种类颇少，价乃更贵。

【注释】

[1] 荔枝：常绿乔木，果实也叫"荔枝"，其果肉呈半透明凝脂状，味
香美。与香蕉、菠萝、龙眼并称"南国四大果品"。

[2] 名裔：名品。裔，后代，此处作"支流"解。

[3] 红尘一骑：指唐代杨贵妃嗜好荔枝，玄宗派专人用驿站将荔枝送往京
城一事。唐·杜牧《华清宫》："一骑红尘妃子笑，无人知是荔枝来。"

[4] 殷：深红色。

[5] 红糯白玉肤：指荔枝红壳白肉。宋·苏轼《四月十一日初食荔枝》：
"海山仙人绛罗襦，红纱中单白玉肤。"

[6] 流想：流传与想象。

[7] 龙眼：又名桂圆，常绿乔木，果近球形，黄褐色，外皮稍粗糙，果
肉味道与荔枝接近。

[8] 荔枝奴：龙眼的别名。唐·刘恂《岭表录异》："荔枝方过，龙眼即
熟，南人谓之荔枝奴，以其常随于后也。"

【点评】

　　荔枝，人间佳果。白居易《荔枝图序》云："生巴峡间，树形团团如
帷盖。叶如桂，冬青；华如橘，春荣；实如丹，夏熟。朵如葡萄，核如枇
杷，壳如红缯，膜如紫绡，瓤肉莹白如冰雪，浆液甘酸如醴酪。大略如
彼，其实过之。若离本枝，一日而色变，二日而香变，三日而味变，四五
日外，色香味尽去矣。"将它的产地、根叶、果皮、外形、色泽、味道、
习性，描述得非常清楚，其中"瓤肉莹白如冰雪，浆液甘酸如醴酪"一
句，光看就令人垂涎欲滴。大江南北之人，不分贵贱，无论老幼，见过尝
过后，就很难忘记它。

只可惜此物虽好，但在历史上留下的故事，都很令人感伤。

《三辅黄图》中载，汉武帝攻占南越，曾建扶荔宫，连年从交趾移植荔树，却一株都养不活。偶得一株稍为茂盛却不结果的，也是非常珍爱。有一日荔树忽然枯死，他居然大兴连坐，诛杀了数十人。而经年累月的邮递运输，也令军民死伤无数。为了一己之欲，汉武帝可谓不择手段。

到唐代时，此风依然不绝。《新唐书》载："妃嗜荔枝，必欲生致之，乃置转传送，走数千里，味未变，已至京师。"驿站是专供处理军政大事的重地，唐玄宗用它来运送荔枝满足杨贵妃一个人的口腹之欲，真是无耻之极。晚唐杜牧诗云："一骑红尘妃子笑，无人知是荔枝来。"毫不留情地表达了自己的不满和悲概。更令人悲伤的是，杨贵妃和唐玄宗死后，后来的皇帝依然连年将其列入贡品。杜甫《解闷》诗云："先帝贵妃今寂寞，荔枝还复入长安。炎方每续朱樱献，玉座应悲白露团。"不知他写此诗时，是一种怎样的心情。

帝王事外，文人辈与荔枝的交集，也并不欢愉。唐代张九龄曾有一篇《荔枝赋并序》写荔枝。前述荔枝的珍奇，后面却说未能物尽其用，被冷落、被误解、被遗忘。这即是以荔枝自况，曲折委婉地表达自己虽有报国之心，却无报国之门，非常悲哀。到宋代时，关于荔枝最为著名的诗句，是苏东坡的"日啖荔枝三百颗，不辞长作岭南人"。当时他从黄州贬到惠州，心情实在是糟糕极了，见了南国如此佳果，算是偶得一丝慰藉吧。但他终究无时无刻不想返回京师，如此说只是聊以自嘲自解罢了。在他之后，诗僧惠洪流放崖州时，说："口腹平生厌事治，上林珍果亦尝之。天公见我流涎甚，遣向崖州吃荔枝。"算是天涯

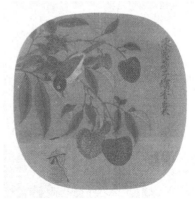

宋　传赵佶《荔枝山雀图》

沦落人的知心之语了。

汉武帝、唐玄宗、张九龄、苏轼、惠洪这些人，都已成了历史。今时交通发达，运输物品，交通往来，已经没有当年的那些顾虑和不便了。而且，张九龄自己也说过"草木本无心"，动的只是人的心，不能让水果来背负污名。

至于龙眼，果肉味道虽与荔枝接近，但毕竟逊色几分，故而并不如荔枝受人喜欢，文化含义也就远远不如荔枝了。

枣[1]

枣类极多，小核色赤者，味极美。枣脯[2]出金陵[3]，南枣[4]出浙中者，俱贵甚。

【注释】

[1] 枣：落叶灌木，有刺，叶长圆形，核果有黄、紫红色，味甘甜，可食，亦供药用。

[2] 枣脯：枣子制成的果干。《史记·滑稽列传》："席以露床，啖以枣脯。"

[3] 金陵：今江苏南京的别称，三国吴，东晋，南朝宋、齐、梁、陈，以及明初，都在此建都。南朝齐·谢朓《鼓吹曲·入朝曲》："江南佳丽地，金陵帝王州。"

[4] 南枣：浙江特产，主产于义乌、东阳、淳安、兰溪等地。个大，色乌亮透红，肉质金黄，有淌江红枣和原红蜜枣两种。清朝时岁岁进贡，故有"贡枣"之称。

【点评】

枣，是极为常见的一种水果。枣可生食，文震亨提到制成枣脯，也是一种食法。朱彝尊《食宪鸿秘》中还有"醉枣"一法："拣大黑枣，用牙刷刷净，入腊酒酿浸，加烧酒一小杯，贮瓶，封固。经年不坏。空心啖数枚佳；出路早行尤宜；夜坐读书亦妙。"醉枣微带酒味，早上出行，或者夜坐读书，食用几枚，人有微醺之感，却不至于醉倒，颇有趣味。汪灏《广群芳谱》中，有将枣制成油作调味剂一法，说"每一匙投汤中，即成美浆"，这种食法也是别开生面。此外还有"枣米"一说，即将枣煮烂合着谷物晒干，然后用石磨磨细煮粥，或做点心，想来颇为精致。

此物的文化含义，也颇为丰富。在民间，枣多作象征之物，新婚之时，夫家一般在婚房中放置枣子、花生、桂圆、莲子，取"早生贵子"之美意，至今盛行。在朝堂，枣多为富国的工具，战国时苏秦游说六国，曾对燕文侯说："南有碣石、雁门之饶，北有枣栗之利，民虽不由田作，枣栗之实，足实于民，此所谓天府也。"可见古来种植甚广。在道门，枣多具神仙风韵。《广群芳谱》记载甚多，引《云林集》，说有一位袁员外年轻时路过九华山，得遇神人赠枣，食用后，八十岁容貌精力还如壮年；引《奚囊橘柚》，说真陵之山有枣子，食用一枚数年不醒，东方朔曾游历至此，将它带给汉武帝，武帝每次召集群臣，就取一枚枣投入水中，片刻成酒，味道醇厚芳香。而《异林》《马明生别传》中出现的枣子，食用后可成仙。事虽虚无缥缈，但寄托的是人们美好的想象。

对于文人来说，食枣也有深意。唐人白居易有《杏园中枣树》一诗，开篇说枣子平凡鄙俚，"皮皴似龟手，叶小如鼠耳"，生在花木之间，如嫫母对西施。结尾笔锋一转，说："君爱绕指柔，从君怜柳杞。君求悦目艳，不敢争桃李。君若作大车，轮轴材须此。"赞颂了枣树的朴实无争，堪当大任。前秦赵整《琴歌》云："北园有一树，布叶重重阴。外虽多棘刺，内实怀赤心。"以枣树和枣子的形貌，来暗喻自己有一颗赤胆忠心。宋人欧阳修《送襄陵令李君》诗云："红枣林繁欣岁熟，紫檀皮软御春寒。民淳政简居多乐，无苦思归欲挂冠。"李君如陶潜般不为五斗米折腰，但是欧阳修说枣丰民乐，不必挂冠，可见当时民间一种其乐融融的景象。宋人张耒《夏日》其三云："枣径瓜畦经雨凉，白衫乌帽野人装。幽花避日房房敛，翠树含风叶叶香。养拙久拚藏姓氏，致身安事巧文章。汉庭卿相皆豪俊，不遇何妨白发郎。"说自己在枣径瓜田之下如同野人，但是也有养拙待时之意，不遇宁愿老死湖山。鲁迅在《秋夜》中道："在我的后园，可以看见墙外有两株树，一株是枣树，还有一株也是枣树。"看似烦冗重复，但结合全文细品下来，可知另有深意，正是要借枣树直刺着奇怪而高的天空，来讽喻时世。

《世说新语》中，还记载了两则关于枣的故事。一则是魏文帝曹丕忌讳兄弟曹彰，暗中在枣中下毒并做好记号，邀他来下棋吃枣，自己专挑无毒的吃，结果曹彰一命呜呼，悲凄血腥。另一则，是说大将军王敦娶了舞阳公主，如厕的时候，看到漆箱中有枣子，就直接食用，却不知这是用来塞鼻辟秽的，群婢见到莫不大笑。虽是富贵人家生活，但想来还是诙谐有趣，令人捧腹。

生 梨 [1]

梨有二种：花瓣圆而舒者，其果甘；缺而皱者，其果酸，亦易辨。出山东，有大如瓜者 [2]，味绝脆，入口即化，能消痰疾。

【注释】

[1] 生梨：梨的统称，有时也特指生的梨。梨，又名"甘棠""快果"，

落叶乔木，叶卵形，花白色，果圆形，味美汁多，甜中带酸，可食用，也可作药用。

[2] 出山东，有大如瓜者：疑为"鸭梨"，状如鸭头，果大，肉脆多汁，味香甜。

【点评】

梨，花色洁白，遥望如雪。据宋人陶穀《清异录》载，晚唐司空图称梨花为"瀛洲玉雨"，想象新奇动人。古人也颇多吟咏，如王融的"芳春照流雪，深夕映繁星"，萧贲的"香惹梦魂云漠漠，光摇溪馆月溶溶"，顾养谦的"乍疑洱海涛初起，忽忆苍山雪未消"，将其色香描述得十分传神。而白居易的"玉容寂寞泪阑干，梨花一枝春带雨"，是借梨花写杨妃娇态。

梨花带着淡淡的清寂与闲愁。晏殊的"梨花院落溶溶月，柳絮池塘淡淡风"，苏轼的"惆怅东栏一株雪，人生看得几清明"，皆有这种况味。最著名的是"雨打梨花"的意象。刘方平有"寂寞空庭春欲晚，梨花满地不开门"，戴叔伦亦有"金鸭香消欲断魂，梨花春雨掩重门"，李重元《忆王孙》又云："萋萋芳草忆王孙，柳外楼高空断魂，杜宇声声不忍闻。欲黄昏，雨打梨花深闭门。"一种伤春怀人的意绪扑面而来，令人惆怅。另有一著名的典故"梨园"。《新唐书》载唐玄宗知音律，酷爱作曲，曾选乐舞艺人数百位共集梨园教习。当时乐工和宫女，都称"梨园弟子"。唐灭后，李存勖称帝沿用"唐"国号，天下四分得其三，后深嗜唱戏，整日与伶宦厮混，还自取艺名为"李天下"，最后身死国灭，为天下笑。《长物志》的花木卷提及诸多花木却不提梨花，大概是觉得少了一种幽人风致。

梨之果，香脆可口，甘美多汁，一般生食，有生津止咳、润燥化痰等功效。文震亨对此有简述唐人张鷟《朝野佥载》中，曾记唐武宗患心热，遍医无果，最后食道士用梨子和丹药调配的药剂痊愈之事。梨也有蒸着吃的，唐人贯休诗云："田家老翁无可作，昼甑蒸梨香漠漠。"元人王冕诗云："松风吹凉日将宴，山家蒸梨作午饭。"明人胡奎诗云："拟约班荆同话旧，蒸梨炊黍坐分茶。"历唐至明，山家和文人都有此食法，可见古时颇为盛行。还有烤着吃的，据唐人李繁《邺侯外传》载，唐肃宗李亨曾召李泌等人围炉夜坐，当时李泌修仙绝粒，肃宗亲自烤二梨赐食。颖王恃着恩宠求赐，但肃宗不予，另赐它果。颖王感叹肃宗对李泌的恩遇，提议联句流传后世。颖王作诗云："先生年几许，颜色似童儿。"信王继诗云："夜抱九仙骨，朝披一品衣"。益王继诗云："不食千钟粟，唯餐两颗梨。"而后肃宗收束，诗云："天生此间气，助我化无为。"传为千古美谈。

宋人林洪《山家清供》中还有一道菜肴"橙玉生"，其法云："雪梨大者，去皮核，切如骰子大。后用大黄熟香橙，去核，捣烂，加盐少许，同醋、酱拌匀供，可佐酒兴。"他尝梨之时，忆起了张蕴的"蔽身三寸褐，贮腹一团冰"之句，梨之滋味跃然纸上。他又引用了葛天民《尝北梨》诗："每到年头感物华，新尝梨到野人家。甘酸尚带中原味，肠断春风不见花。"因感于北宋灭亡，故有黍离之叹。

《红楼梦》中还有一个"疗妒汤"，宝玉问有没有疗女人妒病方子，王一贴说："用极好的秋梨一个，二钱冰糖，一钱陈皮，水三碗，梨熟为度，每日清早吃这么一个梨，吃来吃去就好了。"宝玉不信。王一贴说："一剂不效吃十剂，今日不效明日再吃，今年不效吃到明年。横竖这三味药都是润肺开胃不伤人的，甜丝丝的，又止咳嗽，又好吃。吃过一百岁，人横竖是要死的，死了还妒什么！那时就见效了。"细思来，倒有一种禅意。

栗 [1]

杜甫寓蜀 [2]，采栗自给 [3]，山家御穷 [4]，莫此为愈 [5]。出吴中诸山者^[6]绝小，风干，味更美；出吴兴^[7]者，从溪水中出，易坏，煨熟^[8]乃佳。以橄榄^[9]同食，名为梅花脯^[10]，谓其口作梅花香，然实不尽然也。

【注释】

[1] 栗：落叶乔木，果实红褐色，包在壳内，炒熟可食。明·李时珍《本草纲目》："栗之大者为板栗……稍小者为山栗。山栗之圆而末尖者为锥栗。"

[2] 杜甫寓蜀：杜甫晚年流落蜀中，曾修建草堂茅屋，依靠高适、严武的接济生活。高、严病故后，杜甫失去经济来源，靠卖草药、采野蔬、乞讨艰苦度日。

[3] 采栗自给：靠采摘栗子自给自足。杜甫《南邻》诗云："锦里先生乌角巾，园收芋栗未全贫。"杜甫又有《乾元中寓居同谷县作歌七首》诗云："有客有客字子美，白头乱发垂过耳。岁拾橡栗随狙公，天寒日暮山谷里。"如此，则杜甫所食之栗为橡栗，而非文震亨所言的板栗。

[4] 山家御穷：山里人维持生计。御穷，对付困窘、贫穷。

[5] 莫此为愈：没有比这更好的办法。

[6] 出吴中诸山者：苏州洞庭山一带产栗，据传有十余种，风味甚佳。

[7] 吴兴：在今浙江临安至江苏宜兴一带。详见本书序中注释。

[8] 煨（wēi）熟：把生的食物放在带火的灰里烧熟。

[9] 橄榄：又名青果、白榄。常绿乔木，果实呈椭圆形，味略苦涩而又芳香，可食用，亦可入药、榨油。

[10] 梅花脯：栗子和橄榄混合制成的食物。宋·林洪《山家清供》："山栗、橄榄，薄切同拌，加盐少许同食，有梅花风韵，名梅花脯。"

【点评】

栗，有充饥之用，旧时北方山里缺粮，常以此相代。《史记》中有"燕、秦千树栗，其人与千户侯等"的记载，古时多用它来御穷、获利。除充饥之外，还有健脾益气、强筋活血等药用。苏辙《服栗》诗云："老去日添腰脚病，山翁服栗旧传方。"朱熹《栗熟》诗云："病起数升传药录，晨兴三咽学仙翁。"便是例证。

文震亨提及的栗子食法有三种。挂在通风处风干，是一种食法。《红楼梦》第十九回中，宝玉心情不佳，袭人笑着岔开话题："我只想风干栗子吃，你替我剥栗子，我去铺床。"煨熟，即将栗放在带火的灰里慢慢烧熟。袁枚《随园食单》云："新出之栗，烂煮之，有松子仁香。厨人不肯煨烂，故金陵人有终身不知其味者。"其滋味想必不差。山栗、橄榄同食之法，源自林洪《山家清供》，林洪说有梅花风韵，颇为清雅。

炒食，也是一法。《山家清供》"雷公栗"一条中，说夜中读书困倦想吃栗子，但担心火烧毛毯，他朋友教他一法："只用一栗蘸油，一栗蘸水，置铁铫内，以四十七栗密覆其上，用炭火燃之，候雷声为度。"铁铫即铁锅，可知与后世的炒栗子大同小异。不过，后来炒栗多加糖。冬天远远地闻着香甜的栗味，看着商贩支起铁锅，一铲一铲地翻炒栗子，买上一袋，手捧着软糯的栗子，心中易生温暖之意。张爱玲《留情》中写道："敦凤停下来买了一包糖炒栗子，打开皮包付钱，暂时把栗子交给米先生拿着。滚烫的纸口袋，在他手里热得恍恍惚惚。隔着一层层衣服，他能够觉得她的肩膀，她大衣上的垫肩，那是

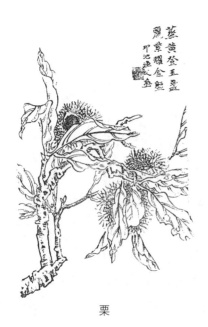

栗

他现在的女人，温柔，上等的，早两年也是个美人。"她笔下的文字多寂寞苍凉，栗子则有难得的温暖，可知她应是爱栗之人。

此外，有生食的，味道较脆嫩，不过壳难剥开，吃时满嘴碎粒不太雅观。也有用火烤的，时有砰砰之声，冬天听来别有一番乐趣。《伊索寓言》中的"火中取栗"，大概来源于此。不过此法容易伤到眼睛，需要当心。高濂《遵生八笺》中，还有将栗子磨粉和煮粥的食法。袁枚《随园食单》中，另记将栗子和糯米粉加糖蒸熟，撒瓜仁、松子做糕点的食法，又记与鸡肉同煮的炖食法，这是一道名菜，南北皆有。梁实秋说"在栗子上切十字形裂口，在锅里煮，加盐"，作下酒菜颇佳。汪曾祺说他父亲曾用白糖煨栗子加桂花，还提到北京一家蛋糕铺子在栗子粉上浇稀奶油，令人食指大动。

陆游也爱食栗，曾写诗云："齿根浮动欲吾衰，山栗炮燔疗食饥。唤起少年京辇梦，和宁门外早朝来。"在他的笔下，栗子唤起了青春的旧梦。他还在《老学庵笔记》记载了名厨炒栗一事："故都李和炒栗，名闻四方。他人百计效之，终不可及。绍兴中，陈福公及钱上阁恺出使虏庭，至燕山，忽有两人持炒栗各十裹来献，三节人亦人得一裹，自赞曰：'李和儿也。'挥涕而去。"李和儿卖的炒栗名动四方，北宋亡后，他无力南奔，在北方操旧业为生，看到南宋来的使者，冒死派人赠栗，寄托自己的故国之思，虽为平民，但其气节令人叹服。而"挥涕而去"的，又岂止是赠栗人呢？使者、陆游与后世的读者，无不感怀。

银　杏[1]

叶如鸭脚[2]，故名鸭脚子。雄者三棱[3]，雌者二棱，园圃间植之，虽所出不足充用，然新绿时，叶最可爱。吴中诸刹[4]，多有合抱者，

长——物——志

扶疏乔挺[5]，最称佳树。

【注释】

[1] 银杏：此处指银杏果，俗称白果，色黄，状如小杏，味道甘中带苦涩，多食易中毒。详见本书卷二"银杏"条注释。

[2] 鸭脚：因银杏树叶形似鸭掌，故称鸭脚。明·李时珍《本草纲目》："原生江南，叶似鸭掌，因名鸭脚。宋初始入贡，改呼银杏，因其形似小杏而核色白也。今名白果。"

[3] 三棱：三棱形。

[4] 刹：佛塔、佛寺。详见本书卷二"银杏"条中"刹宇"注释。

[5] 扶疏乔挺：枝叶纷披，树木高挺。乔挺，高大笔直。

【点评】

银杏，果实有长有圆，可以作食品，有一种淡淡的苦味，回味绵长。宋人梅尧臣吃过后，就念念不忘，写诗云："高林似吴鸭，满树蹼金铺，结子繁黄李，炮仁莹翠珠，神农本草阙，夏禹贡书无，遂压葡萄贵，秋来遍上都。"他还曾寄过一些给欧阳修，收到回诗云："鹅毛赠千里，所重以其人，鸭脚虽百个，得之诚可珍。"当时传为佳话。

充当食品之外，银杏另有美容养颜、延缓衰老的功效，还可以敛肺气、定喘嗽、止带浊、缩小便，药用价值非常高。不过小孩不宜食用它，成人食用时也不宜过量。《本草求真》中说："如稍食则可，再食则令人气壅，多食则即令人胪胀昏闷，昔已有服此过多而竟胀闷欲死者，食千枚者死。"贪口腹之欲者，需要谨记。

在佛教文化中，此果并非凡物。印度迦毗罗卫王国王子乔达摩·悉达多，曾在毕钵罗树下坐了七天七夜，看透了人世间的种种轮回世相后彻悟成佛，毕钵罗树也就成了菩提树。佛教东传中原之时，由于此树在中原难以生长，雄壮参天、素雅洁净的银杏树，便被列为菩提树中的一种，银杏果也就成了圣果。

柿[1]

柿有七绝：一寿，二多阴，三无鸟巢，四无虫，五霜叶可爱，六嘉实[2]，七落叶肥大。别有一种，名"灯柿"[3]，小而无核，味更美。或谓柿接[4]三次，则全无核，未知果否[5]。

【注释】

[1] 柿：落叶乔木，果熟时非常软，橙黄色或淡红色，味道微涩口。

[2] 嘉实：果实佳美。

[3] 灯柿：疑为安徽灯笼柿。色金黄，结果时层层叠叠，如同串串灯笼。一说是苏州土产红笼柿，存而不论。

[4] 接：嫁接，改良。嫁接是指选取植物之枝芽，接到另一植物体上，使两者结合成新植株。

[5] 果否：是否果真如此。

【点评】

柿，是极其常见的水果，一般生食。山西云丘山一带，有一种去皮拌面的食法，口感也不错。清人朱彝尊《食宪鸿秘》有"腌柿子"一法："秋，柿半黄，每取百枚，盐五六两，入缸腌下。春取食，能解酒。"味道想必颇为奇特。还有一种，是将柿子和面粉，加白糖、核桃仁等物，制成柿饼，色黄味甜，至今还是一种特色小吃。

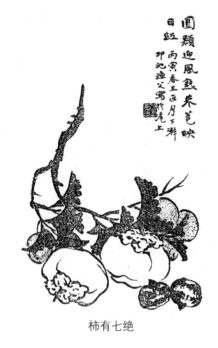

柿有七绝

此物，有清热润肺，生津解毒等药用。清人王士雄《随喜居饮食谱》云："鲜柿，甘寒养肺胃之阴，宜于火燥津枯之体。以大而无核，熟透不涩者良。或采青柿，以石灰水浸透，涩味尽去，削皮啖之，甘脆如梨，名曰绿柿。"这是食疗法。明人高濂《遵生八笺》中"柿霜清膈饼方"云："用柿霜二斤四两，橘皮半斤，桔梗四两，薄荷六两，干葛二两，防风四两，片脑一钱，共为末。甘草膏和作印饼食。一方：加川百药煎一两。"这是直接用柿子制药了。

柿，有诸多美德。文震亨所言的"七绝"，最早出自唐人段成式的《酉阳杂俎》。段成式还说："落叶肥大，可以临书。"此事在唐人李绰《尚书故实》，以及新旧《唐书》中的《郑虔传》均有记载。说的是郑虔家贫买不起纸，借住在长安慈恩寺，曾收贮柿叶，每日取用练字。玄宗收到他的诗书画后，题跋"郑虔三绝"赞赏他的风骨。后世称之为"柿叶临书"，和怀素的蕉叶临书以及岳飞的沙间习字一般，令人感怀。柿，还谐音"事"。故而民间有赠柿之风，文人也常以柿入画，寓示着"事事顺心""万事如意"，也是一种美好的愿景。

菱[1]

两角为菱，四角为芰[2]，吴中湖泖[3]及人家池沼皆种之。有青红二种：红者最早，名"水红菱"[4]，稍迟而大者，曰"雁来红"[5]；青者曰"莺哥青"[6]，青而大者，曰"馄饨菱"[7]，味最胜，最小者曰"野菱"[8]。又有"白沙角"[9]，皆秋来美味，堪与扁豆[10]并荐。

【注释】

［1］ 菱：又名菱实。一年水生草本。叶菱形，有浮囊使其浮于水面。花白色。果实为坚核果，红色或褐色，有角，俗称菱角。

［2］ 芰（jì）：即菱。

［3］ 湖泖（mǎo）：湖泊。泖，指水面平静的湖荡，也指古代松江湖泊，在今青浦西南、松江西、金山西北，现已多淤积，因其有上中下三泖，又称三泖湖。

［4］ 水红菱：又名"苏州红"，长于河塘水池之中，可制成菱粉，有食用和药用价值。吴地河网交错，当地人曾遍植水红菱。

［5］ 雁来红：此处特指菱角，因菱角在夏秋季节成熟，多红色，似雁来红，故名。

［6］ 莺哥青：鹦鹉青。莺哥，鹦鹉的俗称。

［7］ 馄饨菱：又名和尚菱、南湖菱。一年生水草本，夏季开花，果实呈半圆形，无角，质脆汁多，微甜，可当水果食用。

［8］ 野菱：疑为四角刻叶菱的变种，野生于水塘或田沟内。花白色，坚果三角形，个头很小。

［9］ 白沙角：待考。

［10］ 扁豆：草本植物，荚果可供食用。详见本卷"白扁豆"条注释。

【点评】

菱，两头有尖角，有紫、青、黑、黄数种，文震亨提及的有青红二种。嫩的鲜嫩多汁，清香甘美，可当水果吃；老的可以做菜煮粥，甘甜如栗。食之有消暑解渴、补脾益气、清毒治疮、减肥塑身等功效。

菱生于江南水塘中，早年间北地之人，大都难得一见。明人江盈科《雪涛小说》中记载了一件趣事：有个北方人到南方做官，见席上食菱，他连壳都不剥，直接咀嚼。有人好意提醒，他护短说并非不知，吃壳只为降火。又有人问他北方有没有菱角，他说前山后山，到处都是。这又是在强辩了。知之为知之，不知为不知，如此做法，可发一笑。而南方人离家后食此，多易引发乡情。鲁迅《朝花夕拾·小引》云："我有一时，曾经屡次忆起儿时在故乡所吃的蔬果：菱角、罗汉豆、茭白、香瓜。凡这些，都是极其鲜美可口的，都曾是使我思乡的蛊惑。"令人颇觉惆怅。

幽人韵士也很爱吃菱。朱彝尊《食宪鸿秘》，袁枚《随园食单》中，都有煨烂之法，这是做菜。不过一般还是以生食为主。李渔是吃出妙趣的，他在《闲情偶寄》中说："凡治他具，皆可人任其劳，我享其逸，独蟹与瓜子、菱角三种，必须自任其劳。旋剥旋食则有味，人剥而我食之，不特味同嚼蜡，且似不成其为蟹与瓜子、菱角，而别是一物者。"他还用"好香必须自焚，好茶必须自斟"作例，说讲究饮食者不可不知。

李渔之前，高濂已得其中三昧，他在《遵生八笺》中说："余每采纯剥菱，作野人芹荐，此诚金波玉液，

采菱图

清津碧荻之味。"这是言其滋味。他又说："供以水薤，啜以松醪，咏《思莼》之诗，歌《采菱》之曲，更得乌乌牧笛数声，渔舟欸乃相答，使我狂态陡作，两腋风生。若彼饱膏腴者，应笑我辈寒淡。"这是言滋味之外的境界，其意趣与苏轼的"人间有味是清欢"如出一辙。他嘲笑朱门之人，另有一种不从流俗自得其乐之意。

关于菱，历史上有《采菱》之曲，文化底蕴极深。它原是春秋战国年间的古歌，后来被选入乐府，历代诗人常用采菱题材来吟诗作赋。谢朓《江上曲》云："千里既相许，桂舟复容与。江上可采菱，清歌共南楚。"无名氏《采莲童曲》云："东湖扶菰童，西湖采菱芰。不持歌作乐，为持解愁思。"李白《春滞沅湘有怀山中》云："予非怀沙客，但美采菱曲。所愿归东山，寸心于此足。"李郢《晚泊松江驿》云："云阴故国山川暮，潮落空江网罟收。还有吴娃旧歌曲，棹声遥散采菱舟。"或与爱人泛舟，或观他人采菱，或听采菱之曲，心中的愁绪顿时冰消瓦解，就连历史的烽烟，都显得那么不真实。

芡[1]

芡花昼展宵合[2]，至秋作房[3]如鸡头，实藏其中，故俗名"鸡豆"。有秔、糯[4]二种，有大如小龙眼者，味最佳，食之益人。若剥肉和糖，捣为糕糜[5]，真味[6]尽失。

【注释】

[1] 芡：即芡实，又名鸡头米。水生植物，全株有刺，叶圆盾形，浮于水面。花单生，带紫色，花托形状像鸡头。种子为球形，供食用，

亦可入药。清·沈朝初《忆江南》："苏州好，葑水种鸡头，莹润每疑珠十斛，柔香偏爱乳盈瓯，细剥小庭幽。"

[2] 昼展宵合：白天开放，夜里闭合。

[3] 作房：成熟的芡实子房。房，即子房，植物雌蕊下面膨大的部分，里面有胚珠。子房发育成果实，胚珠发育成种子。

[4] 秔、糯：原指不黏的稻米和有黏性的稻米，文中或借指为"黏"与"不黏"。明·宋应星《天工开物》："凡稻种最多：不黏者，禾曰粳，米曰粳；黏者，禾曰稌，米曰糯。"

[5] 捣为糕糜：捣烂如泥。糜，粥状物。

[6] 真味：本来纯正的味道。

【点评】

芡，形如鸡头，剖开后，里面有一层有斑驳软肉裹子，壳里有白米，状如鱼目。北地所产色青有刺，南方所产色红无刺。南方苏州一带所产颗粒圆整，口感鲜美软糯，较北芡更佳。

此物和水芹、慈姑、荸荠、茭白、莼菜、菱角、莲藕并称"水八鲜"，古人颇喜食用。《东京梦华录》载："是月时物，巷陌路口，桥门市井，皆卖大小米水饭……沙糖绿豆、水晶皂儿、黄冷团子、鸡头穰……都人最重三伏，盖六月中别无时节，往往风亭水榭，峻宇高楼，雪槛冰盘，浮瓜沉李，流杯曲沼，苞鲊新荷，远迩笙歌，通夕而罢。"北宋汴京人的夜生活常常通宵达旦，芡是他们必备的一种食物。《梦粱录》又载："是月，瓜桃梨枣盛有，鸡头亦有数品，若拣银皮子嫩者为佳，市中叫卖之声不绝。中贵戚里，多以金盒络绎买入禁中，如宅舍市井欲市者，以小新荷叶包裹，掺以麝香，用红小索系之。"南宋时，皇亲国戚都纷纷购芡品尝，其物受欢迎程度可见一斑。

文人雅士们历来也视芡为席上之珍。如苏辙《西湖二咏》其二云：

"清泉活火曾未久，满堂坐客分升掬。纷然咀嚼惟恐迟，势若群雏方脱粟。"主客分食芡实，争先恐后又如鸟食栗子，憨态可掬。如周紫芝《食芡有感》其二云："翻香引睡一胡床，剥芡寻诗度日长。若得长闲了无事，人生如此亦何妨。"说长日心无杂事，剥芡寻诗，颇为逍遥自在。如欧阳修《初食鸡头有感》诗云："一瓢固不羡五鼎，万事适情为可喜。何时遂买颍东田，归去结茅临野水。"他有兼

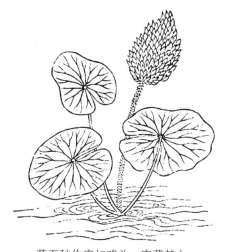

芡至秋作房如鸡头，实藏其中，故俗名"鸡豆"

济天下之志，但是食芡之后，居然有了隐逸之心。又如王世贞诗云："煮石太硬苦费齿，鸡珠自是真仙饵……明朝神武挂冠去，知余不为莼丝归。"为了芡实连煮石成仙都放弃了，也看不上纯羹鲈脍，可见是真爱。

食芡有两种方法。一种是生吃。《东坡杂记》中提倡一枚一枚地慢慢嚼咽，如此坚持数年，"能使华液通流，转相挹注"，也即滋润健身，这就有药用了。高濂《遵生八笺》云："居闲胜于居官……晚凉浴罢，杖履逍遥，临池观月，乘高取风，采莲剥芡，剖瓜雪藕，白醪三杯，取醉而适，其为乐殆未可以一二数也。"在夏夜清风明月之夜，策杖登高，寻一佳处，剥食芡果，饮酒数杯，其中逸兴，真是羡煞世人。另一种是煮食。民间一般将芡和米用文火慢炖至烂熟，和莲子、扁豆等物一同食用。高濂也做过一种芡实粥，其法云："用芡实去壳三合，新者研成膏，陈者作粉，和粳米三合，煮粥食之。"说可以"益精气，强智力，聪耳目。"其味道想来不错。另有一法，是文震亨所说的"剥肉和糖，捣为糕糜"，不过不受推崇，文震亨自己的评价是"真味尽失"，想必是色香味形都不尽如人意。

旧时的苏州人，以食蟹为常事，遇到荒年，常到河中寻蟹煮食，以此挨过凶岁。后来时移世易，蟹价大涨，苏州人吃蟹反而不能像以前一样尽兴了。芡实也是如此。《宋史》《元史》有记载，芡实对平民有益，可以此度过饥年。但芡实好吃难剥，有的还扎手，手工剥一斤芡实需劳作二三小时，可谓"粒粒皆辛苦"。因此，芡价甚贵，生于江南水乡的剥芡之人，往往都不是食芡之人，令人慨叹。

花　红[1]

西北称柰，家以为脯，即今之苹婆果是也。生者较胜，不特味美，亦有清香。吴中称花红，即名林檎，又名来禽，似柰而小，花亦可爱。

【注释】

[1] 花红：落叶小乔木，叶卵形或椭圆形，花粉红色。果实球形，黄绿色带微红，又名林檎、来禽、柰、苹婆果，是苹果的一个品种。明·李时珍《本草纲目》："柰与林檎，一类二种也。"明·黄一正《事物绀珠》："林檎，俗名花红，大者名沙果。"清·全祖望《鲒埼亭集外编》云："苹婆、来禽，皆柰之属，特其产少异耳。苹婆果雄于北，来禽贵于南，柰盛于西。其风味则以苹婆为上，柰次之，来禽又次之。"

【点评】

花红，是苹果的一种，以红、黄、青三种最为常见。红的香脆甘甜，黄的酸甜清香，青的酸中带甜，但都有丰富的浆汁，一般生食。宋人陶穀《清异录》中，有用蜂蜜浸润加丹药搅拌的食法，称之为"冷金丹"。元人陶宗仪《南村辍耕录》中又有"句曲山房熟水法"云："削沉香钉数个，插入林檎中，置瓶内，沃以沸汤，密封瓶口，久之乃饮，其妙莫量。"都是用其制药。

此物究竟是本土所产，还是外国传入，尚不得知。花红在中国古代的知名度并不高，古人吟咏、绘制它的作品也不多。宋人林椿有一幅绢本设色画，名为《果熟来禽图》，画中苹果丰硕，一只栖止的小鸟作势欲飞，甚至能看到花枝承受的压力，生动可爱。

石　榴[1]

石榴，花胜于果，有大红、桃红、淡白三种。千叶[2]者名饼子榴[3]，酷烈如火[4]，无实，宜植庭际。

【注释】

［1］　石榴：一名安石榴，又名沃丹、若榴、天浆、丹若。落叶灌木或小乔木，有针状枝。五月开红色花，果实近球形，多子，肉质半透明，可食用。

［2］　千叶：形容花瓣或枝叶重叠繁多。

［3］　饼子榴：石榴的一种，花大，不结果。

［4］　酷烈如火：颜色炽烈如火。此四字前疑脱漏"火石榴"三字。明·王象晋《群芳谱》："火石榴，其花如火，树甚小，栽之盆，颇可玩。"

【点评】

宋　毛益《榴枝黄鸟图》

石榴，果大如杯，红彤圆润，千籽同房，颗颗晶莹多汁，玲珑剔透，味甘中略带酸涩，有御饥疗渴、解醒止醉、止泻止血的功效。它在古代被看作多子多福的象征。《北史》曾载，文宣帝到妃子家中，其母呈上两个石榴，他不解其意，身边的人也搞不懂。这时候有人过来告诉他石榴房中多子，寓意多子多孙。他听了十分高兴，把石榴捧在怀里，图个彩头。此风流传民间后，千年不衰。宋时，还流行一种以石榴籽来预测新科取士人数的占卜，名叫"榴实登科"，寄寓了人们的一种美好愿望。

石榴之花也可观。文震亨提及的有大红、桃红、淡白三种，另有橙黄、粉红、淡白等颜色。总体以红色居多。红色的榴花，绚丽灼烈、灿若云霞，有"灼若旭天栖扶桑"及"春芽细爇千灯焰"的说法，杜牧还写过"一朵佳人玉钗上，只疑烧却翠云鬟"的诗句，历代皆视为神来之笔。石榴花呈现出一种繁荣、美好的风貌，在明人插花中，常作为备置的一种。今时这种雅事虽少，但用在开业中，祝愿商家红红火火的倒是不少。花的汁水，还可做胭脂。唐人段公路《北户录》载，代国长公主少年时曾用石榴花做胭脂，丢弃的石榴子长成了树，多年后她见到枝繁叶茂的景象，感叹自己老之将至，沧桑之感，油然而生。

大概石榴花的颜色太过艳丽，女子们都爱极了，不单想到用它来做胭脂，还想把它穿在身上。故而染制艳红如榴花的布帛制成衣饰。梁元帝

《乌栖曲》云:"交龙成锦斗凤纹,芙蓉为带石榴裙。"可见六朝时已有石榴裙,还入了君王之眼。到唐代时,武则天云:"不信比来长下泪,开箱验取石榴裙。"连武则天都爱穿,可见当时风靡的景象。直到明清,石榴裙依然受人欢迎。蒋一葵云:"石榴花发街欲焚,蟠枝屈朵皆崩云。千门万户买不尽,剩将女儿染红裙。"这简直有倾城出动的架势了。诗中还提到用石榴花汁作染料,想必对于女子来说更多了一种亲昵之感。

不过上述诗人笔下的石榴裙,都不如杨贵妃的出名。当时她集万千宠爱于一身,玄宗为了她荒废政事,大臣们心有怨言,便不以礼相待。她很生气,在玄宗宴请群臣让她献舞助兴之时,借机说有人对她不恭敬,玄宗听罢当即下令所有人见她必须跪拜,否则严惩。"拜倒在石榴裙下",即来源于此,并渐渐延伸为男人倾慕红粉佳人不能自拔之意了。

西　瓜[1]

西瓜味甘,古人与沉李[2]并埒[3],不仅蔬属[4]而已。长夏消渴吻[5],最不可少,且能解暑毒[6]。

【注释】

[1]　西瓜:圆或椭圆形的大浆果,色碧绿,果肉有红、黄、白等色,味甘多汁,可充食品,消暑解热。瓜汁瓜皮可入药。明·徐光启《农政全书》:"西瓜,种出西域,故之名。"

[2]　沉李:指以寒泉洗瓜果解渴。后代指消夏乐事。三国魏·曹丕《与朝歌令吴质书》:"浮甘瓜于清泉,沉朱李于寒水。"

[3]　埒(liè):等同,比并。

［ 4 ］蔬属：蔬果之类。

［ 5 ］渴吻：唇干思饮。明·张四维《双烈记》："中泠冷溅齿牙香，消吾
　　　　渴吻，涤我枯肠。"

［ 6 ］暑毒：夏天酷烈的热气。

【点评】

　　西瓜味甘汁多，祛暑解渴，还能滋养身体，故民间有"暑天半个瓜，
药物不用抓"之说。古时吃瓜和李，一般是将它们放进井泉中，称之为
"浮瓜沉李"。五代王仁裕《开元天宝遗事》云："唐都人伏天，于风亭水
榭，雪槛冰盘，浮瓜沉李，流杯曲沼，通夕而罢。"颇为风雅。汪曾祺的
《夏天》说："西瓜以绳络悬之井中，下午剖食，一刀下去，喀嚓有声，凉
气四溢，连眼睛都是凉的。"漫长夏日，吃着西瓜，无论吃相如何，肚内
总是沁爽舒适的。

西瓜味甘，古人与沉李并埒

　　除了直接吃，西瓜还可用来做
盅、茶、灯等物。清人徐珂《清稗类
钞》云："于瓜顶切一片。去瓤，乃入
切成整块之嫩鸡、蘑菇、水、盐各物于
中。或油鸡汤及炖熟之鸡肉火腿，亦可
如是蒸半小时足矣。盖上瓜片，将盛一
大碗。隔水蒸三小时。取出。去皮，食
之。"看起来颇为清雅。梁实秋《喝茶》
一文中说："其中西瓜茶一种，真有西
瓜风味。"这种茶并不多见，不知是否
和西瓜汁近似。西瓜灯，清人李斗《扬
州画舫录》云："取面瓜皮镂刻人物、
花卉、虫鱼之戏，谓之西瓜灯。"徐珂

《清稗类钞》云："西瓜灯，镂中空，烯烛其中，莹澈可爱。"清人黄之隽《西瓜灯十八韵》诗云："瓣少瓤多方脱手，绿深翠浅但存皮。纤峰剖出玲珑雪，薄质雕成宛转丝。小篆曲蟠萦未了，回文层累积多时。斜斜整整冰千迭，锁锁钩钩月一规。苍璧镂为高士佩，湘波剪作丽人帷。淡淡有色非烘染，宂突无痕恰蔽亏。佛火八楞青琥珀，鬼工四面碧琉璃。好因消暑供清赏，技巧惊人是偃师。"描绘得情趣盎然。

五加皮[1]

久服，轻身明目[2]。吴人于早春采取其芽，焙[3]干点茶[4]，清香特甚，味亦绝美。亦可作酒服之延年。

【注释】

［1］ 五加皮：五加的根皮和茎皮称五加皮，可入药。五加，又名五茄，灌木，花黄绿色，核果球形。

［2］ 轻身明目：使身体通泰舒适，眼睛明亮。

［3］ 焙：微火烘烤。唐·白居易《题施山人野居》："春泥秧稻暖，夜火焙茶香。"

［4］ 点茶：宋时的一种饮茶方法，详见本书卷十二"品茶"条点评。此处特指用五加皮冲泡作茶饮用。

【点评】

五加，叶子可食用，也可烘焙作茶叶。它的根皮还可入药，非常受人欢迎。文震亨对这三者皆有论述，认知颇深。

五加皮

清香特甚，味亦绝美

关于五加皮的功效，《神农本草经》云："主治心腹疝气，腹痛。"《日华子本草》云："明目，下气，治中风，骨节挛急，补五劳七伤。"《本草求真》云："服此辛苦而温，辛则气顺而化痰，苦则坚骨而益精，温则祛风而胜湿，凡肌肤之瘀血，筋骨之风邪，靡不因此而治。"《本草再新》云："化痰除湿，养肾益精，去风消水，理脚气腰痛，治疮疥诸毒。"可知五加皮有祛除风湿、补中益精、明目下气、强筋壮骨、利水消肿、根治脚气等多种功效。

制药服食外，五加皮还能制成药酒。《本草纲目》引王纶《医论》云："风病饮酒能生痰火，惟五加一味浸酒，日饮数杯，最有益。诸浸酒药，惟五加与酒相合，且味美也。"可见在养生方面，颇为有益。明人蓝仁卧病时，他的道人朋友就送来了五加皮为他治病，他写诗云："无才祗欲苦吟诗，肝肾雕镂气久衰。白虎痛传关节遍，乌蛇方送药资迟。下床腓股坚于石，览镜头颅白胜丝。多谢道人余复古，酒瓢新浸五加皮。"想必是确认了疗效。故而古代有"宁得一把五加，不用金玉满车"之说。

此物，在古代有"金盐"之称。曾有位叫王常的真人说："何以得长久，何不食金盐？何以得长寿，何不食玉豉？"《东华真人煮石经》中说玉豉即地榆，金盐即五加，如此取名，是因为"盐乃水味，豉乃水谷"，如此可"得先天水精，以养五脏"。经中还记载了一件轶事："昔鲁定公母服五加酒，以致不死，尸解而去。张子声、杨建始、王叔才、于世彦等，皆服此酒而房室不绝，得寿三百年。"这就有些神乎其神，难以令人信服了。

不过修仙之人以五加皮入药，也可从侧面佐证其药效之广。

白扁豆[1]

纯白者味美，补脾入药，秋深篱落，当多种以供采食，干者亦须收数斛[2]，以足一岁之需。

【注释】

[1] 白扁豆：又名藊豆、白藊豆、南扁豆。扁豆的一种，种子扁椭圆形，表面淡白色或淡黄色，味淡，嚼之有豆腥味。原产南亚，汉晋时期引入我国。

[2] 斛：量词。古代一斛为十斗，南宋末年改为五斗。

【点评】

扁豆有两种，一种为紫扁豆，紫花紫荚，另一种为白扁豆，白花绿荚。文震亨推崇的是白扁豆，因其不仅味美，而且还能入药。

就食用而言，白扁豆一般炒食，袁枚《随园食单》云："取现采扁豆，用肉汤炒之，去肉存豆。单炒者油重为佳。以肥软为贵。"今天的做法与其相差无几。也有用焖的，汪曾祺先生曾提过一种"焖扁豆面"："扁豆焖熟，加水，面条下在上面，面熟，将扁豆翻到上面来，再稍焖，即得。扁豆不管怎么做，总宜加蒜。"

就药用而言，白扁豆有健脾清肝、化湿消肿、消暑解毒等功效。宋人葛天民有"烂炊白扁豆，便当紫团参"诗句，可见推崇。其入药之法，李时珍《本草纲目》中说："取硬壳白扁豆，连皮炒熟。"高濂《遵生八笺》

扁豆

还有药粥一法："白扁豆半斤，人参二钱，作细片，用水煎汁，下米作粥食之，益精力，治小儿霍乱。"如此，不仅有药效，还能充饥，便是食疗了。只需要注意的是，炒也好，煮也罢，扁豆需熟透，否则可能使人中毒。

扁豆一般种在山野篱落间，秋来花开灿烂，历代诗人也不乏吟咏之句。曹家达诗云："独怜篱落秋荒后，袅袅风花月自明。"有一种孤标傲世，风流自赏之感。查学礼诗云："最怜秋满疏篱外，带雨斜开扁豆花。"有一种韵致，可以入画。不过，咏扁豆花最著名的，还数郑板桥的一副对联："一庭春雨瓢儿菜，满架秋风扁豆花。"扁豆花有乡野风情，但又不觉野鄙，似有一种闲愁，恍觉岁月静好。朦朦胧胧中，有一股难以言说的美感。

菌[1]

雨后弥山遍野，春时尤盛，然蛰后[2]虫蛇始出，有毒者最多，山中人自能辨之。秋菌[3]味稍薄，以火焙干，可点茶[4]，价亦贵。

【注释】

[1] 菌：植物的一种，又名地鸡、地蕈、土菌。无花，无茎，无叶，不能自己制造养料，在土中、树上寄生，种类很多，有的可供食用。

[2] 蛰后：惊蛰之后。惊蛰，二十四节气之一。此时气温上升，土地解
冻，春雷始鸣，蛰伏过冬的动物惊起活动，故名。

[3] 秋菌：秋天的菌菇。

[4] 点茶：宋时的一种饮茶方法，详见本书卷十二"品茶"条点评。此
处特指用菌菇冲泡作茶饮用。

【点评】

菌，是一种寄生植物。有些有
毒，无毒的可以食用或药用。《吕氏
春秋》中说："味之美者，越骆之
菌。"文震亨说"春时尤盛""秋菌味
稍薄"。可见古人对它早已有认知。

菌的品类非常丰富，食用菌中
以香菇最为常见。它质地柔软，口
感嫩滑，营养丰富，滋味鲜美，令
人欲罢不能。汪曾祺《菌小谱》中

雨后弥山遍野，春时尤盛

说南方称它为"香蕈"，提到包饺子的食法，说"香蕈汤一大碗先上桌，
素馅饺子油炸至酥脆，倾入汤，嗞啦一声，香蕈香气四溢，味殊不恶"。
也有炒食之法："以茶油炒，鲜嫩腴美，不可名状。或以少许腊肉同炒，
更香。鲜菇之外，青菜汤一碗，辣腐乳一小碟。红米饭三碗，顷刻下肚，
意犹未足。"令人食指大动。

文学史上有"夏虫朝菌"的典故。《庄子·逍遥游》云："小知不及大
知，小年不及大年。奚以知其然也？朝菌不知晦朔，蟪蛄不知春秋，此小
年也。楚之南有冥灵者，以五百岁为春，五百岁为秋；上古有大椿者，以
八千岁为春，八千岁为秋。而彭祖乃今以久特闻，众人匹之，不亦悲乎！"
朝菌，清晨出生，见日即死，生命极其短暂。夏虫，即蟪蛄，俗称蝉，只

在夏天活动，不知春秋。庄子这段话说的是小大之辩，借此阐述高玄幽微的大道。因为他的影响，菌就多了一种道门风味。

瓠 [1]

瓠类不一，诗人所取，抱瓮 [2] 之余，采之烹之，亦山家一种佳味，第不可与肉食者 [3] 道耳。

【注释】

[1] 瓠：又称葫芦瓜。夏天开白花，果实长圆形，嫩时可食。

[2] 抱瓮：即"抱瓮灌园"。《庄子》："子贡南游于楚，反于晋，过汉阴，见一丈人方将为圃畦，凿隧而入井，抱瓮而出灌，滑滑然用力甚多而见功寡。"后世多以此比喻安于淳朴生活不涉机心。

[3] 肉食者：原指统治者及享有俸禄的官吏，后也指身居高位目光短浅的人。《左传》："刿曰：'肉食者鄙，未能远谋。'"

【点评】

瓠，长如丝瓜，味甜可食。有一种不可食的苦瓠，近似葫芦，名葫芦瓜。而葫芦本身是瓠的变种，嫩时也可食。古人往往不能辨其名，故两者在古代不能截然而分。

瓠子的做法，多为清炒。其味清甘，故而文震亨说是山家佳味，不可为肉食者道。宋人林洪《山家清供》中，有两道做法颇为有趣。一为"蓝田玉"："用瓠一二枚，去皮毛，截作二寸方，烂蒸，以酱食之。不烦烧炼之功，但除一切烦恼妄想，久而自然神气清爽。"一为"满山香"："只用莳萝、茴香、姜、椒为末，贮以葫芦，候煮菜少沸，乃与熟油、酱同下，急覆之，而满山已香矣。"当时林洪访友，朋友提到古人赞菜之语："可使士大夫知此味，不可使斯民有此色。"有心忧天下之念。此外，还有一种晒干的做法，元人鲁明善《农桑撮要》云："做葫芦茄干，茄切片，葫芦、瓠子削条，晒干收，依做干菜法。"宋人孟元老《东京梦华录》中，曾提到汴京城中有卖，以备除夕之用。如此说来，也是一种悠久的食法。

葫芦，在古代文化中有神秘莫测之感。"葫芦"谐音"福禄"，民间常作配饰，图个吉祥。一些游方郎中，常常将丹药装载葫芦中。当时葫芦又称"壶"，故而有"悬壶济世"之说。还有术士将火龙膏等物暗填其中，装载机括，必要时可作喷火的暗器使用。而在晋人葛洪《神仙传》中，还记载了一个故事：河南小吏费长房在酒楼喝酒，常见一卖药的老头坐在屋檐下悬葫芦卖药，人散之后，便跳进葫芦里。费长房非常诧异，去拜访老翁，得入壶中天地，发现里面山水楼台，别有洞天。而太上老君手中可收人的葫芦，以及铁拐子渡江用的葫芦，就更有仙气了。

至于瓠，《庄子》中有"大瓠之种"的事典。惠子说："魏王贻我大瓠之种，我树之成，而实五石。以盛水浆，其坚不能自举也。剖之以为瓢，则瓠落无所容。非不呺然大也，吾为其无用而掊之。"借此事来讥讽庄周道学的大而无用。庄子针锋相对，举例说宋国有人制药厉害，但收益不丰，一客用百

瓠有长瓜状，有葫芦状，葫芦是其变种，嫩时可食

金买去药方，将它用在战场上，大捷后吴王割地封赏，由此可见时惠子心窍不通，不懂得运用其妙。惠子还不服气，又说有一种樗木，不符合绳墨取直的要求，工匠会弃之不顾。庄子却以野猫、黄鼠狼中机弩作譬喻，阐述了一种无用之用的观点，精到微妙，令人佩服。

茄 子[1]

茄子一名"落酥"，又名"昆仑紫瓜"，种苋[2]其傍，同浇灌之，茄、苋俱茂，新采者味绝美。蔡遵[3]为吴兴守[4]，斋前种白苋[5]、紫茄[6]，以为常膳[7]，五马贵人[8]，犹能如此，吾辈安可无此一种味也？

【注释】

[1] 茄子：一年生草本植物，叶椭圆形，花紫色，果实长圆形，色紫，是家常蔬菜。宋·陶穀《清异录》："落苏本名茄子，隋炀帝缘饰为昆仑紫瓜，人间但名昆味而已。"

[2] 苋：即苋菜。别名老来少、三色苋。一年生草本植物。叶菱状卵形，常见有绿色、红色、紫色，嫩苗可作蔬菜。

[3] 蔡遵：即蔡撙，南朝梁时大臣。《南史》："(蔡撙)口不言钱，及在吴兴，不饮郡井，斋前自种白苋紫茄以为常饵，诏褒其清。"

[4] 守：太守，为一郡最高行政长官。秦时置郡守，汉景帝时改名太守。宋以后，太守已非正式官名，只用作知府、知州的别称。明清时专指知府。

[5] 白苋：苋菜的一种，茎绿白色，叶片倒卵形或匙形，种子近球形，

性寒。

[6] 紫茄：茄子的一种，俗称矮瓜，外表为紫色，形状为椭圆形，肉里有芝麻状的粒子。

[7] 常膳：日常的饮食。膳，饭食。

[8] 五马贵人：贵为太守。五马，太守的代称。汉时太守乘坐的车用五匹马驾辕，因用以借指。汉·应劭《汉官仪》："四马载车，此常礼也。惟太守出，则增一马，故称'五马'。"

【点评】

茄子，也是一种日常蔬食，做法颇多。梁实秋《雅舍谈吃》中载有一道"烧茄子"：不削皮，切成细小块状，然后油炸。炸到微黄或微焦开始流油的时候，将茄子捞出来，"然后炒里脊肉丝少许，把茄子投入翻炒，加酱油，急速取出盛盘，上面撒大量的蒜末。味极甜美，送饭最宜。"令人食欲大开。高濂《遵生八笺》，朱彝尊《食宪鸿秘》，也记有不少做法，或酱，或糟，或糖蒸，不一而足，但不知滋味如何。袁枚《随园食单》中，也记有两法，一种是："将整茄子削皮，滚水泡去苦汁，猪油炙之。"另一种是："切茄作小块，不去皮，入油灼微黄，加秋油炮炒。"这两种方法，都是他从朋友那里学来的，但是一直未尽其妙。后来据考证，这是北方做法。北方缺水，茄子坚实，而袁枚居于南方，南方多水，茄子浮松，是故同一做法味道有异，非烹调手艺不佳。

关于茄子做法，最著名的，莫过于茄鲞与太守羹了。茄鲞是《红楼梦》里的做法："你把才下来的茄子把皮签了，只要净肉，切成碎丁子，用鸡油炸了，再用鸡脯子肉并香菌、新笋、蘑菇、五香腐干、各色干果子，俱切成丁子，用鸡汤煨干，将香油一收，外加糟油一拌，盛在瓷罐子里封严，要吃时拿出来，用炒的鸡瓜一拌就是。"刘姥姥进大观园时吃过这道菜，听了做法直呼佛祖。今人观之，也觉繁复奢侈。太守羹出自林洪

《山家清供》，用的是南朝梁时蔡撙为官清贫，自种茄苋的事典，可惜并未言及具体做法，只说："茄、苋性俱微冷，必加芼姜为佳。"文震亨也有提及，想必他们都是取其意，而不重其味了。

芋[1]

古人以蹲鸱[2]起家，又云"园收芋栗未全贫[3]"，则御穷一策，芋为称首，所谓"煨得芋头熟，天子不如我[4]"，且以为南面王乐[5]，其言诚过，然寒夜拥垆，此实真味，别名"土芝"[6]，信不虚矣。

【注释】

[1] 芋：俗称芋头，又名芋奶、芋艿、香芋。多年生草本植物，叶片呈盾形绿色，地下块茎呈球形或卵形，富含淀粉，可供食用。清·俞樾《茶香室续钞》："国朝施可斋《闽杂记》云：'闽人称芋大者曰芋母，小者为芋子。'……吾乡称为芋艿，当为芋奶之误。"

[2] 蹲鸱（chī）：大芋头如蹲伏的鸱，故称。鸱，鹞鹰，腹部白色，羽毛灰褐色，有赤褐色横斑。

[3] 园收芋栗未全贫：出自杜甫《南邻》："锦里先生乌角巾，园收芋栗未全贫。"描写自己寓居蜀中时采栗收芋的艰难生活。

[4] 煨得芋头熟，天子不如我：出自林洪《山家清供》："《居山人》诗：'深夜一炉火，浑家团圆坐。芋头时正熟，天子不如我。'"他本或作"煨得芋头熟，天子不如吾"。

[5] 且以为南面王乐：认为这相当于帝王之乐。南面，古代以坐北朝南为尊位，故帝王见群臣，皆面向南而坐，因用以指居帝王之位。他

本或作"直以为南面王乐"。

[6] 土芝：芋头的别名。宋·林洪《山家清洪》："芋之大者名土芝。"

【点评】

芋，是一种常见的蔬食，用来煮、蒸、煨、烤、炸、烩皆可，味道酥软绵糯，香甜可口，有益胃健脾、消肿止痛、美容补中的功效。宋人林洪《山家清供》中记载一种吃法："熟芋截片，研榧子、杏仁和酱，拖面煎之。"此菜是他朋友独创，其人自认为举世罕有，还写诗道："雪翻夜钵截成玉，春化寒酥剪作金。"只不过，芋头滋味虽好，但不宜多食，不然胃肠容易积滞闷气，对身体无益。

此物在文人中颇受欢迎。明人费宏在朋友送芋之后，写诗云："蒸时不厌葫芦烂，煨处还思榾柮红。自是菜根滋味好，万钱谁复羡王公。"食芋之时，有甘于平淡、不求闻达之意。文天祥在一首诗中提到过芋头："钓鱼船上听吹笛，煨芋炉头看下棋。剩有晚愁归别浦，已无春梦到端闱。"这大概是他人生中难得的一段闲适时光。杜甫寓居蜀中时说："锦里先生乌角巾，园收芋栗未全贫。惯看宾客儿童喜，得食阶除鸟雀驯。"他晚年生活艰辛，对许多东西都看淡了，有芋头吃就觉得非常幸福了。

文人食芋，一般在寒夜围炉时。明人高濂很是有趣，他曾在《遵生八笺》中写过一则"雪夜煨芋谈禅"的故事，说自己曾在雪夜和一僧人围炉夜话，问僧人何为禅，对方说他手中所执即是。芋在手中，究竟是有是无？如果存在"有"与"无"，那么何为有，何为无？这种生灭空相是禅。

御穷一策，芋为称首

芋头从地中生，经火方熟，食用之后，又归入空无。这种无常变化，不执一相，也是禅。一个芋头，居然通了禅境。

当然最有意思的，还是懒瓒禅师之事。宋僧圜悟克勤《碧岩录》载，唐德宗曾遣使征召懒瓒，当时懒瓒正在用牛粪燃火煮芋头，并未看使者一眼，鼻涕都流下来了。使者劝他先把鼻涕抹掉，他说："我岂有工夫为俗人拭涕耶？"这位懒瓒禅师，可真是疏狂不羁，但细思其言语中深意，竟也有一种直指人心的禅意，夹杂着淡泊逍遥的自适之意，值得玩味。

对于平民百姓来说，吃芋头只不过是日常粗茶淡饭的一种表现。文震亨说"古人以蹲鸱起家"，《史记》中载，赵国卓氏一族因秦赵交战流落蜀地，有一对夫妇说："吾闻汶山之下，沃野，下有蹲鸱，至死不饥。民工于市，易贾。"他们便往有芋头生长的地方重操旧业，后来发家致富，算是祸福相倚吧。也有食芋救命的。《晋书》载："于时（李）雄军饥甚，乃率众就谷于郪，掘野芋而食之。"《列仙传》云："酒客为梁丞，使民益种芋，三年当大饥。众如其言，后果大饥，梁民得不死。"《玉堂闲话》道："阁皂山一寺僧甚专力种芋，岁收极多，杵之如泥，造埏为墙。后遇大饥，独此寺四十余僧食芋埏，以度凶岁。"类似的例子不胜枚举。神州多劫，而芋头能令无数人度过荒年，不得不说是上天的恩赐了。文震亨说"御穷一策，芋为称首"，可见他心中除了风雅，也有慈悲之念。

茭　白 [1]

古称"雕胡"[2]，性尤宜水，逐年移之[3]，则心[4]不黑，池塘中亦宜多植，以佐灌园[5]所缺。

【注释】

[1] 茭白：又名高瓜、菰笋、菰手、茭笋，高笋，生长于沼泽、溪涧等浅水地方。嫩茎因被黑穗菌寄生而肥大成笋状，可供食用。

[2] 雕胡：茭白的种子叫菰米或雕胡，是"六谷"（稻、黍、稷、粱、麦、菰）之一。明·李时珍《本草纲目》引苏颂言曰："菰生水中，叶如蒲苇，其苗如茎梗者，谓之菰蒋草，至秋结实，乃雕胡米也，古人以为美馔。今饥岁，人犹采以当粮。"

[3] 移之：移植。

[4] 心：即芯，物体的中心部分，此处指茭白的根茎。

[5] 灌园：浇灌园圃，指从事田园劳动。

【点评】

　　茭白，色泽青白如玉，颇为养眼，肉质丰硕肥美、嫩滑如笋，用来做菜，清香四溢，鲜美甘甜，食后有清热止渴、美容减肥、润肠补虚之效。

　　茭白食法颇多，因其较为吃油，多用油焖，也有和猪肉、鸡肉同食的。袁枚《随园食单》中说："切整段，酱醋炙之尤佳，煨肉亦佳。须切片，以寸为度，初出瘦细者无味。"薛宝辰《素食说略》中的做法是："切拐刀块。以开水瀹过，加酱油、醋，殊有水乡风味；切拐刀块，以高汤加盐，料酒煨之，亦清脄。"不过，采用最多的，还是清炒。这种烹调方法非常简单，炒出的茭白，不仅香气纯正，外观清雅，吃起来也是十分爽口，真味和营养也能得到更大的保留，令人喜爱。曹庭栋《老老恒言》云："淡则物之真味真性俱得。"用来形容清炒茭白，恰如其分。

　　此物在古代另有两个别名，今时鲜有人知。一个是文震亨所提的雕胡，另一个是菰米。李白有诗云："跪进雕胡饭，月光明素盘。"王维有诗云："郧国稻苗秀，楚人菰米肥。"张志和《渔父歌》云："松江蟹舍主人欢，菰饭莼羹亦共餐。枫叶落，荻花干，醉宿渔舟不觉寒。"可见菰米在古代是充作主食的。古人曾说用菰米煮饭，清香软糯，妙不可言。而茭白是菜品，说两者同为一物，究竟缘由何在呢？其实，两者是同根异种。菰米感染黑粉菌后，就不抽穗，茎部不断膨大形成肉质之状。人们不敢食用，后来遇上荒年，便试探性地食用，不料味道甚好，于是便把它充作日常蔬食，为了以示区分，便取名茭白。而菰米本身，由于存在易脱籽、难收获、产量低等问题，虽为"六谷"之一，但并不广泛食用，后来被水稻代替，逐渐退出了历史舞台，今时已经是难得一见了。

山　药[1]

本名薯药[2]，出娄东[3]岳王市[4]者，大如臂，真不减[5]天公掌[6]，定当取作常供[7]。夏取其子，不堪食。至如香芋[8]、乌芋[9]、凫茨[10]之属，皆非佳品。乌芋即茨菇[11]，凫茨即地栗[12]。

【注释】

[1]　山药：又名薯药、薯蓣、土薯、淮山等。形状略呈圆柱形，弯曲而稍扁，表面有褶皱，味淡、微酸，嚼之发黏。生于山野者称野山药，栽培者称家山药。

[2]　薯药：山药的别名。明·李时珍《本草纲目》引寇宗奭言："薯蓣因唐代宗名预（豫），避讳改为薯药；又因宋英宗讳署（曙），改为山药。"

[3]　娄东：在今江苏太仓。因太仓位于娄水之东，故名。

[4]　岳王市：即今江苏太仓岳王镇。明朝时形成集镇，其形如鹤，故又

名鹤市。民国时州县合并，建

太仓县，又改设岳王镇。

[5] 不减：不次于，不亚于。

[6] 天公掌：山药的一种，较
大，扁形根。宋·陶穀《清异
录》："淇薯药称最大者号天
公掌，次者号拙骨羊。"

[7] 常供：日常蔬食。

[8] 香芋：块根似小土豆，其肉香
甜，有余味，营养丰富。

[9] 乌芋：古称凫茈、凫茨、地
栗、地梨，俗名马蹄、荸荠。
皮色紫黑色，肉质洁白，味

薯蓣

山药又名薯蓣

甜多汁，清脆可口，既可作水果，又可作蔬菜。明·李时珍《本草
纲目》："乌芋，其根如芋，而色乌也，凫喜食之，故《尔雅》名凫
茈。后遂讹为凫茨，又讹为荸荠。盖《切韵》凫、荸同一字母，音
相近也。"

[10] 凫茨：即乌芋。文震亨认为凫茨与乌芋是两种植物，误。

[11] 茨菇：即慈姑，又名茨菰。多年生草本植物，生在水田里，叶子像
箭头，开白花，地下有球茎，黄白色或青白色，可食用。文震亨认
为茨菇与乌芋同为一物，误。明·李时珍《本草纲目》："乌芋、慈
姑原是二物，慈姑有叶，其根散生，乌芋有茎无叶，其根下生，气
味不同，主治亦异……陶、苏二氏因凫茨、慈姑字音相近，遂致混
注，而诸家说者因之不明，今正其误。"

[12] 地栗：即乌芋，又名荸荠。见上"乌芋"注释。

【点评】

山药，色泽洁白如玉，滋味甘甜黏滑，香气清柔淡雅，是民间常用食材。

文人颇喜爱它。宋人赵蕃诗云："山药本为林下享，筠篮那得致兵厨。传担云月并持与，长夜读书应所须。"读书至深夜，腹中饥饿，吃一点清甘的山药充饥，想来也是乐事。食法上，山药可独食，亦可搭配其他食材。李渔《闲情偶寄》中说是"蔬食中之通材"，十分称道。高濂《遵生八笺》有煮粥之法，朱彝尊《食宪鸿秘》中有与肉同煮之法，今时较为常见。童岳《调鼎集》中有蒸、炒、煎、煨等法，另加面皮、鸡肉等食材。袁枚《随园食单》中还有"素烧鹅"的食法："煮烂山药，切寸为段，腐皮包，入油煎之，加秋油、酒、糖、瓜姜，以色红为度。"今时就极为少见了。

山药物如其名，也有药用价值。《神农本草经》云："主健中补虚、除寒热邪气、补中益气力、长肌肉、久服耳目聪明。"《群芳谱》云："入药以野生者为胜，性甘、温、平，无毒。镇心神，安魂魄，止腰痛，治虚羸，健脾胃，益肾气，止泻痢，化痰涎。"可以看出山药营养价值很高，对身体颇有裨益。陆游曾说："久缘多病疏云液，近为长斋煮玉延。"又说："秋夜渐长饥作祟，一杯山药进琼糜。"想必他是将山药熬成汤汁了，这样既可以解渴，又可以充饥，确实惬意。

此外，文震亨还提到香芋、荸荠、茨菰这三种蔬食，但是认知有误。

香芋，和山芋模样相似，但并非一物。它的肉接近粉红色，味道介于山药和土豆之间，甘香可口，有补气、养肾、健脾等功效。

荸荠，在泥塘里结果，皮紫肉白，鲜嫩甘甜，生食，煮菜，制药，无不适宜。旧时饥荒，百姓常以此充饥。《后汉书》载："王莽末，南方饥馑，人庶群入野泽，掘凫茈而食之。"宋人刘一止诗云："南山有蹲鸱，春田多凫茈。何必泌之水，可以疗我饥。"可见它和栗子、芋头一样，都对世人有救护之恩。

茨菇，又名茨菰。它和荸荠很像，但茨菇为圆球形，成熟后外表呈白色，味道甘甜酥软，中带微苦，而荸荠为马蹄形，成熟后外表呈黑紫色，味道清脆甘甜。因为茨菇微苦，喜欢吃的人不多。汪曾祺《咸菜茨菇汤》中说他小时候一直对茨菇无好感。后来故乡发洪水，只有茨菇丰收，吃得太多，有些厌恶了。多年后，他去沈从文家里拜年，师母张兆和炒了盘茨菇肉片，沈从文还说："这个好！格比土豆高。"自此以后，他对茨菇竟然有些想念了。大概他所追忆的，并非食物本身的味道。

萝葡[1]　蔓菁[2]

萝葡一名土酥[3]，蔓菁一名六利[4]，皆佳味也。他如乌、白二菘[5]，莼[6]、芹[7]、薇[8]、蕨[9]之属，皆当命园丁多种，以供伊蒲[10]，第不可以此市利[11]，为卖菜佣耳。

【注释】

[1]　萝葡：即萝卜。一名莱菔、地灯笼、罗卜、紫菘、雹葵、土酥等。根在土中，肥厚多肉，多呈长圆锥形，有白、绿、红或紫色等。

[2]　蔓菁：即芜菁。俗称大头菜，又叫九英菘、合掌菜、结头菜、诸葛菜等。外形酷似萝卜，肥大肉质可供食用。

[3]　土酥：芦菔，即萝卜。宋·陈达叟《本心斋蔬食谱》："土酥，芦菔也。一名地酥。"

[4]　六利：蔓菁的雅称。宋·李昉《太平广记》："诸葛所止，令兵士独种蔓菁者，取其才出甲可生啖，一也；叶舒可煮食，二也；久居则随以滋长，三也；弃不令惜，四也；回则易寻而采之，五也；冬有

根可斸食，六也。比诸蔬属，其利不亦博哉?”

［5］菘（sōng）：即白菜。明·李时珍《本草纲目》：“菘，即今人呼为白菜者。有二种，一种茎圆厚微青，一种茎扁薄而白，其叶皆淡青白色。”

［6］莼（chún）：莼菜。又名马粟、水葵、马蹄草等，浮在水面，叶子椭圆形，开暗红色花。茎和叶背面都有胶状透明物质，可食，是江南“三大名菜”之一。

［7］芹：即芹菜。又名旱芹、香芹、蒲芹、药芹等。茎直立，羽状复叶，缘有疏锯齿，可供食用。《吕氏春秋》：“菜之美者，有云梦之芹。”

［8］薇：又名垂水、大巢菜、野豌豆、巫雨薇，草本植物，花紫红色，结寸许长扁荚，中有种子五六粒，可食。嫩茎和叶可作蔬菜。

［9］蕨（jué）：蕨菜，又名拳头菜、山野菜。嫩叶可食，根茎可制淀粉，可供食用。《诗经》陆玑疏：“蕨，山菜也，周秦曰蕨，齐鲁曰鳖，初生似蒜，茎紫黑色，可食。”

［10］伊蒲：即伊蒲馔，斋供、素食之意。

［11］市利：牟取利益。

【点评】

萝卜，有紫、青、红、白多种。其中，白萝卜种植容易，冬天耐久存，大江南北极其常见，腌、糟、炖、生食、煮粥、制饼，各种食法皆有。炖食，最受欢迎。梁实秋写过《萝卜汤的启示》：“排骨酥烂而未成渣，萝卜煮透而未变泥，汤呢？热、浓、香、稠。大家都吃得直吧哒嘴。”令人食指大动，他还从中悟到少说废话，言之有物，不使人觉得淡而无味的作文之道。可称佳话。

林洪《山家清供》中，提到了骊塘书院的一道菜肴“骊塘羹”：“只用菜与芦菔，细切，以井水煮之烂为度。"他忆起了苏东坡《狄韶州煮蔓菁芦菔羹》一诗："我昔在田间，寒庖有珍烹。常支折脚鼎，自煮花蔓菁。中年失此味，想像如隔生。谁知南岳老，解作东坡羹。中有芦菔根，尚含晓露清。勿语贵公子，从渠醉膻腥。"林洪思此，也是念着其中风流雅韵。

中医认为萝卜除了食用，还能化痰、解毒、止咳等。《山家清供》中提到一道宫廷解酒秘方："用甘蔗、白萝菔，各切作方块，以水煮烂而已。"苏轼《东坡杂记》中，也提到一则禁中秘方："用生萝卜汁一蚬壳，注鼻中，左痛注右，右痛注左，或两鼻皆注亦可，虽数十年患，皆一注而愈。"说王安石头痛就是赖此方治愈的，其药效应当不虚。不过虽然如此，萝卜也不宜多吃，多吃会导致气胀，而且容易打嗝、放屁，颇为不雅。偏偏李渔是个怪人，他说："此物大异葱蒜，生则臭，熟则不臭，是与初见似小人，而卒为君子者等也。"这是自比君子了。

蔓菁，是另一种时蔬。丘光庭《兼明书》中说北方称蔓，南方称菘，又说读《齐民要术》方知蔓菁是萝卜苗。其说大有可疑。实际上菘是白菜，蔓菁和萝卜的效用虽接近，但蔓菁多扁圆形，坚实少汁，萝卜多长圆形，脆嫩多汁，差别甚大。汪灏《广群芳谱》中说，刘备在许昌时，曾种菜莳花，消除曹操疑心，所种的菜，即是芜菁，也即蔓菁。诸葛亮北伐，令士兵种蔓菁，说有六利，故蔓菁又名"诸葛菜"。后来张岱《夜航船》中还有五美之说，与六利所不同的是可以做酸菜和药用。后世之人，追思武侯。故常食此物，并作诗吟咏。

文震亨还提到白菜，莼菜，芹菜，

萝蔔、蔓菁，皆佳味也

薇草，蕨菜，也是极为清雅的蔬食。

白菜，蒸、炒、煮、腌无不适宜，可配各种食材。因其德美，常入玉雕，清宫中的"翠玉白菜"即是珍品。

莼菜，有文人味道。高濂《遵生八笺》中，曾说初夏之际在西湖采莼剥菱，其清味犹如"金波玉液"，又说在湖上佐饮松花酒，咏《思莼》之诗，歌《采菱》之曲，听着远远的牧笛声，和渔舟欸乃声，觉得如在世外。《思莼》诗，即"莼鲈之思"，指的是晋人张季鹰见秋风起思念故乡莼羹鲈鲙弃官归隐之事。后人对此颇有吟咏。高濂咏此，自然清雅绝伦。

芹菜，色碧，味清。林洪《山家清供》中有一道"碧涧羹"云："获芹取根，赤芹取叶与茎，俱可食。二月、三月，作羹时采之，洗净，入汤焯过，取出，以苦酒研芝麻，入盐少许，与茴香渍之，可作菹。惟瀹而羹之者，既清而馨，犹碧涧然。"用的是杜甫"鲜鲫银丝脍，香芹碧涧羹"的诗意。后人还有"碧涧一杯羹，夜韭无人剪""饭煮忆青泥，羹炊思碧涧"等诗句，可见芹菜颇受欢迎。

薇草，令人思及伯夷、叔齐于首阳山采薇不食周粟之事，自有一种清洁的精神。

至于蕨菜，《诗经》中有"陟彼南山，言采其蕨；未见君子，忧心惙惙"之句。先民食之甚早，入诗也有一种雅韵，明人罗永恭诗云："堆盘炊熟紫玛瑙，入口嚼碎明琉璃。"其味道，也为山家所爱。

最后需要提及一个问题，文震亨在"橘橙"条中说橘子可食也可获利，在本条中却说不可以这些蔬菜市利，以免类似菜肆。有人认为他自命风雅，此说失之武断。文震亨居于园林之中，所植花木蔬果，有观赏、食用、药用等价值，但若种植过多，便会影响园林环境，而园林寄托着文人意趣，终非菜园、果园，故文氏所言，并无错讹，此为造园者深知。明人洪应明著有《菜根谭》一书，取的是古人所说的"咬得菜根，百事可做"之意。文震亨在《长物志》中独立蔬果一卷，应是此意。

卷十二 香茗

文震亨《唐人诗意图册》册页十二

香　茗[1]

　　香、茗之用，其利最溥[2]，物外高隐[3]，坐语道德[4]，可以清心悦神[5]；初阳薄暝[6]，兴味萧骚[7]，可以畅怀舒啸[8]；晴窗拓帖[9]，挥麈闲吟[10]，篝灯[11]夜读，可以远辟睡魔[12]；青衣红袖[13]，密语谈私，可以助情热意[14]；坐雨[15]闭窗，饭余散步，可以遣寂除烦[16]；醉筵醒客[17]，夜语蓬窗[18]，长啸空楼[19]，冰弦戛指[20]，可以佐欢[21]解渴。品之最优者，以沉香[22]、岕茶[23]为首，第焚煮有法，必贞夫韵士[24]，乃能究心[25]耳。志《香茗》第十二。

【注释】

[1]　香茗：原指香茶，此处指香料和茶。

[2]　其利最溥：益处很大。溥，广大。

[3]　物外高隐：隐逸世外。物外，超脱于尘世之外。高隐，隐居。唐·皮日休《通玄子栖宾亭记》："古者有高隐殊逸，未被爵命，敬之者以其德业，号而称之，玄德玄晏是也。"

[4]　坐语道德：坐着谈玄论道。道德，老子《道德经》的省称，代指谈玄论道。

[5]　悦神：怡神。

[6]　初阳薄暝：晨曦薄暮。薄暝，傍晚，天将黑的时候。

[7]　兴味萧骚：意兴阑珊。萧骚，萧条凄凉。

[8]　畅怀舒啸：心中畅快，放声歌啸。舒啸，犹长啸，放声歌啸。晋·陶渊明《归去来兮辞》："登东皋以舒啸，临清流而赋诗。"

[9] 拓帖：摹拓古碑帖。明·方以智《通雅》："曰临摹，曰硬黄，曰响
拓，皆学帖法也……响拓谓以纸覆就明窗，映光摹之。"

[10] 挥麈闲吟：挥着麈尾，清谈闲吟。

[11] 篝灯夜读：上灯夜读。篝灯，置灯于笼中。《宋史》："（陈）彭年幼
好学，母惟一子，爱之，禁其夜读书，彭年篝灯密室，不令母知。"

[12] 睡魔：使人昏睡的魔力，比喻强烈的睡意。另外修道之人认为怠惰
昏昧，有碍精进，称嗜睡怠业为"睡魔"。

[13] 青衣红袖：闺阁女子。青衣，古代地位卑微的婢女日常多着青衣，
故青衣常引申为婢女代称。红袖，古代女子衣着多襦裙长袖，又喜
欢穿红装，故红袖为女子代名词，后来代指美女。

[14] 助情热意：加深情谊。

[15] 坐雨闭窗：雨天关上窗在家中闲坐。

[16] 遣寂除烦：排遣寂寞，消除烦恼。

[17] 醉筵醒客：在醉酒的宴会上，让客人清醒。筵，宴席，酒席。

[18] 夜语蓬窗：夜里在窗下谈心。蓬窗，简陋的窗户。

[19] 长啸空楼：在楼上长啸。

[20] 冰弦戛指：弹琴唱和。冰弦，即琴弦，旧时有用冰蚕丝做的琴弦。

[21] 佐欢：助兴。

[22] 沉香：名香的一种。详见本卷"沉香"条注释。

[23] 岕茶：名茶的一种，详见本卷"岕"条注释。

[24] 贞夫韵士：君子雅士。贞夫，志节坚定、操守方正的人。

[25] 究心：专心研究。

【点评】

　　卷十二论香茗。这是幽人韵士斋中必备之物。文震亨认为香茗可以清
心悦神、畅怀舒啸、远辟睡魔、助情热意、遣寂除烦、醉筵醒客、佐欢解

渴，可堪大用。

香，《说文》中解释为"气纷纭也"，原指谷物成熟后的气味，后引申为草木花果等一切天然香气。用植物、动物或化合物，按照一定的比例配方制成的香品出现后，不仅在贮存、携带、使用上非常方便，而且香味也得到了更好的发挥。线香、签香、篆香、盘香、塔香、香丸等各种形制，便如雨后春笋般问世。文人书斋中，相应配备了香炉、香盒、箸瓶、香箸、香夹、香铲、香盘、香插等器具，集实用、装饰于一体，用之焚香，可观香之色，闻香之味，赏香之形，品香之韵，

清　任伯年《焚香告天图》

香道日趋精雅。后来还出现了与诗会、茶会、琴会相连属的品香雅集，极一时之盛。

香有熏染衣物、治病养生、驱蚊辟蠹、美化环境等功用，周嘉胄在《香乘》中补充说："香之为用，大矣哉。通天集灵，祀先供圣，礼佛藉以导诚，祈仙因之升举，至返魂祛疫，辟邪飞气，功可回天。"应用场景十分广泛，是古人生活的良伴。

而古人用香，不止于焚香。他们佩香囊，戴香串，穿香履，裹香兜，持香扇，握香球，卧香帐，睡香枕，摆香果，调香汤、制香皂沐浴，擦香粉爽身，涂香油润发，揸香料画眉，抹香脂点唇，点熏笼熏香衣被，烧香篆计时清居，用香料烹调食品，取香木建造宫殿……对香的喜爱深入骨髓，营造出的氤氲缭绕的世界，令人沉醉。

茶，是我国的国饮，自魏晋至明清以来，形成了博大精深的茶文化，包括种茶、采茶、焙茶、藏茶、烹茶、品茶。种茶需要考虑地形、土壤、气候、品种；采茶需要考虑时令、方法、人力、禁忌；焙茶需要考虑工具、时间、火候、技艺；藏茶需要考虑包裹、取用、环境；烹茶需要考虑选茶、择水、配器、用炭、生火、候汤、冲泡等多种因素。徐燉《茗谭》中说："种茶易，采茶难；采茶易，焙茶难；焙茶易，藏茶难；藏茶易，烹茶难。稍失法律，便减茶韵。"想要喝上一杯好茶，并非易事。

品茶，讲究色、香、形、味、韵。诸茶之色、香、形、味皆有不同，不作比较，但韵却关乎饮者之心。茶中究竟有什么？僧皎然形容："一饮涤昏寐，情来朗爽满天地。再饮清我神，忽如飞雨洒轻尘。三饮便得道，何须苦心破烦恼。"而与陆羽齐名的卢仝，说得更加传神具体："一碗喉吻润；两碗破孤闷；三碗搜枯肠，唯有文字五千卷；四碗发轻汗，平生不平事，尽向毛孔散；五碗肌骨清；六碗通仙灵；七碗吃不得也，惟觉两腋习习清风生。蓬莱山，在何处？玉川子乘此清风欲归去。"在他们看来，茶有润喉、除闷、解困、清神、静心、养性、助兴、忘忧、坐忘之用，是天地之间一种弥足珍贵的琼浆玉液。这已不是简单的饮品了，而是一种悟道的助缘。显然，他们所追求的是和静清寂、天人合一之境。

皎然、卢仝所言，是得一人独饮之神。考虑到情境、茶侣等问题时，茶道才更加丰满。

黄龙德《茶说》云："若明窗净几，花喷柳舒，饮于春也。凉亭水阁，松风萝月，饮于夏也。金风玉露，蕉畔桐阴，饮于秋也。暖阁红炉，梅开雪积，饮于冬也。僧房道院，饮何清也，山林泉石，饮何幽也。焚香鼓琴，饮何雅也。试水斗茗，饮何雄也。梦回卷把，饮何美也。古鼎金瓯，饮之富贵者也。瓷瓶窑盏，饮之清高者也。较之呼卢浮白之饮，更胜一筹。"这些情境可谓清绝，令人不作红尘中想。

关于茶侣，《茶说》又说："茶灶疏烟，松涛盈耳，独烹独啜，故自有一种乐趣。又不若与高人论道，词客聊诗，黄冠谈玄，缁衣讲禅，知己论心，散人说鬼之为愈也。对此佳宾，躬为茗事，七碗下咽而两腋清风顿起矣。较之独啜，更觉神怡。"在他眼中，与高流隐逸或超尘脱俗之人同饮，更有一番趣味。虽说古人有"一人得神，二人得趣，三人得味，六七人是名施茶"的说法，但黄龙德之"趣"，也不比卢仝之"神"逊色。

禅宗中有"吃茶去"公案，众僧问禅于赵州禅师，禅师反问是否来过赵州，无论对方如何作答，禅师都说："吃茶去。"茶与

七碗吃不得也，惟觉两腋习习清风生

禅融为一体。此外，日本茶道中还有一种"一期一会"的说法。他们认为人与人之间的每一次交集，时间、地点、心境都会产生幽微的变化，所以需要好好地珍惜身边人、眼前事，在每一次的交汇中尽心尽力，以免在无常之中留下遗憾。这或许比"禅茶一味"更容易让大众理解和接受。苏轼又有词云："雪沫乳花浮午盏，蓼茸蒿笋试春盘。人间有味是清欢。"他将茶中滋味与世事人生相结合，将茶境拓展到另一层面，也可视为茶道悟韵中的一种。

以上是分述香茗，但香与茗往往是并存的。徐燉《茗谭》云："品茶最是清事，若无好香在炉，遂乏一段幽趣；焚香雅有逸韵，若无名茶浮碗，终少一番胜缘。"他认为香、茗两相为用，可以互增幽趣或逸韵。宋时有焚香、品茗、挂画、插花为"四雅"之说。这"四雅"在后世成了文

人书斋中的日常。他们的书斋中，往往摆着瓶花，挂着名画，并陈设图书文玩器具，雅客来时，焚香一炷，烹茶一壶，主客评香品茶，谈玄论道，主人抚琴，客人聆听，诗思来时，一挥而就，不亦快哉。

伽 南[1]

一名"奇蓝"，又名"琪南"，有"糖结"[2]"金丝"[3]二种：糖结，面黑若漆，坚若玉，锯开，上有油若糖者[4]，最贵；金丝，色黄，上有线若金者[5]，次之。此香不可焚，焚之微有膻气。大者有重十五六斤，以雕盘[6]承之，满室皆香，真为奇物。小者以制扇坠、数珠，夏月佩之，可以辟秽[7]。居常以锡合盛蜜养之，合分二格，下格置蜜，上格穿数孔如龙眼大，置香使蜜气上通，则经久不枯。沉水[8]等香亦然。

【注释】

[1] 伽南：有伽楠、琪瑀、棋楠、奇楠、迦南、伽蓝、奇蓝、伽罗、多伽罗、伽南沉等别名。用沉香近根部树脂含量较多的木材制成。产于中国海南、越南、老挝、泰国、缅甸、马来西亚、印度等地。

[2] 糖结：伽南香中质地柔软、味道甜香的品种。

[3] 金丝：俗称黄棋，香味清雅，油脂带着线条明确的金丝，多产于东南亚。

[4] 上有油若糖者：上面有糖状油脂分泌物。

[5] 上有线若金者：上面有黄色丝状纹路。

[6] 雕盘：刻绘花纹的精美的盘子。

［7］　辟秽：去除异味。

［8］　沉水：沉香的别名。宋·胡宿《侯家》："彩云按曲青岑醴，沉水薰衣白璧堂。"

【点评】

本则论伽南，文震亨对其种类、形态、色泽、味道、大小、盛贮、功用等均有论述。

伽南，多产于南洋，是沉香中最上等的一种香料，十分稀有。它质地柔软，色泽黑润，富有油脂，放在室内，能散发出辛甘温和、馥郁典雅的气息，层次多变，久久不散，动人心魄。

伽南属于沉香的一种，是沉香在受到外来伤害，或遇到特殊的细菌，再加上地质、温度等因素的影响，而形成的特殊的香料。据说一万棵沉香树中，只有一棵才能长出伽南香，因此十分难得。不过伽南和沉香还是有很大的区别。

一在质地。《海外逸说》云："沉香质坚，雕剔之如刀刮竹；伽南质软，指刻之如锥画沙。"

二在性质。沉香入水则沉，油脂聚在一起；伽南半浮半沉，油

南宋　马远《竹涧焚香图》

脂颗粒分明。

三在外观。沉香油脂浮于外面，表皮多为黑色；伽南香的油脂是自内而外生成，表面少有油脂，多为浅色。

四在发香。沉香需要焚点才能散发香气；伽南香则不需要焚点，也能散发香气，若用微火烘烤，可以使香气持久。当然文震亨是不提倡焚点的，认为有膻气。

五在味道。咀嚼沉香木时，感觉如嚼木渣；咀嚼伽南木时，感觉"味辣有脂，嚼之粘牙"。将两者焚点后，伽南的香味浓郁持久，富于变化，有穿透力，沉香的香味要逊色得多。故而古时伽南多被皇室垄断，用于祭天、祈福、礼佛、拜神、熏室等，普通人家难得一见。

龙涎香[1]

苏门答剌国[2]有龙涎屿[3]，群龙交卧其上，遗沫[4]入水，取以为香。浮水为上；渗沙者次之；鱼食腹中刺[5]出如斗者，又次之。彼国亦甚珍贵。

【注释】

[1] 龙涎香：香的一种，是鲸病胃的分泌物，类似结石，为黄、灰、黑色的蜡状物质，有一股强烈的腥臭味，但干燥后却能发出持久的香气，是极名贵的香料，在西方又称灰琥珀。

[2] 苏门答剌国：即今印度尼西亚苏门答腊岛。《元史》称其为"苏木都剌""须文达那"。明朝海军在此地建立城栅、仓库，以之作为经营西洋的中转站。

[3]　龙涎屿：古岛屿，在苏门答腊岛西北海上。元·汪大渊《岛夷志略》："每值天清气和，风作浪涌，群龙游戏，出没海濒，时吐涎沫于其屿之上，故以得名。"

[4]　遗沫：吐出的口水。

[5]　剌：古通"拉"，排泄之意。

【点评】

龙涎香，与沉香、檀香、麝香并称"四大名香"。在古代，关于此香来源的说法颇为玄奇。周去非《岭外代答》云："大食西海多龙，枕石一睡，涎沫浮水，积而能坚。鲛人探之以为至宝。新者色白，稍久则紫，甚久则黑。因至番禺尝见之，不薰不莸，似浮石而轻也。"他认为龙涎香这是群龙口水的凝结之物。费信《星槎胜览》云："龙涎初若脂胶，黑黄色，颇有鱼腥之气，久则成就大泥。或大鱼腹中剖出，若斗大圆珠，亦觉鱼腥，间焚之，其发清香可爱。"他认为龙涎香是从鱼腹中取出的结晶。随着科学的进步，现在人们已经发现龙涎香是抹香鲸的胃部分泌物。

龙涎香燃烧后，甘甜芬芳、温暖幽雅，而且气息浓郁，久久不散。它

明　陈洪绶《斜倚熏笼图》(局部)

的烟形也是一种奇观，据说"焚之一铢，翠烟浮空，结而不散，座客可用一剪分烟缕。"《鸣凤记》云："凤蜡光摇，龙涎瑞霭，华堂恍如仙岛。"其态高妙入神。此外，它在药用上，有"活血、益精髓，助阳道、通利血脉"以及"热身益寿、增强知觉、温补心脏"等功效。再加上产量的稀有，历代都将它看作珍品，明代嘉靖年间，户部尚书高耀给皇帝进献了八两龙涎香，居然获赐七百六十两白银，并被加封为太子少保。龙涎香的珍奇可见一斑。

沉 香[1]

质重，劈开如墨色者佳。沉取沉水[2]，好速[3]亦能沉。以隔火炙过[4]，取焦者别置一器，焚以熏衣被。曾见世庙[5]有水磨[6]雕刻龙凤者，大二寸许，盖醮坛[7]中物，此仅可供玩。

【注释】

[1] 沉香：香木名。又名沉水香、水沉香、白木香、栈香、莞香、蜜香等。产于亚热带，叶呈披针或倒卵形，花白色，木质坚硬而重，黄色，为著名熏香材料。因置于水中会下沉，所以被称为"沉香"。

[2] 沉取沉水：通常以沉水程度判断其好坏。他本或作"不在沉水"。

[3] 好速：好的速香。速香，即片速香。详见本卷"片速香"条注释。

[4] 以隔火炙过：用隔火片隔离炭火烘烤，详见本书卷七"隔火"条点评。

[5] 世庙：明朝人对明世宗的称谓。明世宗，即朱厚熜，年号嘉靖，公元1521年至1566年在位。早期英明果断，后期求长生，二十多年

不见朝臣，任由奸臣严嵩当国，明朝政权开始出现深刻的危机。

[6] 水磨：加水精细打磨，是制造沉香器具的一种方法。

[7] 醮（jiào）坛：道士祭神作法的坛场。

【点评】

沉香，在"沉檀龙麝"四香中居首。常温下香气清淡，几不可闻，焚烧后浓郁持久，具有花、果、蜜、乳等多种味道，沉静、醇厚、香甜、清雅，可以温润心灵、调和情志、安定神思、辟邪除秽、养生治病。

无论帝王将相还是僧道雅俗，都对它推崇有加。《晋书》中说石崇家中"厕上常有十余婢侍列，皆有容色。置甲煎粉、沉香汁"。隋代时，炀帝每到除夕之夜，往往在大殿前焚烧大量沉香，一夜之间就烧去了两百余车，香味在几十里外都可以闻到。记载玄宗朝轶事的《开元天宝遗事》云："玄宗每与宾客谈事，先含嚼沉香或麝香，而后再启口发话，谈论时，香气喷射，满室俱香。"而玄宗的国舅杨国忠，家中用"沉香为阁，檀香为栏，揽以麝香、乳香筛土和为泥饰"，其豪奢甚至超过了宫廷，令人咋舌。

不过，文人用沉香，其况味又有不同。

文震亨品沉香，用的是隔火熏炙之法。此法不仅无烟，而且还可使香气经久不散，品茗观画之时，更增雅趣。这也是香道中最为盛行的一种方法，需要准备香品、香炉、香炭、香铲、香箸、香巾等诸多器具，流程也十分繁琐。大要为：先将香道器具摆放在香巾上，再在香炉中放入香灰，再将烧透的香炭埋入香灰中，用香箸搅动香灰，堆成中间凸起的火山状，再用灰押将香灰微微垒实并轻压，以便放置隔火器具，再用香签刺入其中开一孔洞，使炭热能够挥发，最后放入隔火器具及香丸，片刻之后，即可闻香。而在香道中，主人与客人的衣着、坐姿、手持香炉的方位、闻香的姿势、呼气的方式等，也有一定的要求。这是为了营造一种静谧幽雅的气氛，使人能够安神养性。

沉 香

沉香质重，置水能沉

屠隆也得其中妙趣。他在《考槃馀事》中把沉香分为三等，认为上等的气太厚嫌辣，下等的质太枯有烟，惟有中等的最滋润幽甜。他说："煮茗之余，即乘茶炉之便，取入香鼎，徐而爇之。当斯会心境界，俨居太清宫与上真游，不复知有人世。"这是取用有道，推崇一种天然冲淡的幽雅妙趣。

文人们与沉香多有交集。李清照词云："薄雾浓云愁永昼，瑞脑消金兽。"晏殊词云："尽日沉香烟一缕，宿酒醒迟，恼破春情绪。"陆游词云："铜炉袅袅海南沉，洗尘襟。"曾几诗云："斯须客辞去，趺坐对余芬。"均是用沉香洗涤烦忧。不过，最动人的还是周邦彦《苏幕遮》："燎沉香，消溽暑。鸟雀呼晴，侵晓窥檐语。叶上初阳干宿雨。水面清圆，一一风荷举。 故乡遥，何日去。家住吴门，久作长安旅。五月渔郎相忆否。小楫轻舟，梦入芙蓉浦。"清凉闲雅的日子中，心中有着对家乡淡淡的思念，燃着沉香，默坐思索，忧愁中似乎也带着一丝甜意。

片速香[1]

鲫鱼片[2]，雉鸡斑[3]者佳，以重实[4]为美，价不甚高。有伪为者，当辨。

【注释】

[1] 片速香：香的一种，俗名鲫鱼片。

[2] 鲫鱼片：疑前脱"俗名"二字。

[3] 雉鸡斑：野鸡花斑。雉鸡，野鸡，体形较家鸡略小，雄鸟羽色华
　　　丽，有横斑；雌鸟羽色暗淡，杂以黑斑。

[4] 重实：密实沉重。

【点评】

片速香，纹如野鸡。周嘉胄《香乘》云："黄熟，即今速香，俗呼鲫鱼片。"可知此香，实为黄熟香的一种。黄熟香，是因木材久埋土中，木质纤维腐烂，结成香腺油脂而成，与沉香相较，不沉于水。清人陈贞慧《秋园杂佩》云："黄熟……香味甚稳，佳者不减角沉，次亦胜沉速。"可知它香味尚佳，故常作幽人香品的一种。

唵叭香[1]

香腻甚[2]，着衣袂[3]，可经日不散。然不宜独用，当同沉水共焚之。一名黑香。以软净色明[4]、手指可捻为丸者为妙。都中[5]有唵叭饼，别以他香和之，不甚佳。

【注释】

[1] 唵叭香：即唵吧香，以胆八树的果实榨油制成，能辟恶气，又称胆

八香。

[2]　腻甚：滑腻，黏腻。

[3]　衣袂：原指衣袖，后借指衣衫。

[4]　软净色明：柔软洁净，颜色分明。

[5]　都中：指北京。明洪武曾以南京为京城，朱棣登基后，迁都北京。

【点评】

　　唵叭香，祭祖、敬神常用之香。关于它的香气，众说纷纭，周嘉胄《香乘》云："唵叭香，出唵叭国，色黑有红润者至佳，爇之不甚香，而气味可取用和诸香。"他说唵叭香的气味并不浓郁，只可调香。屠隆《考槃馀事》云："唵叭香，一名黑香，以软净色明者为佳。手指可捻为丸者，妙甚。惟都中有之。"并未有只字片语提及香气。而文震亨却认为它香气馥郁，熏染衣物，可以终日不散。这看似吊诡，但考镜源流，可知屠隆生活在嘉靖至万历年间，周嘉胄生活在万历至顺治年间，而文震亨生活在万历至崇祯年间，时代存在差距。这期间制香技术有变革，香气随之变化也属常事，而且他们接触到的唵叭香品种以及个人认知都有不同，所以三人所言应当皆有道理。

　　周嘉胄《香乘》曾提及此香可以辟邪，他还援引了明人谢肇

佛室焚香

谢肇淛《五杂组》中的记载："燕都有空房一处，中有鬼怪，无敢居者，有人偶宿其中，焚俺叭香，夜闻有声云，'是谁焚此香，令我等头痛不可居？'后怪遂绝。"其事虽荒诞不经，但古人认为宇宙间的一切都是精气的聚散变化，而香是沟通天地人的工具，能使周围环境以及人的身心产生变化。这是另一种世界观，不作讨论。

角　香[1]

俗名牙香，以面有黑烂色、黄纹直透者为黄熟[2]；纯白不烘焙者为生香[3]，此皆常用之物，当觅佳者。但既不用隔火，亦须轻置鑪中，庶香气微出，不作烟火气。

【注释】

[1] 角香：又名香角、牙香、铁面香、生香。燃烧时有强烈香味，还可作药用。

[2] 黄熟：即黄熟香，详见本卷"片速香"条注释。

[3] 生香：留存在活香树体内的香。

【点评】

角香，是沉香的一种，优劣皆有。文震亨说此香是常用之物，并非虚言。宋人洪刍《香谱》中关于制香之法共二十二条，其中关于制牙香法就有八条，兹录一法以飨好此道者："黄熟香、馢香、沉香各五两；檀香、零陵香、藿香、甘松、丁香皮各三两；麝香、甲香三两，用黄泥浆煮一日后，用酒煮一日；硝石、龙脑各三分、乳香半两。右件除硝石、龙脑、乳、麝同研细外，将诸香捣，罗为散，先用苏合香油一茶脚许，更入炼过，蜜二斤，搅和令匀，以瓷合出贮之，埋地中一月，取出用之。"

至于熟香、生香，皆按香品成熟度而言。生香多留香树体内，又名"生结"；熟者多脱离香体，又名"熟结"。一般来说，熟香比生香纯度更高，香味更加浓郁，而且成香和发香的时间也更为久长。但生香具有的清新的甜味和凉味，又为熟香所不及。

甜 香[1]

宣德年制，清远味幽可爱[2]，黑坛如漆，白底上有烧造年月，有锡罩盖罐子者，绝佳。芙蓉[2]、梅花[4]皆其遗制，近京师制者亦佳。

【注释】

[1] 甜香：有甘美芳香气味的香。

[2] 清远味幽可爱：味道清美、幽远，令人喜爱。

[3] 芙蓉：香名。明·屠隆《考槃馀事》："芙蓉者，京师刘鹤制，妙。"

[4] 梅花：香的一种。

【点评】

甜香，盛行于明代，味道清远幽雅，最初为宫廷所制。高濂《遵生八笺》中说："每坛二斤三斤。有锡罩盖罐子一斤一坛者，方真。今亦无之矣。近名诸品，合和香料，皆自甜香改易头面，别立名色云耳。"可见市面上仿制颇多。比较著名的有京师刘鹤所制的芙蓉香，还有一种梅花香，周嘉胄《香乘》中有多种详细制法，其中一则为："甘松一两，零陵香一两，檀香半两，茴香半两，丁香一百枚，龙脑少许别研。右为细末炼蜜合和，干湿皆可焚。"宋人陈敬有《陈氏香谱》一书，关于梅花香制法有八条，所述和周嘉胄相差不大，可见梅花香来由已久，至明时当更为精致。

黄黑香饼[1]

恭顺侯[2]家所造。大如钱者，妙甚。香肆所制小者，及印各色花巧者，皆可用，然非幽斋所宜，宜以置闺阁。

【注释】

[1] 黄黑香饼：明代香品的一种。

[2] 恭顺侯：蒙古人都帖木儿归降明朝后，朱棣赐名"吴允诚"，官至左都督，封恭顺伯。其子吴克忠袭爵，洪熙年间（明仁宗朱高炽在位时）进封恭顺侯，任副总兵。

【点评】

黄黑香饼，为明时恭顺侯家所制。朱权《焚香七要》中说："香盒用剔红蔗段锡胎者，以盛黄黑香饼。"可见此香颇为名贵。文震亨的说法是其大如钱，香肆中略小有印花的，不适宜书斋，这是因为形制不雅，并非味道不佳。

黄黑香饼还有另外一种说法。高濂《遵生八笺》云："黄香饼，王镇住东院所制，黑沉色无花纹者，佳甚。伪者色黄，恶极。黑香饼，都中刘鹤二钱一两者佳。前门外李家印各色花巧者亦妙。"所记较朱权、文震亨更为清楚。若如是，则黄黑香饼，实为两种颜色不同但香味近似的香品。

安息香 [1]

都中有数种，总名"安息"。"月麟" [2] "聚仙" [3] "沉速" [4] 为上。"沉速"有双料 [5] 者，极佳。内府别有"龙挂香" [6]，倒挂焚之，其架甚可玩，若"兰香" [7] "万春" [8] "百花" [9] 等，皆不堪用。

【注释】

[1] 安息香：落叶乔木，树脂干燥后呈红棕色半透明状，可制成香料。该香常温下质地坚脆，加热即软化。气芳香、味微辛。安息，伊朗高原古国名，其地产香，故名"安息香"。

[2] 月麟：即月麟香，安息香的一种。唐·冯贽《云仙杂记》："玄宗为太子时，爱妾号鸾儿，多从中贵董逍遥微行。以轻罗造梨花散蕊，裹以月麟香，号袖里春，所至暗遗之。"

[3] 聚仙：即聚仙香，安息香的一种。高濂《遵生八笺》中有详细的制作方法。

[4] 沉速：即沉速香，安息香的一种。明·屠隆《考槃馀事》："安息香，都中有数种，总名安息，其最佳者，刘鹤所制月麟香、聚仙香、沉速香三种，百花香即下矣。"

[5] 双料："双料"有同类物品材料加倍之意，此处疑指精制安息香。

[6] 龙挂香：香的一种，用铜丝悬挂焚烧。明·李时珍《本草纲目》："亦或盘成物象字形，用铁铜丝悬爇者，名龙挂香。"

［7］ 兰香：又名山薄荷。马鞭草科植物，茎叶揉碎有薄荷香气。

［8］ 万春：香料的一种。明·屠隆《考槃馀事》："万春者，内府者佳。"

［9］ 百花：由多种花卉、药草、香料混合制成的一种香。

【点评】

安息香，原产于伊朗地区的古安息国，后传入中亚和阿拉伯半岛，在唐时传入中国。其香燃烧后芬芳馥郁，令人有温暖宁静之感。《晋书》中有僧众"坐绳床，烧安息香，咒愿数百言"的记载。也有不赞同燃点的，叶廷珪《香录》云："安息香为树脂，形色类胡桃瓤，不宜于烧。而能发众香，故取和香。"他认为把安息香和其他香料混合制香，更能发挥效果，发香之法应当是隔火熏炙。

長春篆香圖

明　周嘉胄《香乘》中的篆香样式

此香相比它香，药用效果甚佳。《本草便读》云："芳香开窍，有温宣气血之功。辛苦辟邪，擅畅达心脾之力。"《本经逢原》云："烧之去鬼来神，令人神清。服之辟邪除恶，令人条畅，能通心腹诸邪气，辟恶蛊毒，理霍乱，止卒然心痛呕逆。"可知安息香具有辟秽、清心、行气、活血、止痛等功效。《红楼梦》第九十七回道："知宝玉旧病复发，也不讲明，只得满屋里点起安息香来，定住他的神魂，扶他睡下。"贾宝玉因爱而生忧怖，失魂落魄，恐怕不是一炷安息香能定得住的。但安息香的定神效果，应当并不是虚妄。

另外，本则文震亨还提到了一种龙挂香。这种香的形态，类似塔形的盘香，一般挂起来悬空燃烧，香烟盘绕之下，香味随之回环，颇为有趣。

与其类似的是篆香，在古代更受欢迎。它是用特制香印将香料制成各种篆字形状，点其一端，烟缕曲折回环似篆文，古雅可爱，古人曾用它来计时，相关吟咏颇多。范成大诗云："香篆结云深院静，去年今日燕来时。"萧贡诗云："风幌半萦香篆细，碧窗斜影月笼纱。"汪懋麟诗云："静看香篆低帘影，默听飞虫绕鬟丝。"纳兰性德词云："篆香消，犹未睡，早鸦啼。"在文人笔下，香篆带来的多是闲情逸致。

暖阁[1] 芸香[2]

暖阁，有黄、黑二种。芸香，短束[3]出周府[4]者佳，然仅以备种类，不堪用也。

【注释】

[1] 暖阁：原指取暖的小房间，此处指香料的一种。明·屠隆《考槃馀事》："暖阁香，有黄黑二种，刘鹤制者佳。"

[2] 芸香：香草名。宋·沈括《梦溪笔谈》："古人藏书辟蠹用芸。芸，香草也，今人谓之七里香是也。叶类豌豆，作小丛生，其叶极芬香，秋间叶间微白如粉污。辟蠹殊验，南人采置席下，能去蚤虱。"

[3] 短束：疑为芸香的一个品种。明·高濂《遵生八笺》："河南黑芸香，短束城上王府者佳。"

[4] 周府：即明代周王朱橚的府库。朱橚，明太祖朱元璋第五子，朱棣的胞弟，曾组织编著《保生余录》《袖珍方》《普济方》《救荒本草》等医药作品。

【点评】

芸香，有驱虫防蛀之效，故文人平日多用芸香来养护书籍。三国鱼豢《典略》云："芸香辟纸鱼蠹。"唐人常衮诗云："墨润冰文茧，香销蠹字鱼。"宋人梅尧臣诗云："请君架上添芸草，莫遣中间有蠹鱼。"渊源甚远，历代共见。到了明代，当时最大的私家藏书楼天一阁藏书数万卷，也用芸香防蛀。至今，天一阁里还有三个芸草标本。而天一阁书籍历数百年不坏，芸香功不可没。

除了防蛀，芸香也常充当书签，展卷之时，清香袭人，令人心旷神怡。因此又称"芸签"。由此衍生出诸多词汇，如书斋称"芸窗"，书籍称"芸编"，读书人称"芸人"，藏书处称"芸扃"，校书郎称"芸香吏"，处处透着一种风流雅韵。文震亨说"仅以备种类，不堪用也"，或许是当时防蛀已经有了新法，但仍追慕风雅。

至于暖阁，只在《长物志》《考槃馀事》《遵生八笺》中有寥寥数语记载，当为明时所产的一种香，但影响并不大。

苍　术[1]

岁时及梅雨郁蒸[2]，当间一焚之。出句容[3]茅山[4]，细梗者佳，真者亦艰得。

【注释】

[1]　苍术（zhú）：一名山蓟、山姜。多年生草本植物，秋天开白色或淡红色的花，嫩苗可食，根肥大，可作香料，也可入药。

[2]　梅雨郁蒸：梅雨时，天气闷热，湿气凝聚。梅雨，初夏时长江中下

游地区持续较长的阴雨天气。此时空气潮湿，器物易霉变，又因时值梅子黄熟，故名。郁蒸，凝聚、蒸腾，也有闷热之意。唐·裴铏《陶尹二君》："天地尚能覆载，云气尚能郁蒸。"

[３] 句容：在江苏镇江西南部，西汉元朔元年置县。

[４] 茅山：原名句曲山，在江苏句容东南。相传汉代茅盈与弟茅衷固采药修道于此，后世改名茅山。其地有"第一福地，第八洞天"之美誉。

【点评】

苍术，药物的一种，有健脾、燥湿、解郁之效。此物燃烧后会散发清香，可以消毒除秽、驱虫辟邪，令人神清气爽。故而也常作香料的一种。

与此相近的是白术。文震亨在蔬果卷中有"饵菊术，啖花草"之句，葛洪《神仙传》云："陈皇子得饵术要方，服之，得仙去霍山。"《北齐书》《旧唐书》中也有隐者习练辟谷之术，服用松子、白术等物求长生之事。但其事虚无缥缈，不赘言辞。

品　茶[１]

古人论茶事[２]者，无虑[３]数十家，若鸿渐之《经》[４]，君谟之《录》[５]，可谓尽善。然其时法用熟碾[６]为丸[７]为挺[８]，故所称有"龙凤团"[９]"小龙团"[１０]"密云龙"[１１]"瑞云翔龙"[１２]。至宣和间，始以茶色白者为贵[１３]。漕臣[１４]郑可简[１５]始创为"银丝冰芽"[１６]，以茶剔叶取心，清泉渍[１７]之，去龙脑[１８]诸香，惟新胯[１９]小龙蜿蜒其上，称"龙团胜雪"[２０]，当时以为不更[２１]之法。而我朝所尚又不同，其烹

明　陈洪绶《真隐十六观》之"谱泉"

试[22]之法，亦与前人异，然简便异常，天趣悉备[23]，可谓尽茶之真味[24]矣。至于"洗茶"[25]"候汤"[26]"择器"[27]，皆各有法，宁特[28]侈言"乌府"[29]"云屯"[30]"苦节"[31]"建城"[32]等目而已哉！

【注释】

[1] 品茶：饮茶，并品评茶味，探究茶道。他本或作"茶品"。

[2] 茶事：茶道、茶礼、茶会等与茶相关的事物。

[3] 无虑：大约，粗略计算。

[4] 鸿渐之《经》：陆羽的《茶经》。陆羽，字鸿渐，号竟陵子、东冈子、茶山御史等。一生嗜茶，精于茶道，他所撰写的《茶经》，是现存最早、最全面介绍茶的一部专著，关于茶史、茶器、茶艺、茶道等均有论述。

[5] 君谟之《录》：蔡襄的《茶录》。蔡襄，字君谟，《茶录》的撰写者。详见本书卷五"名家"条中"蔡忠惠"注释。《茶录》是继陆羽《茶经》之后又一部有影响的论茶专著，分上下篇，上篇主要论述茶汤品质和烹饮方法，下篇主要论述煮茶器具。

［6］ 熟碾：茶道中的熟碾法。宋·蔡襄《茶录》："碾茶，先以净纸密裹
捶碎，然后熟碾。其大要，旋碾则色白，或经宿则色已昏矣。"

［7］ 丸：团形。

［8］ 挺：条形。

［9］ 龙凤团：即龙凤团茶。宋时所制的圆饼形贡茶，上有龙凤纹。
宋·欧阳修《归田录》："茶之品，莫贵于龙凤，谓之团茶，凡八饼
重一斤。"

［10］ 小龙团：宋代的一种精品小茶饼，上印龙凤图案，岁贡皇帝饮用。
宋·苏轼《荔支叹》自注："大小龙茶始于丁晋公，而成于蔡君谟。"

［11］ 密云龙：茶名。产于福建武夷山，品质优异，曾为北宋贡茶。
宋·蔡绦《铁围山丛谈》："'密云龙'者，其云纹细密，更精绝于
小龙团也。"

［12］ 瑞云翔龙：宋代贡茶的一种。宋·赵汝砺《北苑别录》："'瑞云翔
龙'，小芽，十二水，九宿火，正贡一百八斤。"

［13］ 始以茶色白者为贵：开始以白茶为贵。宋·熊蕃《宣和北苑贡茶
录》："至大观初，今上亲制《茶论》三十篇，以白茶者与常茶
不同，'偶然生出，一非人力可致，'于是白茶遂为第一。"

［14］ 漕臣：古代专业管理用水道调运粮食的官员。漕，水道运输。

［15］ 郑可简：宋代漕臣，一门俱因善制贡茶而荣。底本作"郑可
闻"，误。

［16］ 银丝冰芽：即银丝水芽，宋代极其名贵的一种贡茶。古人曾将茶叶
分为"紫芽、中芽、小芽"三个等级，挑小芽先蒸后拣，选出状若
针毫精品浸在水中，即为"水芽"。宋·熊蕃《宣和北苑贡茶录》：
"宣和庚子岁，漕臣郑公可简始创为银丝水芽。盖将已拣熟芽再剔
去，只取其心一缕，用珍器贮清泉渍之，光明莹洁，若银线然。"

［17］ 渍：浸润，作"浸洗"解。

［18］　龙脑：俗称冰片，是龙脑香树的树干中所含的油脂的结晶，味香，纯者无色透明。宋初常把它加入茶叶中。宋·蔡襄《茶录》："茶有真香，而入贡者微以龙脑和膏，欲助其香。"

［19］　新胯：新制的印模。胯，即茶胯，又作茶铸，制茶的印模。宋·赵汝砺《北苑别录》："茶铸有东作、西作之号。凡茶之初出研盆。荡之欲其匀，揉之欲其腻，然后入圈制铸，随笪过黄。有方铸，有花铸，有大龙，有小龙，品色不同，其名亦异。"

［20］　龙团胜雪：一种茶。明·王世贞《弇州四部稿》："方寸新铸，小龙蜿蜒其上，号'龙团胜雪'，去龙脑诸香，遂为诸茶之冠。"又称"龙园胜雪"。宋·姚宽《西溪丛语》："龙园胜雪白茶二种，谓之水芽。"

［21］　不更：不变，不易。

［22］　烹试：烹煮。

［23］　天趣悉备：很有自然情趣。

［24］　尽茶之真味：使茶叶的本味完全体现。尽，竭尽。

［25］　洗茶：泡茶之法，详见本卷"洗茶"条。

［26］　候汤：等待煮茶水开，详见本卷"候汤"条。

［27］　择器：选择合适的器具，详见本卷"择器"条。

［28］　宁特：岂止是。

［29］　乌府：装炭的竹篮，供煮茶用。

［30］　云屯：陶瓷容器，以盛煎茶用的泉水。

［31］　苦节：竹制的茶炉，用以煮茶。

［32］　建城：竹筒制成的茶罐，用来盛放茶叶。

【点评】

　　茶，甘香清爽，如其字义，饮之令人如置身天地草木之间，有淡泊绝俗之感。

早先，人们把它当作药物，一般采摘嫩叶生嚼。汉魏晋南北朝，人们开始用"蒸青法"制茶，即用高温蒸发茶叶水分，发散香气，待变软成型后制成饼。饮前，往往将茶饼捣碎，放入器具中，加入加葱、姜等物一同烹煮，茶汤如同菜汤，故又名"茗粥"。这种饮茶方法，时称"煮茶"及"烹茶"，也即此始有了"吃茶"一说。

至唐时，陆羽认为如此饮茶，犹如饮"沟渠间弃水"，于是悉心研究茶道，作《茶经》。其后《茶录》《大观茶论》《茶疏》《茶说》等茶书，皆从此肇始，中国茶道开始日渐成熟，精深幽微。在前人基础上，陆羽推陈出新，创立了"煎茶"之法。其法在《茶经》中有详述，大要是：置木炭于风炉下，用鲜活山泉水煎煮。待微有声，水面出现"鱼目"气泡，即"第一沸"时，加少量盐，并除去表面的黑水膜。待水面翻腾，出现"涌泉连珠"般的气泡，即"第二沸"时，先舀出一瓢水，再边用竹筴搅拌边投入碾碎的茶叶末。待水烧到"奔涛溅沫"的"第三沸"时，用舀出的第二瓢水止沸，保养汤水精华。如此，方算煎茶完毕。茶煎好后，他主张趁热连饮，以第一碗茶汤为精华，后面依次递减。依法施为，茶之香、味颇佳，较前代有天渊之别，遂成一时之风。而煎茶一事亦讲究情境，多在高山流水之间进行，元人张可久"松花酿酒，春水煎茶"，有高古清绝、不沾尘俗的韵致。

至宋时，团茶制造更为精致，饮茶风气又有一变。当时提倡"点茶"。这种饮茶方式，有备器、选炭、择水、候汤、熁盏、调膏、击拂等一整套流程。宋人蔡襄《茶录》载："钞茶一钱七，先注汤，调令极匀，又添注入，环回击拂，汤上盏可四分止，视其面色鲜白，着盏无水痕为绝佳。"宋徽宗《大观茶论·点》一节中，还有七汤之说，较蔡襄之说更为详细。简而言之，是将茶叶碾碎，放入茶碗中，注入沸水，调成膏状，再一边注水一边用茶筅搅动，使茶沫上浮，形成如疏星淡月般的乳白粥面。如法炮制，茶汤不仅颇为雅观，味道也颇为甘甜。

和"煎茶法"相比，点茶需要另行煮水，将汤水和茶末放入茶盏中进行调膏、击拂，因此在水沸的程度、茶筅击拂的节奏和力度、茶盏的选择方面，要求更高。苏轼曾有诗云："道人晓出南屏山，来试点茶三昧手。忽惊午盏兔毛斑，打作春瓮鹅儿酒。天台乳花世不见，玉川风腋今安在。"说的即是这种高超的技艺。

在当时，宋人还盛行斗茶之风。每年新茶刚出，上至帝王将相，下至贩夫走卒，无不以此为乐。或五六人，或几十人，各备精致茶器、所藏好茶以及鲜活泉水，轮流烹茗点茶，并品评高下优劣，胜者犹获淝水之捷，败者如同斗败公鸡，街坊邻居也争相围观，故又号茗战。斗茶之要，一斗汤色，二斗水痕。汤色，指茶水的颜色。以纯白为上，青白、灰白、黄白，逐次递减。当时茶界有种说法：汤色纯白，说明茶质鲜嫩，蒸青得法；色青，即蒸青火候不足；色灰、即蒸青过度；色黄，则是茶叶采摘过迟。即从中看出茶叶采摘、制作的工艺水平。水痕，指汤花的持续时间。如果候汤、熁盏、调膏、击拂等得法，汤花匀细，可以紧咬盏沿，许久之后，汤花方散，汤盏相接之处才会露出"水痕"。故而茶界就根据水痕停留的时长来判断胜负。范仲淹曾作《和章岷从事斗茶歌》："北苑将期献天子，林下雄豪先斗美。鼎磨云外首山铜，瓶携江上中泠水。黄金碾畔绿尘飞，碧玉瓯中翠涛起。斗茶味兮轻醍醐，斗茶香兮薄兰芷。其间品第胡能欺，十目视而十手指。胜若登仙不可攀，输同降将无穷耻……"将斗茶之事写得十分形象生动，令人跃跃欲试。宋朝的文人雅士们在斗茶时，还行斗茶令，涉及诗词、联句，所举均与茶有关，用以助兴，颇有雅趣。

点茶、斗茶之外，宋人还兴分茶之风。宋人陶毂《清异录》说，这是运用茶匙搅拌茶汤，使汤水波纹幻变成草木竹石、花鸟虫鱼、山水篆字等形状，当时称之为茶百戏，又称水丹青。其法有两种，一种是将茶汤调成浓粥状，然后用茶匙蘸取最浓的茶糊在茶汤表面勾画；另一种，是先调出泡沫深厚的茶汤，然后一边缓缓注水，一边有规律地转动茶碗，这时沉入底部的茶末会浮现出来，呈现各种图案。二法古人皆有用之，但以后者为正宗。这和现代咖啡拉花很像，但咖啡需要用牛奶来作画，宋人却纯用茶汤，难度更高。

明太祖朱元璋认为宋朝龙团茶之制颇为劳民伤财，又觉得点茶之道过于繁琐，遂罢龙团，提倡"撮泡"清饮。撮泡，即用沸水直接冲泡茶叶，今时仍在沿用。当时蒸青之茶不便直接冲饮，有人发明了"炒青法"，即用高温急炒茶叶，烘出茶中草气和水分，将茶叶精华进行保留。人们发现茶叶发酵的程度不同，会产生不同口感，因此制造出绿茶、红茶、白茶、黄茶、青茶、黑茶六大类茶，发展至今有百余品种。如此，便出现了盖碗泡散茶之风，便于辨茶之形、观茶之色、闻茶之香、品茶之味、悟茶之韵。也是在如此情景下，明人罗廪著《茶解》，其中一段云："茶须徐啜，若一吸而尽，连进数杯，全不辨味，何异佣作。卢仝七碗亦兴到之言，未是实事。"对于饮茶细节，也有了更为细致的探究。

而清饮滋味如何呢？周作人《喝茶》一文道："喝茶当于瓦屋纸窗下，清泉绿茶，用素雅的陶瓷具，同二三人共饮，得半日之闲，可抵十年的尘梦。喝茶之后，再去继续修各人的胜业，无论为名为利，都无不可。"身处滚滚红尘之中，偶能找到一种清寂自然之感，这大概就是品茶带给我们的享受吧。

虎丘[1]　天池[2]

最号精绝[3]，为天下冠，惜不多产，又为官司所据[4]，寂寞山家[5]，得一壶两壶，便为奇品，然其味实亚于岕[6]。天池，出龙池[7]

一带者佳；出南山[8]一带者最早，微带草气。

【注释】

[1] 虎丘：即虎丘白云茶，相传最早由陆羽栽培而成，叶微黑，有豌豆香，明代列为贡茶，名闻天下。

[2] 天池：茶名，产自苏州天池山，青翠芳香。

[3] 最号精绝：最为精妙绝伦。此四字之前，疑脱"虎丘"二字。

[4] 为官司所据：被官府所据有。官司，官府。

[5] 寂寞山家：生活清寂的山里人。

[6] 岕：岕茶。详见本卷"岕"条。

[7] 龙池：在江苏苏州，今归属白马涧生态园。传说原是东海龙王口中所含的一颗碧珠，池深虽不过五六尺，但千百年来从未干涸。

[8] 南山：江苏苏州光福镇蟠螭山，俗称南山，因其东隅石壁如峭，又称石壁山。该地自然景观和人文景观完美交融，既有太湖美景，又有摩崖石刻。

【点评】

虎丘茶，产于苏州虎丘寺，茶叶翠中带黑，烹点后，汤如玉露，香若花果，滋味甘鲜，韵清气醇，为茶中上品。卜万祺《松寮茗政》评价说："色、味、香、韵，无可比拟，茶中王也。"屠本畯《茗笈》云："茶色白，味甘鲜，香气扑鼻，乃为精品。茶之精者，淡亦白，浓亦白，初泼白，久贮亦白，味甘色白，其香自溢，三者得，则俱得也。"屠隆《考槃徐事》云："虎丘茶最是精纯，为天下冠。"它在晚明至清初之时，被推为天下第一。

世人饮过此茶后，都是念念难忘。钟惺诗云："饮罢意爽然，香色味焉往。不知初啜时，何从寄遐想。室香生炉中，炉寒香未已。当其离合间，可以得茶理。"陈鉴诗云："物奇必有偶，泉茗一齐生。蟹眼闻煎水，雀芽见斗萌。石梁苔齿滑，竹院月魂清。后尔风流尽，松涛夜夜声。"都是深得其中妙趣。文震亨的曾祖文徵明，与此茶与曾有过很深的交集。某年苏州举行茶会，他因病未能前往。雅集结束后，朋友给他带回了虎丘茶，他饮后心情大悦，诗兴大发，作了《茶具十咏图》，还效仿陆龟蒙与皮日休对吟的"茶具十咏"，和了十首咏茶诗。其风雅令人十分向往。

可惜的是，如此高名，却反而让茶树和茶人连遭厄运。此事文震亨只淡淡地说："为官司所据，寂寞山家，得一壶两壶，便为奇品。"他的兄长文震孟，倒是曾专门写过一篇《薙茶说》记录讽喻此事。其文曰："吴山之虎丘，名艳天下。其所产茗柯亦为天下最，色、香与味，在常品外，如阳羡、天池、北源、松萝，堪作奴也。以故好事家争先购之。然所产极少，竭山之所入，不满数十斤。而自万历中，有大吏而汰者橄取于有司，动以百斤计，有司之善谈者，若以此役为职守。然每当春时茗花将放，二邑之尹即以印封封其园，度芽已抽，则二邑骨吏之黠者，馏垣入，先窃以献令，令急先以献大吏博色笑。其后得者辄银铛其僧，痛棰之。而胥吏辈复啖咋，僧尽衣钵资不得偿，攒眉蹙额，或闭门而立泣，如是者三十余年矣……"茶名隆盛，产量稀少，世人无不以拥有为荣，这便引来了官府的垂涎和掠夺，用其取媚上司。求之不得时，对管理茶树的僧人严刑拷打，是一场莫大的祸事。寺僧因此不堪其扰，曾将茶树铲除殆尽，希冀断绝烦恼之源。后来顾念茶树珍奇，予以重植，又受到各种骚扰。到清代时，汤斌因鉴往史，严禁官员馈送此茶，但多年以来，寺僧被折腾得身心俱疲，便荒废了种植。一代名茶成了绝响，令人慨叹。

至于天池茶，谢肇淛《五杂组》曰："今茶之上者，松萝也、虎丘也、罗介也、龙井也、天池也。"王士性《广志绎》云："虎丘、天池茶，今为海内第一。"文震亨也将其与虎丘并列。可见天池茶虽比不上虎丘茶，但也不是凡品。这种茶也产于苏州，其色银白隐翠，其香清鲜芬芳。屠隆

《考槃馀事》中评价它："天池青翠芳馨，啜之赏心，嗅亦消渴，可称仙品。诸山之茶，当为退舍。"可知此茶也可令人顿忘尘俗，身心愉悦。只可惜后来不知何故，天池茶也绝迹了。

岕[1]

浙之长兴[2]者佳，价亦甚高，今所最重；荆溪[3]稍下。采茶不必太细，细则芽初萌，而味欠足；不必太青，青则茶已老，而味欠嫩；惟成梗蒂[4]，叶绿色而团厚[5]者为上。不宜以日晒，炭火焙过，扇冷，以箬叶衬罂贮高处[6]，盖茶最喜温燥，而忌冷湿也。

【注释】

[1] 岕（jiè）：古通"嶰"，意为介于两山峰之间的空旷地。江苏宜兴至浙江长兴一带的白岘乡罗岕村中，所产之茶为茶中上品，称为岕茶，又名罗岕、岕片，明清时曾被列为贡品。明·陈贞慧《秋园杂佩》："阳羡茶数种，岕茶为最。"

[2] 长兴：今属浙江湖州。东滨太湖，邻接江苏、安徽两省。五代十国时，吴越王钱镠，改长城县为长兴县，县名沿用至今。

[3] 荆溪：水名，在今江苏宜兴南，近荆南山。

[4] 梗蒂：指茶叶梗。梗，草木的枝、茎。蒂，花果与枝茎相连的部分。

[5] 团厚：圆厚。

[6] 以箬叶衬罂贮高处：用竹叶包裹装在大肚小口的贮茶罐里，放在高处。箬叶，即箬竹的叶片。衬，附在衣裳某一部分里面的纺织品，

此处引申为"衬垫"之意。罂，古代一种腹大口小的陶器。

【点评】

本则论岕茶，文震亨关于其产地、采摘、贮藏，均有详细说明，见解精辟。

此茶是阳羡茶中最佳的一种，产于罗岕村高旷之地。由于当地土壤肥沃，溪流清润，多茂林修竹，是天地之间"风露清虚之气"的钟毓之地，故而茶中有一种超然之致。周高起《洞山岕茶系》载："色淡黄不绿，叶筋淡白而厚，制成梗绝少，入汤色柔白如玉露，味甘，芳香藏味中，空漾深永，啜之愈出，致在有无之。"熊明遇《罗岕茶记》云："至冬则嫩绿，味甘，色淡，韵清，气醇，嗅之亦有虎丘婴儿之致。"冒襄《岕茶汇钞》道："韵致清远，滋味甘香，清肺除烦，足称仙品。"可知其叶色嫩绿，汤若白玉，味道甘香，韵清气醇，集诸茶优点于一身，是第一流的好茶。

细究岕茶，会发现它有许多特点，与诸茶不同。

采摘上，众茶都是在清明或谷雨之前开采，岕茶则是在夏季才开采，另外众茶在秋季也有采摘，岕茶却几乎没有。《岕茶汇钞》中说这是因为岕茶生长之地寒冷，故须待时，不忍嫩采，是怕伤到树本。

烘焙上，众茶皆用铁锅炒青，岕茶却是用陶瓦器蒸青。《岕茶汇钞》解释说："缘其摘迟，枝叶微老，炒不能软，徒枯碎耳。"细节也非常有讲究，《岕茶汇钞》又云："须看叶之老嫩，定蒸之迟速，以皮梗碎而色带赤为度，若太熟则失鲜。起其锅内汤频换新水，盖熟汤能夺茶味也。"

贮藏上，众茶若收贮得法，到秋后香味如初，岕茶则是"过霉历秋，开坛烹之，其香愈烈，味若新沃"。

冲泡上，众茶只需考虑水品和水温，岕茶则还需考虑季节因素和冲水的次序，具体来说，"夏日宜上投"，即先倒水后放茶叶；"春秋宜中投"，即倒水一半，放茶叶，再倒满水；"冬日宜初下投"，即先放茶叶后倒水，非常有讲究。

文人雅士对它赞赏颇多。茅维诗云："世以方虎丘，品置岂平等。不愿封云溪，愿得岕一顷。"唐伯虎诗云："清明争插西河柳，谷雨初来罗岕茶。二美四难俱备足，晨鸡欢笑到昏鸦。"祝枝山诗云："潇洒夜雨来窗外，岕谷秋云起座前……卢仝素识茶中趣，此趣多应识未全。"这些诗都深得岕茶的妙趣。可惜此茶在清代雍正年间已经绝迹了，据说是制作工艺太过繁复，但具体原因还有待考证。

六 合^[1]

宜入药品，但不善炒^[2]，不能发香而味苦，茶之本性实佳。

【注释】

[1] 六合：待考，疑为"六安"。

[2] 不善炒：不适合炒制。善，适宜。

【点评】

六合，尚有存疑。《长物志》诸版中，此条均作"六合"。屠隆《考槃馀事》"六安"条云："品亦精，入药最效，但不善炒，不能发香而味苦，茶之本性实佳。"所述与文震亨接近。按此说法，"六合"当作"六安"，即六安茶，又名六安瓜片、片茶，是中国十大名茶之一，产自安徽省六安市霍山县大别山一带，茶味浓而不苦，香而不涩。明人许次纾《茶疏》中说此茶"能消垢腻，去积滞"，当为佳品。

另外，六合也是一个地名，在明代属南京应天府，今为南京一区。若其地也产茶，则六合当指该地所产的一种茶。

如此扑朔迷离，令人难以辨别。姑且存而不论，以待考证。

松　萝 [1]

十数亩外 [2]，皆非真松萝茶，山中亦仅有一二家炒法甚精，近有山僧手焙者，更妙。真者在洞山 [3] 之下、天池之上，新安 [4] 人最重之。两都 [5] 曲中亦尚此，以易于烹煮，且香烈故耳。

【注释】

[1] 松萝：茶名，产于黄山休宁的松萝山，故名。具有色绿、香高、味浓等特点。明·许次纾《茶疏》："若歙之松罗，吴之虎邱，钱唐之龙井，香气馥郁，并可雁行。"

[2] 十数亩外：松萝山方圆十几亩之外。

[3] 洞山：处于江苏宜兴和浙江长兴交界处，其地产茶，是岕茶的别种，因山得名"洞山茶"。明·周高起《洞山岕茶系》："罗岕，去宜兴而南，逾八九十里。浙直分界，只一山冈，冈南即长兴山……前横大涧，水泉清驶，漱润茶根，沃山土之肥泽，故洞山为诸岕之最。"

[4] 新安：今浙江杭州淳安县千岛湖一带。

[5] 两都：指北京和南京。明太祖朱元璋建都南京，靖难之役后，朱棣迁都北京，两京并存。

清　高简《松林煮茶图》

【点评】

松萝茶，产于松萝山中。当地峰峦攒簇，气候清和，"茶柯皆生土石交错之间"，故而品质绝佳。文震亨认为其味"在洞山之下，天池之上"，袁宏道认为"味在龙井之上，天池之下"，冒襄、许次纾、谢肇淛将其与虎丘、罗岕，龙井、阳羡、天池并列，认为不分高低。无论哪种观点，皆可看出世人对它的推崇。

张潮曾作《松萝茶赋》详述其色香味韵："其为色也，比黄而碧，较绿而娇。依稀乎玉笋之干，仿佛乎金柳之条。嫩草初抽，庶足方其逸韵；晴川新涨，差可拟其高标。其为香也，非麝非兰，非梅非菊。桂有其芬芳而逊其清，松有其幽逸而无其馥。微闻芬泽，宛持莲叶之杯；慢挹馚馤，似泛荷花之澳。其为味也，人间露液，天上云腴。冰雪净其精神，淡而不厌；沆瀣同其鲜洁，洌则有余。沁人心脾，魂梦为之爽朗；甘回齿颊，烦苛赖以消除。"其清香甘醇，非寻常之茶可比，盛名得来可见有因。

这种茶的前身，可追溯到虎丘茶。明代冯时可《茶录》云："徽郡向无茶，近出松萝茶，最为时尚。是茶，始比丘大方，大方居虎丘最久，得采造法，其后于徽之松萝结庵，采诸山茶于庵焙制，远迩争市，价俟翔涌。人因称松萝茶，实非松萝所出也。"大方和尚居住在虎丘山寺时，习得了精绝的虎丘茶制作方法，将此秘法带到了安徽松萝山，制出了松萝茶，可算是虎丘茶的一种衍生。

关于制造方法，明代罗廪《茶解》云："其法，将茶摘去筋脉，银铫炒制。"明代闻龙《茶笺》载："茶初摘时，须拣去枝梗老叶，惟取嫩叶，又须去尖与柄，恐其易焦，此松萝法也。炒时须一人从旁扇之，以祛热气，否则色香味俱减。予所亲试，扇者色翠。令热气稍退，以手重揉之，再散入铛，文火炒干入焙。盖揉则其津上浮，点时香味易出。"前者是说炒制松萝茶需要用到银制的锅，可以避免铁器对茶叶的损伤。后者是说取茶叶中间部分，使其受热均匀，并时刻扇风祛热气。其法确实精绝，今时制茶也不离其宗。

龙井[1]　天目[2]

山中早寒，冬来多雪，故茶之萌芽较晚，采焙得法，亦可与"天池"并[3]。

【注释】

[1] 龙井：浙江杭州西湖西南山地中，有一泉古名龙泓，水质清冽，大旱不涸，当时以为是海眼，其中有龙，故称龙井。附近产茶，故名龙井茶，有色绿、香郁、味甘、形美等特点。

[2] 天目：即天目茶，因产于浙江临安天目山而得名。叶质肥厚，色泽深绿，汤色清澈明净，滋味鲜醇爽口。

[3] 并：媲美，相提并论。

【点评】

龙井，天下名茶。谢肇淛《五杂组》云："今茶之上者，松萝也、虎丘也、罗介也、龙井也、天池也。"高濂《遵生八笺》云："如杭之龙泓，茶真者，天池不能及也。"文震亨则说："采焙得法，亦可与天池并。"众人说法不一，但皆有推崇之意。到清代，乾隆酷爱此茶，烹泉煮茗数次，写了很多首茶诗，又因其具有药用，治好了太后的胃胀，曾亲封了十八棵御茶树，将其拔到至尊之位。今日，龙井已位列中国十大名茶之首，名扬中外。

此茶形如雀舌，色泽清绿，香气清鲜，味道甘醇。万历年间《钱塘县志》曾载："茶出龙井者，作豆花香，色清味甘，与他山异。"古人也多有以茶诗记饮后感受者。刘士亨诗云："味美绝胜阳羡产，神清如在广寒游，玉川句好无才续，我欲逃禅问赵州。"饮茶之后，忽通禅境。孙一元诗云："眼底闲云乱不收，偶随麋鹿入云来。平生于物原无取，消受山中水一杯。"他在高山白云之间与麋鹿为伍，超尘绝俗，但还是惦念人间的龙井茶，可见喜爱之深。屠隆诗云："一杯入口宿醒解，耳畔飒飒来松风。即此便是清凉国，谁同饮者陇西公。"饮罢，觉得神清气爽，耳畔俱是松风，世界一片清凉，较之前二者多了一份平实。其滋味，可以想见。

高濂"虎跑泉试新茶"文意图，
日本画家野间三竹绘

泡此茶，当用西湖旁的虎跑水。相传唐代元和年间，有高僧来到西湖山间，准备定居却没有水源，打算寻觅他处。夜中梦见神人说遣二虎来开泉。翌日，果见二虎刨地出泉，清香甘洌。后来世人品水时将其列为天下第三泉。高濂《四时幽赏录》中有"虎跑泉试新茶"一则云："西湖之泉，以虎跑为最；两山之茶，以龙井为佳。谷雨前采茶旋焙，时激虎跑泉烹享，香清味洌，凉沁诗脾。每春当高卧山中，沉酣新茗一月。"深得其中妙趣。

至于天目茶，产于杭州天目山一带，汤色清澈，滋味醇和，袁宏道曾说："头茶之香者，远胜龙井。"明朝时，天目茶被选为贡品，也是一代名茶。

洗　茶[1]

先以滚汤候少温洗茶，去其尘垢，以定碗[2]盛之，俟冷点茶，则香气自发。

【注释】

[1] 洗茶：饮茶时，将浸泡茶叶的第一泡茶水倒掉，以此洗去尘垢，称
之为"洗茶"。

[2] 定碗：定窑瓷碗。定窑，详见本书卷七"海论铜玉雕刻窑器"条中
"定窑"注释。

【点评】

洗茶，如今已是许多国人饮茶时的必备环节。洗茶的理由大致有三：
一是去掉灰尘、杂质，使茶汤纯净；二是冲掉农药残留，使其健康无毒；
二是可以祛除茶叶中的阴冷湿气，暖人脾胃。其说颇多谬误。首先，茶
叶中的尘垢在制茶过程中已经被清理，无需再洗。其次，茶叶如果打过农
药，残留物往往深入叶中，难以泡出。另外，茶叶一般密封放在干燥通风
处，保存得法便不会受潮。科学研究已证明，第一泡茶含茶多酚、氨基酸
等物，是茶中精华，对人体也有益。如若倒掉，有暴殄天物之嫌。所以以
上三种说法，皆未得茶道要义。

在茶界看来，洗茶真正的功用，是通过浸润叶片，使茶叶舒展，激
发茶香，尽茶之性。有人称之为浸茶、润茶，这种说法较洗茶更为妥帖。
还有人称之为醒茶，指让沉睡的茶叶在天地间重新苏醒，可谓深得其中
精髓。

具体来说，洗茶需考虑水温、时间、方法、品级、种类等几个要素。

水温上，不易太烫。文震亨说"先以滚汤候少温洗茶"，今时若以具
体温度而论，八十到九十度较为适宜，这样可使茶叶渐渐舒展。

时间上，一般在浸润数秒后将水倒出，否则茶叶精华会析出，倒掉便
是损失。

方法上，除了冲洗，还有刮沫。刮沫法采用悬壶高冲，将水注满茶
具，然后将浮沫刮掉即可。有些优质的白茶在冲洗时会有一层白毫漂浮，

这是茶中的精华，可以不必倒掉。

品级上，上好的茶叶一般为精制，可以不洗，中下的茶叶，可以洗茶。

种类上，也有宜洗不宜洗之说。绿茶、白茶、黄茶、红茶这几类茶叶，茶叶较为细嫩，又容易与水交融，可以不洗茶，直接冲泡即可。而铁观音、普洱茶，由于制作工序复杂，可以洗茶后再冲泡。

候　汤[1]

缓火炙[2]，活火煎[3]。活火，谓炭火之有熘[4]者，始如鱼目为"一沸"[5]；缘边泉涌为"二沸"[6]；奔涛溅沫为"三沸"[7]。若薪火方交，水釜才炽[8]，急取旋倾[9]，水气未消[10]，谓之"嫩"；若水逾十沸[11]，汤已失性[12]，谓之"老"，皆不能发茶香。

【注释】

[1] 候汤：烧水烹茶之时，等待最适合的水温的过程，便是候汤。

[2] 缓火炙：文火炙茶。缓火，文火。炙，即炙茶，烘焙茶叶之意。

[3] 活火煎：烈火煎茶。

[4] 熘："焰"的讹字。

[5] 始如鱼目为"一沸"：水刚烧滚，冒着鱼目一样的小气泡，为第一沸。

[6] 缘边泉涌为"二沸"：四周持续冒泡，如泉水喷涌，为第二沸。

[7] 奔涛溅沫为"三沸"：水面全部沸腾，如奔腾的波涛并溅起泡沫，为第三沸。

［ 8 ］ 薪火方交，水釜才炽：柴火刚烧，水锅刚热。

［ 9 ］ 急取旋倾：马上取下来把水倒出。

［ 10 ］ 水气未消：指水没有烧开，生水中的气味还没消散。

［ 11 ］ 十沸：泡茶之水三沸以上古人已嫌老，故"十沸"当指三次之上的多次沸腾。

［ 12 ］ 汤已失性：茶汤的味道已尽失。

【点评】

烹茶之水，在水质之外，水温也很重要。明人黄龙德《茶说》云："汤者，茶之司命，故候汤最难。"若是水温过低，汤水嫌嫩，茶叶漂浮，茶之香韵不能激发；若是水温过高，汤水嫌老，茶叶沉底，茶之滋味便被破坏殆尽。如何选择适宜的茶汤，便是饮茶者不可不知之事。

关于候汤，历代茶人均有论述。陆羽《茶经》云："其沸，如鱼目，微有声为一沸；缘边如涌泉连珠为二沸；腾波鼓浪为三沸，已上水老不可食。"苏东坡《试院煎茶》诗云："蟹眼已过鱼眼生，飕飕欲作松风鸣。蒙茸出磨细珠落，眩转绕瓯飞雪轻。"张源《茶录》中的"汤辨"云："汤有三大辨十五辨。一曰形辨，二曰声辨，三曰气辨。形为内辨，声为外辨，气为捷辨。如虾眼、蟹眼、鱼眼、连珠皆为萌汤，直至涌沸如腾波鼓浪，水气全消，方是纯熟；如初声、转声、振声、骤声皆为萌汤，直至无声，方是纯熟；如气浮一缕、二缕、三四缕，及缕乱不分，氤氲乱绕，皆是萌汤，直至气直冲贵，方是纯熟。"他又在"汤用老嫩"中补充说："汤须纯熟，元神始发。"众说纷纭，其实各有其理。

为何如此？因为陆羽所处的唐代，饮茶用的是"煎茶法"，人们用风炉烧水，后将茶末放入风炉中搅动，故而陆羽所谓的三沸为腾波鼓浪并无不可。到宋代时，饮茶用的是"点茶法"，即另行煎水用汤瓶保存，后将汤水和茶末放入茶盏中搅拌成泡沫状，此时水温较唐代更为讲究。故而苏

明　陈洪绶《真隐图卷》(局部)
图中人扇炉候汤，候汤即观察水温，汤水过嫩过老都不宜烹茶

轼认为一沸为蟹眼，二沸为鱼目，三沸为松风鸣，也是合情合理了。到了明代，"煎茶""点茶"便被"撮泡"取代。饮茶方式既已变革，水温把握自然也有纤毫之别。

涤　器[1]

茶瓶[2]、茶盏不洁，皆损茶味，须先时[3]涤器，净布拭之，以备用。

【注释】

[1]　涤器：洗涤茶具。

[2]　茶瓶：即茶壶。宋·孟元老《东京梦华录》："更有提茶瓶之人，每日邻里互相支茶，相问动静。"

［ 3 ］ 先时：以前，开始时，引申为提前、预先。

【点评】

涤器，茶道中不可或缺的一个环节。茶道贵洁，不洁则影响清趣。文震亨认为茶瓶、茶盏不洁净会影响茶味，屠隆《考槃馀事》认为，若不涤器，茶瓶、茶盏、茶匙容易生铁锈或茶垢，对茶汤有损。这是从茶味角度出发，二者皆有道理。

饮茶之前的涤器，先用温水清洁茶器，使器具受热，然后再来洗茶，可以更好地醒茶。冯可宾《岕茶笺》中说："先以上品泉水涤烹器，务鲜务洁。"若能得上好泉水来涤器，则茶味更佳。

茶具用热水清洁后，用净布擦拭以备用。程用宾《茶录》云："洁盏，饮茶先后，皆以清泉涤盏，以拭具布拂净。不夺茶香，不损茶色，不失茶味，而元神自在。"可谓一语道破其中关节。

除此之外，蔡襄《茶录》又中有"熁盏"一说："凡点茶，先须熁盏令热，则茶面聚乳，冷则茶色不浮。"在点茶之道中，涤器对茶的汤色水痕和茶沫也有影响。

饮茶之后也需涤器。陆羽《茶经》中提到用形如毛笔的札来作刷子，用木制可盛水的涤方来放清洁用水，用类似涤方的滓方来盛茶滓，用茶巾来擦拭器具。而后还用专门的器具来收藏陈列茶具，比现代更为讲究。

茶　洗[1]

以砂为之，制如碗式，上下二层。上层底穿数孔，用洗茶，沙垢皆从孔中流出，最便。

【注释】

[1] 茶洗：用来洗茶的器具，形如大碗。

【点评】

明　顾元庆《茶谱》中的茶洗

茶洗，茶道中专门用来洗茶的器具，有银、铜、陶、瓷、砂等材质。样式如大碗，类笔洗，也有荷叶、菊瓣等多种形制。

文震亨所推崇的茶洗，为砂制，分上下两层，有透孔。洗茶之时，可以直接将第一泡茶水倒入其中。另外茶壶放置其上，可清洁消毒，浇水熁盏，使茶性能够得到最好的挥发。现代有工匠参照其式改良，采取上下两层组合形式，烹茶事毕，茶杯、茶壶等物还可以放置其中，作收纳之用。

广东工夫茶中的茶洗，另有不同。民国翁辉东《潮州茶经》载："茶洗形如大碗，深浅式样甚多，贯重窑产，价也昂贵。烹茶之家，必备三个，一正二副。正洗用以浸茶杯，副洗一以浸冲罐，一以储茶渣蟹杯盘弃水。"这是茶洗的另一种形态。

另外，茶洗因为体积容量较大，有人误作"茶船"。但茶船实为茶托，作用等同杯垫。另外它外形如船，也和茶洗截然不同。

茶鑪[1]　汤瓶[2]

有姜铸铜饕餮兽面火鑪[3]及纯素[4]者，有铜铸如鼎彝者，皆可用。汤瓶，铅者为上，锡者次之，铜者不可用。形如竹筒者，既不漏火[5]，又易点注[6]。瓷瓶虽不夺汤气，然不适用，亦不雅观。

【注释】

［１］　茶鑪：煮茶的器具，有陶制、铜制。

［２］　汤瓶：一种煮茶水用的瓶，形如竹筒。宋·蔡襄《茶录》："汤瓶，瓶要小者易候汤，又点茶注汤有准。黄金为上，人间以银铁或瓷石为之。"

［３］　姜铸铜饕餮兽面火鑪：姜姓铜匠所制的饕餮兽面茶炉。

［４］　纯素：原指纯粹不杂，此处指没有纹饰。

［５］　漏火：失火。明·冯梦龙《东周列国志》第二十五回："忽有人报：'城中火起！'献公曰：'此必民间漏火，不久扑灭耳。'"

［６］　点注：注入。

【点评】

茶炉，今时已极其少见。古人茶炉，以风炉、竹炉最为著名。

风炉，唐人陆羽所创，《茶经》有详细的记载。它形如三足两耳的古鼎，铜、铁、陶等诸多材制皆有，内有三足铁盘用于承放茶壶，并留有空间用于置放夹取炭火，炉身有三个窗口用来通风，炉底留一个小洞口用于清灰，炉壁上刻有"坎上巽下离于中，体均五行去百疾"等铭文，对应八卦中的三个卦象，寓意天人和谐。前人又有"松峰烹茶竹雨谈诗"一说，因风炉形态气质古雅，故而历代画家绘高士隐居清谈时，多以其入画，其境多高古绝俗，令人神骨俱清。

古人中也颇多吟咏风炉之句。史承谦词云："宝篆轻轻琴荐暖，茶烟袅袅风炉沸。小玲珑，堆向曲阑边，怜空翠。"闲居之时，烧着篆香，弹着古琴，再用风炉来烹茶，看着栏槛外空翠的景色，颇有闲情逸致。黄镇成诗云："门外山童扫落霞，问师还只在山家。推床引客云边坐，自扇风炉煮雪花。"山居时看看白云落霞，自扇风炉煮香茗，颇有遗世独立之感。胡应麟诗云："风炉竹几罗庭除，大铛贮月来中厨。松风才过鱼眼发，玉乳盈缸喷香雪。"在山堂静坐，用风炉在庭园中煮茶，"至水火相战"之时，看着水花飞溅听着松涛之鸣，觉得云光缥缈，满院生香，甚有幽趣。

竹炉，是一种外壳为竹编、内安小钵用来盛炭火的器具。宋人白玉蟾云："三杯碧液涨瓷盏，一缕青烟缠竹炉。"元人黄玠云："山僧留客共清夜，竹炉怒吼松涛风。"可知宋元之时，已有人用此烹茶。不过竹炉产生深远的影响，却是在明清两代。

明初，僧人性海长住惠山，植松万株，并建一精舍，名为听松庵。后来一湖州竹工造访，制作了一个竹炉。炉身高不盈尺，上方为圆形炉口，用以承放茶炉，下方为方形炉灶，用湘竹作外壁，内置泥胎炉胆，用细密的土灰与竹壁隔绝，灶口处用铁为栅以隔绝火气，形制极其精雅。且竹寓君子之德，上圆下方寓天地大道。日用烹茶之炭火和茶水，连同竹壁、铁栅、土灰，又暗合五行元素，如同道家的乾坤壶。再加上佛家又有人世修行如烈火燃物之说，故而一器具备儒释道三种思想，精妙绝伦，韵味无穷。当时画家王绂与中医潘克诚来此作客，三人一边用煮茶一边清谈，愉快极了。王绂兴致极高，作了一幅山水图，并作诗题跋。而后海内诸多名家应性海之邀来听松庵烹茶集会，并题诗于王绂画上，一时传为美谈，号为"竹炉清咏"。

几十年后，性海去虎丘做住持，茶炉几经辗转，下落不明。武昌知府秦夔回乡夜宿听松庵，听闻前辈事迹，大为叹赏。而后作《听松庵访求竹茶炉疏》四处散发，终于又寻回旧物，完璧归赵，并效仿前辈竹炉烹茗、吟诗作画。七年之后，竹炉毁坏，画家盛虞又仿造竹炉，再邀名流雅集，题诗作画自然不在话下。若干年后，文震亨的曾祖文徵明邀幽人登临游览，品茗赋诗，并作《惠山茶会图》以记此事，又成艺林佳话。后来唐寅与祝枝山造访，唐寅作画，祝

明　顾元庆《茶谱》中的竹炉

枝山题诗，两人合作绘成《惠山竹炉和竹茶炉诗草书合璧图卷》。明亡后，惠山茶会一时断绝。到康熙年间，词人顾贞观得茶炉，又在纳兰性德处偶得听松庵的茶画，又邀请一干名流作竹炉新咏，题诗作画。此事，在乾隆时期，更是达到前所未有的高峰。乾隆皇帝几度率臣子游惠山用竹炉烹茶，并效仿前人雅集之事，他自己更是题诗无数。颇令人称道的是，他虽爱极了惠山竹炉，却始终未夺人所爱。只在北京玉泉山仿制。后来听松庵书画因一段曲折而损坏，他又立即派人补绘。传为雅谈。

当时吴钺曾将惠山茶会相关诗文绘画辑录一册，名为《惠山听松庵竹炉图咏》，而后邱涟又刊刻《竹炉图咏补集》，竟然收录了明清时期诗文二百一十余首，书法绘画十三幅。到民国年间，顾赓良追慕风雅，还编著《惠山听松庵竹炉志》与《竹炉图咏补辑》。因此，惠山"竹炉煮茶"之文会、诗咏、雅集，较之金谷、兰亭、西园、玉山等雅集也不遑多让，堪称中华茶史甚至文化史上影响深远的盛事。

风炉、竹炉之外，还有一种竹筒状的凉炉，有白、青、朱等色，以清洁素白为佳，用以烹茶，极为舒适，在日本非常盛行。与茶炉搭配使用的有茶釜，圆底无足，敦厚朴实，颇多古意，故流传到日本后，千利休有"就茶而言，茶釜一只足矣"之语，强调内心真赏，而非器具贵贱，颇为精深。

至于汤瓶，因宋人点茶用盏，故而为煎水之物。文震亨认为铅制为上，但李渔《闲情偶寄》认为最佳的当属锡制，取其气味不泄，因为锡工制锡壶时，往往一边试一边补，故而密封程度好。此论较之文震亨的观点，更有道理。

茶　壶[1]

壶以砂[2]者为上，盖既不夺香[3]，又无熟汤气[4]，供春[5]最贵，第形不雅，亦无差小[6]者。时大宾[7]所制又太小，若得受水半升[8]，而形制古洁[9]者，取以注茶[10]，更为适用。其提梁[11]、卧瓜[12]、双桃[13]、扇面[14]、八棱细花[15]、夹锡茶替[16]、青花白地[17]诸俗式者，俱不可用。锡壶，有赵良璧[18]者，亦佳，然宜冬月间用。近时吴中"归锡"[19]，嘉禾[20]"黄锡"[21]，价皆最高，然制小而俗。金银俱不入品。

【注释】

[1] 茶壶：一种带嘴和把手的，用来泡茶和斟茶用的器皿。

[2] 砂：指紫砂。产于江苏宜兴的一种陶土，质地细腻，含铁量高，用其制造的茶壶，色泽温润，古雅可爱，泡茶时能使茶香浓郁持久。

[3] 夺香：指茶壶的气味不压倒和掩盖茶香。

［4］ 熟汤气：熟水味。

［5］ 供春：即供春壶。供春又称龚春，原为宜兴进士吴颐山的家僮，在金沙寺见僧人制陶壶，深受启发，创作出了闻名遐迩的紫砂茶壶。因其所制造型古朴，把内及壶身有篆书"供春"二字，故世称供春壶。

明　万历宜兴时大彬制茶壶

［6］ 差小：稍小。

［7］ 时大宾：即时大彬，明末清初时人，紫砂四大家之一时朋之子。早年模仿供春大壶，后把文人情趣引入壶艺，改制小壶，被推崇为壶艺正宗。明·陈贞慧《秋园杂佩》："其制始于供春壶，式古朴风雅，茗具中得幽野之趣者，后则如陈壶、徐壶，皆不能仿佛大彬万一矣。"

［8］ 受水半升：装水半升。受，接受，承受。

［9］ 古洁：古朴简洁。

［10］ 注茶：注水泡茶。

［11］ 提梁：原指指篮、壶等的提手，此处特指提梁为圆形、方形、弧形等形状的紫砂壶。

［12］ 卧瓜：紫砂壶的一种，形如卧着的南瓜。

［13］ 双桃：有两耳如桃状，或壶盖上有双桃纽的紫砂壶。

［14］ 扇面：顶和底为圆形，壶身为扇面的一种紫砂壶。

［15］ 八棱细花：壶身、壶口、壶盖为八角形，并刻有花卉纹饰的紫砂壶。

［16］ 夹锡茶替：待考。

［17］ 青花白地：白色质地配上青花图案纹饰的紫砂壶。

［18］ 赵良璧：明朝嘉靖年间工匠，所制梳子及锡器，堪称一绝。明·袁
宏道《瓶花斋杂录》："锡器称赵良璧，一瓶可直千钱，敲之作金石
声，一时好事家争购之，如恐不及。"

［19］ 归锡：明人归懋德所制的锡壶。

［20］ 嘉禾：旧时对浙江嘉兴府的别称。春秋时称长水，秦汉时名由拳，
三国吴时野稻自生，以为祥瑞，改名为禾兴，后避皇帝讳，改名
嘉兴。

［21］ 黄锡：明人黄元吉所制的锡壶。明·张岱《夜航船》："嘉兴锡，所
制精工，以黄元吉为上，归懋德次之。"

【点评】

　　唐至元时，茶饮采用的是"煎茶法"和"点茶法"，当时多用茶炉烹
茶。明代茶饮改为冲泡法后，茶具也随之变革，泡茶、斟茶两用的茶壶，
成了当时的茶具主流。它由壶盖、壶身、壶底、圈足四部分组成，形态有
橘形、瓜形、柿形、菱形、鼓形、梅花形、六角形、栗子形等，单柄、提
梁、带把皆有，灵活多变。色泽有朱砂、古铁、栗色、紫泥、石黄、天
青等，丰富多彩。材质以陶瓷和紫砂最为常见。李渔曾说："茗注莫妙于
砂壶。"另外民谚中也有"人间珠玉安足取，岂如阳羡溪头一丸土"的说
法，可见紫砂更在瓷器之上，是壶中翘楚。文震亨所推崇的茶壶，也即
此种。

　　紫砂壶的材料是紫砂泥。这种泥土颗粒细小、可塑性高、干燥收缩
率低，用来烧制茶壶，可以随意赋形，而且不需要施釉，表面就有一种古
朴温润的色泽，不媚不俗，雅致可爱，把摩日久，愈发光润。文震亨提到
的供春，是此物始祖，当时处于探索期，所制尚不完美。后来的时大彬等
人，参考文人雅士的建议，将大壶改成小壶，制成各种样式，并在上面撰
铭、书款、绘画、钤印，放在几案之间，可令人生闲远之思，在朝夕把玩

中寄托情志，极富文人趣味。从实用上来看，用紫砂壶泡茶，也颇多益处。其一，由于它气孔微细，嘴小盖严，内壁粗糙，可使茶性尽情发挥，且不至于使香气散失过快。其二，由于它透气性好，故茶汤越宿不容易变质，茶壶即便久置不用，也可以很快恢复元气。其三，由于它冷热急变性能好，故加水时不会因水温突变而爆裂，拿在手中也不会觉得烫手。紫砂壶有如此多的优点，自然深得世人喜爱。

壶虽美好，挑选却难。今时市场上的紫砂壶已是真假难辨。但若究心其道，也会发现一些诀窍。最常用的方法有三种。一种是看色泽，一般来说真品温润古雅，赝品光亮耀眼。一种是看重量，真品稍微沉重，赝品稍微轻一些。还有一种是根据造型来判断好坏，通用的标准是"小、浅、齐、老"四字诀。小和浅是指大小深浅，一般是"宜小不宜大，宜浅不宜深"，因其小故香气容易凝聚，可以一人配一壶，自斟自饮时"香不涣散，味不耽阁"，而浅能留香，也不至于因蓄水过久让茶味变涩。齐，指的是"三山齐"，也就是将茶壶去盖倒放时，壶嘴、壶口、壶把齐平，这也是影响茶味的一个因素。"老"指的是年代、名家，但古代名家所制之壶，留存下来的皆是精品，千金难求。还有一种方法，是注水其中，看出水是否通畅，收壶断水回不回流，出水通畅不回流即是佳壶。然而说到底，挑选紫砂壶要根据个人需求和经济条件而定，若追求闲情雅致却严重影响了生活本身，便失了"长物"之趣。

茶　盏 [1]

宣庙[2]有尖足茶盏，料精式雅，质厚难冷[3]，洁白如玉，可试茶色，盏中第一。世庙[4]有坛盏[5]，中有"茶""汤""果""酒"，后有"金箓大醮坛用"等字者[6]，亦佳。他如白定等窑，藏为玩器，不宜日用。盖点茶须熁盏令热[7]，则茶面聚乳[8]，旧窑器熁热则易损，不可不知。又有一种名"崔公窑"[9]，差大，可置果实。果亦仅可用榛、松、新笋、鸡豆、莲实、不夺香味者，他如柑、橙、茉莉、木樨之类，断不可用。

【注释】

[1] 茶盏：茶杯。盏，深底，口部稍有收缩的茶碗。

[2] 宣庙：指明宣宗朱瞻基时期。详见本书卷七"海论铜玉雕刻窑器"
条中"宣庙绝赏之"注释。

[3] 质厚难冷：质地厚实，茶汤不易冷。

[4] 世庙：指明世宗朱厚熜。详见本卷"沉香"条中"世庙"注释。

[5] 坛盏：一种质细色白的精美瓷器，盏心有"坛"字。原为宣德时
物，可充文房雅玩。后嘉靖仿此，釉色不止白色一种，多用于道
教法事。坛，原指古代祭祀、朝会、盟誓及拜将时用土石搭建的
高台，此处指经箓醮事，即道士所做斋醮祈祷之事。清·朱琰《陶
说》："汉行宫，紫泥为坛。齐梁郊祀歌紫坛。其后经箓醮事，皆
曰坛。"

[6] 中有"茶""汤""果""酒"，后有"金箓大醮坛用"等字者：盏
心刻有"茶""汤""果""酒"字样，底部刻有"金箓大醮坛
用"等字。明世宗崇信道教，常在醮坛中做法事祈求长生。法
事中，所用的盏均为坛盏，刻"金箓大醮坛用"六字，并用刻有
"茶""汤""果""酒"等字的坛盏，陈列相应物事。金箓，道教指天
帝的诏书即神仙所用的簿册。醮坛，道士祭神作法的坛场。

[7] 熁（xié）盏令热：用热水冲茶盏，让茶盏受热。熁，熏蒸。
宋·蔡襄《茶录》："凡欲点茶，先须熁盏令热，冷则茶不浮。"

［8］ 茶面聚乳：茶面泛起泡沫。乳，烹茶所起的乳白色泡沫。宋·范仲淹《酬李光化见寄二首》其二："石鼎斗茶浮乳白，海螺行酒滟波红。"

［9］ 崔公窑：明代隆庆、万历年间，匠人崔国懋在景德镇仿宣德瓷、成化瓷烧造而成的瓷器，颇为精美，盛行一时，号"崔公窑"。

【点评】

茶盏，深底，斜直壁，口部稍有收缩，比饭碗小，比酒杯大。此物和茶瓯、茶盅、茶碗、茶杯，略有区别。茶瓯盛行于唐代，相对茶盏而言，口径较大，高度较低。茶盅，形似酒盅，往往成对出现，今时多指公道杯。茶碗为茶杯类器具的俗称。茶杯中无把有把的皆有，小杯用来品茗，大杯可直接泡茶。

文震亨提到的茶盏有四种。一种是宣德皇帝御用茶盏，尖足，质厚，白莹如玉，料精式雅，可试茶色，他推为盏中第一。一种是嘉靖皇帝御用茶盏，式美质细，盏心有"坛"字，多用于道教法会中，皇帝常用其一边饮茶念咒一边求长生。一种是白定盏，多为古器，润泽古雅，但由于受热易损，多作藏品。还有一种是崔公窑。清人蓝浦《景德镇陶录》云："嘉、隆间，人善治陶，多仿宣、成窑遗法制器，当时以为胜，号其器曰'崔公窑瓷'，四方争售。诸器中，惟盏式较宣成两窑差大，精好则一。余青、彩花色悉同，为民窑之冠。"这种窑器集宣德、成化窑器之大成，精美实用，故而在明人茶盏中最为常见。

他提及的茶盏，除了定窑，均为明代之制。而在宋代时，亦有诸多茶盏，如汝窑、官窑、哥窑、钧窑、磁州窑、耀州窑、龙泉窑、建窑、吉州窑、饶州窑等所制茶盏，均为精品，且样式颇多，有双耳、葵瓣、八菱等器型，极一时之盛。声名最著的，还属建盏。建盏产于福建一带，多用黑釉，形如漏斗，造型古朴，质地浑厚，气质纯钝，大巧若拙。它一般用被

陶寶文

宋 审安老人《茶具图赞》中的茶盏，用以盛茶

竺副師

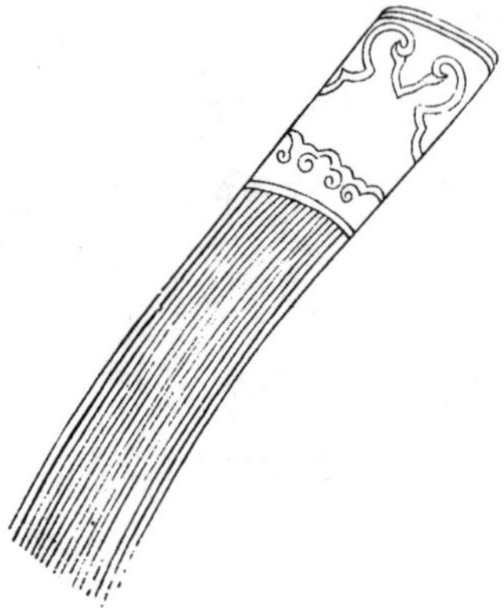

宋 审安老人《茶具图赞》中的茶筅，用以点茶

来斗茶。建盏色泽黑润，能突显汤色，质地厚沉，便于茶筅打茶，口大底深，又便于观赏茶色，所以极受推崇。

由于窑变，建窑茶盏的花纹还呈现各种瑰丽奇观，或如宇宙星空，或如雨点油滴，或如鹧鸪斑纹，或如兔子毫毛，绚丽夺目，颇具艺术感染力。在邻国日本，最受欢迎的是曜变盏，而在中国，最受推崇的是兔毫盏。这种茶盏的釉面漆黑温润，上面布满细密均匀、状如兔毫的自然纹理，古雅可爱。宋人蔡襄《茶录》载："茶白色，宜黑盏，建安所造者绀黑，纹路兔毫，其杯微厚，熁火，久热难冷，最为要用，出他处者，或薄或色紫，皆不及也。其青白盏，斗试家自不用。"可知其物不仅美观，在点茶中，也较它盏更佳。诗人也颇多吟咏。杨万里诗云："鹰爪新茶蟹眼汤，松风鸣雪兔毫霜。细参六一泉中味，故有涪翁句子香。"他用兔毫盏点茶，听着水沸的松风之声，看着茶汤泡沫，颇为自适，诗兴大发。苏轼诗云："道人绕出南屏山，来试点茶三昧手。忽惊午盏兔毫斑，打出春瓮鹅儿酒。"他写的是斗茶，说道人用兔毫盏里打出来的茶，甚至有了酒香。宋徽宗诗云："兔毫连盏烹云液，能解红颜入醉乡。"他用兔毫盏点茶，香气氤氲，不仅自己非常怡悦，连身边美女都沉醉不已，恍如进入梦乡。

宋代之后，在晚明至清时出现了一种茶盏，其形制是茶盏配上一盖一碟，又称盖碗。盖子的作用是盖住茶香，碟子的作用是避免烫手。盖碗不仅可以用来喝茶，还可以直接用来泡茶，观茶之形色，品茶之香韵，后世颇为流行。

另外，古人也常在茶中置蔬果同食。文震亨提及的榛、松、新笋、芡实、莲子，清雅香甜，与茶相配，甚妙。

择　炭[1]

汤最恶烟[2]，非炭不可。落叶、竹筱[3]、树梢[4]、松子之类，虽为雅谈[5]，实不可用。又如暴炭[6]、膏薪[7]，浓烟蔽室，更为茶魔[8]。炭以长兴茶山出者，名金炭[9]，大小最适用，以麸火[10]引之，可称汤友[11]。

【注释】

[1] 择炭：选择适宜的炭火。

[2] 恶烟：最忌讳被烟雾熏染。

[3] 竹筱：竹的细枝条。筱，小竹。

[4] 树梢：原指树的顶端，此处指树枝。

[5] 雅谈：高雅的言谈，此处可作"听上去很好"解。

[6] 暴炭：未烧制完成的炭，燃烧时毕剥作响，并产生浓烟。

[7] 膏薪：润湿的树木，燃烧时常产生浓烟。膏，丰润，润泽，作"湿润"解。

［ 8 ］ 茶魔：煮茶的噩梦。魔，鬼怪，作"梦魇"解。

［ 9 ］ 金炭：炭中的精品。

［10］ 麸火：树柴炭火。麸，指碎而薄的片状物。

［11］ 汤友：茶汤的朋友。唐·苏廙《十六汤品》："或柴中之麸火，或焚余之虚炭，木体虽尽而性且浮，性浮则汤有终嫩之嫌。炭则不然，实汤之友。"

【点评】

炭，是一种木材烧成的黑色燃料。在茶道中，作用之一在于烘焙。传统制茶工艺中，茶采摘下来后，一般用铁锅或银锅高温炒青，用炭火可以去除茶叶的水分、杂质及臭菁味，让茶性更好地激发出来。

炭火在茶道中的另一作用，是烹制茶汤。陆羽《茶经》中以为，烹茶要用炭而不用树木，这样茶汤中就不会有膻腻之气。文震亨说暴炭膏薪会使浓烟满室，如此有损茶味，饮茶意趣全无。二人所言皆有理。

另外，炭在茶道中，还有一个作用是保持室温，增添氛围。杜耒《寒夜》诗云："寒夜客来茶当酒，竹炉汤沸火初红。寻常一样窗前月，才有梅花便不同。"寒冬腊月的晚上，有佳客到来，一起拥着茶炉对饮，谈论诗词歌赋、世事人生，看着淡淡的月色和幽幽的梅花，觉得如同世外。若是没有炭火，恐怕诗中就要少一丝温情和闲情了。

附录一

文震亨生平资料汇编

明　顾苓撰《塔影园集·武英殿中书舍人致仕文公行状》

弘光元年五月，南都既陷，六月，略地至苏州，武英殿中书舍人致仕文公，辟地阳澄湖滨，呕血数日卒。幼子果既长，谋葬公于东郊之新阡，属公之弥甥顾苓，具状以请铭于当世大人先生。

公讳震亨，字启美，七世祖定聪，于武昌侍高皇帝为散骑舍人，赘浙江生惪。惪自浙江来，占籍长洲，生成化乙酉举人、涞水教谕洪。洪生成化壬辰进士、温州知府林。林生翰林院待诏徵明，世所称衡山先生者也。徵明生国子监博士彭。彭生卫辉府同知元发。元发生礼部尚书、东阁大学士、文肃公震孟及公。公生于万历乙酉，少而颖异，生长名门，翰墨风流，奔走天下。辛酉以诸生卒业南雍，流寓白下。明年文肃公廷对第一，遂慨然称王无功语云："人间名教，有兄尸之矣。"天启甲子，试秋闱不利，即弃科举，清言作达，选声伎、调丝竹，日游佳山水间。寻值逆阉擅政，捕天下贤士大夫杀之狱，文肃公旦夕虑不免，公乃归故园侍文肃公。烈皇帝登极，召文肃公还朝，或劝公仕，不应。丙子文肃公薨，逾年脂车而北，就选人得陇州半刺。先是以琴书名达禁中，蒙上特改中书舍人，协理校正书籍事务，交游赠处，倾动一时。历三年，值漳浦黄道周以词臣建言，触上怒，穷治朋党，词连及公，下刑部狱，久之复职。壬午，奉命劳军蓟州，给假乡里。将以甲申还朝，而有三月十九日之变。事出非常，人情旁午，郡中士大夫皆就公问掌故，谋进止焉。皇帝即位南京，原官召公，以覃恩赠公生母史氏为孺人。时柄国者为公诗酒旧游，不堪负荷，公亦不为之下。渐不能容，上疏引疾，奉旨致仕。散员致仕，前此未有也。公长身玉立，善自标置，所至必窗明几净，扫地焚香。所居"香草垞"，水木清华，房栊窈窕，阛阓中称名胜地。曾于西郊构碧浪园，南都置水嬉堂，皆位置清洁，人在画图。致仕归，于东郊水边林下，经营竹篱茅舍，未就而卒，今即其地位新阡矣。所著有《香草选》五卷，《秣陵诗》《岱宗琐录》《武夷剩□》《金门集》《土室缘》《长物志》《开读传信》诸刻行世。未刻有《陶诗注》《前车野语》。其他遗稿散佚甚多。原配王氏，故徵君王百谷先生女孙，生子东，郡诸生。侧室生子果，能诗画，世其家学云。

明　凌雪纂修《南天痕》卷二十一

长洲文震亨，字启美，大学士文肃从弟也。官中书舍人。时寓阳城，闻令，自投于河，家人救之，绝粒六日而死。遗书曰："我保一发，下觐祖宗，儿曹无堕先志。"文肃仲子秉，字应符。隐山中，有诬其与吴易通者，逮至官。秉不辨，徐曰：不敢辱吾父，愿就死。临刑赋诗曰："三百年前旧姓文，一心报国许谁闻。忠魂今夜归何处？明月滩头吊白云。"妻周氏，亦殉其旁。

明　史玄撰《旧京遗事》

烈皇笃好弹琴，寅卯年中，尝命司礼监丞删修琴谱，内臣惟此一官掌书画文墨之事。是以国子监生文震亨，以琴声音理，待诏内侍省焉。

清　徐鼒撰《小腆纪传》卷四十九

文震亨字启美，吴县人，大学士震孟弟也。天启中，与珰祸。崇祯初，以善琴供奉，官中书舍人。南都妖僧大悲之狱，阮大铖造十八罗汉、五十三参、七十二菩萨之目，罗织朝野之异己者。其党张孙振已具疏，将以震亨为汪文言矣；马士英与震亨有文字交，力出之，即休致归。乙酉六月，王师取苏州，避之扬城，闻薙发令下，自投于河，家人救之，绝粒六日死。

清 钱谦益辑《列朝诗集》

文震亨，字启美，待诏之曾孙，阁学文起之弟也。风姿韵秀，诗画咸有家风。为中书舍人，给事武英殿。先帝制颂琴二千张，命启美为之名，又令监造御屏，图九边陁塞，皆有赏赉。逾年请告归，遇乱而卒。

清 朱彝尊辑《明诗综》

小传：文震亨，字启美，长洲人，崇祯中，官武英殿中书舍人，有《文生小草》。

诗话：启美，相君介弟，名挂党人之籍，后以善琴供奉思陵。迹其生平，于闽则周章甫为赋长歌；于皖则阮集之为作诗序。王尚书觉斯有言："湛持忧谗畏讥，而启美浮沉金马，吟咏徜徉，世无嫉者，由其处世固有道焉。"当时以琴同入供奉者，有太常寺丞云南杨怀玉，会稽伊尔殷。

清 陈田编《明诗纪事》

文震亨，字启美，长洲人，大学士震孟弟，贡生，官武英殿中书舍人。国变后投水死，乾隆中赐谥"节愍"，有《金门集》。

清 徐沁编《明画录》

文震亨，字启美，长洲人，徵明之曾孙，阁学震孟弟也。工诗，崇祯间官中舍，给事武英殿，画山水兼宗宋元诸家，格韵兼胜。

附录二

文震亨诗文作品选辑

诗

柳色

点染凭谁力，东风着意吹。自无攀折恨，犹较浅深时。金粉销难尽，楼台远更宜。卷帘愁少妇，望远更成丝。

六月廿四荷花生日

旧氏称溪客，新封署众香。有丝皆命缕，无子不连房。四面无衰相，千花共吉祥。想当擎雨后，更吐夜珠光。

由石窟望湖中青浮白浮诸山，如在几案，两洞庭在缥缈间，苍翠扑人眉睫，坐而忘返，愈上则愈奇，而余足茧目疲，复从觉如所啜茗而归，步步惜别

湖势浑无际，山名半号浮。更从松转径，愈见水吞舟。鸟道搴萝入，螺龛破壁求。杖藜嫌遽返，奇绝未能留。

次姚永言都谏左官诗

只此乾坤里，何方可即安。江湖虽浩荡，涉履正艰难。圣主乘春令，孤臣保岁寒。青山无限好，莫近夕阳看。

秣陵竹枝词

据床开印翠微间，朝请全稀退食便。呵殿也堪成韵致，此中官府又神仙。

尚食宫监住直庐，退闲丞相府中居。貂珰一样中常侍，三日湖头打饭鱼。

同姓编氓异姓侯，上公出不辟行驺。诸曹未识勋臣贵，每到朝陵压上头。

秦淮冬尽不堪观，桃叶官舟阁浅滩。一夜渡头春水到，家家重漆赤阑干。

看桃花诗帖

杨柳丝青欲系船，船头红紫趁人鲜。千村暖雾烘茅屋，一道晴霞入墓田。客醉转思留客雨，花深更爱养花天。斜阳渡口从相识，桃叶桃根不记年。

将之南中答邹彦吉先生见约

鱼书相隔已经年，月榭云廊想像间。楼阁七层栏楯内，笙歌一曲鬘陀前。摩尼在握名如意，沆瀣为餐比自然。天福岂容凡骨受，担簦聊假片时缘。

倦游十首乙丑夏日自维扬归寄兄　其四

倒屣谁非具主宾，谢宣明面究难亲。何当紫橐函中客，与较青油幕下身。两卷《檀弓》言物始，一编《周易》味同人。翘翘车乘真堪畏，九折途今不可遵。

岁晏述怀

尚存如死半残身，虚室能窥必鬼神。酸鼻总为齿冷事，腐肠还是骨销人。寒灯短焰刚三尺，古庙深栖已十旬。忽忆妻孥真有恨，牛衣不得共沾襟。

病足甚剧寄沈千秋二首

每到秋阑脚疾增，若除坐卧百难能。因思粉署萧萧客，也做绳床兀兀僧。摈影三年伤未死，神游千古慰无朋。谁嫌济胜全非分，画舫西湖好共登。

潦倒支离阅几春，书能左腕却疑神。三都肯让一仓父，四海犹余两半人。医到兼须谋我病，饥来何敢后君贫。传闻酒户殊胜昔，虬漏将残大白频。

京口晤甥即事二首

将母词臣奉母归，舟车何地不庭闱。天伦此际真称乐，人子如斯愿岂违。潘令有舆终下吏，老莱能舞只初衣。时人自爱青藜火，尺五天边日更辉。

未残灯下语难明，渐到中宵始失声。井里有人几累姊，渭阳能念远烦甥。身于濒死方为寄，事到谋生总未成。我至子留须信宿，此归原不是王程。

文

王文恪公怡老园记

园林之名金碧著，不若以文章著也；以文章著，不若名子孙著也；以子孙之贵显著，不若以子孙之忠孝著也。铜池金谷，丝障钱埒，如梁、窦、崇、恺，转盼销沉者，不足道已。即所谓平泉绿野，奇章之石，履道之竹，始未尝不挟其高名，护及草木，而及身以后，渐辱于樵夫牧竖之手，荒烟断址，遗邱故馆，不可仿佛。始不得不托于辋川之唱和，洛阳之记述，谓即代纪辽远，水浅尘飞，而文章之留于天地间者，千古如新。然又不闻右丞世传蓝田之业而名园，子孙至今家藏文俶之记也无已。而祖父之所规擘匠缔，始又不得不属意于子若孙，令天地之物长为吾有。而子孙之贵显者，朱轮华毂，方日涸车尘骎渤间，趣鲜日涉，或过家上冢之便，托言卧游，侵扩无已，未绎祖父缔造之所寄，而返恚前人之作未工，后人定者为是。嘻！以余所睹，记园林之名忠孝著者，百不遘一矣。

　　吾吴王氏有怡老园，是故相国文恪公致政归老之地，而不自文恪缔造也。文恪当珰瑾用事时，有所忤以归，然忠爱悱恻，沉忧不已。其嗣尚宝公始辟地为园以娱之，园故以"怡老"名。自园成，而文恪亦绝口不及朝事，唯与故沈周先生、吴文定公、杨仪部循吉辈，结文酒社。而先太史讳、祝京兆允明、王中丞守贡士宠、唐解元寅、陆给事粲，后先称弟子，奉履杖，徜徉于兹园者二十年。尚宝偕其幼弟亦日娱侍为乐。文恪殁，尚宝承父志，始敢以其身有兹园。再传之太常及光禄公，而"怡老"之名如故。光禄公当为承天守时，亦触珰祸，几陷不测，后得削籍归，即以角巾野服归兹园，而兹园又不终为光禄有也。光禄公不自有，以让其兄之子，乃兄子之子不能有，复归光禄文孙公晋民，而后园之名怡老者，历八朝六世二百年而始终为王氏物。嘻！是有不著于忠孝以垂其家者乎？如文恪公坚谢均轴，光禄公力抗守珰，退而轸云辖霞，若有余适，而未尝一息忘国忧也。尚宝公以东里之第，奉东山之游，文恪安为父，光禄克为孙，而公晋氏复承阙考景炤公之志，体善作之劳，而善守之。入其园，古栝老桧百章，花竹称是，石骨如铁，藓蚀之，藤萝蛇绾，汀蓼石发，钱菌云芝，皆作山典殷盘色，鸟雀不惊，苍翠极目，无一不遂其性，而公晋身任手据，仅竭疏潴扶颓，剪棘芟萝之力，至亭榭之在，当时如所谓"清荫""看竹""玄修""芳草""撷芳""笑春""抚松""采霞""阆风""水云"诸胜，或仅存其名，或不没其迹，或稍葺其弊，而终不敢有所更置恢拓。曰："我祖父缔造之意寄焉。"嘻！是真不以金碧著兹园矣。

园故未有记，近《邑志》误名为即文恪西园，西园故在百花洲，久不可考。而兹园即在世第之后，公晋业为文著经始，补《邑乘》所未备。其忠孝子孙著者，更以文章著。乃又以世谊交善，属余为补遗。夫余不能以文章著兹园也，或即借兹园以著余文章乎？余乃有厚幸矣。崇祯甲申中秋，通家社弟文震亨撰并书。

《快雪时晴帖》题跋

余婿于太原氏故徵君所藏卷轴，无不寓目，当时极珍重此帖，筑亭贮之，即以快雪名，每风日晴美，出以示客，赏玩弥日不厌。后归用卿氏，不无自我得之、自我失之之恨。徵君游道山后，余从用卿所，复时得展玩，可谓与此帖有缘，不至如马策扣西州门时也。因题而归之。若夫王嫱西子之美丽，有目共识，更无借余之耶许矣。吴郡雁门文震亨记。

《淳化阁帖》无银锭本题跋

《淳化阁帖》行世后，一经黄长睿之刊误，再经王弇州之抨击，而王著几无处生活，长睿既讥其不深书学，又昧古今，而弇州直嘲之为手如悬锤，腹无半册史在，且谓当时三馆无纠正者，每一开卷便为王著村老供一胡卢，董狐之笔，不啻严矣，而波磔督策，隃糜侧理，不能不归美于模拓之工，盖八法所在，又何拘时代官位间。余论《阁帖》惟以墨黑甚于漆字，丰浓有神者，即为真初拓本，如两府被赐亲赠遗文章家雅语何从沾沾辨之哉，用卿留心，古法书此帖，极为其所珍赏，第五卷智果《何氏帖》，皆全，并无乌镇福清三山殿司之疑也。雁门文震亨题。

《栴檀神像》题跋

宣和内府所收吴道子画，题曰栴檀神像，诸鬼神鸟兽，若男若女，人非人等，形皆极诡异，细钩轻染，具扛鼎之力，而所持种种器物，身势皆左右照应，绢素稍碎裂，而精彩尚炯然，前有泥金小字云神品今无，上有瘦金书云，吴道子栴檀神像，有双龙、宣和、御书、政和诸玺，后有内府图书之印，有经历司钤印今无，无跋，独所称栴檀神者，殊不类此，盖图防诸童子经也。如经所说，有十五鬼神恼害小儿，复有一大鬼神统之，如弥酬迦形，如牛弥迦王形，如狮子骞陀形，如鸠摩罗天阿波悉摩罗形，如野狐牛致迦形，如狝猴摩致迦形，如罗刹女阎弥迦形，如马迦弥尼形，如妇女和木波坻形，如狗富都那形，如猪曼多难形，如猫儿含究尼形，如乌犍叱波尼形，如鸡曼陀形，如薰狐蓝婆形，如蛇诸状，皆合而小儿，具诸怖畏祈怜之态，断为此经无疑也，故拈出之。文震亨题于秣陵寓斋。绢高八寸八分，广三尺五寸有奇。

主要参考资料

古代文献

（汉）许慎.说文解字.（宋）徐铉校定.北京：中华书局，1963

（明）文震亨原著，陈植校注，杨超伯校订.长物志校注.南京：江苏科学技术出版社，1984

（明）曹昭.格古要论.杨春俏编著.北京：中华书局，2012

（明）高濂.遵生八笺.杭州：浙江古籍出版社，2017

（明）屠隆.考槃馀事.北京：金城出版社，2011

（清）李渔.闲情偶寄.陈如江，汪政译注.北京：人民文学出版社，2013

（明）计成.园冶.李世葵，刘金鹏编著.北京：中华书局，2011

（清）汪灏.广群芳谱.长春：吉林出版集团，2005

（宋）赵希鹄等.洞天清录（外二种）.杭州：浙江人民美术出版社，2016

（宋）苏易简.文房四谱.石祥编著.北京：中华书局，2011

（清）袁枚.随园食单.陈伟明编著.北京：中华书局，2010

（宋）林洪.山家清供.章原编著.北京：中华书局，2013

（宋）陈敬.新纂香谱.严小青编著.北京：中华书局，2012

（明）周嘉胄，（宋）洪刍，（宋）陈敬.香典.江俊伟，陈云轶译注.重庆：重庆出版集团，2017

（明）李时珍.本草纲目.刘山永编.北京：华夏出版社，2008

中华书局编辑部编.全唐诗.北京：中华书局，2008

（清）张潮.幽梦影.王峰评注.北京：中华书局，2008

（清）曹庭栋.老老恒言.北京：科技文献出版社，2013

（明）张谦德，（明）袁宏道.瓶花谱 瓶史.张文浩，孙华娟编著.北京：中华书局，2012

（宋）范成大等.梅兰竹菊谱.杨林坤等编著.北京：中华书局，2010

（宋）杜绾.云林石谱.寇甲，孙林编著.北京：中华书局，2012

（唐）孙过庭.书谱.郑晓华编著.北京：中华书局，2012

（明）项穆.书法雅言.李永忠编著.北京：中华书局，2010

（明）周嘉胄.装潢志.尚莲霞编著.北京：中华书局，2012

（宋）郭熙.林泉高致.杨伯编著.北京：中华书局，2010

现当代文献

汉语大字典编辑委员会编.汉语大字典（九卷本）（第二版）.崇文书局 四川辞书出版社，2010

罗竹风编.汉语大词典（缩印本）.上海：上海辞书出版社，2007

王力等编.古汉语常用辞典.北京：商务印书馆，2005

朱自振，沈冬梅，增勤编著.中国古代茶书集成.上海：上海文化出版社，2010

任继愈主编.中国文化史知识丛书（100种）.北京：商务印书馆，1998

谢华.文震亨造物思想研究：以长物志造园为例.武汉：武汉大学出版社，2016

陈从周.中国园林鉴赏辞典.上海：华东师范大学出版社，2001

童寯.江南园林志.北京：中国建筑工业出版社，2014

曹林娣.静读园林.北京：北京大学出版社，2005

曹林娣.苏州园林匾额楹联鉴赏.北京：华夏出版社，2009

王毅.翳然林水：栖心中国园林之境.北京：北京大学出版社，2017

方华文.品读中国文化丛书：中国园林.合肥：安徽科学技术出版社，2010

陈从周.品园.南京：江苏文艺出版社，2016

陈从周.说园.上海：同济大学出版社，2007

刘敦桢.苏州古典园林.北京：中国建筑工业出版社，2005

蒋晖.园林卷子.苏州：古吴轩出版社，2016

陈鹤岁.字里乾坤说园林.北京：中国环境出版社，2015

黄卓越等编.中国人的闲情逸致.南宁：广西师范大学出版社，2007

韦羲.照夜白.北京：台海出版社，2017

罗淑敏.一画一世界：教你读懂中国画.南宁：广西师范大学出版社，2012

释广元.中国书法概述.北京：北京联合出版公司，2013

欧阳中石.中国的书法.北京：商务印书馆，1997

晏霁.古今书画鉴定.郑州：河南美术出版社，2013

蒋保兴.中国书画装裱.北京：文物出版社，2010

鸿之，张玉新.琴中无相.北京：商务印书馆，2015

赵汝珍.古玩指南.赵菁编.北京：金城出版社，2010

张春田，张耀宗编.文房漫录.北京：生活·读书·新知三联书店，2013

朱世力.中国古代文房用具.上海：上海文化出版社，1999

王世襄.明式家具研究.北京：生活·读书·新知三联书店，2008

王世襄.明式家具珍赏.北京：文物出版社，2003

赵广超等.一章木椅.北京：生活·读书·新知三联书店，2008

马未都.马未都说收藏·家具篇.北京：中华书局，2008

马未都．马未都说收藏·陶瓷篇．北京：中华书局，2008

马未都．马未都说收藏·杂项篇．北京：中华书局，2009

周汛．中国古代服饰大观．重庆：重庆出版社，1994

周锡保．中国古代服饰史．北京：中国戏剧出版社，1984

田久川．中华文明宝库：古代舟车．上海：上海古籍出版社，1996

孙机．中国古代物质文化．北京：中华书局，2014

汪曾祺．五味：汪曾祺谈吃散文32篇．济南：山东画报出版社，2005

梁实秋．雅舍谈吃．南京：江苏人民出版社，2014

余悦主编．图说香道文化．西安：世界图书出版西安有限公司，2014

孟晖．花间十六声．北京：生活·读书·新知三联书店，2014

孟晖．画堂香事．南京：南京大学出版社，2012

潘向黎．茶可道．北京：生活·读书·新知三联书店，2017

王河．茶典逸况：中国茶文化的典籍文献．北京：光明日报出版社，1998

韩玉林，窦逗，原海燕主编．盆景艺术基础．北京：化学工业出版社，2015

蔡俊清．插花技艺．上海：上海科技出版社，2001

（英）柯律格．长物：早期现代中国的物质文化与社会状况．高昕丹，陈恒译．北京：生活·读书·新知三联书店，2015

后记：水流花开，清风与归

某日，梦见一座园林。

不在郊野村庄，也不在山林江湖，而在城市僻静处。

简简单单的白墙，朴素清雅的小门，没有任何雕饰。

入其间，见奇石崔嵬，碧波清漾，花草树木环绕其侧，飞鸟游鱼穿行其中，亭榭楼台井然有序，蔬果农田层次分明，俨然画境。

最妙的还是书斋。斋在半山间，有曲径石桥供人通行，后有瀑布，下临深渊，旁有古松一株，白鹤一只，苍苔青草，地清境绝。门上有篆书楹联，斋内挂宋人古画，几榻屏架上陈设着笔墨纸砚、琴棋书帖、香炉盆花、金石古玩、香橼菱芡等物，清雅绝俗。

主人的穿着，不知是哪朝服饰，但娴雅得体，有一种说不出的舒适之感。

平日，他会在厅堂内处理琐事，也会在田地里耕作。一有闲暇，便去游园。

他喜欢天地山水。他总是看山、登山、画山，养胸中一股浩然之气。他也会叠山，以土石营造园亭。在水边，他有时濯缨，有时濯足。有时，他会看着游鱼和飞鸟，在蒲团上静坐一整天。有时，他还会穿戴绿蓑青笠，泛舟池塘和溪水中，学陶朱浮五湖，或作武陵源想。

他也喜爱花木禽鱼。春天的桃、李、柳、兰，夏天的荷花，秋天的菊、桂，冬天的寒梅，可以寓目，也可以寄情。四时之景不同，乐却无穷无尽。四时恒常的，就要数松、竹了。竹的光影掩映在斑驳朦胧的白墙上，便成天然图画，人卧其下，微风拂过，如在世外。松树苍古，如高友韵士，在松下抚琴、下棋无不适宜。琴棋既罢，听着松风，品着清茶，倚松玩鹤，如在仙苑。

晴日，是诸事皆宜的。阴天，他可以一天不出来，在书房里读诗、临帖、校书，踩着滚凳，把玩案头的清供。雨天，他会高卧，听着雨打在芭蕉、梧桐上的声音，以及屋檐下的流水声和假山下的瀑布声，然后写一首诗，画一幅画。雪天，他还会去赏梅、烹茶、玩画。

有客来时，他会焚香一炉，烹茶一壶，摆上家种的蔬果，同幽人们或评香品茶，或谈玄论道，或作诗绘画，或鉴赏古玩，或游园联诗，效仿金谷、兰亭、西园、玉山的雅集。

夜晚，他会秉烛夜游，或邀请戏班来唱戏。如有月色，就最好不过了。月光像梳子一样，轻梳着园中的花木水石，他会在山斋抚琴，或去梅边吹笛，有风吹来，清清淡淡，觉一切别有不同。

花木禽鱼、流水古石之间，他看着园中的花影、树影、日影、云影、星影、月影、灯影，听着园中的风声、水声、虫声、鸟声、雨声、雪声、棋声、箫声、琴声、曲声，闻着满园若有若无的香气，拂着无处不在的天地清气，觉此身在有无之间。

有时候因为俗务，他也会再度入世。有时候因为久住无风景，他也会去游山玩水，访古寻幽。不过，再回到园林中时，他又会有新的领悟。

从前夜中，他总是隐约听见书斋中的宝剑嗡嗡低鸣。现在，他却总是想起一段话："天运之寒暑易避，人生之炎凉难除；人世之炎凉易除，吾心之冰炭难去。去得此中之冰炭，则满腔皆和气，自随地有春风矣。"

如此一想，便觉水流花开，晴雪满竹，忽然就懂得了流水今日，明月前身。世事人生，恍如一梦。而无论来日的世道如何，终究是清风与归。那么，便不虚此生了。

这位主人是谁？是文震亨吗？

不，不是的，这已是读到此处的你。